“十二五”国家重点图书出版规划项目
世界兽医经典著作译丛

小动物外科系列 ❷

FUNDAMENTALS OF
SMALL ANIMAL SURGERY

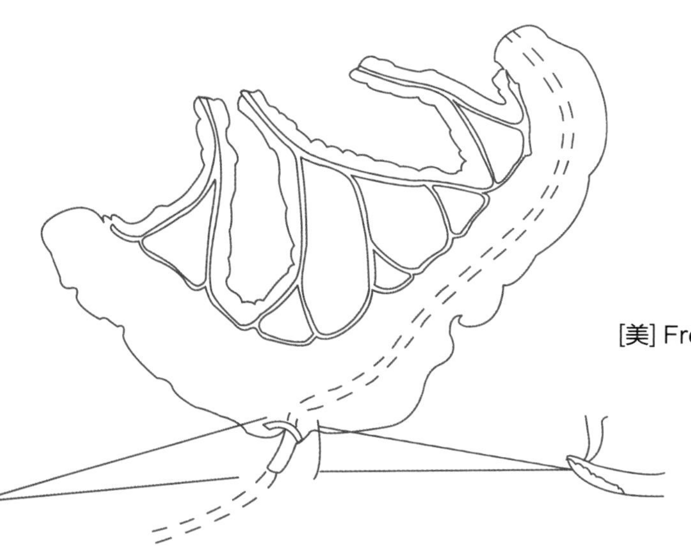

小动物外科基础训练

[美] Fred. Anthony Mann [美] Gheorghe M. Constantinescu
[韩] Hun-Young Yoon 编著
黄 坚 林德贵 主译

中国农业出版社

Fundamentals of Small Animal Surgery

By Fred Anthony Mann, Gheorghe M. Constantinescu and Hun-Young Yoon

ISBN: 978-0-7817-6118-5

著作权合同登记号：图字01-2014-0698

图书在版编目（CIP）数据

小动物外科基础训练 /（美）曼（Mann, F. A.），（美）格奥尔基（Constantinescu, G. M.），（韩）尹永勋著；黄坚，林德贵译．—北京：中国农业出版社，2014.5

（世界兽医经典著作译丛）

ISBN 978-7-109-17612-6

Ⅰ．①小… Ⅱ．①曼… ②格… ③尹… ④黄… ⑤林… Ⅲ．①动物疾病—外科手术 Ⅳ．①S857.12

中国版本图书馆CIP数据核字（2013）第018768号

中国农业出版社出版

（北京市朝阳区农展馆北路2号）

（邮政编码100125）

责任编辑　邱利伟　黄向阳

北京通州皇家印刷厂印刷　　新华书店北京发行所发行

2014年5月第1版　　2014年5月北京第1次印刷

开本：889mm×1194mm 1/16　印张：18.25

字数：510 千字

定价：200.00元

（凡本版图书出现印刷、装订错误，请向出版社发行部调换）

翻译人员

主　译:

黄　坚　林德贵

参加翻译人员（排名不分先后）:

李　硕　林德贵　黄　坚　戚飞扬　吴海燕　叶　楠　袁雪梅

《世界兽医经典著作译丛》译审委员会

《世界兽医经典著作译丛》总序

引进翻译一套经典兽医著作是很多兽医工作者的一个长期愿望。我们倡导、发起这项工作的目的很简单，也很明确，概括起来主要有三点：一是促进兽医基础教育；二是推动兽医科学研究；三是加快兽医人才培养。对这项工作的热情和动力，我想这套译丛的很多组织者和参与者与我一样，来源于“见贤思齐”。正因为了解我们在一些兽医学科、工作领域尚存在不足，所以希望多做些基础工作，促进国内兽医工作与国际兽医发展保持同步。

回顾近年来我国的兽医工作，我们取得了很多成绩。但是，对照国际相关规则标准，与很多国家相比，我国兽医事业发展水平仍然不高，需要我们博采众长、学习借鉴，积极引进、消化吸收世界兽医发展文明成果，加强基础教育、科学技术研究，进一步提高保障养殖业健康发展、保障动物卫生和兽医公共卫生安全的能力和水平。为此，农业部兽医局着眼长远、统筹规划，委托中国农业出版社组织相关专家，本着“权威、经典、系统、适用”的原则，从世界范围遴选出兽医领域优秀教科书、工具书和参考书50余部，集合形成《世界兽医经典著作译丛》，以期为我国兽医学科发展、技术进步和产业升级提供技术支撑和智力支持。

我们深知，优秀的兽医科技、学术专著需要智慧积淀和时间积累，需要实践检验和读者认可，也需要具有稳定性和连续性。为了在浩如烟海、林林总总的著作中选择出真正的经典，我们在设计《世界兽医经典著作译丛》过程中，广泛征求、听取行业专家和读者意见，从促进兽医学科发展、提高兽医服务水平的需要出发，对书目进行了严格挑选。总的来看，所选书目除了涵盖基础兽医学、预防兽医学、临床兽医学等领域以外，还包括动物福利等当前国际热点问题，基本囊括了国外兽医著作的精华。

目前，《世界兽医经典著作译丛》已被列入“十二五”国家重点图书出版规划项目，成为我国文化出版领域的重点工程。为高质量完成翻译和出版工作，我们专门组织成立了高规格的译审委员会，协调组织翻译出版工作。每部专著的翻译工作都由兽医各学科的权威专家、学者担纲，翻译稿件需经翻译质量委员会审查合格后才能定稿付梓。尽管如此，由于很多书籍涉及的知识点多、面广，难免存在理解不透彻、翻译不准确的问题。对此，译者和审校人员真诚希望广大读者予以批评指正。

我们真诚地希望这套丛书能够成为兽医科技文化建设的一个重要载体，成为兽医领域和相关行业广大学生及从业人员的有益工具，为推动兽医教育发展、技术进步和兽医人才培养发挥积极、长远的作用。

农业部兽医局局长

《世界兽医经典著作译丛》主任委员　张仲秋

献语

我们将此书献给所有在小动物外科手术学训练中享受乐趣的同学们以及那些从手术中获益的伴侣动物。本书的作者们也将对以下的个人贡献进行表述。

我将此书献给我的妻子Dr. Colette Wagner-Mann；我的儿子Lucas Mann和我的女儿Danielle Mann。感谢他们在我将大量的时间和精力投入到兽医学生教育以及编写此书的过程中给予的关爱、理解和耐心。

Fred Anthony Mann

长久以来，我以解剖学家和医学插图绘制员的身份参与此书的编写，并得到了我妻子Dr. Ileana Constantinescu的鼓励，感谢她无限的支持、理解和牺牲。我将此书献给我的妻子、我的儿子Dr.Răzvan Constantinescu、女儿Adina Klima，以及我们的家人。

Gheorghe M. Constantinescu

我想感谢我美好的家庭、我的妻子Kyunghwa Kim和儿子Dongbin Yoon，感谢他们在我编写此书的过程中所给予的支持和鼓励。

前　言

现如今，犬猫的主人习惯将其宠物视为家庭成员之一。正因为如此，宠物主人们希望动物能够得到与人待遇相同的医疗和手术护理。此外，社会公众还期望兽医学校的学生毕业时能够掌握一定程度的外科手术技能。为此，兽医教育学家就担负着将兽医学生培养成为合格外科医生的重任。

合格的外科手术始于兽医对手术原则的全面了解以及对基本手术技巧的熟练掌握。本教科书的目的是为初期的手术训练提供范本，并可作为曾在兽医学校或兽医技术学校学习但缺乏手术经验的学员参考教材。作者希望那些努力学习想成为兽医或兽医技师的人们能够在此教科书中找到对指导学习有益的内容，也希望参加在职研究生培训的兽医和兽医技师们能够在学习过程中发现本教科书的价值。

原书编写人员

Gheorghe M. Constantinescu, DVM, PhD, mult Drhc
Professor of Veterinary Anatomy and Medical Illustrator
Department of Biomedical Sciences
College of Veterinary Medicine
University of Missouri
Columbia, Missouri

John R. Dodam, DVM, MS, PhD, Diplomate ACVA
Associate Professor
Chairman
Department of Veterinary Medicine and Surgery
Veterinary Medical Teaching Hospital
College of Veterinary Medicine
University of Missouri
Columbia, Missouri

Fred Anthony Mann, DVM, MS, Diplomate ACVS, Diplomate ACVECC
Director of Small Animal Emergency and Critical Care Services
Small Animal Soft Tissue Surgery Service Chief
Professor
Department of Veterinary Medicine and Surgery
Veterinary Medical Teaching Hospital
College of Veterinary Medicine
University of Missouri
Columbia, Missouri

John P. Punke, DVM
Small Animal Surgery Resident
Department of Veterinary Medicine and Surgery
Veterinary Medical Teaching Hospital
College of Veterinary Medicine
University of Missouri
Columbia, Missouri

Carlos H. de M. Souza, DVM, MS, Diplomate ACVIM（Oncology）
Assistant Professor of Small Animal Surgery
Department of Veterinary Medicine and Surgery
Veterinary Medical Teaching Hospital
College of Veterinary Medicine
University of Missouri
Columbia, Missouri

Elizabeth A. Swanson, DVM
Small Animal Surgery Resident
Department of Veterinary Clinical Sciences
Veterinary Teaching Hospital
School of Veterinary Medicine
Purdue University
West Lafayette, Indiana

Hun-Young Yoon, DVM, MS, PhD
Research Professor
College of Veterinary Medicine
Veterinary Science Research Institute
Konkuk University
Seoul, South Korea

致 谢

我们要感谢以下各位在照片、图形和一些章节内容的编写中所提供的帮助：

Mr. Howard Wilson

Senior Multimedia Specialist

College of Veterinary Medicine

University of Missouri

Columbia, Missouri

Mr. Donald L. Connor

Senior Multimedia Specialist

College of Veterinary Medicine

University of Missouri

Columbia, Missouri

Linda M. Berent, DVM, PhD, Diplomate

ACVP（Clinical and Anatomic Pathology）

Clinical Assistant Professor

Department of Veterinary Pathobiology

College of Veterinary Medicine

University of Missouri

Columbia, Missouri

Eric A. Rowe, DVM

Small Animal Surgery Resident

Department of Clinical Sciences

Veterinary Teaching Hospital

College of Veterinary Medicine

North Carolina State University

Raleigh, North Carolina

最后我们还要感谢 Nancy Turner 对作者们的耐心、在细节方面的帮助以及出版过程中提供的指导。

目录 Contents

1 患病动物的术前评估

Elizabeth A.Swanson　Fred Anthony Mann

通常，兽医都会对手术患病动物的情况有所了解。即便如此，兽医也应借此机会给动物主人注入信心并建立稳固的兽医—客户—患病动物纽带关系。因此，在外科医生填写的患病动物的信息档案中，完整的病史和体格检查是其最重要的部分。病史和体格检查结果将有助医生决定该患病动物是否可以接受手术以及麻醉前是否还需要进一步的检查。此外，这也便于兽医帮助主人建立正确地评估手术期望。而已获得的信息也将对麻醉规程、手术类型、疼痛管理以及术后护理等方面决策的制定上有指导作用。简而言之，在建立患病动物有关信息库（可用于围手术期的决策制定）时，详尽的病史和体格检查的地位无可替代。

病史 

即使外科医生已对患病动物的情况有所了解，也应在主人陈述时获取动物当前的详细病史。如对主诉信息的确认、发病期间的详情记录、观察到的临床症状以及主人对动物当前病情的评价（如与初次发现症状时相比，病情好转、加重或者没有变化）等。接受子宫卵巢摘除术和睾丸切除术等选择性手术的健康犬猫，可能并不需要记录此类病史信息，但有必要在术前确定动物的健康状况没有发生改变。此外，对于接受子宫卵巢摘除术的犬猫，医生需时常向主人询问动物上一次发情的时间以及是否有可能受孕，是非常重要的。

询问病史时还要收集的其他信息包括：动物的生活环境、饮食状况、生活方式、当前或过往的医疗状况、曾接受过的手术、当前的用药情况（包括非处方药、辅助剂、心丝虫和跳蚤/蜱预防药剂）以及对药物的不良反应。此外，还应记录动物的食欲、饮水、排尿、排便情况以及是否出现咳嗽、喷嚏、呕吐和（或）腹泻。

医疗信息可以帮助兽医对之前未被诊断的疾病进行确证。例如曾有一只老年猫在接受牙齿预防性检查时，被诊断出患有甲状腺机能亢进（伴发食欲增加而体重下降）。患病动物的生活方式对医疗程序的选择非常重要。例如，对于一只农场散养的胫骨骨折的犬而言，骨折外固定可能并不是治疗和管理骨折的最佳选择。

对于急诊病例，基本信息应包括症状、主诉、主要的并发医疗状况、当前用药以及对药物敏感性。此外，还应尽早地获取其他病史，而其他的病史也应尽可能早地获取。

体格检查 

在获取病史后即可进行体格检查。经验丰富的医生能在收集病史的同时就进行体格检查，这也是对急诊病例进行鉴别分类的有益做法。进行彻底充分的体格检查非常重要，再怎么强调都不为过。全面的体格检查可以对动物病况的主要变化和细微变化进行鉴别并有助于确定施治方案。如果发现接受子宫卵巢摘除术的母 犬外阴肿胀，医生会与主人商讨发生出血风险的可能性，并可能建议推迟手术。

建议采用连贯、系统的方法进行体格检查。如果检查者错误地仅把注意力放到现存的问题上，则可能会漏过重要的病症。全面的检查包括对头部和颈部（眼、耳、鼻、口腔）、淋巴结、心血管系统、呼吸系统、消化道、泌尿生殖系统、皮（肤）、肌肉骨骼系统和神经系统的密切检查。不一定需要严格地按上述顺序进行检查，但为了避免遗漏，检查者应建立一定的检查次序并在实际检查时遵照这个顺序。

实验室数据 

在病史和体格检查中发现的问题可有助于确定需获得的实验室数据是必需的。对于接受选择性手术的年轻健康动物（小于5岁），获得红细胞压积（PCV）、总蛋白（TP）、尿素氮（BUN）或肌酐、血糖和尿比重等数据通常就足够了。全面的实验室检查，包括全血细胞计数（CBC）、血清化学、电解质和尿检，适用于5岁以上、患病或虚弱的动物。在丝虫流行区域内居住或曾游经该区域的患病动物需进行心丝虫检查。若猫之前未进行白血病和获得性免疫缺陷病毒的检查，则需要完成这一检查。如果猫外出或经常与室外的猫进行接触则应每年定期检查。有特殊医疗状况的患病动物可能还需要额外的检查。

某些情况下动物可能还需要接受进一步的实验室检查。范维勒布兰德氏病（von Willebrand's Disease）发病率高的品种，如杜宾犬，在任何手术前（无论是选择性手术还是其他手术）都需要进行口腔黏膜出血时间（BMBT）的检查（作为术前检查的一部分，即使无异常出血倾向的病史）。如果BMBT延长（超过5min）则表明需要进一步的检查其他指标，如范维勒布兰德氏因子（vWF）。在获得进一步的信息之前，可能需要推迟手术。如果必须进行手术，且患病动物疑似为Ⅰ型（低浓度的vWF）范维勒布兰德氏病，则需要预先使用醋酸加压素（1-氨基-8-D-精氨酸加压素，又称DDAVP）或冷凝球蛋白进行治疗。若发现动物有明显出血或者患Ⅱ型（低浓度的巨型多聚vWF）、Ⅲ型（vWF完全缺失或仅为痕量）范维勒布兰德氏病，则需给予新鲜全血、新鲜冷冻血浆或冷凝球蛋白。若情况允许，可在血液采集前的30～120min内给供血犬使用醋酸加压素。对于疑似血小板病的患病动物（如曾用阿司匹林治疗过的犬），同样可用BMBT对于出血倾向进行评价。

对于任何表现易于发生瘀伤、淤斑以及术前或术后出现瘀点的患病动物，有必要进行血小板计数和凝血酶原检查。血小板计数和凝血酶原检查也同样适用于以下情况，如无法直接进行充分止血的严重出血倾向、腹腔镜或者超声引导下的肝脏穿刺活检。若确诊动物有凝血障碍，则可通过输注新鲜的冷冻血浆来提供凝血因子。同样，有必要给患血小板减少症的动物输注新鲜全血，以此可以稳定病情。但需要明白的是，输注全血、富含血小板的血浆或者血小板并不能明显增加血小板计数，这一点非常重要。

对于疑似缺氧或通气不足（因肺病，如吸入性肺炎、肺水肿、血栓栓塞；气胸；胸腔积液）的患病动物以及出现休克、败血症或表现全身炎症反应性综合征的危重病例需要进行动脉血气分析和评价酸碱状态。可以通过综合分析动脉氧分压（PaO_2）、动脉二氧化碳分压（$PaCO_2$）、pH、碳酸氢盐浓度（HCO_3^-）、碱剩余（BE）、阴离子间隙和电解质浓度的检查结果来评价呼吸功能并确定酸碱失衡的原因。血气分析可有助于决定需要何种辅助治疗（如果需要的话），并可以用于监测患病动物对治疗的反应。

重症病例，特别是患有渗出性疾病（如腹膜炎、蛋白丢失性肠病、广义的淋巴管扩张和烧伤）的动物，会因血管渗漏而丢失大量的蛋白。蛋白丢失（尤其是白蛋白）会导致血管内液体向间质流动（水肿）或经渗透流向体腔。血管内白蛋白和其他胶体物质形成的压力称为胶体渗透压（COP），可由患病动物的全血样本进行测量。COP的测量结果可用于指导液体治疗，尤其是胶体液（如羟乙基淀粉、右旋糖酐、全血和血浆）的使用。

影像学诊断

对于接受选择性手术的健康动物而言，影像学诊断并不是术前的常规检查项目。而在某些情况下，X线摄影、超声波以及更为高级的成像检查，如计算机断层扫描（CT）和核磁共振成像（MRI）等，可提供有用的资料。可根据疑似的肿瘤类型对接受手术治疗的患病动物进行分期，而影像学诊断也是肿瘤分期参考的一个方面。应对接受手术治疗的患肿瘤动物采集以下数据：CBC、生化、尿检、胸部X线片（左侧位、右侧位和腹背位）、腹部右X线片（侧位和腹背位）以及腹部超声检查。根据情况选择CT或MRI来确定肿瘤位置及肿瘤切除的范围。

对于创伤患病动物，至少应获取以下资料：PCV/TP、BUN、血糖、尿比重以及胸部/腹部X线片（右侧位和腹背位），有时还需进行腹部超声检查。除了确定是否出现气胸、胸膜腔/腹腔积液以及肺挫伤外，还应对横膈和体壁影像的连续性及膀胱的影像（存在与否）进行评价。

虽然在解读X线片时需要有正、侧位片，但对于胃部胀气的危重患犬，获得一张右侧位X线片就足以对胃扩张扭转（GDV）做出诊断。发生GDV的老年患犬还应该拍摄左/右侧位以及腹背位胸部X线片以确定是否存在肿瘤，因为肿瘤的出现会影响主人对治疗的选择。当然，发生GDV的动物必须在体况稳定后时再进行拍摄术前X线片。

听诊有心杂音或确定有心脏疾病的患病动物应拍摄右侧位、腹背位/背腹位胸部X线片，若有病症提示则需要在麻醉前进行超声心动图检查。任何出现呕吐或反流的动物都应该拍摄右侧和腹背位胸部X线片，以确定是否发生吸入性肺炎，这对于治疗过程中出现增强性呼吸费力或呼吸窘迫的动物也同样适用。

不同形式的X线造影方法均可用于疾病的诊

断。透视检查可用于食道和胃排空的功能评价。口服钡制剂后连续拍摄右侧位和腹背位腹片可以对胃肠蠕动进行评价并确定胃肠是否发生梗阻（因异物或肿瘤）。在实施肾脏切除手术前，若怀疑对侧肾的功能有问题，可通过排泄性尿路造影对肾功能进行评价。膀胱尿道阳性造影可用于检查膀胱和尿道是否发生肿瘤、破裂以及腔性充盈缺损。

骨科手术中使用的金属植入物在安装或移除后应拍摄术后X线片。膀胱切开术后同样需要拍摄X线片以确定膀胱结石已被完全移除。安置鼻食道饲管和胸导管时，应该拍摄胸部正侧位X线片以确定导管的正确放置。

麻醉和手术风险的评估 

当获得有关动物病况的全部信息后，即可以对患病动物的麻醉和手术风险进行评估。1963年，美国麻醉师协会制定了一种简单的分级系统，根据该系统可以对病人的体况和发生并发症的潜在风险进行评估，而这一标准在编改后也开始应用于兽医临床（表1.1）[1, 2]。通常情况下，除非动物体况被评为3级或高于3级，否则无需调整麻醉规程。人医已将该分级增加到了第7级，涵盖了将要进行器官摘除（用于捐赠）的脑死亡病例。字母“E”表示紧急/急症病例，比如大多数胃扩张扭转病例的体况被评为4-E级。

应当向客户说明麻醉和手术操作过程中可能存在的并发症及不良反应。即便是常规的选择性手术也会存在风险，因此必须告知客户。对于所有患病动物而言（虽然幼年健康动物的发生率要低一些），常规麻醉也会存在死亡风险。除了手术特有的并发症外，还应让客户了解手术中的常见风险（如出血、切口裂开、术后切口感染）。与尚未知情的客户相比，了解情况的客户对并发症会有更清楚的认识并能及时采取措施。

表1.1 体况分级系统[a]

体况	患病动物状况	举例
1	正常的健康的动物	选择性卵巢子宫摘除术；选择性睾丸切除术
2	患有局部疾病或轻微全身性疾病的动物	骨折；前十字韧带断裂；皮肤裂伤；皮肤移除（E：开放性骨折）
3	严重全身性疾病的动物	肾衰竭；发热；肾上腺皮质机能亢进；脱水；贫血（E：胃肠道穿孔）
4	患有持续威胁生命的严重全身性疾病的动物	容易出现全身炎症反应的任何情况，心力衰竭（E：胃扩张扭转综合征）
5	无论是否手术都生命垂危的动物	发展为多器官功能障碍的全身炎症性反应；创伤伴发失代偿性休克（E：肠扭转）
6	接受器官摘除（用于捐赠）的脑死亡的动物	兽医临床尚未有此类病例

在对患病动物进行正确的分级后，用“E”表示紧急手术

[a] 参考自体况分级，ASA相对数值指南，2009

参考文献

[1] MuirWW. Considerations for general anesthesia. In: Tranquilli WJ, Thurmon JC, Grimm KA, eds. *Lumb & Jones Veterinary Anesthesia and Analgesia*, 4th ed. Ames, Iowa: Blackwell Professional Publishing, 2009:17.

[2] Muir WW, Hubbell JAE, Bednarski RM, Skarda RT. Patient evaluation and preparation. In: Muir WW, Hubbell JAE, Bednarski RM, Skarda RT, eds. *Handbook of Veterinary Anesthesia*, 4th ed. St. Louis, Missouri: Mosby Elsevier, 2007:22.

2 小动物麻醉基础

John R. Dodam　Fred Anthony Mann

很难在单一章节的内容里对小动物麻醉进行全面地概述，而本章试图提供一个可以扩展和改进的操作流程框架，以期符合外科医生和麻醉师的需求和目标。这一流程性框架是在麻醉规程（包括患病动物的术前评估；镇静剂、止痛药和/或抗胆碱药物的麻醉前使用；静脉注射催眠剂、镇静剂、分离麻醉剂进行诱导麻醉；使用吸入麻醉剂维持麻醉以及患病动物的苏醒）的基础之上建立的。

小动物麻醉用药

以下是对麻醉前用药、诱导麻醉和维持麻醉药物种类的概述。更多有关所列举药剂、特效联合用药以及推荐剂量的详细信息请参阅相应资料。

麻醉前用药通常在诱导麻醉前的20～40min内通过肌内注射或皮下注射来完成。从逻辑上讲，麻醉前用药非常重要，因为药物可以使患病动物保持镇静或平静，降低所需的身体制动强度，以便安置留置针。重要的是，麻醉前用药可以改善诱导麻醉和/或麻醉苏醒的质量，减少诱导麻醉和维持麻醉所需的药量。麻醉前用药同样可达到超前镇痛的效果。实际上，在手术前使用镇痛药可以增加术后疼痛干预治疗的有效性。此外，麻醉前用药还可以改变自主神经张力、稳定或增加心率以及减少唾液分泌。

抗胆碱药物（Anticholinergics）

抗胆碱药（如阿托品或甘罗溴铵）可以干扰自主神经系统中毒蕈碱受体的乙酰胆碱作用。因此，这些药物常用于增加心率（或防止心动过缓）、减少唾液及呼吸道的分泌。此外，该类药还可以使胃液的pH值升高、减缓胃肠蠕动以及引起支气管的扩张。虽然很多兽医会使用这类药物作为常规的麻醉前用药，但也有人倾向于在治疗心动过缓时使用。阿托品和甘罗溴铵可能会引起心动过速和/或室性心律失常，而静脉注射时这种风险会高于肌内注射或皮下注射。甘罗溴铵比阿托品的作用时间长，且不会影响中枢神经系统，而阿托品的起效时间较短。基于以上原因，甘罗溴铵更常用作麻醉前用药，而阿托品则用于心动过缓的紧急治疗。

吩噻嗪类药物

乙酰丙嗪是一种吩噻嗪类（Phenothiazines）镇静剂，可以产生中枢镇静作用，但无镇痛效果。它可以减少组胺的释放，具有抗心律不齐的性能此外，有报道称其可以降低麻醉死亡率。乙酰丙嗪可以引起血管扩张、低血压、体温过低，降低血小板的功能以及癫痫发作的阈值。通常将乙酰丙嗪与阿片类药物合用作为麻醉前用药。因药效持续时间长，乙酰丙嗪药作为麻醉前用药可有助于动物术后的平稳恢复。

苯（并）二氮䓬类

苯（并）二氮䓬类（Benzodiazepines）药物（如地西泮、咪达唑仑以及唑拉西泮）作为一种镇静剂经常与分离性麻醉药物（如氯胺酮和替拉他明）联合用于诱导麻醉。但单独给药时，却会让某些动物表现兴奋。通常，苯（并）二氮䓬类药物不单独用于术前镇静（除了幼年、老年动物以及表现沉郁的动物之外），因其无明显作用。此外，地西泮在肌内注射给药时无法被吸收。当与其他诱导药物联合使用时，苯（并）二氮䓬类药物可降低它们的用量，同时产生肌松效果，但对心血管系统影响较小。此外，苯（并）二氮䓬类药物也常用于抗癫痫，而其药效可被特定的颉颃剂（氟马西尼）逆转。

α-2受体激动剂

α-2受体激动剂（Alpha-two agonists），如噻拉嗪和右旋美托咪啶，可以减少中枢神经系统中去甲肾上腺素的释放，达到镇静、镇痛以及肌松的效果，并能降低其他麻醉药物的用量。该类药对心血管系统的主要影响表现为心动过缓、血压双相性变化（由低血压转为高血压）以及心排血量显著减少。此外，这类药物还具有升高血糖、利尿以及减缓胃肠运动的作用。当以低剂量肌内注射或静脉注射该类药物时，动物常发生呕吐。与右旋美托咪啶相比，噻拉嗪作用时间短，且更容易导致心律失常。α-2受体激动剂的药效也可以被特定的颉颃剂所逆转。通常，噻拉嗪的作用效果可被育亨宾所颉颃，而右旋美托咪啶的药效则可被阿替美唑所颉颃。α-2受体激动剂常与阿片类药物联合应用以降低各自的用药剂量，并减小对心肺系统的不良影响。虽然常规使用格隆溴铵联合右旋美托咪啶仍存在争议，但使用抗胆碱类药物可以抑制α-2受体激动剂引起的心动过缓。

阿片类药物

阿片类药物（Opioids）因具有镇痛作用且可降低麻醉剂用量而被广泛使用。该类药一般可达到轻度或中度的镇静效果，但对某些动物有兴奋作用（猫尤其容易发生）。当阿片类药物与某些镇静/镇定剂（如乙酰丙嗪、噻拉嗪）同时使用时，其兴奋作用可被有效抑制。通常，完全受体激动剂（如吗啡、羟基吗啡、氢吗啡酮和芬太尼）比部分受体激动剂、激动/颉颃剂（如布托菲诺、丁丙诺啡和纳布啡）更为有效，但不良反应也相对更大。可能产生的不良反应包括呼吸抑制、心动过缓、呕吐、胃肠蠕动减缓和尿潴留，而吗啡还可引起组胺释放。吗啡、羟基吗啡以及氢吗啡酮常作为麻醉前用药来使用。芬太尼可以通过肌内注射用作麻醉前给药，但由于其作用时间短（小于1h），故常进行静脉恒速输注。部分激动剂和激动/颉颃剂药物常用于控制轻度和中度疼痛。布托菲诺常用作小动物的麻醉前用药，但在犬体内的作用时间短。丁丙诺啡因作用时间相对较长，常用于犬、猫的术后镇痛。

阿片类药物的药效是可逆的。目前，纳洛酮是小动物麻醉中最为常用的完全颉颃剂之一。纳布啡和布托菲诺同样可用于逆转μ受体激动剂（如吗啡和氢吗啡酮）的效果。与纳络酮不同，纳布啡和布托菲诺可以通过激活κ受体产生轻度至中度的镇痛作用。

曲马多是一种非典型的阿片类药物，通常为

口服剂型。曲马多作用于μ受体，同时也通过其他途径作用于中枢神经系统。由于在美国尚无注射剂型，术前使用曲马多会受到限制。

非甾体类抗炎药

非甾体类抗炎药物（Nonsteroidal Anti-inflammatory Drugs, NSAIDs）通过干扰前列腺素及白三烯的生成，可以控制疼痛及炎症反应。新型药剂，如卡洛芬、德拉昔布、美洛昔康和替泊沙林的毒性远远小于传统的非甾体类抗炎药物，如阿司匹林、苗甲新以及苯基丁氮酮。此类药物具有明显的不良反应，可以导致肾衰竭和胃肠道溃疡以及麻醉时出现低血压。此外一些NSAID还可抑制血小板功能。鉴于上述潜在的副作用，且NSAID不改变麻醉剂用量因此大多数兽医将其用作术后用药。

分离麻醉剂

分离型麻醉药（Dissociative Agents），如氯胺酮和替拉他明，是N-甲基-D-天冬氨酸受体拮抗剂，可以通过静脉注射或肌内注射的方式作为麻醉前用药或诱导麻醉。由于肌松和制动效果不佳，分离型麻醉机不适宜单独作为麻醉前用药或诱导麻醉药来使用。氯胺酮常与咪达唑仑或者地西泮联合用于静脉诱导麻醉，而替拉他明和唑拉西泮也有静脉或肌内注射用的商品化制剂（Telazol, Fort Dodge Animal Health, Fort Dodge, IA）供小动物使用。与大多数麻醉药物不同，分离型麻醉药通常可以维持或者升高血压、增加心率和心排血量。此外，还可以引起大脑血管舒张、增加大脑代谢率以及脑部的血流量。

安眠剂

硫喷妥钠和丙泊酚是小动物临床常用的安眠/镇静药物，二者均可通过静脉注射让动物在吸入麻醉前意识丧失。由于丙泊酚可被快速清除，其作用时间要短于硫喷妥钠，但可通过静脉间断给药或恒速输注来维持麻醉。与硫喷妥钠相比，丙泊酚对心血管的抑制作用更强，但很少引发心律不齐。与硫喷妥钠不同，丙泊酚不会造成外周血管损伤且不属于管制药品。这两种药物都属于呼吸抑制剂，但丙泊酚更容易引起黏膜发绀及血红蛋白去饱和化。无论使用哪种药物，医生都应该准备好对动物进行气管插管、供氧和通气。动物表现疼痛和躁动时可以给予使用丙泊酚，此硫喷妥钠在注射后可引起动物出现短暂的兴奋。这类药物的作用可以 被镇静/镇定剂、镇痛药物（诱导麻醉前注射）所减缓或消除。此外，还可以通过先快速注射半数剂量（剩余药物逐步增量给药至起效）以减小硫喷妥钠导致的兴奋作用。推注丙泊酚通常不会引起动物兴奋，而缓慢给药至起效可以减少药物的不良反应（如低血压和呼吸暂停）。1d内重复给予丙泊酚可能会引起猫的血红细胞发生氧化损伤，而单次的静脉诱导剂量并不会出现上述问题。丙泊酚制剂都有一定的保存期限，因为液体剂型容易滋生细菌或酵母菌。此外，瓶内药物应在开启后的6h内用完。单次诱导剂量的硫喷妥钠会延长锐目猎犬的苏醒时间，而重复给药用于维持麻醉则会延长所有动物的苏醒时间。

小动物麻醉流程 

下列大纲对麻醉前用药、静脉诱导麻醉以及吸入麻醉的维持进行了详细概括。需要清楚的是，这一大纲并不能替代针对不同患病动物所定制的系统方案及其实践调整，但可以作为实施小动物麻醉的核对表和培训指南。

1. 在对患犬或猫进行麻醉之前，需对其进行全面的病史调查及体格检查。红细胞压积、血浆蛋白、血清尿素氮/肌酐以及尿比重等实验室检查也是术前常规检查的一部分。根据患病动物的体况和操作流程来决定是否需要进行其他的诊断检测。麻醉前需告知主人麻醉相关的风险并签订麻醉同意书。若动物在住院期间出现灾难事件，则应该询问主人对紧急情况进行处理的意愿。

2. 需根据动物的病史、体格检查/实验室检查结果以及操作流程来选择特定的麻醉规程。麻醉规程中还需给出控制术后疼痛的方法。针对伴发疾病、特殊诊断或治疗的麻醉相关内容不在本章的讨论范围。

a. 需考虑局部和/或区域镇痛技术在普通麻醉规程中的辅助作用。

3. 计算好麻醉前用药和诱导麻醉用药的剂量。对注射器内用于麻醉前用药和诱导的药物进行标记，确保正确登记所有的管制药品。

4. 麻醉前用药（如镇静和镇痛药物）。在麻醉前用药后，需将动物送回笼内，留待20 ~ 30min后将动物移出并进行诱导麻醉和导尿。在麻醉前用药起效前，需对动物进行监测确保其状态稳定，但切勿惊扰动物。事实上，过度的刺激会降低镇静药物的效果。

a. 麻醉前用药的肌内注射部位通常为股四头肌（首选）、腰部肌肉组织以及半膜肌/半腱肌。

5. 装配好麻醉所需的辅助器材和设备。

a. 选择最适型号的气管插管。

b. 检查气管插管与套囊的完整性。

i. 气管插管用于维持动物气道的通畅、控制通气、保护气道不受异物污染以及防止工作人员暴露于废用的麻醉气体中。

ii. 检查气管插管有无缺损。

iii. 按下列步骤对气管插管套囊的气密性进行检查：

（1）将一个注满空气的注射器与充气阀相连接，并将套囊充盈。

（2）撤除注射器。

（3）保持套囊处于充盈状态5 ~ 15min。

（4）观察套囊的漏气情况：

a. 若套囊发生漏气，则不能使用此气管插管。

（5）若套囊仍保持充盈状态，则用注射器排空气体。

iv. 在使用前保持气管插管表面清洁。

v. 在将气管插管插入气道前，需要在插管的动物端外表面涂抹适量的水溶性润滑剂。

c. 检查麻醉回路的完整性。

i. 组装麻醉回路（Y型管和气囊）；连接氧气和废气吸收装置，并对系统进行压力测试。

ii. 动物端回路应能够稳压（30cm H_2O*）15s。

iii. 根据使用回路的类型，决定是否需要检查和评估非复吸式回路。通常，非复吸式回路适用于体重小于8 kg的动物，而复吸式循环系统适用于体重等于或大于8kg的动物。

* 1cmH_2O=98Pa。——译者注

d. 检查挥发罐内吸入麻醉气体的余量，根据需要进行补充。

e. 计算麻醉回路中新鲜气体的流量。

i. 回路系统处于半密闭状态时，按以下指南进行操作：

（1）在半密闭回路系统中，氧流量一般维持在每分钟22 ~ 44mL/kg的水平。此外，可以按估计氧消耗量的3倍来计算维持氧流量（如每分钟5 ~ 10mL /kg的氧流量 × 3）。闭合型循环通路则使用较低的氧流量。

（2）在麻醉诱导和苏醒过程中需要较高流量的新鲜气体。在麻醉诱导时，新鲜气体的流量一般设为1 ~ 2L/min；维持麻醉时设为0.5 ~ 1L/min。

（3）非复吸式回路氧流量的选择取决于所用的回路系统类型。大多数情况下，适于小动物使用的Mapleson F非复吸式回路的氧流量计算值为300 × 动物体重（kg），以mL/（kg · min）为单位。

6. 全身麻醉过程中，常使用晶体液（如乳酸林格氏液）进行静脉补液。

a. 根据动物的情况、施行的手术类型、手术持续的时间选择液体的类型和输液速度。

b. 在麻醉前计算好液体的输注速度。通常在麻醉后的第一个小时内按照每小时10mL/kg的速度进行补液，之后设为5 ml/（kg · h）。

c. 可以使用电子控制输液泵或者重力式输液器进行输液。当用重力式输液器对液体流速进行计算时，输液速度（滴/min）由点滴器的型号决定。常用的点滴器型号：10、15、60滴/mL。

d. 将输液装置插入静脉液体袋并开始输液。

7. 在辅助材料和设备都准备好后，即可以将已镇静的动物置于台面上，保定后安置静脉导管。

a. 需采用减少应激的方式来保定动物，防止动物对保定人员或麻醉师造成伤害。

8. 静脉导管的放置位点需要进行剪毛和外科准备。

a. 头/头副静脉或外侧的隐静脉通常为犬静脉导管的放置位点。

b. 头/头副静脉或内侧的隐静脉通常为猫静脉导管的放置位点。

9. 将套管针插入静脉内，并用T型三通阀与导管相连接。

a. 或者可以将输液器直接与静脉导管相连。

10. 导管和相连的T型三通阀可以用胶带固定，并将三联抗生素软膏（或其他非刺激性的消毒剂/抗生素霜/凝胶/软膏）涂布导管插入位点，最后可以用灭菌纱布块或无菌创可贴覆盖住导管插入点。

11. 在注射诱导药物之前，需确保导管位于静脉管腔内。可以用无菌生理盐水进行注射测试。

12. 在全身麻醉的诱导前需要对动物进行简单的评估，尤其是在诱导麻醉前应对脉搏频率、脉搏质量以及黏膜颜色进行最终的检查。

a. 当脉搏频率、脉搏规律或黏膜颜色异常时，麻醉师需要找查原因，并重新评估麻醉方案。

13. 给予选定的麻醉诱导剂实现对动物的诱导麻醉。

14. 由助手将动物的口腔撑开，然后用纱布块将其舌头向前牵引。

a. 需向吻侧牵拉舌头，置于下颌犬齿间。麻醉师不可将其手指置于动物的牙齿间，而应用气管插管或喉镜辅助将动物的舌头牵拉出口腔外，并安全地将其把住。

b. 若使用喉镜，则要用喉镜压住舌根并下压会厌以暴露喉头。

（1）用喉镜下压会厌时要轻柔操作。

（2）气管插管时使用利多卡因喷雾能降低猫喉头的敏感性，减少喉痉挛的发生。

c. 应将气管插管伸进口腔，经喉头插入气管内。

d. 检查气管插管插入的深度，使插管尖端正好位于动物的胸腔前入口处。

e. 气管插管可能会对动物造成损伤，而这种情况更常在猫上发生，因此在气管插管过程中需要考虑以下问题：

（1）气囊充气程度是否合适

a. 气囊充气过饱会损伤动物气道。

b. 气囊充气不足则可能造成异物被吸入气道和肺脏内。

c. 气囊充气后，不能在抽气前扭转、插入或拔除气管插管（在牙科手术中，将动物侧身翻转前需暂时将麻醉管路与气管插管断开，因为扭转充气的气囊会撕裂气管）。

（2）气管插管的正确放置

a. 将插管错误地插入食道将无法有效地传送氧气和麻醉气体、不能保护呼吸道以及确保气道开放。

b. 插管管尖应正好位于胸腔前入口处。

i. 插管插入过深可能会闭塞单一的主支气管，引起明显的气体交换异常。

ii. 插管插入过浅又易脱出，此时气囊可能正好卡在喉头位置，导致喉头损伤。

iii. 在诱导麻醉前，预先将插管在动物体外的头、颈部进行衡量以此估计插入的深度。

iv. 放置插管后可通过触诊插管在气管内的位置来确定插入的深度。

15. 动物侧卧保定，然后将气管插管与麻醉机相连接并打开氧气阀（1～2L/min）。

16. 需要监测动物的脉搏和心跳情况。

17. 麻醉师应用纱布卷将气管插管与动物进行绑定。用半方结将纱布与气管插管绑紧，然后以“蝴蝶结”或易于解开的结系在动物的口鼻部（犬）或头部后方（犬和猫）。

用于将气管插管与动物进行绑定的装置已经商品化。一些操作过程中，可以使用静脉输液管来替代纱布卷。

18. 关闭麻醉机上的减压阀，挤压气囊使压力维持在20～25cmH_2O以检查气管插管周围是否漏气。若发生泄漏，则正压通气时可在口腔内听到泄露声。

a. 系统压力无法维持超过1～2s。

b. 若听到泄漏声，应打开减压阀，充盈插管套囊。对小动物而言，插管套囊的充气容积为1～3mL.

c. 需重复以上操作，直到回路中的压力维持在20～25cmH_2O而不再发生漏气。

d. 充盈插管套囊后，打开减压阀。

19. 若使用异氟烷作为吸入麻醉剂，则挥发罐的初始浓度设定为2%～3%；如果是七氟烷，初始浓度设定为3%～5%。

a. 需在评估动物的麻醉深度及心血管情况后再设定实际的挥发罐浓度。

b. 挥发罐初始浓度的设定受麻醉前用药以及诱导麻醉的影响。

20. 动物的呼吸、脉搏频率以及麻醉深度都需要进行连续监测。必须每间隔5min将以上结果记录在麻醉记录表中。

21. 润滑后的食道听诊器经口腔插入食道内并用听筒同步听诊。插入深度以听到最清楚的心音为宜。

22. 无菌操作下将晶体液与静脉导管相连，按计算好的速度输注（见6.b.）。

23. 使用无菌眼科软膏涂布角膜降低溃疡发生的风险。

24. 此时可以进行动物的手术前准备（摆位/剃毛/备皮）。

25. 当动物过渡到平稳的麻醉状态时（诱导5~15min），调整麻醉药浓度和氧流量至维持水平。

a. 在麻醉记录表中记录观察结果、生理参数和干预措施。

b. 调整挥发罐浓度以维持适宜的麻醉深度。

26. 应联合体格监测和仪器评估以确保动物状态稳定。对麻醉动物进行监测的常规项目包括：

a. 心电图

b. 二氧化碳曲线

c. 脉搏血氧测定

d. 无创性血压监测（示波法或多普勒法）

e. 直肠温度或食道温度测量

i. 在麻醉和手术过程中，通常需要对动物进行保温，防止体温过低。

27. 当诊断或治疗完成后，可以关闭挥发罐，但仍需持续通氧直到动物恢复吞咽。根据施行的手术操作、麻醉前用药以及局部或区域麻醉技术的使用情况，可在动物苏醒前额外给予镇痛药物。

28. 在拔除气管插管前需将套囊内的气体排空。

a. 某些情况下，若怀疑有液体或异物进入气管插管与气管的间隙中，则仅抽出套囊内的部分气体后撤除插管。

29. 通常在麻醉结束后停止补液。用生理盐水冲洗静脉导管，在动物苏醒和恢复稳定前保留静脉导管。常规情况下，在动物可自行走动前仍需保留静脉导管。当动物出现术中血液丢失过多、电解质紊乱、持续性液体丢失、发生癫痫的风险增加、心肺功能异常、表现疼痛或烦躁等情况时，不能立刻撤除静脉导管，应对动物进行重新评估并制定合适的治疗方案。

30. 在术后要对动物的情况进行监测。以下参数在评估时尤为重要：

a. 呼吸和心血管功能

i. 脉搏频率和质量

ii. 呼吸频率

iii. 血红蛋白饱和度（通过脉搏血氧仪测定）

b. 体温

c. 疼痛水平

d. 精神状态

3 小动物外科手术中的无菌技术

Fred Anthony Mann

无菌技术的总体原则是将创口发生污染和术后感染的可能性降至最低。要想全面地理解无菌技术需要掌握以下5个常用术语：

- 无菌：组织内无可见病原微生物的状态。
- 败血症：组织内存在病原微生物或上述微生物副产物的状态。
- 防腐：安全地使用药剂（防腐剂）清除微生物或降低微生物活性。防腐剂是一类可以用于局部活组织上的化学物质。
- 消毒：使用化学物（消毒剂）杀灭细菌的繁殖体（不一定能破坏芽孢）。消毒剂是一类可以在无生命体（如手术器械或设备）上使用的化学物质。
- 灭菌：杀灭物体上（如科手术器械以及任何直接接触开放手术创的物品）所有的微生物和芽孢。可以通过高热（蒸汽高压灭菌）、环氧乙烷、过氧化氢蒸气、辐射和化学灭菌（戊二醛）的方式进行灭菌。

预防细菌感染对于手术创伤的护理至关重要。细菌污染及其引发的感染状况包括全身性疾病（腹膜炎、败血症等）、延迟愈合、疼痛期延长、苏醒延迟以及改变容貌。消除手术创口内及外周的微生物可避免创口被细菌污染或发生感染。因此，了解并防范手术室内细菌污染的来源十分重要。污染的来源包括：手术室内已刷洗和非刷洗的人员、手术器械、手术室内设备以及患病动物，其中次序靠后的因素是手术创感染的最常见细菌来源。规划并实施无菌技术可将污染的风险降到最低。如果正确地按照规程操作，一般不太可能发生创口感染，除非在建立手术无菌隔离时严重违反了无菌技术。手术无菌隔离的建立和患病动物无菌准备的特殊技术将在第9、10、11章内容中进行介绍。

手术室内的空气可成为将细菌引入创口的媒介。因此，在手术室内限制非必需人员的数量、减少不必要的走动和交谈可以最大限度地减少空气湍流的形成。这也意味着，并不存在真正意义上的无菌手术，而所有创口的都存在一定水平的污染物。可靠的证据表明，每克组织或每毫升液体中含有10^5个微生物时可引发感染。在多数情况下，有免疫保护力的动物个体可以在无介入治疗的情况下将低浓度的病原体清除。

宿主防御机制被破坏、细菌种植体的特性以及各种局部因素的综合影响（如组织坏死、死腔、血液供应减少以及外源物质的存在）都会引发感染。手术人员必须在术前明确患病动物的上述特点，并对围手术期和术中施行的操作进行评估以确保手术创不被污染。围手术期操作包括动物的准备、手术器械的灭菌、外科刷洗和手术无菌隔离的建立（包括术者和患病动物）。关于预防手术创感染的围手术期操作及其他相关措施将在第6～11章内容中进行讨论。以下列出了减少术中污染需要遵循的原则：

1. 刷洗完毕的人员必须留在无菌区内，且只能接触无菌区内的物品，而未刷洗人员不能进入无菌区。

2. 尽可能地减少交谈和不必要的走动。

3. 手术人员必须时刻保持无菌区的可视化，因为灭菌物品在可视情况下可以降低被非无菌物品污染的可能性。

4. 一旦在手术台和器械台上建立手术无菌隔离后，仅台面高度以上的空间是无菌的。而搭落在台面上的创巾和保定绷带在手术人员的视线之外，应视为已被污染。

5. 为了避免透印污染（透印污染是指由于布料被体液或冲洗液浸湿而导致细菌由手术无菌隔离的非无菌侧移行至无菌侧），遮盖患病动物、手术台以及器械台的创巾应为防水材料。

6. 一旦手术人员穿好手术服，则肩部向下至腰部、从手套指尖至肘关节向上5cm的区域将被视为无菌区。因此，在未使用双手时，应将手置于腰部水平以上，靠近身体紧握双拳。

7. 若已刷洗人员需要坐着进行手术操作，则必须保持坐姿直至手术结束。

8. 只能使用已正确消毒的设备（在内包裹和外包层上均有灭菌指示条带）。如果无法确定物品是否无菌或存在怀疑，应将其视为污染。

9. 在打开无菌包时，若器械接触到包裹敞开的边缘，则视器械已被污染，需要更换新的器械包。若手术包/袋的外包层发生破损、潮湿，都被视为污染，不能再使用。

10. 向消毒碗内倾倒灭菌液体时，由未消毒人员进行操作，同时由无菌人员手拿消毒碗并将其远离无菌区。未消毒人员要小心倾倒，避免液体飞溅或滴到无菌区。未消毒的液体盛装容器不能触碰消毒碗。

上述原则是无菌技术的主要内容。虽然开始施行时会略显繁琐，但经过反复地操作练习，手术人员会很快习惯并掌握这些原则。

目前，兽医临床中常用的几种抗菌剂包括：脂肪醇、碘伏和氯己定。脂肪醇，如70%的异丙醇，对大多数细菌和病毒有抑制作用。酒精起效快速，可以使细菌的细胞壁和细胞壁蛋白变性。单独使用酒精的残留药效和不良反应（如刺激皮肤、皮肤脱水以及开放创口的组织坏死）都很小。在进行手术皮肤切口的消毒准备时，常将酒精与其他抗菌剂合用。但由于异丙醇会降低洗必泰的残留药效，故在皮肤消毒准备时不建议在使用氯己定后再用异丙醇擦洗。此外，在进行激光手术时避免使用酒精进行皮肤消毒准备，防止术中激光束接触酒精而引起火灾。

碘伏，如聚维酮碘溶液，可有效抑制大多数细菌、真菌、病毒、原虫和酵母菌的生长，并且延长接触时间还可有效对抗细菌芽孢。碘伏起效迅速，可穿透细胞壁、以游离碘置换细胞内分子。稀释后的碘伏将更为有效，因为低浓度的溶液可以释放更多的游离碘。碘伏的残留药效很低（需每隔4～6h重复使用1次），而当与有机物（如红细胞、白细胞和坏死组织）接触时会发生失效。研究表明，高浓度的碘伏会导致组织坏死，因此建议使用1%浓度的碘伏（按1：10比例稀释10%的原溶液）。碘伏的不良反应为皮肤过敏反应（接近50%的患犬会发生）。需要注意的是，由于碘离子可经由开放创口和黏膜被全身吸收，因此会导致全身碘离子浓度增加和暂时的甲状腺功能障碍。全身对碘离子的吸收需引起关注，尤其当发生在幼龄动物、严重烧伤或有大面积开放创口的动物时。有报道称，重复使用碘伏可起代谢性酸中毒。在动物手术切口的皮肤消毒准备以及手术人员的皮肤消毒时通常会使用含碘离子的去污剂。

氯己定可有效抑制大多数细菌，但其抗真菌和病毒能力很弱。氯己定起效快速，可以破坏细胞膜和引起细胞成分（如蛋白质）发生沉淀。氯己定有很好的残留药效（接近2d），且不会因接触有机物质而失效。重复使用氯己定可提高药效，且不会出现明显的全身吸收和过敏反应。但氯己定的缺点是会对耳膜和角膜产生毒性，故使用时应避免接触耳膜和角膜。有证据显示，0.05%浓度的氯己定可用于创口的消毒（按1：40的比例稀释原溶液）。葡萄糖二醋酸盐用0.9%的生理盐水或乳酸林格氏液稀释会产生沉淀，因此推荐使用无菌用水作为稀释剂。但沉淀的产生并不会降低氯己定的抗菌效力和增加创口的感染几率。氯己定包含去污剂，通常用于手术切口的皮肤消毒准备或手术人员的皮肤消毒。另外，无水或免刷洗的消毒洗手液也常用于手术人员的皮肤消毒。此类消毒洗手液（Avagard™、3M、St. Paul、MN）的有效成分包含质量分数为1%的氯己定葡萄酸和61%的乙醇，该产品已经获得美国食品和药物管理局的批准用于术前的皮肤消毒准备。这种免刷洗产品可以在15s内快速杀灭大多数微生物，杀灭率超过99%。

兽药市场上还有其他类别的产品可用于术前的皮肤消毒准备，但以上列举的产品是目前最为常用的制剂。

4 小动物外科手术中抗生素的使用

Elizabeth A. Swanson　Fred Anthony Mann

在外科手术中进行正确的无菌操作可以将感染率降至最低；若已发生感染，后果将很严重。手术过程中使用抗生素可以预防和治疗感染，但对抗生素的使用缺乏基本认识会导致抗生素的误用、过度使用、不正确使用进而引发更为严重的感染，而以上这些情况都会对患病动物造成伤害。本章旨在介绍围手术期抗生素治疗涉及的基本概念，并为手术过程中抗生素使用方案的制定提供指导。

随着耐甲氧西林葡萄球菌属和其他多重耐药细菌的出现，给手术动物使用单一类型的抗生素已不再可行。此外，想通过使用抗生素来弥补手术中拙劣的无菌操作的做法也并不可取。兽医师必须认真仔细地了解应何时、在哪个部位、以何种方式给患病动物使用抗生素。

手术中抗生素的正确使用将围绕以下两个概念进行：预防和治疗。预防性抗生素的使用是指在污染发生前以及感染的可能性很大或者感染必定会造成巨大危害的情况下给予抗生素。治疗性抗生素是在已存在感染的情况下使用，且应尽可能的根据细菌培养和药敏试验的结果来确定用药。在等待培养和药敏试验结果的同时，可根据预判的污染微生物进行经验性治疗，但此时需对用药作出明智的经验性选择，因为当污染微生物对首次使用的抗生素不敏感时可能会对敏感药物产生抗性。

是否需要在围手术期使用预防性抗生素来预防感染应根据感染风险（如手术时长、一定的宿主因子和手术创口的环境）的评估结果来决定。如前所述，预防性抗生素并不能弥补拙劣的手术操作（如过多的组织损伤或错误的无菌技术）。当然，仅存在细菌也很难引发感染。手术创伤（如局部缺血）改变局部的宿主防御机制对于常规数量的细菌导致的创口感染是必需的。因此，对于有免疫保护力的动物而言，若在合理时限的手术治疗过程中进行正确的手术操作可以不使用抗生素。有关无菌术和预防创口感染的信息可参见第3章内容。

对于预计时长超过90min的手术应考虑使用预防性抗生素。每隔70min，手术患病动物的感染风险就会加倍[1]。任何安置植入物（如骨板、人造网、聚甲基丙烯酸甲酯骨黏合剂、不可吸收缝线等）的情况也应使用预防性抗生素。植入物周围的感染会延迟创伤愈合，而最坏情况是导致手术失败。手术失败的例子包括由于手术部位的顽固性感染需要取出全髋置换的植入物或者截肢。植入物促进生物被膜的形成，而生物被膜为细菌生长提供了条件并抑制自然宿主机制和抗生素效应。唯一能彻底消除由植入物引起的手术感染的方法是取出植入物。

一定的宿主因子，如存在的并发症、幼龄或老年动物、接受免疫抑制治疗，也可能使动物的感染风险增加，因而需要在围手术期使用抗生素。如患有糖尿病或肾上腺皮质机能亢进的动物，其免疫系统受损，因此更容易发生感染。幼龄和老年动物因免疫系统下健全或受损，其手术后的感染几率增加。化学治疗在本质上会抑制动物的免疫系统，因此正在接受化疗或近期完成化疗方案的动物，其手术部位有很高的感染风险。

手术过程中，术者需要谨慎操作，将手术部位及周围组织的污染风险降至最低，以此最大程度地发挥预防性抗生素的作用。手术创口的周围环境对感染的发生有很大影响。手术部位稽留的大血肿或血凝块、坏死组织以及异物（包括手术纱布）都会抑制宿主的防御机制，滋生细菌。损伤和坏死的组织无法增加机体抗感染的保护力，且因为含氧量低会同时促进需氧菌和厌氧菌的生长。对创口如消毒准备后的预定手术切口进行无菌术处理前，外界环境可导致创口发生污染。小心清除坏死组织和大量灌洗可将污染创转变为清洁创，并且可以不使用抗生素。对于污染创手术，若需要给予预防性抗生素，应在围手术期内使用。感染创手术后需继续使用抗生素，这也意味着需要每日用药直至感染清除。

动物的大多数体腔内都存在固有菌群。这类微生物通常具有重要功能，如帮助消化，但若进入腹膜腔则会引发致命疾病。在可控条件下，体腔的手术切口被视为清洁污染创；若预计手术时间达到或超过90min，则需要给予预防性抗生素。需谨慎操作，避免腔内容物泄漏至体腔内。若腔内容物泄漏到体腔内污染了手术部位，则需要将污染物清除并进行大量灌洗。当然，发生此类泄漏也并不一定需要术后持续给予抗生素治疗。与外伤性创口相似，大量的灌洗可将污染的手术创转变为清洁污染创。围手术期外的预防性抗生素治疗不是必需的，相反它可能会导致顽固性感染的发生，或者掩盖严重的感染（如腹膜炎）进而延迟对疾病的积极治疗。

根据靶组织存在的细菌种类来选择预防性抗生素。手术创最常见的感染源为皮肤细菌，尤见于矫形外科及神经外科手术。皮肤细菌一般为革兰氏阳性菌，多数为金黄色葡萄球菌（*Staphylococcus aureus*）或中间型葡萄球菌（*S. intermedius*）。第二常见的感染源为粪便。粪便内含有结直肠的微生物，如肠道革兰氏阴性菌（大肠杆菌 *Escherichia coli*）和厌氧菌（拟杆菌 *Bacteroides spp.*）。当打开动物体腔时，必须针对体腔中存在的代表性菌群来选用预防性抗生素。消化道微生物包括革兰氏阳性菌、肠道革兰氏阴性菌和厌氧菌。呼吸道微生物包括革兰氏阳性菌（葡萄球菌 *Staphylococcus* spp.）和革兰氏阴性菌（大肠杆菌 *E. coli*）。泌尿生殖道微生物包括大肠杆菌（*E. coli*）和葡萄球菌（*Streptococcus* spp.），常见于泌尿道感染、子宫蓄脓或前列腺脓肿。常规或择期手术不建议使用预防性抗生素，如子宫卵巢摘除术和睾丸摘除术等泌尿生殖道手术。肝脏的正常固有菌群包括厌氧菌以及革兰氏阳性/阴性需氧细菌，但肝胆管手术中也有可能受到消化道微生物的污染。

头孢唑啉为最常用的围手术期预防性抗生素，因为它对大多数围手术期的污染物有抗性，并能很好地渗透入机体的大部分组织[2]。常规的围手术期抗生素用药规程是在诱导期静脉注射头孢唑啉（22mg/kg）（最好是在皮肤切开前30min给药），手术过程中每隔90min重复给药一次。即便在手术过程中可能出现污染也需要在24h内结束给药，若能手术结束时立即停止给药会更好。需要在术后监测动物是否出现感染迹象（如红、肿、热、痛、流脓、发热、沉郁、呕吐、食欲不振、呼吸窘迫、体腔有渗出液），并采取相应的治疗措施。表4.1列出了预防性抗生素的剂量及其适应证。

结直肠内寄居着大量的细菌，因此结直肠手术存在极大的感染风险。手术准备前口服抗生素可有助于减少结肠内细菌性微生物的数量。新霉素为最常用的口服抗生素，需要在术前的24～72h内开始使用，并按照20mg/kg的剂量每间隔8h用药1次。麻醉诱导期仍需要静脉给予预防性抗生素（见表4.1）。不建议灌肠和使用缓泻剂（如GoLYTELY®，Braintree Lab，Inc., Braintree, MA）进行肠道准备，虽然此法可以减少肠道内粪便，但同时也会液化粪便，增加了肠内容物泄漏污染的风险。

为了达到预防的目的，抗生素需要在污染发生前到达该潜在感染部位。为此，应在皮肤切开前的30～60min内静脉给予选用的抗生素（或在麻醉诱导时），然后根据抗生素的药代动力学特点重复给药。应在创口闭合后的24h内停用预防性抗生素（若能在手术结束时停药会更好）因为持续使用抗生素超过24h会增加动物感染的风险。给动

表4.1　小动物围手术期使用的预防性抗生素

抗生素	剂量	途径	用药频率[a]	适应证
头孢唑啉（Cefazolin）	22mg/kg	静脉注射	每间隔90min	最常用的预防性抗生素；矫形外科手术；大多数的软组织手术；神经外科手术
头孢噻吩（Cefoxitin）	22mg/kg	静脉注射	每间隔90min	胃肠道手术；肝胆管手术
氨苄西林（Ampicillin）	20mg/kg	静脉注射	诱导时使用1次	存在风险的泌尿生殖道手术
青霉素G钾盐（Potassium Penicillin G）	70000U/kg	静脉注射	每间隔90min	矫形外科手术
新霉素（Neomycin）	20mg/kg	口服	每间隔8h[b]	结直肠手术的术前准备
红霉素（Erythromycin）	10～20mg/kg	口服	每间隔8～12h[b]	结直肠手术的术前准备
甲硝唑（Metronidazole）	20mg/kg	静脉注射	诱导时使用1次	结直肠手术的术前准备
恩诺沙星（Enrofloxacin）	5mg/kg	静脉注射[c]或肌内注射	每间隔2h	存在风险的泌尿生殖道手术

[a] 所有预防性抗生素都需要在麻醉诱导时给药，最好能在皮肤切开前30min给药，但提前的时间不要超过60min。（例外：若手术过程中需要取样培养，通常在采样后再给药。此时为抗生素的首次给药）

[b] 结直肠术前准备的口服抗生素需要在手术前的24～72h给药；在手术时（麻醉诱导时或皮肤切开前30min），也可以通过静脉给予预防性抗生素（如头孢唑啉或甲硝唑）。

[c] 静脉给予恩诺沙星与过敏反应有关。若需要静脉给药，则要稀释恩诺沙星并缓慢给药。

物进行手术清创时，若未遵照围手术期预防性抗生素的用药规程，而是术后再补给抗生素，则动物发生感染的机率比未使用术后抗生素的还要高[3]。若在手术期间发现感染或怀疑有败血症，则需要在术后持续抗生素治疗，同时需要根据细菌培养和药敏试验结果以及动物对药物的反应进行适当调整。

参考文献

[1] Eugster S, Schawalder P, Gaschen F, et al. A prospective study of postoperative surgical site infections in dogs and cats. *Vet Surg* 2004;33:542–550.

[2] Page CP, Bohnen JM, Fletcher JR, et al. Antimicrobial prophylaxis for surgical wounds: guidelines for clinical care. *Arch Surg* 1993;128:79–88.

[3] Brown DC, Conzemius MG, Shofer F, Swann H. Epidemiologic evaluation of postoperative wound infections in dogs and cats. *J Am Vet Med Assoc* 1997;210:1302–1306.

5 基本的外科手术器械

Fred Anthony Mann

想要成功地完成手术操作就必须使用正确的手术器械。虽然有很多用于特定手术操作的特制器械，但有一些基本的器械几乎适用于所有的手术操作的。这类基本器械可用于固定创巾；切割、牵拉和进行组织操作；抽吸手术区域显露术野；止血以及闭合创口。

创巾钳可将每一块手术创巾与皮肤一并固定（也称为创巾夹）。最常用巴克豪斯（Backhaus）创巾钳进行无菌手术创巾的固定（图5.1）（也可参阅第11章）。

用于组织切割的基本手术器械包括手术刀和手术剪。小动物外科手术中最常用的手术刀片型号有10、11、12、15号（图5.2a），而适合以上刀片的刀柄为3号巴德-帕克（Bard-Parker）手术刀柄（图5.2 b）。3号巴德-帕克长刀柄（图5.2c）和7号巴德-帕克细刀柄（图5.2d）也适用于上述四种刀片。需要将手术刀片安装于刀柄后使用，且必须使用带锁止扣的器械（如持针器）安装刀片。若手术中单独使用刀片或者刀片未被正确安装可能会导致术者手指意外受伤。手术刀的主要用途是切开皮肤，但也可以用于其他组织的切割。手术剪则主要用于组织的剪切。由于手术剪在剪切时会产生挤压作用，所以需用手术刀切割皮肤，而皮下组织、筋膜、肌腱以及其他组织均可用手术剪剪切。大多数手术剪可归分为直剪和弯剪两类。弯组织剪有多种用途，因此在使用时更受青睐。用于特定手术的手术剪子样式很多，但有3种常用于剪切精微组织［梅岑鲍姆剪

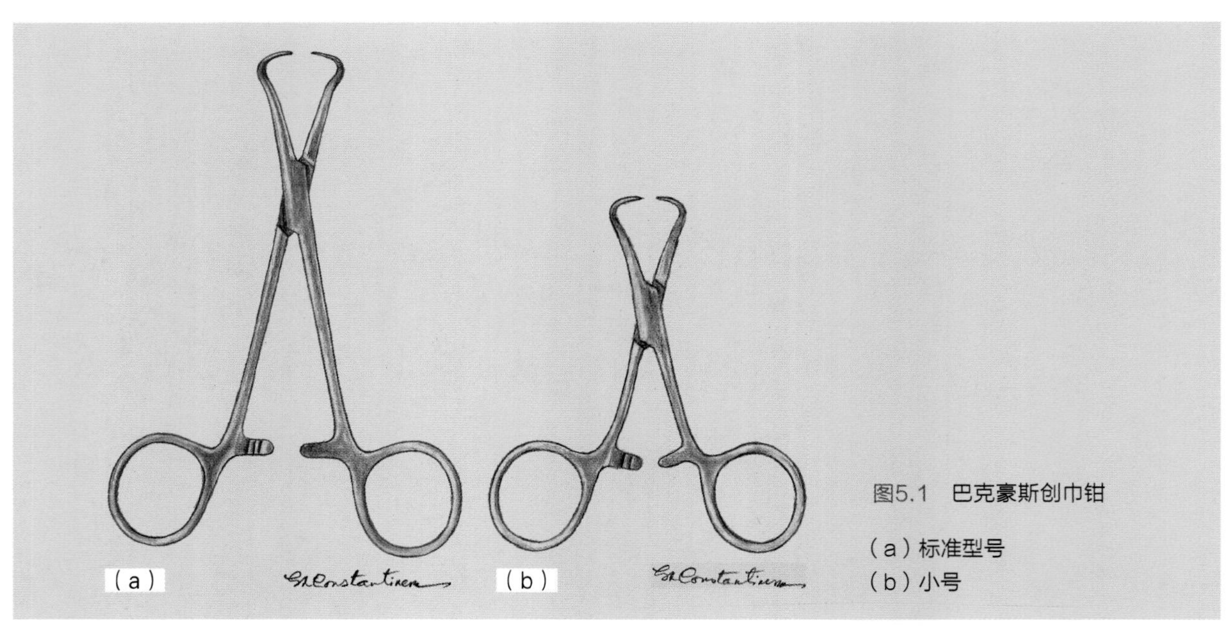

图5.1　巴克豪斯创巾钳

（a）标准型号
（b）小号

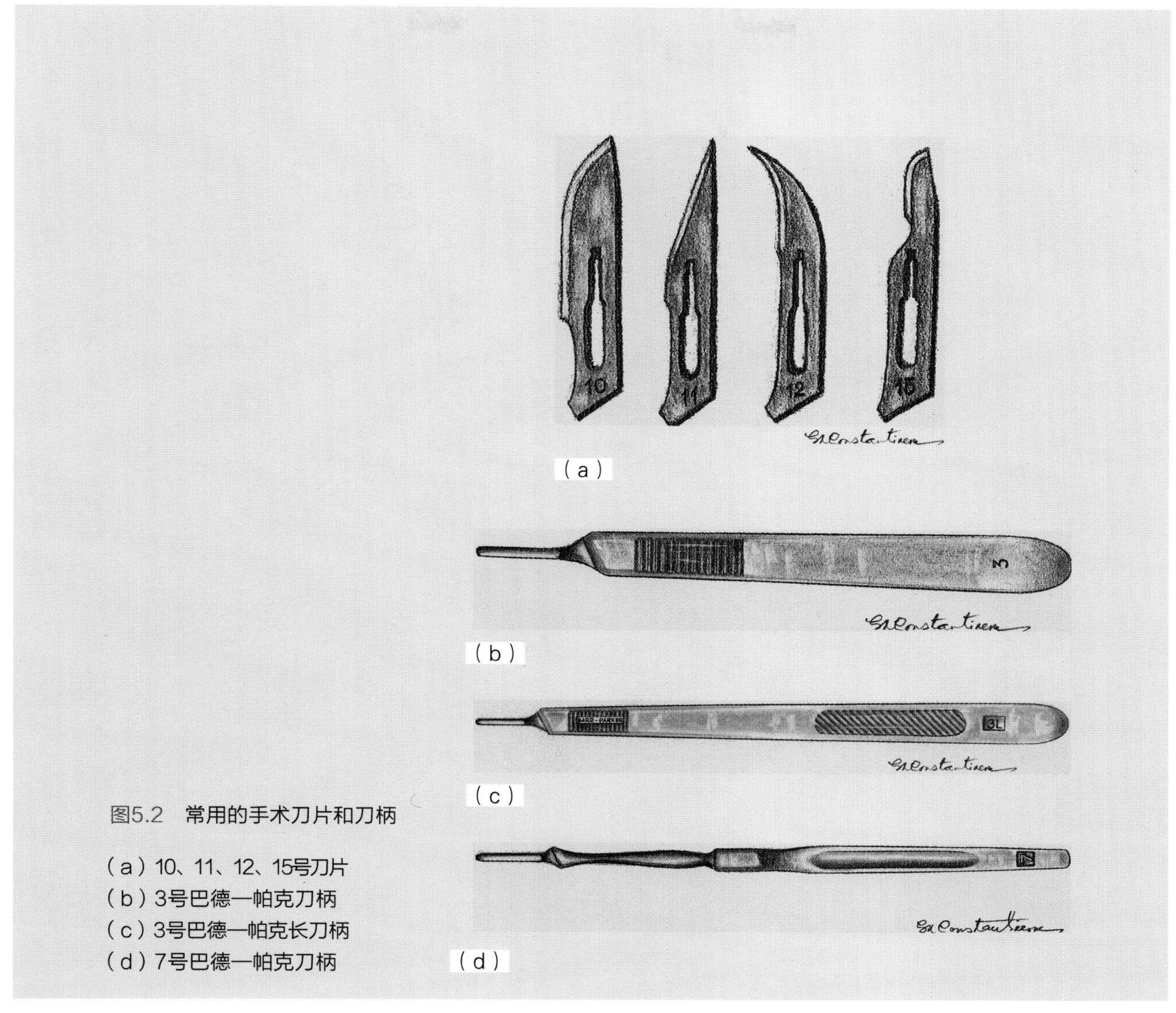

图5.2 常用的手术刀片和刀柄

（a）10、11、12、15号刀片
（b）3号巴德—帕克刀柄
（c）3号巴德—帕克长刀柄
（d）7号巴德—帕克刀柄

（Metzenbaum）；图5.3a］、肌腱膜和其他坚韧组织［梅奥氏剪（Mayo）；图5.3b］以及缝线的基本样式。梅岑鲍姆和梅奥氏剪不能用于剪切缝线，因为这会缩短器械的使用寿命。缝线剪只能用于剪切缝线和纤维织物（如在一次性灭菌创巾上开窗）。与选择组织剪不同，剪线时更常选用直剪而非弯剪。笔者在教学手术室和临床外科中更偏爱于使用弗农氏（Vernon）软骨和金属缝线剪（图5.3c）。这类缝线剪的刀刃上有锯齿边缘，可避免剪线过程中缝线滑脱。其他样式的金属缝线剪，如单侧刀刃上有锯齿边缘的罗格氏（Roger）金属缝线剪（图5.3d）以及单侧刀刃有锯齿或无锯齿边缘的班坦氏（Bantam）金属缝线剪，也可以用于剪切缝线。一些外科医生更喜欢用西斯特隆克（Sistrunk）手术剪，但这种剪子无锯齿边缘，因此更常用于组织的剪切。拆线剪（图5.3g）用于剪断和拆除皮肤缝线，但不能在术中使用。除上述手术剪外，一些外科医生喜欢在手术包中放置一把普通手术剪，如直尖剪（图5.3h），用于组织的精确剪切。

组织操作用器械可以让术者在不与组织直接接触的情况下对其进行精确操作。拇指镊为最常

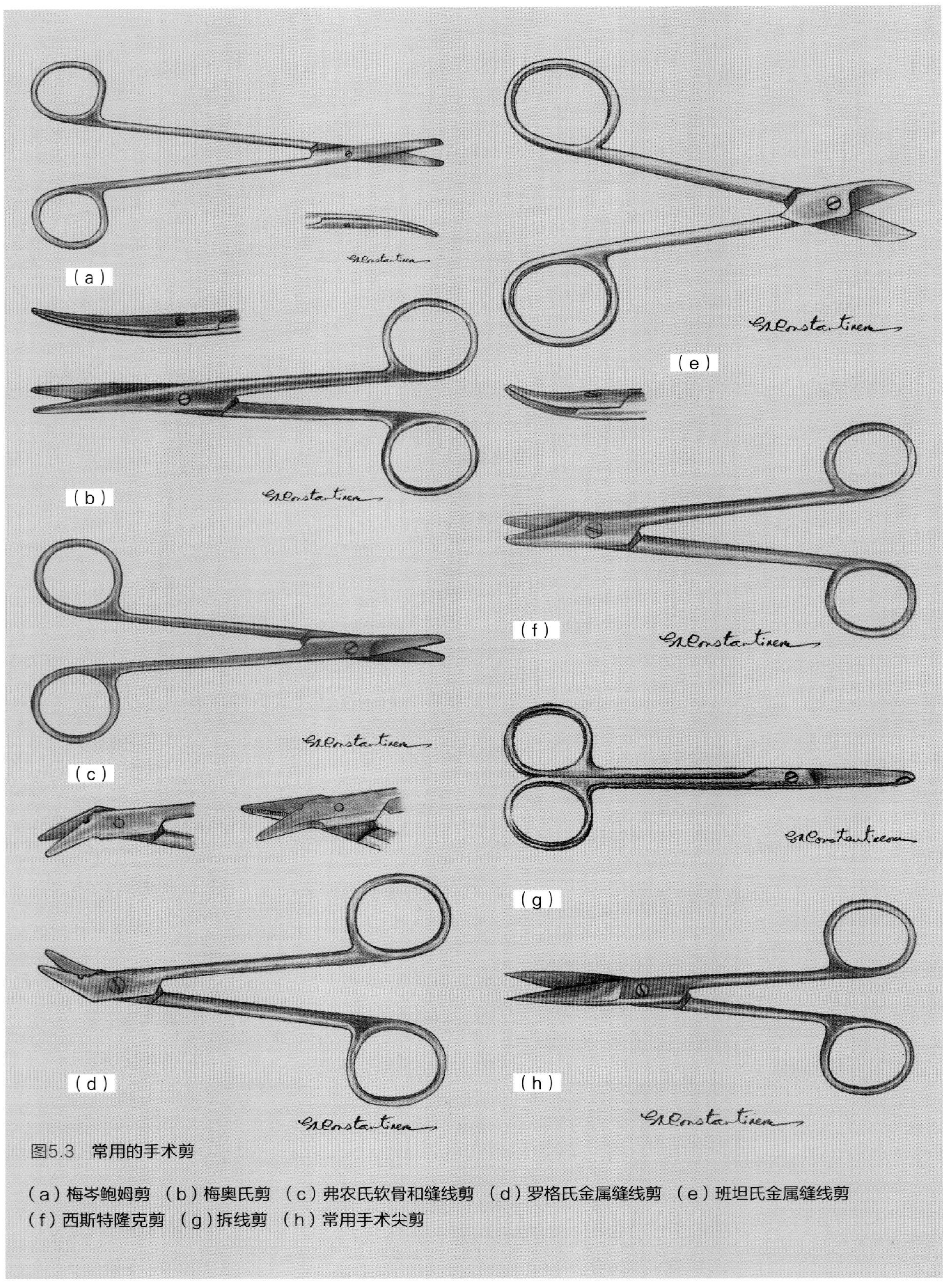

图5.3　常用的手术剪

(a)梅岑鲍姆剪 (b)梅奥氏剪 (c)弗农氏软骨和缝线剪 (d)罗格氏金属缝线剪 (e)班坦氏金属缝线剪 (f)西斯特隆克剪 (g)拆线剪 (h)常用手术尖剪

用的组织镊。以下按对组织损伤的程度进行列举（从大到小）：鼠齿拇指镊（图5.4a和图5.4b）、布朗-阿德森（Brown-Adson）拇指镊（图5.4c）和狄贝基氏（DeBakey）组织镊（图5.4d）。持筷子的方式用拇指和食指拿住拇指镊，以此最大程度地减小对组织的损伤（图5.5a和图5.5b）。在缝合过程中，拇指镊也可用于持针操作。为了保护拇指镊的尖端，夹针时动作要精巧。当用拇指镊进行组织操作时，破损/磨钝的尖端会增加对组织的损伤。在组织操作过程中，不能用带锁止扣的组织镊反复夹持组织。阿利斯氏（Allis）组织钳（图5.6a）和巴布科克（Babcock）组织钳（图5.6b）是这类镊子的代表。为了最大程度地减小损伤，应避免同时使用这类组织镊。事实上，阿利斯氏组织钳也被称为"阿利斯氏创伤钳"，而这一称谓也诠释了对它的定义。若需要使用带锁止扣的组织钳，巴布科克组织钳可能会更受青睐（因造成的创伤比阿利斯氏组织钳小）。

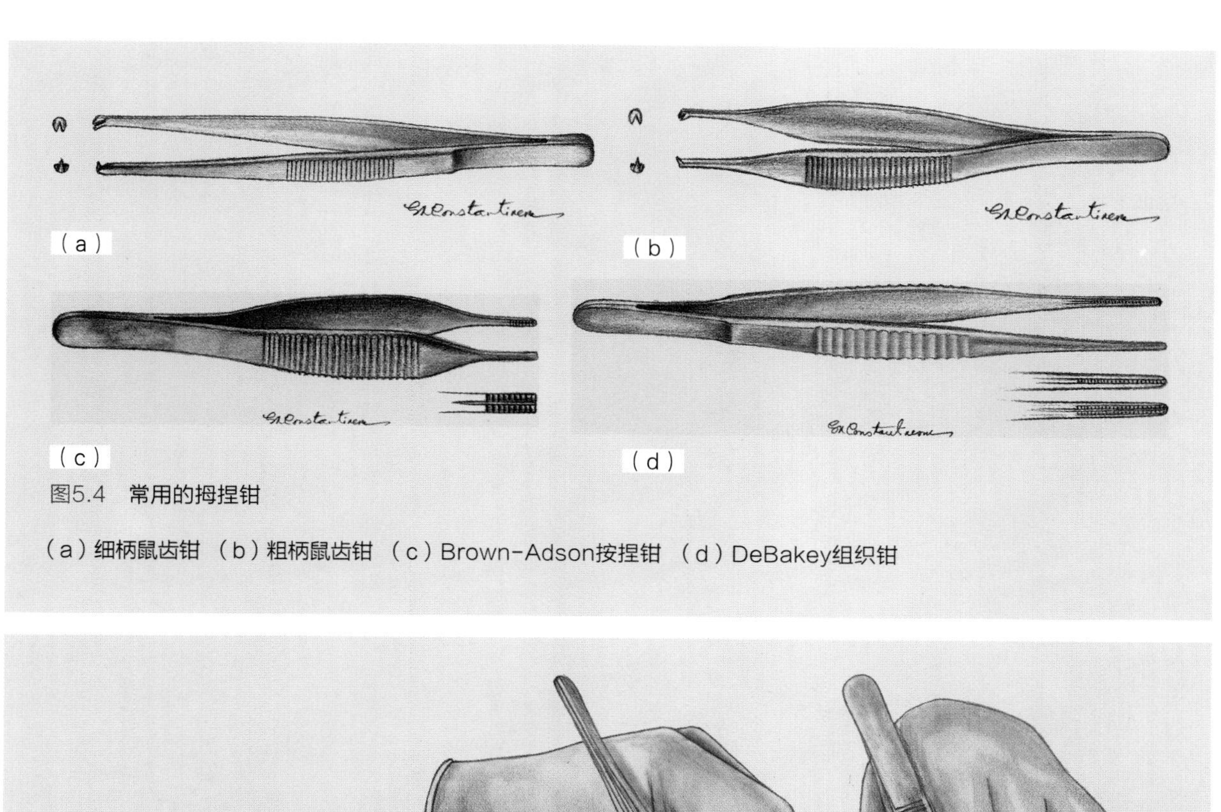

图5.4 常用的拇捏钳

(a) 细柄鼠齿钳 (b) 粗柄鼠齿钳 (c) Brown-Adson按捏钳 (d) DeBakey组织钳

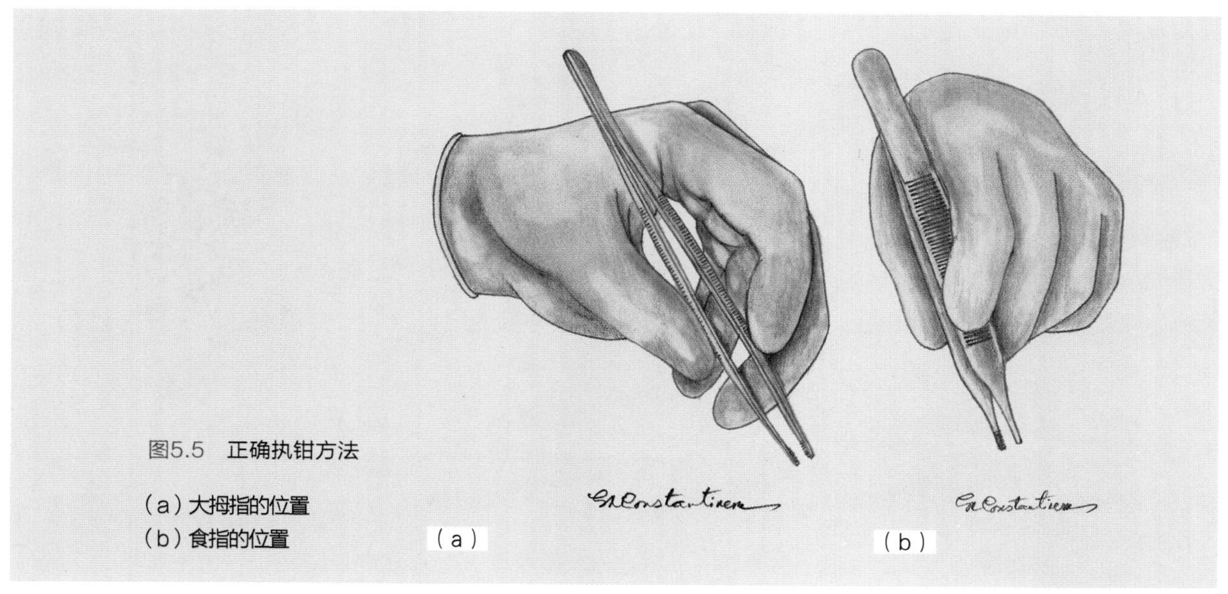

图5.5 正确执钳方法

(a) 大拇指的位置
(b) 食指的位置

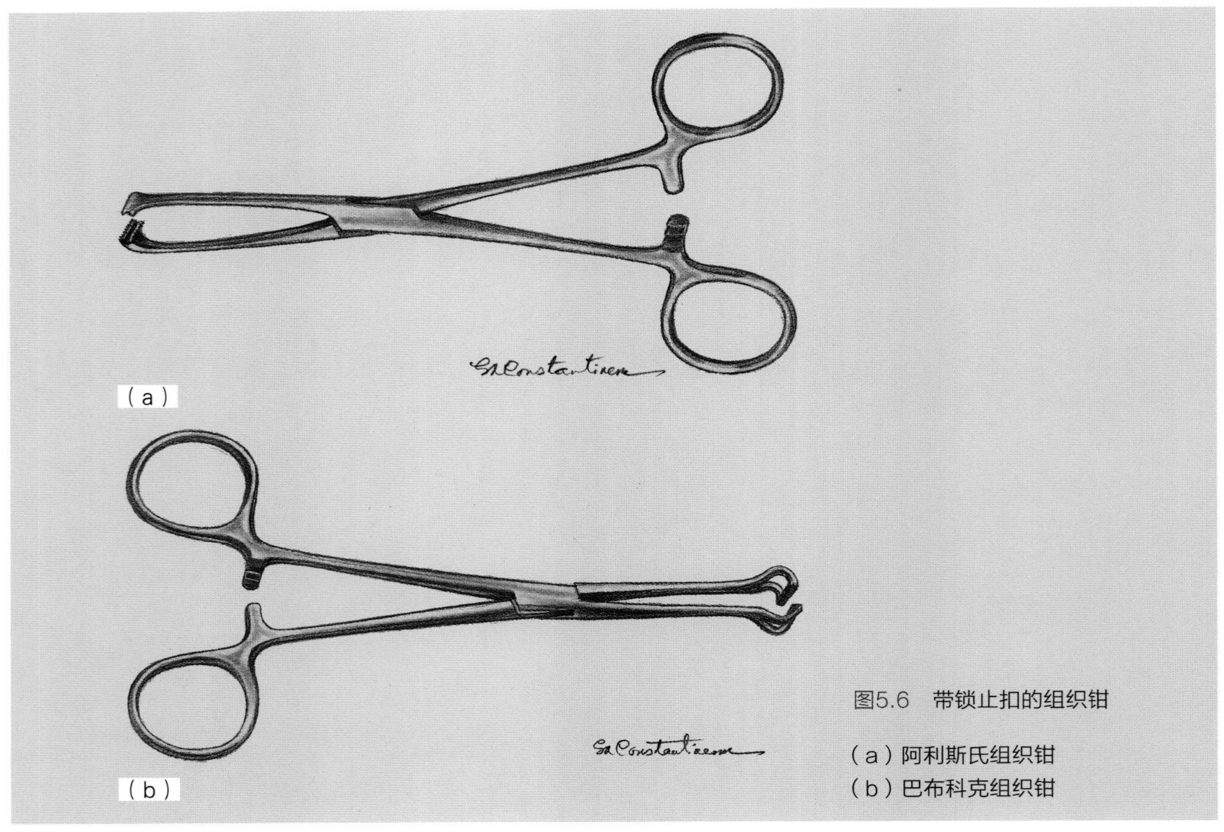

图5.6　带锁止扣的组织钳

（a）阿利斯氏组织钳
（b）巴布科克组织钳

牵拉组织对目标术野的暴露十分必要，目前有多种牵开器械能实现这一目的。牵拉器械主要归分为两类：手持拉钩和自动牵开器。常见的手持拉钩包括森氏（Senn）拉钩（图5.7a）、福尔克曼氏（Volkmann）拉钩（图5.7b）、陆海军（Army-Navy）双头拉钩（图5.7c）、迈耶丁氏（Meyerding）拉钩（图5.7d）和奥曼式（Hohmann）拉钩（图5.7e）。其中，森氏和福尔克曼氏拉钩的耙部又分为锐头和钝头两种。与陆海军双头拉钩相比，迈耶丁氏拉钩上的微齿可以防止被牵拉的组织发生滑脱。福尔克曼氏拉钩分为标准尺寸和小尺寸（也称为“小型奥曼氏拉钩”）两种。骨科手术中最常用奥曼氏拉钩，它可以牵拉组织并将其撬离骨区。当缺少手术助手或操作空间有限时，使用自动牵开器将非常便利。常用的自动牵开器包括吉尔比氏（Gelpi）会阴牵开器（图5.8a）、维拉奈尔（Weitlaner）牵开器（图5.8b）、巴尔弗氏（Balfour）牵开器（图5.8c）、菲诺切托（Finochietto）肋骨牵开器（图5.8d）和弗雷泽（Frazier）椎板切除牵开器（图5.8e）。吉尔比会阴牵开器和维拉奈尔牵开器用于牵拉皮肤和浅表组织，也可用于深层组织的牵拉，但要避免锐利的尖端损伤重要组织。维拉奈尔牵开器有锐头和钝头两种。巴尔弗氏和菲诺切托牵开器用于开张体腔。巴尔弗氏牵开器本是用于开张腹腔切口，但同样可以用于牵拉肋骨。菲诺切托肋骨牵开器是一种特制的肋骨扩张器，可用于持续开胸术切口的开张。若没有合适尺寸的菲诺切托肋骨牵开器和巴尔弗氏牵开器，可用弗雷泽氏椎板切除牵开器替代用于开胸术切口的开张。在颈部手术时，也可以使用弗雷泽氏椎板切除牵开器牵拉胸骨舌骨肌。

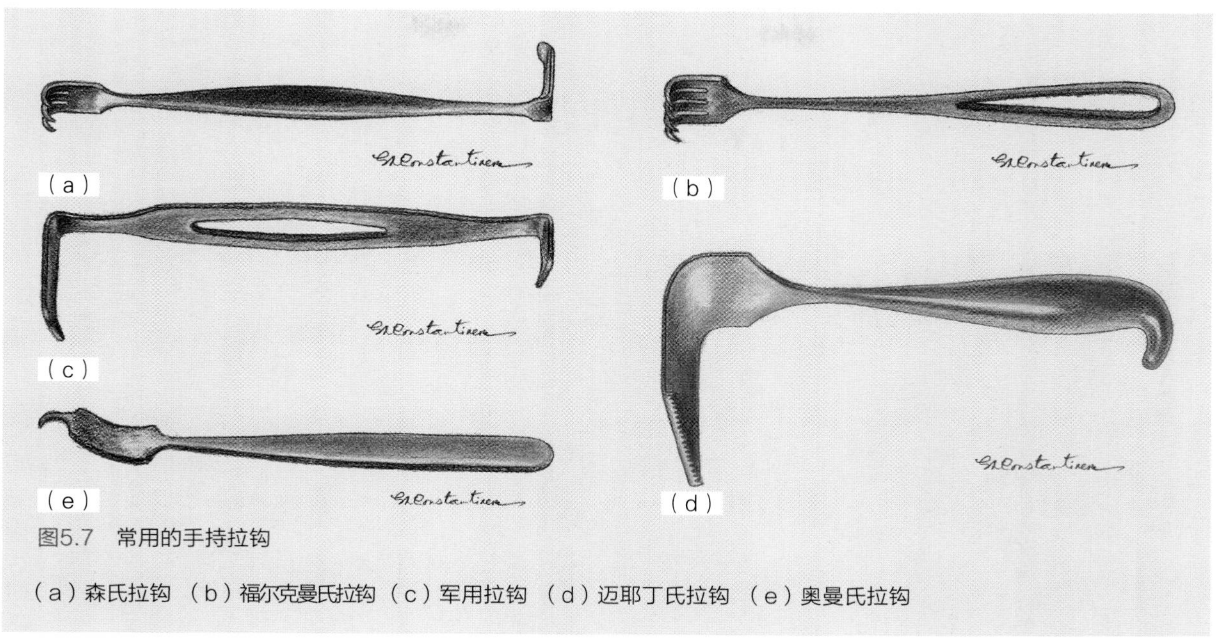

图5.7　常用的手持拉钩

（a）森氏拉钩 （b）福尔克曼氏拉钩（c）军用拉钩 （d）迈耶丁氏拉钩 （e）奥曼氏拉钩

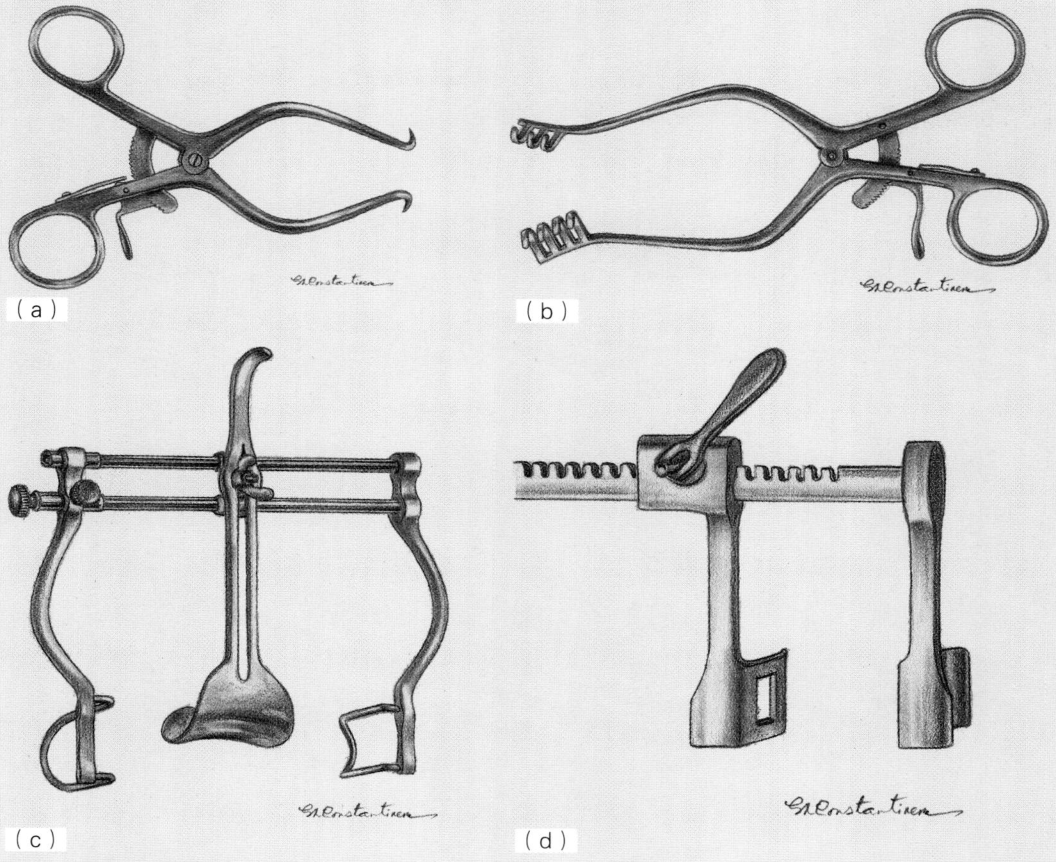

（a）
（b）
（c）
（d）

图5.8　常用的自动牵开器

（a）吉尔比会阴牵开器 （b）维拉奈尔牵开器 （c）巴尔弗氏牵开器 （d）菲诺切托肋骨牵开器

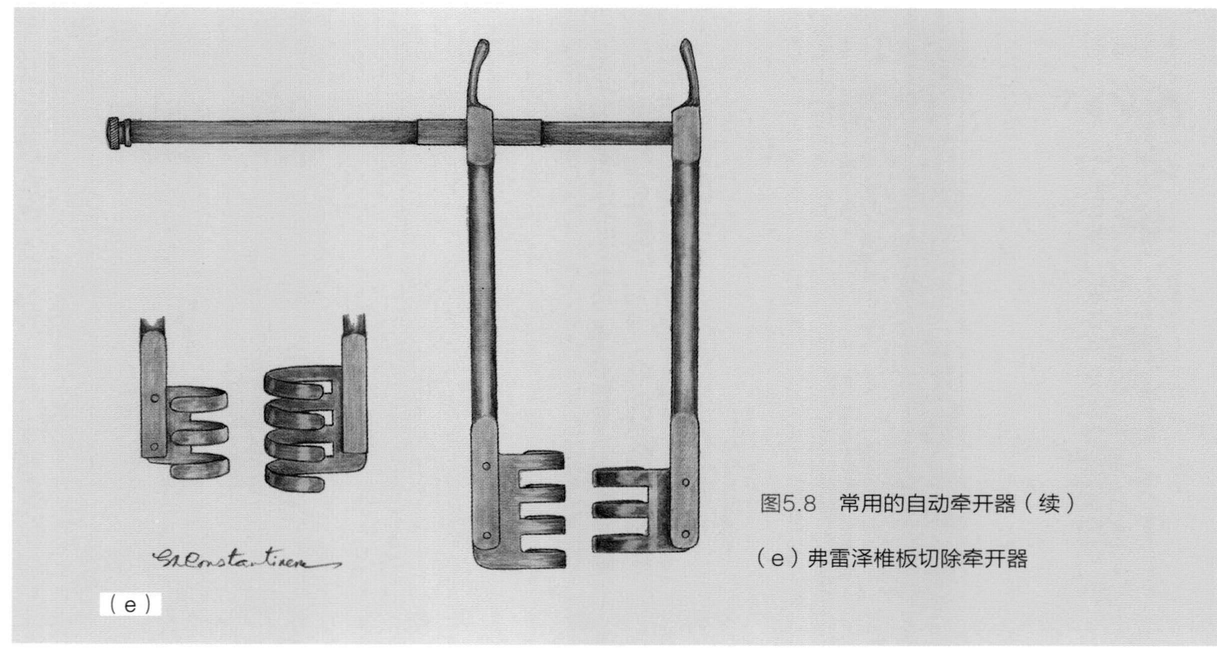

图5.8 常用的自动牵开器（续）

（e）弗雷泽椎板切除牵开器

保持清晰的手术视野需要适当止血以及清理术野内的血液和渗出物。四种常用的止血钳分别为蚊氏（Mosquito）止血钳（图5.9a）、凯利氏（Kelly）止血钳（图5.9b）、罗切斯特–皮恩（Rochester-Péan）止血钳（图5.9c）和罗切斯特–卡莫特（Rochester-Carmalt）止血钳（图5.9d）。通常，弯止血钳比直止血钳更为常用。蚊氏止血钳可以在小血管（直径约为1mm）被切断时用于钳夹血管进行止血。凯利氏止血钳和罗切斯特–皮恩止血钳可用于钳夹较粗的血管。蚊式氏、凯利氏和罗切斯特–皮恩止血钳在垂直于钳口方向有锯齿纹，因此正确钳夹血管（即用钳嘴夹住血管断端，钳口与血管方向平行）后不容易出现滑脱（见第12章）。罗切斯特–卡莫特止血钳在平行于钳口方向有锯齿纹，此外钳嘴部的垂直方向上也有锯齿纹，这种设计是为了尽可能更稳固地夹持血管组织。罗切斯特–卡莫特钳最常用于钳夹血管蒂（如卵巢子宫摘除术时的卵巢蒂）。钳夹时钳口方向与血管蒂垂直，这样可以利用钳口上的锯齿咬合固定血管（见12章和18章）。罗切斯特–卡莫特钳在钳嘴上有交错的锯齿纹，其钳夹血管的方式与蚊氏或凯利氏止血钳相似，但由于该止血钳型号较大；故不常用于钳夹小血管。

目前有3种常用的吸引头可连接于吸引管和真空吸引泵上，用于抽吸手术区域内血液和其他液体。分别为普尔氏（Poole）吸引头（图5.10a）、扬格氏（Yankauer）吸引头（图5.10b）和弗雷泽氏（Frazier）吸引头（图5.10c）。普尔氏吸引头上有可拆卸的防护套（带有很多微小的开口），这样可避免在抽吸腹腔时被网膜等组织填塞。当要进行精确抽吸时，若不易发生组织填塞则可以拆卸防护套。扬格氏吸引头常用于胸腔的抽吸。弗雷泽氏吸引头的型号比前两种吸引头小，用于抽吸局限区域内聚积的液体，如矫形外科和神经手术通路。在弗雷泽氏吸引头的手持部位上有一小孔，按住小孔可以提供高压抽吸；放开小孔，则为低压抽吸，这样不致于吸入组织和造成不必要的组织损伤。

手术创口的闭合需要使用持针器（也称为缝

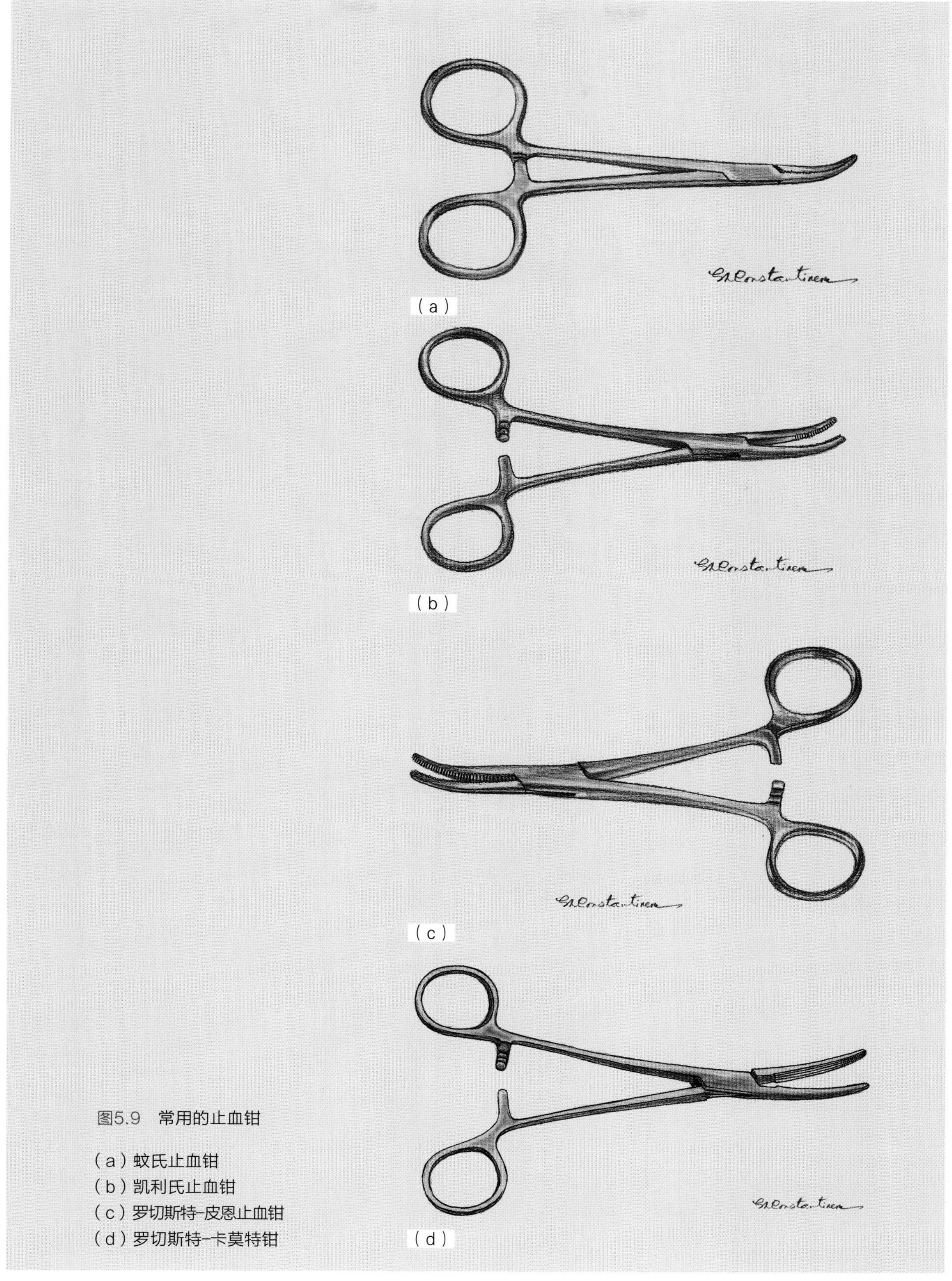

图5.9　常用的止血钳

(a) 蚊氏止血钳
(b) 凯利氏止血钳
(c) 罗切斯特–皮恩止血钳
(d) 罗切斯特–卡莫特钳

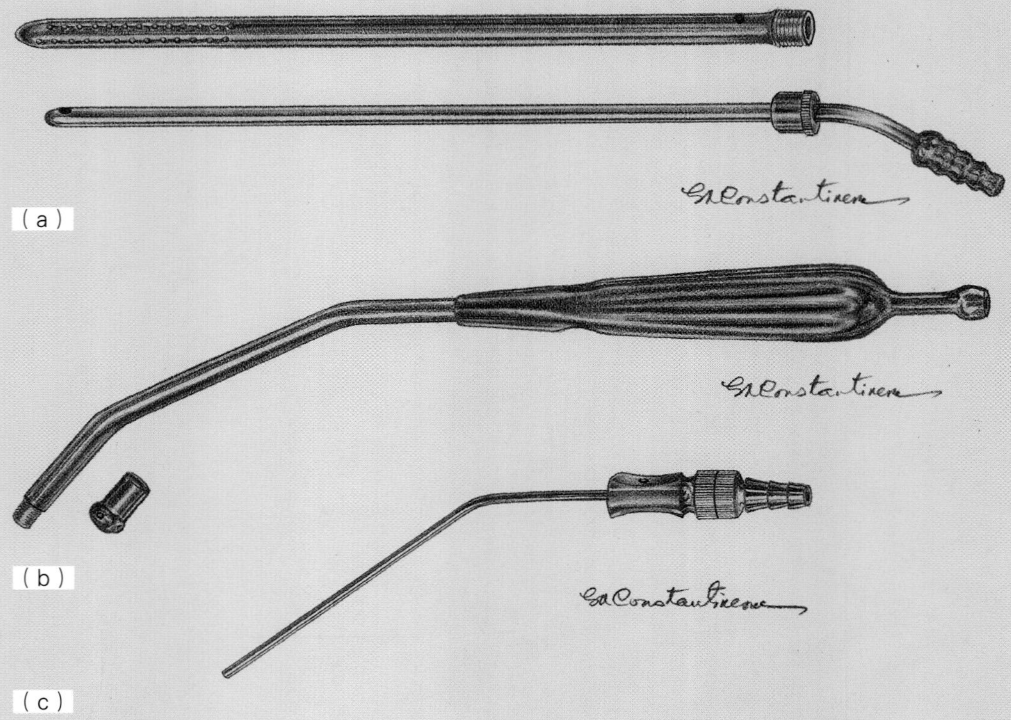

（a）

（b）

（c）

图5.10　常用的吸引头

（a）普尔氏吸引头 （b）杨格氏吸引头 （c）弗雷泽氏吸引头

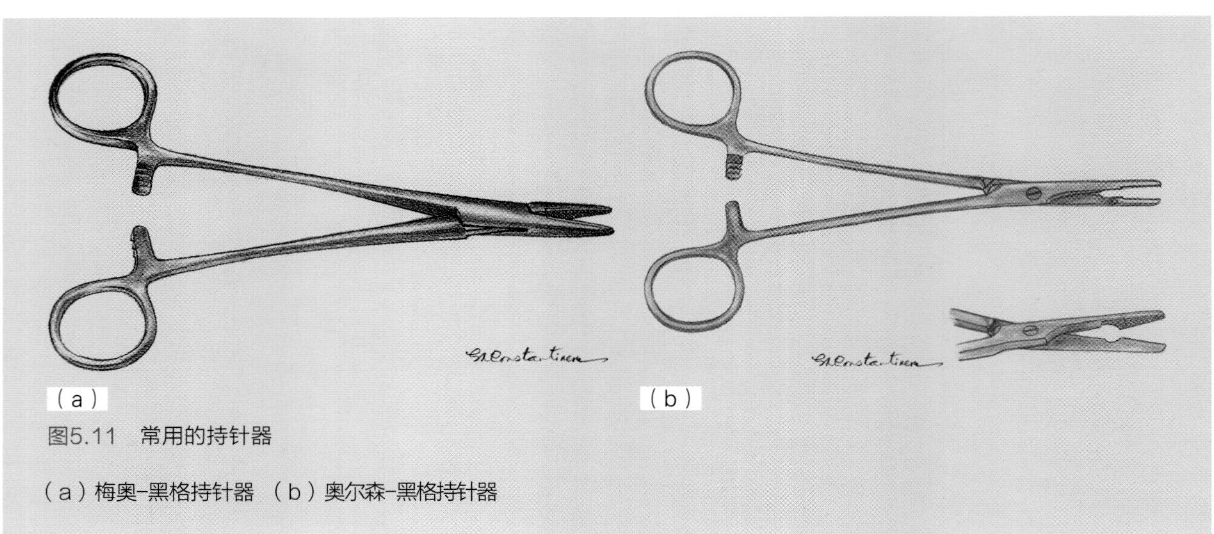

图5.11　常用的持针器

（a）梅奥-黑格持针器 （b）奥尔森-黑格持针器

针穿引器）、拇指镊以及缝线剪。有不同型号的持针器可供选择。持针器型号和样式的选择与手术操作、缝线及缝针的型号有关。最常用的为梅奥-黑格（Mayo-Hegar）持针器（图5.11a）。另外一种常用的持针器为奥尔森-黑格（Olsen-Hegar）持针器（图5.11 b），该持针器的钳口处带有缝线剪。在使用奥尔森-黑格持针器时要谨慎操作，避免过早剪断缝线。

6 灭菌的包裹准备

Fred Anthony Mann

手术衣和器械包常用的灭菌方式为高压蒸汽灭菌。环氧乙烷气体灭菌和过氧化氢等离子体灭菌法用于一些容易被蒸汽灭菌破坏的材料（如不锈钢制品、麻制品和非纤维织物）。因为环氧乙烷气体对身体有害，所以气体等离子体灭菌逐渐取代了前者的使用。但气体等离子体灭菌的使用也存在一些限制，其中之一就是其无法穿透管腔物件的腔壁。因此，气体等离子体灭菌不能确保管腔物件的内腔已被灭菌。

手术器械在包裹灭菌前应进行适当的清洁和润滑。手术器械在使用后需立即预浸到蒸馏水或浸入混有特殊去污剂的水中，然后再进行冲洗。最好使用蒸馏水进行冲洗 ，这样可避免因矿物质沉积而缩短器械的使用寿命。下一步是将器械（松开器械的锁止扣）放入混有温水和器械去污剂的水盆中，并用软刷对器械进行清洁，要特别注意器械锁止扣及缝隙处的刷洗。清洁完毕后用蒸馏水冲洗器械并擦干，也可以使用超声波清洁器加上酶溶解剂来分解器械上的污垢。最后再用蒸馏水进行冲洗，之后将润滑剂（通常被称为“器械乳液”）喷涂在器械表面或将器械浸润其中，待器械风干后再行包裹。

对于普通或特殊类型的手术，可以将器械单独包装灭菌（图6.1）或者分批包裹灭菌。当将器械分批包裹时，可以将器械有序地摆放在器械托盘里（图6.2）。将麻质毛巾垫在不锈钢托盘底部可以防止器械滑动并能避免灭菌时蒸汽在器械表面

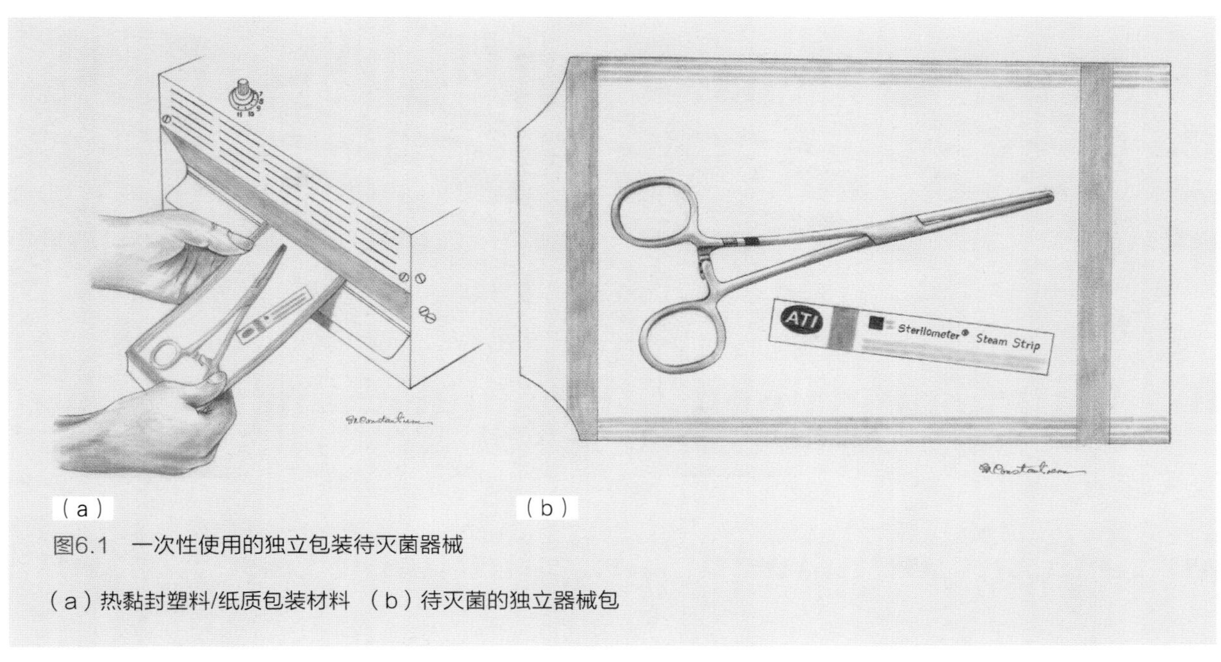

图6.1 一次性使用的独立包装待灭菌器械

（a）热黏封塑料/纸质包装材料 （b）待灭菌的独立器械包

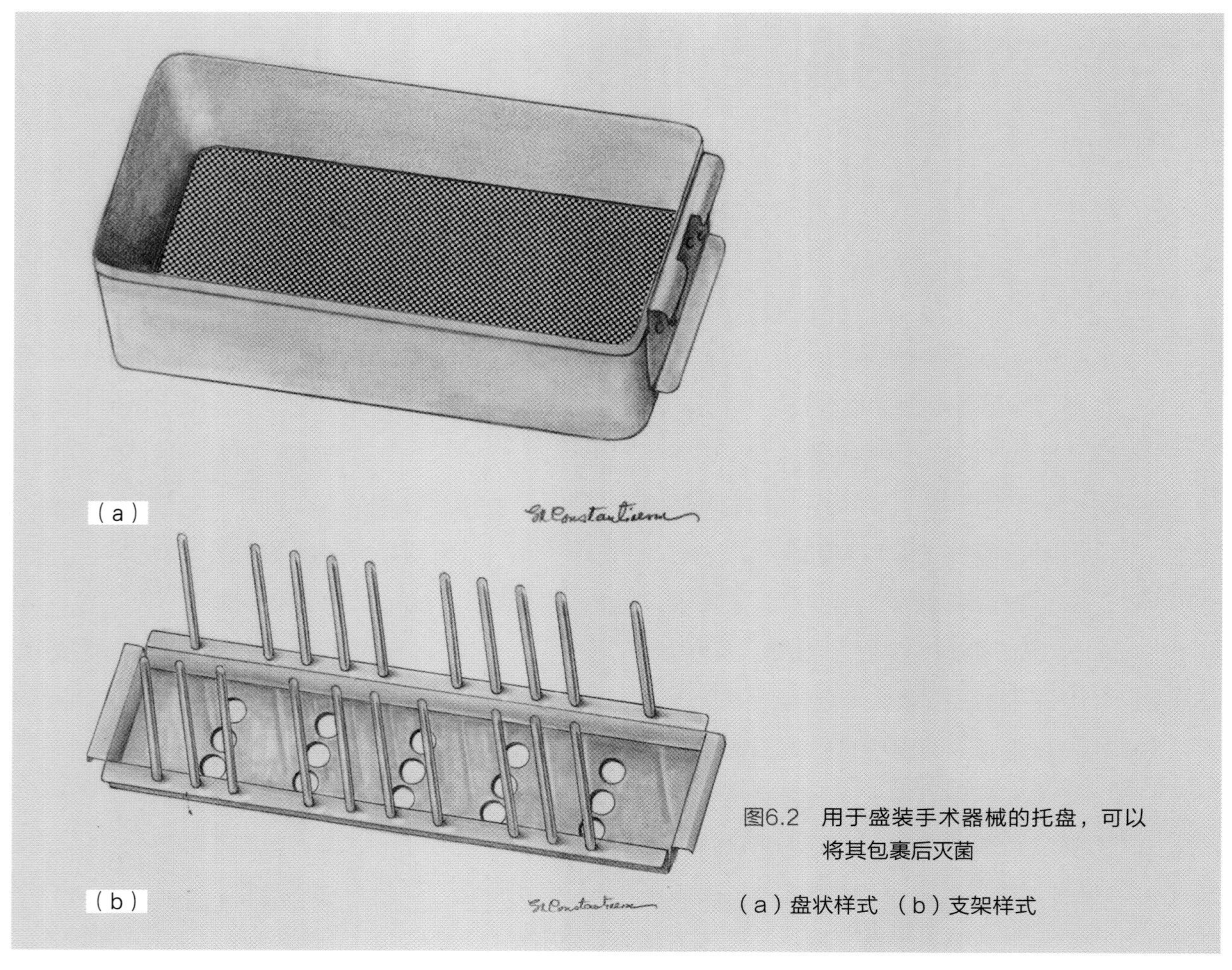

图6.2　用于盛装手术器械的托盘，可以将其包裹后灭菌

（a）盘状样式　（b）支架样式

形成湿气。手术包通常要双层包裹。与纸质包裹材料相比，麻质包裹材料相对不容易撕裂，但也更容易吸收水分和形成微生物侵袭的通道。麻质包裹材料方便清洗且可重复利用，但需要在使用前检查其磨损和撕裂情况。清洁的纸质包裹材料可以重复使用一到两次，但需要严格检查材料的完整性。

手术衣在包裹前必须正确折叠。根据手术衣的样式在折叠时会稍有变化，但基本要求是需将衣服内面外翻后折叠，保证打开灭菌手术包时只接触到衣服的内面。此外，折叠时必须确保在将手术衣展开穿着时衣袖和其他外表面部分不被污染。将手术衣内面外翻后，通过褶皱折叠改变手术衣的尺寸和形状以便包裹（图 6.3）。

手术创巾通常要进行褶皱折叠后再行包裹，这样可以避免在展开使用时发生污染（图6.4）。粗麻毛巾（擦手用的毛巾）也要进行褶皱折叠。

包裹器械、手术衣和创巾的基本方法有两种：方格法和折角法。使用方格法包裹时，包内容物的边缘与包裹巾边缘平行（图6.5）。用折角法包裹时，包内容物的边缘与包裹巾的角边方向一致（图 6.6）。

必须对用于包裹灭菌的手术衣、手巾、创巾以及其麻质品进行检查，看是否存在瑕疵、清洁、干燥和折叠正确。纸质手术衣和创巾为一次性用品，污染后不能再消毒使用。所有手术包裹都要有内层灭菌指示标记。此外，所有已灭菌的包裹必须外贴灭菌指示胶带（图6.5f和6.6g）。

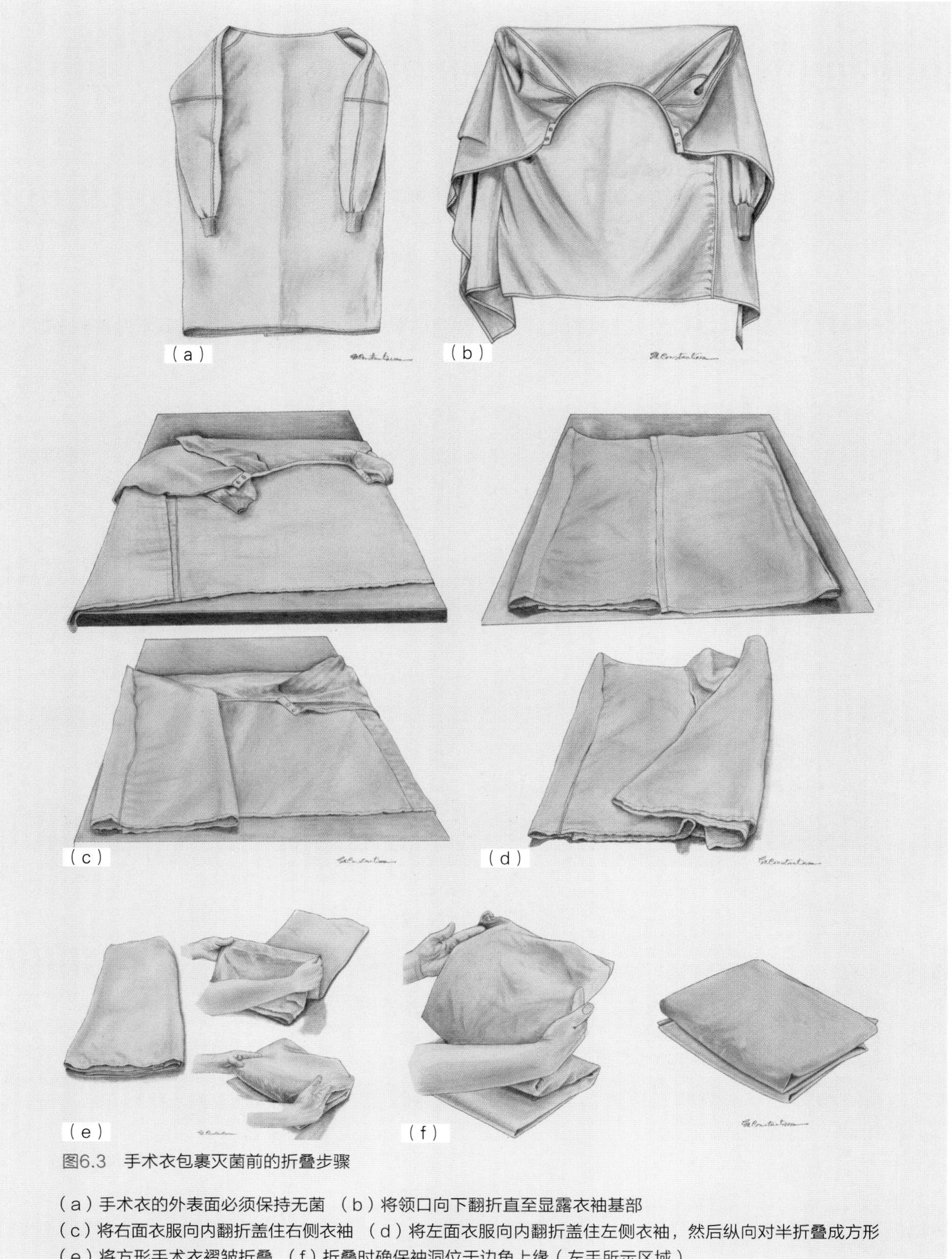

图6.3 手术衣包裹灭菌前的折叠步骤

（a）手术衣的外表面必须保持无菌 （b）将领口向下翻折直至显露衣袖基部
（c）将右面衣服向内翻折盖住右侧衣袖 （d）将左面衣服向内翻折盖住左侧衣袖，然后纵向对半折叠成方形
（e）将方形手术衣褶皱折叠 （f）折叠时确保袖洞位于边角上缘（左手所示区域）

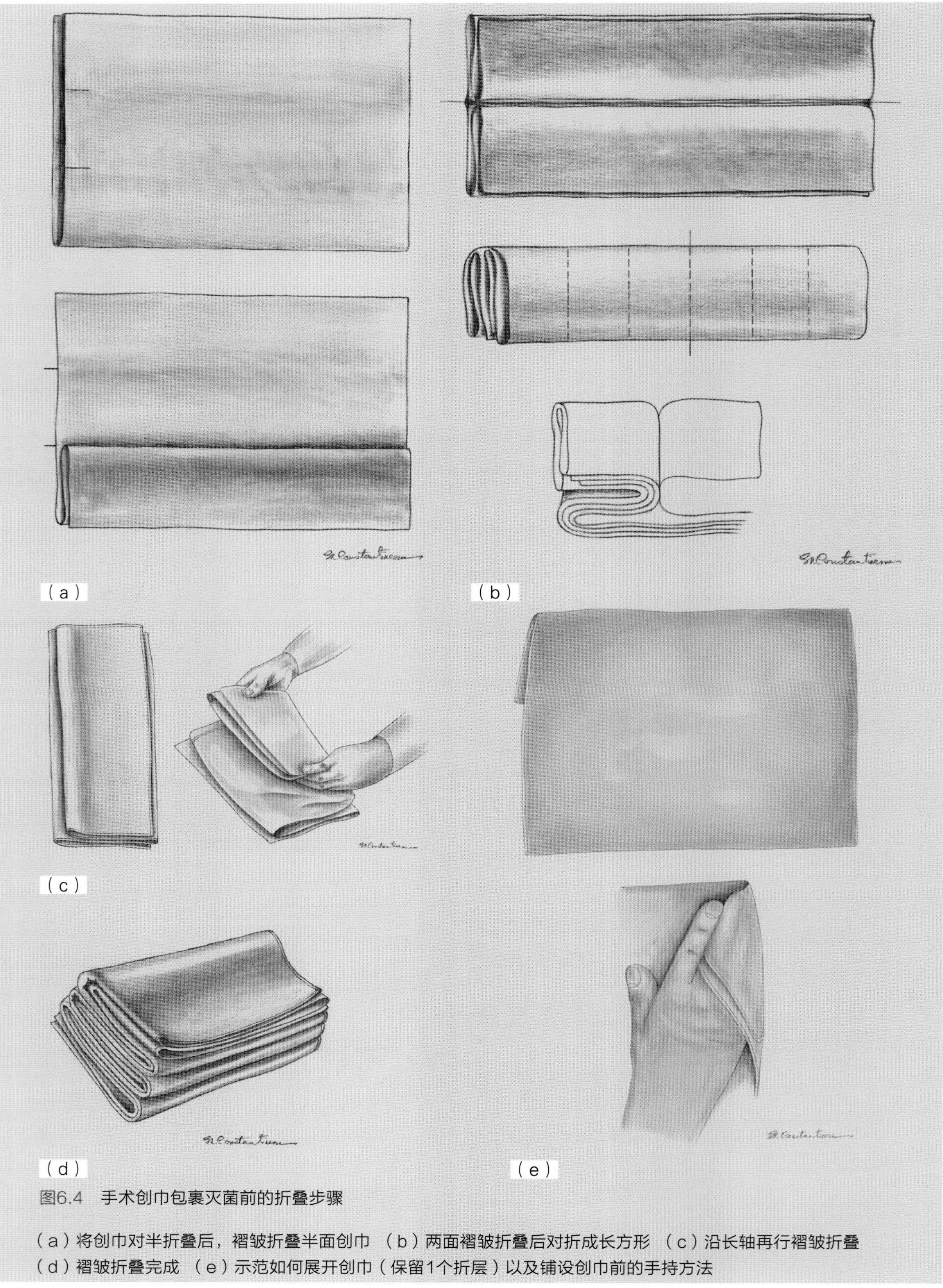

图6.4 手术创巾包裹灭菌前的折叠步骤

（a）将创巾对半折叠后，褶皱折叠半面创巾 （b）两面褶皱折叠后对折成长方形 （c）沿长轴再行褶皱折叠 （d）褶皱折叠完成 （e）示范如何展开创巾（保留1个折层）以及铺设创巾前的手持方法

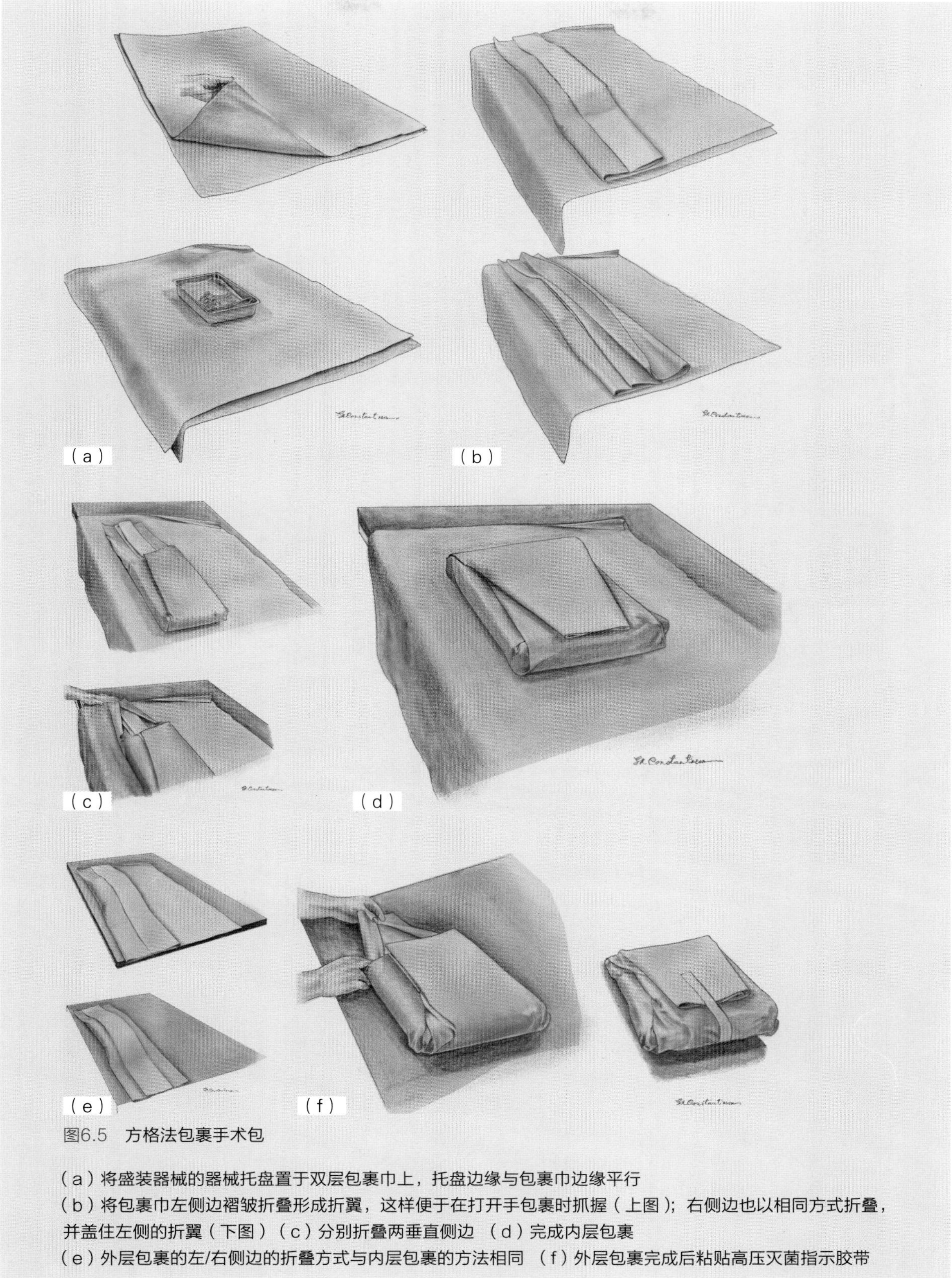

图6.5　方格法包裹手术包

（a）将盛装器械的器械托盘置于双层包裹巾上，托盘边缘与包裹巾边缘平行
（b）将包裹巾左侧边褶皱折叠形成折翼，这样便于在打开手包裹时抓握（上图）；右侧边也以相同方式折叠，并盖住左侧的折翼（下图）（c）分别折叠两垂直侧边　（d）完成内层包裹
（e）外层包裹的左/右侧边的折叠方式与内层包裹的方法相同　（f）外层包裹完成后粘贴高压灭菌指示胶带

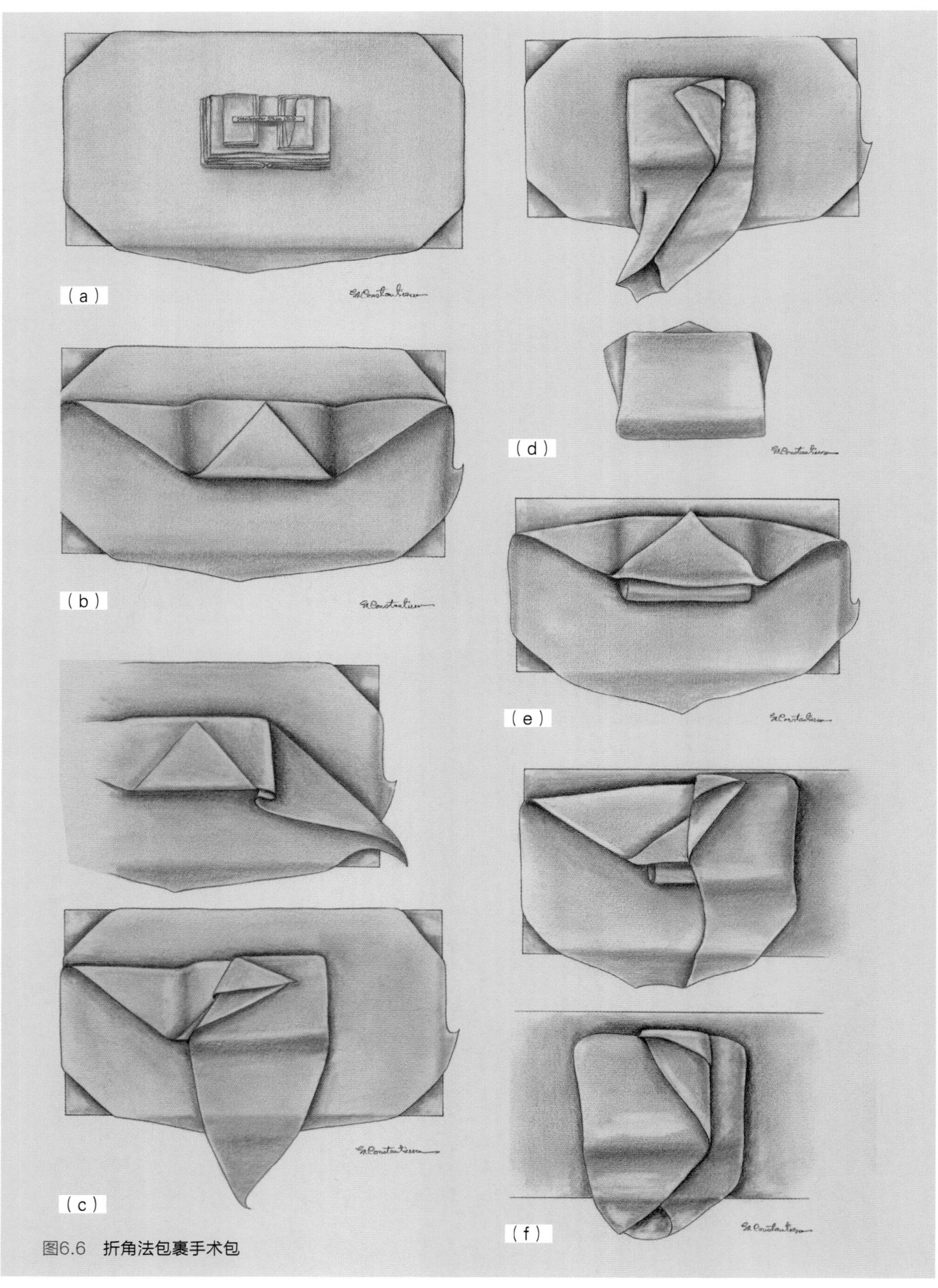

图6.6 折角法包裹手术包

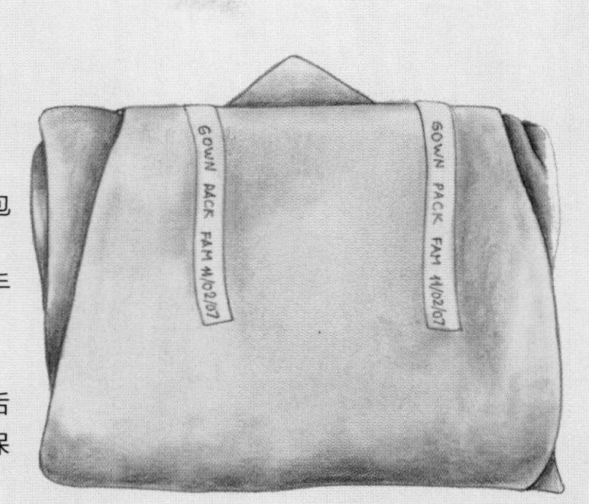

（g）

图6.6 折角法包裹手术包（续）

（a）将折叠好的创巾置于双层包裹巾上，创巾边缘与包裹巾角边方向一致

（b）首先将角边褶皱折叠形成三角形折翼，便于打开手术包时抓握

（c）然后将侧边褶皱折叠盖住此三角折翼

（d）另一侧边也以相同方式折叠，并盖住对侧边；最后用对侧角边盖住折压部，并折塞入折层中，同时保留角缘折襟，以便抽拉打开包裹

（e）外层包裹式与内层包裹方法一致

（f）折塞前将角边折叠

（g）完成外层包裹后粘贴高压灭菌指示胶带

7 手术室规程

Fred Anthony Mann

手术操作过程中涉及的人员包括术者、助手、巡回护士和麻醉师。在教学医院中，住院医师、实习医生、兽医学学生以及其他培训人员也可以出现在手术室中。手术室内的人员有责任维持室内的无菌环境，这有助于手术的顺利进行，并确保患病动物及相关人员的安全。本章的目的是对上述职责进行探讨，并期望读者能够对正确的手术室规程有一个基本了解。

在进入手术室之前，所有人员都必须正确着装。有关手术着装的具体规定将在第8章中详述，本章仅进行简要介绍。无论分工如何，所有人员都要穿戴手术帽（有/无须髯遮盖 ）、口罩（遮住鼻部和嘴部）以及清洁的刷手服。刷手服只能在手术室内穿着，不能作为外出服装。最好能在手术室内准备专用的鞋子或鞋套（供个人穿戴），但尚无证据表明穿戴鞋套会降低手术创的感染机率。不允许将实验室工作服穿戴入手术室内，而在手术准备室以及手术区以外的其他地方可以在刷手服外面套穿实验室工作服。

提高手术室工作效率的关键是手术的准备过程以及对下一操作步骤的提前安排。手术室内需备有影像学诊断资料，包括X线片、计算机断层扫描图像、相关的超声图像和/或核磁共振图像。将以上资料的原始图像放置在观片灯上。若有数码成像设备，可以将这些图像传输到电脑屏幕上。需要在手术人员进入手术室前将这些图像资料准备好，这将有助于手术小组对手术部位进行直观定位以及拟定手术切除边缘（如局部病灶切除和肿块摘除）以便在组织切开过程中避开邻近组织。同时还需要准备其他的相关诊断报告，包括全血细胞计数、血清生化、辅助的血液学检测（如凝血检查和胆汁酸检测）、微生物培养和敏感试验报告、细胞学和组织学检查报告。掌握以上检查结果将有助于手术决策的制定，并可以及时的补加检测项目。

手术过程中，已刷洗人员的走动旨在提高手术操作的效率。手术助手的职责之一是要维持器械托盘的整洁。用过的纱布块弃置于地板上的防水创巾上以便计数（图7.1）。若纱布块被扔进废物容器或因任何原因被带出手术室，则很难在确证手术末是否有纱布块遗留在动物体内。应该擦掉器械上的血液残迹并将其按顺序放回器械盘中。从患病动物体内摘取的组织或生物材料都应该交递给非消毒人员进行适当的处理。手术助手的职责还包括预想术者的下一步操作，即在头脑中思索手术的下一个步骤并将所需器械备好交到术者手中。预想过程既像用干纱布块将外源血迹或液体蘸干一样简单，也可能像组装锯子进行截骨术一样复杂。当传递带有柄环的器械时，以柄环朝下方向握住器械（图7.2）。术者会点名索要所需器械，同时伸出手掌去接住（图7.3）。此时，助手应快速抖动手腕用力地将柄环卡到术者手中（图7.4）。用力地交递动作可以让术者在无需从术野转移视线的情况下确认已拿到器械。交递手术刀时动作要轻慢，要先将刀柄交到术者手中（图7.5至图7.7）。有时术者会通过手势索要特定的器械（图7.8至图7.12）。在术

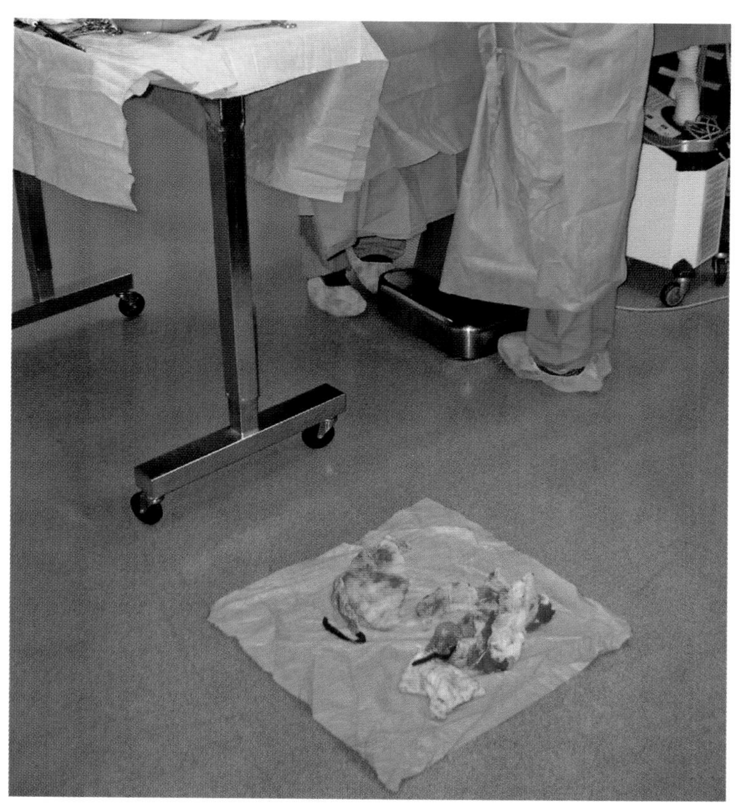

图7.1 地板上的创巾用来放置使用过的纱布块和腹腔手术垫

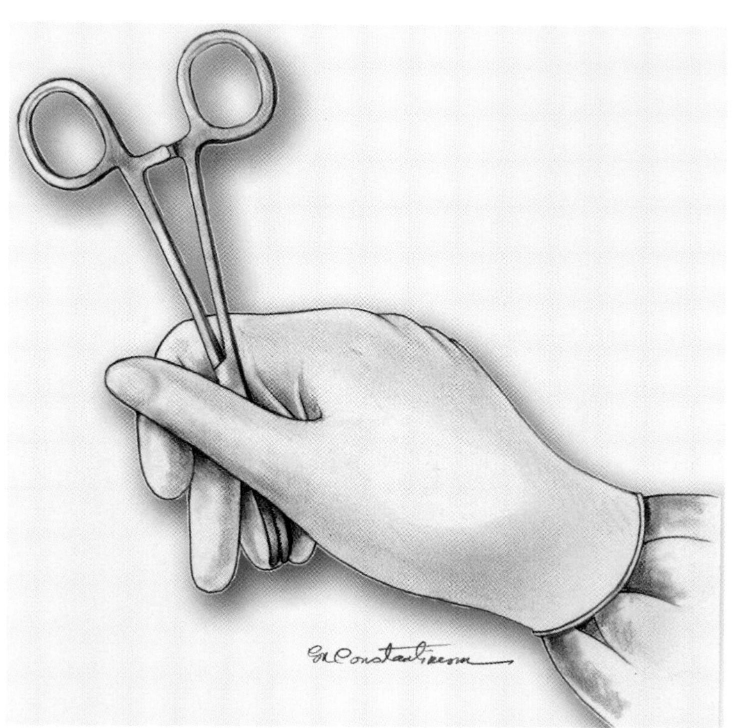

图7.2 交递带有柄环的器械。将器械交递给术者时，保持柄环朝下，器械呈闭合状态（若器械带锁止扣，则不能上锁），这样便于术者抓握器械，并且无需调整手势即可使用。交递弯头器械时保持尖端弯弧朝上

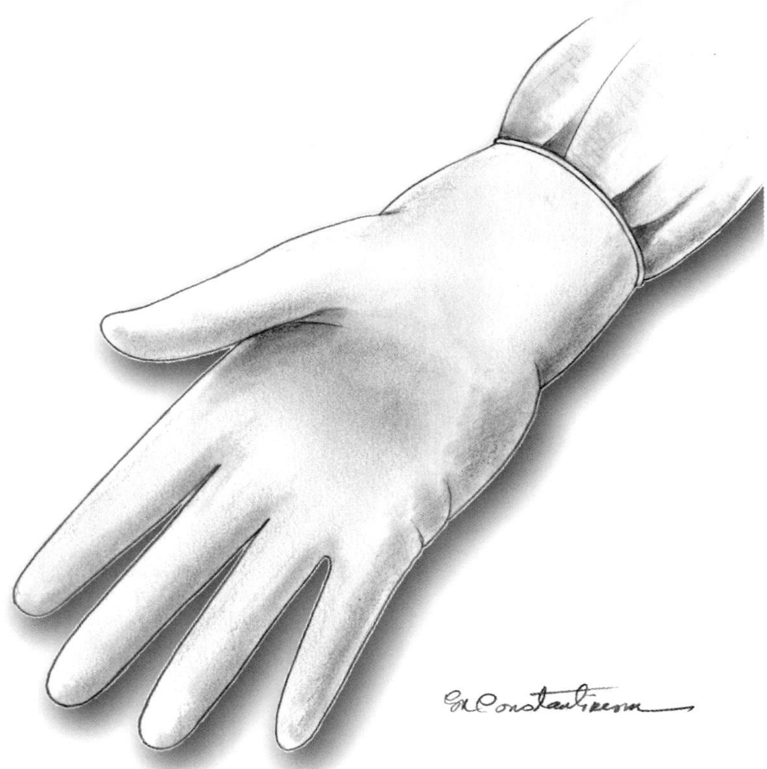

图7.3　准备接住带柄环的手术器械。术者在索要一把特定器械后张开他/她的手掌

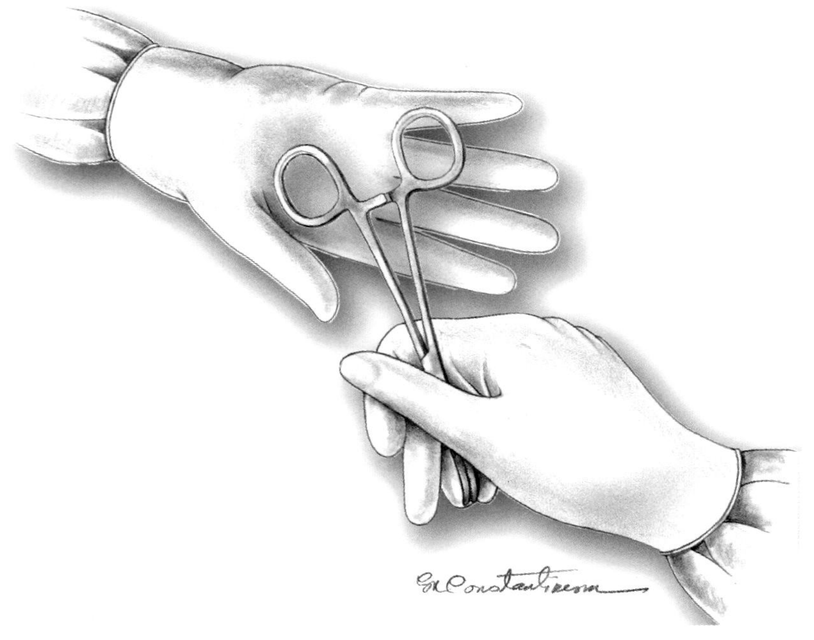

图7.4　接住带柄环的手术器械。助手轻抖手腕后用力地将器械卡到术者手中

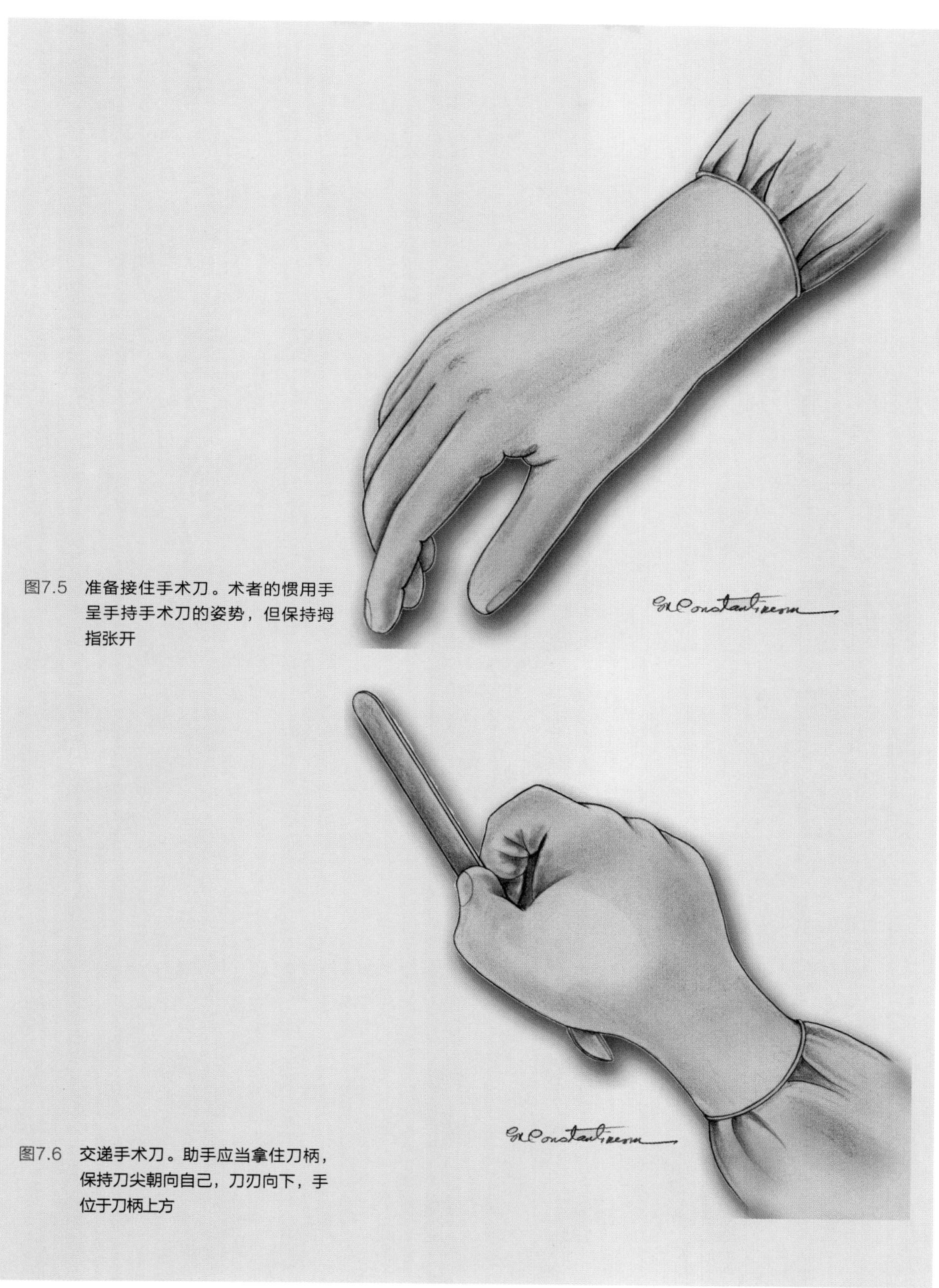

图7.5 准备接住手术刀。术者的惯用手呈手持手术刀的姿势，但保持拇指张开

图7.6 交递手术刀。助手应当拿住刀柄，保持刀尖朝向自己，刀刃向下，手位于刀柄上方

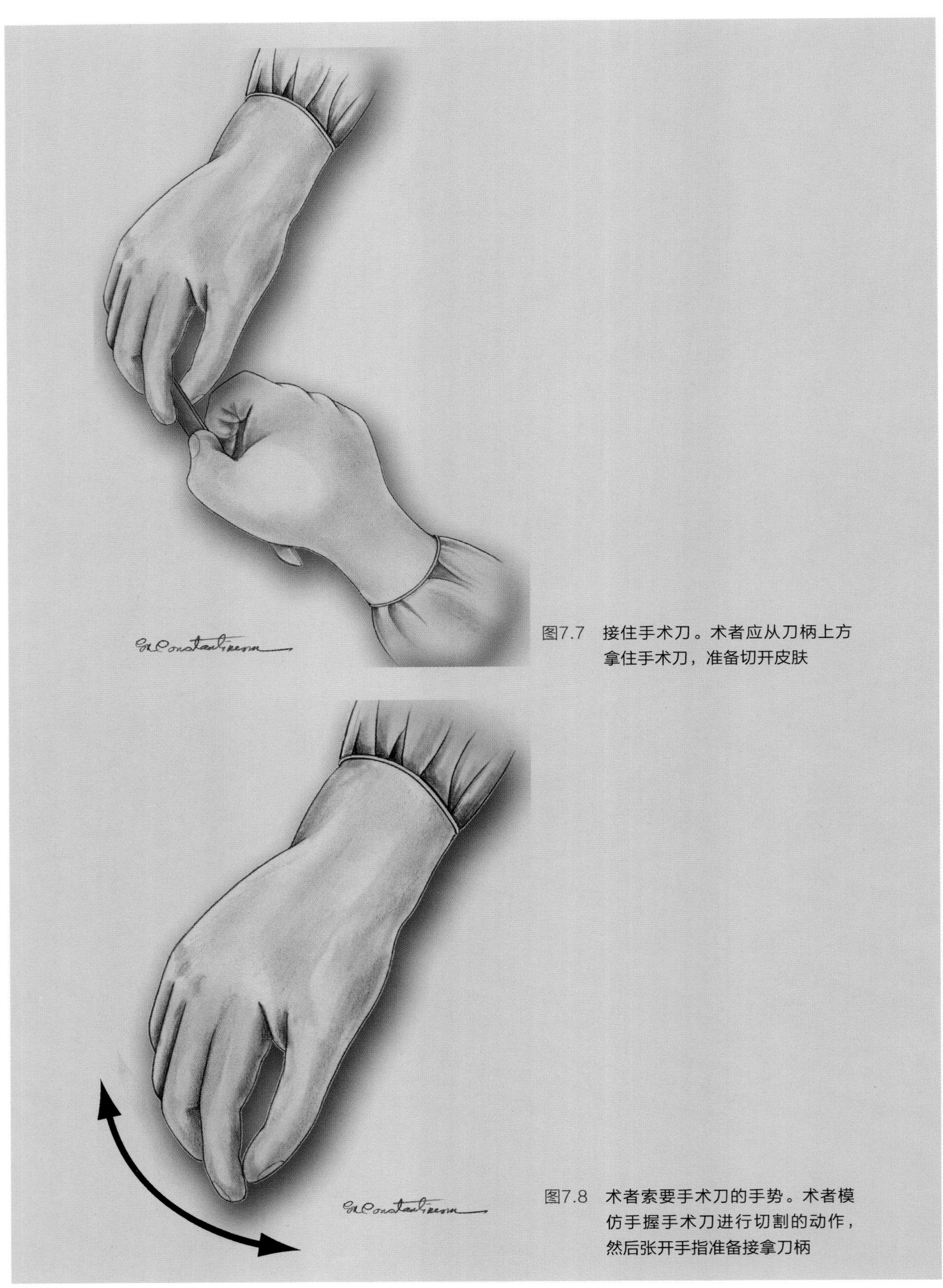

图7.7　接住手术刀。术者应从刀柄上方拿住手术刀，准备切开皮肤

图7.8　术者索要手术刀的手势。术者模仿手握手术刀进行切割的动作，然后张开手指准备接拿刀柄

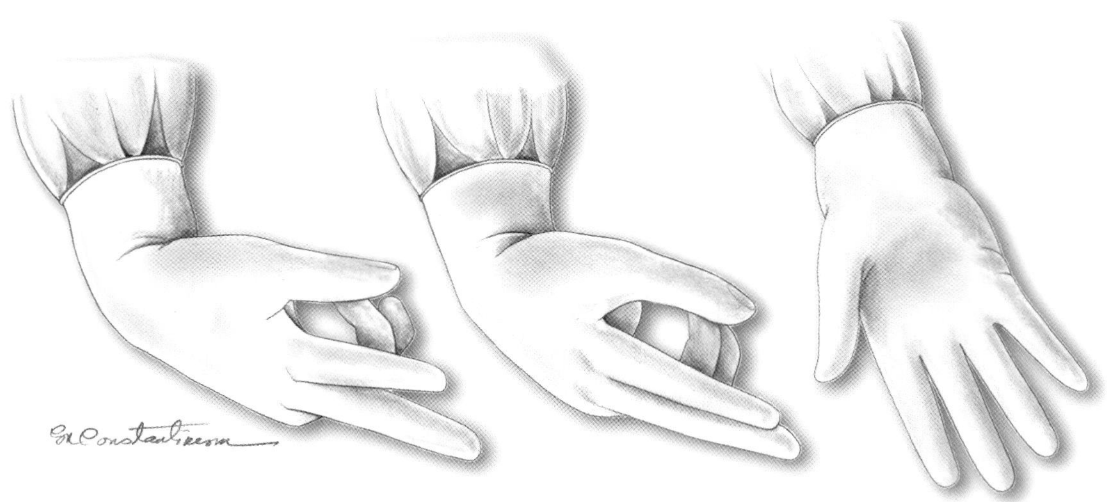

图7.9 术者索要剪刀的手势。术者用食指和中指模仿剪刀一张一合时的动作，然后张开手掌准备接拿器械

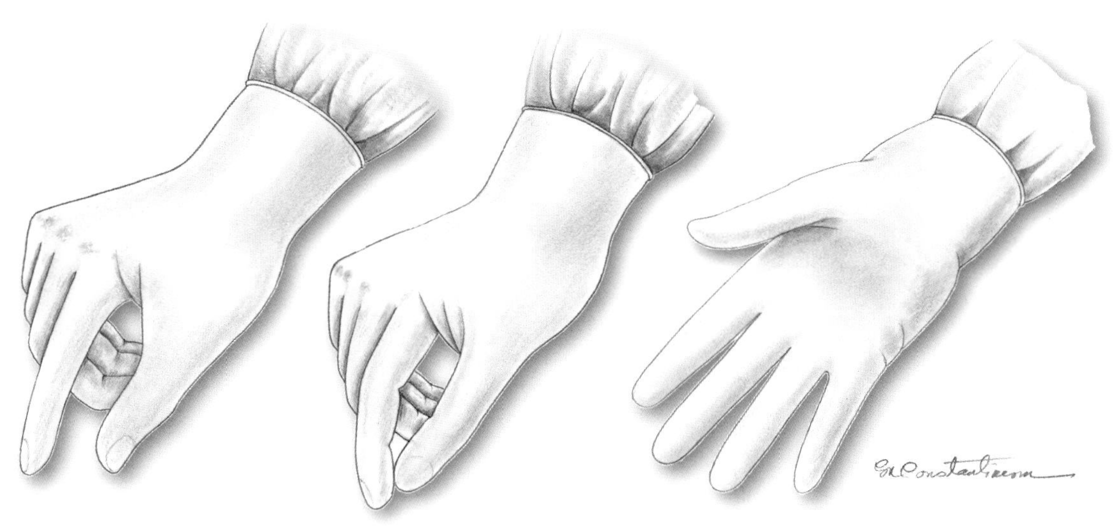

图7.10 术者索要镊子的手势。术者轻叩拇指和食指模拟镊子的动作，然后张开手掌准备接拿器械。若术者的惯用手中已经握着持针器，则用非惯用手替代

者和助手都清楚手势含义的前提下，使用手势可以节约手术时间。正确地传递和接拿器械可以降低手术器械掉落到手术部位或地板上的风险。试想一下如果一把器械是此类器械中唯一的无菌器械，而不幸又接触了非无菌界面，若等待污染的器械重新消毒将会耽误手术的进程，这会迫使术者改变手术计划进行用其他手术器械替代。

手术过程中，所有人员都要认真遵守和践行无菌原则。无菌技术指南已在第3章进行简述，这些准则都可列入到手术室规程中，但本章节仍要对一些准则进行强调。应尽可能地减少人员说话和人员走动以降低动物暴露于空气颗粒的机率，

图7.11　术者索要止血钳的手势。术者弹捏手指，并张开手掌准备接拿器械

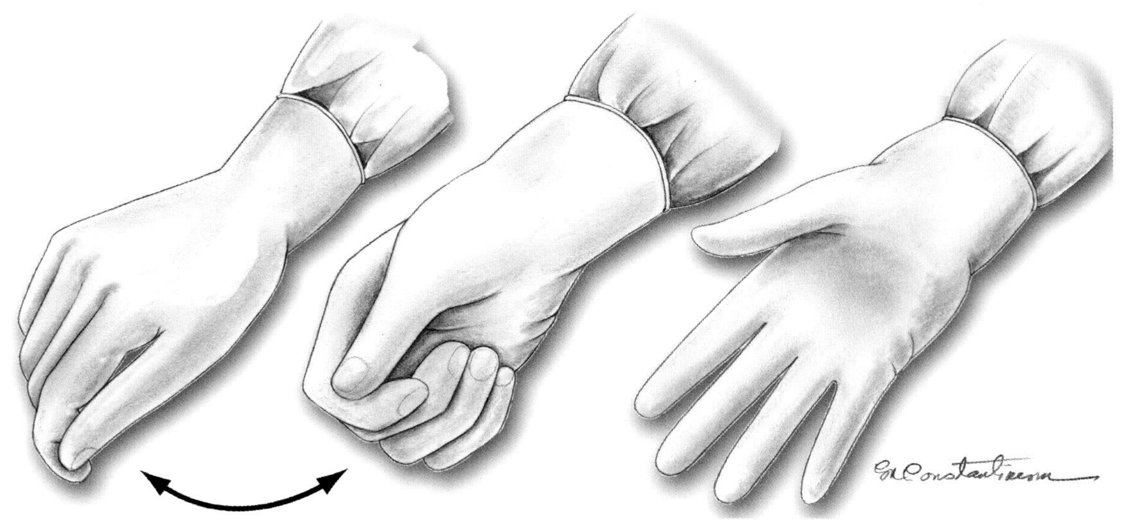

图7.12　术者索要持针器的手势。术者做出缝合的手势，并张开手掌准备接拿器械

同时应将注意力集中在手术操作和病患动物身上。刷洗完毕的人员必须时刻面向无菌区站立，手术袍从肩部以下至腰部、手套指尖至肘关节往上2in的部位被视为无菌区。因此，刷洗完毕的人员要避免因不必要的走动而破坏了手术无菌区的完整性。在无菌手术过程中只能使用彻底灭菌的器械。手术包的外层和里层都应该有灭菌标记，使用前应留意灭菌标记避免误用未灭菌的器械。有些手术器械并未包在手术包内，需单独包裹进行消毒。避免使用灭菌包中潮湿的器械，因为包中器械接触到湿气将不再视为无菌。若打开灭菌手术包时，器械碰到了手术包敞开的边缘，也不再视为无菌，应更换新的器械包。

需在皮肤切开前对纱布块（4in × 4in不透射

线的方形纱布以及腹腔手术巾）的数目进行清点。应该将纱布的数目告知麻醉师，由麻醉师记录于麻醉登记表上，而这一数据也将添加到患病动物的永久记录中。若手术台上放置了额外的纱布块，也同样要添加到计数中。关闭手术切口前（尤其是在剖腹术后关闭腹白线和开胸术后将肋间隙对合之前），将已使用和未使用的纱布块进行统计，确认手术结束时纱布块的数目与手术过程中拆开的数目是一致。已消毒的助手记录无菌区内纱布块和腹腔手术垫的数目，而未消毒助手记录从无菌区内弃置的纱布块数目（图7.13）。将皮肤切开前和关腹前纱布块数目的比对结果记录在麻醉登记表中。清点纱布块可以避免无意中将纱布遗留在动物体腔内形成异物（也称为纱布瘤）。若前后的纱布块数目不一致，需重新清点核对。若仍未一致，则常规关腹后拍摄腹部X线片确认是否有纱布块遗留。显然，使用不透射线的纱布块才便于在X线检查时进行确证。

应尽量减少手术室内人员的数量，这样可以减少室内人员说话及走动的频率，以降低动物暴露于潜在致病原的机率。在教学医院中，要遵守低噪音和限制走动的原则非常困难，但这仍是一个亟待实现的重要目标。手术室的大门要时刻保持关闭，只有在手术用品、手术相关人员、患病动物进出时才能打开。在手术室内放置一些常用的手术用品非常必要，如无菌手套、缝合材料、皮肤钉合器、纱布块以及腹腔手术巾。手术室中放置常用的手术辅助材料，可以最大程度地减少人员进出手术室拿取额外的手术用品。

疏忽和遗漏是包括术者及手术相关人员在内所有人都可能犯的错误。为了减少此类潜在的严重错误，一些手术小组引入了手术安全检查表，而此种专门为手术室制定的检查表的使用也倍受推崇。

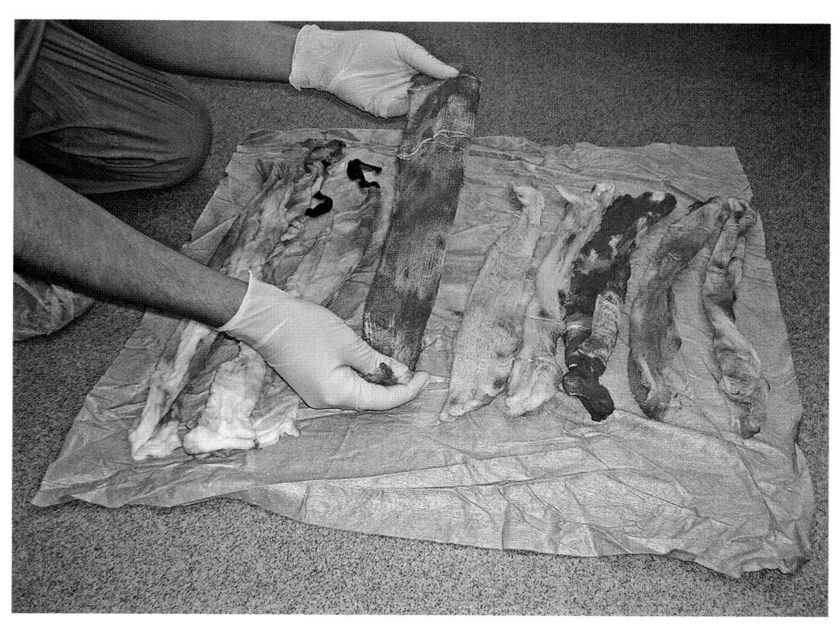

图7.13 在术者或者助手身旁地板的防水创巾上清点纱布块。巡回助手戴着未灭菌的手套清点纱布块和腹腔手术垫的数目，而穿着手术袍的助手清点无菌区内的纱布块和腹腔手术垫的数目。要将纱布块和腹腔手术垫分别展开后计数，确保不会因为纱布之间存在叠置而造成遗漏

表7.1　手术安全检查表示例

手术日期：________________

病例号：________________

动物名字/编号：________________

软组织手术术中检查表

- 动物的保定（根据术者的偏好并对以下几项进行核实）
  - 腿部的绑定 —— 适当的松紧度
  - 电外科的接地极板 —— 正确接触和涂抹足够的凝胶
  - 适当的保温设备 —— 正确接触；远离眼部
- 特殊仪器的使用
- X线/超声波/计算机断层扫描/其他诊断方法

完成单项目的检查后，再对所在循环进行核实。
若不需要或未使用某一项目，则在核实后标注N/A。

- 各项手术用品的费用清单
- 核实患病动物
- 手术参与人员的安排
- 核实将要进行的手术/操作
- 复述预想的重大事项/操作步骤
- 纱布块或腹腔手术垫的计数 — 术前
- 使用的抗生素
- 活组织检查
- 微生物培养/敏感试验
- 特殊肿瘤的取样
- 纱布块或腹腔手术垫的计数 — 术后

- 尿管
- 饲管（类型：________________）
- 鼻道氧气管
- 动脉导管监测
- 中心静脉导管
- 术后疼痛管理方案

8 手术服装

Fred Anthony Mann

手术服装的正确穿着与手术人员所在的场合有关。在无菌手术室中，需要穿戴刷手服（图8.1）手术帽和口罩（图8.2至图8.4），并将刷手服的下摆塞入裤中。此外，不可显露内衫，如内衫的袖子不能长于刷手服的衣袖、内衫衣领不能显露在刷手服“V”型衣领外。在进入手术室前要戴好手术帽和口罩。首先戴上手术帽，不能让头发露于帽檐之外。然后戴上口罩，口罩底带系在脖子后方，顶带系在脑后。必须系紧绳带使口罩紧贴面部，确保呼吸的气体被口罩过滤。呼吸时不能让气体从口罩的上下缘以及侧边漏出。咳嗽会迫使气体从口罩侧边漏出。因此，刷洗完毕的手术人员不可调头咳嗽，否则会使飞沫直接溅落入无菌区。另外一种选择是有些硬质化的口罩（图8.3），可与口鼻部贴合，并有一条弹性系带可系于脑后。戴眼镜的手术人员更喜欢使用这种口罩，可以避免镜片沾上水雾。传统的口罩除了有两条系带外，在鼻梁处还有一条塑形带起贴合作用，使眼镜片不易沾上水雾。留长发、髯须或者络腮胡的手术人员需要用头套罩住须发。一种称为兜帽（图8.4）的特殊帽子就是为此设计的。

许多医院规定使用一次性手术鞋套（图8.5）。无论是否穿戴鞋套，鞋子都应该保持干净。最好备有工作时专用的鞋子，仅供手术室内

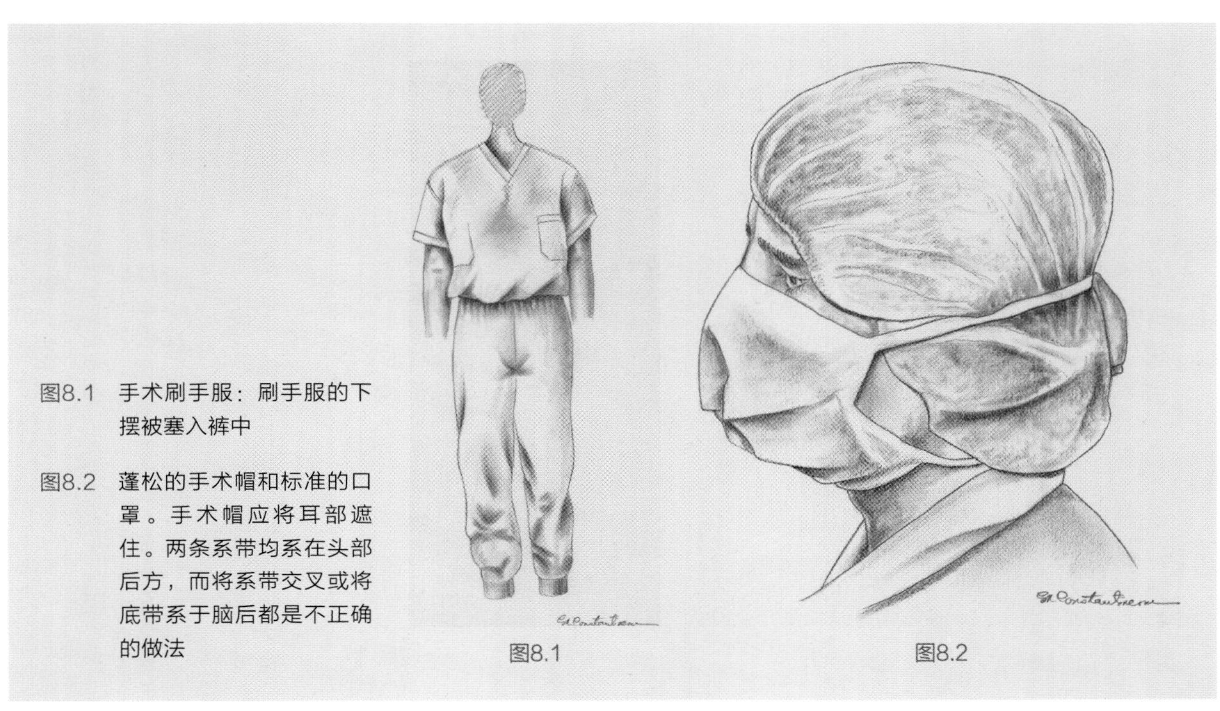

图8.1　手术刷手服：刷手服的下摆被塞入裤中

图8.2　蓬松的手术帽和标准的口罩。手术帽应将耳部遮住。两条系带均系在头部后方，而将系带交叉或将底带系于脑后都是不正确的做法

图8.1

图8.2

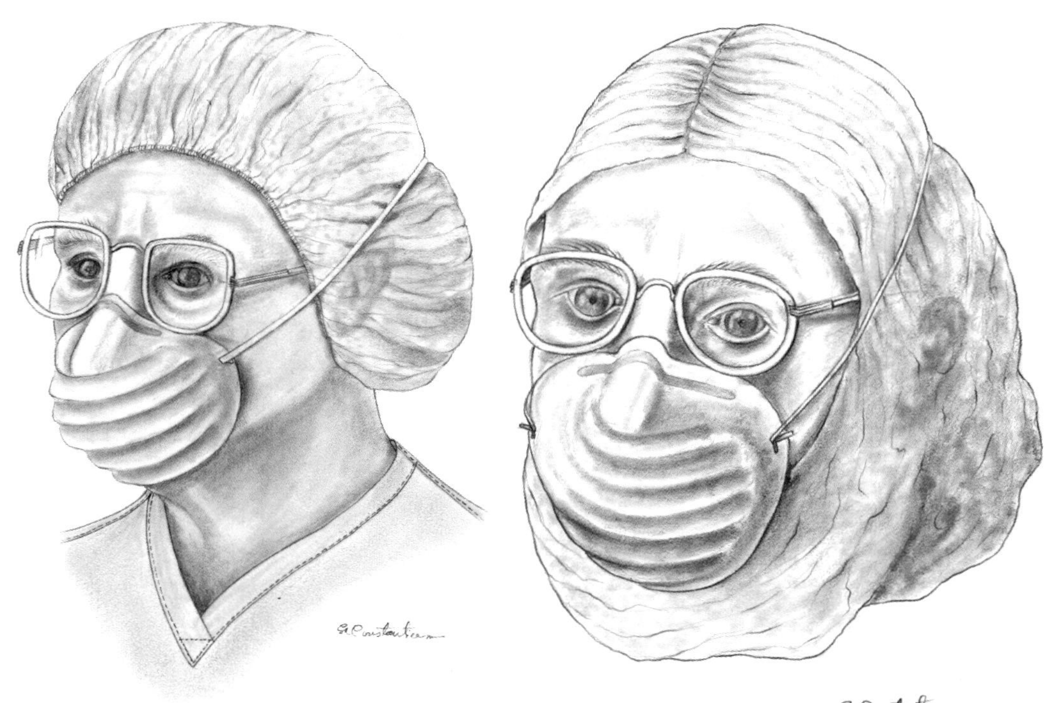

图8.3　硬质手术口罩

图8.4　手术兜帽。兜帽也被称为髯须套

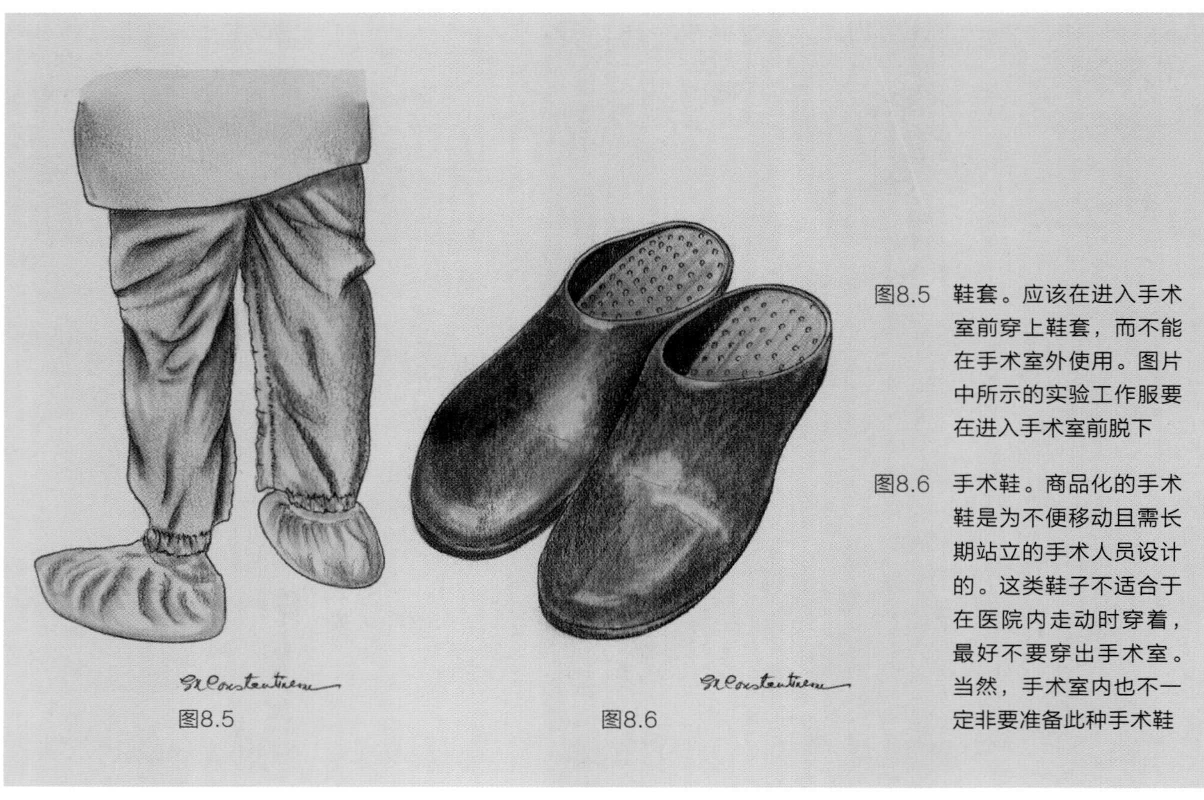

图8.5　鞋套。应该在进入手术室前穿上鞋套，而不能在手术室外使用。图片中所示的实验工作服要在进入手术室前脱下

图8.6　手术鞋。商品化的手术鞋是为不便移动且需长期站立的手术人员设计的。这类鞋子不适合于在医院内走动时穿着，最好不要穿出手术室。当然，手术室内也不一定非要准备此种手术鞋

图8.7 实验工作服。当手术人员处于手术室外时必须在刷手服外套上实验室工作服，不能将其穿入手术室内

穿着（图8.6）。不能将鞋套穿戴到手术室外，因为这样会将医院内的碎屑带入手术室，这也违背了穿戴鞋套的初衷。同样，在医院内走动时也最好不要穿着手术室内的专用鞋。

在手术室外应该穿着其他服装（不包括刷手服）。当将刷手服穿出手术室时（如到动物准备区），应该在外边套上实验工作服（图8.7）。穿着长款实验工作服会更好一些，这样可以尽量盖住刷手服。穿着实验工作服可以防止医院内的碎屑污染刷手服，如污物、灰尘和毛发。在给动物剃毛和进行粗略准备时穿戴实验工作服尤显重要。需要注意的是，不能将实验工作服穿入手术室。

手术室内未进行刷洗的人员需与手术医生着装相同。另外，也有其他款式的供非手术人员穿着的服装，但同样不能将服装穿出手术室外。短暂参观手术室的人员可以穿戴帽子、口罩、鞋套以及未灭菌的手术衣。

9 刷洗、穿手术衣和戴手套

Hun-Yong Yoon　Fred Anthony Mann

外科刷洗即是在手术前通过机械清洗和化学消毒的方法尽可能地将指甲、手和前臂上的微生物去除。刷洗时常用的抗菌剂包括葡萄糖酸锑钠氯己定、双乙酸钠氯己定、碘伏、二氯苯氧氯酚和氯二甲苯酚。此外，也可以使用带有葡萄糖酸锑钠氯己定、乙醇或者氯二甲苯酚的无刷擦块。无论选择何种刷洗剂，都需要遵照说明书确定刷洗时间以及是否使用刷子。刷洗时间通常为5min，而使用无刷擦块的刷洗时间则更短一些。穿手术衣的目的是要在手术人员的皮肤、衣服和手术区域间建立一道屏障。同样，戴手套的目的要在手术人员的手部和患病动物之间建立一道屏障，因为手部无法灭菌。正确地刷洗、穿手术衣和戴手套可以防止术中微生物的污染。

在刷洗前必须将戒指、耳环、手表和饰品取下，并在手术区内将手术衣和手套无菌打开。常规的外科刷洗需要使用指甲挑签、刷子以及刷洗剂（图 9.1）。外科刷洗的第一步是要全面地清洗双手和前臂表面的污垢，然后在流水下用指甲挑签清洁双手的指甲缝隙（图 9.2）。接下来用刷子和软质海绵将抗菌剂涂于手指、手掌和前臂，将其打湿，刷子用于指甲的刷洗（图 9.3）而海绵则用于刷洗手掌和前臂。每根手指可以划分为4个面（图 9.4），用海绵沿手指的4个面从指尖到手掌上下擦洗10次（图 9.5）。手掌、手背和两个侧面也要从上至下擦洗10次（图 9.6）。前臂也可以划分为4个面，从手腕至肘部用海绵进行擦洗（图 9.7）。对侧手指、手掌和前臂的刷洗过程与之相同。将用过的刷子和海绵放置于适当的容器中，避免污染刷洗后的皮肤。随后用流水沿指尖至肘部进行冲洗（图 9.8）。冲

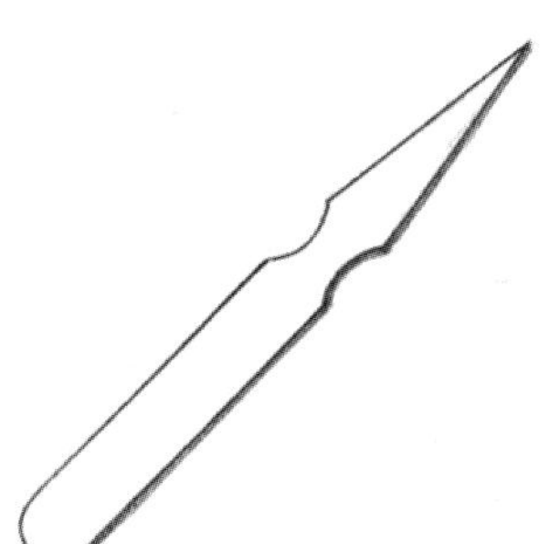

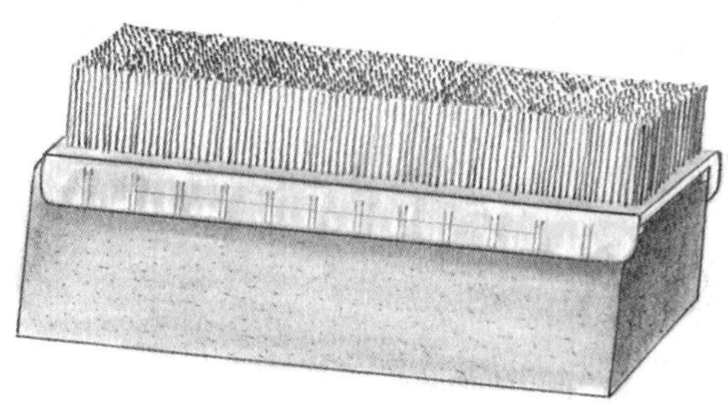

图9.1　手术人员刷洗用的指甲挑针（左）和带软海绵的刷子（右）

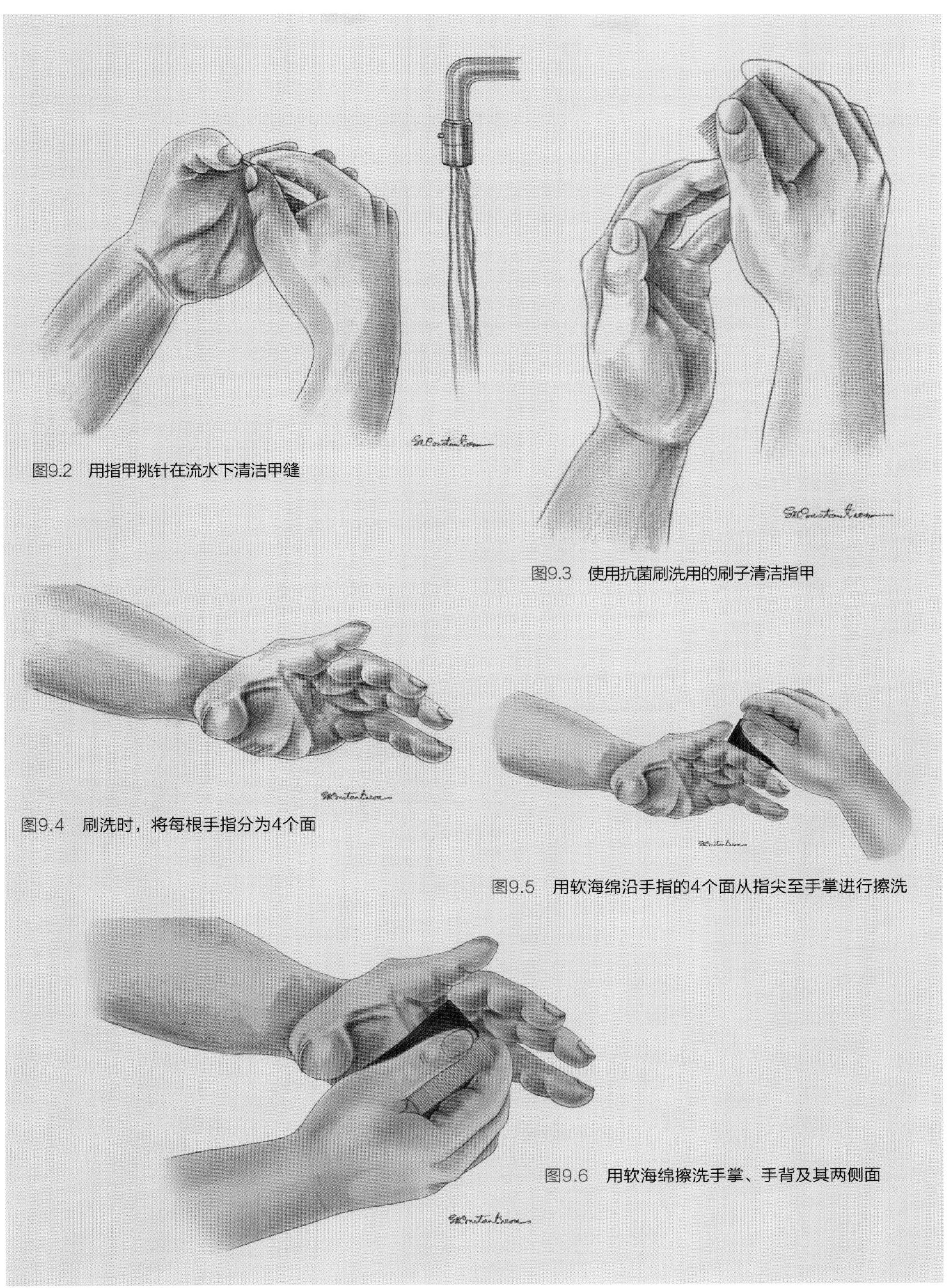

图9.2　用指甲挑针在流水下清洁甲缝

图9.3　使用抗菌刷洗用的刷子清洁指甲

图9.4　刷洗时，将每根手指分为4个面

图9.5　用软海绵沿手指的4个面从指尖至手掌进行擦洗

图9.6　用软海绵擦洗手掌、手背及其两侧面

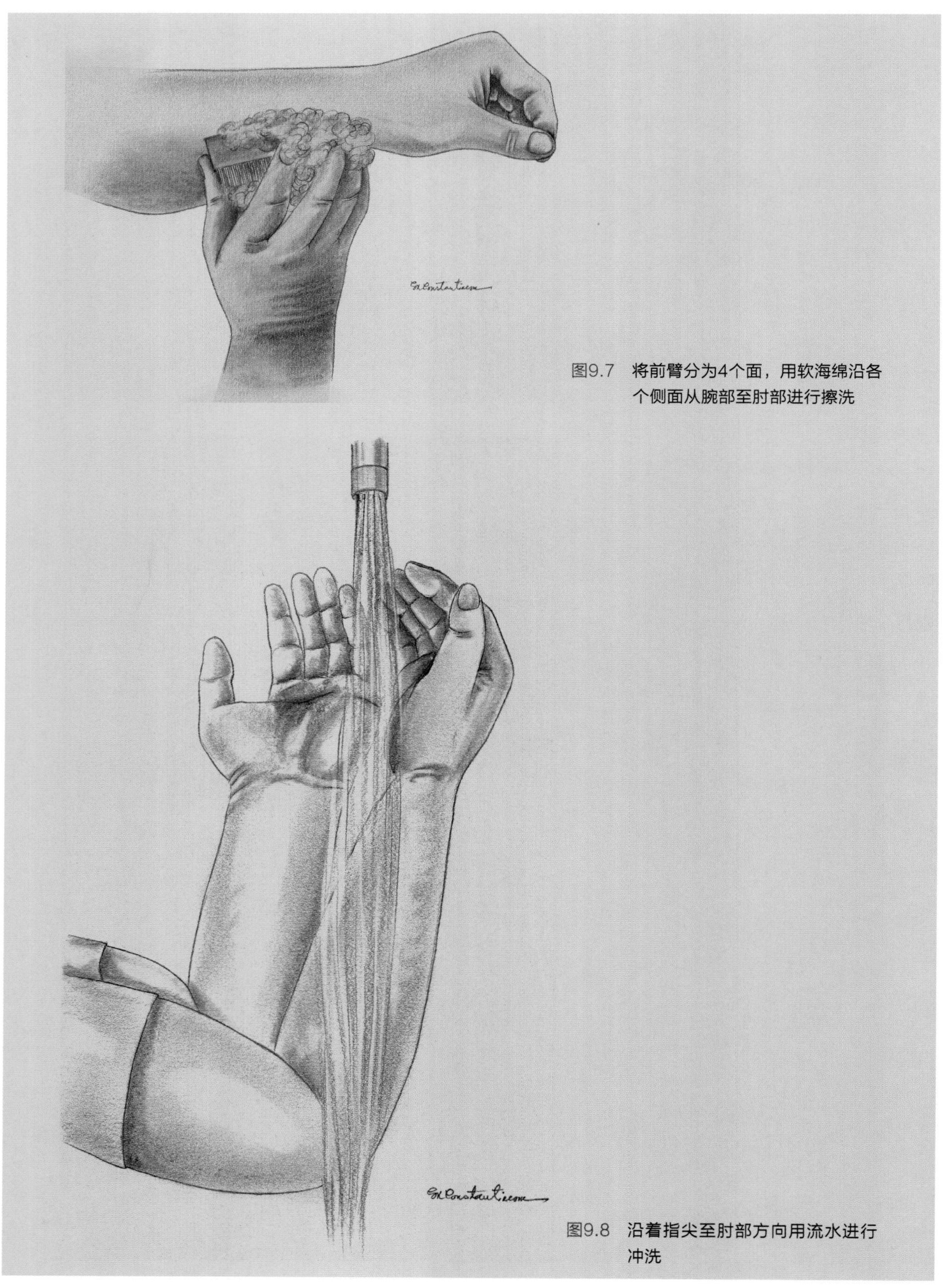

图9.7 将前臂分为4个面，用软海绵沿各个侧面从腕部至肘部进行擦洗

图9.8 沿着指尖至肘部方向用流水进行冲洗

洗完毕后，让手指、手掌和前臂上残留的水滴沿肘部下流，避免拿消毒毛巾（通常放在手术衣包裹上方）时污染灭菌的手术衣包裹，然后用消毒毛巾擦干手指、手掌和前臂。用毛巾的一端从手指至肘部擦干一只手，另一端用于擦另一只手（图 9.9），用完的毛巾不能再继续使用。擦手时，消毒毛巾不能碰到除手指、手掌和前臂外的非消毒部位。此时可向前伸展和弯曲手臂，避免毛巾碰到未刷洗的部分。

用无刷擦块进行外科刷洗时，必须清洁指甲和手部。当天首次刷洗时，使用指甲挑签在流水下清洁指甲缝隙（图 9.2），然后对手部和前臂进行全面清洗以去除表面污垢。必须在手干的情况下使用无水消毒擦洗液。踩下脚踏板将擦洗液挤到手掌中（图 9.10），将另一只手的指尖浸入擦洗液中消毒指甲（图 9.11），然后将其余擦洗液涂布整只手（图 9.12）并扩大到肘部（图 9.13）。另一只手的擦洗方法与之相同，如此重复3次（图9.14）。在穿戴手术衣和手套前将双手晾干。

包中的手术衣呈外翻折叠。术者从包中提取手术衣，然后退离台面。辨清手术衣领口的位置，提住衣领并露出袖洞，然后展开手术衣（图 9.15）。双臂同时伸入衣袖中，但手部不能伸出袖口以便进行密闭式戴手套（图 9.16）。由助手将术者的领扣扣好并系好腰带。若手术衣的背面也要接触无菌区，则助手需戴上手套后完成上述操作。

戴手套的方法有3种：①密闭式戴手套法；②开放式戴手套法；③辅助戴手套法。开放式和密闭式戴手套法需要已刷洗的手术人员自行戴上手套，而辅助戴手套法则需要另一位已刷洗的手术人员从旁协助。密闭式戴手套法可以避免污

图9.9 用消毒毛巾的一端从手指至肘部擦干一只手，另一端用于擦对侧手

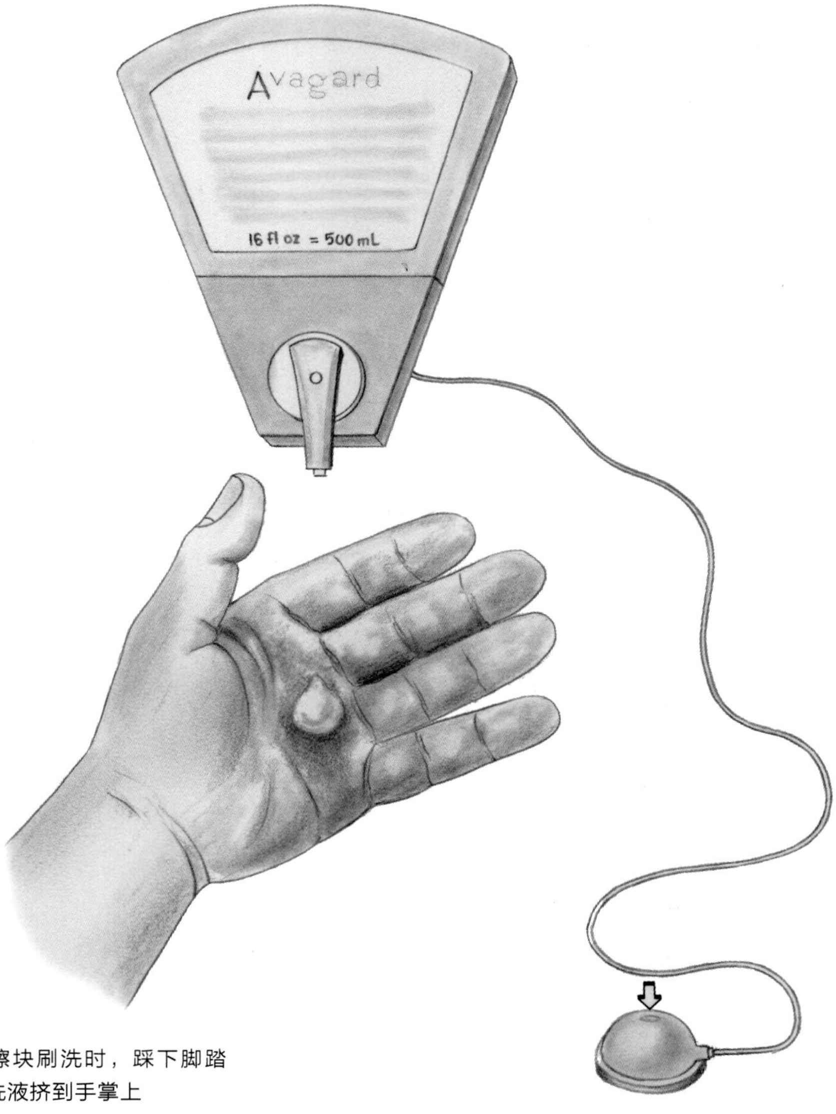

图9.10　用无刷擦块刷洗时，踩下脚踏板将擦洗液挤到手掌上

图9.11　将对侧手的指尖浸入擦洗液消毒甲缝

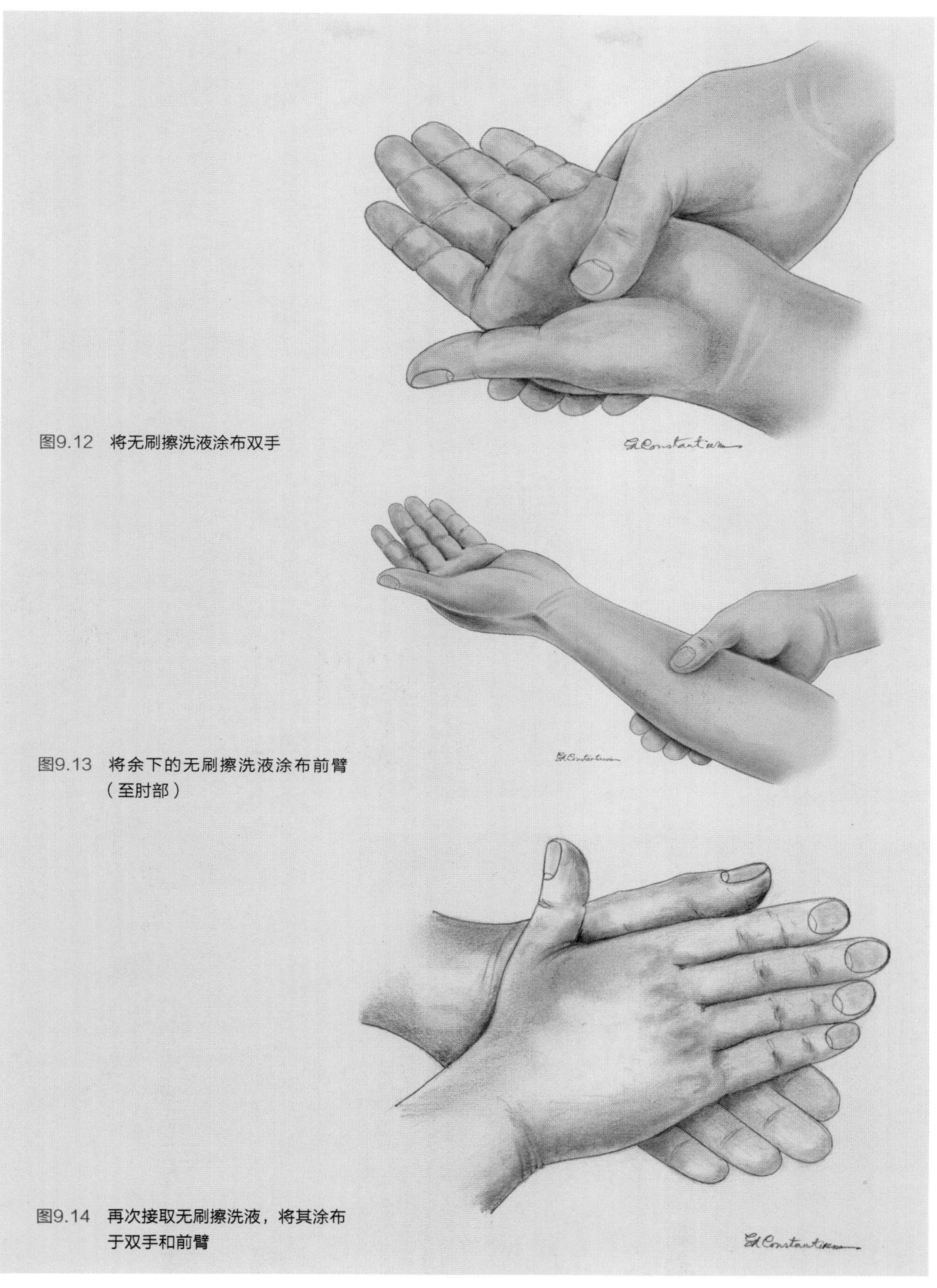

图9.12 将无刷擦洗液涂布双手

图9.13 将余下的无刷擦洗液涂布前臂（至肘部）

图9.14 再次接取无刷擦洗液，将其涂布于双手和前臂

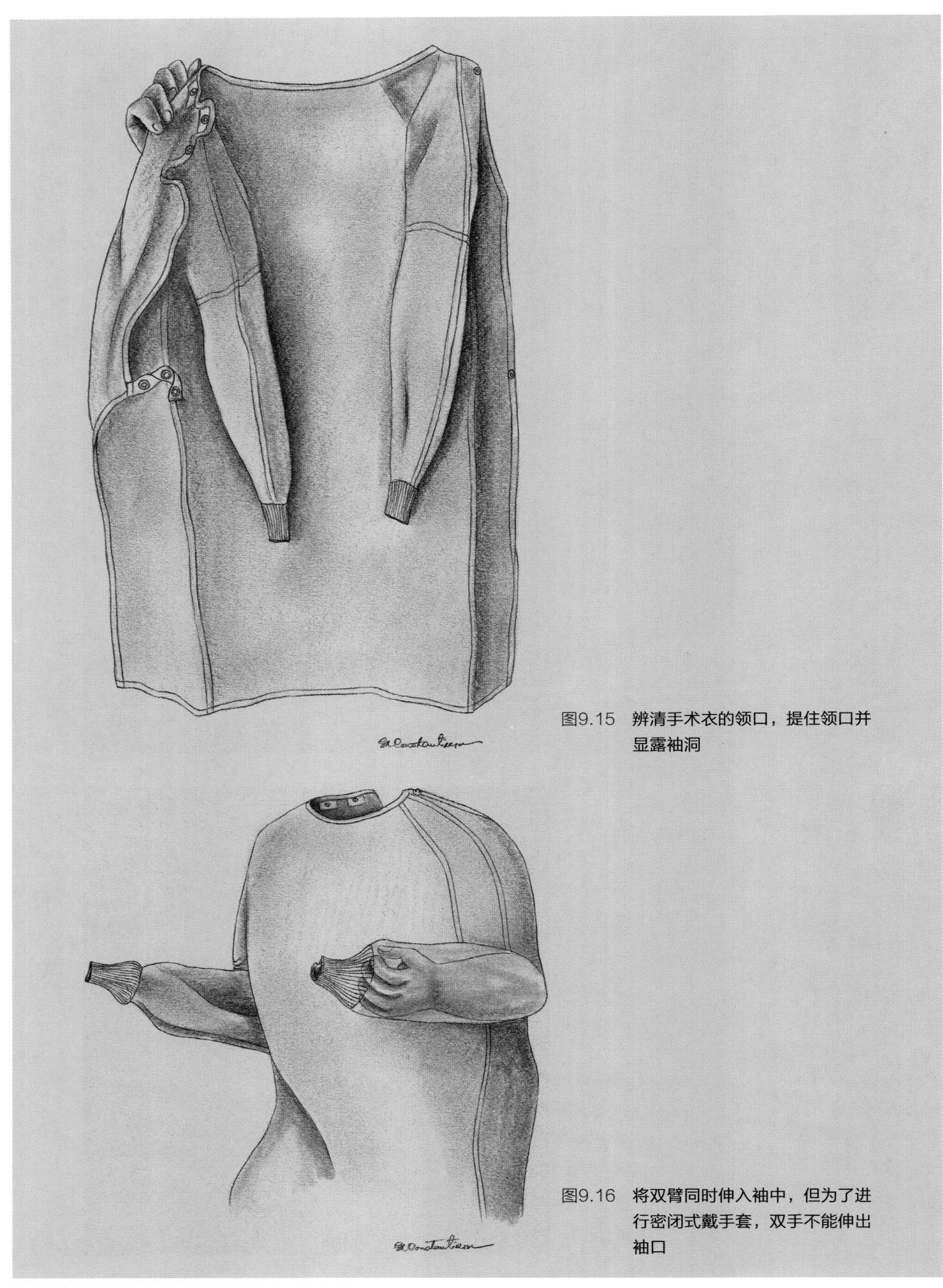

图9.15 辨清手术衣的领口，提住领口并显露袖洞

图9.16 将双臂同时伸入袖中，但为了进行密闭式戴手套，双手不能伸出袖口

染，因为在整个穿戴过程中无皮肤外露。密闭式戴手套时，首先用对侧手提起一只手套翻折部的侧边（此过程中手指仍留在袖内）（图 9.17），然后准备将穿戴手伸入手套中。此时，先用穿戴手捏住手套掌侧边缘（图 9.18），同时用手掌托住手套使指套朝向肘部（图 9.19），随后用对侧的拇指和食指捏住手套背侧边缘将套口撑开（图 9.20），并向袖口方向提拉（图 9.21）。将中指、无名指和小指伸入手套后（图 9.22），再继续向上提拉直至手套盖住袖口（图9.23），至此手套穿戴完

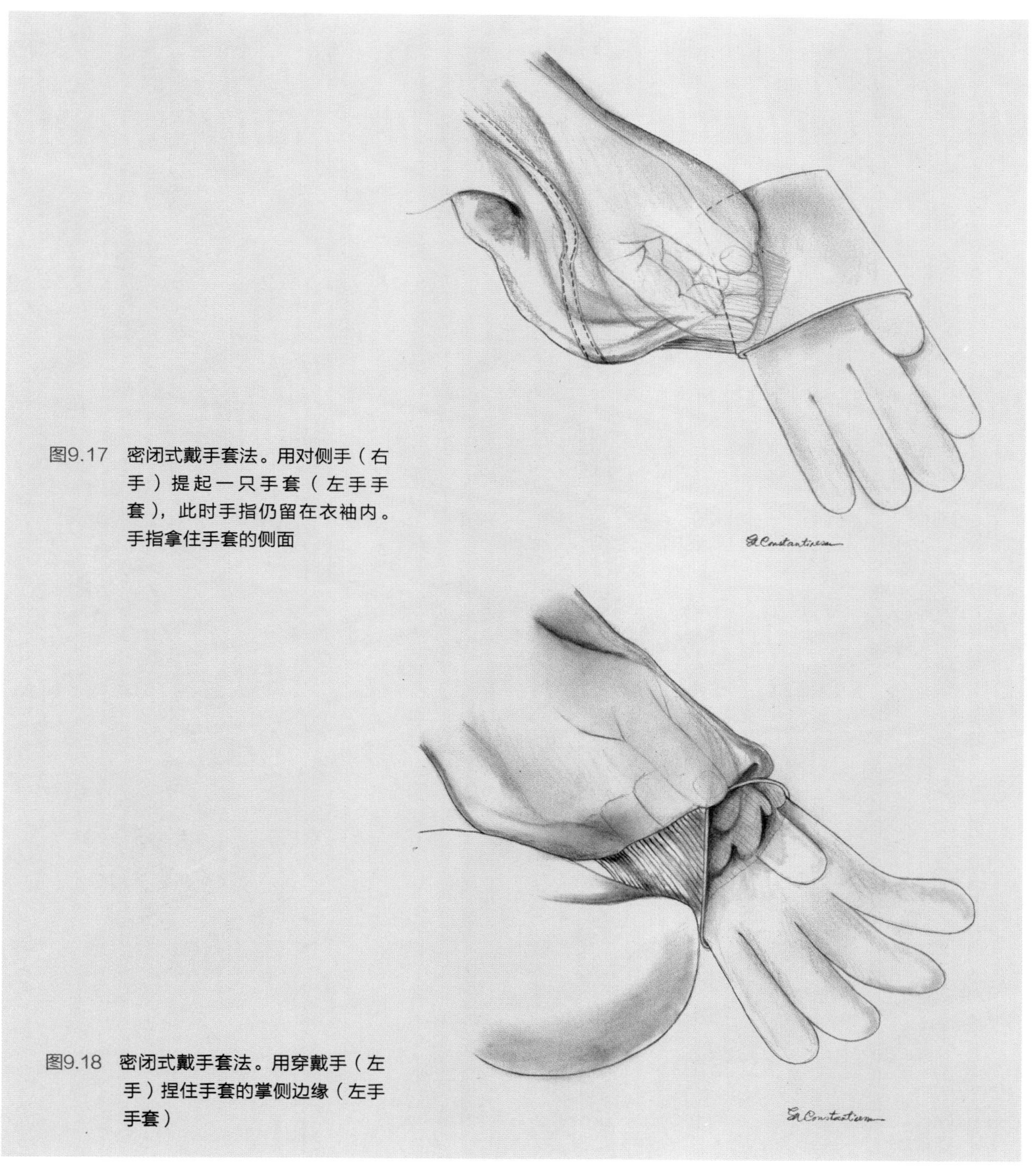

图9.17 密闭式戴手套法。用对侧手（右手）提起一只手套（左手手套），此时手指仍留在衣袖内。手指拿住手套的侧面

图9.18 密闭式戴手套法。用穿戴手（左手）捏住手套的掌侧边缘（左手手套）

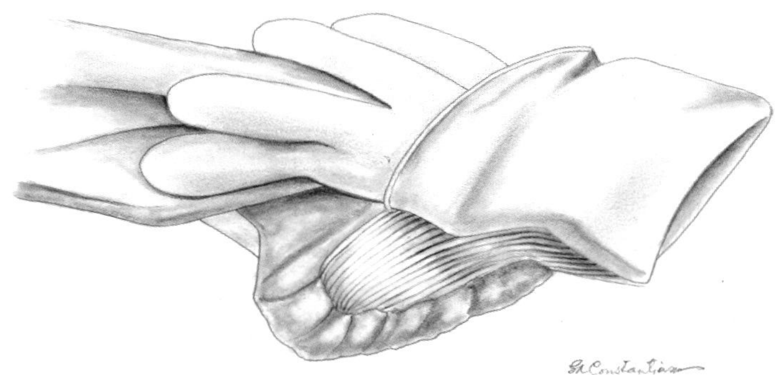

图9.19 密闭式戴手套法。用手掌（左手）托住手套，使指套（左手手套）朝向肘部，而穿戴手（左手）仍捏住手套的掌侧缘（左手手套）

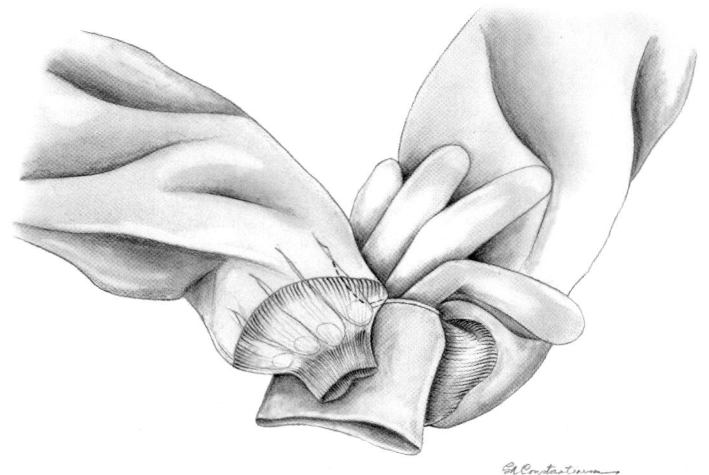

图9.20 密闭式戴手套法。用对侧手（右手）拿住手套（左手手套）的背侧边缘并将其撑开，同时将左手手指伸入手套中。在穿戴左手手套的过程中，保持右手在衣袖中

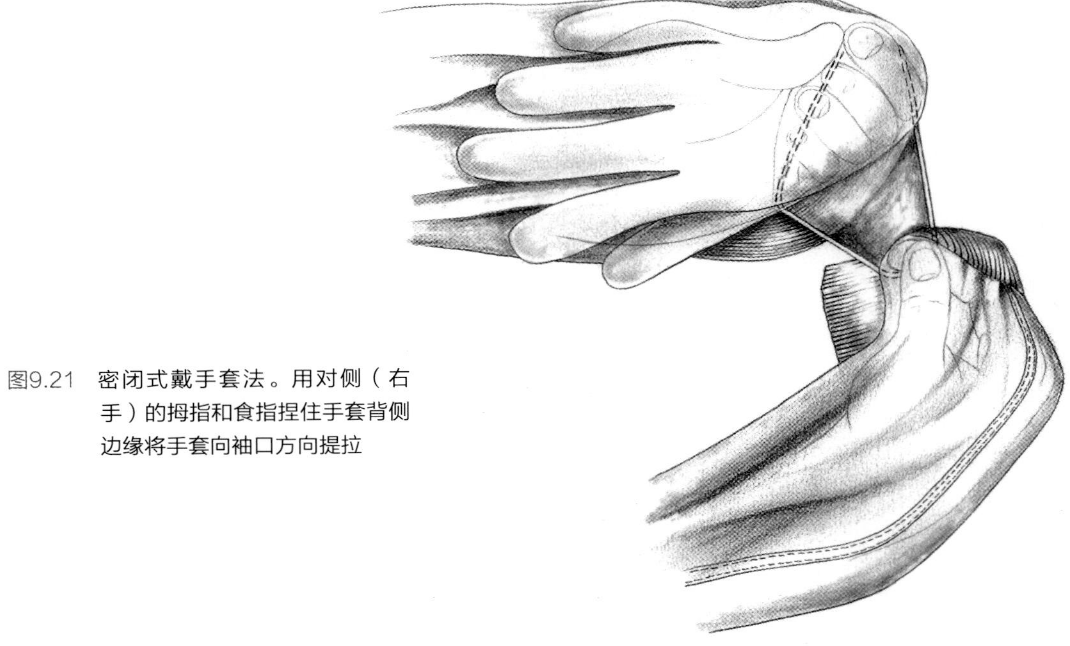

图9.21 密闭式戴手套法。用对侧（右手）的拇指和食指捏住手套背侧边缘将手套向袖口方向提拉

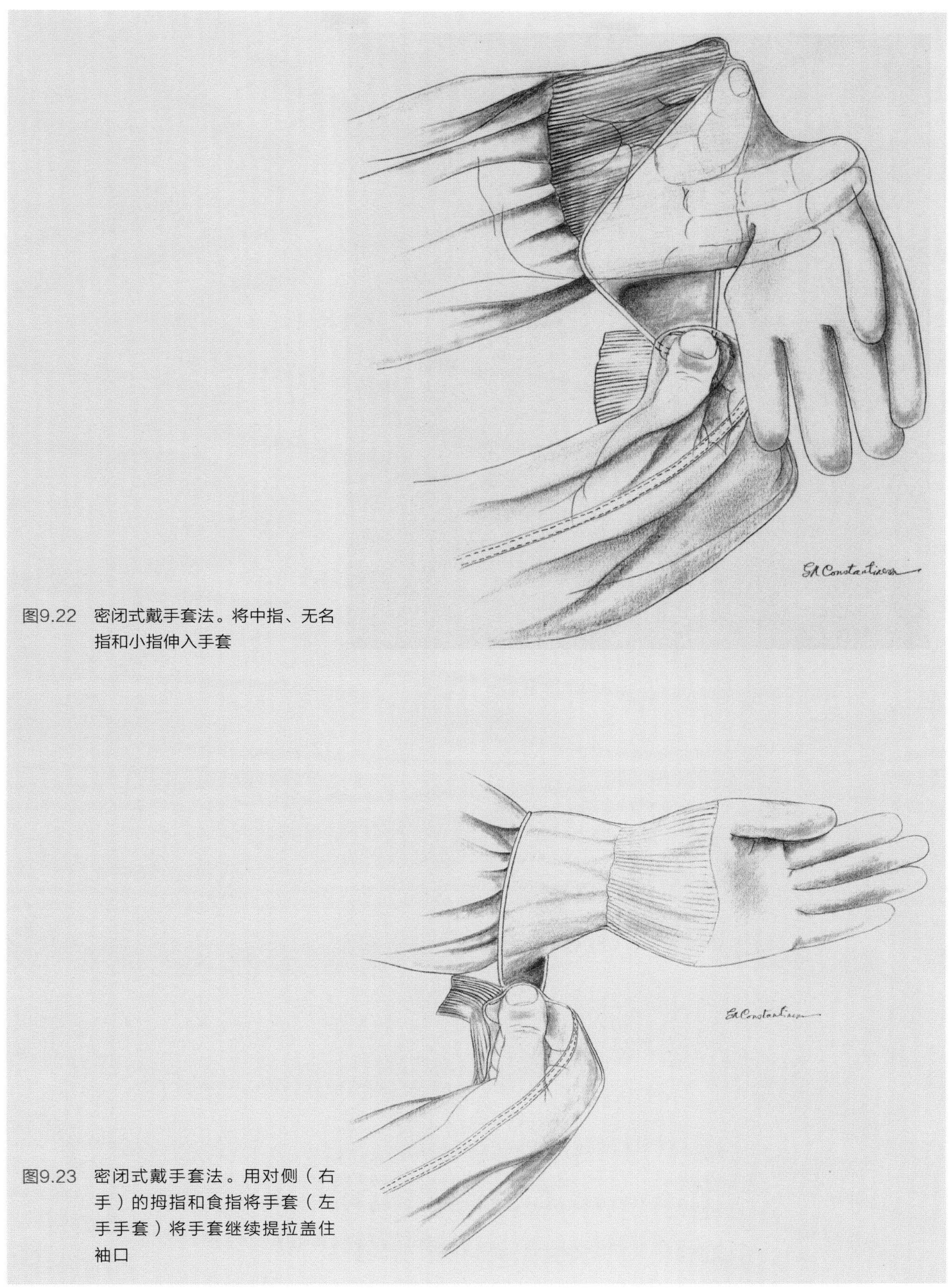

图9.22 密闭式戴手套法。将中指、无名指和小指伸入手套

图9.23 密闭式戴手套法。用对侧（右手）的拇指和食指将手套（左手手套）将手套继续提拉盖住袖口

毕（图 9.24）。对侧手的手套穿戴过程与之相同，当穿戴好一侧手套时，对侧手套的穿戴也就相对简单许多。

开放式戴手套技术适用于手术过程中手套被污染或者没有助手辅助的情况。此外，还包括仅需手部消毒而无需穿手术衣的情况，如无菌手术擦洗、较小的手术操作、骨髓穿刺或导管插入术。开放式戴手套技术是在戴第1只手套时用对侧的拇指和食指捏住手套的翻折部，然后将穿戴手伸入手套中（图9.25）。接着将戴好手套的手插到另一只手套翻折部的下方将手套提起（图 9.26），提拉手套并展开翻折部以盖住袖口（图 9.27）。第2只手套戴好后，再将第1只手套的翻折部展开（图 9.28）。整个过程中需要避免污染已戴上手套的拇指。

辅助戴手套法是指由已消毒的人员协助刷洗完毕的手术人员穿戴手套。这种方法可以作为初始的手套穿戴技术或者手术过程中污染手套的更换。若手术过程中手套被污染，未消毒的助手可协助将污染的手套脱掉（图9.29）。此时，戴手

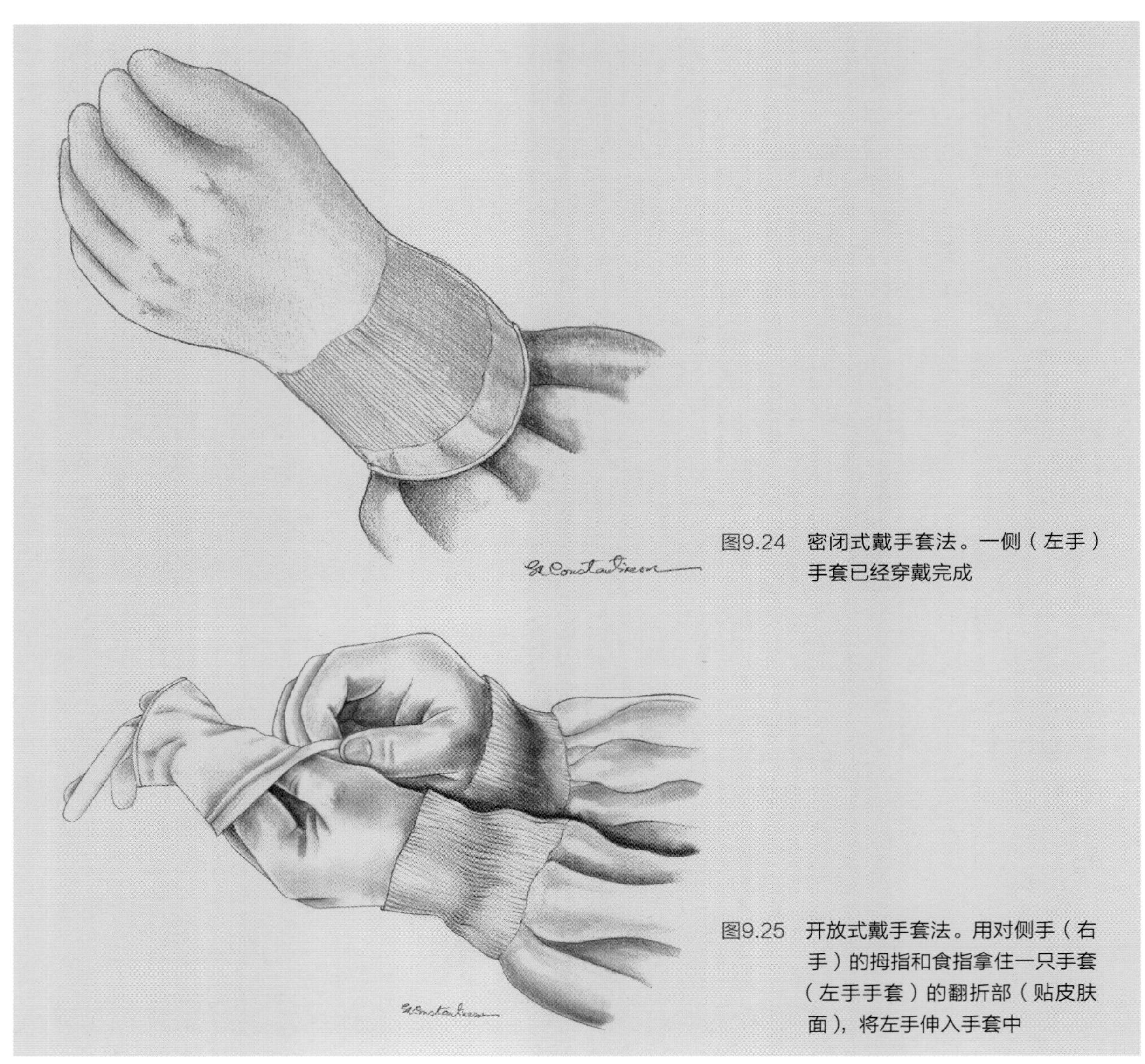

图9.24 密闭式戴手套法。一侧（左手）手套已经穿戴完成

图9.25 开放式戴手套法。用对侧手（右手）的拇指和食指拿住一只手套（左手手套）的翻折部（贴皮肤面），将左手伸入手套中

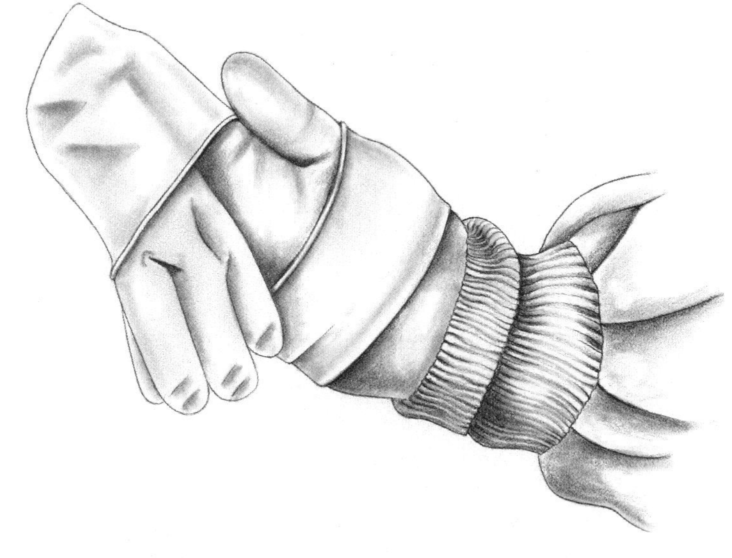

图9.26 开放式戴手套法。将戴好手套的手（左手）插至另一只手套（右手手套）的翻折部下方，并将手套提起

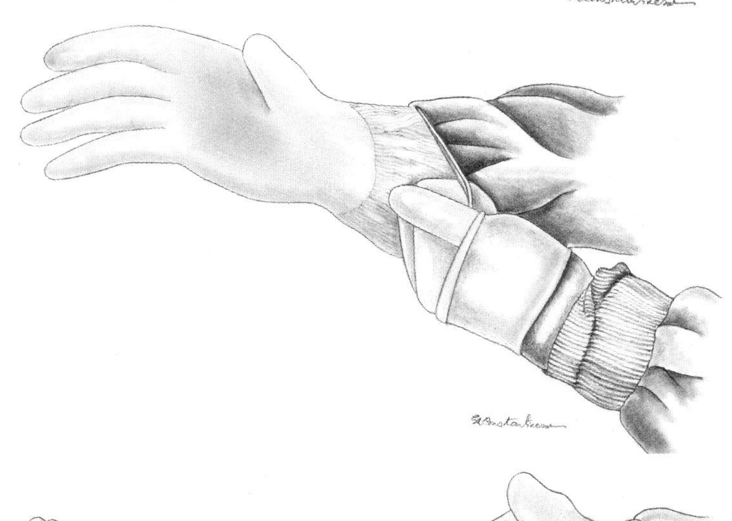

图9.27 开放式戴手套法。将第2只手套（右手手套）的翻折部展开后提拉盖住袖口

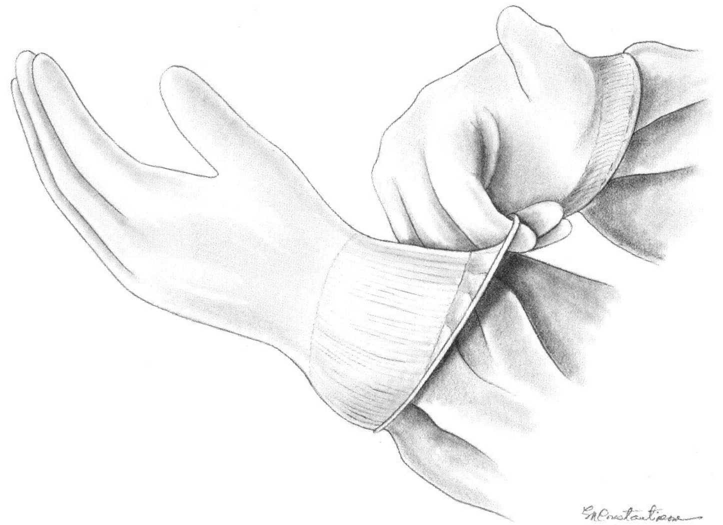

图9.28 开放式戴手套法。将第2只手套（右手手套）戴好后，再把第1只手套（左手手套）的翻折部展开，确保过程中手套外表面未触碰到暴露的皮肤

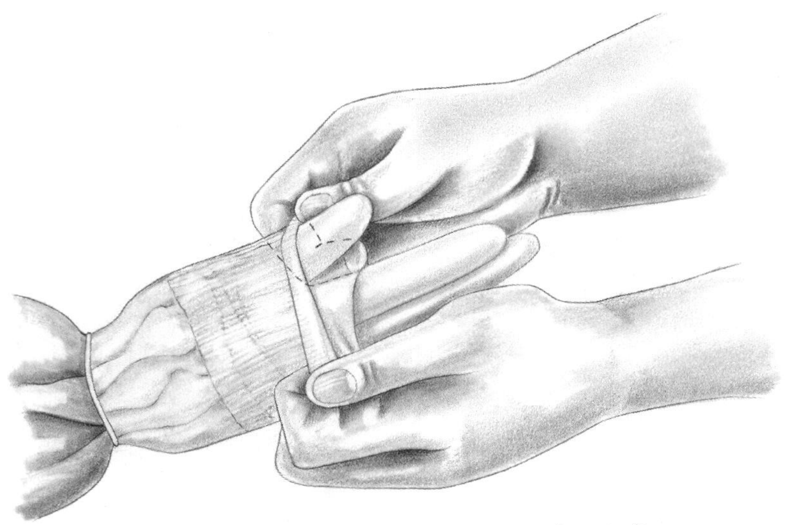

图9.29　脱手套。若手套被污染，未消毒助手捏住术者手套的掌侧面和背侧面将手套脱下

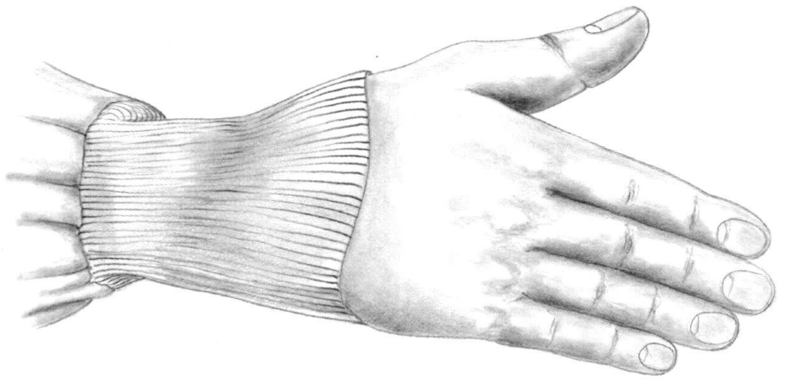

图9.30　脱手套。脱下手套后，手指留在袖口外

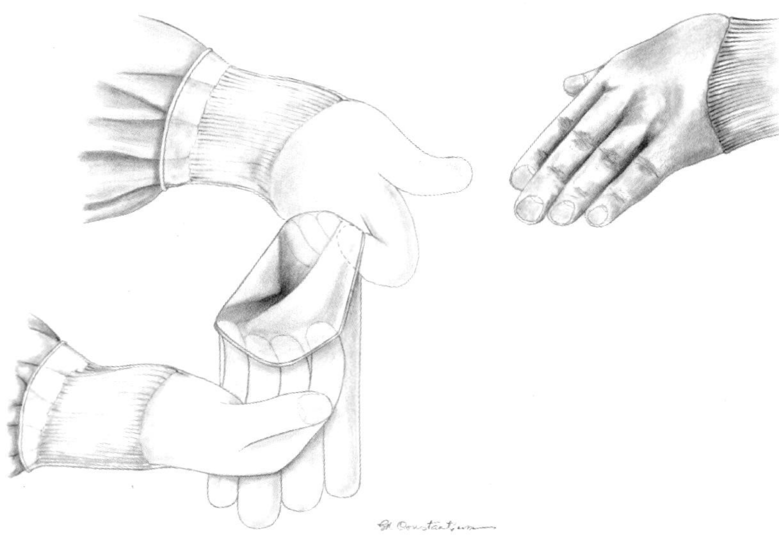

图9.31　辅助戴手套法。穿戴完毕的助手在手套外表面用手指撑开套口，然后术者将手伸入手套中

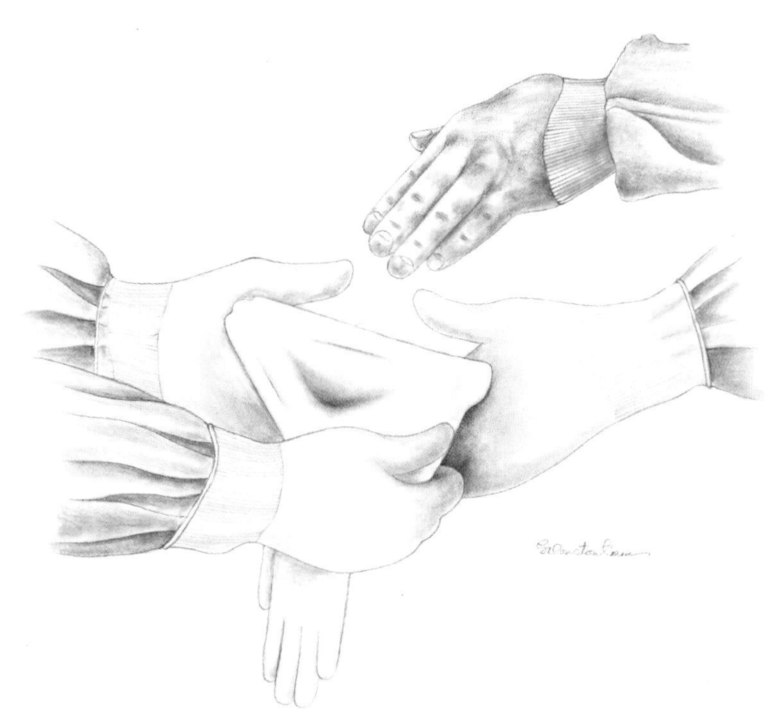

图9.32 辅助戴手套法。若一只手（右手）已经戴上手套，则可以用其辅助另一只戴手套（左手手套）的穿戴

套者的整个手部（手腕以下部位）应位于袖口外（图 9.30）。另外一名穿戴好手术衣和手套的助手拿住手套外缘（保持手套掌侧朝向戴手套者）将套口撑开（图 9.31）。在此过程中，助手不要用拇指拿手套，避免无意中碰到戴手套者外露的皮肤（图 9.31）。当戴手套者的一只手戴好手套后，可以用这只手辅助穿戴另一只手套（图 9.32）。最后，在戴手套者将手伸入手套的同时，助手提拉套口将其袖口盖住。

如果手套在手术开始前被污染（此时术者的手部和腕部尚未分泌汗液），术者可以将双手完全藏于衣袖中。之后，术者可以选择用密闭式戴手套法更换新的灭菌手套。

10 手术准备和动物的体位

Hun-Young Yoon　Fred Anthony Mann

手术准备分为初期准备（非无菌）和最终准备（无菌）两部分。初期准备包括剃毛、膀胱挤尿、包皮腔冲洗、四肢隔离及固定（四肢手术）、初步的刷洗。在初期准备前需将抗生素眼膏或润滑剂涂布于动物的角膜和结膜上。动物麻醉稳定后开始剃毛。手术准备时动物的保定体位最好与手术体位相一致，但这不是必须的。剃毛时，一只手拿住推子，对侧手紧张皮肤以便推剪。用标准的“笔握式”（图10.1）手持推子，先顺着毛发生长方向剃毛，然后逆向将毛发尽量剃短。预定切口部位周围皮肤应充分备毛，以便术中可能需要扩大无菌创。剃毛的一般原则是剃毛区应扩大至切口两侧至少4cm区域。当然，剃毛区大小的确定还需取决于动物的体型和手术类型［如腹部手术（图10.2）、睾丸切除术（图10.3和图10.4）、胸部手术（图10.5）、神经系统手术（图10.6至图10.8）、矫形外科手术（图10.9）、会阴部手术（图10.10）、眼部手术（图10.11）、耳部手术（图10.12）、下颌手术（图10.13）、鼻部手术（图10.14）以及颅部手术（图10.15）］。剃毛完成后，用真空吸尘器吸净剃下的毛发。四肢手术时，应剃除手术区及其肢端的毛发。若无需暴露爪部，则可以保留爪部的毛发（图10.9）。术前需将膀胱尿液排空，避免手术开腹时意外切开膀胱而被尿液污染。若存在腹部创伤，则禁止挤压膀胱排尿或谨慎操作（若情况允许）。挤压膀胱排尿时，动物可以采取仰卧或侧卧位，但通常侧卧位更容易进行操作。在挤压膀胱排尿时动作要轻柔，需循序渐进，不可冲击式挤压。对于接受腹部手术或后躯相关手术的雄性犬，需用消毒剂冲洗包皮腔。

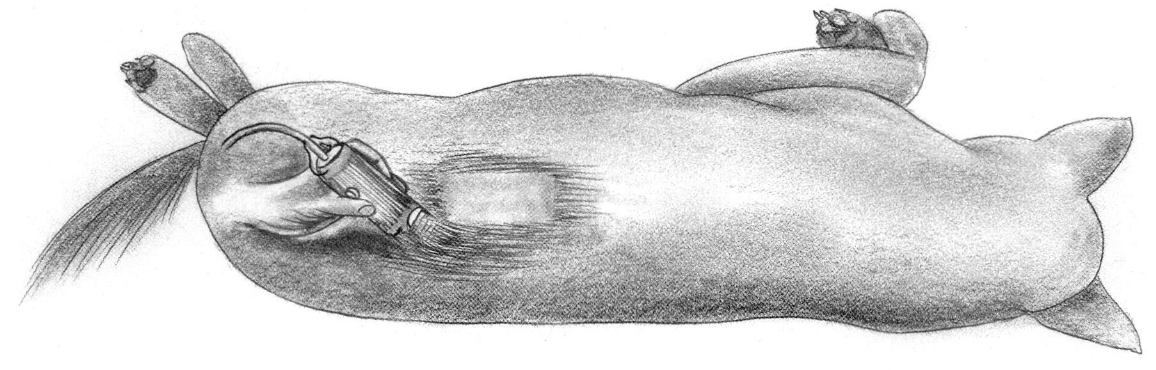

图10.1　剃毛。使用标准的“笔握式”手持推子。先顺着毛发生长的方向剃毛，之后再逆向将毛发剃短

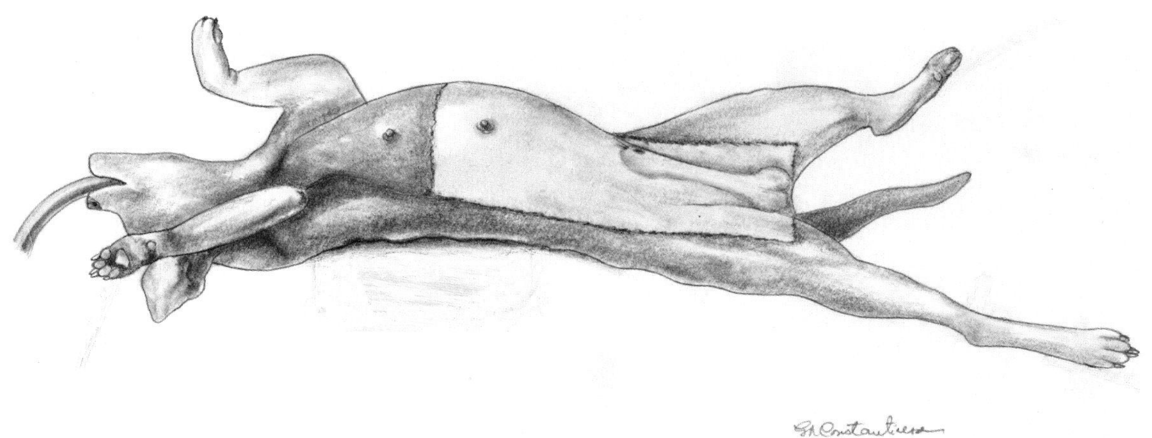

图10.2　腹部手术时的剃毛。剃毛区的头侧扩大至胸部腹侧的中部，尾侧延伸至阴囊或阴门基部，两侧边缘平行于皮肤褶

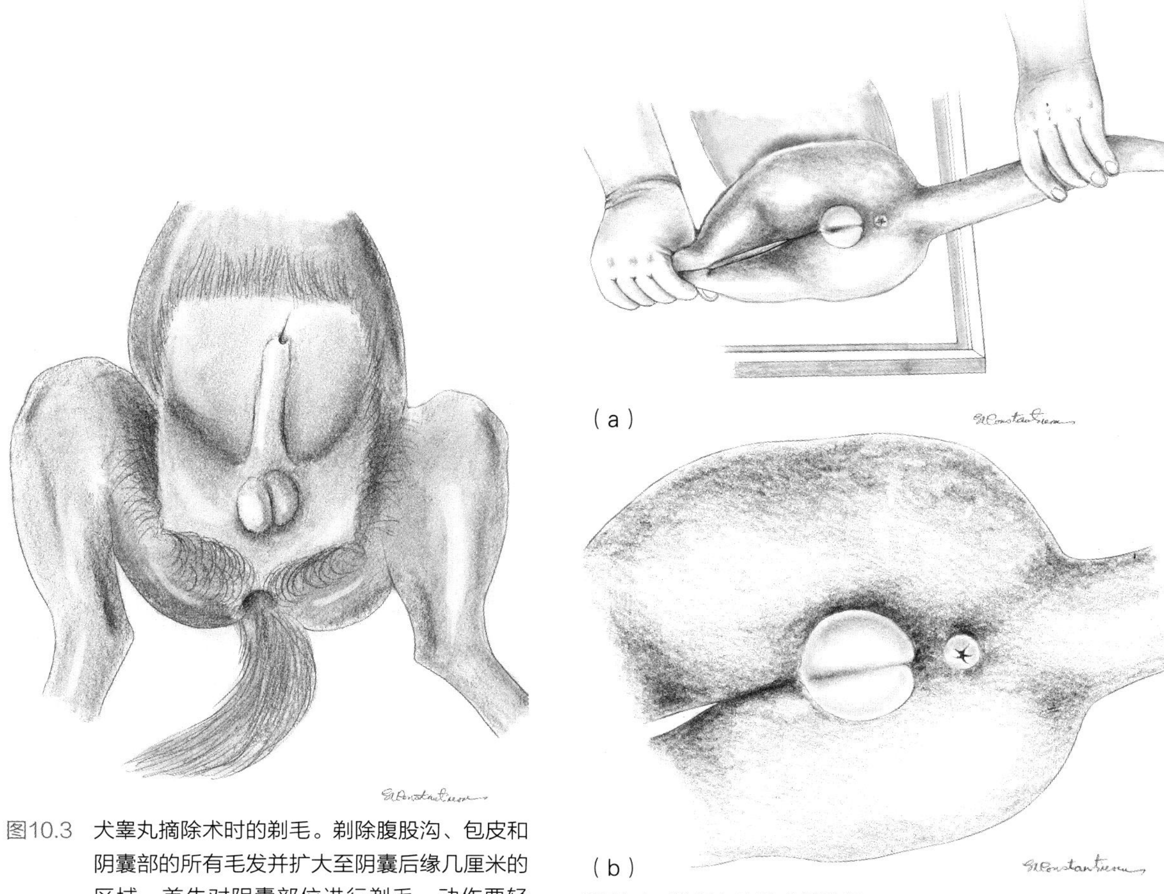

图10.3　犬睾丸摘除术时的剃毛。剃除腹股沟、包皮和阴囊部的所有毛发并扩大至阴囊后缘几厘米的区域。首先对阴囊部位进行剃毛，动作要轻柔。此时推子尚未发热，可避免对阴囊皮肤造成刺激。应对剃毛区边缘的长毛发进行修剪，防止其从创巾下方蔓延至无菌区

图10.4　猫睾丸摘除术的准备

（a）猫侧卧保定，前肢向头侧牵拉，尾部拉向背侧

（b）拔去阴囊的毛发（猫去势术通常无需剃毛）

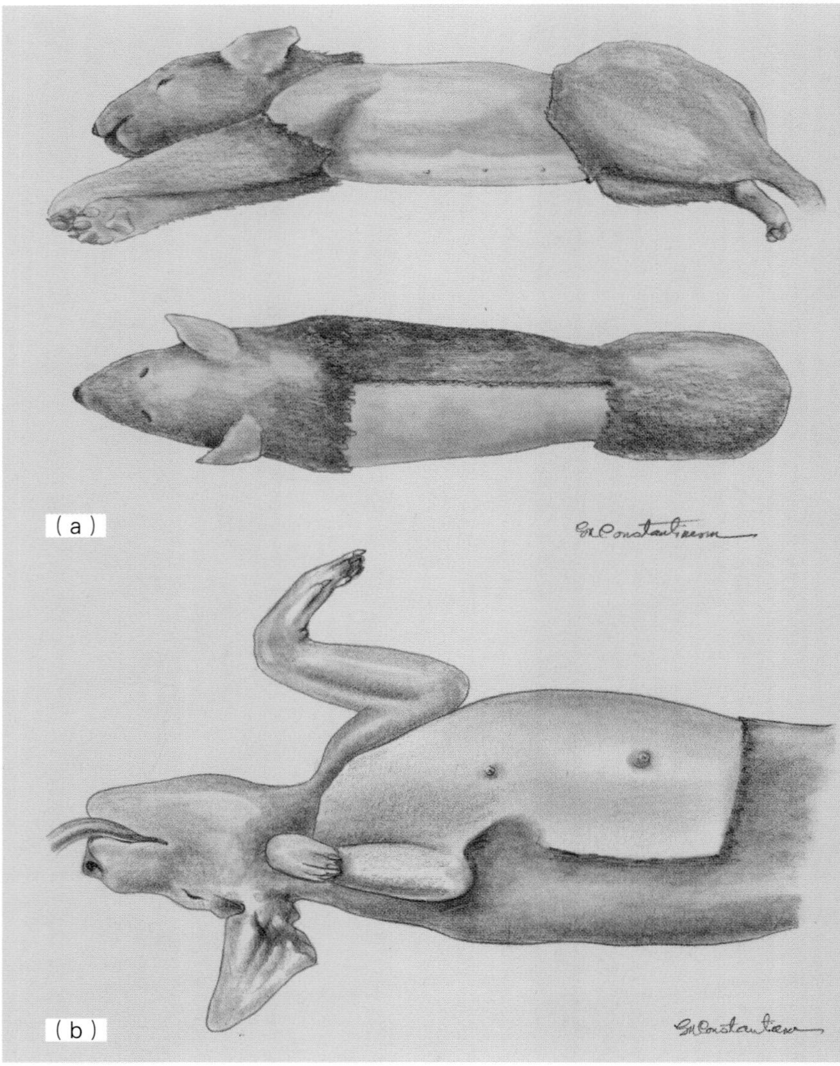

（a）

（b）

图10.5　胸部手术时的剃毛

（a）单侧开胸术。剃毛区的头侧到达肩胛骨前缘和肱骨近端，尾侧至腹中部，腹侧至胸骨，背侧至脊柱的背侧棘突

（b）正中胸骨切开术。剃毛区的头侧到达胸骨柄，尾侧经剑状软骨扩大至腹中部，两侧边缘平行于皮肤褶（需提供足够的肋间隙空间以便无菌放置胸导管）

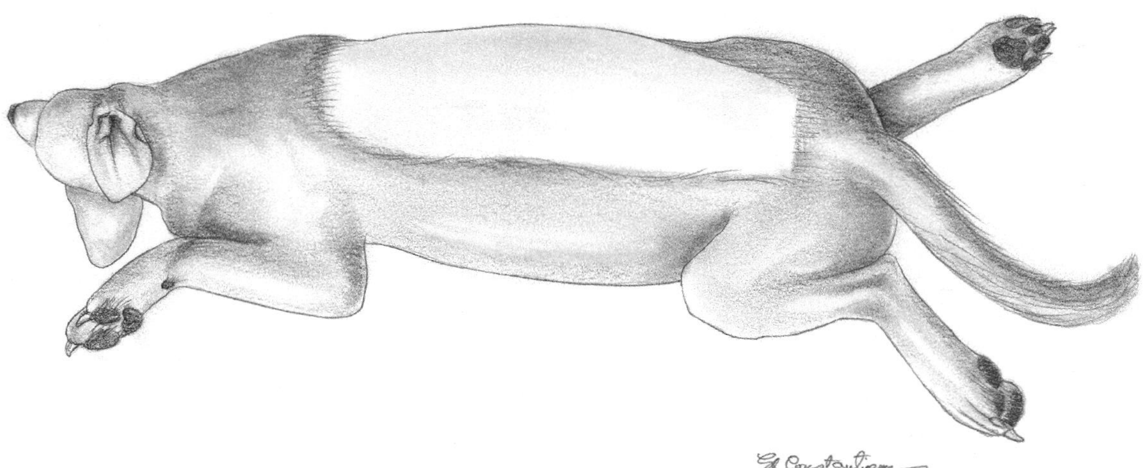

图10.6　胸腰椎手术时的剃毛。剃毛区的头侧到达颈椎和肩胛骨，尾侧至荐椎，两侧距中线至少4cm

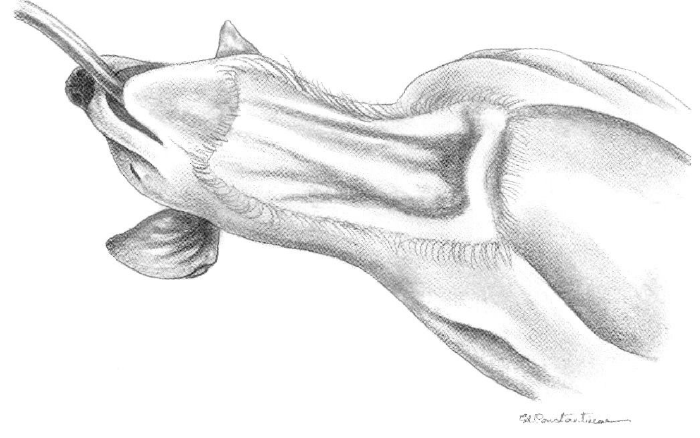

图10.7 颈部腹侧通路的剃毛。剃毛范围从下颌中部延伸至胸骨柄，两侧距离预定切口至少4cm（根据动物体型）

图10.8 颈部背侧通路的剃毛。剃毛范围从枕骨隆突至胸椎前缘，两侧距离预定切口至少4cm（根据动物体型）

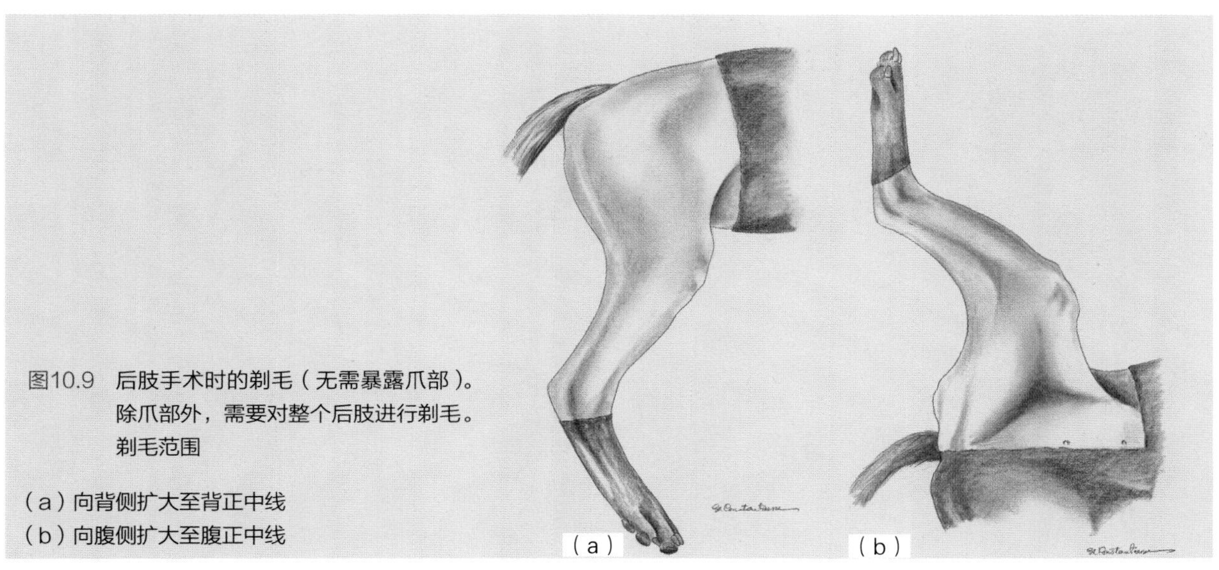

图10.9 后肢手术时的剃毛（无需暴露爪部）。除爪部外，需要对整个后肢进行剃毛。剃毛范围

（a）向背侧扩大至背正中线
（b）向腹侧扩大至腹正中线

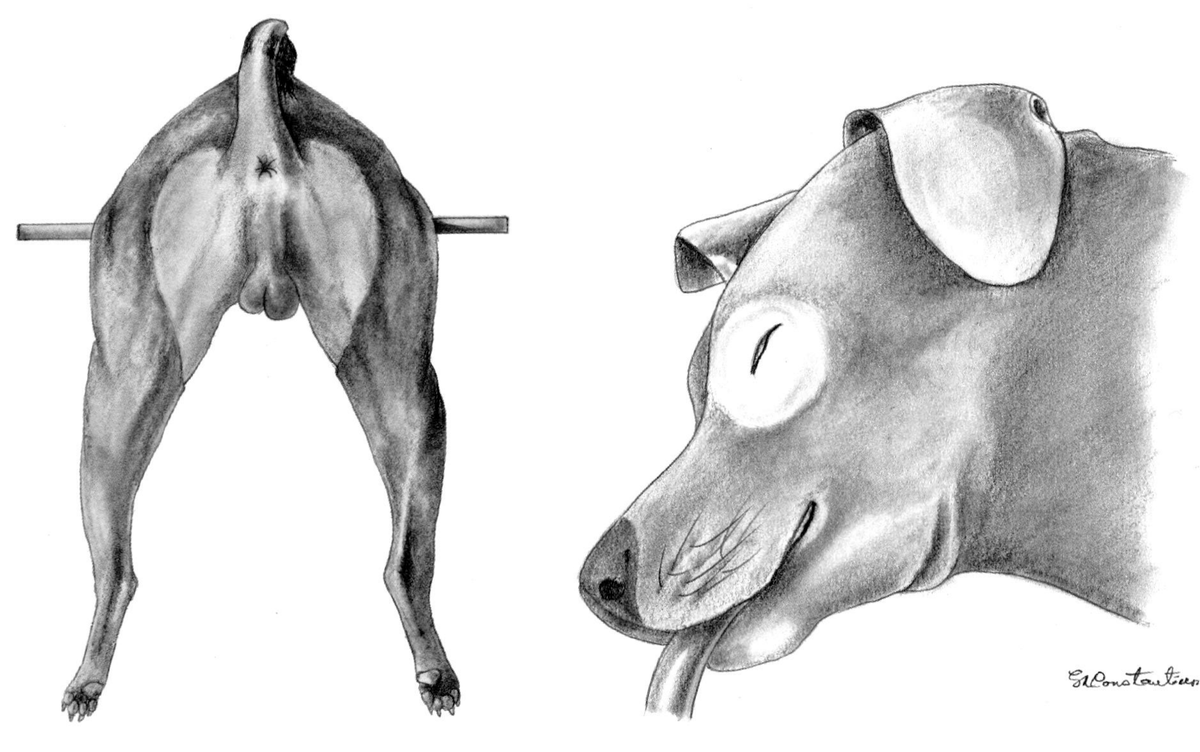

图10.10 会阴和肛周手术时的剃毛。动物进行俯卧位保定，后肢悬垂于手术台衬垫的边缘。需要对整个会阴部和肛周区域进行剃毛，也包括大腿后内侧

图10.11 眼部手术时的剃毛。对眼部周围区域进行剃毛。眼内手术（如白内障手术）时需要去掉上眼睑的睫毛

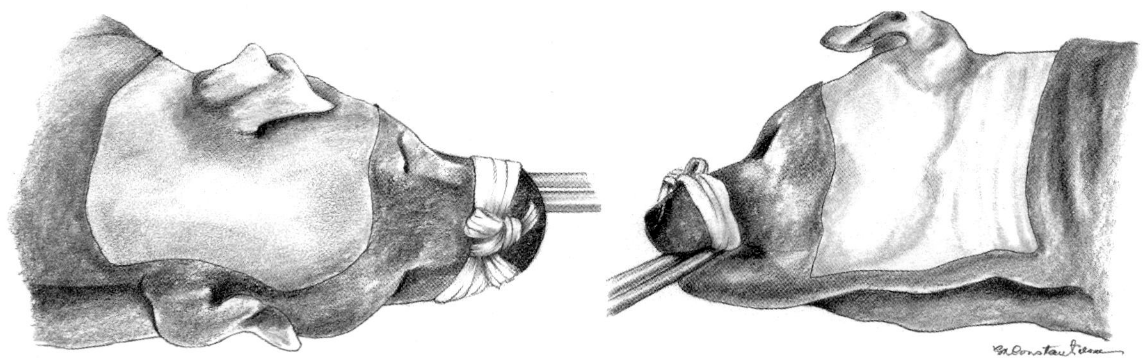

图10.12 耳部手术时的剃毛。剃毛范围从眼周向后延伸至颈中部，背侧至对侧耳部，腹侧到颈部正中线。需剃除耳廓两侧的毛发

将剃掉的毛发吸净后，按照手术体位对动物进行保定。动物体位的选择取决于预定的手术部位。仰卧位［可以使用胸腹部体位保定器（图10.16）］适用于腹部手术、颈腹侧手术和正中胸骨切开术；侧卧位适用于单侧胸部手术和大多数眼科手术；俯卧位适用于背侧脊柱手术和某些眼科手术。用检查手套将肢体末端套住并用胶带缠裹，以此将爪部与手术区域隔离（图10.17）。为

小动物心脏病学

作者：Ralf Tobias Marianne Skrodzki Matthias Schneider（德国柏林大学教授）
译者：徐安辉（华中科技大学同济医学院）

简介：德国柏林大学3位兽医教授编写，我国第一本引进版小动物心脏病专著。德国医学的精益求精技术，配合清晰的全彩照片步步图解，让您逐步成为心脏科专业大夫。全书分为两部分，第一部分为心脏检查，包括：兽医诊所接诊心脏病患、心功能不全的病理生理学、心脏病的临床检查、心电图、心脏的放射检查、心脏的超声检查、动脉血压、实验室检查；第二部分为心血管疾病，包括：先天性心脏病、后天性心脏病和遗传性心脏病、介入心脏病学以及心脏用药等内容。

大16开・精装・2014年3月出版
ISBN：978-7-109-18406-0
定 价：215元

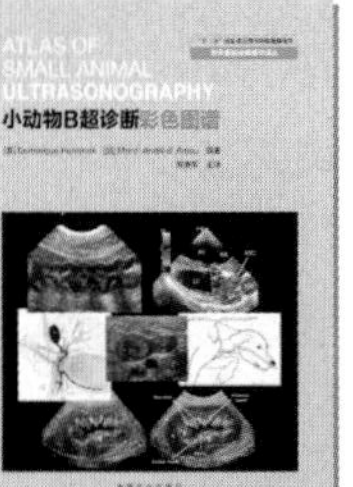

小动物B超诊断彩色图谱

作者：[美]Dominique Penninck [加]Marc-Andre d' Anjou
主译：熊惠军（华南农业大学教授）

简介：全球最权威实用的B超诊断"圣经"级教程，以病例为核心，清晰的B超病例图谱，教你步步为营学习。熊惠军教授领衔翻译团队历时2年倾力翻译。

大16开・精装・2014年3月出版
ISBN：978-7-109-17403-0
定 价：380元

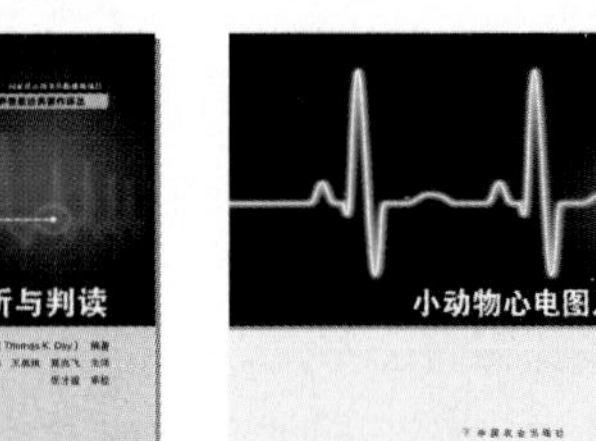

小动物心电图病例分析与判读 第2版

作者：Thomas K. DAY（英国赫瑞瓦特大学）
主译：曹燕 王姜维 夏兆飞

简介：本书是在《小动物心电图入门指南》上的进阶版本，全书主要介绍小动物心电图异常类型病例53例，并侧重病例分析和判读。

大16开・精装・2012年6月出版
ISBN：978-7-109-16498-7
定 价：82元

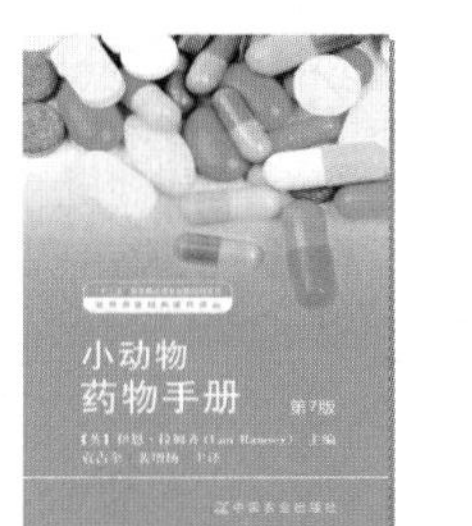

小动物药物手册 第7版

作者：英国小动物医师协会组编 Ian Ramsey（格拉斯哥大学教授）
主译：袁占奎（中国农业大学）
主审：张小莺（西北农林科技大学教授）

简介：《小动物药物手册》是经典药物手册。我国的很多优秀宠物医师以此为蓝本应用于临床。该书针对国内外小动物临床用药实际情况，系统介绍药物的正确合理使用，包括给药剂量、给药方式、给药间隔和次数、毒副作用以及配伍禁忌等，避免滥用兽药引起细菌耐药性及兽医临床药物选择和疾病防治等系列难题的产生。该书不仅从理论上阐述了与小动物相关兽药的正确使用原则、给药方案和疾病防治等，还结合大量临床试验资料，对药物的合理应用提供第一手资料。

大32开・软精装・2014年3月出版
ISBN：978-7-109-17863-2
定 价：85元

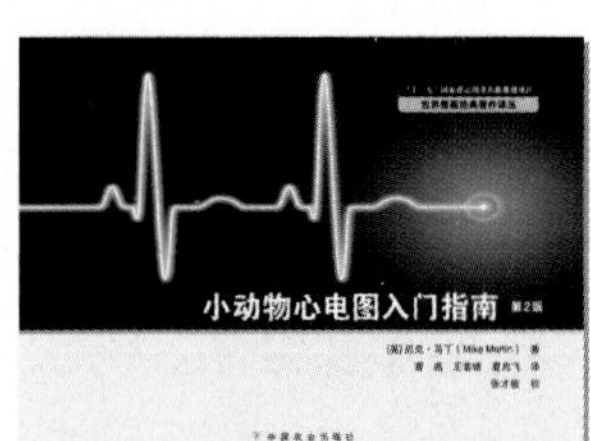

小动物心电图入门指南 第2版

作者：MikeMartin（英国著名小动物心脏病专家）
主译：曹燕 王姜维 夏兆飞

简介：本书主要介绍了小动物心脏电生理以及如何产生心电图波形、心脏异常电激动、心电图理论、心率失常的控制、心电图的记录与判读等。是您掌握心电图的入门必读书籍。

大16开・精装・2012年6月出版
ISBN：978-7-109-15059-1
定 价：78元

小动物皮肤病诊疗彩色图谱

作者：[美] Steven F. Swaim Walter C. Renberg Kathy M. Shike
主译：李国清（华南农业大学教授）

大16开・平装・2014年2月出版
ISBN：978-7-109-17545-7
定 价：345元

宠物医师临床速查手册 第2版

作者：Candyce M. Jack（执业兽医技术员）Patricia M. Watson（执业兽医技术员）
主译：师志海（河南省农业科学院）
主审：夏兆飞（中国农业大学教授）

简介：本书是宠物医师临床快速查阅的案头图书。包含了大量临床实践的技术应用知识，犬猫解剖、预防保健、诊断技术、影像学检查、患病动物护理、麻醉等方面的技术，包括从基本的体格检查到化疗管理相关的高级技能。是宠物医师最实用便捷的临床工具书。

大16开・精装
出版日期：2014年5月

5分钟兽医顾问：犬和猫 第4版

作者：Larry P. TilleyFrancis W. K. Smith
主译：施振声（中国农业大学教授）

大16开・精装
预计出版日期：2015年1月

小动物临床实验室诊断 第5版

作者：Michael D. Willard（德州农工大学兽医学院教授）Harold Tvedten（密歇根州立大学兽医学院教授）
主译：郝志慧（青岛农业大学教授）

预计出版日期：2014年9月出版

犬猫细胞学与血液学诊断

作者：Rick L. Cowell（IDEXX实验室）Ronald D. Tyler（俄克拉荷马州立大学兽医学院）
主译：陈宇驰（德国LABOKLIN实验室）

预计出版日期：2015年6月

5分钟兽医顾问：犬猫临床试验与诊断规程

作者：Shelly L. Vaden（美国北卡罗莱纳州立大学教授）等130位作者
主译：夏兆飞

预计出版日期：2015年12月

小动物临床皮肤病秘密

主编：Rick L. Cowell（俄克拉荷马州立大学）
主译：程宇（重庆和美宠物医院院长）

预计出版日期：2015年3月出版

小动物皮肤病学 第7版

作者：William H. Miller（康奈尔大学兽医学院教授）
主译：林德贵（中国农业大学教授）

预计出版日期：2014年9月出版

犬猫皮肤病临床病例

作者：Hilary Jackson, Rosanna Marsella（佛罗里达州立大学）
主译：刘欣（北京爱康动物医院）

预计出版日期：2015年1月出版

小动物医院管理实践

作者：Carole Clarke Marion Chapman
主译：赖晓云

预计出版日期：2015年1月出版

小动物外科学大系（4册）全球小动物外科界"圣经"

小动物外科学 ① ②

作者：Theresa Welch Fossum（得州农工大学兽医学院教授）

小动物外科学 ③ ④

作者：Karen M. Tobias（田纳西州立大学兽医学院教授）Spencer A. Johnston（佐治亚州立大学兽医学院教授）
译者：袁占奎 等

大16开・精装
预计出版日期：2014年5月至12月

小动物整形外科与骨折修复 第4版

作者：Donald L. Piermattei（科罗拉多州立大学教授）Gretchen L. Flo，Charles E. DeCamp（密歇根州立大学教授）
主译：侯加法（南京农业大学教授）

预计出版日期：2015年9月出版

猫病学 第4版

作者：Gary D. Norsworthy（密西西比州立大学兽医学院教授）
译者：赵兴绪（甘肃农业大学教授）

简介：作者来自全球60多位优秀的猫科专业教授和一线兽医联合编写。主要涵盖猫病学方方面面，包括：细胞学・影像・临床操作技术，行为学，牙科，手术，临床病例，常用处方等。

大16开・精装
预计出版日期：2014年5月

小动物肿瘤基础入门

作者：Rob Foale（英国诺丁汉大学）Jackie Demetriou（英国剑桥大学）
主译：董军（中国农业大学）

预计出版时间：2014年5月

小动物临床肿瘤学 第5版

作者：Stephen J. Withrow（科罗拉多州大学教授，动物癌症中心创办者）David M. Vail（威斯康星州立大学麦迪逊分校教授）
主译：林德贵（中国农业大学教授）

预计出版日期：2015年1月

小动物外科系列

权威经典
阶梯学习
精英培养

小动物麻醉与镇痛 ①

作者：Gwendolyn L. Carroll（美国得克萨斯农工大学教授）
主译：施振声 张海泉

简介：本辑由美国得克萨斯大学农工大学麻醉学教授Gwendolyn L. Carroll主编。内容包括：麻醉设备、监护、通风换气、术前准备、术前用药、诱导麻醉剂和全静脉麻醉、引入麻醉、局部麻醉及镇痛技术、镇痛、非甾体类抗炎药物、支持疗法、心肺复苏术、特殊患病动物的麻醉、物理医学及其在康复中的作用、临床麻醉技术等内容。

大16开・平装・2014年1月出版
ISBN：978-7-109-16499-4
定 价：108元

小动物外科基础训练 ②

作者：[美] Fred Anthony Mann Gheorghe M. Constantinescu Hun-Young Yoon
主译：黄坚 林德贵（中国农业大学）

简介：本书主要针对外科基础标准化训练来展开。包括：患病动物的术前评估，小动物麻醉基础，外科无菌技术，外科手术中抗生素的使用，基本的外科手术器械，灭菌的包裹准备，手术室规程，手术服装，刷洗、穿手术衣和戴手套，手术准备和动物的体位，手术创巾的铺设，手术器械的操作，外科打结，缝合材料和基本的缝合样式，创伤愈合与创口闭合基础，外科止血，外科导管和引流，犬卵巢子宫摘除术，术后的疼痛管理，患病动物的疗养和随访。

大16开・平装・2014年2月出版
ISBN：978-7-109-17612-6
定 价：200元

小动物外科手术原则 ③

作者：Stephen Baines Vicky Lipscomb（英国皇家兽医学院）
主译：周珞平

简介：本书包括三个部分：一、手术的设施及设备；二、对于手术患畜的围手术期考虑；三、外科生物学及操作技术。本书为各个兽医外科学原则在实践中的完美呈现提供了一个坚实的基础。对于兽医、护士、在校及刚毕业的兽医专业学生来说，本书将是十分有益的。本书中文版将分上下两册为您一一呈现，敬请关注。

大16开・平装・2014年3月出版
ISBN：978-7-109-18667-5
定 价：255元

小动物软组织手术 ④

作者：Karen M. Tobias（田纳西州立大学兽医学院教授）
主译：袁占奎（中国农业大学）

简介：本书作者将20多年软组织手术经验汇集此书，全面介绍了皮肤手术、腹部手术、消化系统手术、生殖系统手术，泌尿系统手术，会阴部手术，头颈部手术以及其他操作等。

大16开・平装・2014年3月出版
ISBN：978-7-109-17544-0
定 价：255元

小动物绷带包扎、铸件与夹板技术 ⑤

作者：Steven Swaim（奥本大学教授）Walter Renberg, Kathy Shike（堪萨斯州立大学）
主译：袁占奎（中国农业大学）

简介：本书主要介绍了绷带包扎、铸件及夹板固定基础，头部和耳部绷带包扎，胸部、腹部及骨盆部绷带包扎，末端绷带包扎以及制动技术。

大16开・平装・2014年3月出版
ISBN：978-7-109-18548-7
定 价：90元

小动物伤口管理与重建手术 ⑥ ⑦ 第3版

作者：Miichael M. Pavletic（波士顿Angell动物医学中心）
主译：袁占奎 李增强 牛光斌

简介：作者35年伤口管理和重建手术经验汇集本书，是全球小动物外科手术修复的权威著作。包括皮肤，伤口愈合基本原则，敷料、绷带、外部支撑物和保护装置，伤口愈合常见并发症，特殊伤口的管理，局部因素，减张技术，皮肤伸展技术，邻位皮瓣，远位皮瓣技术，轴型皮瓣，游离移植片，面部重建，口腔重建，美容闭合技术等内容。

大16开・平装・2014年3月出版
ISBN：978-7-109-18685-9

小动物骨盆部手术 ⑧

作者：[西班牙] Jose Rodriguez Gomez Jaime Graus Morales Maria Jose Martinez Sanudo
主译：丁明星（华中农业大学兽医学院教授）

预计出版日期：2014年9月出版

小动物微创骨折修复手术 ⑨

作者：Brian S. Beale
主译：周珞平

预计出版日期：2014年9月出版

小动物肿瘤手术 ⑩

作者：[奥] Simon T. Kudnig [美] Bernard Ség uin
主译：李建基（扬州大学兽医学院教授）

预计出版日期：2015年1月出版

兽医病毒学 第4版

作者：N.JamesMacLachlan（加州大学兽医学院教授）
Edward J. Dubovi（康奈尔大学兽医学院教授）
主译：孔宪刚（哈尔滨兽医研究所研究员）

简介：本书内容包括两部分共32章。第一部分介绍了病毒学的基本知识，涉及动物感染与相关疾病。第二部分介绍临床症状，发病机理，诊断学，流行病学以及具体的病例。第4版在第3版的基础上作了大量修订，补充了兽医病毒学领域最新的知识，扩充了实验动物、鱼和其他水生生物、鸟类的病毒及病毒病的相关内容。保留了新出现的病毒病，包括人兽共患病。

预计出版日期：2014年7月

外来动物疫病 第7版

主编：Corrie Brown（佐治亚大学兽医学院教授）
Alfonso Torres（康奈尔大学兽医学院教授）
主译：王志亮（中国动物卫生与流行病学中心研究员）

简介：美国动物健康协会外来病与突发病委员会从1953年组织编写《外来动物疾病》，经不断完善成为当今国际上高水平的外来动物疾病培训教材。该书囊括了几乎所有的外来动物疾病，《国际动物健康法典》规定必须通报的疫病和近年来全球范围内的动物新发病尽在其中。对我国读者而言，不仅可以从中得到我们所需要的外来动物疾病的知识，也可以学到我国既存的某些重大动物疫病的有关知识，对提高我国兽医工作人员对外来动物疾病的识别能力和防控技术水平有重要意义。

预计出版日期：2014年3月

兽医临床寄生虫学 第8版

作者：Anne M. Zajac（维吉尼亚-马里兰兽医学院副教授）
Gary A. Conboy（爱德华王子岛大学副教授）
主译：殷宏（兰州兽医研究所研究员）

大16开・精装
预计出版日期：2015年1月出版

兽医流行病学 第3版

作者：Mike Thrusfield（爱丁堡大学教授）
主译：黄保续（中国动物卫生与流行病学中心研究员）

预计出版日期：2015年1月

兽医微生物与微生物疾病 第2版

作者：P.J. Quinn（都柏林大学教授）
主译：马洪超（中国动物卫生与流行病学中心主任）

预计出版日期：2014年9月

兽医微生物学 第3版

作者：David Scott McVey，Melissa Kennedy（田纳西州立大学兽医学院教授）
M.M. Chengappa（堪萨斯州立大学兽医学院教授）
主译：王笑梅（哈尔滨兽医研究所研究员）

预计出版日期：2015年9月

人与动物共患病

作者：Peter M. Rabinowitz（耶鲁大学大学医学院）
主译：刘明远（吉林大学教授）

预计出版日期：2014年9月

临床兽医

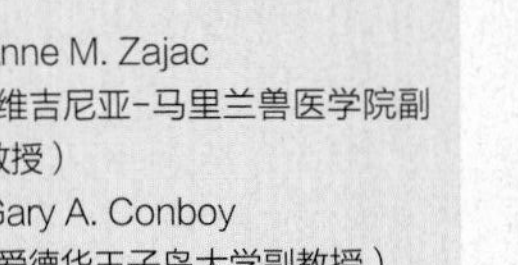

禽病学 第12版

作者：Y.M. Saif（俄亥俄州立大学教授）
主译：苏敬良（中国农业大学教授）
高福（院士，中国疾病预防控制中心/中科院微生物所）

简介：《禽病学》初版于1943年，经过70年的历史，已经成为禽病领域最权威经典的著作。本书既具理论性，又具实践性，是世界禽病学从业者的必备工具书。本书从第7版开始引入我国，对我国的养禽业起到了重要的促进作用，已成为禽病临床工作者重要工具书。本次出版为第12版。

大16开・精装・2011年12月出版
ISBN：978-7-109-15653-1
定　价：290元

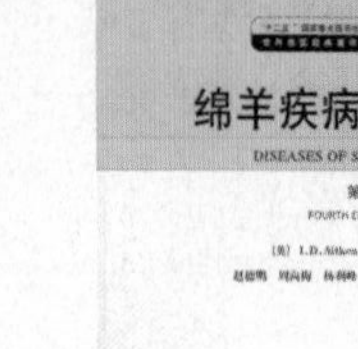

绵羊疾病学 第4版

作者：I.D.Aitken（英国爱丁堡莫里登研究所原所长、大英帝国勋章获得者）
主译：赵德明（中国农业大学教授）

简介：本书内容共分十六部分75章，包括：福利，繁殖生理学，生殖系统疾病，消化系统疾病，呼吸系统疾病，神经系统疾病，蹄部和腿部疾病，皮肤、毛发和眼睛疾病，新陈代谢和矿物质紊乱，中毒，肿瘤，检查技术等。

大16开・精装・2012年9月出版
ISBN：978-7-109-15820-7
定　价：160元

默克兽医手册 第10版

主编：Cynthia M. Kahn
主译：张仲秋（农业部兽医局局长）
丁伯良（天津畜牧兽医研究所研究员）

简介：本书是全球兽医的案头书籍，是兽医学科内集大成图书。本版第10版凝聚了全球19个国家400余位专家学者的智慧与实际经验，涵盖了循环系统、消化系统、眼和耳、内分泌系统、全身性疾病、免疫系统、体被系统、代谢病、肌肉骨骼系统、神经系统、生殖系统、泌尿系统、行为学、临床病理学与检查程序、急症与护理、野生动物与实验动物、饲养管理与营养、药理学、毒理学、家禽、人兽共患病等兽医所涉及的方方面面。

小16开・精装
预计出版日期：2014年6月

马病诊疗学 第7版

作者：Kim A. Sprayberry，N. Edward Robinson（密歇根州立大学教授）
主译：于康震（农业部副部长，研究员）

预计出版日期：2015年5月出版

山羊疾病学 第2版

作者：Mary C. Smith（康奈尔大学兽医学院教授）
David M. Sherman（塔夫茨大学兽医学院副教授）
主译：刘湘涛（兰州兽医研究所研究员）

预计出版日期：2015年1月

兽医操作规程与急诊治疗 第9版

作者：Richard B. Ford（北卡罗来纳州州立大学兽医学院教授）
主译：施振声 麻武仁（中国农业大学教授）

预计出版日期：2014年10月

马兽医手册 第2版

作者：Reuben J. Rose
David R. Hodgson
主译：汤小朋 齐长明（中国农业大学）

简介：本书是世界赛马兽医学的经典著作。本书重点在马病的诊断，分19章介绍，包括：临床检查、常见疾病鉴别、实用诊断影像学、肌肉骨骼系统、呼吸系统、心血管系统、消化系统、繁殖、马驹学、泌尿系统、血液淋巴系统、皮肤病、神经学、内分泌系统、临床病理、临床细菌学、临床营养学与治疗学等。

大16开・精装・2000年9月出版
ISBN：978-7-109-11817-1
定　价：490元

兽医麻醉学 第11版

作者：Kathy W. Clarke（英国皇家兽医学院）
Cynthia M. Trim（佐治亚大学兽医学院教授）
主译：高利 王洪斌（东北农业大学教授）

预计出版日期：2015年6月

兽医影像诊断：鸟类、外来宠物和野生动物

作者：Charles S. Farrow（加拿大萨斯喀彻温大学教授）
主译：熊惠军（华南农业大学教授）

大16开・精装
预计出版日期：2014年9月

兽医影像诊断学 第6版

作者：Donald E. Thrall（北卡罗来纳州立大学教授）
主译：谢富强（中国农业大学教授）

大16开・精装
预计出版日期：2015年1月

动物园与野生动物医学 第6版

作者：Murray E. Fowler
R.Eric Miller
主译：张金国（北京动物园研究员）

简介：本书涵盖了两栖动物、爬行动物、鸟类、鱼类和哺乳动物的疾病，饲养管理、营养、生理指标、麻醉保定、繁殖，以及就地和易地保护所涉及的多方面问题，远远超出了野生动物医学的范畴。着重强调了目前面临的一些问题，如鹿科动物慢性消耗性疾病和野生鹿、象的结核病，描述了新出现或新发现的疾病，如蝙蝠副黏病毒和海洋野生动物原虫性脑膜炎，还涉及了一些野生动物立法及人兽共患病方面的问题。

大16开・精装・2014年1月出版
定　价：200元

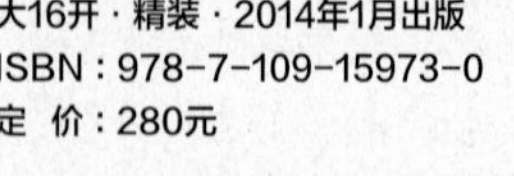

兽医产科学 第9版

作者：David E. Noakes 等（英国伦敦大学皇家兽医学院教授）
主译：赵兴绪（甘肃农业大学教授）

简介：本书有70年历史，是兽医产科界的经典图书。全面系统介绍了兽医产科学的相关知识，包括：卵巢正常的周期性活动及其调控，妊娠与分娩，手术干预，难产及其他分娩期疾病，低育与不育，公畜，外来动物的繁殖，辅助繁殖技术共8篇35章内容。

大16开・精装・2014年1月出版
ISBN：978-7-109-15973-0
定　价：280元

小动物临床

小动物临床手册 第4版

作者：Phea V. Morgan（加州大学兽医学院教授）
主译：施振声（中国农业大学教授）

简介：本书由全世界131位小动物临床专家精心编写而成，是小动物临床工作者必备的工具书。全书包括19篇133章。以患病动物检查开始，分别介绍了11大系统，并介绍传染性疾病、行为及营养性疾病、中毒学和环境因素造成的伤害等。每个系统中，根据该系统的解剖结构顺序分为不同的小节，按照顺序介绍先天性、发育性、退化性、传染性、寄生虫性、代谢/中毒性、免疫性介导、血管性、营养性、肿瘤性及创伤性等疾病。

大16开・精装・2005年4月出版
ISBN：978-7-109-09218-1
定　价：380元

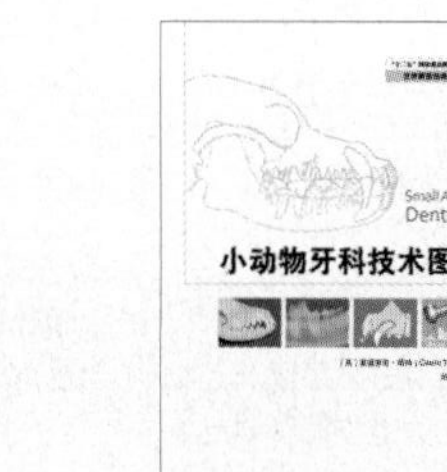

小动物牙科技术图谱

作者：Cedric Tutt（欧洲著名动物牙科专家）
主译：刘朗（北京市小动物医师协会理事长）

简介：本书是国内第一本小动物牙科学技术专著，由国内知名的专科医师刘朗组织翻译。全书主要介绍了牙齿结构、临床检查方法、X线照相、拔牙学、口腔手术、结构材料、修复、根管治疗、咬合异常和正常咬合、兽医牙科医生案例学习等。

大16开・精装・2012年6月出版
ISBN：978-7-109-14700-3
定　价：225元

小动物临床技术标准图解

作者：Susan Meric Taylor（加拿大萨省大学兽医学院教授）
主译：袁占奎（中国农业大学博士）

简介：本书将是小动物临床操作技巧最佳读本。本书中精致的图解和线条图以及局部解剖图相结合来介绍各种实用的临床技术。重点介绍了静脉血采集、动脉血采集、注射技术、皮肤检查技术、耳部检查、眼科技术、呼吸系统检查技术、心包穿刺术、消化系统技术、泌尿系统技术、阴道细胞学、骨髓采集、关节穿刺术和脑脊液采集技术等。日常所有的临床技术您达到了精湛水平了吗？看看本书，您就会学会很多技术。

大16开・精装・2012年6月出版
ISBN：978-7-109-15060-7
定　价：158元

兽医内镜学：以小动物临床为例

作者：Timothy C. McCarthy
主译：刘云 田文儒（东北农业大学教授，青岛农业大学教授）

简介：我国第一本以小动物为例引进的兽医内镜学著作。主要介绍兽医内镜及其器械简介、内镜麻醉、内镜活检样品处理与病理组织学、膀胱镜、鼻镜、支气管镜、胸腔镜、上消化道内镜检查、结肠镜、腹腔镜、视频耳镜、阴道内镜、关节镜以及其他内镜等。从设备开始讲解，一直到成功开展手术，步步图解。

大16开・精装・2014年3月出版
ISBN：978-7-109-16496-3
定　价：398元

厚积薄发　传承经典——《世界兽医经典著作译丛》

在农业部兽医局的指导和支持下，中国农业出版社联合多家世界著名出版集团，本着“权威、经典、适用、提高”的原则从全球上千种外文兽医著作中精选出50余种汇成《世界兽医经典著作译丛》（以下简称“译丛”）。译丛几乎囊括了国外兽医著作的精华，原著者均为各领域的权威专家，其中很多专著有着数十年的积淀和实践经验，堪称业界经典之作，是兽医人员案头必备工具书。

为高质量完成译丛的翻译出版任务，我们组建了《世界兽医经典著作译丛》译审委员会，由农业部兽医局张仲秋局长担任主任委员，国家首席兽医师和兽医领域的院士担任顾问，召集全国兽医行政、教育、科研等领域的近800名专家亲自参与翻译。这是我国兽医行业首次根据学科发展和人才知识结构系统引进国外专著，并组织动员全行业专家深度参与。其目的就是尽快缩小我国与发达国家在兽医领域的差距。

感谢参与翻译和审稿的每位专家，他们秉承严谨的学术精神和工作热情，保障了书稿翻译的质量和进度。尤令我们感动的是一些资深老专家站在学科发展和人才培养角度，一丝不苟地帮助审改稿件。感谢中国农业出版社，因为专业与专注，始终保持卓越的出版品质。

建议读者在阅读这些著作时，不要囿于自己研究的小领域，拓宽基础学科和新兴学科知识，建构扎实的专业知识基础。

让我们静下心来，跟随着大师徜徉于经典著作的世界，充盈后再出发！

《世界兽医经典著作译丛》实施小组

中国农业出版社简介

中国农业出版社（副牌：农村读物出版社）成立于1958年，是农业部直属的全国最大的一家以出版农业专业图书、教材和音像制品为主的综合性出版社，是全国首批15家“优秀出版社”之一，“全国科普工作先进集体”、“全国三下乡先进集体”和“服务‘三农’先进出版单位”，新闻出版总署评定的“讲信誉、重服务”的出版单位，连续九年获“中央国家机关文明单位”称号。建社50多年来始终坚持正确出版导向，坚持服务“三农”的办社宗旨，以农业专业出版和教育出版为特色，依托强大的作者队伍、高素质的出版队伍和丰富的出版资源，累计出版各类图书、教材5万多种，总印数达6亿册。有300多种图书和400余种教材分别获得国家级和省（部）级优秀图书奖和优秀教材奖。

养殖业出版分社简介

养殖业出版分社是中国农业出版社的重要出版部门，承担着畜牧、兽医、水产、草业、畜牧工程等学科的专著、工具书、科普读物等出版任务，为全国最系统、权威的养殖业图书出版基地。在几代编辑人员的共同努力下，出版了一大批优秀图书，拥有了行业最优秀的作者资源，获得国家、省部级及行业内出版奖项近百次。近几年来，分社立足专业面向行业，出版了一系列有影响力的重点专著、实用手册和科普图书，承担着多项国家重点出版项目，并积极构建数字出版内容和传播平台，将继续为我国养殖业健康发展和公共卫生安全提供智力支持。

基础兽医学

反刍动物解剖学彩色图谱　第2版

作者：Raymond R. Ashdown 等
（英国伦敦大学皇家兽医学院）
主译：陈耀星（中国农业大学教授）

简介：本书由英国皇家兽医学院解剖教研室的教授领衔编写，以标本和手绘图相结合的方式介绍了头部、前肢、腹部、后肢、颈部、胸部和腹部器官，骨骼、关节、肌肉、血管、神经等详细的解剖结构和示意图。

大16开 · 精装 · 2012年9月出版
ISBN：978-7-109-15340-0
定　价：210元

DUKES家畜生理学　第12版

作者：William O. Reece
（艾奥瓦州立大学教授）
主译：赵茹茜（南京农业大学教授）

简介：该书堪称国际兽医和动物科学领域家畜（动物）生理学的“圣经”。本书包括体液和血液；肾的功能、呼吸功能及酸碱平衡；心血管系统；神经系统、特殊感觉、肌肉和体温调节；内分泌、生殖和泌乳；消化、吸收和代谢等六大部分55章。

大16开 · 精装 · 2014年3月出版
ISBN：978-7-109-16066-8
定　价：280元

兽医药理学与治疗学　第9版

作者：Jim E. Riviere
（美国科学院医学院士，北卡罗莱纳州立大学兽医学院）
Mark G. Papich
（北卡罗莱纳州立大学）
主译：操继跃（华中农业大学教授）
刘雅红（华南农业大学教授）

简介：60多年前，本书第1版由美国兽医药理学之父L · 梅耶 · 琼斯博士（Dr. L. Meyer Jones）撰写。本次第9版一是增加了药物在次要动物和竞赛动物等领域的应用；二是加大从临床治疗学的视角论述药理学内容；三是增加了使用在动物身上的人用药品的标签外用药的论述，并对种属差异性的重要影响进行了强调；四是特别强调了食品动物的用药，以保证人类食品安全。

大16开 · 精装 · 2012年8月出版
ISBN：978-7-109-16066-8
定　价：348元

兽医血液学彩色图谱

作者：John W. Harvey
（佛罗里达大学兽医学院教授）
主译：刘建柱（山东农业大学副教授）

简介：美国著名病理学教授的倾心之作。本书包括血液和骨髓分两部分。血液部分包括：血样检查、红细胞、白细胞、血小板、混杂细胞和寄生虫；骨髓部分主要内容包括：造血细胞生成、骨髓检查、脊髓细胞紊乱、造血性新生物（肿瘤）以及非造血性新生物。

大16开 · 精装 · 2012年1月出版
ISBN：978-7-109-15061-4
定　价：168元

预防兽医学

兽医免疫学　第8版

作者：Ian R.Tizard
（得克萨斯A&M大学教授）
主译：张改平（院士，河南农业大学）

简介：本书是兽医免疫学的经典之作，全面系统介绍了兽医免疫学的相关知识，包括：机体防御、炎症发生机制、中性白细胞及其产物、巨噬细胞和炎症后期、补体系统、细胞信号（细胞因子及其受体）、抗原、树状突细胞和抗原处理、主要组织相容性复合体、免疫系统器官、淋巴细胞、辅助性T细胞及其对抗原的反应、B细胞及其抗原反应、抗体、抗原结合受体的产生、T细胞功能、获得性免疫调控、体表免疫、疫苗应用、细菌和真菌免疫等38章。

大16开 · 精装 · 2012年9月出版
ISBN：978-7-109-16403-1
定　价：350元

兽医寄生虫学　第9版

作者：Dwight D. Bowman
（康奈尔大学兽医学院教授）
主译：李国清（华南农业大学教授）

简介：本书是美国兽医院校的经典教材，主要内容包括概述、节肢动物、原生动物、蠕虫、虫媒病、抗寄生虫药、寄生虫学诊断、组织病理学诊断、附录（各种动物的驱虫药等）。全书配有清晰的照片。

大16开 · 精装 · 2013年5月出版
ISBN：978-7-109-16490-1
定　价：348元

兽医病理学　第5版

作者：James F. Zachary
（伊利诺伊州立大学病理学教授）
M. Donald McGavin
（田纳西州立大学病理学教授）
主译：赵德明（中国农业大学教授）

预计出版日期：2015年1月出版

兽医临床病例分析　第3版

作者：Denny Meyer John W. Harvey
（佛罗里达州立大学兽医学院）
主译：夏兆飞（中国农业大学教授）

预计出版日期：2014年6月出版

兽医临床尿液分析

主译：Carolyn A. Sink　Nicole M. Weinstein
主译：夏兆飞

预计出版日期：2014年5月出版

兽医流行病学研究　第2版

作者：Ian Dohoo
（加拿大爱德华王子岛大学教授）
主译：刘秀梵（院士，扬州大学）

简介：我国著名的兽医流行病学专家刘秀梵院士亲自主持翻译。本书一是全面系统介绍流行病学的基本原理，详细描述各种流行病学方法、材料和内容为研究者所用；二是重点介绍设计和分析技术两方面的问题，对这些方法有全面而准确的描述；三是为各种流行病学方法提供现实的例子，所用的数据集在书中都有描述。无论对研究人员，还是对高效师生，对实验方法建立和实验数据分析都有重要的指导作用。

大16开 · 精装 · 2012年9月出版
ISBN：978-7-109-15857-3
定　价：280元

其他

食品中抗生素残留分析

作者：Jian Wang,James D. MacNeil（加拿大食品检验局）
Jack F. Kay（英国环境、食品与农村事务部）
译者：于康震（农业部副部长，研究员）
沈建忠（中国农业大学教授）等

预计出版日期：2014年9月出版

实验动物科学手册：动物模型 第3版

作者：Jann Hau（丹麦哥本哈根大学教授）
Steven J. Schapiro（得克萨斯州立大学）
主译：曾林（军事医学科学院实验动物中心研究员）

预计出版日期：2015年1月出版

动物疫病监测与调查系统：方法与应用

作者：M.D.Salman（科罗拉多州立大学）
主译：黄保续 邵卫星（中国动物卫生与流行病学中心）

预计出版日期：2014年7月出版

定量风险评估

作者：David Vose
主译：孙向东（中国动物卫生与流行病学中心）

预计出版日期：2015年1月出版

猪福利管理

作者：Jeremy N. Marchant-Forde（普渡大学）
主译：刘作华（重庆市畜科院研究员）

预计出版日期：2014年8月出版

家畜行为与福利 第4版

作者：D. M. Broom（剑桥大学教授）
主译：魏荣 葛林 等

预计出版日期：2014年5月出版

项目策划：黄向阳 邱利伟
项目运营：雷春寅
培训总监：神翠翠
销售经理：周晓艳
版权法务：杨 春
外文编辑：栗 柱
编辑部邮箱：ccap163@163.com

说 明：出版社只接受团购和咨询，零售请与经销商联系购买。
团购热线：010-59194929 59194355 59194924

传统书店：各地新华书店
专业书店：郑州大地书店 / 北京启农书店 / 北农阳光书店
网络书店：当当网 卓越网 京东商城 淘宝商城 等

邮寄及汇款方式：
北京市朝阳区麦子店街18号楼农业部北办公区
中国农业出版社养殖业出版分社（邮编：100125）
编辑部电话：010-59194929
读者服务部：010-59194872
网 址：www.ccap.com.cn
户 名：中国农业出版社
开 户 行：农业银行北京朝阳路北支行
账 号：04010104000333

获取更多新书信息及购书咨询，请扫描二维码。

有时候，
我们需要慢下来，
用书本滋养心灵和思想，
静谧中梳洗劳顿的精神驿站，
汲取全球行业精英的智慧与营养，
充盈后重新出发，我们一定走得更远！

Book Catalogue 2014

世界兽医经典著作译丛

第 1 期

全国优秀出版社
中国农业出版社

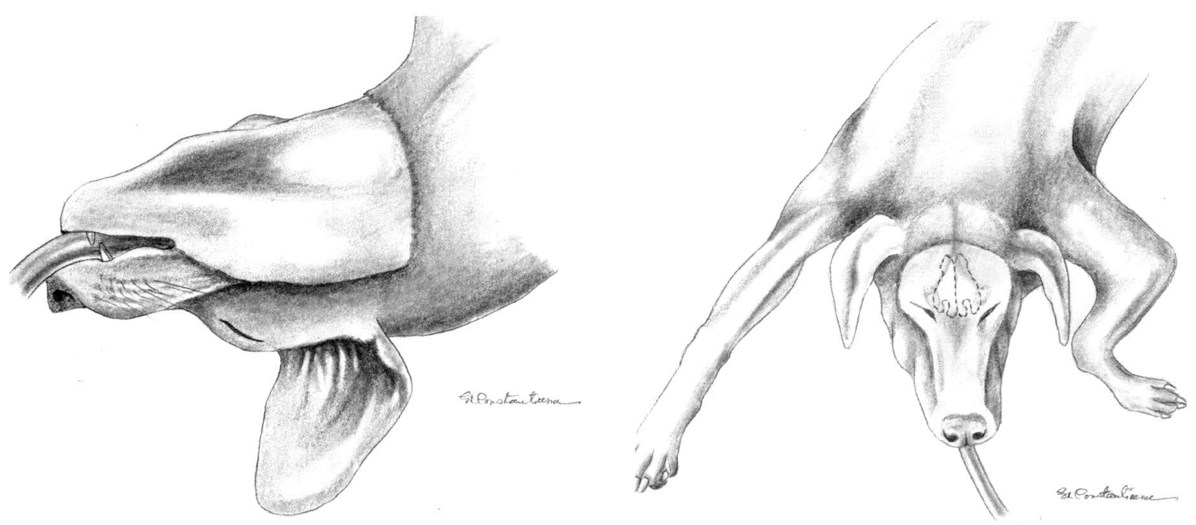

图10.13 下颌腹侧通路的剃毛。将整个下颌部的毛发剃除，范围向后扩大至颈中部

图10.14 鼻腔和/或额窦背侧通路的剃毛。剃毛范围包括额窦、鼻腔区域及眼部

图10.15 颅骨背侧通路的剃毛。剃毛范围包括整个颅骨背侧（包括眼眶上方的区域）及其两侧面。若要选择颅骨吻侧通路，则剃毛范围还包括眼周

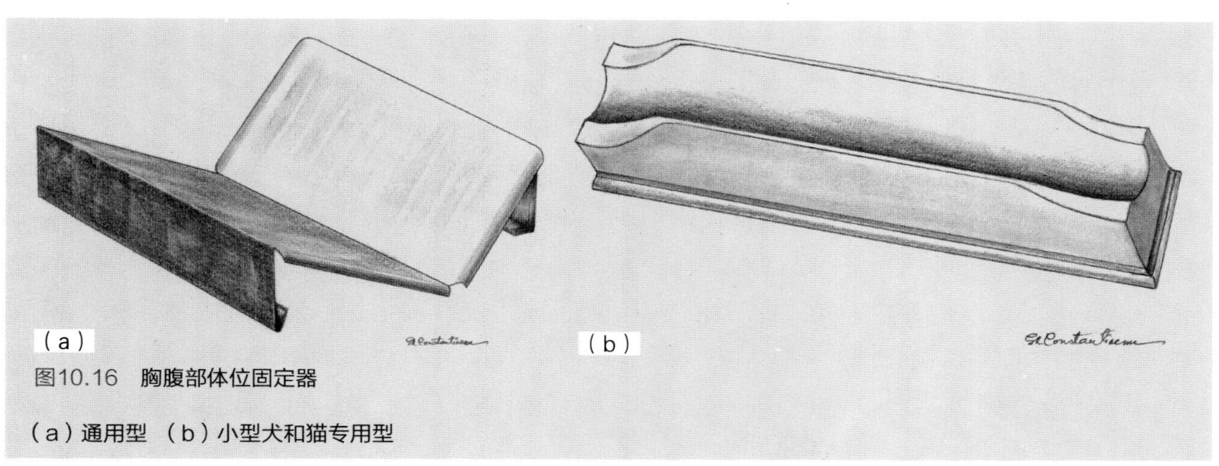

图10.16 胸腹部体位固定器

（a）通用型 （b）小型犬和猫专用型

了避免产生止血带效应，胶带不宜缠得过紧。用胶带小心地将肢端悬吊于静脉输液架上后，开始最终准备和创巾铺设（图10.17）。术前刷洗分为两步：①手术室外的粗略刷洗；②手术室内的灭菌刷洗。

使用灭菌溶液刷洗动物的皮肤，去除碎屑和减少细菌污染。根据不同的手术部位，可以使用以下3种样式进行皮肤刷洗：环靶样式、矫形外科样式和会阴部样式。环靶样式主要用于腹部、胸部和神经系统手术的皮肤刷洗。第1步是用清洗海绵沿剃毛区边缘进行擦拭，将毛发湿润并使之平整，避免毛发飞落入剃毛区；第2步是用清洗海绵蘸取抗菌液（如洗必泰和聚维酮碘）刷洗消毒手术部位。首先反复多次擦洗（约30次）预定切口部位直至清洁，然后以环形擦拭方式由内向外擦洗至毛发边缘（图10.18）。一旦清洗海绵触及毛发或任意的污染区，即不可再返回预定切口部位。至少应再重复刷洗两次。可以用干或湿纱布以相同的擦拭方式清洁皮肤表面的化学物质。在进行粗略刷洗时，所用纱布无需灭菌。第2种刷洗样式主要用于矫形外科手术。将动物四肢悬吊后即可进行粗略刷洗。从悬吊四肢的胶带边缘开始刷洗，由远端擦向近端再进行环形刷洗。至少重复刷洗3次，之后再以同样的方式进行消毒。第3种样式用于会阴部手术。大多数会阴部手术需要在刷洗前进行肛门荷包缝合（图10.19），然后以肛门为中心，对其左/右两侧的剃毛区进行环靶式刷洗，最后再以同样的方式进行消毒。对深部组织（如口腔手术）进行刷洗时，可使用蘸有抗菌洗液的棉棒对口腔黏膜进行擦洗。

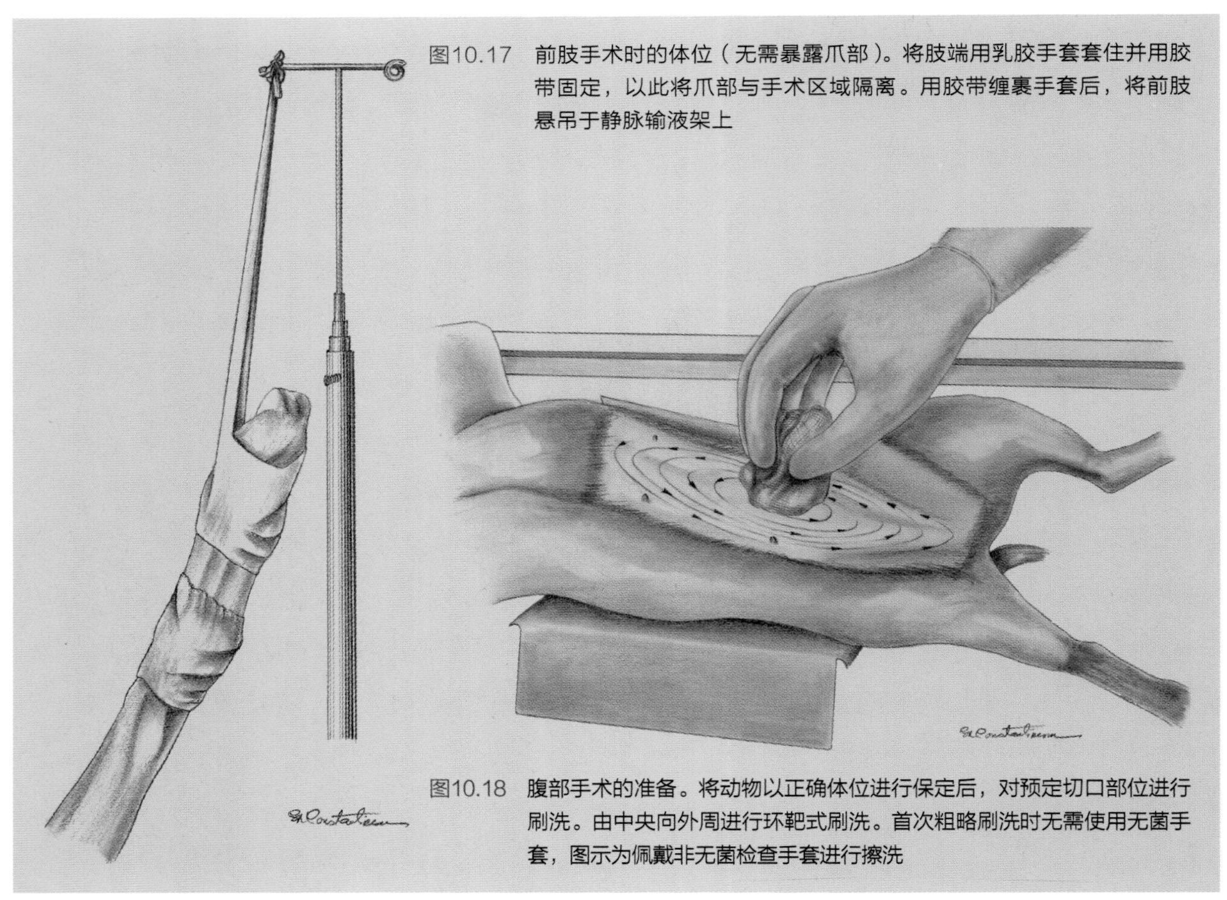

图10.17 前肢手术时的体位（无需暴露爪部）。将肢端用乳胶手套套住并用胶带固定，以此将爪部与手术区域隔离。用胶带缠裹手套后，将前肢悬吊于静脉输液架上

图10.18 腹部手术的准备。将动物以正确体位进行保定后，对预定切口部位进行刷洗。由中央向外周进行环靶式刷洗。首次粗略刷洗时无需使用无菌手套，图示为佩戴非无菌检查手套进行擦洗

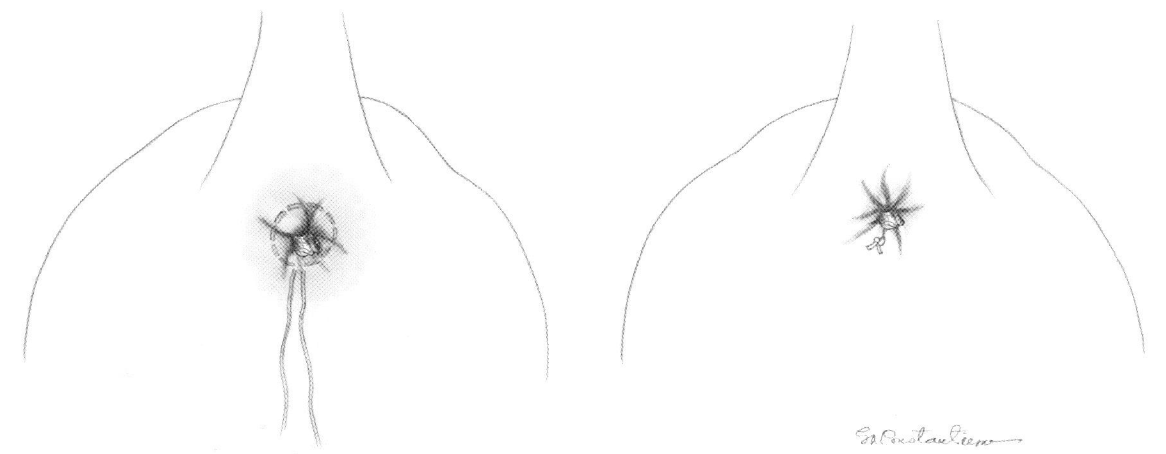

图10.19 肛门的荷包缝合。会阴部手术时，为了防止粪便污染，对肛周进行荷包缝合（左图）并收紧打结（右图）。在收紧荷包缝合的缝线前将润滑的纱布条塞入直肠以填塞肛门

经粗略刷洗后将动物送入手术室内，摆正动物的体位并暴露手术区域。通常将动物置于温水循环加热垫上。如果术中需要使用单极高频电刀，则需在动物身体下方放置接地板，并涂抹适量的导电凝胶。动物与粘附性接地板相接触的部位需要提前剃毛，以减少黏附凝胶的用量。之后可以用胸腹部体位保定器（图10.16）、沙袋、真空启动体位保定装置或其他辅助手段来固定动物的手术体位。胶带、乳胶管或卷拢的毛巾可以用于固定和抬高动物的头部、颈部或躯体。用两道松弛的绳环将动物四肢系于手术台上，远端的绳环为半结（图10.20）。注意绳结不要系得太紧，避免引起肢端的缺血性损伤。进行四肢手术时，需用胶带将肢端小心地悬吊于静脉输液架上（图10.17）。

以正确的体位将动物保定于手术台上对于手术的成功进行极其重要。特殊的保定体位取决于所施行的手术。进行腹部手术时，将动物仰卧位保定，四肢松弛地固定于手术台上（图10.21）。深胸犬可能需要使用胸腹部体位固定器（图10.21），并用沙袋或其他辅助方法进行保定。一些手术台还兼具有变形为“V”形槽的功能。犬去势术的保定体位与腹部手术时相同（图10.22）。猫去势术常采用侧卧体位且需向头侧牵拉后

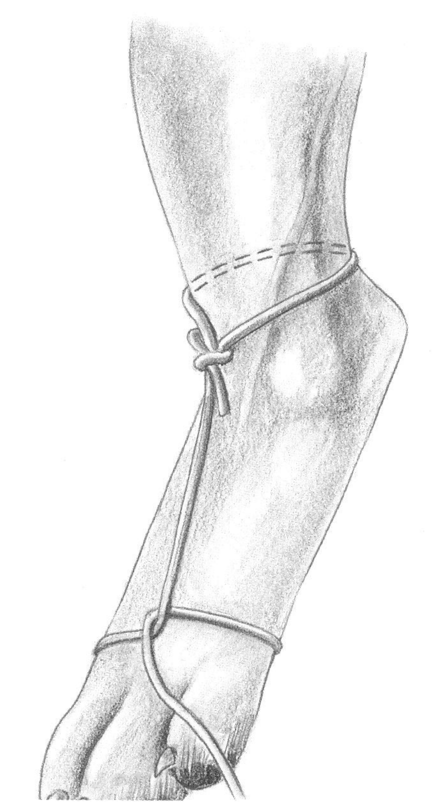

图10.20 将四肢固定于手术台上。用两道松弛的绳结将前（后）肢体系于手术台上，远端的绳环为半结。确定绳结不会限制血供

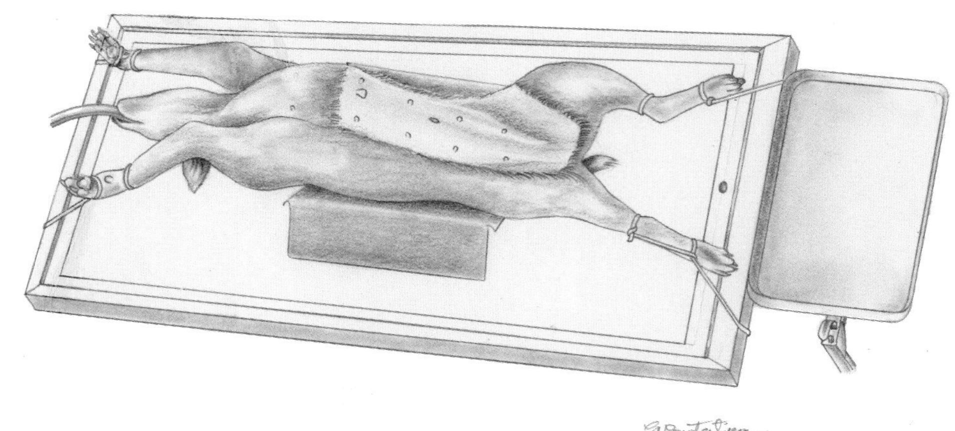

图10.21　腹部手术时的体位。动物仰卧位保定，并将其四肢松弛的固定于手术台上。深胸犬必须使用胸腹部体位固定器或用沙袋、毛巾等辅助手段进行固定，使躯体保持直立

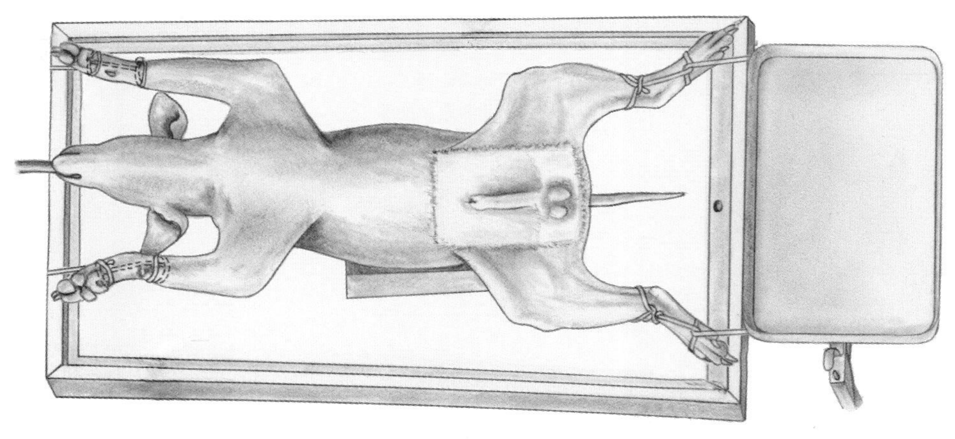

图10.22　犬去势术的体位。动物的保定体位与腹部手术时相同（图10.21）

肢（图10.4）。一些术者在行猫去势术时更倾向于选用仰卧位，但需要使用辅助保定设备。进行胸部手术时，可根据预定的手术通路选用侧卧位（图10.23）或仰卧位（图10.24）。应尽可能地将动物前肢向头侧牵拉并固定于手术台上，绳结不能系得太紧以免造成肢端的缺血性损伤。胸腰椎手术时（图10.25），需使用沙袋或卷拢的衬垫将动物固定以免躯体向一侧偏转，并用胶带跨过肩胛部和髂骨翼缠绕保定动物躯体。此时，前肢应向头侧牵拉，而后肢可保持自然屈曲状态。选择颈腹侧手术通路时（图10.26），用绳子将前肢向尾侧牵拉固定，颈部下方可放置卷拢的衬垫，还可使用胶带将上颌骨固定于手术台上以保持对称，而对胸部两侧进行支撑也有利于保持颈部正直。选择颈背侧通路时（图10.27），可在颈部下方放置卷拢的衬垫，并用胶带绕过枕骨突固定头部。大多数的矫形手术前，动物都以侧卧位进行保定（图10.28）。需要对右侧肢进行手术时，动物左侧卧保定；若进行左侧肢手术，则动物右侧卧保定。对于需要暴露爪部的四肢手术（图

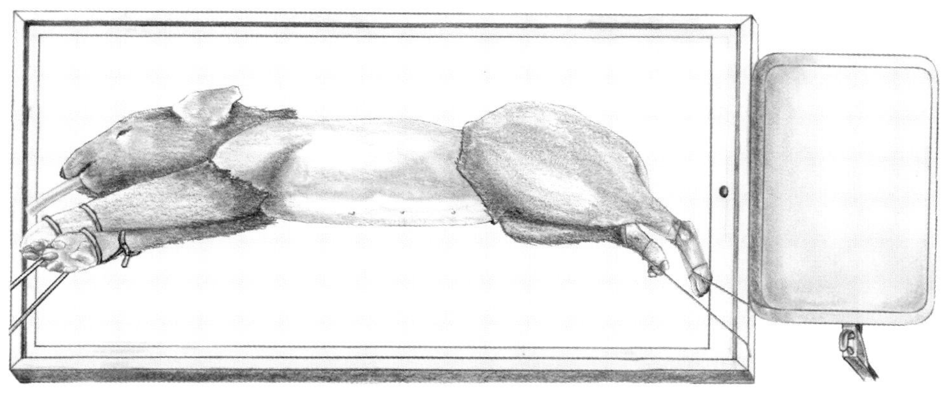

图10.23　单侧开胸术时的体位。动物侧卧保定，将前肢尽量向头侧牵拉后固定于手术台上

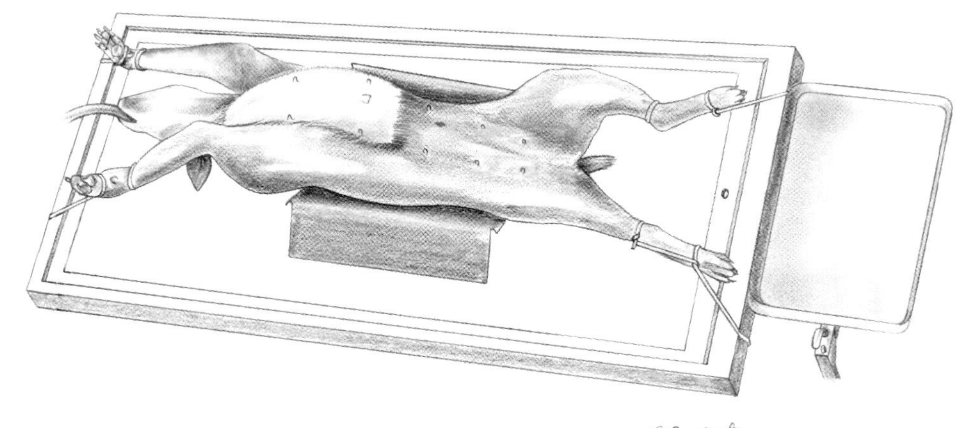

图10.24　正中胸骨切开术时的体位。动物的保定体位与腹部手术时的一样，前肢向头侧尽量伸展并固定与手术台上，并避免绳结压迫后肢血管。深胸犬必须使用胸腹保定架、沙袋或其他辅助方法进行支持，以保持身体正直

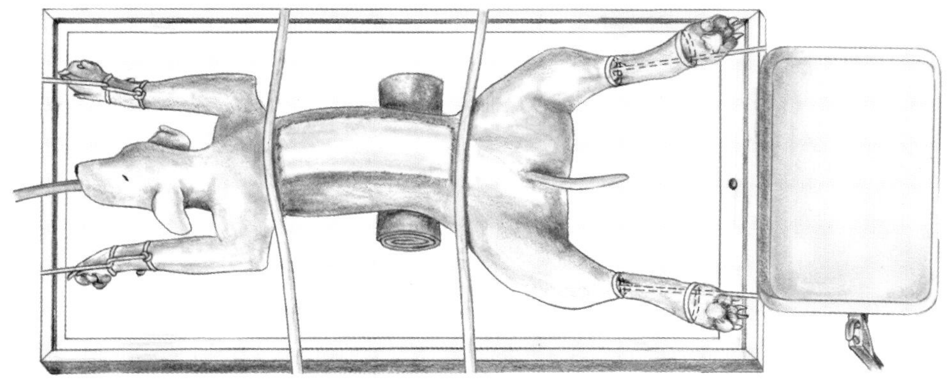

图10.25　胸腰椎手术时的体位。用绳带将动物对称性保定，手术区对应的躯体下方放置卷拢的衬垫。可以将胶带绕过肩部和骨盆区域进行额外固定。侧边的辅助用具（未显示）有助于保持正确的体位

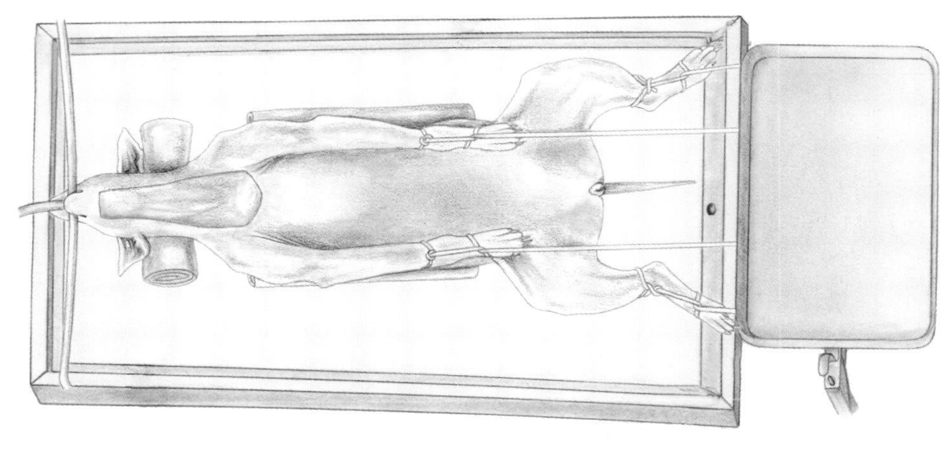

图10.26　颈部腹侧通路的体位。前肢拉向尾侧用绳子固定，颈部下方可放置卷起的衬垫。用胶带将上颌及牙齿固定于手术台上以保持平衡。沿胸部两侧使用辅助保定工具有助于保持动物的体位

图10.27　颈部背侧通路的体位。将卷起的衬垫放置于颈下，用胶带将枕骨隆突固定于手术台上

10.29），必须对前（后）肢及爪部完全剃毛，并用创巾钳夹住爪部后进行前（后）肢的操作。会阴部手术时（图10.30），动物俯卧位保定，前肢前拉，后肢悬系于手术台边缘。在手术台与后肢间垫置折叠毛巾，并用胶带将尾巴固定于体背侧。进行猫尿道造口术时，若在耻骨前造口，

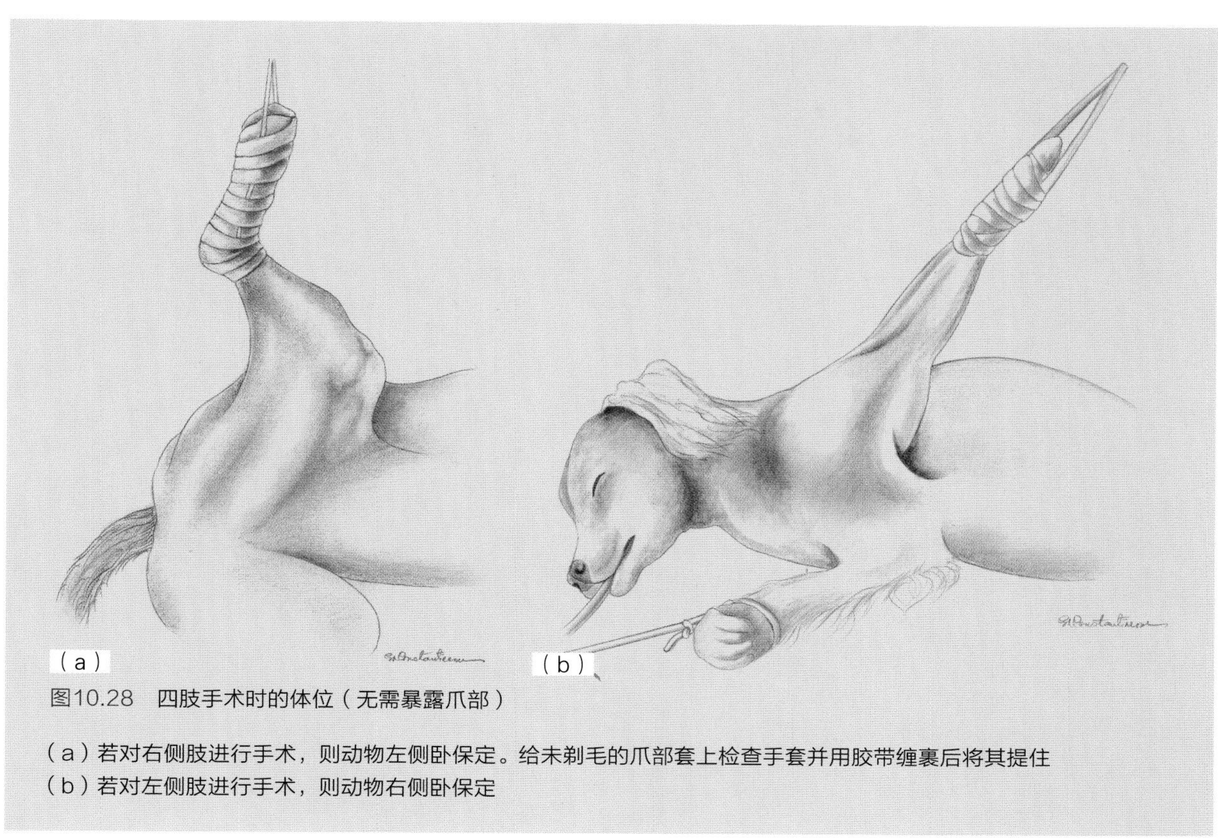

图10.28 四肢手术时的体位（无需暴露爪部）

（a）若对右侧肢进行手术，则动物左侧卧保定。给未剃毛的爪部套上检查手套并用胶带缠裹后将其提住
（b）若对左侧肢进行手术，则动物右侧卧保定

图10.29

图10.29 四肢手术时的体位（需暴露爪部）。整个前（后）肢及爪部都应该剃毛，并用创巾钳夹住爪部进行固定以便前（后）肢的操作。创巾钳仅夹住爪部指（趾）甲以此避免损伤远端指（趾）关节

图10.30 会阴和肛门手术时的体位。动物俯卧位保定，后肢悬垂固定于手术台的衬垫边缘，并用胶带将尾部固定于体背侧。手术台边缘放置的衬垫可以防止动物肢体因受挤压而发生损伤。此外，保定后肢时避免造成肢端的缺血性损伤，可考虑用胶带进行固定

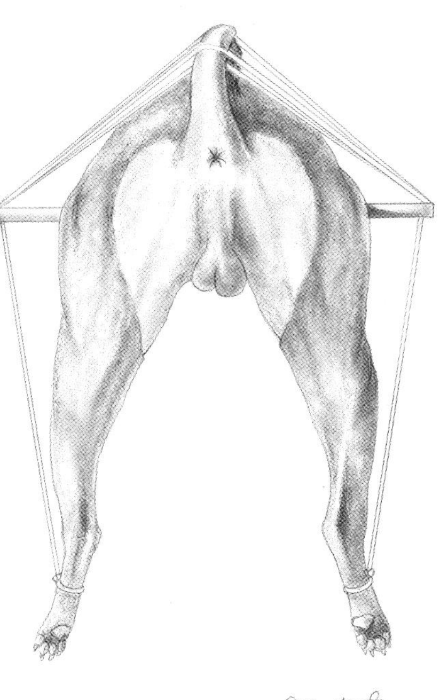

图10.30

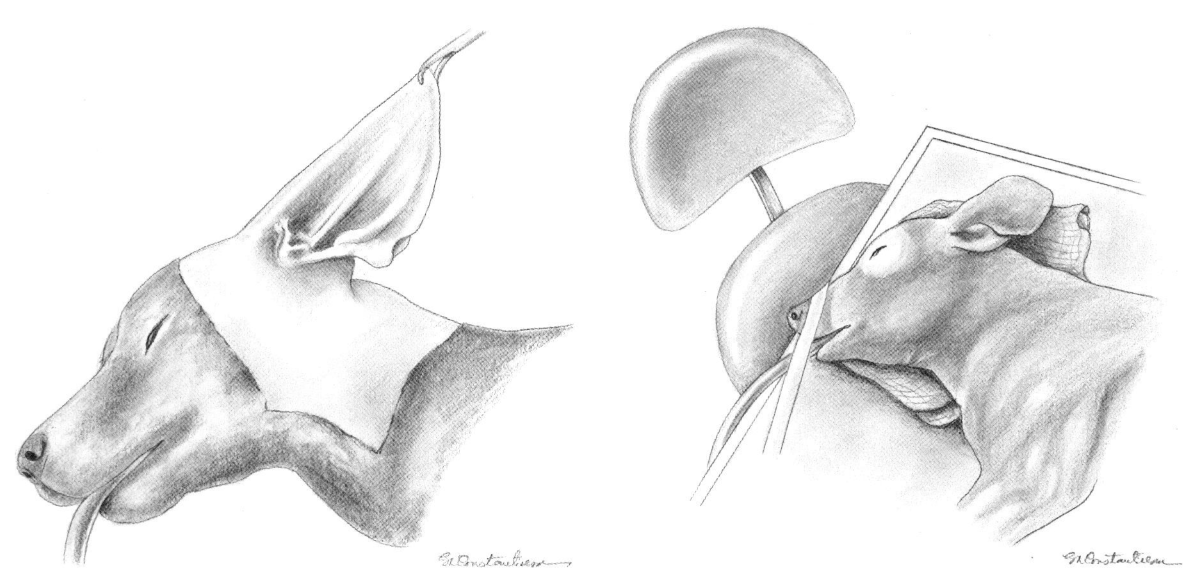

图10.31 耳部手术时的体位。用创巾钳夹住耳廓尖端并用胶带将其固定于静脉输液架上

图10.32 眼周手术时的体位。动物侧卧位保定（眼内手术选择仰卧位），头部垫在毛巾（或真空启动体位固定装置）上，以便根据手术需要准确调整眼部的位置，最后使用胶带固定鼻部

可选用仰卧位并将后肢前拉以显露腹侧通路。进行耳部手术时（图10.31），动物可进行侧卧位保定，并用真空启动体位保定装置或毛巾支撑头部。用创巾钳夹住耳廓边缘，并用胶带将其固定于静脉输液架上。进行眼周手术时（图10.32），可将动物的头部置于折叠毛巾或真空启动体位保定装置上，以此准确摆正眼部手术所需体位。眼内手术时，需要对动物进行仰卧位保定，而眼周手术通常选用俯卧位或侧卧位。口腔手术时，可对动物分别进行仰卧位、俯卧位或侧卧位保定。若气管插管干扰手术操作，则可经颈部的侧边切口从咽部插入气管（咽部插管）。经背侧通路进行鼻腔或额窦手术时，将卷拢的衬垫置于下颌下方，并用胶带将下颌固定于手术台上（图10.33）。

当以正确的体位将手术台上的动物进行保定后，即可以开始最终的无菌准备。进行无菌准备时需要使用无菌钵、无菌纱布和佩戴无菌手套。将灭菌擦洗溶液倒入无菌钵中，用无菌镊子或者用手套拿取蘸湿的棉球。最先从切口位置开始擦洗，然后以环形擦洗动作由中心向外周扩大擦洗范围（图10.34）。棉球擦至外周后不能再沿途返回，必须将其丢弃。最终灭菌准备的方法与初期灭菌准备相同。交替使用聚维酮碘和酒精对手术部位进行擦洗至少3次，且药液与皮肤的接触时间不短于5min。最后1次聚维酮碘擦洗完成后，在手术部位喷洒10%聚维酮碘溶液。若使用洗必泰进行擦洗，则每次擦洗完后需用干燥灭菌纱布（不能用酒精）将其擦净，待最后1次洗必泰擦洗完成后需再喷洒上洗必泰溶液。

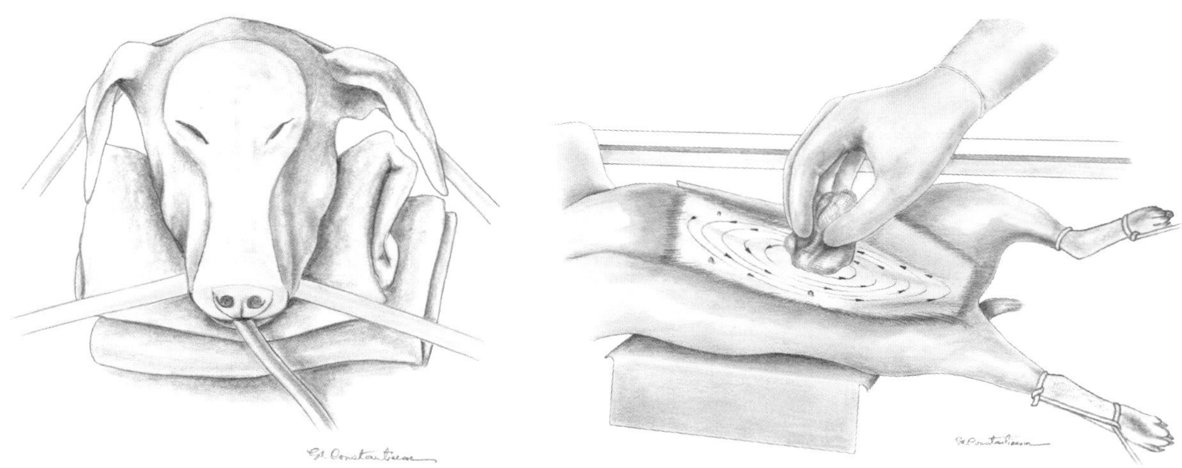

图10.33 鼻窦或额窦背侧手通路的体位。可将卷拢的衬垫垫置于下颌部下方，并用胶带将其固定于手术台上。将胶带绕过枕骨隆突可进一步对头部进行保定

图10.34 腹部准备。将动物以正确体位保定完成后，可以进行最后的无菌准备。无菌刷洗的操作方法与粗略刷洗时相同，但需要佩戴无菌手套和使用无菌材料。先在预定切口部位进行消毒，然后以环靶擦洗的方式由内向外进行消毒准备

11 手术创巾的铺设

Hun-Young Yoon　Fred Anthony Mann

铺设创巾可以将手术区与污染区进行隔离，提供无菌操作区。动物保定和皮肤消毒完成后，由穿戴好手术衣和手套的手术人员开始铺设创巾。创巾的铺设分为两层：第1层由4块隔离巾组成；第2层为1块完整的创巾。

铺设第一层创巾时，用3个手指头（大拇指、食指和中指）捏住创巾折叠部的上角，而创巾展开的部分靠向术者（图11.1）。创巾上角的折叠部分可以为紧邻切口的区域提供双层隔离屏障。铺设创巾时，以“剪刀样式”用食指和中指夹住折叠部的创巾，折翼远离术者（图11.2）。然后翻转双手，使掌心反向形成创巾折角，以此作为保护术者手套的屏障（图11.2）。垂落到手术台面以下部分的创巾不应再视为无菌，因为此部分创巾已超出术者视线，无法保证其无菌状态。4块隔离创巾可根据手术种类［腹部手术（图11.3）、睾丸摘除术（图11.4）、胸部手术（图11.5）、神经系统手术（图11.6）、矫形外科手术（图11.7）、会阴

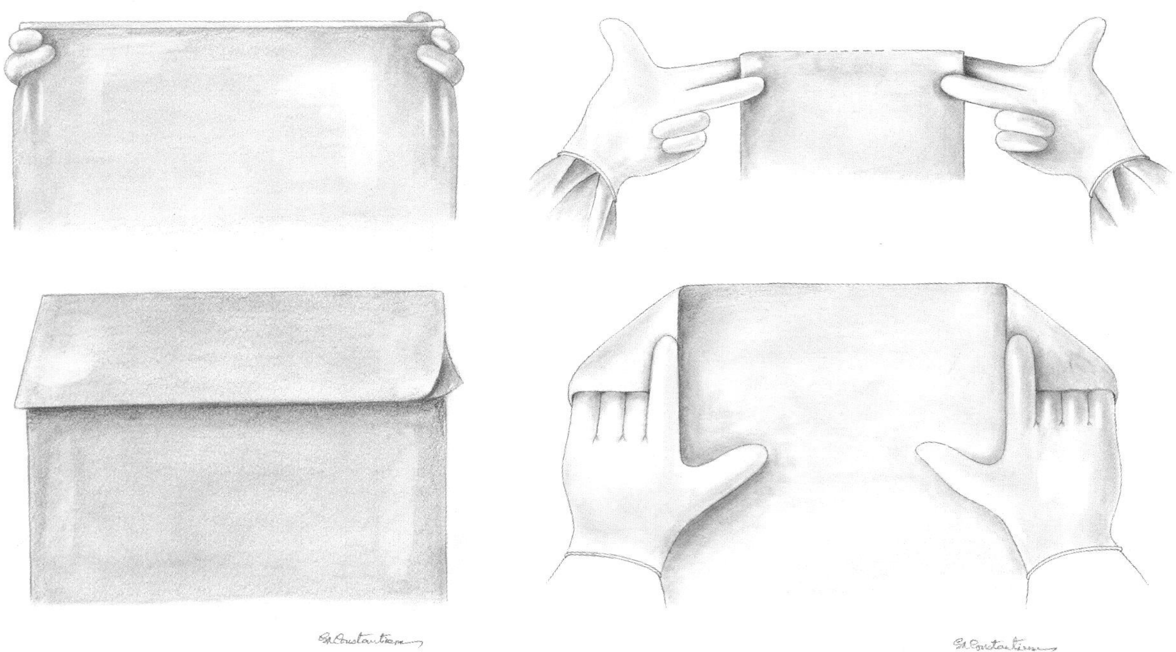

图11.1　从无菌手术包中取出创巾
用3个手指（拇指、食指和中指）捏住创巾折叠部的上角，折叠面朝向术区（下图所示），另一面朝向术者

图11.2　手拿创巾的方法以“剪刀样式”用食指和中指夹住创巾折叠部，然后将双手翻转（掌背侧朝向术者），以防止铺设创巾时污染手套

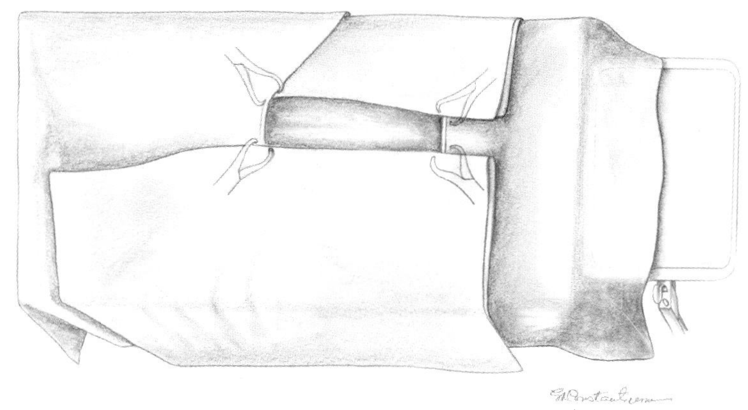

图11.3 腹部手术时创巾的铺设。根据预定切口的位置铺设第1层创巾，创巾边缘需距离预定切口约2cm。然后再铺设完整创巾，并在创巾上开窗。可根据术者的习惯决定创巾的铺设顺序，但通常建议按照尾侧→右侧→头侧→左侧的顺序进行铺设。注：图片所示的创巾铺设顺序为尾侧→左侧→头侧→右侧。

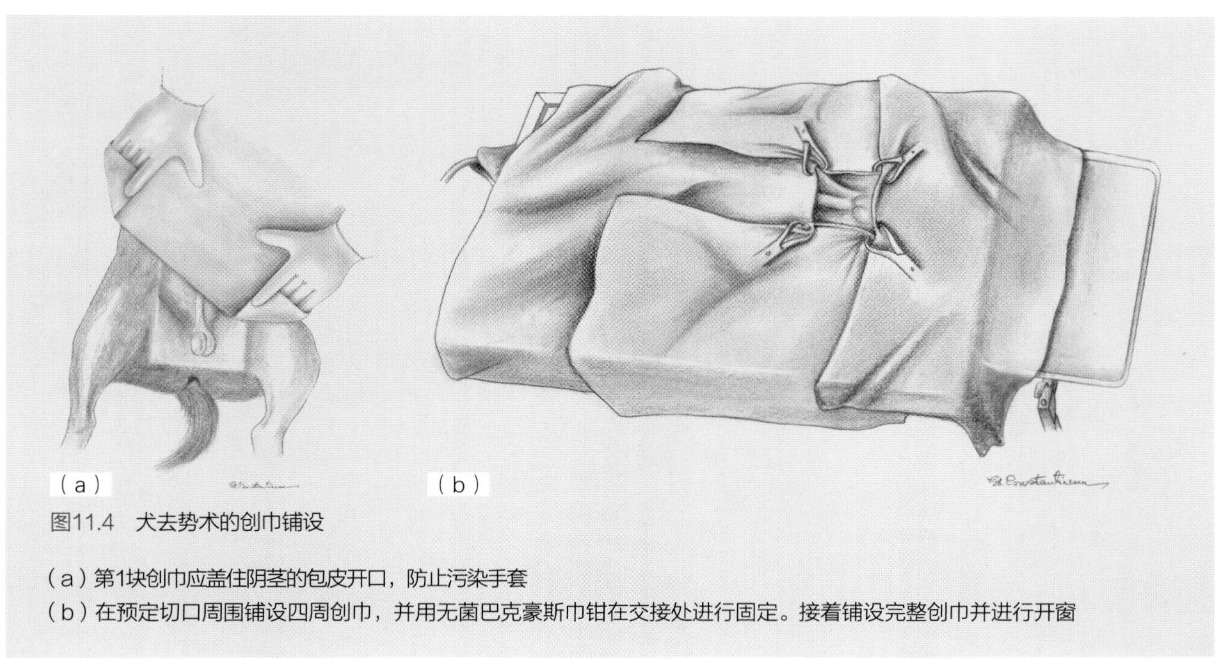

（a） （b）

图11.4 犬去势术的创巾铺设

（a）第1块创巾应盖住阴茎的包皮开口，防止污染手套

（b）在预定切口周围铺设四周创巾，并用无菌巴克豪斯巾钳在交接处进行固定。接着铺设完整创巾并进行开窗

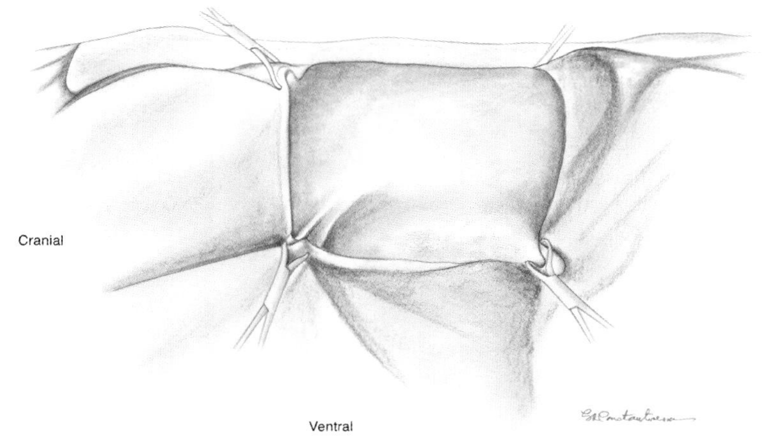

图11.5 左侧开胸术的创巾铺设。头侧和尾侧创巾的边缘距离预定切口大于2cm，以此暴露足够的空间以便放置胸导管。背侧和腹侧创巾分别铺设于背中线和腹中线位置，然后铺设完整创巾并进行开窗

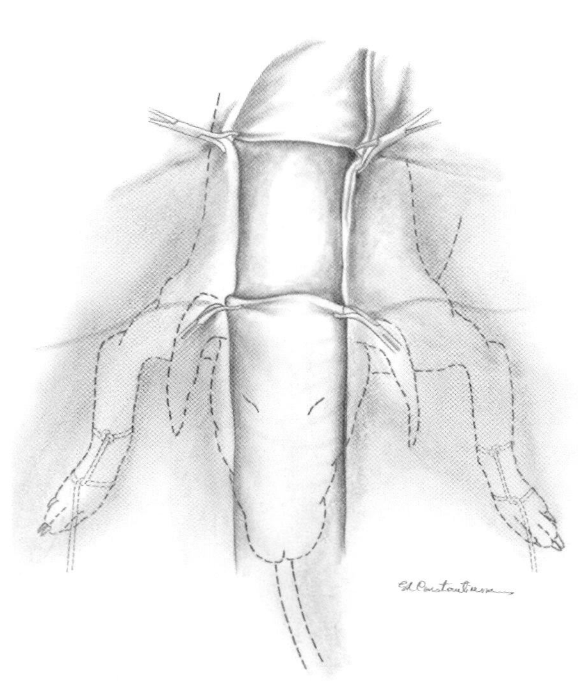

图11.6　颈椎背侧通路的创巾铺设。头侧创巾置于枕骨隆突尾侧缘，尾侧创巾置于胸椎前侧。两侧创巾的边缘距离预定切口约2cm，然后铺设完整创巾并进行开窗

部手术（图11.8）、眼科手术（图11.9）、耳部手术（图11.10）、口腔手术（图11.11）、鼻部手术（图11.12）和颅部手术（图11.13）］铺设在手术准备区的外周，创巾边缘距离预定皮肤切口约2cm。如果雄性犬的腹部手术切口需要延伸至耻骨，则应在铺设第1层创巾前用无菌创巾钳夹住包皮，偏向术者的对侧放置（图11.14）。若手术中需要进行导尿（如膀胱取结石术），则包皮需暴露于手术区内。进行犬睾丸摘除术时，第1块创巾应覆盖阴茎头侧的包皮开口（图11.4a）。将四块创巾铺设于预定切口周围，并用无菌巴克豪斯创巾钳将交角固定（图11.4b）。侧面开胸术（图11.5）时，应先铺设头侧和尾侧的隔离创巾，创巾边缘距离预定切口大于2cm，尾侧需露出足够的无菌准备区以便放置胸导管。铺设背侧和腹侧隔离创巾时，应留出背中线至腹中线切口长度的范围。准备颈部的背侧手术通路时（图11.6），头侧创巾置于枕骨隆突后缘，尾侧创巾置于胸椎

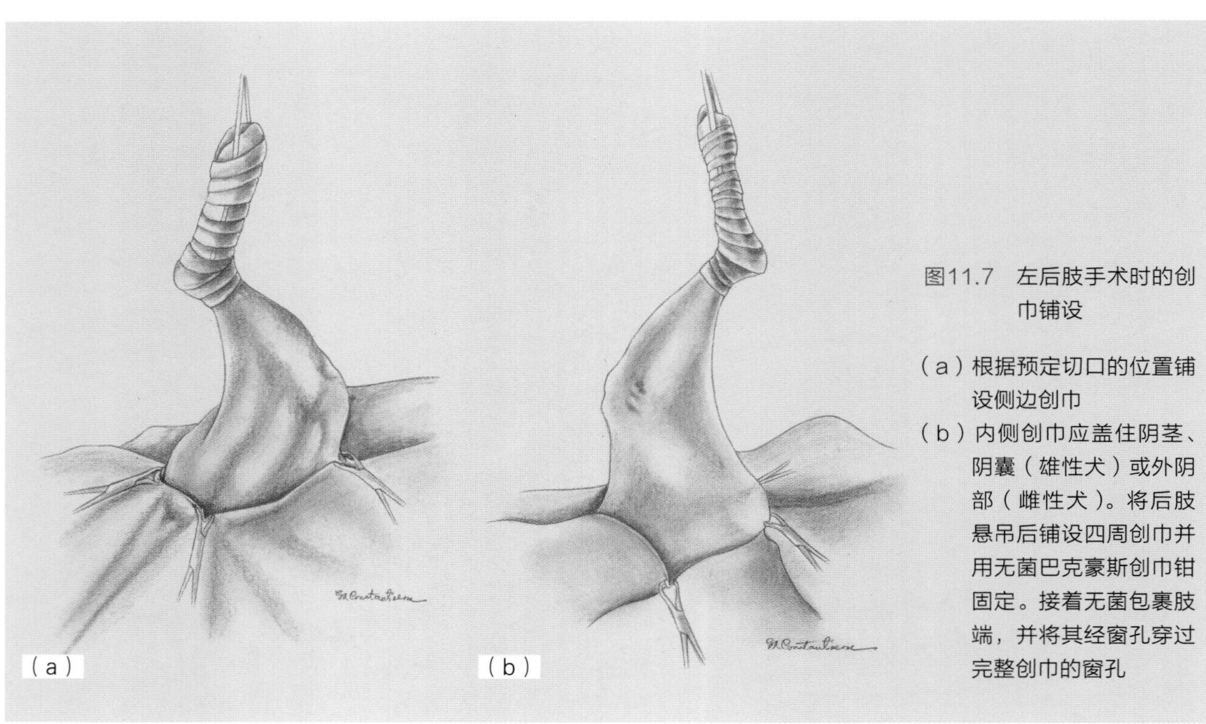

图11.7　左后肢手术时的创巾铺设

（a）根据预定切口的位置铺设侧边创巾

（b）内侧创巾应盖住阴茎、阴囊（雄性犬）或外阴部（雌性犬）。将后肢悬吊后铺设四周创巾并用无菌巴克豪斯创巾钳固定。接着无菌包裹肢端，并将其经窗孔穿过完整创巾的窗孔

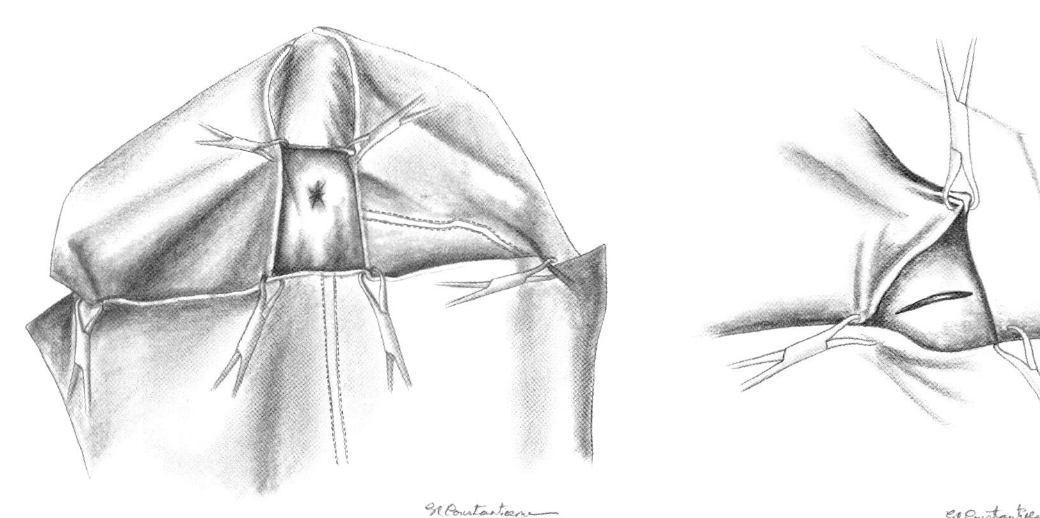

图11.8 会阴部手术时的创巾铺设。先铺设背侧创巾，然后铺设两侧的创巾，最后再铺设腹侧创巾并用创巾钳固定。当然，也可以额外使用创巾钳对两侧和腹侧的创巾进行多重固定。铺设完整创巾后进行开窗

图11.9 眼科手术时的创巾铺设。在眼部周围铺设3块创巾形成三角形隔离区，同时用无菌创巾钳进行固定，然后铺设完整创巾并进行开窗

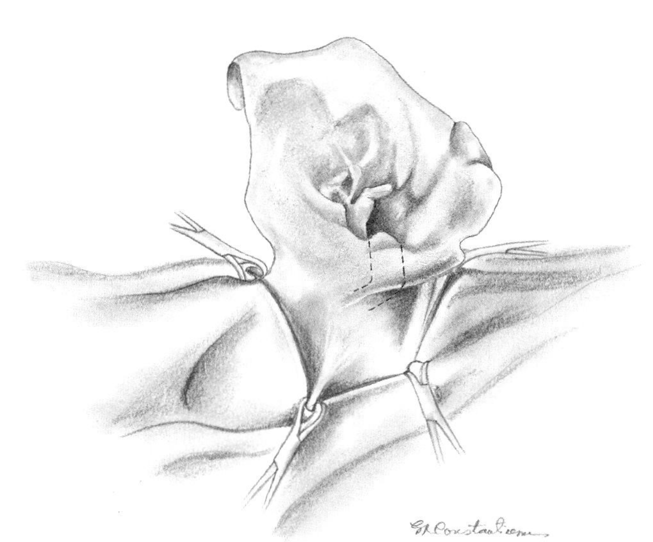

图11.10 耳部手术时的创巾铺设。在耳部周围进行四周创巾的铺设，使耳廓完全暴露于手术区。若需要进行耳道切除或切开，则铺设创巾时应显露耳道通路，然后铺设完整创巾进行开窗

前侧，两侧创巾的边缘距离预定切口约2cm。进行后肢手术时（图11.7），内侧创巾应盖住外生殖器，而外侧创巾的铺设视预定切口的位置而定，将腿部悬吊后继续铺设另外两块创巾并用无菌巴克豪斯创巾钳固定。进行会阴部手术时（图11.8），先铺设背侧创巾，然后再铺设两侧的创巾，最后再铺

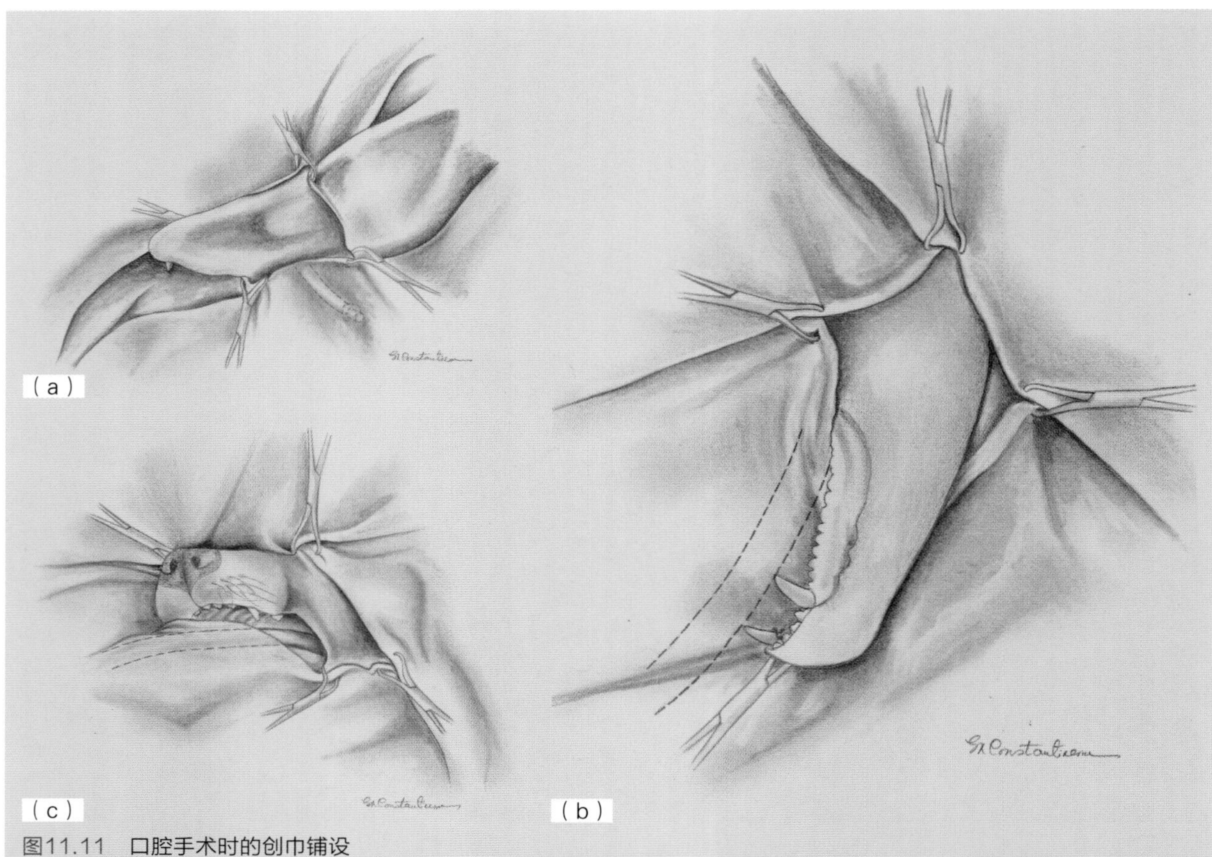

图11.11　口腔手术时的创巾铺设

（a）双侧下颌骨切除术时，吻侧创巾置于上下颌间的唇部合缝水平，尾侧创巾置于下颌骨末端的尾侧缘

（b）单侧下颌骨切除术时，铺设四周创巾将下颌隔离并用创巾钳固定，其中1块创巾盖住气管插管

（c）上颌手术的口内侧或口外侧通路。铺设四周创巾隔离上颌并用创巾钳固定，其中1块创巾盖住气管插管。选择上颌手术的外侧通路时，需在无菌准备和铺设创巾前进行剃毛，然后铺设完整创巾并进行开窗

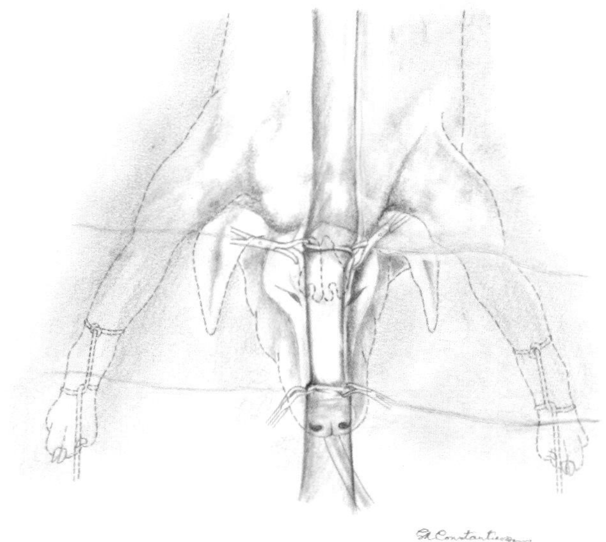

图11.12　鼻腔和额窦手术背侧通路的创巾铺设。尾侧创巾紧靠额窦尾侧缘，吻侧创巾靠近鼻面部，两侧创巾距离预定切口约1cm。然后铺设完整创巾并进行开窗

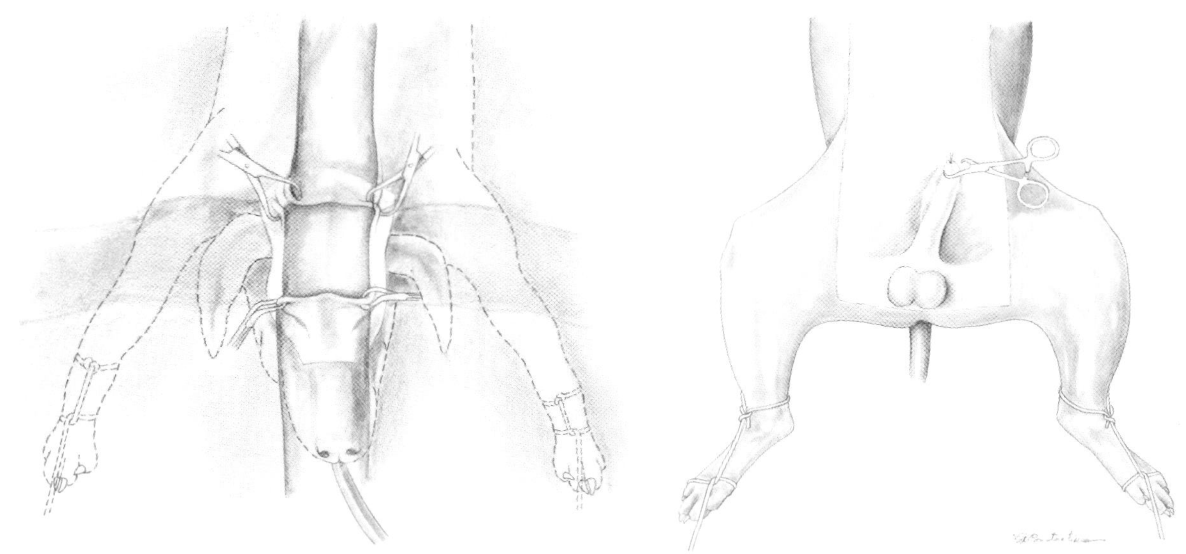

图11.13 颅部手术背侧通路的创巾铺设。吻侧创巾置于额窦尾侧缘，尾侧创巾铺设于枕骨隆突上，两侧创巾的铺设位置视不同的颅骨手术通路而定。然后铺设完整创巾并进行开窗

图11.14 腹部手术切口时阴茎的位置。在铺设第1层创巾前，用无菌创巾钳钳夹包皮，偏向术者对侧放置。注：惯用右手的术者通常将阴茎移向犬的左侧

设腹侧创巾，用以无菌创巾钳固定。根据需要可额外增加创巾钳，以固定两侧和腹侧的创巾。进行眼科手术时（图11.9），用3块隔离创巾环绕眼周铺设形成三角形区域，并用3把无菌创巾钳固定。进行耳部手术时（图11.10），以四周创巾法隔离耳部，使耳廓暴露于手术区域内。若需要切除或切开耳道，则创巾铺设时应显露耳道通路。虽然无法杀灭口腔内的所有细菌，但进行口腔手术时同样需要用创巾隔离（图11.11）。进行双侧下颌骨切除术时，吻侧创巾置于上颌和下颌之间的唇部缝迹水平，尾侧创巾置于下颌骨末端的尾侧缘（图11.11a）。进行单侧下颌骨切除术时，铺设四周创巾将下颌部隔离并用无菌巴克豪斯创巾钳进行固定，用其中1块创巾盖住气管插管（图11.11b）。显露上颌骨手术的口内侧或口外侧通路时，铺设四周创巾将上颌部隔离并用无菌巴克豪斯创巾钳固定，并用其中1块创巾盖住气管插管（图11.11c）。选择上颌手术的外侧通路时，需在无菌准备和铺设创巾前进行剃毛。

暴露鼻腔和额窦手术的背侧通路时（图11.12），尾侧创巾可紧靠额窦尾侧缘铺设，吻侧创巾靠近鼻面部，两侧创巾距离预定切口约1cm。暴露颅部手术的背侧通路时（图11.13），吻侧创巾置于额窦尾侧缘，尾侧创巾铺设于枕骨隆突上，两侧创巾的铺设位置视不同的颅骨手术通路而定。

创巾铺设完成后，不能再向切的方向移动，因为这样会把细菌带到无菌准备的皮肤上。若创巾过于靠近切口，可向外侧移动创巾。用创巾钳将第1层创巾固定于皮肤上（图11.15），创巾钳尖端穿透皮肤。创巾钳穿透皮肤的部分不再视为无菌，且不能在撤除后再用于固定。通常至少需要使用4把创巾钳对相邻创巾的交接处进行钳夹。如果预定切口较长，则需要额外使用创巾钳进行固定。开腹和开胸手术时，将完整的创巾开窗后需额外使用创巾钳进行固定。创巾钳需穿透双层创

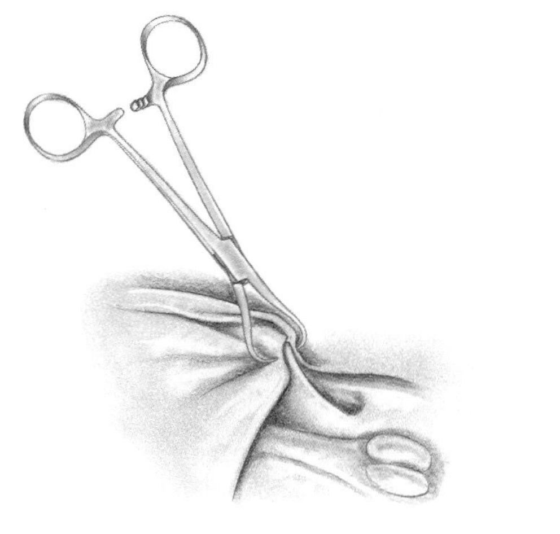

图11.15 创巾钳的放置。使用无菌巴克豪斯创巾钳进行固定时，创巾钳的尖端应同时夹住两层创巾及相邻皮肤

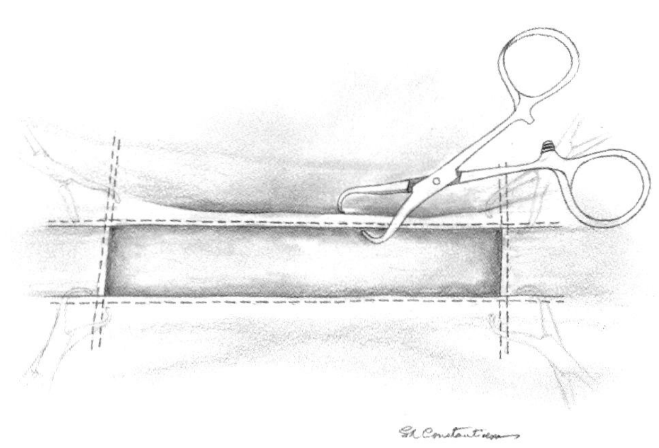

图11.16 额外使用的创巾钳放置。若预定切口较长，则可以额外使用创巾钳于窗孔的头侧和尾侧进行钳夹

图11.17 第2层创巾（完整创巾）的铺设。将折叠好的完整创巾放置于预定切口部位上

巾将完整创巾的窗孔部边缘和对应的下层隔离巾边缘一同固定（图11.16）。

铺设第2层创巾时，在预定切口位置上放置折叠好的专用大创巾（图11.17）。先向两侧展开创巾（图11.18a），然后再向头侧和尾侧将其展开（图11.18b）。完整创巾将动物、手术台以及器械台一同盖住，提供一个连续的无菌区域（图11.19）。若使用未折叠（如标准的手风琴式折叠）的大创巾时需要助手辅助铺设。在预定切口位置对应的完整创巾上剪裁出一个大小合适的手术窗孔（图11.20）。若为已开窗的创巾，则必须将窗孔放置于正确的位点上。可以额外使用创巾钳将完整创巾与四周隔离创巾一同固定，以防止创巾移位。额外的创巾钳需有序放置（图11.16），避免影响手术操作。

在完整创巾上开取适当大小的窗孔后，即可

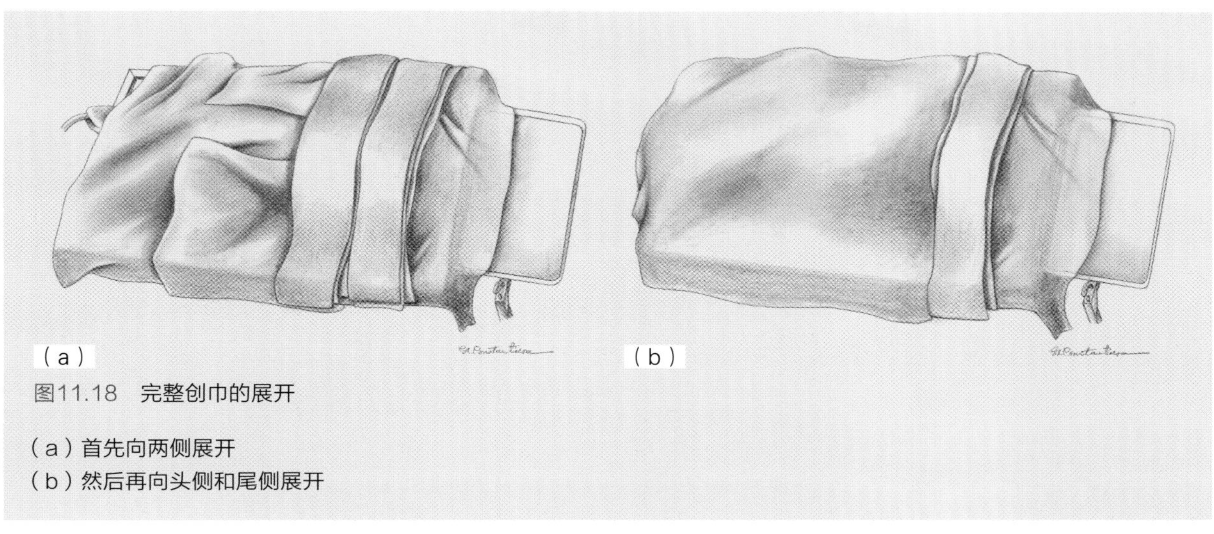

图11.18 完整创巾的展开

（a）首先向两侧展开
（b）然后再向头侧和尾侧展开

图11.19 完整创巾铺设完成。完整创巾将动物、手术台以及器械台一同盖住，提供1个连续的无菌区域

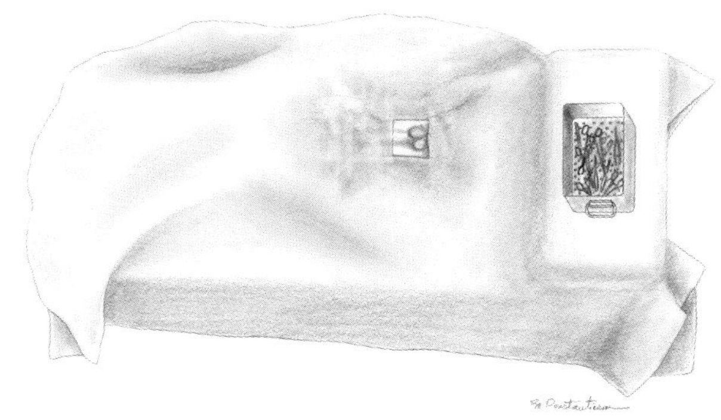

图11.20 完整创巾的开窗。在预定切口位置对应的完整创巾上剪裁出大小合适的手术窗孔。注：一些创巾已开窗，此时需将窗孔放置于正确的位置上

进行皮肤切开。切开皮下组织后，皮肤边缘会出现明显的回缩，此时可以使用“创巾叠入法”技术[1]。首先将折叠的创巾沿切口边缘放置，平行于切口线（图11.21），并盖住对侧边缘。将创巾上的折叠部与皮肤共同固定，当翻转固定好的创巾后，创巾折翼与完整创巾相对。使用“创巾叠入法”的目的是进一步将手术创口与皮肤隔离。虽然目前并没有研究表明1962年提出的“创巾叠入法”确实可以降低感染率（与未使用相比），但此种隔离手术创口的方法确实有多种优点，如手术器械不易掉落至完整创巾或隔离创巾下方，而创巾下的微颗粒也不易落入暴露的创口中。当使用暖气流装置保持动物体温时，此种方法可以用于蓄存暖流。“创巾叠入法”还可以防止组织干燥，防止暖气流从暴露的组织表面吹过。实施“创巾嵌入法”时需用夹子（图11.22）、创巾钳（图11.23）或通过连续缝合将创巾固定于皮肤切口边缘。切开腹白线或肋间隙后，用纱布巾盖住

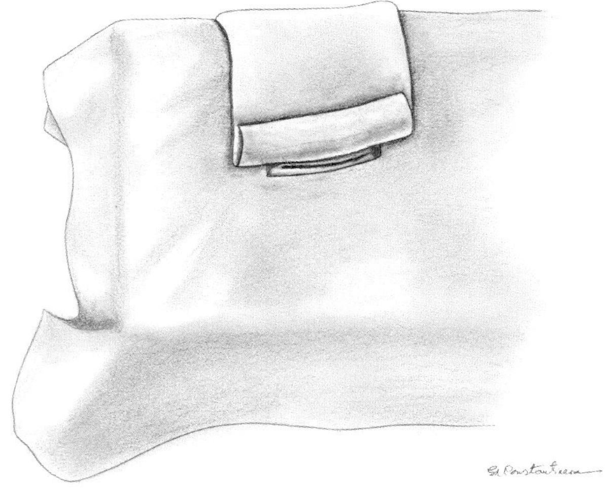

图11.21　创巾叠入法。切开皮肤和皮下组织后，将创巾沿切口边缘放置（平行于切口线）并盖住对侧边缘（图11.21）。将创巾折叠部边缘与皮肤边缘相固定，将创巾翻转后，折叠部与完整创巾相对

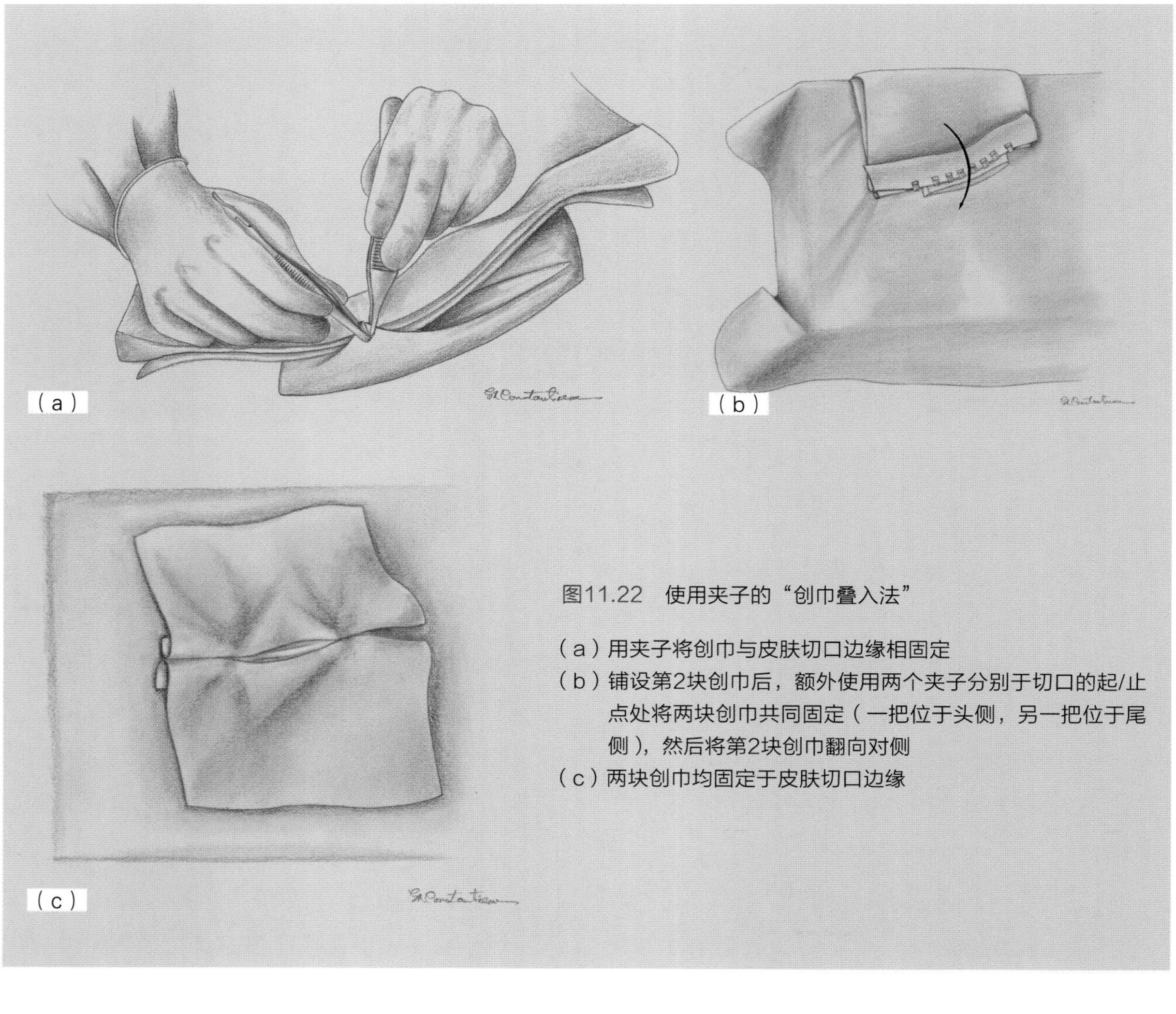

图11.22　使用夹子的“创巾叠入法”

（a）用夹子将创巾与皮肤切口边缘相固定

（b）铺设第2块创巾后，额外使用两个夹子分别于切口的起/止点处将两块创巾共同固定（一把位于头侧，另一把位于尾侧），然后将第2块创巾翻向对侧

（c）两块创巾均固定于皮肤切口边缘

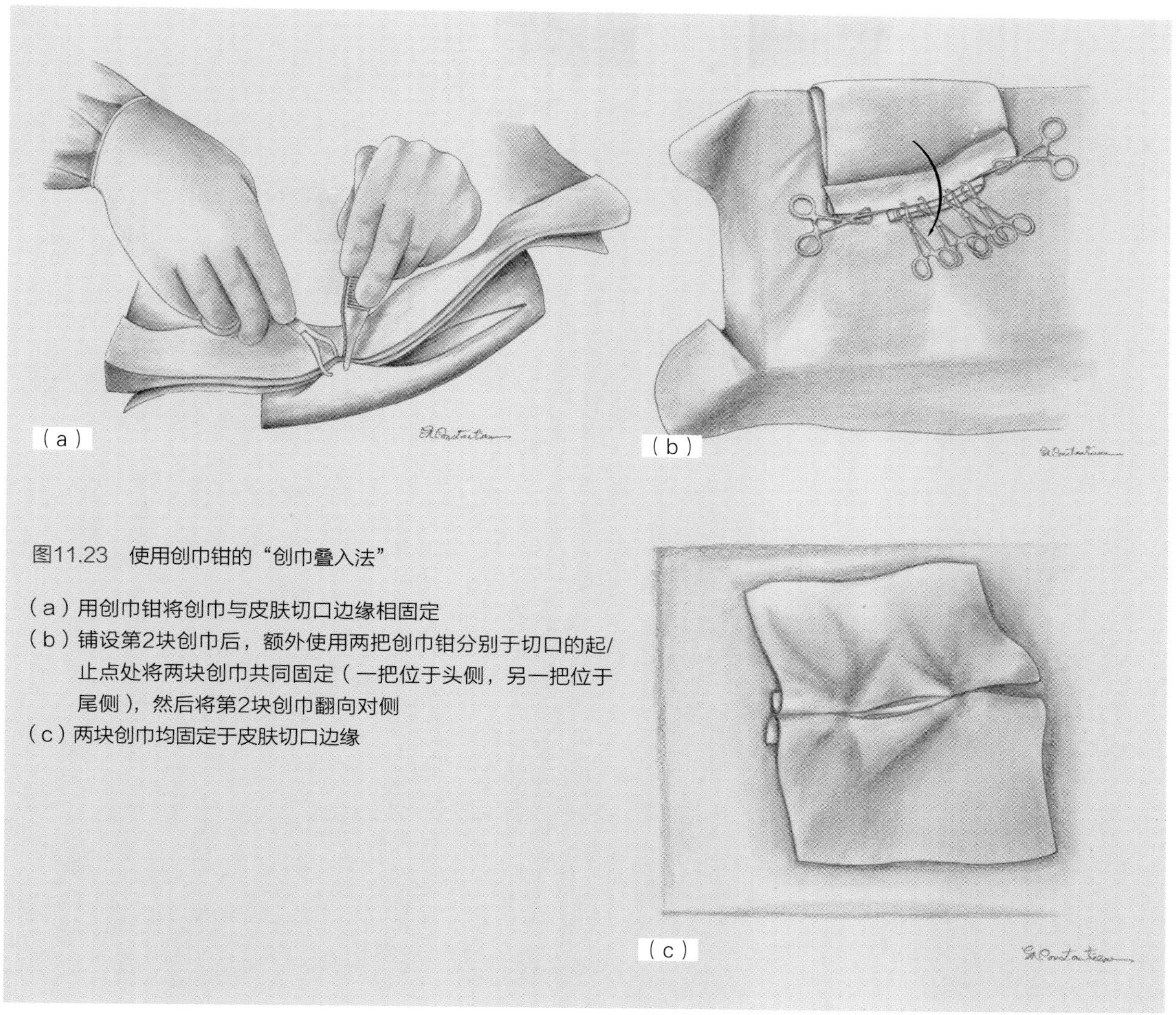

图11.23 使用创巾钳的“创巾叠入法”

（a）用创巾钳将创巾与皮肤切口边缘相固定
（b）铺设第2块创巾后，额外使用两把创巾钳分别于切口的起/止点处将两块创巾共同固定（一把位于头侧，另一把位于尾侧），然后将第2块创巾翻向对侧
（c）两块创巾均固定于皮肤切口边缘

切口边缘，并用巴尔弗氏或菲诺切托牵开器开张创口（图11.24和图11.25）。若不使用“创巾叠入法”，术者可以用纱布保护暴露的皮肤。切开皮肤前，一些术者会在皮肤和完整创巾上铺设黏性创巾（3M^{TM}Ioban^{TM}2 抗生素切口创巾, 3M Health Care, St.Paul, MN），这尤其适用于体形较小的动物，其作用与“创巾叠入法”相同。虽然塑料黏性创巾能否显著减少手术感染率还尚存争议，但其具有与“创巾叠入法”相似的隔离作用。

进行长骨和关节的矫形手术时，需要暴露整个前（后）肢。将肢端悬吊于手术台上或由助手提起，在前（后）肢基部进行四周创巾隔离并用创巾钳固定（图 11.7），肢端用小块的无菌创巾缠裹（图 11.26）。已消毒的手术人员拿住缠裹的部位将前（后）肢提起，同时剪断悬吊胶带，然后用无菌创巾缠裹胶带缠系的部位并用创巾钳固定（图 11.27）。用网状绷带从前（后）肢远端缠绕至预定切口近端，并用创巾钳将其固定于前（后）肢基部（图 11.28）。将前（后）肢穿过创巾上的窗孔后，用创巾钳固定（图 11.29）。在进行长骨的矫形手术时，应用“创巾叠入法”需要使用网状绷带、塑料黏性创巾或黏性-网状绷带复合物（图

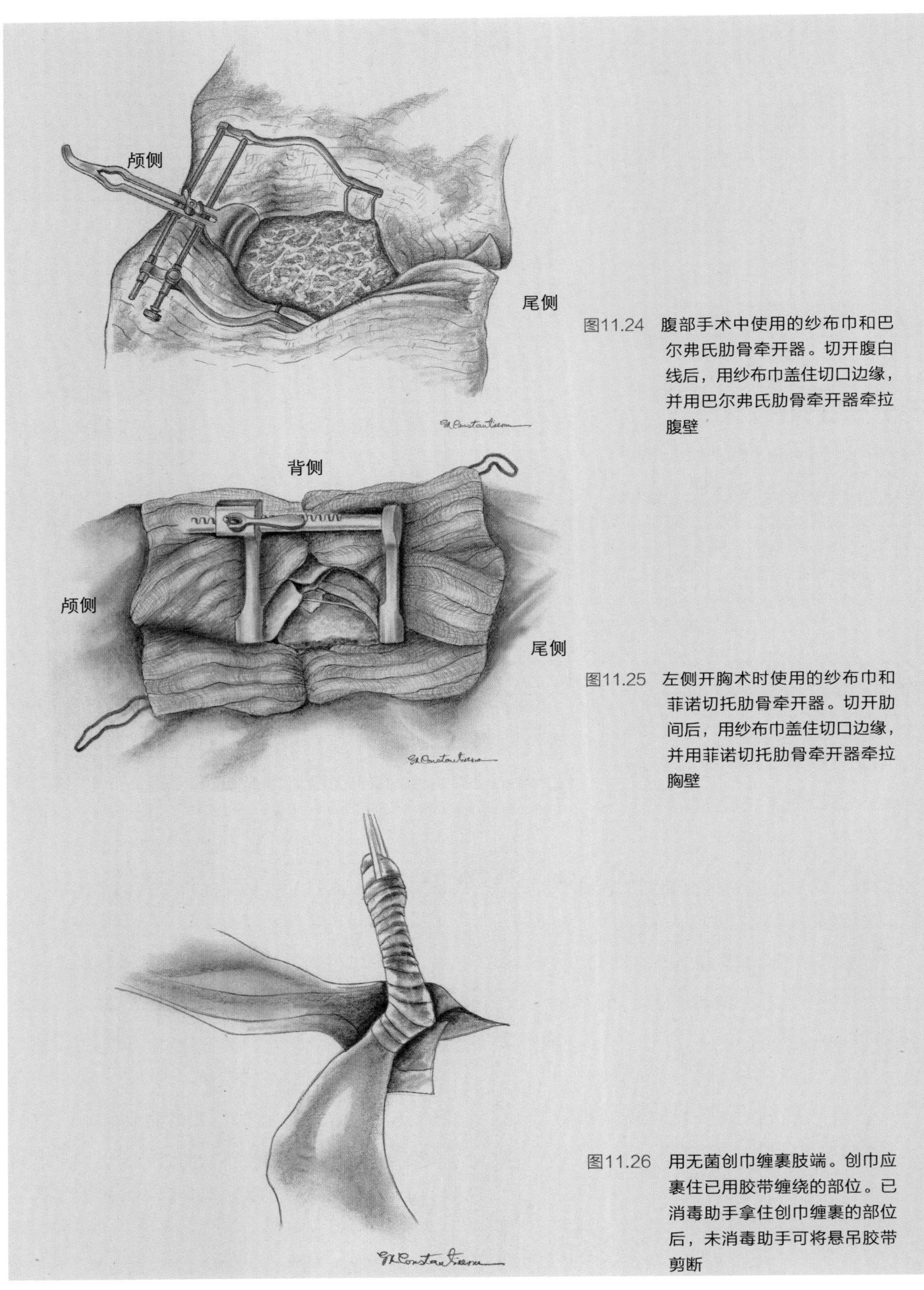

图11.24 腹部手术中使用的纱布巾和巴尔弗氏肋骨牵开器。切开腹白线后，用纱布巾盖住切口边缘，并用巴尔弗氏肋骨牵开器牵拉腹壁

图11.25 左侧开胸术时使用的纱布巾和菲诺切托肋骨牵开器。切开肋间后，用纱布巾盖住切口边缘，并用菲诺切托肋骨牵开器牵拉胸壁

图11.26 用无菌创巾缠裹肢端。创巾应裹住已用胶带缠绕的部位。已消毒助手拿住创巾缠裹的部位后，未消毒助手可将悬吊胶带剪断

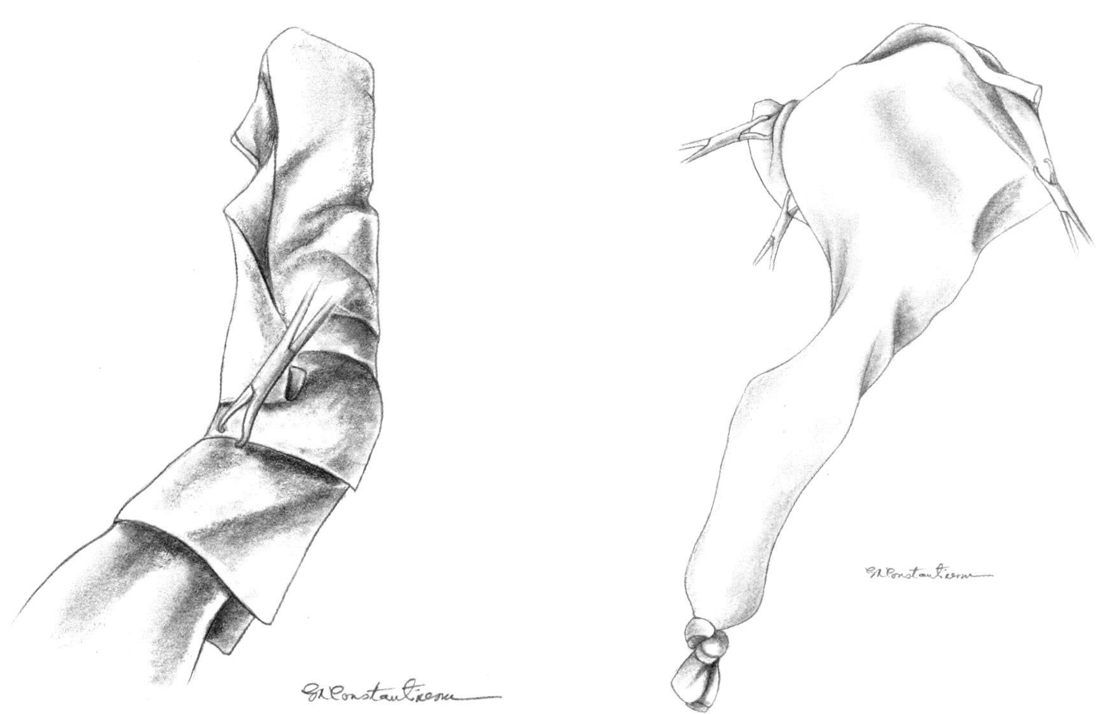

图11.27 缠裹肢端的无菌创巾。用创巾缠裹肢端后，再用无菌巴克豪斯创巾钳将其固定

图11.28 完全盖住前（后）肢的无菌网状绷带。将网状绷带小心向下展开，并用无菌巴克豪斯创巾钳固定于前（后）肢近端，创巾钳需穿透网状绷带和下层创巾

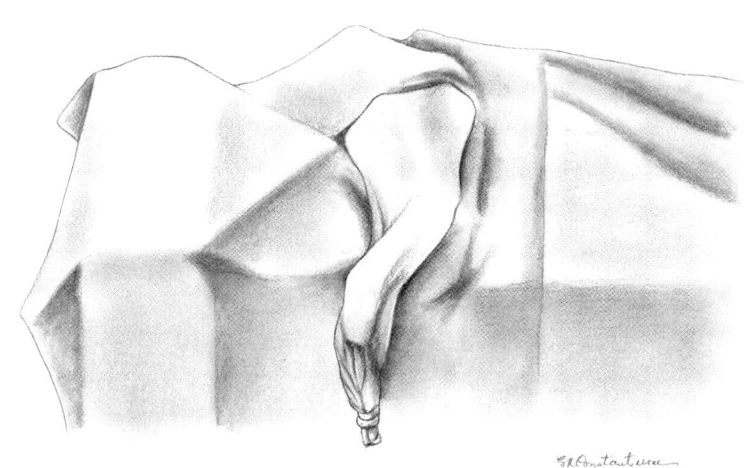

图11.29 四肢手术时铺设的完整创巾。将盖上网状绷带的肢体穿过完整创巾的窗孔

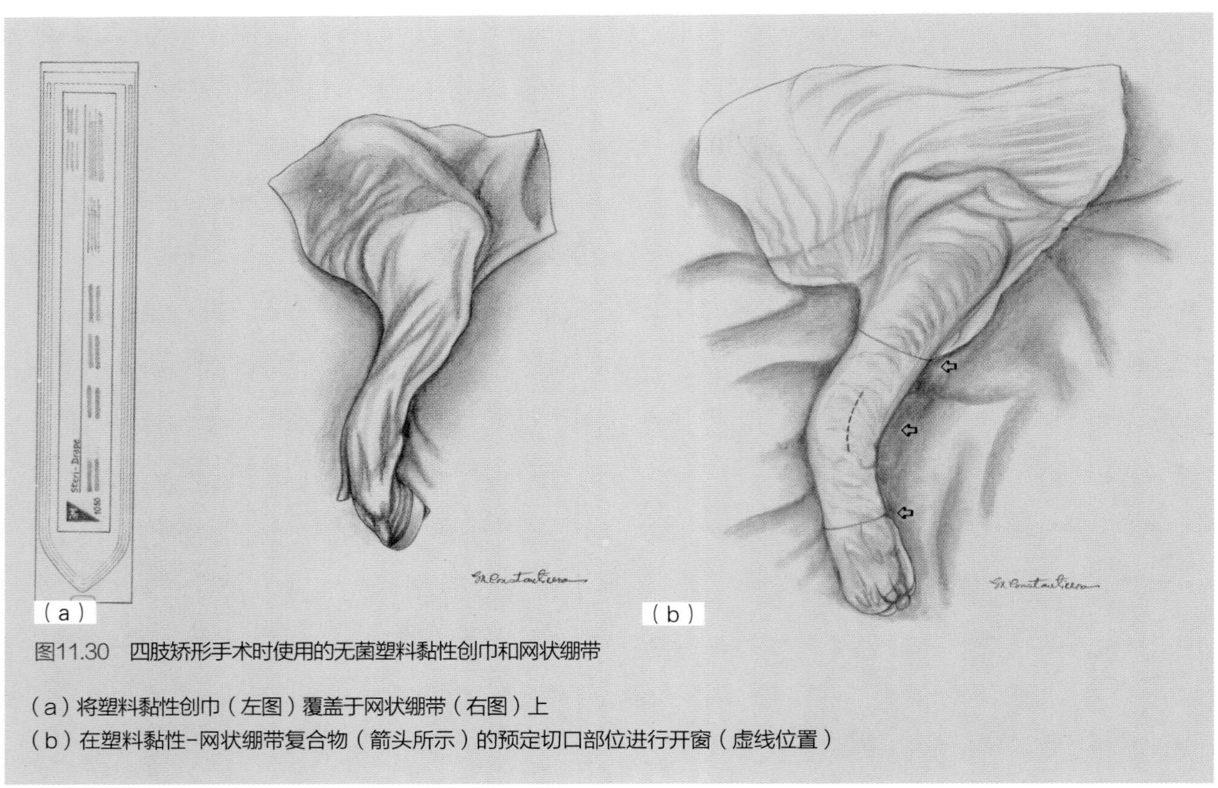

图11.30　四肢矫形手术时使用的无菌塑料黏性创巾和网状绷带

(a)将塑料黏性创巾(左图)覆盖于网状绷带(右图)上
(b)在塑料黏性-网状绷带复合物(箭头所示)的预定切口部位进行开窗(虚线位置)

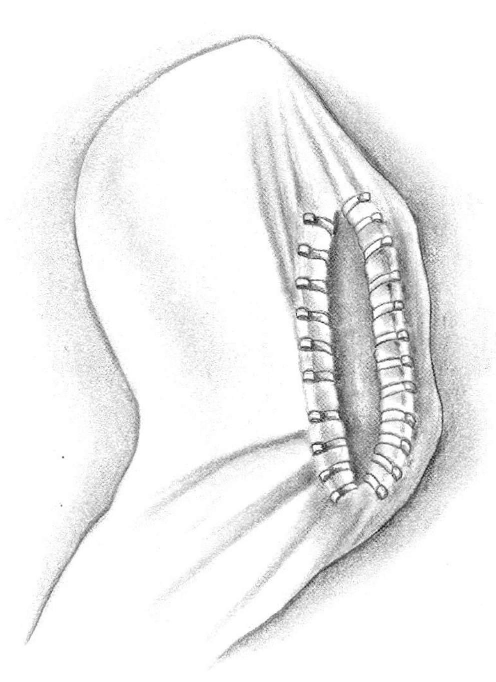

图11.31　四肢手术时的“创巾叠入法”。切开皮肤后，用夹子将黏性-网状绷带复合物的窗孔边缘与皮肤切口边缘相固定

11.30）。使用黏性-网状绷带复合物时，需要在预定切口位置对应的绷带上开窗，然后将窗孔边缘与切口边缘皮肤缝合或用夹子将二者一同固定（图11.31）。手术区域内使用的塑料黏性绷带还可用作防水屏障。

参考文献

[1] Knecht CD, Allen AR, Williams DJ, Johnson JH. Fundamental Techniques in Veterinary Surgery, 3rd ed. Philadelphia, Pennsylvania: Saunders Co, 1987:17-18.

[2] Shepherd RC, Kinmonth JB. Skin preparation and toweling in prevention of wound infection. Br Med J 1962;2:151-153.

[3] Webster J, Alghamdi A. Use of plastic adhesive drapes during surgery for preventing surgical site infection. Cochrane Database Syst Rev 2007(4):CD006353. DOI:10.1002/14651858. CD006353.pub2.

12 手术器械的操作

Hun-Young Yoon　Fred Anthony Mann

小动物外科手术的成功完成需要术者对手术器械进行正确操作。正确的器械操作可将组织损伤降到最低，并能避免损坏器械。

手术器械大体归分为两类：带柄环器械和无柄环器械。使用带柄环器械时，拇指和无名指分别插入器械的上环和下环，食指置于柄胫上以增加控制力和稳定性（图12.1）。对于无环柄器械，其操作方法因器械不同而有所差别。

巴克豪斯创巾钳的放置可以遵照带柄环器械的操作技术。用拇指和无名指闭合创巾钳的钳尖，将相邻的手术创巾和皮肤夹紧固定（图12.2）。

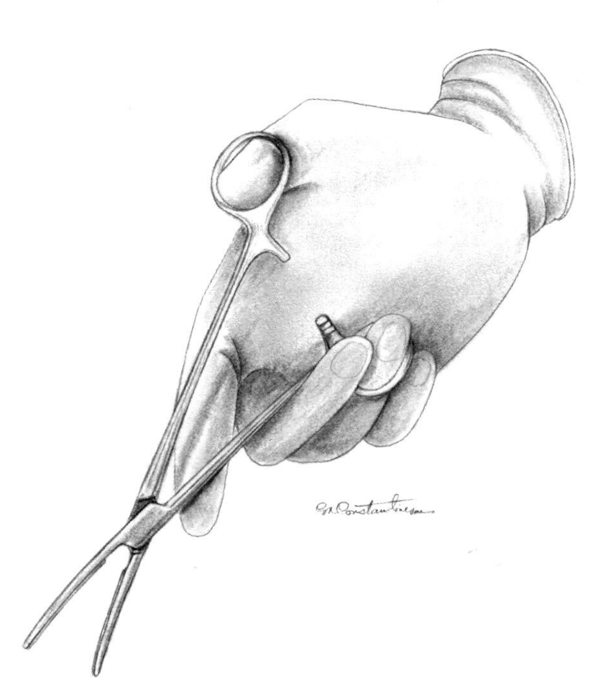

图12.1　带柄环的器械（如图中所示的罗-卡二氏止血钳）的手持方法拇指和无名指分别套入柄环内，将食指置于柄胫上以增加控制力和稳定性。（持针器和手术剪还可用其他手持方法，除此之外所有带柄环的器械均用此手持方式）

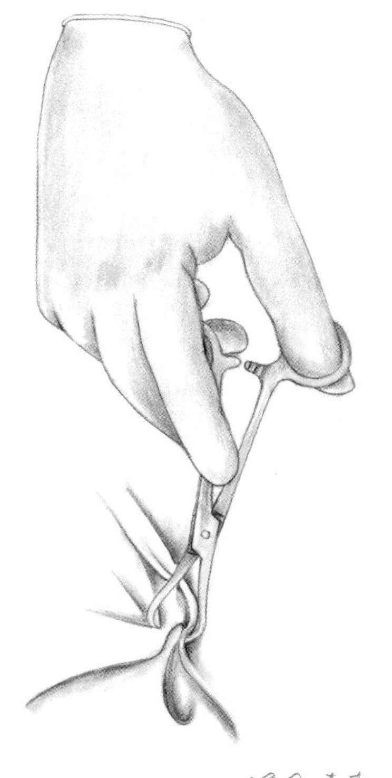

图12.2　巴克豪斯创巾钳的手持方法用拇指和无名指闭合创巾钳，将手术创巾和相邻皮肤相固定

基本的手持术刀方式有3种：指压式（图12.3）、全握式（图12.4）和执笔式（图12.5）。使用指压式时，需用手指尖端拿住刀柄，食指置于刀片背侧（图12.3a）或刀柄侧面（图12.3b）。指压式推荐用于长切口的切割，此时需借助手臂运动划动手术刀。使用全握式时，需用手掌握紧刀柄，拇指置于刀片背侧（图12.4）。此种方法可用于需要较大切割力的组织切开，且也需要借助手臂运动。使用执笔式时，需按常规的执笔方式拿住刀柄（图12.5），此方法最适于短距离切口的精细切割，因为手术刀的划动借助于手指运动。当经腹白线切开腹腔时，用拇指镊夹住腹白线后向上提起，然后以执笔式在腹白线上反挑做一刺透切口（图12.6）。

基本的持手术剪方法有两种：正手持法和反手持法。正手持剪时，需将拇指和无名指分别套入上环和下环内（宽底三脚手持法；图12.7a）或者将手掌鱼际和无名指分别置于上环外和下环内（鱼际-无名指手持法；图12.7b）。反手持剪时，需将拇指和食指（拇指-食指手持法；图12.8a）或拇指和无名指（拇指-无名指手持法；图12.8b）分别套入上环和下环内。在以上各种持剪方法中，最能够充分利用手术剪力量（闭合、剪切和扭矩）的方法为宽底三脚手持法。鱼际-无名指手持法可以提供足够的剪切力，但与宽三脚手持法相比，其闭合力减弱，且无实际扭矩力。反手拇指-食指手持法（图12.8a）适用于术者必须反向剪切的情况（如惯用手为右手的术者从左向右剪切）。同样，反手拇指-无名指手持法也可用于反向剪切，但需要相对更大的身体移动幅度。

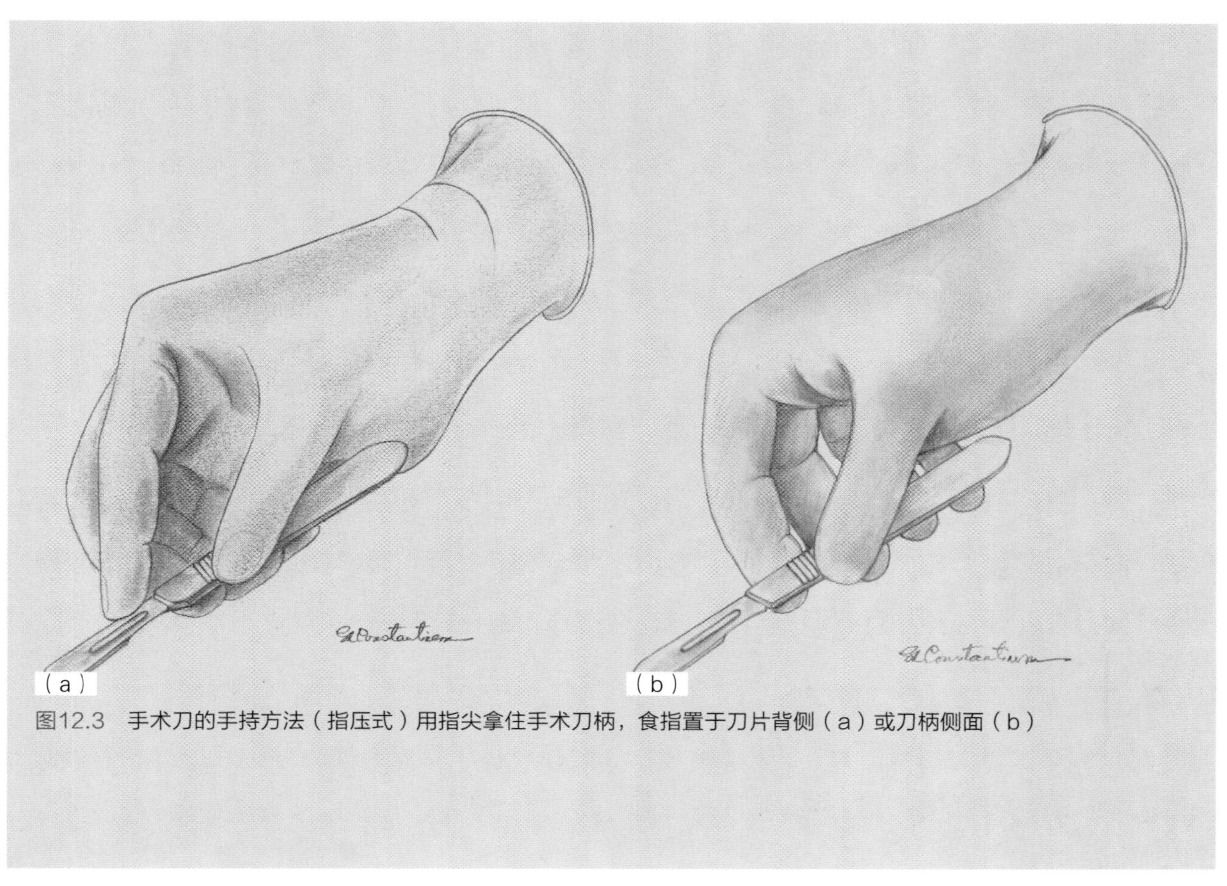

图12.3　手术刀的手持方法（指压式）用指尖拿住手术刀柄，食指置于刀片背侧（a）或刀柄侧面（b）

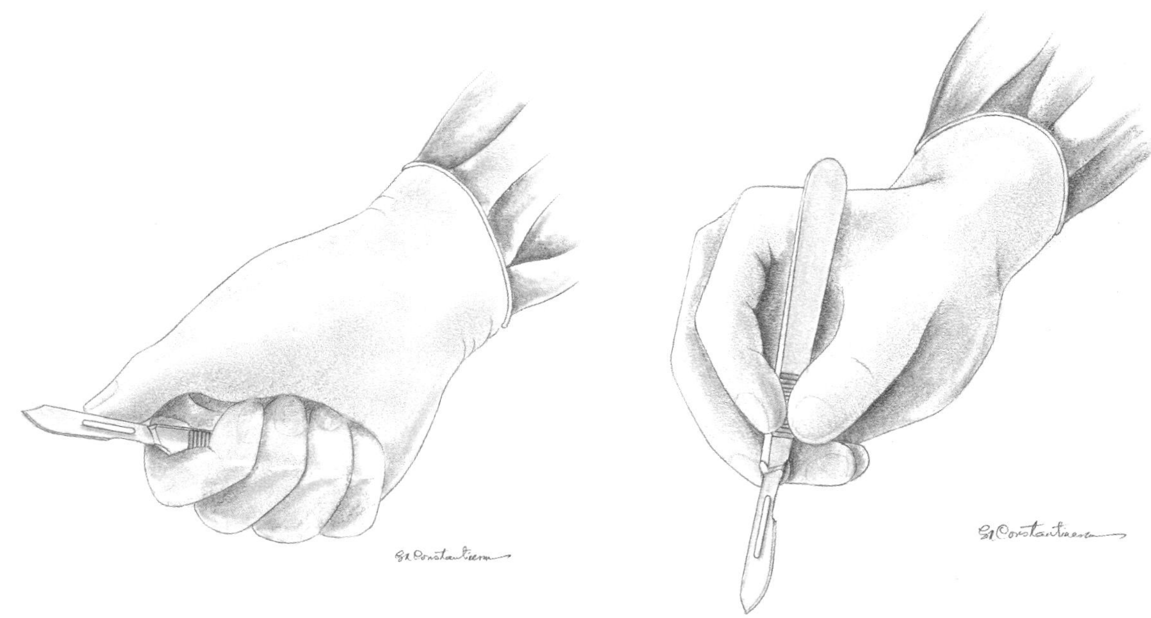

图12.4　手术刀的手持方法（全握式）用手掌握住刀柄，拇指置于刀柄背侧

图12.5　手术刀的手持方法（执笔式）以常规执笔姿势手拿刀柄

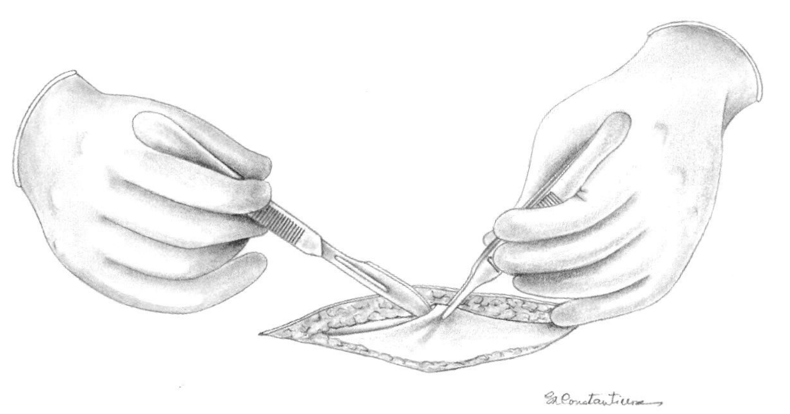

图12.6　手术刀的手持方法（反挑式）用拇指捏夹住腹白线后向上提起，然后以执笔式反挑，在腹白线上做一刺透切口

用手术剪剪切组织的基本方法有3种：剪切（图12.9a）、推剪（图12.9b）和钝性切割（图12.9c）。剪切和推剪属于锐性分离。剪切最适于短小切口和多重筋膜的切割。较长的组织切口一般先进行剪切后再行推剪（图12.9b）。钝性切割可用于组织解剖结构的分离，如分离皮瓣。通常应尽量避免使用钝性切割，因为钝性切割造成的组织损伤更大，且容易形成死腔。

组织操作器械的基本手持方法有两种：拇指镊，需用拇指和食指以执筷方式进行操作（详见第5章；图5.5a和图5.5b）；带柄环器械（如阿利斯氏组织钳和巴伯科克组织钳），需遵照带柄环器械的手持技术进行操作（图12.1）。当使用组织钳时，应尽可能少地钳夹组织并减小钳夹力度，使组织损伤降至最低。术者通常会以非惯用手拿住拇指镊，以此辅助组织的切开（图12.9a和图

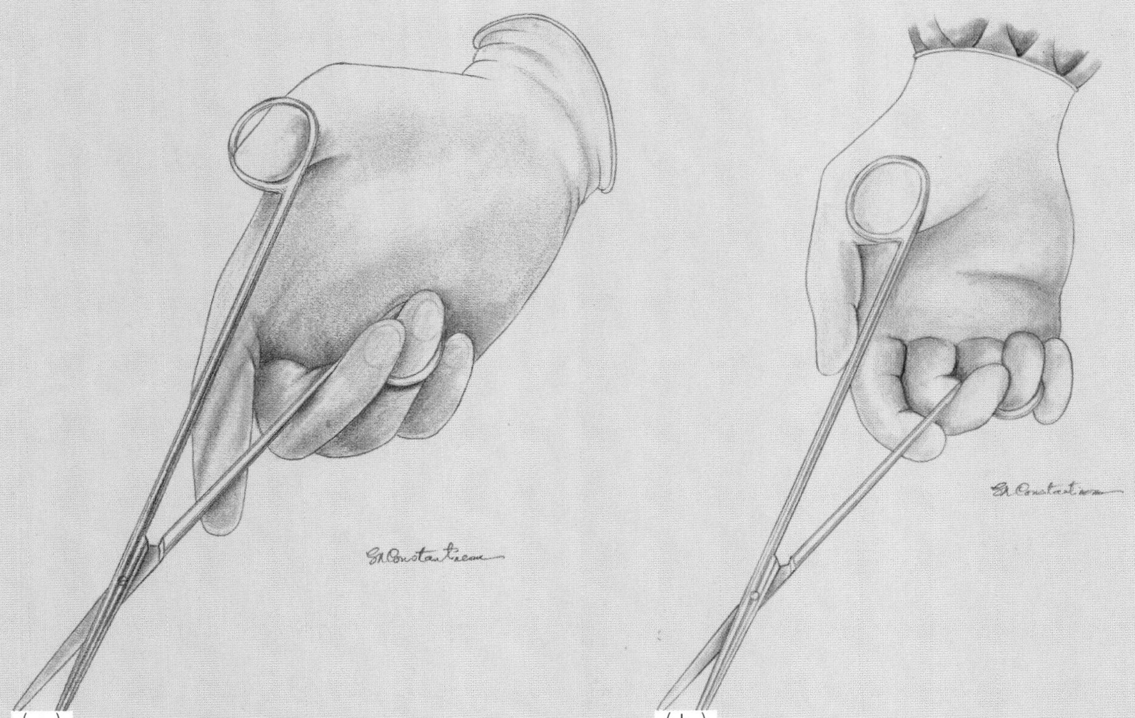

（a）　（b）

图12.7　手术剪的手持方法（正手持剪的两种方法）

（a）宽底三脚手持法——将拇指和无名指分别套入上环和下环内
（b）鱼际—无名指手持法——用手掌鱼际固定住上环，无名指套入下环内

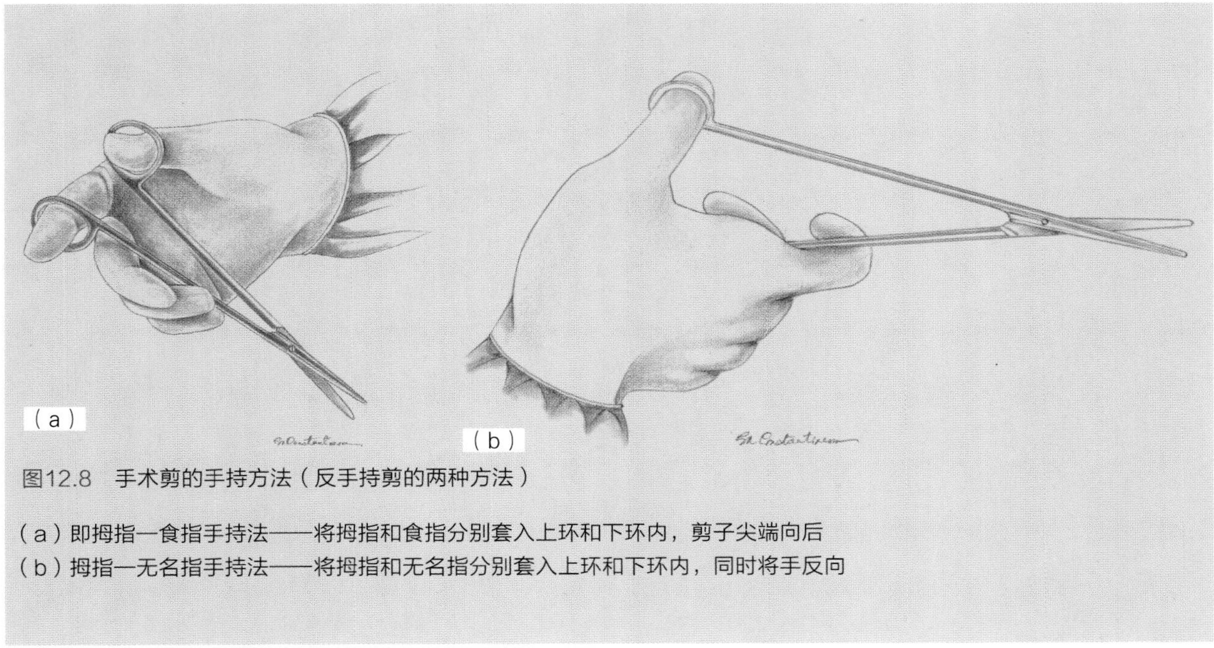

图12.8　手术剪的手持方法（反手持剪的两种方法）

（a）即拇指—食指手持法——将拇指和食指分别套入上环和下环内，剪子尖端向后
（b）拇指—无名指手持法——将拇指和无名指分别套入上环和下环内，同时将手反向

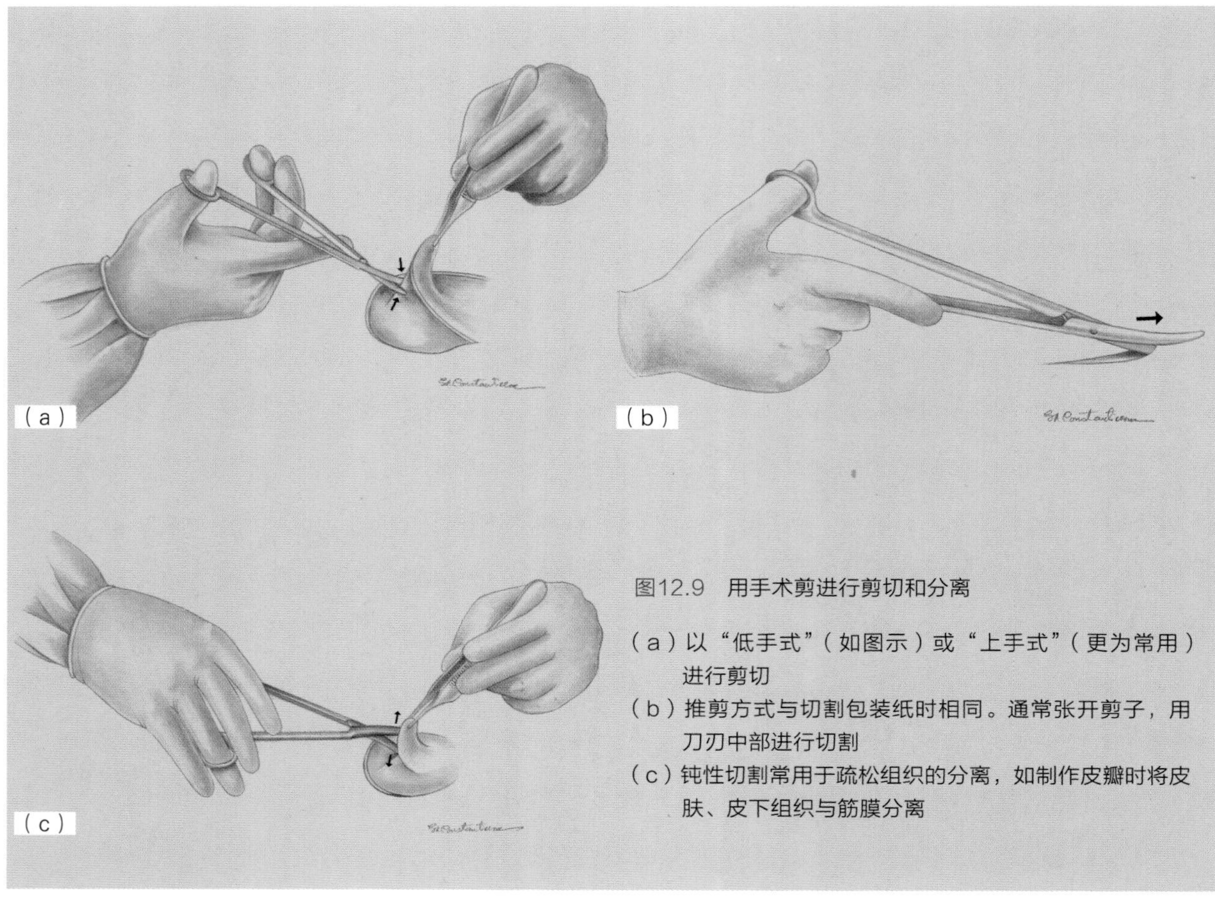

图12.9 用手术剪进行剪切和分离

（a）以“低手式”（如图示）或“上手式”（更为常用）进行剪切

（b）推剪方式与切割包装纸时相同。通常张开剪子，用刀刃中部进行切割

（c）钝性切割常用于疏松组织的分离，如制作皮瓣时将皮肤、皮下组织与筋膜分离

12.9c）和缝合（图12.10）。在使用拇指镊时需以执筷方式手持，若暂不使用可将其握于掌心，此时空出拇指、食指和中指（图12.11）。为了尽可能地减少组织损伤，选择合适的组织镊也同样重要。鼠齿镊或布朗-阿德森拇指镊可用于皮肤和其他致密组织的操作，布朗-阿德森拇指镊还可以用于夹持缝针，而狄贝基氏组织镊则可用于夹持脏器和质脆组织。带锁止扣的组织钳（如阿利斯组织钳和巴伯科克组织钳）常用于无需重复夹持的组织操作。因为此类组织钳（尤其是阿利斯组织钳）对组织的损伤较大，所以仅用于夹持拟将切除的组织。巴伯科克组织钳造成的组织损伤比阿利斯组织钳小，因此一些术者会替代使用巴伯科克组织钳进行组织操作。

牵开器可用于正确地显露目标手术区域。健康组织可以承受牵开器产生的一定压力，但若拉力过大，则会造成组织以及神经血管的损伤；而拉力太小，则无法充分显露手术区域，限制手术操作。因此，选择合适的牵开器对于手术的成功完成非常重要。手持牵开器和自动牵开器（图12.12）都可分为锐头和钝头两种类型。使用牵开器时（尤其是锐头牵开器）切勿损伤组织或破坏神经血管。而使用钝头牵开器时，若拉力过大也会造成组织损伤。在缺少助手的情况下，必须使用自动牵开器（图12.12b）。自动牵开器的主要缺点是会引起接触部位组织的损伤和缺血。因此，对于在长时间的手术中，需在一定的间隔时间（每隔15min）内松弛自动牵开器，避免造成切口边缘的缺血。

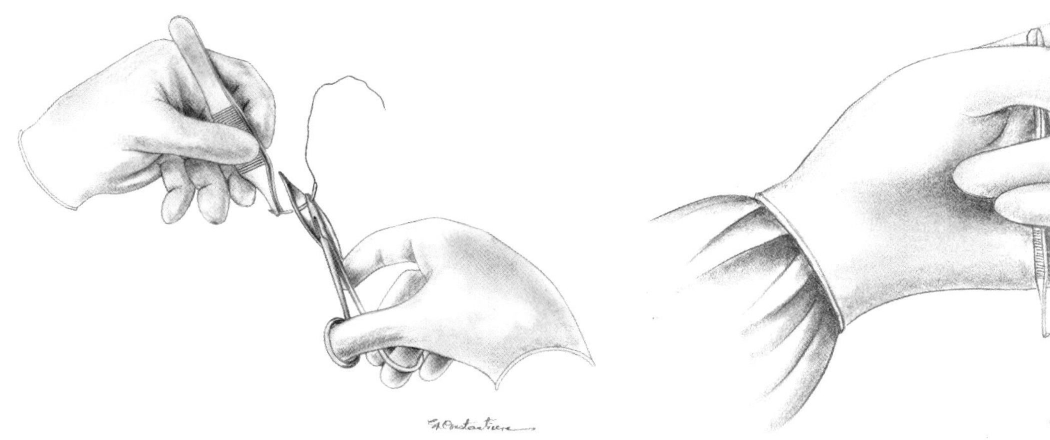

图12.10 用拇指镊夹住缝针，缝针穿入组织后可用拇指镊将缝针引出组织

图12.11 暂时不用拇指镊时，将拇指镊置于掌心，从而让大拇指、食指和中指空闲出来

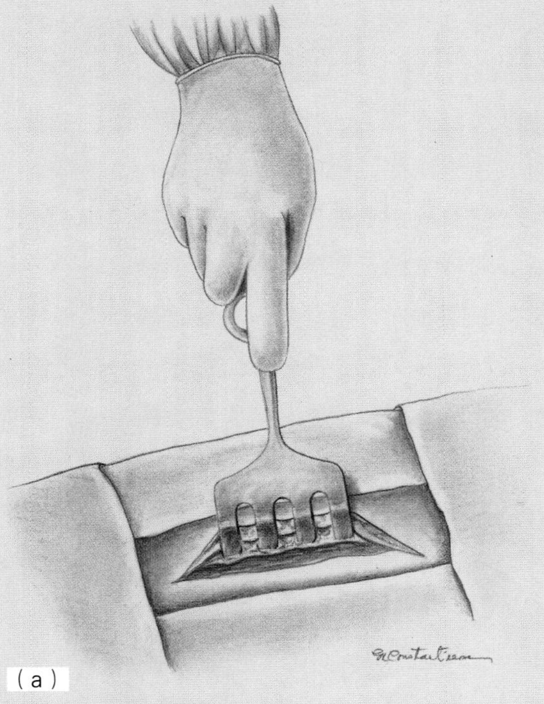

(a)

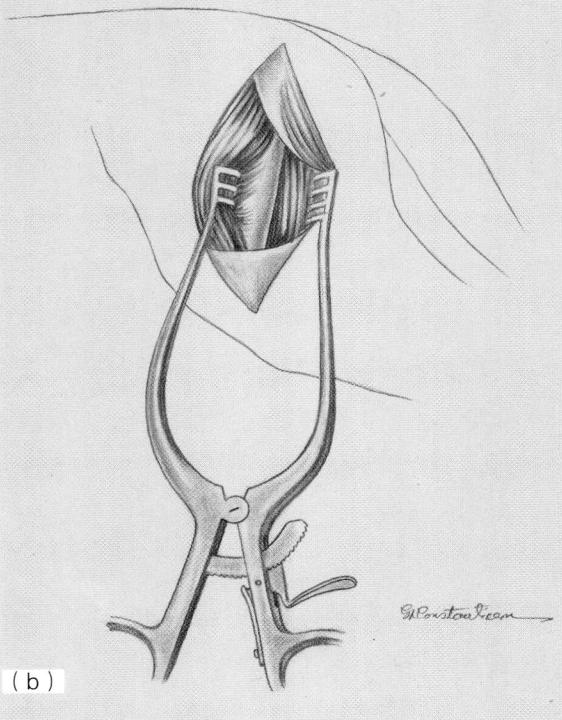

(b)

图12.12 **牵开器**

(a)手动福尔克曼氏拉钩器，用于显露术野
(b)自动维拉奈尔牵开器，无需助手即可显露术野

正确使用止血钳可以有效止血，减少手术区域的出血面积，提高术野的可视化。在放置止血钳时，可用惯用手以宽底三脚手持法（图12.13）握住止血钳，同时用对侧手拿拇指镊在出血点周围的组织上进行操作。止血钳的使用方法有两种：钳尖钳夹法（图12.14a）和钳口钳夹法（图12.14b）。浅表的小出血点可以使用钳尖钳夹止血。止血钳的尖端指向血管，然后用尖端尽可能少地钳夹出血组织，最好仅钳夹住出血的血管（图12.14a）。夹住血管后，翻转止血钳使其尖端朝上，以便进行结扎。对血管蒂中的血管进行钳夹时可使用钳口钳夹法，需在垂直血管蒂方向进行钳夹，止血钳尖端朝上（图12.14b）。需要注意，在钳夹血管蒂时避免夹住邻近组织。若术中缺少助手且需要进行连续止血时，术者可用惯用手手持多把止血钳（图12.15）进行操作。此外，还可以借助电凝止血。助手可以直接进行电凝止血或者提起钳夹血管的止血钳，以便术者用黏合电凝法进行止血。

可以使用纱布和吸引器对手术区域的血渍进行清理。3种常见的吸引头为普尔氏吸引头、扬格氏吸引头和弗雷泽氏吸引头（见第5章；图5.10）。普尔氏吸引头通常配有可拆卸的多微孔防护套，可防止腹腔抽吸时被组织（如大网膜）填塞。无防护套的吸引头也可用于腹腔抽吸，但须用纱布将尖端包裹，防止组织阻塞开口。当需要进行精确抽吸时，若不易发生组织填塞，则可拆卸防护套后进行抽吸。扬格氏吸引头通常用于抽吸胸腔和深部囊腔的液体，因为这些部位的组织不易造成吸引头的阻塞。弗雷泽氏吸引头相对较小，通常用于局限区域的液体抽吸，如在矫形外科和神经外科手术通路中。弗雷泽氏吸引头上有一小孔，当术者用拇指按住小孔时，吸引头可产生高压抽吸力，松开小孔时则抽吸压力降低。使用较低的抽吸压力时不易发生组织填塞，因此也不会造成不必要的组织损伤。

基本的手持持针器方法有4种：①拇指-无名指手持法；②鱼际手持法；③掌握式；④执笔式。使用拇指-无名指手持法时，手指可以控制器械的开合（图12.16a）。此方法具有很好的控制力，适合初学者使用。使用鱼际手持法时，鱼际、拇指和无名指用于控制器械的开合。此时鱼际紧贴上环外缘，无名指套入下环，同时将拇指置于器械柄胫上（图12.16b）。此种方法具有很好的灵活性，建议在连续缝合时使用。掌握式即是用掌部和5个手指紧握持针器（图12.16c）。在对坚韧的组织进行缝合时，此种方法可提供强劲的贯穿力，但操作相对缺乏精准性。执笔式即是以常规手拿画笔的方式拿住持针器（图12.16d）。弹簧（Spring-opening）持针钳，如卡斯曲劳维乔氏（Castroviejo）持针钳，通常以执笔式进行抓握。此种方法便于手指灵活运动，适用于精细的手术操作，如血管和眼科手术。无论选择何种方式手持持针器，都必须以垂直于持针器的长轴方向夹持缝针。在靠近缝针尖端处夹针（图12.17a）可提供最大的贯穿力；靠近缝针中部夹针（图12.17b）可用于常规的缝合；靠近针线结合部夹针（图12.17c）可用于质脆组织的缝合，并且能够跨过较宽的组织间距。简单的抖动手腕可以有效地完成进针或出针动作。缝针穿入组织后，松开持针器的同时用拇指镊将缝针引出组织（图12.10）。除了用于缝针操作外，持针钳还可用于手术刀片的安装（图12.18a）和拆卸（图12.18b）。

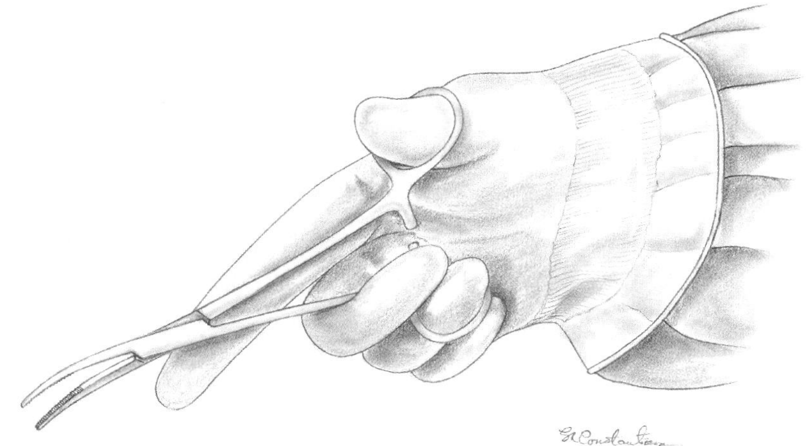

图12.13 止血钳的手持方法：以宽底三脚手持法用惯用手拿住凯利止血钳，拇指和无名指分别套入上下环内

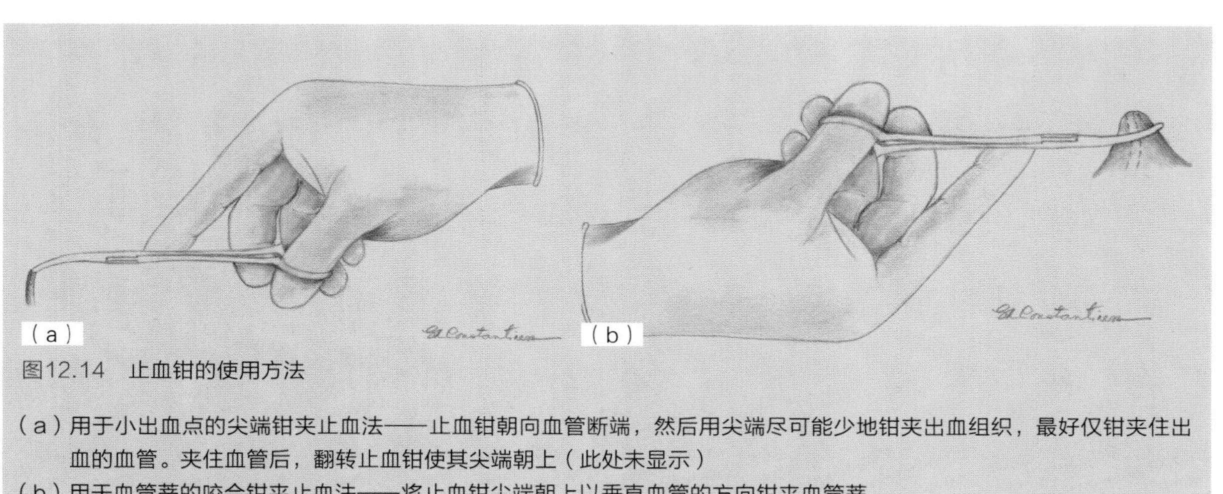

图12.14 止血钳的使用方法

（a）用于小出血点的尖端钳夹止血法——止血钳朝向血管断端，然后用尖端尽可能少地钳夹出血组织，最好仅钳夹住出血的血管。夹住血管后，翻转止血钳使其尖端朝上（此处未显示）

（b）用于血管蒂的咬合钳夹止血法——将止血钳尖端朝上以垂直血管的方向钳夹血管蒂

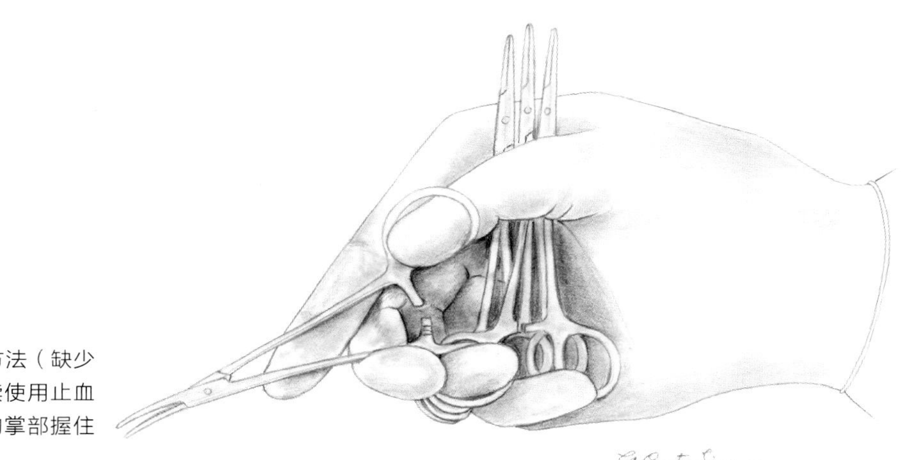

图12.15 多把止血钳的手持方法（缺少助手时）当需要连续使用止血钳时，可以惯用手的掌部握住多把止血钳以便操作

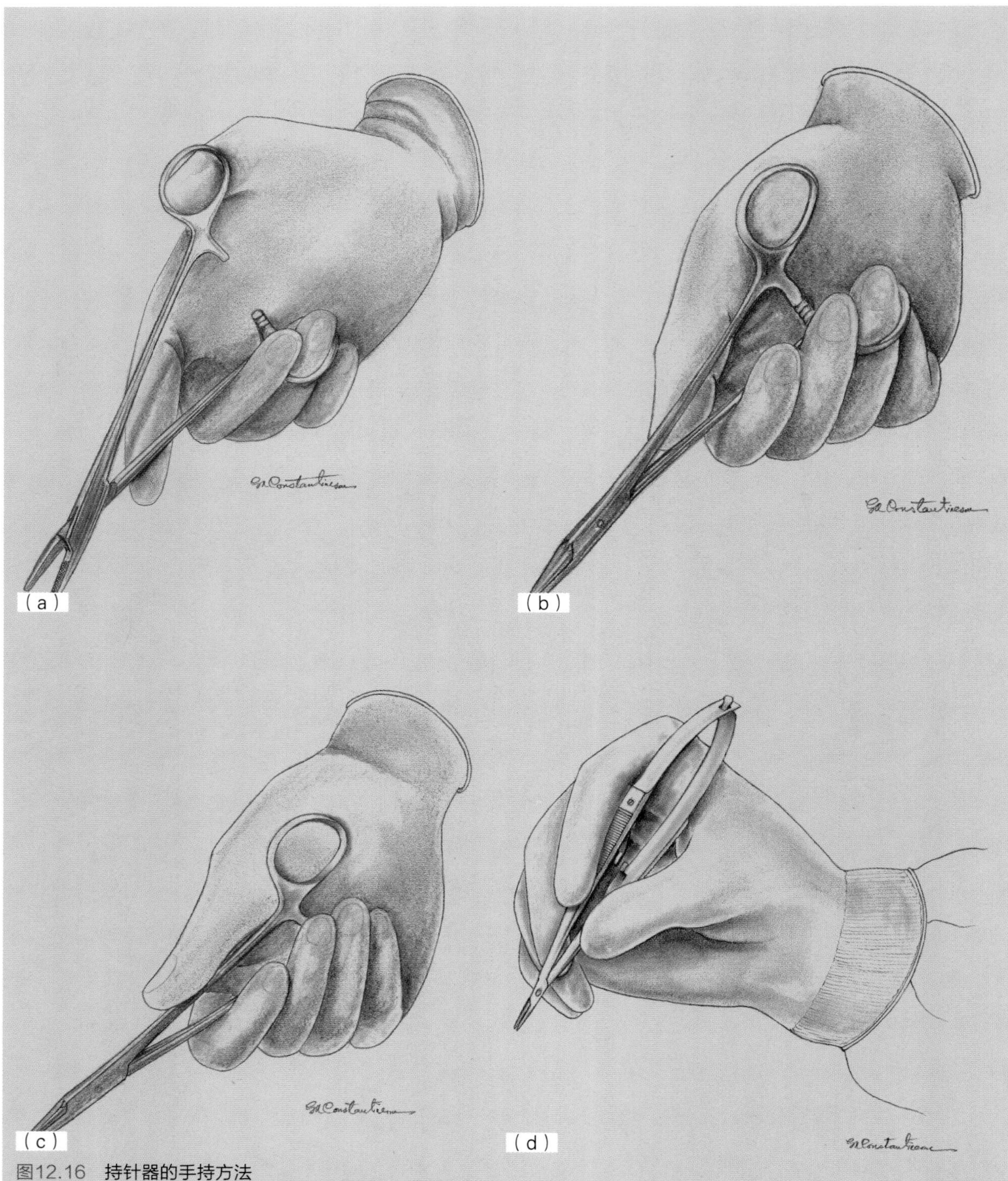

图12.16　持针器的手持方法

（a）拇指一无名指手持法——拇指和无名指用于控制器械的开合
（b）鱼际法——用鱼际部、拇指和无名指控制器械的开合。鱼际部置于上环外，拇指和无名指分别套入上环和下环内
（c）全握式——用掌部和5只手指拿住器械
（d）执笔式——按常规的执笔方法手持卡氏持针器

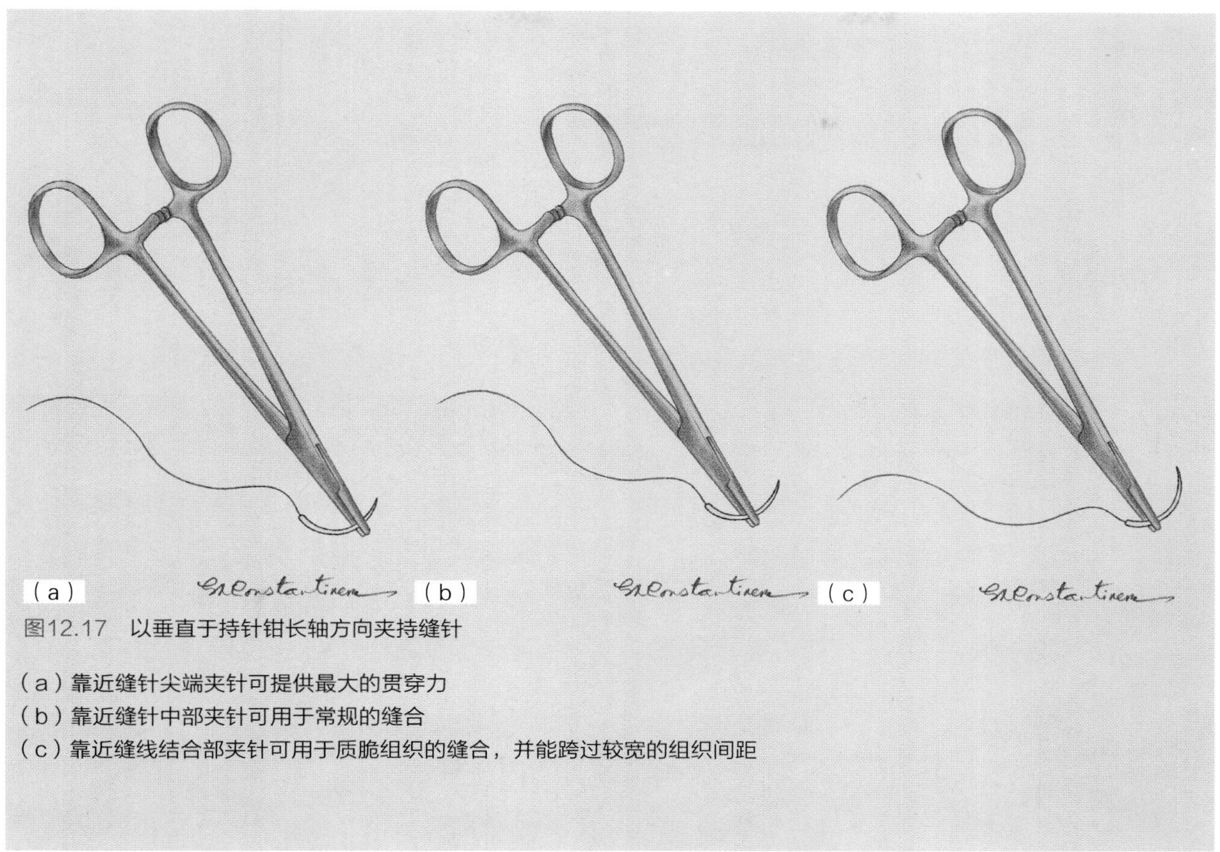

图12.17　以垂直于持针钳长轴方向夹持缝针

(a) 靠近缝针尖端夹针可提供最大的贯穿力
(b) 靠近缝针中部夹针可用于常规的缝合
(c) 靠近缝线结合部夹针可用于质脆组织的缝合，并能跨过较宽的组织间距

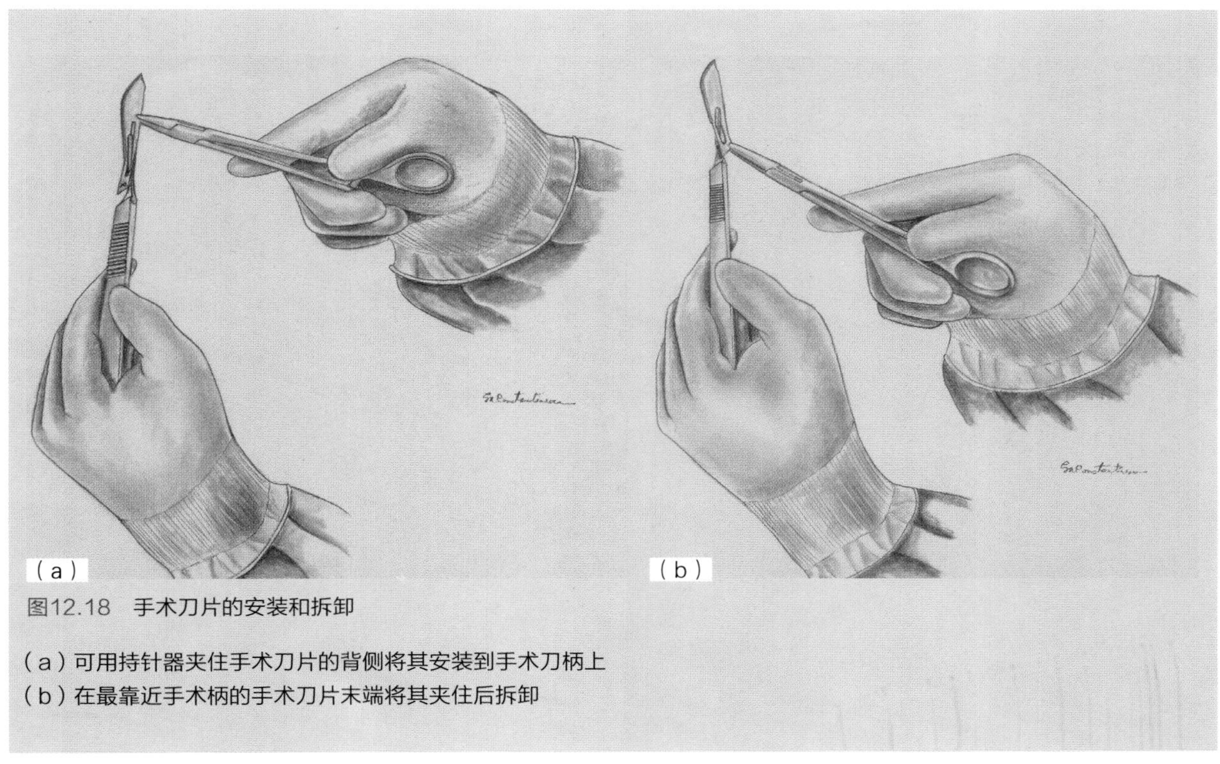

图12.18　手术刀片的安装和拆卸

(a) 可用持针器夹住手术刀片的背侧将其安装到手术刀柄上
(b) 在最靠近手术柄的手术刀片末端将其夹住后拆卸

13 外科打结

Hun-Young Yoon　Fred Anthony Mann

正确地进行外科打结是成功止血和创口闭合所必需的。打结失败可导致出血或创口裂开，进而引发高死亡率。基本的外科线结有3种：方结、外科结和滑结。死绳结（Granny knot）不能归为外科线结。打结的方法有两种：徒手打结和器械打结。

一个线结至少应由两个相互叠置收紧的线环组成，两个连续的单环可构成方结、滑结或死绳结（图13.1）。以均等拉力向相反方向牵拉连续单线环的两根线尾，收紧后即为方结。若拉力不均或不在同一水平上抽拉时会产生滑结。若两个连续的单线环未能反向叠置则会成为死绳结。最牢固的线结为多重方结。最好不要打死绳结或滑结，因为线结容易松脱。当对深部体腔或操作空间有限的部位进行打结时可以先系上滑结，然后

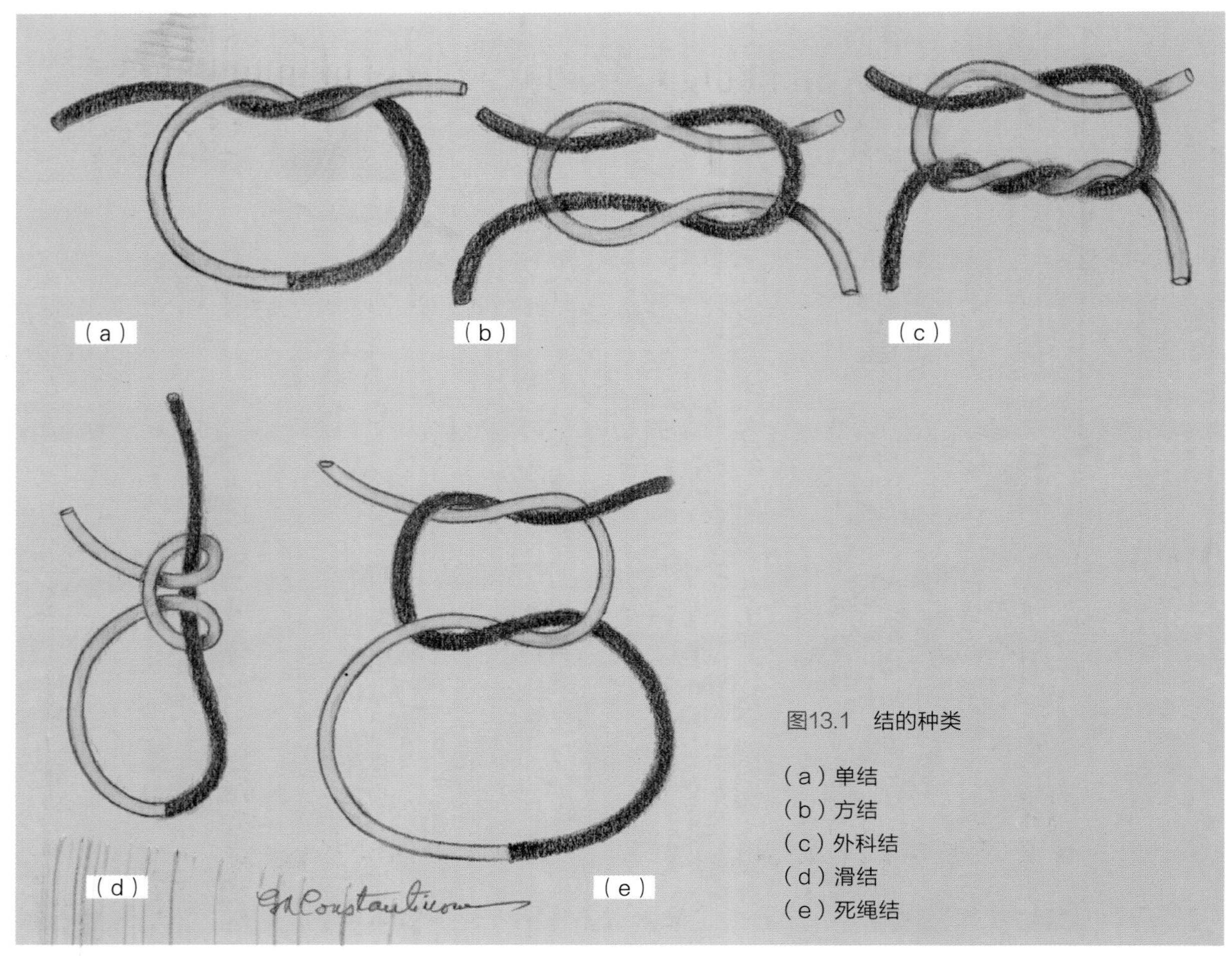

图13.1　结的种类

（a）单结
（b）方结
（c）外科结
（d）滑结
（e）死绳结

再加系方结（至少1个）防止松脱。外科结与方结的构成相似，不同的是，系第1个单线环的缝线需缠绕两次。外科结在结扎粗厚的血管蒂或闭合组织张力较大（无法收紧方结的第1个单结）的创口时具有优势。

徒手打结尤其适用于操作空间受限或难以触及的部位以及是预置缝线的情况（如胸廓切开术）。与器械打结相比，徒手打结要求保留的线尾更长。徒手打结可分为双手打结（图13.2）和单手打结（图13.3），用右手或左手都可以完成这两种打结方式。在本章中，笔者只图例了最常见的打结方法。双手打结技术具有良好的控制性和准确性，但很难在深部体腔和受限部位进行操作。单手打结更适于在深部体腔和受限区域的操作，但第一个线结往往是滑结。在兽医临床中，器械打结（图13.4）比徒手打结更为常用，因为它能节约缝线的使用，外科兽医应熟练掌握徒手打结和器械打结以备不时之需。

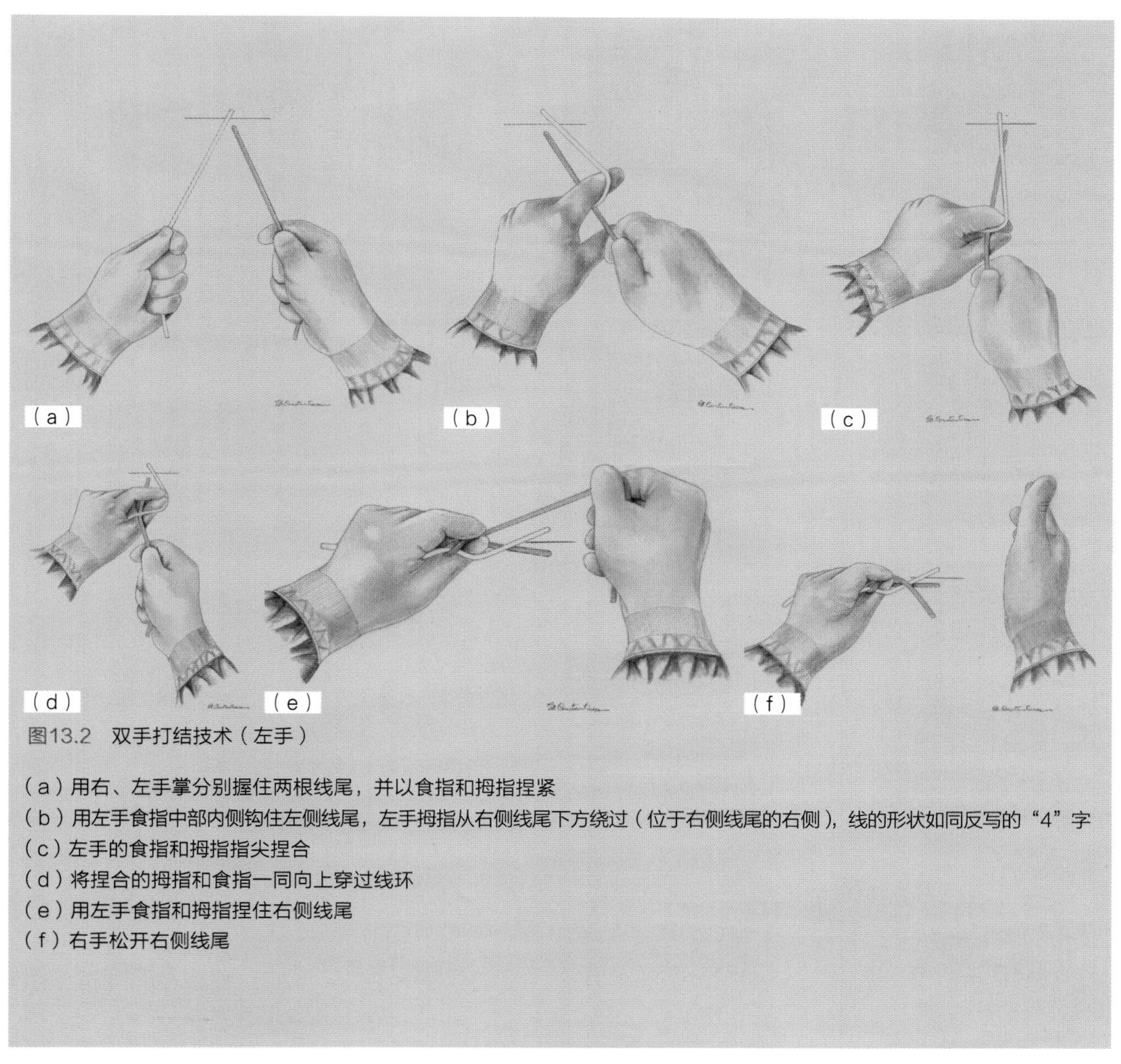

图13.2 双手打结技术（左手）

（a）用右、左手掌分别握住两根线尾，并以食指和拇指捏紧
（b）用左手食指中部内侧钩住左侧线尾，左手拇指从右侧线尾下方绕过（位于右侧线尾的右侧），线的形状如同反写的“4”字
（c）左手的食指和拇指指尖捏合
（d）将捏合的拇指和食指一同向上穿过线环
（e）用左手食指和拇指捏住右侧线尾
（f）右手松开右侧线尾

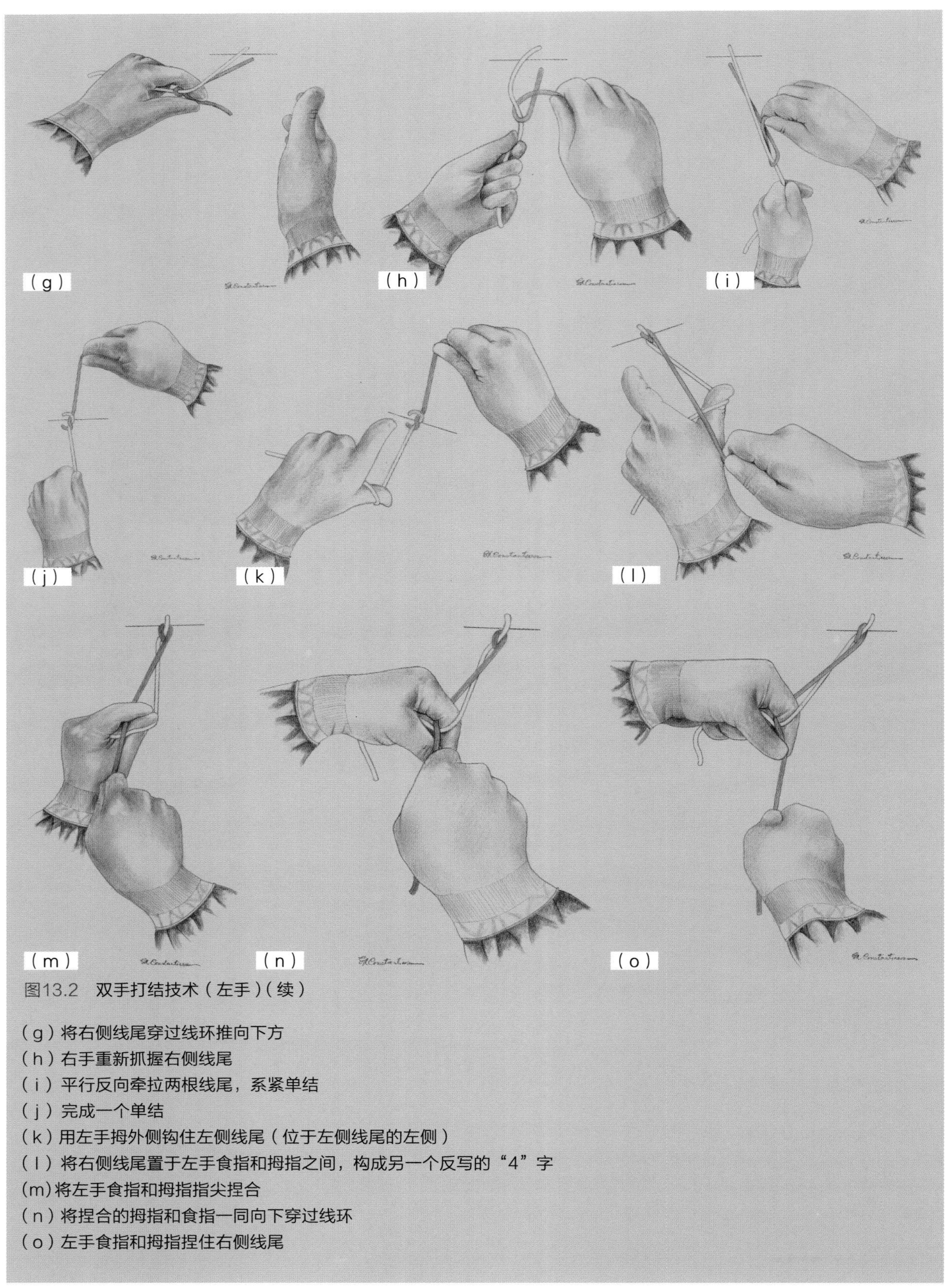

图13.2　双手打结技术（左手）（续）

（g）将右侧线尾穿过线环推向下方
（h）右手重新抓握右侧线尾
（i）平行反向牵拉两根线尾，系紧单结
（j）完成一个单结
（k）用左手拇外侧钩住左侧线尾（位于左侧线尾的左侧）
（l）将右侧线尾置于左手食指和拇指之间，构成另一个反写的“4”字
(m)将左手食指和拇指指尖捏合
（n）将捏合的拇指和食指一同向下穿过线环
（o）左手食指和拇指捏住右侧线尾

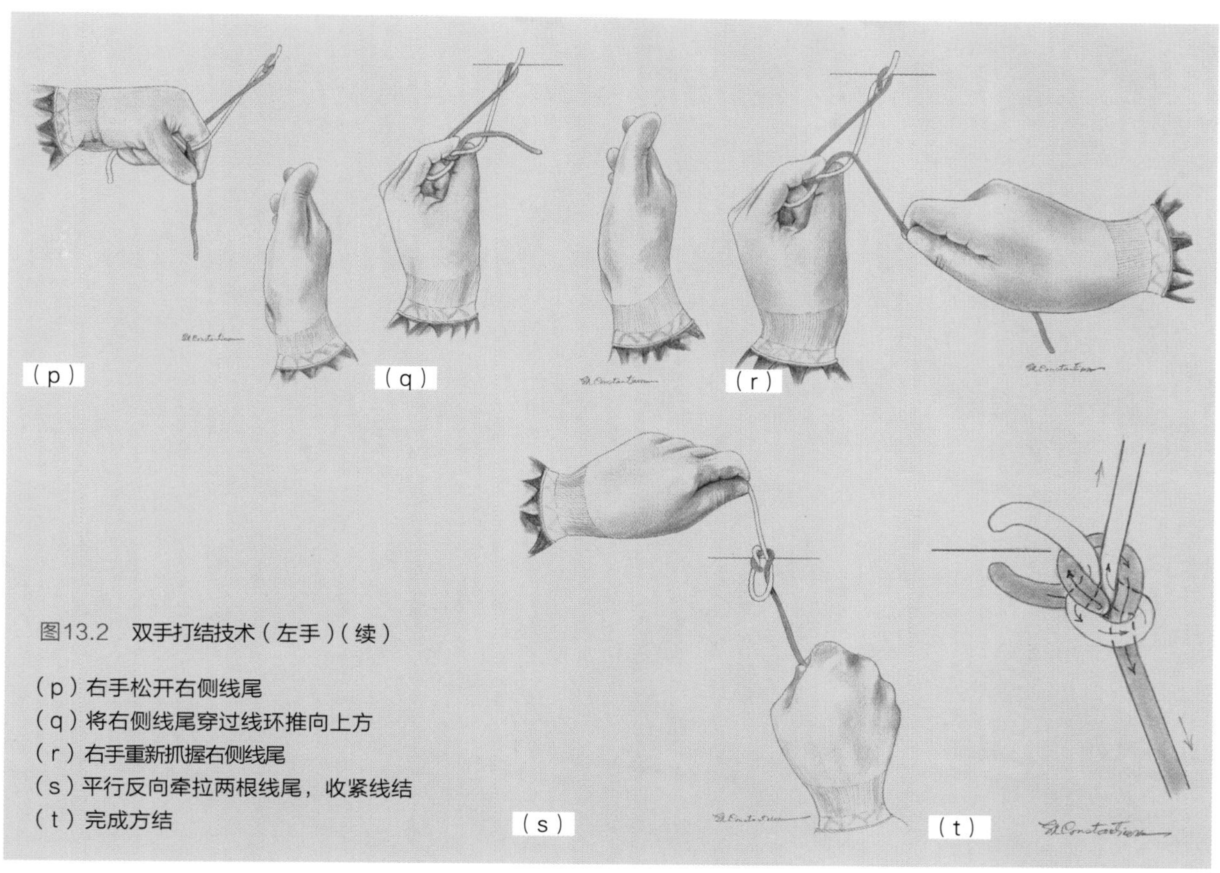

图13.2 双手打结技术（左手）（续）

（p）右手松开右侧线尾
（q）将右侧线尾穿过线环推向上方
（r）右手重新抓握右侧线尾
（s）平行反向牵拉两根线尾，收紧线结
（t）完成方结

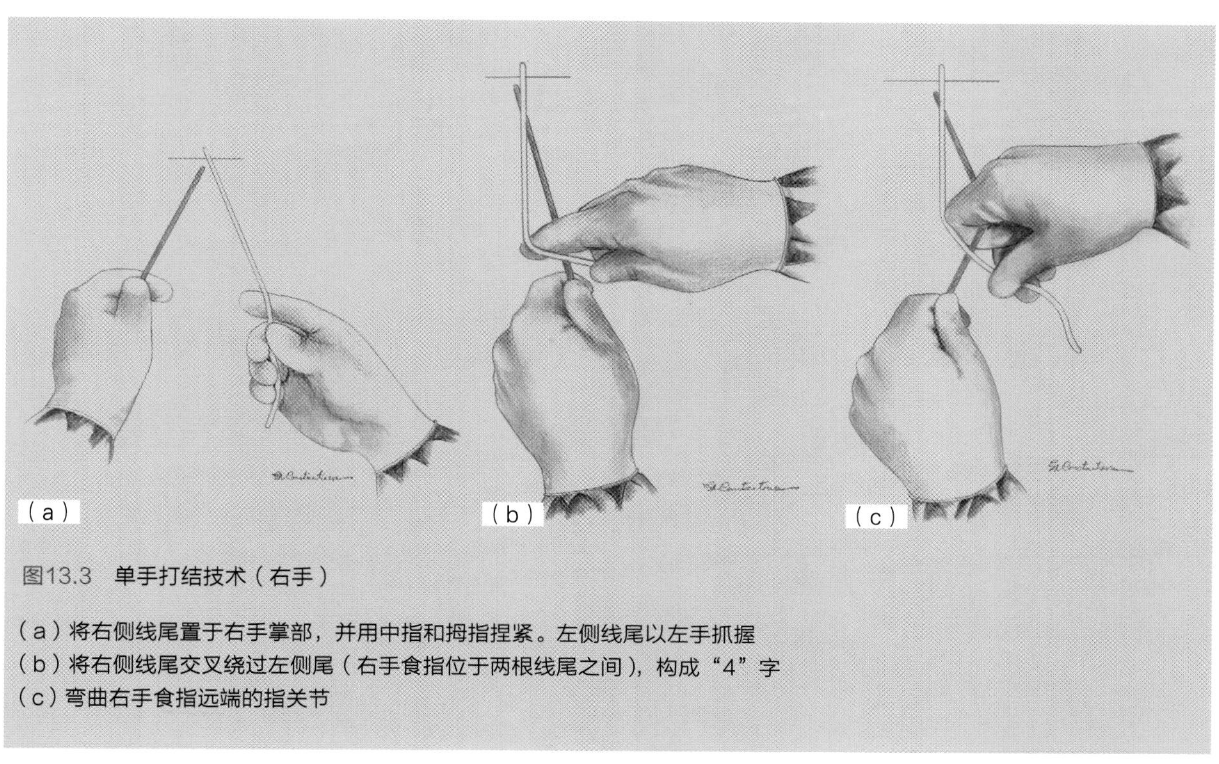

图13.3 单手打结技术（右手）

（a）将右侧线尾置于右手掌部，并用中指和拇指捏紧。左侧线尾以左手抓握
（b）将右侧线尾交叉绕过左侧尾（右手食指位于两根线尾之间），构成“4”字
（c）弯曲右手食指远端的指关节

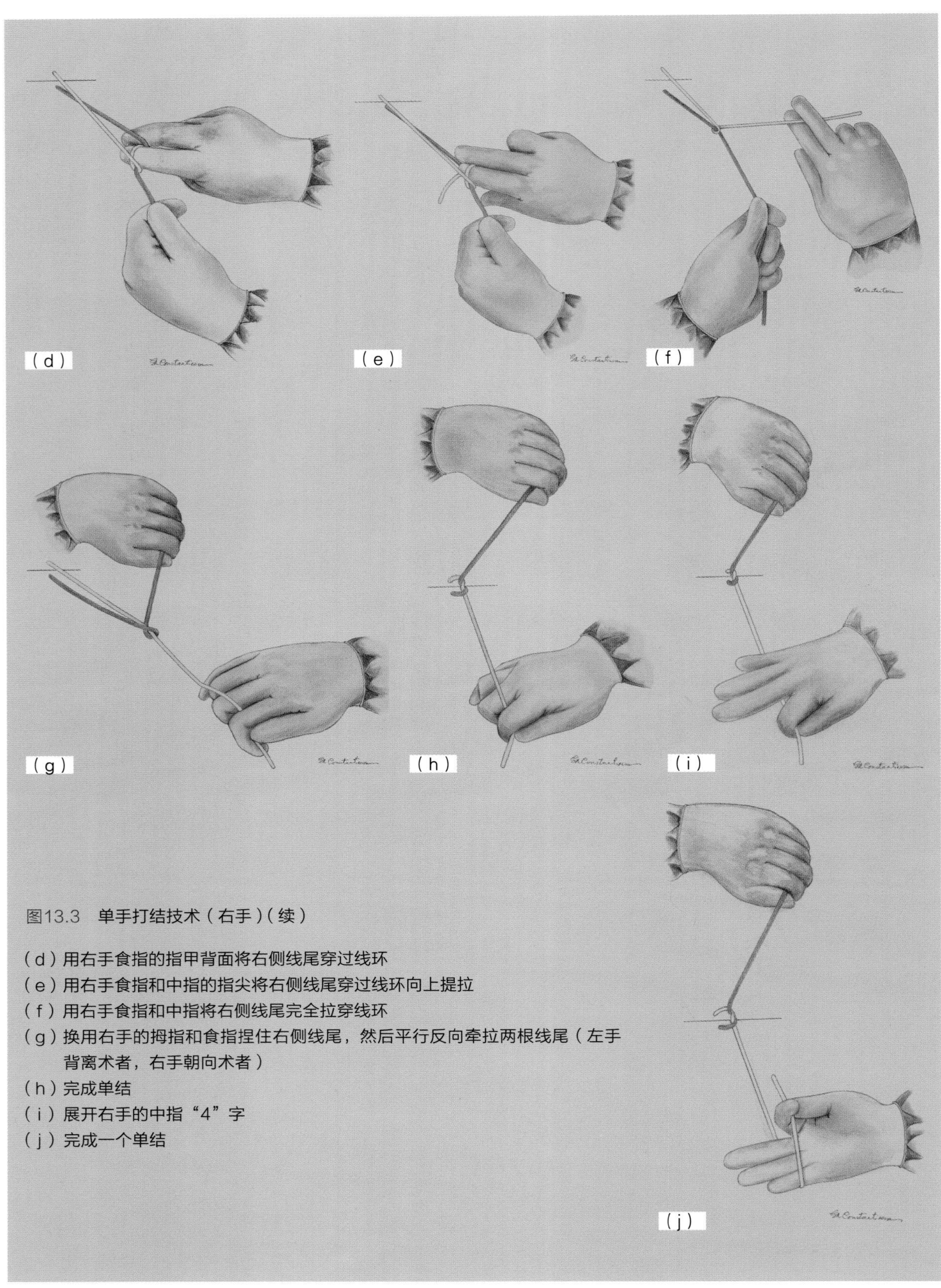

图13.3　单手打结技术（右手）（续）

（d）用右手食指的指甲背面将右侧线尾穿过线环
（e）用右手食指和中指的指尖将右侧线尾穿过线环向上提拉
（f）用右手食指和中指将右侧线尾完全拉穿线环
（g）换用右手的拇指和食指捏住右侧线尾，然后平行反向牵拉两根线尾（左手背离术者，右手朝向术者）
（h）完成单结
（i）展开右手的中指“4”字
（j）完成一个单结

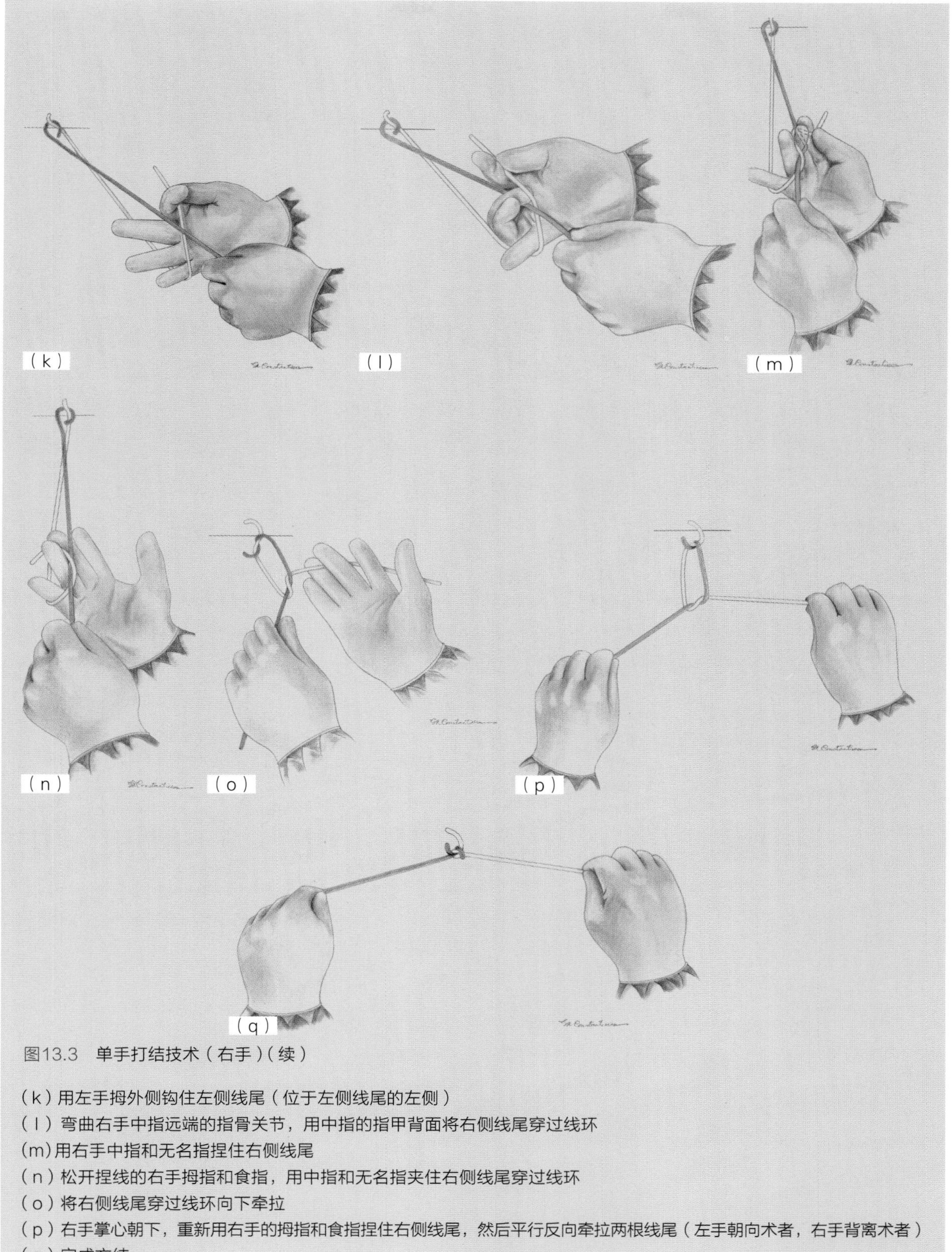

图13.3 单手打结技术（右手）（续）

（k）用左手拇外侧钩住左侧线尾（位于左侧线尾的左侧）
（l）弯曲右手中指远端的指骨关节，用中指的指甲背面将右侧线尾穿过线环
(m)用右手中指和无名指捏住右侧线尾
（n）松开捏线的右手拇指和食指，用中指和无名指夹住右侧线尾穿过线环
（o）将右侧线尾穿过线环向下牵拉
（p）右手掌心朝下，重新用右手的拇指和食指捏住右侧线尾，然后平行反向牵拉两根线尾（左手朝向术者，右手背离术者）
（q）完成方结

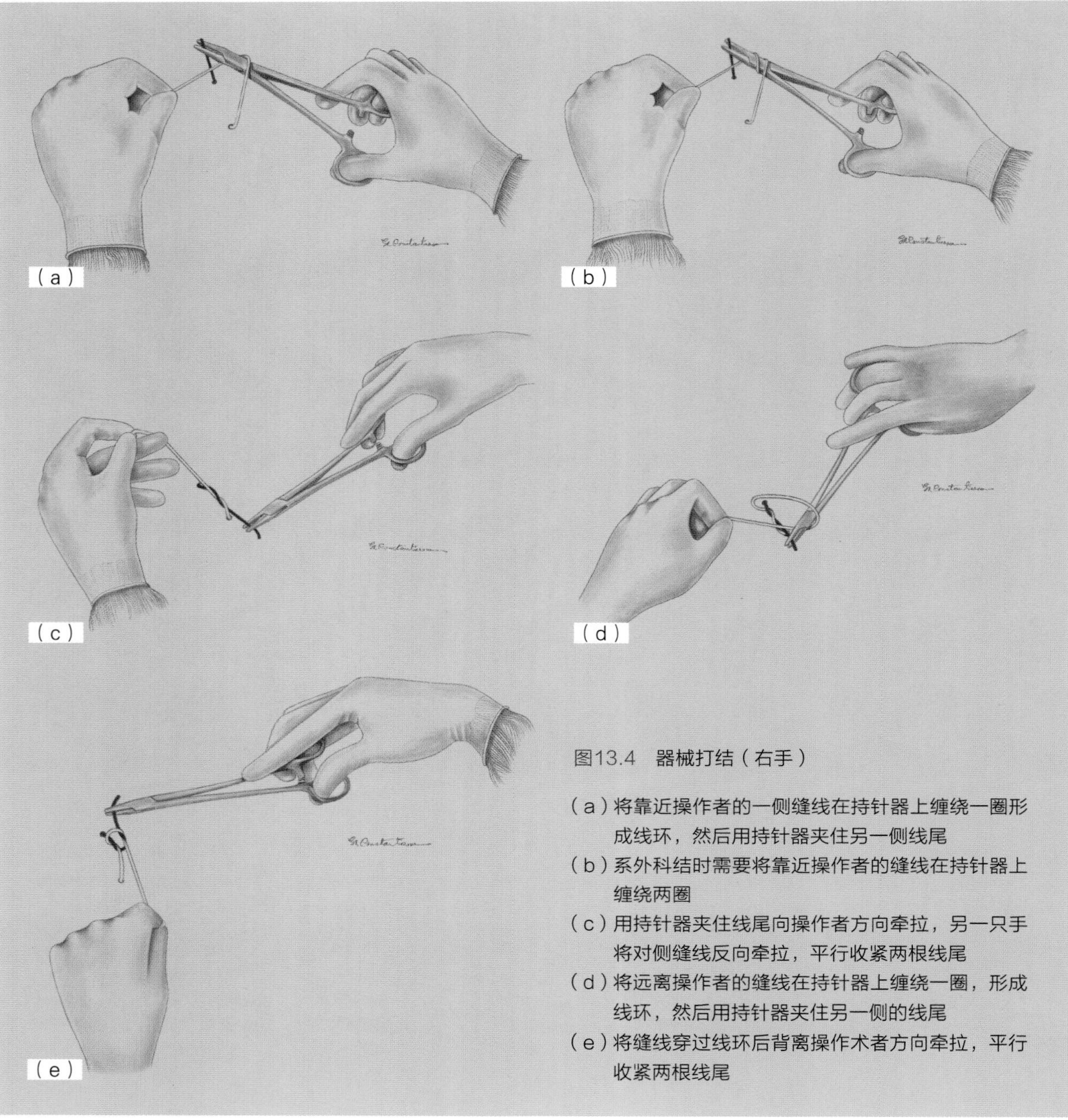

图13.4 器械打结（右手）

（a）将靠近操作者的一侧缝线在持针器上缠绕一圈形成线环，然后用持针器夹住另一侧线尾

（b）系外科结时需要将靠近操作者的缝线在持针器上缠绕两圈

（c）用持针器夹住线尾向操作者方向牵拉，另一只手将对侧缝线反向牵拉，平行收紧两根线尾

（d）将远离操作者的缝线在持针器上缠绕一圈，形成线环，然后用持针器夹住另一侧的线尾

（e）将缝线穿过线环后背离操作术者方向牵拉，平行收紧两根线尾

14 缝合材料和基本的缝合样式

Carlos H. de M.Souza　Fred Anthony Mann

缝合材料对于兽医外科手术非常重要。在组织开始愈合前，它们可以提供稳固的创口闭合和支持作用。理想的缝合材料应该具有极好的可操作特性、打结的牢靠性和较高的抗拉强度（每单位直径比）。缝合材料应易于消毒、无毒性、不会引起过敏、不致畸、不致癌，且不会促进细菌定殖。此外，理想的缝合材料在被吸收后不会引起组织反应，且吸收率不受炎症或组织pH改变的影响。目前无有能够同时满足上述所有要求的缝合材料，所以外科医生需要根据动物个体和组织来选择最适合的缝合材料。

缝合材料根据其组成和结构分为可吸收和不可吸收缝线、天然和合成缝线、单丝和多丝缝线。在植入后60d内出现拉力强度下降的缝线归分为可吸收缝线，但大多数的缝线最终都会被机体吸收。因此，真正意义上的不可吸收缝线只包括聚丙烯缝线和不锈钢缝线。天然缝线可以被巨噬细胞分泌的酶降解后被机体吸收；合成材料可通过酯键的非酶性水解而被机体吸收，其最终的副产物为二氧化碳和水。缝线被水解吸收的过程中，其降解速度不受炎症或感染的影响。兽医临床上常用的可吸收缝线包括：肠线、羟乙酸乳酸聚酯910（Coated Vicryl, Ethicon, Inc., Summerville, NJ）、聚乙醇酸（Dexon Ⅱ, Covidien Animal Health and Dental Division, Mansfield, MA）、聚卡普隆25（Monocryl, Ethicon, Inc., Summerville, NJ）、糖酸聚合物 631（Biosyn, Covidien Animal Health and Dental Division, Mansfield, MA）、聚乙丙交酯（Polysorb, Covidien Animal Health and Dental Division, Mansfield, MA）、聚二噁烷酮（PDS Ⅱ, Ethicon, Inc., Summerville, NJ）和聚葡糖酸酯（Maxon, Covidien Animal Health and Dental Division, Mansfield, MA）。表14.1概括了常用可吸缝合材料的特性。

不可吸收缝线包括天然纤维和合成纤维。丝线是最常用的天然不可吸收缝线。合成的不可吸收缝线包括：聚酯（Ethibond, Ethicon, Inc., Summerville, NJ; Mersilene, Ethicon, Inc., Summerville, NJ; 和Ticron, Covidien Animal Health and Dental Division, Mansfield, MA）、聚丁烯酯（Novafil, Covidien Animal Health and Dental Division, Mansfield, MA）、尼龙、聚合己内酰胺（Braunamid, Jorgensen Laboratories, Inc., Loveland, CO）、聚丙烯和不锈钢缝线。天然纤维能够引起明显的组织反应，因此一般选用合成的不可吸收缝线。兽医学文献中对特定缝合材料特性的描述仍存在很多分歧。以下信息（包括表格）摘自选定的文献[1-10]、缝线公司的产品目录、http://ecatalog.ethicon.com/sutures、http://www.covidien.com/syneture以及笔者的个人经验。

表14.1 一些常用可吸收缝合材料的特性

名称	14d时拉力强度的丧失量（%）	完全吸收（d）	强度[a]	操作性[a]	反应性（等级）[b]	打结牢靠性
铬肠线	50	90	+	++	6	+
羟乙酸乳酸聚酯910	30	56 ~ 70	+++	+++	5	+++
聚乙醇酸	35	90	+++	+++	3	+++
聚卡普隆	60 ~ 80	90 ~ 110	+++	++++	4[c]	++++
聚二噁烷酮	20	180 ~ 240	++++	+++	2	++
聚葡糖酸酯	25	180	++++	++++	1	++++
糖酸聚合物 631	25	90 ~ 180	NA	NA	2	NA
聚乙丙交酯	20	56 ~ 70	NA	NA	NA	NA

[a] +：最差；++++：最好。

[b] 1：反应性最低；6：反应性最高。［注：虽然肠线的组织反应性很高，但相比之下，合成可吸收缝线的组织反应性却未能引起足够的重视。］

[c] 对大鼠的相关研究表明，聚卡普隆的组织反应性比聚二噁烷酮低。

可吸收缝合材料（Absorbable Suture Materials）

肠线是一类天然的复丝缝线，约 90%成分为胶原蛋白，由羊肠的黏膜下层或牛肠的浆膜层制作而成。用铬盐加工处理后，外科手术肠线的张力强度增大、产生的炎症反应减小、被吸收速率减慢。肠线可被巨噬细胞产生的酶降解或直接吞噬后被机体吸收。此外，炎症、感染和分解代谢状态也会增加肠线的吸收速率。铬肠线的可操作性差，且湿润时的打结牢靠性低。随着高质量的合成可吸收缝线的广泛应用，肠线的使用率降低。

羟乙酸乳酸聚酯910是一种合成的复丝纺织缝线，由90%的乙交酯和10%的丙交酯组成。用硬脂酸钙和羟乙酸乳酸聚酯370进行包被，能够提高其可操作性、降低组织阻力，但同时也降低了打结的牢靠性。羟乙酸乳酸聚酯910比肠线、聚乙醇酸材料的初始张力要强，其产生的炎症反应最小，且能被水解吸收。羟乙酸乳酸聚酯910最适合用于愈合时张力快速恢复的组织，如膀胱和胃肠道。与聚二噁烷酮相比，羟乙酸乳酸聚酯910引起的炎症反应更小。在某些情况下，外科医生希望可以减少组织暴露于缝合材料的时间。正是基于这一考虑，一种快速吸收型的羟乙酸乳酸聚酯910（Vicryl-Rapide, Ethicon, Inc., Summerville, NJ）应运而生。通过放射处理可以增加Vicryl-Rapide型羟乙酸乳酸聚酯910的组织吸收速率。据制造商报道Vicryl-Rapide型缝线是目前组织吸收速率最高的合成缝线，第5天时的张力强度降低50%，第10 ~ 14天时降低100%。

聚乙醇酸线是一种合成的复丝编织缝线，它的初始张力比肠线强，而产生的炎症反应也更小。聚乙醇酸可被水解吸收，其张力降低的方式与羟乙酸乳酸聚酯910相似。此种缝线具有很好的可操作性，但缺点是组织阻力大、打结的牢靠性相对较低。聚乙醇酸缝线很少用于口腔和膀胱感染部位的缝合，因为pH碱性条件会增加组织的吸收速率。聚乙醇酸缝线可用于肠吻合和一些无需长时间保持缝线张力的情况。

聚卡普隆25是一种单丝合成缝线，由乙交酯和己内酯共聚物组成。它比铬肠线的初始张力强度更大，并且14d后才会丧失大部分的张力强度。聚卡普隆25适用于可快速恢复张力的组织，如膀胱和皮下组织。其可操作性和打结牢靠性极好。目前，聚卡普隆25引起组织反应的相关研究还很少。但对大鼠的相关研究表明，聚卡普隆25比羟乙酸乳酸聚酯910、聚二噁烷酮引起的组织反应小。现已证实聚卡普隆25可引起猫腹白线轻微的炎症反应。

糖酸聚合物 631是一种单丝合成缝线，由乙交酯、对二氧环己酮和三亚甲基碳酸酯的复合物制作而成。糖酸聚合物 631的组织阻力小，在2周内仅会减少25%的缝线张力强度。其对创口闭合的有效支持时间为3周，且会在3～6个月内被组织完全吸收。

聚乙丙交酯线是一种由己内酯、乙交酯和硬脂酰乳酸钙共聚物包被的编织合成缝线。据制造商报道，该缝线对创口闭合的有效支持时间为3周，且会在56～70d内被组织完全吸收。

聚二噁烷酮线是一种单丝合成缝线，由对二噁烷酮聚合物制作而成。与肠线相比，其具有更大的张力强度，而组织阻力比编织可吸收缝线小。聚二噁烷酮具有特殊的“记忆性”，这也降低了它的可操作性。此外，在所有的合成可吸收缝线中，聚二噁烷酮打结的牢靠性最低。聚二噁烷酮在2周内仅减少大约20%的缝线张力的强度，通常用于需要长时间维持缝线张力组织缝合，如腹白线。与聚卡普隆25和糖酸聚合物 631相比，聚二噁烷酮引起的皮肤反应更大，但其组织反应却最小。

聚葡糖酸酯线是一种单丝合成缝线，其性质与聚二噁烷酮类似。第14天时，它仍能保留约75%的缝线张力强度。与聚二噁烷酮相比，其“记忆性”和可操作性稍差，但打结的牢靠性较高。与聚二噁烷酮一样，聚葡糖酸酯引起的组织反应也较小。

改良后的抗菌缝线可降低手术创的感染机率。经抗菌三氯生浸泡过的羟乙酸乳酸聚酯910（Coated Vicryl, Ethicon, Inc., Summerville, NJ）、聚卡普隆25（Monocryl PLUS, Ethicon, Inc.,Summerville, NJ）和聚二噁烷酮（PDS Ⅱ PLUS, Ethicon, Inc., Summerville, NJ）为目前较为常用的抗菌缝线。活体实验表明，三氯生可以抑制葡萄球菌属细菌的生长，但目前尚未有三氯生浸泡缝线影响感染率的相关临床研究。双盲法实验结果表明，三氯生浸泡缝线的可操作性与传统缝线没有明显区别。

不可吸收缝合材料

丝线是目前唯一常规使用的天然不可吸收缝线。丝线是一种由蚕茧丝编织而成的复丝缝线，可引起较强的炎症反应，且具有明显的毛细管作用。其价格低廉，具有极好的操作性和打结牢靠性。将丝线进行包被（腊或硅树脂）后可减小其毛细管作用和引起的组织炎症反应，但也会相应降低打结的牢靠性。丝线不能用于感染组织的缝合，因为它会降低促发感染的细菌数量阈值。此外，若用缝合于空腔器官还可形成肉芽肿。丝线在植入后的6个月内会失去大部分的张力强度。目前，丝线仍被用于血管相关手术（不包括血管移植），为价廉可靠的结扎材料。

聚酯线是一种复丝不可吸收缝线，由聚对苯二甲酸乙二醇酯制成。其张力强度比肠线、丝线更大，且不会随时间延长而明显减弱。聚酯可产生严重的炎症反应和具有较大的组织阻力。用二酰丙酮多聚物包被缝线后可降低组织阻力，提高操作性，但同时也降低了打结的牢靠性。此外，聚酯线不能用于感染创口的缝合。

聚丁烯酯线是一种由聚丁烯和聚四亚甲基的共聚物形成的单丝缝线。其引起的组织反应性最小，且具有很好的操作性和打结牢靠性。聚丁烯酯有很大的弹性（高达30%），并且不会丧失缝线张力强度，可用于延迟愈合的组织，如腹白线和肌腱。此外，聚丁烯酯缝线具有很好的顺应性，可应用于皮肤以及动脉/静脉的缝合。

尼龙线是一种聚酰胺类不可吸收缝线，由己二胺和己二酸制成。尼龙缝线分为单丝缝线和复丝缝线，其中单丝缝线较为常用。尼龙线具有很好的可操作性和打结牢靠性，但其“记忆性”和刚性较差。由于具有弹性，尼龙常用于皮肤的缝合（组织在手术后通常会发生炎症和水肿，而无弹性缝线产生的切割力会损伤肿胀的组织，因此缝线的弹性很重要。）。尼龙线会在植入体内的2～3年后发生水解，在此过程中会产生己二酸，而己二酸具有抗菌作用。大多数缝线公司有销售尼龙线，而其中的一种荧光单丝尼龙缝线（Fluorescent Supramid, S.Jackson, Inc., Alexandria, VA）让拆线变得更为便捷。

聚合己内酰胺线是另一种聚酰胺类缝线，由复丝缝线拧成，外用聚乙烯包被以减少毛细管作用。与尼龙、肠线和丝线相比，聚合己内酰胺具有更大的张力强度，且产生的组织反应比肠线和丝线小。有报道称，聚合己内酰胺过度膨胀后会形成瘘道，因此仅用于皮肤缝合。

聚丙烯线是一种不可吸收的合成缝线，具有最小的组织阻力和中等的缝线张力以及打结牢靠性。聚丙烯还具有很高的“记忆性”和刚性，这也降低了它的可操作性。聚丙烯线是一类不易诱发血栓形成的缝线，常用于血管手术。大多数缝线公司都有销售聚丙烯缝线，而其中的一种荧光单丝聚丙烯缝线（Fluorofil, Intevet/Shering-Plough Animal Health, Millsboro, DE）也让得拆线变得更为简便。

不锈钢线是一类生物惰性材料，在所有缝合材料中其张力强度最大。不锈钢线常用于矫形外科，作为不锈钢植入物。不锈钢线会洞穿组织，且可操作性很差，因此不常用于缝合。虽然不锈钢线不用于软组织的闭合，但不锈钢皮钉（图14.1）由于具有操作方便和缝合快速（相较于传统缝合）的优点而得到普及。

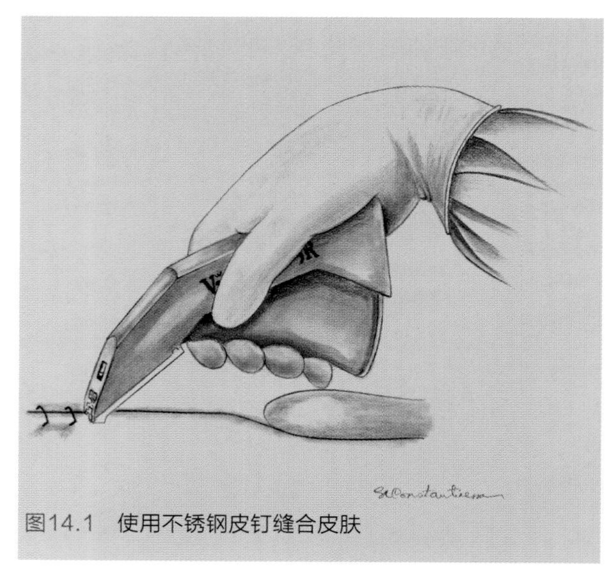

图14.1　使用不锈钢皮钉缝合皮肤

基本的缝合样式

兽医外科手术中使用的缝合样式多种多样。特定缝合样式的使用会根据缝合部位、切口长度、缝合路径上的张力以及组织对合、内翻或外翻的特殊需要而有所不同。

缝合样式一般分为间断缝合和连续缝合两种。常用的间断缝合包括：简单间断缝合（图14.2）、十字缝合（图14.3）、“8”字结缝合（图14.4）和间断皮内缝合（图14.5）。常用的连续缝合包括：简单连续缝合（图14.6）、连续皮内缝合（图14.7和14.8）和福特（Ford）连续锁边缝合（图14.9）。某些缝合样式，如伦伯特缝合（图14.10），既可以用于间断缝合也可以进行连续缝合。通常以连续缝合样式进行内翻缝合，如库兴氏缝合（图14.11）、康乃尔缝合（图14.12）和连续伦伯特缝合（图14.10a和14.10b）；但偶尔也可以选择间断缝合，如间断伦伯特（图14.10c）或霍尔斯特德（Halsted）缝合（图14.13）。组织外翻缝合可以选用间断垂直褥式（图14.14）或水平褥式（图14.15）缝合样式。梅奥氏（Mayo）褥式缝合（也称为叠盖缝合，图14.16）是一种特殊的褥式缝合样式，即用一侧组织边缘覆盖另一侧的组织边缘。梅奥褥式缝合可用于疝囊的修补，尤其在修补腹侧疝囊或者切口裂开时，可有效闭合腹白线。

缝合样式也可以归分为3种不同的类型：对接缝合、内翻缝合和减压缝合。对接缝合可

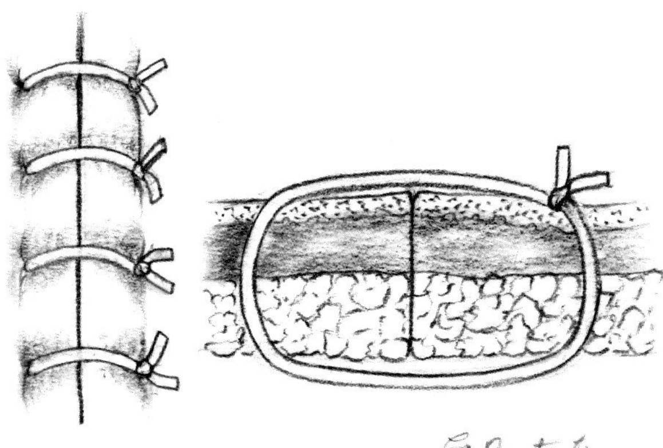

图14.2 简单间断缝合（图示为皮肤的缝合）

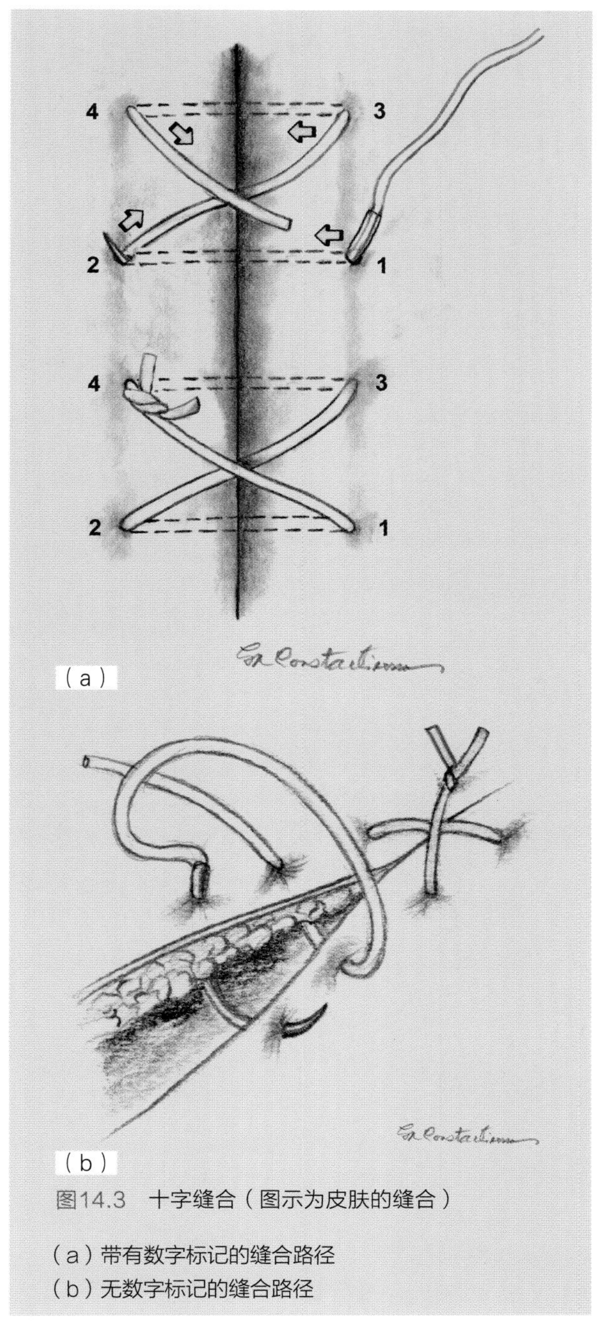

图14.3 十字缝合（图示为皮肤的缝合）

（a）带有数字标记的缝合路径

（b）无数字标记的缝合路径

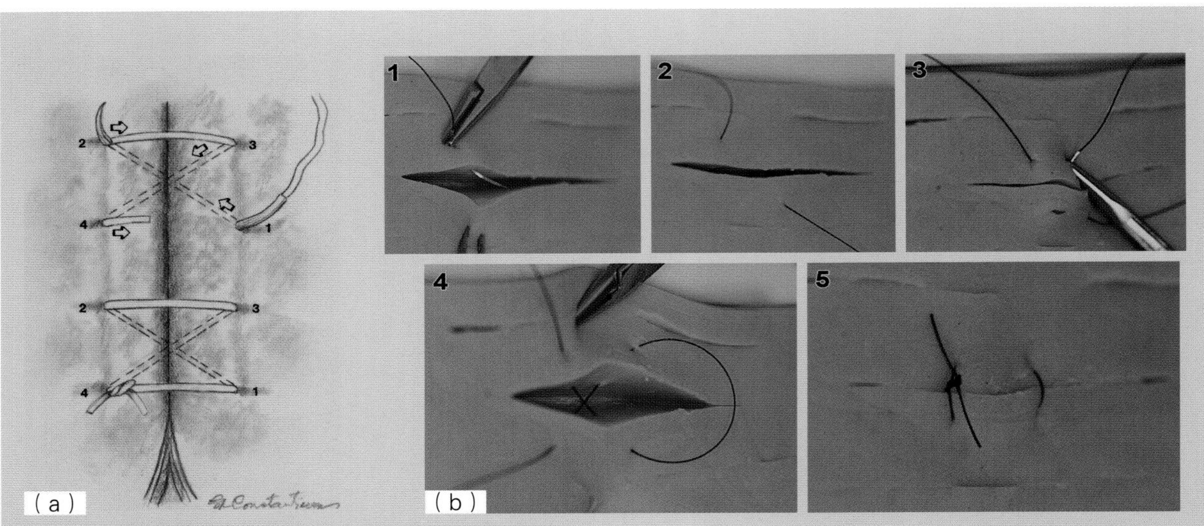

图14.4 “8”字（倒十字）缝合（图示为皮肤的缝合）

（a）按照数字标记顺序进行缝合

（b）用尼龙线进行“8”字缝合（注：在此模型上很难对正确的缝合紧张度进行图示说明，但“8”字缝合的紧张度比正常皮肤缝合时所需要的紧张度高）

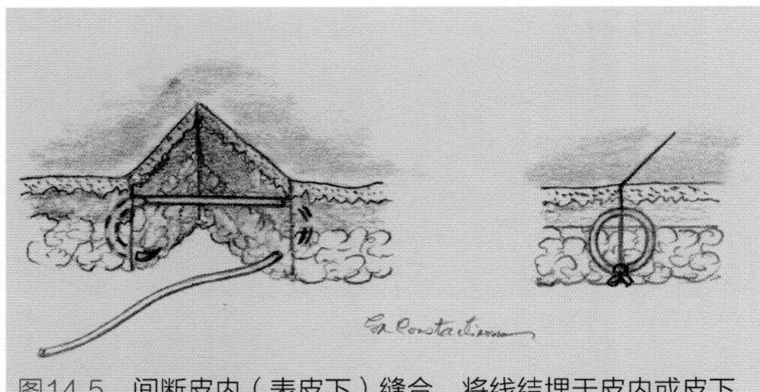

图14.5 间断皮内（表皮下）缝合，将线结埋于皮内或皮下

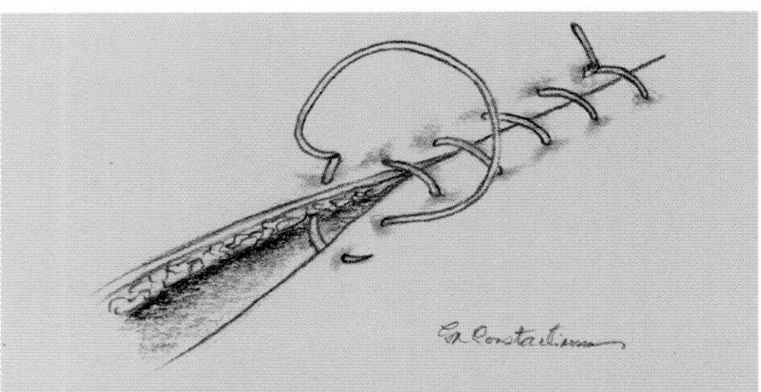

图14.6 简单连续缝合（图示为皮肤的缝合）。此种缝合样式更常用于皮下组织和腹白线的缝合

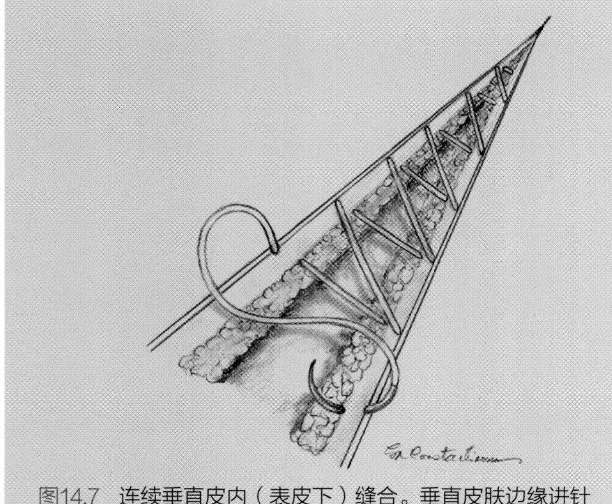

图14.7 连续垂直皮内（表皮下）缝合。垂直皮肤边缘进针

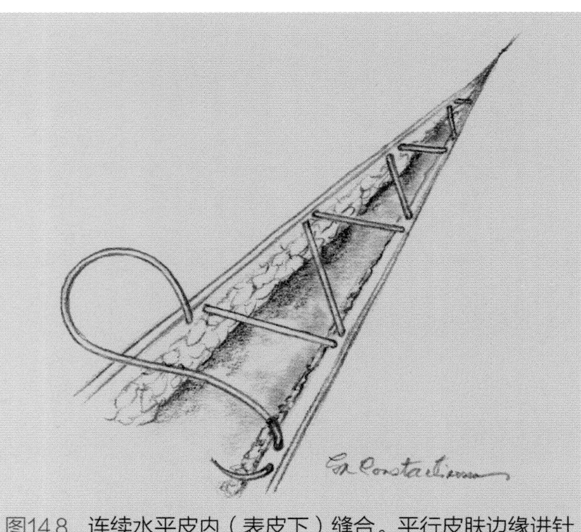

图14.8 连续水平皮内（表皮下）缝合。平行皮肤边缘进针

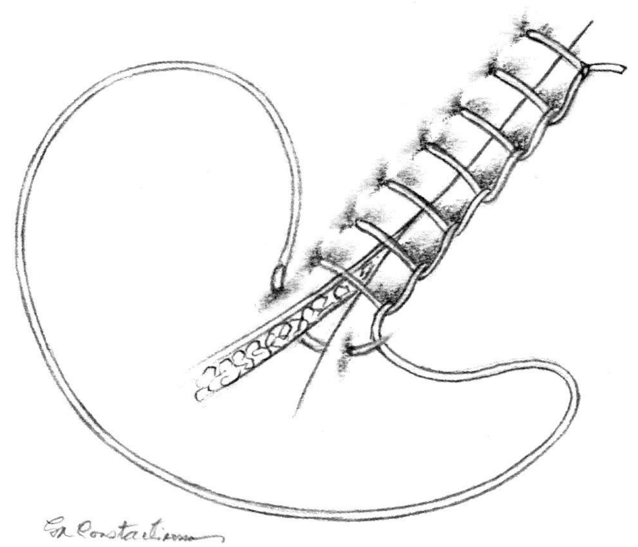

图14.9　福特锁边缝合

（a）

（b）

（c）

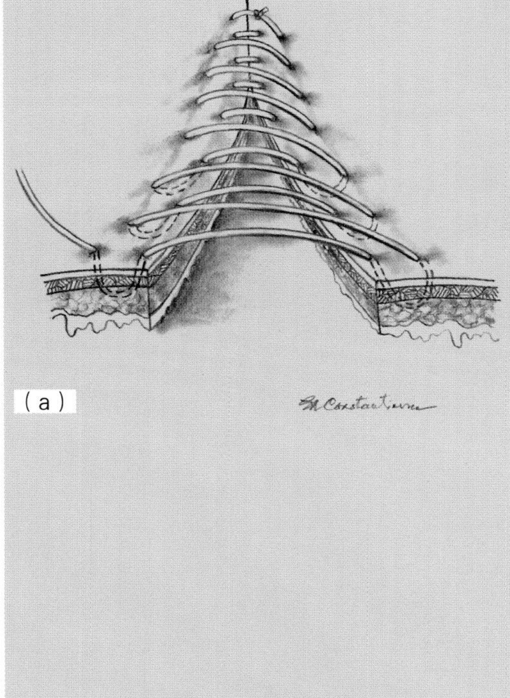

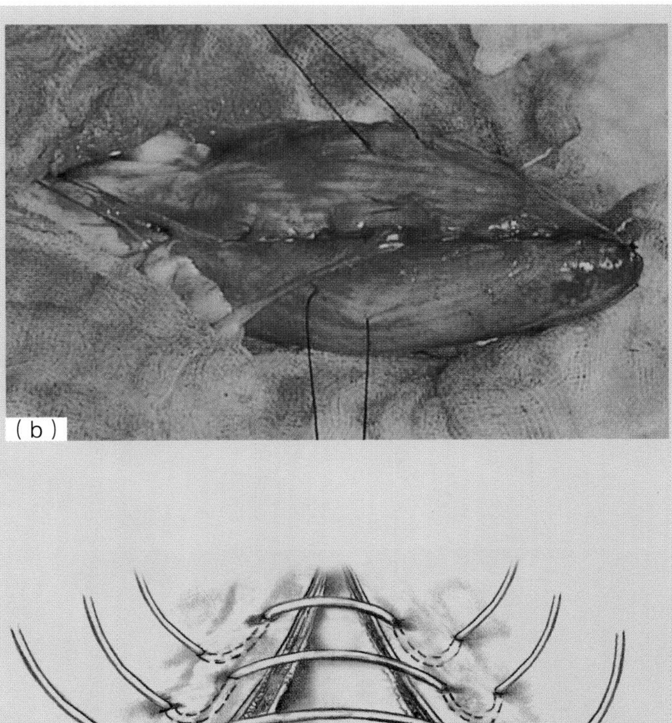

图14.10　伦伯特缝合

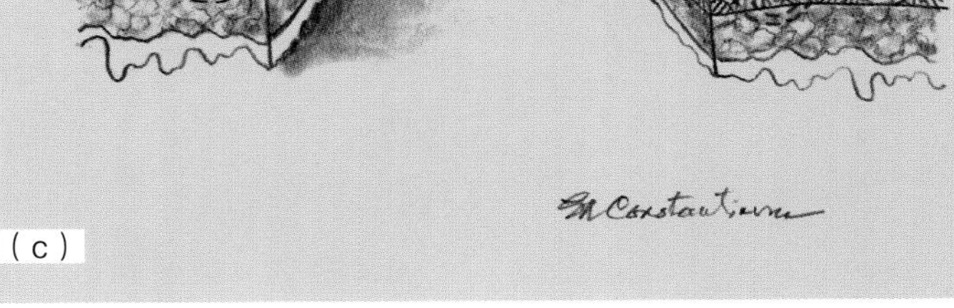

（a）连续缝合样式，如用于胃或膀胱的缝合（图示为尚未收紧缝线的缝合路径）

（b）膀胱连续伦伯特缝合完成后的外观。正确收紧缝线后，在浆膜表面无可见缝线

（c）间断伦伯特缝合

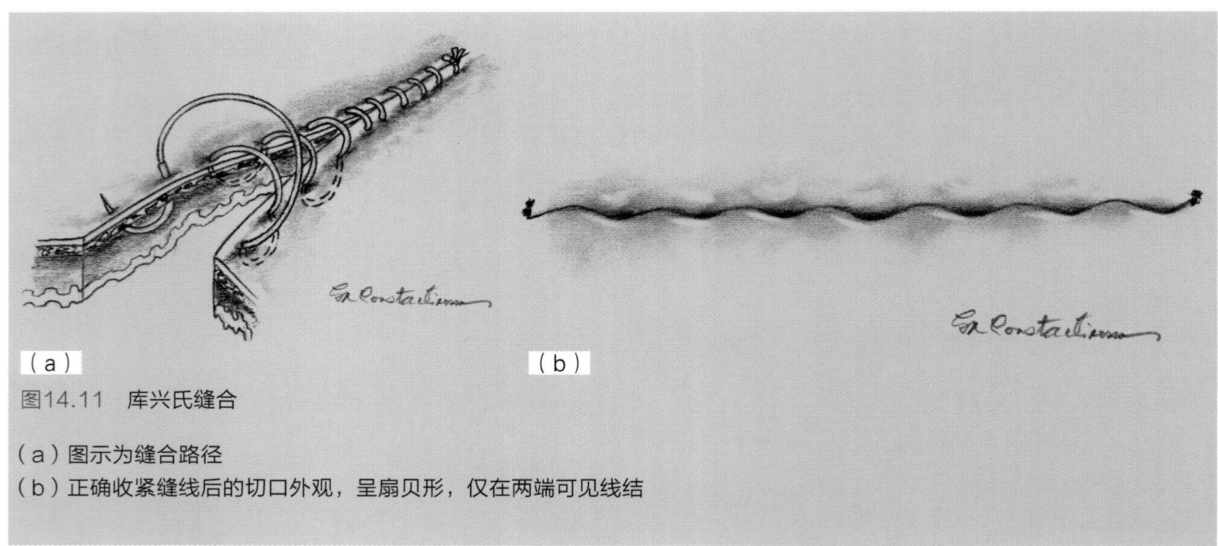

图14.11　库兴氏缝合

(a)图示为缝合路径
(b)正确收紧缝线后的切口外观，呈扇贝形，仅在两端可见线结

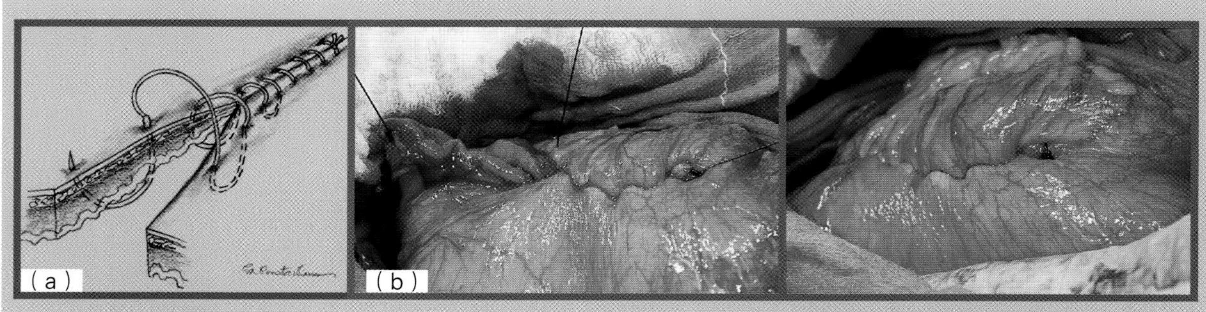

图14.12　康乃尔缝合

(a)图示为缝合路径
(b)胃切开术闭合时，将缝线正确收紧后的切口外观（与图14.11b所示一致），外观呈扇形，仅在一端可见线结（图右侧）

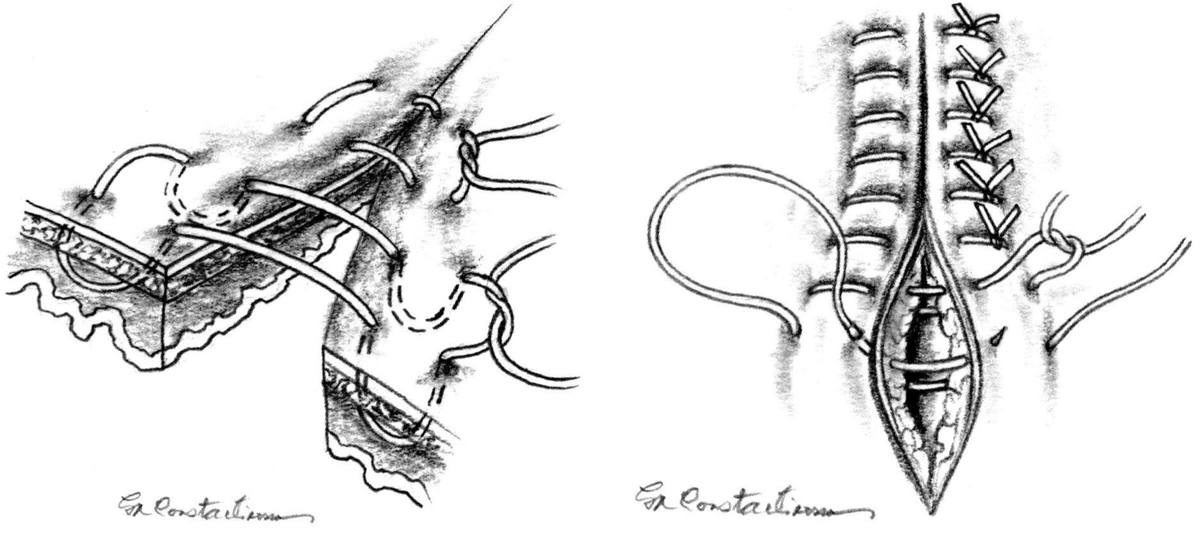

图14.13　霍尔斯特德缝合方式

图14.14　间断垂直褥式缝合

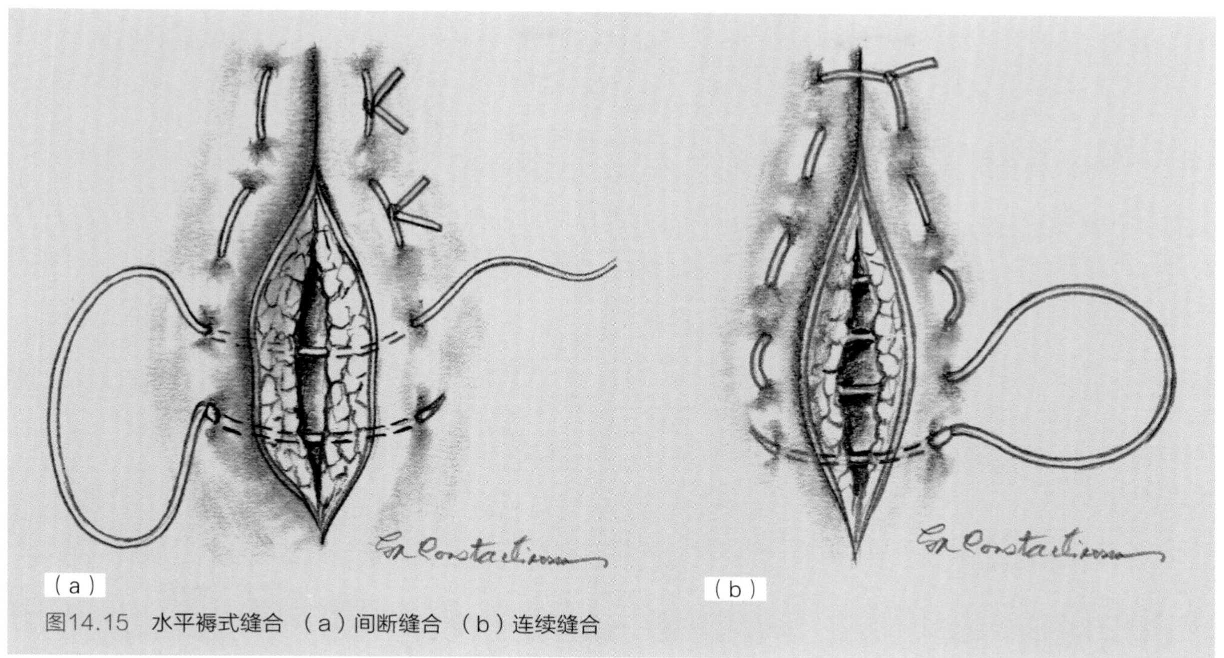
（a）（b）

图14.15 水平褥式缝合 （a）间断缝合 （b）连续缝合

用于切口无太大张力的组织对合（表14.2；图14.2至图14.9和图14.17），还经常用于闭合皮肤、肠道和膀胱的切口。切口边缘对合良好时创口愈合效果最佳，且不会形成瘢痕。内翻缝合（表14.3；图14.10至图14.13和图14.18）常用于胃脏和泌尿生殖手术中空腔器官的切口闭合。内翻缝合可以减少线结收紧后缝线的暴露，由此降低感染和粘连的发生。伦伯特缝合也可以用于筋膜的叠盖缝合，如髌骨脱位的整复和截肢后肌肉断端的封闭。减张缝合（表14.4；图14.14至图14.16，图14.19和图14.20）可用于减小缝合线路上的张力，如皮肤重建手术和疝修补术。减张缝合还可用于张力恢复缓慢的组织缝合，如神经和肌腱。在重建手术中，对表皮边缘进行牵拉缝合时通常使用一种称为“走针缝合”（图14.20）的减张技术。走针缝合是一种皮下简单间断缝合，分别穿透真皮层（穿入皮内，从远离表皮边缘的部位开始进针）和下层肌肉筋膜（向创口中心方向进针）。系紧每一个线结后（需使

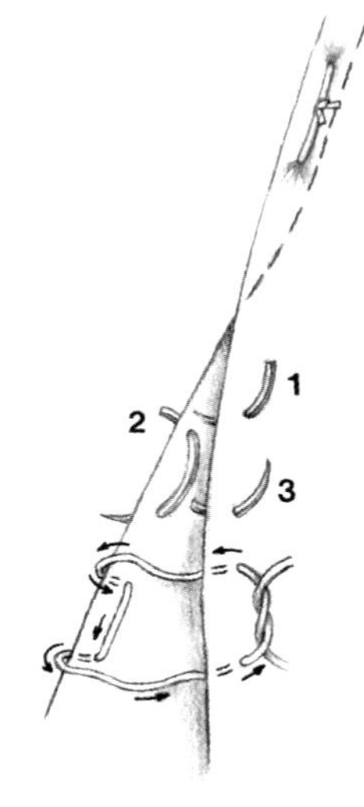

图14.16 梅奥氏褥式缝合（叠盖缝合）

用外科结）都会对皮肤进行牵拉，因此肌肉筋膜的进针点（与皮肤进针点的位置相比）会更靠近最终的创口边缘。需要进行多个交叉排列的走针缝合，直至两侧的表皮边缘相互接触且无张力存在。可以使用合成可吸收的缝线（如聚二噁烷酮）进行走针缝合。

表14.2　对接缝合

方式	特点	应用
简单间断缝合（图14.2）	易于操作，能提供稳固的闭合作用。创口边缘张力均衡。打结过紧可引起皮肤边缘外翻	皮肤、肌肉筋膜、胃肠道
间断十字和“8”字缝合（图14.3和13.4）	与简单间断缝合相比，其创口闭合能力更强，且能减少皮肤外翻	皮肤、肌肉筋膜
间断皮内（表皮下）缝合（图14.5）	深浅–浅深缝合样式	皮肤对合（包埋线结）
简单连续缝合（图14.6）	快速、经济的缝合样式，创口封闭严密。线结或缝线松脱可导致创口裂开	皮下、腹白线、胃和小肠
连续皮内（表皮下）缝合（图14.7和图14.8）	水平或垂直缝合样式。若正确使用可以极好地对合创口，效果美观	精确的皮肤对合，尤其适用于无法在皮肤上打结的情况
福特（Ford）锁边缝合（图14.9）	缝线断裂时仍可提供可靠的对合作用（创口通常不完全裂开）	皮肤
压挤（Gambee）缝合（图14.17）	改良的简单间断缝合。能够防止浆膜外翻	小肠的对合

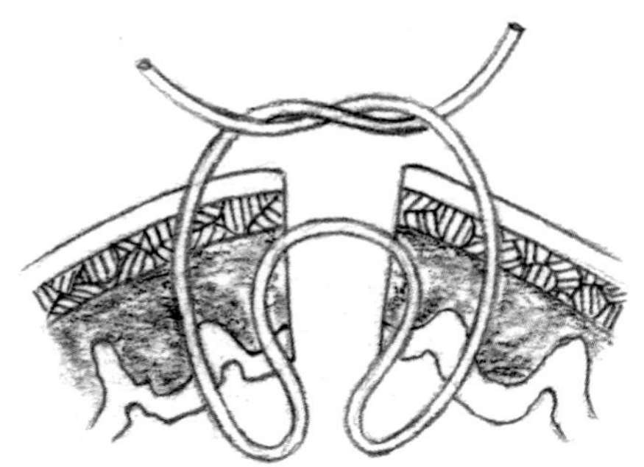

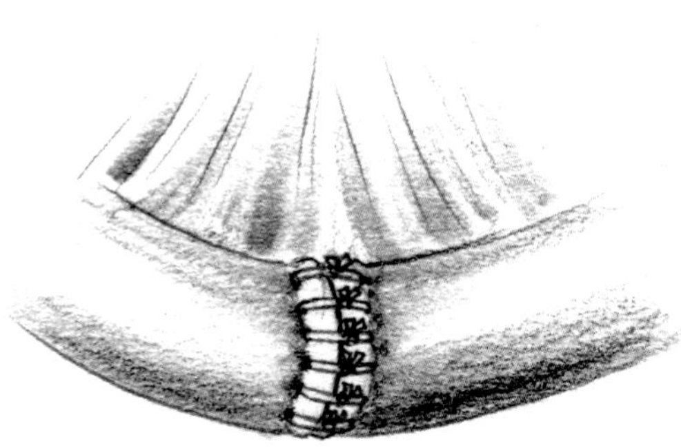

图14.17　压挤缝合

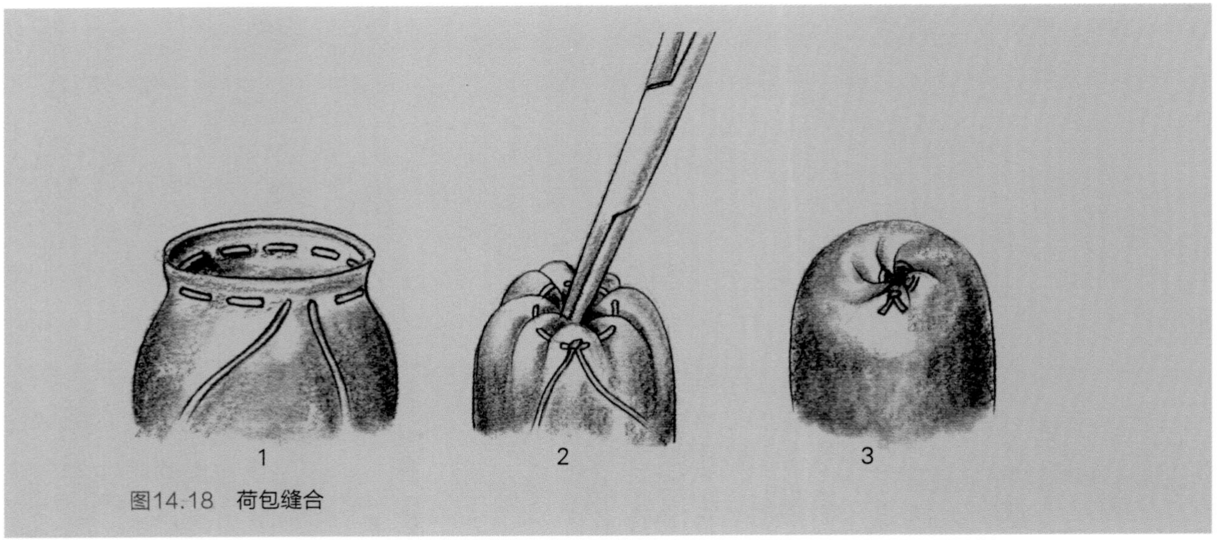

图14.18　荷包缝合

表14.3 内翻缝合

方式	特点	应用
伦伯特缝合（图14.10）	与其他垂直褥式缝合的相似，但能使组织内翻。分为间断或连续缝合	空腔器官的闭合、筋膜的叠盖
库兴氏缝合（图14.11）	平行切口进针，不穿透黏膜层	空腔器官的闭合
康乃尔缝合（图14.12）	同库兴氏缝合相似，但需要穿透黏膜层	空腔器官的闭合
霍尔斯特德（Halsted）缝合（图14.13）	是一种间断伦伯特缝合的变种（类似于伦伯特和水平褥式缝合的结合，可引起组织内翻）	筋膜的叠盖
荷包缝合（图14.18）	伦伯特缝合的变种，为环形缝合	环绕造瘘管进行组织闭合、暂时性闭锁肛门，用以防止手术中的粪便污染以及治疗脱肛

表14.4 减张缝合

方式	特点	应用
间断垂直褥式缝合（图14.14）	有外翻作用，谨慎使用时可用于对合创缘	皮肤、口腔黏膜和筋膜
水平褥式缝合（图14.15）	有外翻作用，但会减少闭合组织的血液供应。可进行间断或连续缝合	皮肤、皮下组织和筋膜
梅奥氏（Mayo）缝合（叠盖缝合）（图14.19）	用一侧组织边缘覆盖另一侧组织边缘	疝修补术，如腹白线裂开的修复
近远缝合（图14.19）	可以引起创缘外翻和减小创缘张力	皮肤和筋膜
走针缝合（图14.20）	交叉排列进行缝合。将两侧表皮边缘拉伸，直至相互接触	皮肤缺损较大的组织闭合

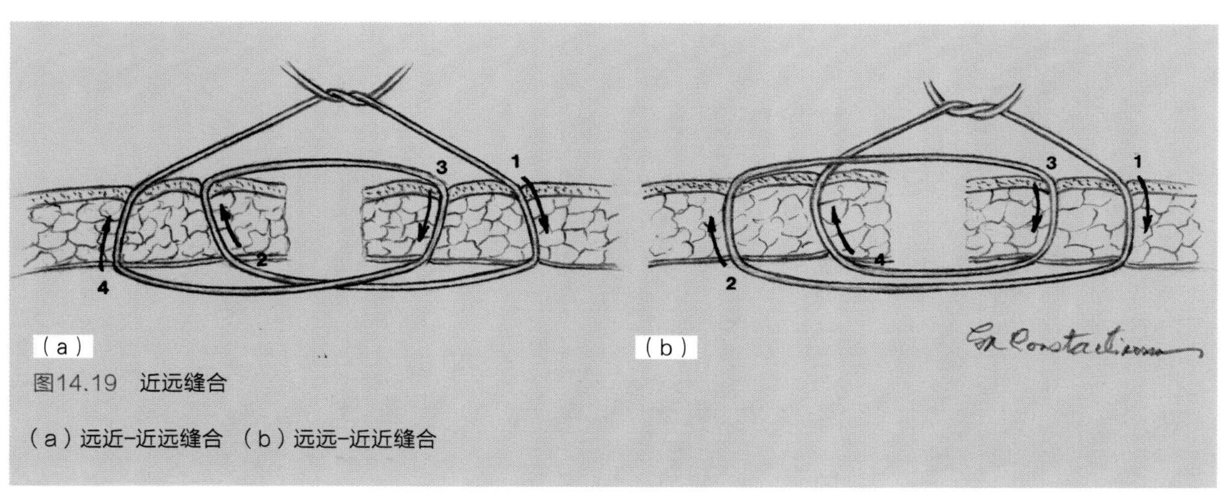

图14.19 近远缝合

（a）远近-近远缝合 （b）远远-近近缝合

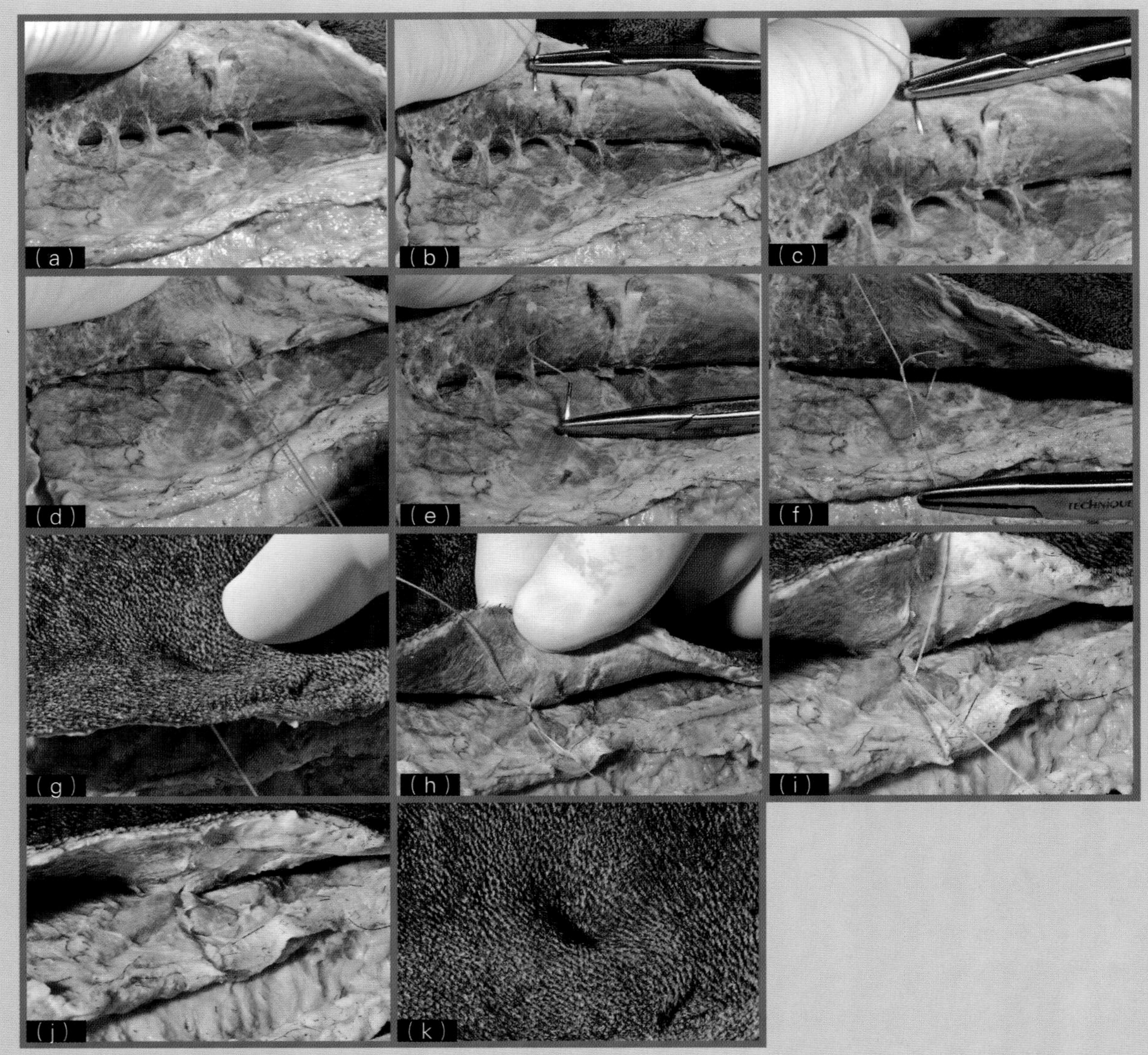

图14.20　在福尔马林固定的犬皮肤和腹壁标本上进行走针缝合

（a）对需要进行拉伸的皮肤进行谨慎的分离，保留真皮与下层筋膜间的疏松连接组织小岛和皮肤的血液供应
（b）在皮肤真皮层进针，用非惯用手的手指阻抑（图中未显示）缝针而不致穿入表皮层（为了方便图示，此处使用荧光聚丙烯缝线，而临床上常使用可吸收缝线）
（c）此近视图显示了缝针正确穿入真皮层的针道
（d）提拉缝线确定足够的进针深度，并辅助确定在肌肉筋膜的进针时皮肤需要被牵张的距离
（e）在靠近预定创缘位置（而非与表皮进针点对应）的肌肉筋膜上进针，进针方向朝向创口中心，使打结后能够充分地牵张皮肤
（f）因为皮肤有回缩的趋势，因此需要系外科结（再系1个方结），否则很难确保方结的第一个单结能够保持足够的紧张度（当系第2个单结时）
（g）当收紧外科结后，真皮层进针点对应的皮肤表面会形成凹陷，但不能有缝线穿出皮肤表面
（h）助手应用手指将凹陷部位的皮肤向肌肉筋膜进针点方向推进，以便系紧线结。出于此目的，助手可以将皮肤边缘翻开以便术者打结（如图所示）
（i）系紧线结后被牵拉的皮肤边缘
（j）剪断线尾后，游离部分的皮肤能够将线结遮盖住（在此固定标本中仍然可见线结）
（k）每一道走针缝合都会在相应位置的皮肤上形成凹陷，但缝线不能穿透表皮

参考文献

[1] Rochat MC, Pope ER, Carson WL,Wagner-Mann CC, et al. Comparison of the degree of Abdominal adhesion formation associated with chromic gut and polyprolylene suture materials. *Am J Vet Res* 1996;57:943–947.

[2] Kirpensteijn J, Maarschalkerweerd RJ, Koeman JP, Kooistra HS, et al. Comparison of two suture materials for intradermal skin closure in dogs. *Vet Q* 1997;19:20–22.

[3] Runk A, Allen SW, Mahaffey EA. Tissue reactivity to polyglecaprone in the feline linea alba. *Vet Surg* 1999;28:466–471.

[4] Molea G, Schonauer F, Bifulco G, D'Angelo D. Comparative study on biocomapatibility and Absorption times of three absorbable monofilament suture materials (polydioxanone, poliglecaprone, glycomer 631). *Br J Plast Surg* 2000; 53:137–141.

[5] Nary Filho H, Matsumoto MA, Matista AC, Lopes LC, et al. Comparative study of tissue response to polyglecaprone 25, polyglactin 910, and polytetrafluoroethylene suture materials in rats. *Braz Dent J* 2002;13:86–91.

[6] Tan RHH, Bell RJW, Dowling BA, Dart AJ. Suture materials: composition and applications in veterinary wound repair. *Aust Vet J* 2003;81: 140–145.

[7] Greenberg CB, Davidson EB, Bellmer DD, Morton RJ, et al. Evaluation of the tensile strengths of four monofilament absorbable suture materials after immersion in canine urine with or without bacteria. *Am J Vet Res* 2004;65:847–853.

[8] RibeiroCMB, Silva Jr VA, Silva Neto JC, Vasconcelos BCE. Estudo clinico e histopatologico da reacao tecidual interna e externa dos fios monofilamentos de nylon a poliglecaprone 25 em ratos. *Acta Cir Bras* 2005;20:284–291.

[9] Al-Qattan MM. Vicryl Rapide R _ versus Vicryl R _ suture in skin closure of the hand in children: a randomized prospective study. *J Hand Surg* 2005;30B:90–91.

[10] Hochberg J, Meyer KM, Marion MD. Suture choice and other methods of skin closure. *Surg Clin North Am* 2009;89:627–641.

15 创伤愈合与创口闭合基础

Carlos H. de M. Souza　Fred Anthony Mann

创伤是指由损伤造成的组织连续性的中断。创伤愈合则是指组织连续性的重建。创伤的愈合是通过细胞间的协调作用和一系列生化反应来实现的。为了方便说明，根据不同细胞成分的产生和特殊信号分子的活化可将这一系列生化反应分为几个阶段。在有生命的机体中，创伤愈合的过程具有交叉性，而不同阶段间也无明显分界。广义的愈合过程分为：①炎症和清创期；②修复期或增生期；③成熟期。

炎症和清创期 

出现损伤后创口内部立刻开始充盈血液。血液凝固后成为血凝块，这构成了隔离外部环境的第一道屏障。局部血管因儿茶酚胺类和局部肥大细胞产物（血清素和缓激肽）的作用而发生持续的短暂收缩（5～10min），以此减少小血管内血液的丢失。之后在组胺和白细胞介素-8（IL-8）的作用下，局部血管发生扩张，使血浆和血管内的细胞成分漏到血管外。在受损的血管、血小板和凝血因子的作用下，纤维蛋白开始产生并形成血凝块。纤维蛋白、粘连蛋白和活化的因子Ⅷ共同作用，产生暂时性的细胞外基质，这为细胞的迁移和早期胶原沉积提供了骨架。

创伤后炎症期的特点为白细胞从血管内向创口迁移。最初，创口中的白细胞大部分由中性粒细胞组成，但很快巨噬细胞的数量就超过了中性粒细胞。组织中的巨噬细胞和肥大细胞在受损后立即被激活，促进了前列腺素和白三烯的释放，而后者又会使中性粒细胞向创口迁移。巨噬细胞还会分泌白细胞介素-1（IL-1），而IL-1可刺激内皮细胞分泌白介素-8（IL-8），这对中性粒细胞的趋化也十分重要。中性粒细胞和巨噬细胞通过迁移、吸附以及血细胞渗出作用到达受损部位。中性粒细胞到达创部后即刻释放蛋白酶类和超氧化物自由基，分解坏死组织和杀灭细菌。虽然中性粒细胞对创伤的愈合有重要作用，但并非必须的。中性粒细胞存在时间短，当变性坏死后会与降解的组织和创内液体形成渗出液，即为脓汁。

血液中的单核细胞在创部分化为巨噬细胞，而巨噬细胞对创伤的愈合十分必要。巨噬细胞会分泌大量激活免疫反应的细胞因子，同时也会分泌粘连蛋白和一系列的生长因子，如血管内皮生长因子（VEGF）、血小板源性生长因子（PDGF）、上皮生长因子（EGF）和成纤维细胞生长因子（FGF）。这些生长因子能刺激细胞的有丝分裂，这也是细胞增殖所必需的。巨噬细胞可以吞噬较大的颗粒，在创口的清创过程中发挥至关重要的作用。当创口内的坏死组织和细菌被清除后，巨噬细胞的数量也随之减少。

随着前列腺素、白细胞三烯和细胞因子的生成减少，向创口迁移的细胞数量也随之减少。但慢性创伤，尤其是创内存在异物时，则以巨噬细胞数量的持续增加为特征。巨噬细胞可发生融合，转变为大型多核细胞（上皮样巨噬细胞）。巨噬细胞分泌的生长因子和细胞因子刺激成纤维细胞生成和修饰暂时性基质，并最终变成肉芽组织。

修复（增生）期 

创伤修复期包括血管生成、纤维增生、上皮形成和创口收缩。成纤维细胞数量的增加使胶原蛋白在创内聚积，这是区分修复期和炎症期的表征。大量的成纤维细胞和新生毛细血管生成使肉芽组织呈鲜红色和颗粒样外观。暂时性的细胞外基质通常在初始创伤形成后的3～5d转变为肉芽组织。形成肉芽组织前的阶段也称为停滞期，此时创口缺乏抗力。肉芽组织的形成会明显提高创口对感染的抵抗力。此外，肉芽组织也成为上皮细胞的移行表面，且分化为肌纤维母细胞，促进创口的收缩。

血管生成是指创口内新生毛细血管的形成。血管生成是内皮细胞迁移和增殖的结果，这是对巨噬细胞分泌的生长因子如血管内皮生长因子（VEGF）、成纤维生长因子（FGF）、β型转化生长因子（TGF-β）、血管生成素（Angiopoetin）的应答反应。内皮细胞的迁移和创缘的内皮增生由细胞外基质（ECM）进行调节。在创伤愈合过程中，ECM中也开始出现蛋白质（如血小板反应素和血管抑素），这是对内皮细胞凋亡和毛细血管数量减少的应答反应。毛细血管退化是陈旧性肉芽组织的特点之一，此时创口外观苍白。

纤维增生是指创口内成纤维细胞增殖和胶原蛋白生成。存在于ECM中的生长因子（包括PDGF、FGF和TGF-β）和整合素受体吸引成纤维细胞向创口内迁移。成纤维细胞和内皮细胞在自身表面表达整合素。当与整合素受体结合后，产生信号，刺激和引导成纤维细胞和内皮细胞的迁移并覆盖创口。成纤维细胞向创部的迁移使胶原蛋白合成增加，这改变了创内胶原蛋白的优势类型。最初，Ⅲ型胶原蛋白占优，但随着成纤维细胞向创内填充，Ⅰ型胶原蛋白成为最主要的类型。在创伤后的7～14d内，胶原蛋白含量明显增加。在这一阶段之后，成纤维细胞和新生毛细血管的数量逐渐下降，胶原蛋白的含量逐渐稳定，肉芽组织转变为细胞成分缺失的瘢痕组织。在接下来的几个月时间内，瘢痕组织的抗力缓慢提升，但仍无法恢复至受损前的抗力水平。

上皮形成是指新生上皮细胞覆盖创口的表面。上皮形成的早期反应包括创缘上皮细胞的活化和迁移。在创伤未伤及皮肤全层时，上皮形成会很快发生，此时来自创缘和皮肤附属组织的上皮细胞即刻被活化。若创伤伤及皮肤全层，则上皮形成开始前必须先产生肉芽组织。创缘的上皮细胞在迁移时，其表型会发生改变，从而与邻近细胞分离。在此过程中，基质金属蛋白酶对基底膜、微管以及其他收缩蛋白进行正向调节，改变表面结合蛋白的类型。当细胞相互接触时，其移动即刻停止（接触抑制），细胞表型发生逆向变化，形成新的基底膜。在无法完全收缩的大开放性创口中，上皮形成会持续进行。在此类创口表面会覆盖上一薄层上皮细胞，但此层十分脆弱。反复性的创伤可能会阻碍上皮形成。

创口收缩是指创口缩小的过程。创口收缩是由成纤维细胞向创口中心迁移实现的。随着创口收缩，周围皮肤开始延展，创口呈星状外观。当创口收缩力与周围皮肤张力达到平衡时，创口收缩停止。创口收缩最终使创口减小，这有利于创伤愈合。管状结构和关节周围组织的过度收缩可能会引起组织收缩和步态异常，这一过程称为挛缩。

成熟期 

创伤愈合的成熟期以组织张力的逐渐恢复为特征。在这一过程中，ECM逐渐瘢痕化。胶原沉积和组织强度增加在最初的7～14d十分明显，之后速度逐渐放缓。虽然组织的强度恢复很快，但在受损后的最初3周内仅恢复为最终强度的20%。随着胶原纤维重排和纤维交联的增加，组织张力逐渐增强，而基质金属蛋白酶介导的ECM降解与组织抑制剂介导的降解抑制也逐步达到平衡。成熟期可能持续数月甚至数年之久，但瘢痕组织最终的强度仅为正常组织的70%～80%。实际上，创伤的成熟过程会在动物生存期内持续进行，但只有膀胱和骨组织可恢复至未受损前的100%强度。

创口闭合 

为了提高简单愈合的机率，在闭合创口前需要考虑局部的创伤因素、额外损伤和损伤的持续时间。在评估组织的损伤程度、创口污染和发生坏死的机率时，对创伤发生的原因（如锋利刀片造成的割伤、枪伤和车祸等）进行充分了解尤其重要。创伤可以分别通过一期闭合、延迟一期闭合、二期闭合和二期愈合进行控制。一期愈合是指通过手术对合创缘而闭合后的创口的在愈合时无需上皮组织迁移覆盖肉芽床。上述三种闭合方式均可进行一期愈合，而二期愈合不涉及手术对合创缘。

一期闭合是指在创伤发生后立即进行创口闭合。最常见的一期闭合创口为手术切创。清洁创在创伤发生后的数小时内（最好不超过6h）经清创可达到一期闭合的效果。除非有必要，否则极少对此类创伤进行清创。在对创伤进行评估时，外科医生必须确保创口闭合后组织活力丧失以及发生感染的机率降到最低。此外，一期闭合时应最大限度地减小创缘张力，避免创口裂开。

延迟一期闭合是指为了保留受损组织的活力而延迟闭合，但要在肉芽组织形成前完成。组织受到轻度或中度损伤，但很有可能会发生感染的创口适宜进行延迟一期闭合。闭合创口前需适当地进行清洗、清创和包扎处理。延迟一期闭合需在创伤发生后的3d内，肉芽组织形成前完成。一些情况下，可能需要借助局部或远端的组织（皮瓣）闭合创口。

在肉芽组织形成后再进行创口闭合为二期闭合。组织大量缺失或坏死、严重污染或可见明显碎屑的创口需进行二期闭合。此类创伤因存在大量的异物（污物、沥青、粪便等）必须广泛清创。必须每日对创口进行清创（至少5d），直至无可见的坏死组织以及创口表面覆盖健康的肉芽床。对局部皮肤的走针缝合、皮瓣缝合或皮肤移植术可能需要用于创口的闭合。

二期愈合是创口的非闭合性愈合。正如本章前文所述，创口进行自然愈合。二期愈合依赖于创口的收缩和上皮形成。单一的小创口或无法借助局部或远端组织进行闭合的创口可进行二期愈合。管腔组织周围（肛周）或关节周围的创口避免进行二期愈合，因为可能会导致组织收缩和活动范围受限。

急性创伤的处理及闭合时间与方式的选择

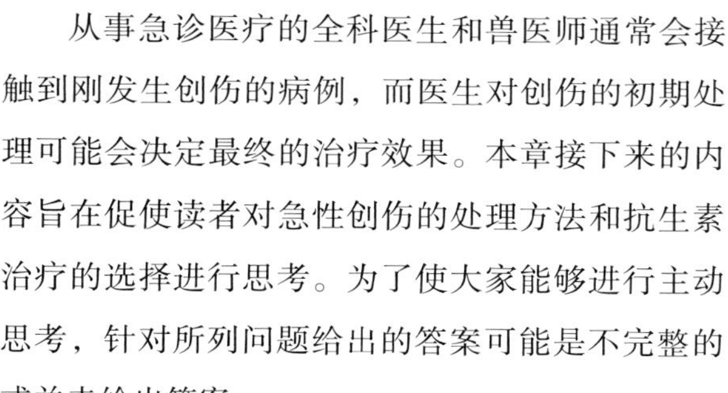

从事急诊医疗的全科医生和兽医师通常会接触到刚发生创伤的病例，而医生对创伤的初期处理可能会决定最终的治疗效果。本章接下来的内容旨在促使读者对急性创伤的处理方法和抗生素治疗的选择进行思考。为了使大家能够进行主动思考，针对所列问题给出的答案可能是不完整的或并未给出答案。

初期的创伤护理

急性创伤的早期护理对愈合和治疗的最终效果有很大影响。快速有效的创伤检查、灌洗、适当的清创和无菌包扎创口是获得最佳治疗效果的前提。是否使用局部外用药以及选择何种局部用药仍存在争议。下文提出的创伤管理“操作手册”或许会产生非预期的结果。因此，兽医在遇到急性创伤病例时，需对以下问题进行审慎考虑。

创伤检查（Wound Inspection）

在确定处理步骤、闭合的可能性和初期治疗的预后前，应先对创伤进行彻底的检查。考虑各种创伤检查要素的必要性。如为什么对创口周围进行充分剃毛很重要？在备毛过程中如何保护创部？为什么为保护创口很重要？在检查急性创伤性创口时，为什么要使用无菌手套和无菌器械？如果创口已被污染，是否仍有必要使用无菌手套和器械？

以下为提供的参考答案。为了能够提供清晰的视野、最大程度的去除污染物和改善创口的卫生状况，大范围的剃毛十分重要。在剃毛过程中可用无菌纱布和/或胶冻剂覆盖在创口上保护创部，避免异物（毛发）污染创部。使用无菌手套和器械可避免医源性污染。同时还要防止创口被医院环境中存在的微生物所污染，因为这些具有抗性的细菌可能导致严重的医源性感染。

灌洗（Lavage）

通常认为在创伤检查和治疗过程中需要对创口进行灌洗。但为何需要对创口进行灌洗？何种溶液更适合用于创口灌洗？列举出加压灌洗的优点和不足。最适宜的灌洗压力是多大以及如何达到这一压力？刺透创是否需要灌洗？为什么？

以下为提供的参考答案。灌洗创口可使组织保持湿润。记住这样一句老话，即“湿润的组织是有活力的”。此外还有另外一句老话，即“稀释是去除污染的良方”。因此，灌洗可以清除小碎屑和“稀释”可能存在的细菌。清除所有异物以及各种微粒，使创口环境不利于细菌生长，而大量的灌洗也可有助于“冲走”细菌。灌洗液的性质各不相同，有些甚至可将细菌杀灭。多种灌洗液可用于急性损伤创口的灌洗。pH值在生理范围内的平衡电解液（如乳酸林格氏液）是一类理想的灌洗液。其他可用于灌洗的液体包括：生理盐水、0.05%的氯己定以及自来水，后者专用于冲洗沾满环境污垢与尘土的创口。抗菌剂必须稀释后再使用，不能用洗涤剂擦洗创口。一些医生喜欢用加压灌洗去除创口内的异物。加压灌洗的缺点之一是可能会将细菌冲入深部组织。最适宜的灌洗压力为9 psi*，可将18G或19G皮下针与35ml注射器连接后用于操作。但有研究表明[9]，将18G皮下针与35ml注射器相连后获得的压力约为上述压力的两倍。不能对刺透创进行灌洗，因为灌洗液会进入皮下组织而无法吸出，最终导致医源性的水肿，但可以清洗创口表面。

外科清创

清创术是指将碎屑（坏死组织和异物）清除，其英文发音（di-br ē d'mənt）强调的是将碎屑清除，而不包括有活力的组织。清创与“创造新鲜创缘”有何不同？“创造新鲜创缘”究竟适用于何种情况？描述一下适用于手术清创的麻醉/保定方法。清创术中使用的无菌纱布、器械和手套为何如此重要？

以下为提供的参考答案。创造新鲜创缘是指对创缘组织进行切割直至渗血，因此切除小部分有活性的组织。清创并非是要去除有活性的组织，而创造新鲜创缘也不具有手术清创的效果。在闭合创口时，偶尔会需要创造新鲜创缘（见“创造新鲜创缘”的内容部分），但仅限于美容或避免包埋上皮的情况。清创时最佳的制动方式为全身麻醉。实际的麻醉规程应根据动物的情况进行制定，但大多数情况下需要借助气管插管和吸入麻醉后再进行彻底清创。清创时需使用无菌纱布、器械和手套以避免医源性污染。

无菌包扎（Aseptic Bandaging）

在手术清创后对创口进行正确包扎是有裨益的，但若包扎不当亦会造成损害。什么类型的创伤需要包扎？哪类创伤需要夹板固定？哪类创伤无需包扎？为什么包扎接触层的无菌如此重要？使用湿-干绷带的目的？何时使用干-干绷带？何时适宜将非黏性绷带更换为黏性绷带？

以下为提供的参考答案。最好对所有清创后的创口都进行包扎。遗憾的是，包扎并非总是可行的。应尽可能地对所有住院动物的创部进行包扎，这样可将创口感染的机率降到最低。创伤位于关节周围或受活动影响时需进行夹板固定。形成健康肉芽组织的创口可不做包扎，这在居家护理（不在医院环境中）也同样适用的绷带接触层的无菌是为了防止发生医源性污染。若还需要对创口进行后续清创，则可使用湿−干绷带。若创口湿润（因存在渗出液），则使用干−干绷带。与湿−干绷带一样，干−干绷带也可在清创时使用。湿−干绷带和干−干绷带均具有黏性。当形成肉芽床后，应将黏性绷带更换为非黏性绷带，以此避免在更换绷带时损伤肉芽组织。

局部用药/药膏

对于兽医而言，似乎存在这样一种习惯，即必须给创部用药。目前，市售的创伤护理产品种类繁多，但哪类药膏适合在创口上使用？哪类药膏会延迟或促进创口愈合？列举使用药膏的原因（药膏的用途是抗菌、酶清创和/或直接地促进愈合？）。

以下为提供的参考答案。市售的任意一种局部创伤用药均可使用。一些较为适用的药物包括三联抗生素软膏、庆大霉素软膏、磺胺嘧啶银乳膏、含有秘鲁树脂的胰蛋白酶和蓖麻油喷雾或软膏（Granulex V, Pfizer Animal Health, Exton, PA）、糖和未经巴氏消毒的蜂蜜。笔者一般很少使用药膏进行局部创伤的治疗，除非有特定用途。此外，还必须考虑药膏的不良反应，如一些

* 非法定计量单位。1psi=6.895kPa

药膏会阻碍渗出并促进细菌生长。多数药膏会对创伤愈合产生负面作用，如凡士林作为一些药膏的主要成分可延缓创伤愈合时的上皮形成。另一方面，一些局部创伤用药又可促进创伤愈合。能促进创伤愈合的常用产品有胰蛋白酶（酶清创作用）、糖和未经巴氏消毒的蜂蜜。无论何时使用局部药剂都必须有明确合理的根据（如抗微生物作用、酶清创和/或促进愈合）。

创口闭合的确定

创口闭合的方式有（如前文所述）一期闭合、延迟一期闭合、二期闭合和二期愈合。在创伤发生后立即（最初的数小时内）闭合创口为一期闭合。延迟一期闭合是指在允许时间范围内适当止血（通常18～24h内，但在肉芽组织形成前）后进行创口的闭合。二期闭合是在创口内肉芽组织形成后进行创口的闭合。肉芽组织形成表明创口已获得抵抗细菌的能力，因此可放心闭合。二期愈合时无需闭合创口，而创口收缩和上皮的自然形成最终会将创口闭合。在确定个体动物的创口闭合方式时需要考虑多重因素，如创伤类型、损伤时间、损伤原因和动物主人的经济能力。仅考虑单一因素来选择闭合创口方式是不可取的。以下是决定最佳闭合方式的四个要素。

创伤分类

急性损伤性创伤很少为清洁创。清洁创最典型的例子为经无菌准备后的皮肤手术切创（未切透污染管腔，如消化道或呼吸道）。清洁-污染创的污染程度最小。最常见的清洁-污染创为无菌准备后的消化道或呼吸道切口创。若急性创伤的创口含有极少量的环境碎屑而无坏死组织时，可认为是清洁-污染创。经适当探查和灌洗后的清洁创和清洁-污染创（若感染风险已降至最低）可进行一期闭合。污染创是可能存在细菌但无感染迹象的非手术创（或无菌术失败的手术创）。若污染创在经灌洗后转变为清洁-污染创可进行一期闭合。脏/感染创是指存在异物和/或有感染迹象（如脓性渗出）的创口。脏/感染创也可能存有坏死组织。创口发生感染需要一定的时间，在此阶段每克组织或每毫升组织液包含的细菌数增殖至10^5个。脏/感染

创伤类型

1. 清洁创
2. 清洁-污染创
3. 污染创
4. 脏/感染创

损伤时间

1. 损伤时间小于6h
2. 损伤时间超过6h

损伤原因

1. 刺透伤
2. 锐性撕裂伤
3. 锐性撕裂伤伴随组织缺损（解剖性脱套伤）
4. 钝性损伤（生理性脱套伤）

动物主人的经济能力

1. 二期愈合是否比手术闭合花费少?
2. 若缝合后仍可能出现伤口裂开，是否需要进行一期闭合?

创很少进行一期闭合，但理论上，若经灌洗和清创后转变为清洁-污染创则可进行一期闭合。

损伤时间（Timing of Injury）

假设其他所有因素都支持对创口进行一期闭合，则在损伤后的6h内施行要更为保险一些，因为6h的时间足以让细菌进行增殖并引发感染（细菌的数量为每克组织或每毫升组织液10^5个）。若创伤时间超过6h，则最好进行开放处理，在确证未发生感染或感染消除后再进行延迟闭合或二期闭合。

损伤原因

刺透创通常不进行闭合，因为无法确定皮下组织的损伤程度，所以常需要引流。刺透伤无需进行手术探查，除非存在必须取出的异物。锐性撕裂伤可进行一期闭合，而伴有组织缺失的锐性撕裂伤（解剖性脱套伤）和钝性损伤造成的开放性创口（生理性脱套伤）则需要一些时间来确定组织的健康程度。解剖性脱套伤和生理性脱套伤更适合进行延迟一期闭合。一些情况下，最好对脱套伤进行二期闭合。

动物主人的经济能力（Owner's Financial Limitations）

为了节省花费，动物主人可能更倾向于选择二期愈合或一期闭合。但若错误地选择了闭合方式，则花费可能会更高。二期愈合需要进行创伤管理和包扎，其累计费用可能比手术闭合更高。同样，过早的闭合创口可能会引起感染和/或创口裂开，而处置这类并发症又会产生额外的费用。

创造新鲜创缘

在闭合创口时，我们通常会倾向于创造新鲜创缘，但这一做法其实并不恰当，因为这会抵消二期闭合的优势（如已存在的活化成纤维细胞可加速愈合）。何时需要创造新鲜创缘？基于美观要求（或者对动物最为有利）时，或许可对创缘进行修整。在进行二期闭合时，可能需要切除肉芽床上的移行上皮，避免将其埋入创缘下。可以考虑切除过度生长的上皮，形成新鲜创缘。

创伤引流的管理

大多数外伤性创口都需进行引流，而开放性创伤中又需如何进行引流？必须对手术闭合创口中的引流进行控制。引流控制的方法包括消除死腔以及合并使用被动/主动引流。描述无需手术引流的创伤类型以及消除死腔的正确方法。主动或被动引流的适应证有哪些？对需要被动引流或主动引流的特殊创伤类型进行鉴别。被动引流的优缺点分别是什么？主动引流的优缺点分别是什么？

以下为提供的参考答案。开放性创伤可进行自主引流。最好能对开放性创伤进行包扎，这样绷带可将创口中的液体吸收，并通过更换绷带将液体清除。需经手术闭合的创口，若已消除死腔，则无需引流。可用与走针缝合相似的方法消除死腔。当然，也可通过包扎消除死腔，但此方法更适用于四肢部位的创口。若通过缝合或包扎无法有效地消除死腔，可以进行主动或被动引流（见第17章）。最常用的被动引流管为烟卷式（Penrose）引流管（图17.8a和图17.8b）；最常用的主动引流管为杰-帕氏（Jackson-Pratt）引流管（图17.8c和图17.8f至图17.8k）。被动引流管经济实惠且方便放置，但最好进行包扎，收集引流液，防止逆行性感染。被动引流管必须留置5d，待确证组织死腔密闭后方可拆除。若不到5d即可以拆除，则没有放置引流管的必要。放置主动引流管时可将组织对合以消除死腔，并能将导管的拆除时间也可提前（一般在术后的2~3d）。此外，该引流管还具有主动抽吸和密闭引流的作用，可防止逆行性感染。与被动引流管相比，主动引流管的主要缺点为价格相对昂贵，但其效果比被动引流管好。

创伤管理中的抗生素治疗

目前存在这样一种倾向，即需要给发生创伤的动物使用抗生素以控制感染，即便并不存在感染迹象或感染的可能性。但滥用抗生素势必会对动物造成潜在伤害。作为一名专业兽医，若我们无法减少对抗生素的不当使用，则只有通过行政限制令来管制某种抗微生物药物的临床应用，亦或同时从以上两个方面进行防控。创伤管理过程中，应用抗生素治疗时必须考虑若干方面的问题。回答好这些问题比单纯“反射性”地开抗生素处方或者使用抗生素药膏要更为重要。读者在开全身用或局部用抗生素处方前需要认真考虑下列问题。

急性创伤

仅出现裂伤时，不必急于使用抗生素治疗，若急性创伤的动物还存在其他致病因素时，则可能需要抗生素治疗。列举一些急性创伤病例中需要使用抗生素治疗的潜在病症以及抗生素用药对创伤的影响。

感染创

大多数临床兽医都认为感染创需要抗生素治疗。若符合用药情况，应该选择何种抗生素？选择何种给药方式？药物使用时限为多长？影响抗生素选择的因素有哪些？抗生素治疗是否需要在细菌培养和药敏实验结果的指导下进行？若有必要，应何时及如何采集细菌样本？在对开放性创伤进行管理时，抗生素治疗可能存在哪些不足？

请参看第4章中有关手术中抗生素使用的讨论。

参考文献

[1] Brown DC, Conzemius MG, Shofer F, Swann H. Epidemiologic evaluation of postoperative wound infections in dogs and cats. J Am Vet Med Assoc 1997; 210: 1302–1306.

[2] Buffa EA, Lubbe AM, Verstraete FJM, Swaim SF. The effects of wound lavage solutions on canine fibroblasts: an invitro study. Vet Surg 1997; 26: 460–466.

[3] Davidson EB. Managing bite wounds in dogs and cats: part I. Compend Contin Educ Pract Vet 1998; 20: 811–821.

[4] Davidson EB. Managing bite wounds in dogs and cats: part II. Compend Cont Educ Pract Vet 1998; 20: 974–991, 1006.

[5] Devitt CM, Seim HB, Willer R, et al. Passive drainage versus primary closure after total ear canal ablation-lateral bulla osteotomy in dogs: 59 dogs(1985–1995). Vet Surg 1997; 26: 210–216.

[6] Dunning D. Surgical wound infection and the use of antimicrobials. In: Slatter D, ed. Text book of Small Animal Surgery, 3rd ed. Philadelphia, Pennsylvania: Saunders, 2003: 113–122.

[7] Eron LJ. Targeting lurking pathogens in acute traumatic and chronic wounds. J Emerg Med 1999; 17: 189–195.

[8] Fossum TW, Willard MD. Surgical infections and antibiotic selection. In: Fossum TW, ed. Small Animal Surgery, 3rd ed. St. Louis, Missouri: Mosby, 2007: 79–89.

[9] GallT, Monnet E. Pressure dynamics of common techniques used for wound flushing. Abstract. In: Proceedings of the 2008 American College of Veterinary Surgeons Veterinary Symposium, San Diego, CA, October 23–25, 2008, p. 13.

[10] Hedlund C. Surgery of the integumentary system. In: Fossum TW, ed. Small Animal Surgery, 3rd ed. St. Louis, Missouri: Mosby Elsevier, 2007: 159–176.

[11] Holt DE, Griffin G. Bite wounds in dogs and cats. Vet Clin North Am Small Anim Pract 2000; 30: 669–679.

[12] Jang SS, Breher JE, Dabaco LA, Hirsh DC. Organisms isolated from dogs and cats with anaerobic infections and susceptibility to selected antimicrobial agents. J Am Vet Med Assoc 1997; 210: 1610–1614.

[13] Janis JE, Kwon RK, Lalonde DH. A practical guide to wound healing Plast Reconstr Surg 2010; 125: 230e–244e.

[14] Marberry KM, Kazmier P, Simpson WA, et al. Surfactant wound irrigation for the treatment of staphylococcal clinical isolates. Clin Orthop Relat Res 2002; 403: 73–39.

[15] Mathews KA, Binnington AG. Wound management using sugar. Compend Cont Educ Pract Vet 2002; 24: 41–50.

[16] Mathews KA, Binnington AG. Wound management using honey. Compend Cont Educ Pract Vet 2002; 24: 53–60.

[17] Miller CW. Bandages and drains. In: Slatter D, ed. Textbook of Small Animal Surgery, 3rd ed. Philadelphia, Pennsylvania: Saunders, 2003: 244–249.

[18] Nicholson M, Beal M, Shofer F, Brown DC. Epidemiologic evaluation of postoperative wound infection in clean-contaminated wounds: a retrospective study of 239 dogs and cats. Vet Surg 2002; 31: 577–581.

[19] Noble WC, Lloyd DH. Pathogenesis and management of wound infections in domestic animals. Vet Dermatol 1997; 8: 243–248.

[20] Vasseur PB, Levy J, Dowd E, Eliot J. Surgical wound infection rates in dogs and cats: data from a teaching hospital. Vet Surg 1988; 17: 60–64.

[21] Waldron DR, Zimmerman-Pope N. Superficial skin wounds. In: Slatter D, ed. Textbook of Small Animal Surgery, 3rd ed. Philadelphia, Pennsylvania: Saunders, 2003: 259–273.

[22] Weston C. The science behind topical negative pressure therapy. Acta Chir Belg 2010; 110: 19–27.

16 外科止血

Elizabeth A. Swanson　Fred Anthony Mann

在手术中进行止血非常重要，此举既能防止严重出血又可提供清晰的手术视野。可应用正确的外科技术辅助止血，包括轻柔地对待组织、选择适当的手术器械以及对解剖结构和操作步骤的透彻了解。即便已经非常注意止血问题，仍无法完全避免术中出血，因此熟悉止血方法的操作十分重要。本章将从多个方面对手术出血控制的方法进行讨论。而对止血生物学的基本了解也将有助于止血方法的选择。读者可参阅内科学和血液学教科书以获得更多有关止血的深入讨论，在此仅对止血过程进行概述。

止血 

止血是一个复杂的过程，涉及血管壁、血小板和凝血级联反应的多重相互作用以及由此促发形成的暂时性血小板栓子和后期坚固的纤维蛋白凝块。当血管发生损伤后，血管内皮释放的内皮素使血管短暂收缩。血栓素A_2（TXA_2）、缓激肽和纤维蛋白肽B也被释放入血，并对血管产生收缩作用。血管的收缩程度及其对出血的影响取决于血管壁平滑肌的数量（如动脉壁平滑肌的数量比静脉的多，而毛细血管壁不含平滑肌）、血管管径和内皮损伤的部位和范围。

血管内皮是止血活化的组成部分。健康动物的内皮组织具有维持血管张力、提供半渗透性屏障以及抑制非正常血栓形成（通过释放前列环素I_2、血栓调节蛋白、肝素样分子和组织型纤溶酶原激活物）的功能。循环血液与受损部位暴露的胞外基质接触后促发初级凝血（图16.1）。内皮下层Ⅱ型胶原是胞外基质的主要成分，其可结合活化血小板。受损的内皮组织释放血管性假血友病因子（von Willebrand’s facor, vWF），vWF是一种黏附蛋白，能够使血小板黏附于受损的血管壁。当血小板黏附于血管壁后，血小板被激活并发生形态改变，同时释放TXA_2、二磷酸腺苷和血小板活化因子，以此募集循环中的血小板，形成血小板凝聚物。血小板凝聚后可填塞受损部位，之后形成更为坚固的纤维蛋白凝块。

活化的血小板改变其磷脂形态以此增加磷脂酰丝氨酸（也被称为血小板因子3）的释放和促凝血反应。促凝血反应是初级凝血和次级凝血间的重要关联因子，其为钙离子与凝血素、凝血级联反应中的凝血因子Ⅶ、Ⅸ和Ⅹ的结合提供磷脂表面，并使次级凝血过程局限于血管的受损部位。血小板栓子的大小受到前列环素（由未受损的正常内皮细胞释放）和内皮依赖性释放因子氮化亚氮（由静脉内皮组织释放）的限制。这些物

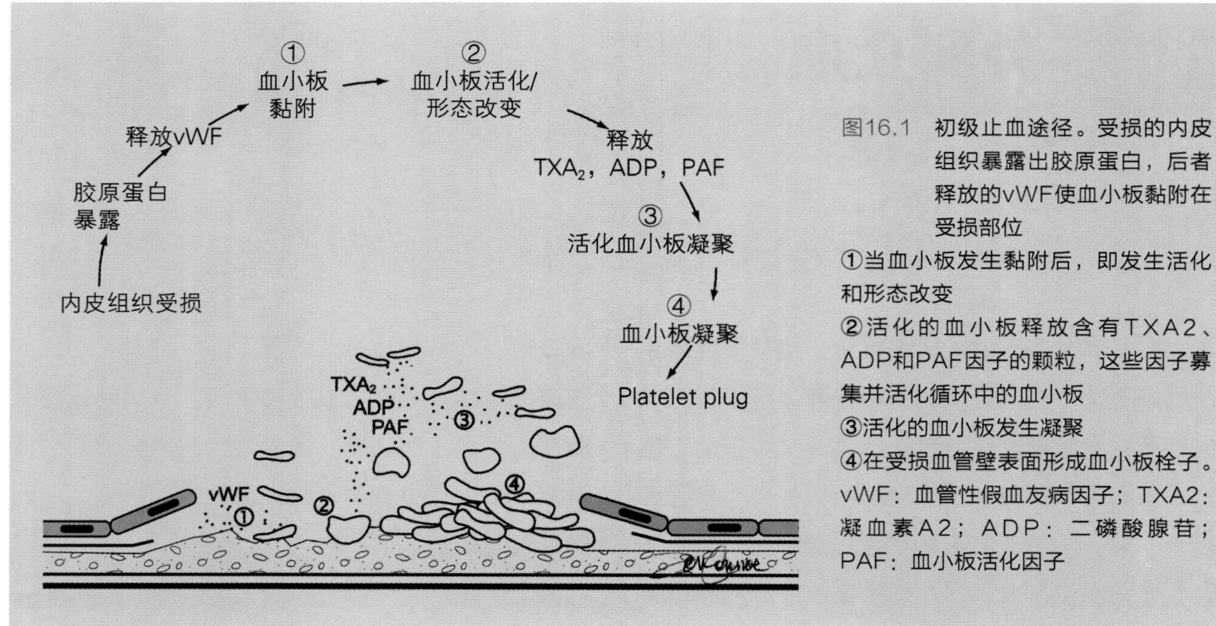

图16.1 初级止血途径。受损的内皮组织暴露出胶原蛋白，后者释放的vWF使血小板黏附在受损部位
①当血小板发生黏附后，即发生活化和形态改变
②活化的血小板释放含有TXA2、ADP和PAF因子的颗粒，这些因子募集并活化循环中的血小板
③活化的血小板发生凝聚
④在受损血管壁表面形成血小板栓子。vWF：血管性假血友病因子；TXA2：凝血素A2；ADP：二磷酸腺苷；PAF：血小板活化因子

质都能抑制血小板的功能并引起血管扩张，以此增加血流量和稀释其他血小板活化因子。

初期的血小板栓子经由一系列的酶促反应（纤维蛋白原被裂解为纤维蛋白，而纤维蛋白在活化的血小板表面发生交联并在网罗血小板、红细胞、白细胞和血浆后形成纤维蛋白凝块）后变得更坚固，这一过程也称为次级止血（图16.2）。传统上将凝血级联反应分为外源性和内源性途径，并经由这两种途径形成纤维蛋白凝块。实际上，这两种途径在不同水平上存在交叉，而目前认为外源性途径是凝血的启动因子，而内源性途径则维持并放大凝血反应。

外源性途径（又称为启动途径）始发于内皮和周围组织的损伤。受损组织释放组织因子，而组织因子在钙离子存在时与因子Ⅶ形成复合物。活化后的因子Ⅶ复合物接着激活因子Ⅹ，使其进入共同途径。

内源性途径（又称为放大途径）之前被认为由血液和受损内皮下胶原蛋白的接触单独启动，导致因子Ⅻ激活，而活化的因子Ⅻ又依次激活因子Ⅺ的过程。但目前对此启动机制的体内研究表明，大部分的因子Ⅺ会被外源性途径产生的凝血酶所激活，这也由此解释了为何因子Ⅻ缺乏不会抑制凝血启动。活化的因子Ⅺ在钙离子存在时激活因子Ⅸ，而因子Ⅸ在血小板/组织磷脂和钙离子存在时与活化的因子Ⅷ结合，共同激活因子Ⅹ。

共同途径是指活化的因子Ⅹ与组织/血小板磷脂、钙离子以及活化的因子Ⅴ形成复合物后将凝血酶原（又称因子Ⅱ）裂解为凝血酶的过程。凝血酶将纤维蛋白原（亦称因子Ⅰ）裂解为纤维蛋白单体，而纤维蛋白单体聚合为纤维蛋白链后形成并不坚固的凝块。在钙离子的催化下，凝血酶进一步激活因子XⅢ，而因子XⅢ促进纤维蛋白纤维的交联形成坚固的凝块。凝血酶也会通过水解凝血酶原来激活因子Ⅴ、Ⅷ和Ⅺ，并以生物放大效应模式活化血小板。

凝血级联反应的抑制主要通过两种途径来实现：抗凝血酶-肝素途径和血栓调节蛋白C-蛋白

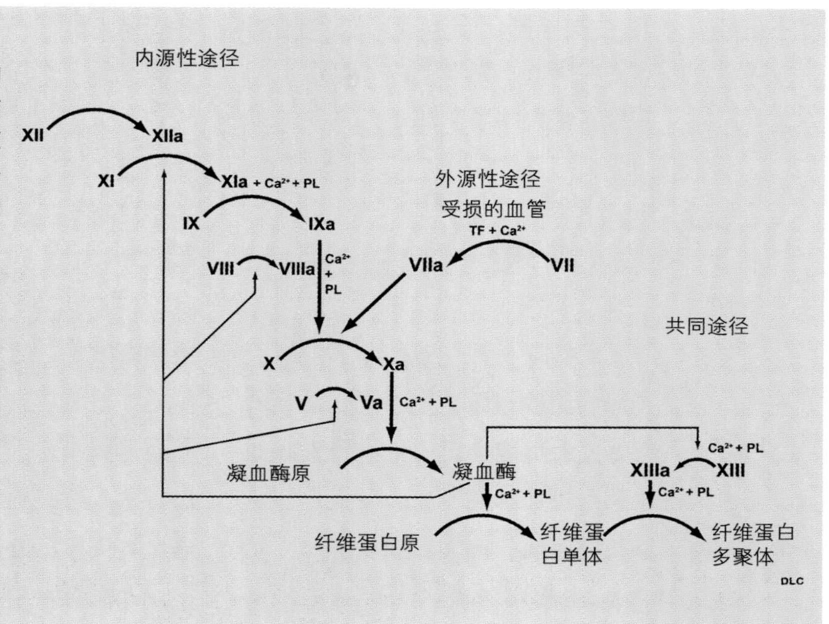

图16.2 次级止血途径。受损内皮的来源的组织因子与钙离子结合后激活因子Ⅶ，启动外源性途径。当凝血酶激活因子Ⅺ以及血液与受损内皮组织接触时（激活因子Ⅻ），内源性途径被启动。这两种途径在共同途径内发生交错并激活因子Ⅹ，后者促使纤维蛋白形成凝块。凝血酶原也被称为因子Ⅱ，而纤维蛋白原称为因子Ⅰ。因子种类分别用罗马数字表示，活化的因子用字母a标示。Ca2+：钙离子；PL：磷脂；TF：组织因子

S途径。80%的血浆凝血酶抑制能力来自抗凝血酶。与内皮组织上的肝素样分子结合后，抗凝血酶中和凝血酶的活性。此外，抗凝血酶也会使活化的因子Ⅻ、Ⅺ、Ⅹ和Ⅸ失活。内源性的肝素样分子可以促进组织因子途径抑制因子从内皮细胞的释放，而且在高剪切应力环境下可干扰血小板与vWF的结合。凝血酶—血栓调节蛋白复合物激活蛋白C，进而抑制凝血系统和激活纤维蛋白溶解系统。纤维蛋白溶解作用会限制形成中的血凝块大小。活化的C蛋白联合钙离子、辅助因子S蛋白共同使与膜磷脂结合活化的因子Ⅴ和Ⅷ失活，阻止因子Ⅹ的活化和纤维蛋白原裂解为纤维蛋白。血栓调节蛋白与凝血酶形成复合物后使其失活，从而抑制纤维蛋白原的裂解以及因子Ⅴ和血小板的活化。

纤维蛋白溶解系统酶促降解纤维蛋白凝块，以此维持血管系统的开放状态。纤溶酶原在活化的因子Ⅻ、组织纤溶酶原激活物、尿纤溶酶原激活物、尿激酶以及链激酶的作用下活化为纤溶酶。纤溶酶使纤维蛋白发生降解，降解产物经吞噬作用被单核细胞清除。纤维蛋白溶解可被α2-抗纤溶酶、α2-巨球蛋白和1型/2型纤溶酶原激活剂抑制因子所抑制。

初级/次级止血途径、抑制途径和纤溶系统共同作用的最终结果是：恢复血管壁完整性、将血液丢失降至最低以及阻止受损组织之外的部位发生凝血。

手术出血的控制 

当手术切割组织使血管断裂时会发生出血。为了避免对患病动物造成不良影响和确保清晰的

手术视野，需尽可能地减少血液丢失。无出血的手术视野可节约宝贵的手术时间。根据组织的类型、出血性质和血管大小可采用不同的止血方式。以下章节将介绍目前兽医临床中常用的止血方法。

按压止血和钳夹止血 

直接按压出血血管是一种快速的止血方法。可用手指轻轻按压或用纱布压迫达到止血的目的（图16.3）。压力过大可能会阻碍血小板和凝血因子向出血部位移行进而抑制凝血。使用纱布止血时需按压足够长的时间，确保凝血块形成。然后小心撤去纱布，注意切勿破坏新形成的凝血块。止血时，避免用纱布进行擦拭。湿润的纱布可减少对血凝块的破坏，而过度湿润则会降低止血的有效性。直接按压可对低压性出血的小血管（毛细血管）进行永久性止血，且在正确操作时不会造成损伤。在对大血管或高压性出血的血管进行永久性止血（如电凝或者结扎止血）前，可通过直接按压进行暂时止血。

大血管可用止血钳进行钳夹，以此压迫组织和促进凝血。低压性小血管可通过上述方式止血而无需结扎。对大血管进行结扎或电凝止血前，

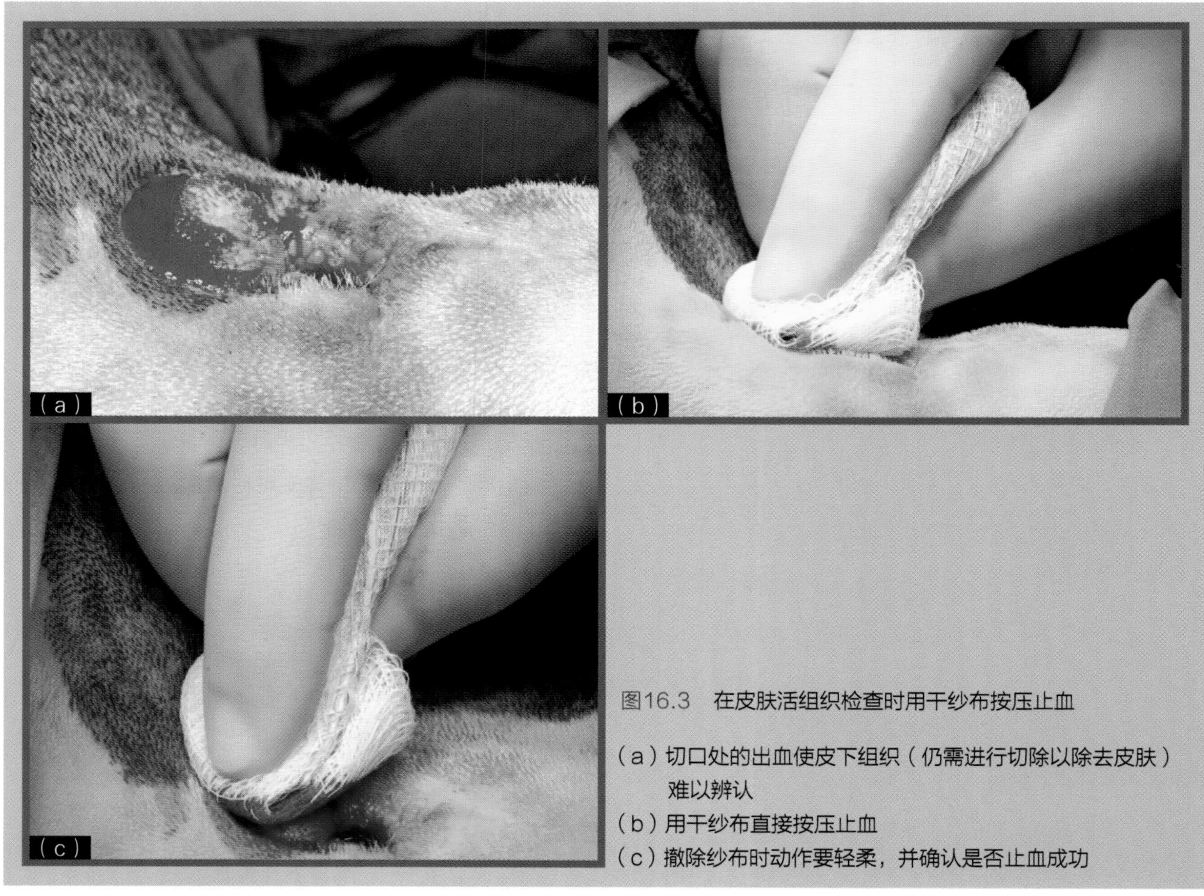

图16.3　在皮肤活组织检查时用干纱布按压止血

（a）切口处的出血使皮下组织（仍需进行切除以除去皮肤）难以辨认
（b）用干纱布直接按压止血
（c）撤除纱布时动作要轻柔，并确认是否止血成功

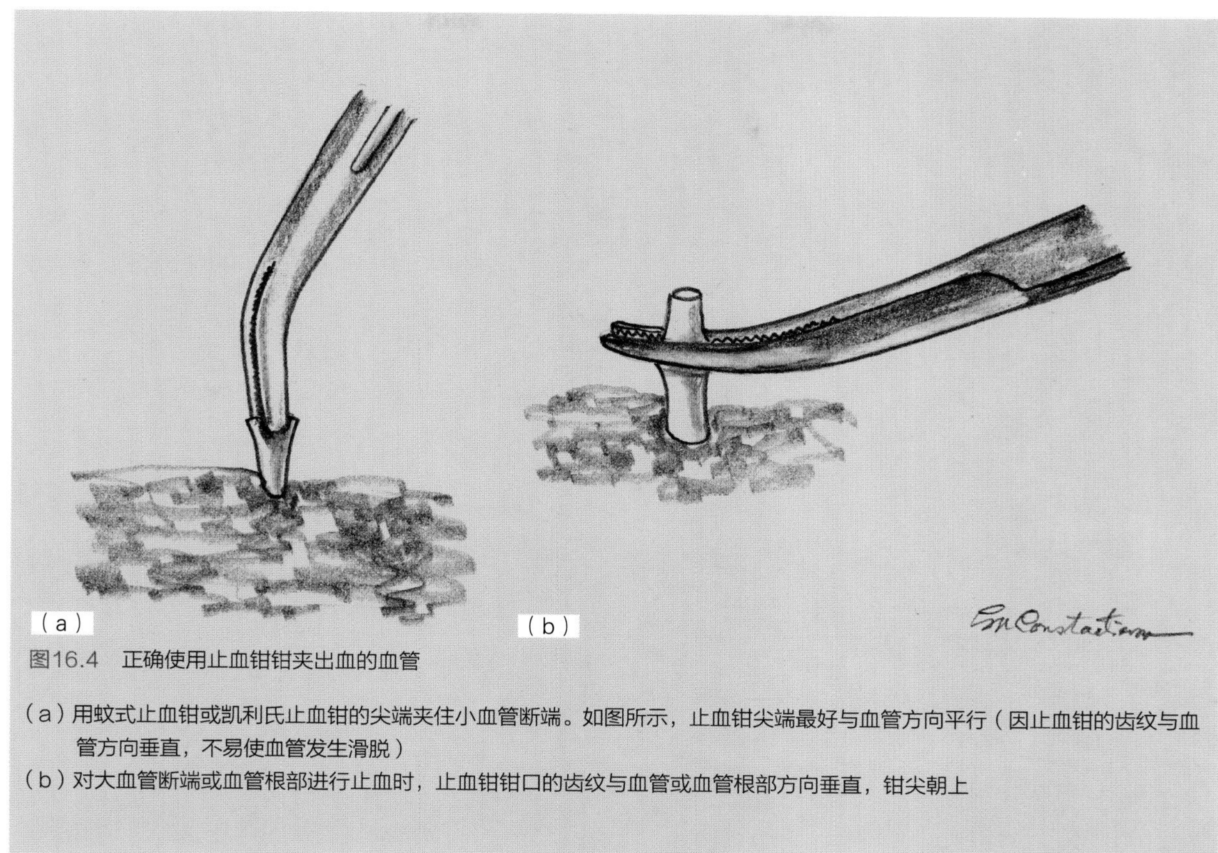

图16.4 正确使用止血钳钳夹出血的血管

(a) 用蚊式止血钳或凯利氏止血钳的尖端夹住小血管断端。如图所示，止血钳尖端最好与血管方向平行（因止血钳的齿纹与血管方向垂直，不易使血管发生滑脱）

(b) 对大血管断端或血管根部进行止血时，止血钳钳口的齿纹与血管或血管根部方向垂直，钳尖朝上

可先用止血钳钳夹止血。此时应避免夹到血管周围的组织，以免造成额外损伤和影响愈合。止血钳的型号应与血管的大小相对应。钳夹时要用止血钳的尖端夹住小血管的断端，而大血管断端和血管根部则需用弯止血钳的钳口进行钳夹（尖端朝上）（图16.4）。

电刀外科

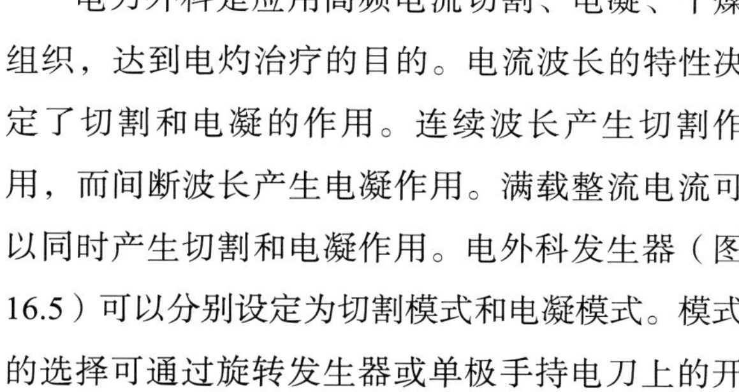

电刀外科是应用高频电流切割、电凝、干燥组织，达到电灼治疗的目的。电流波长的特性决定了切割和电凝的作用。连续波长产生切割作用，而间断波长产生电凝作用。满载整流电流可以同时产生切割和电凝作用。电外科发生器（图16.5）可以分别设定为切割模式和电凝模式。模式的选择可通过旋转发生器或单极手持电刀上的开关来实现（图16.6）。电干燥时选用电凝模式，将电极尖端与组织接触，使电流生成的热量有组织辐射打散产生干燥作用。电干燥功能并不常用，但已被用于无法进行电灼治疗的慢性炎症组织的切除。电干燥的另一个用途是在切除溃疡性肿瘤前使其表面干燥，这样可以减少手术创口的污染。一些电外科设备具有电灼设置，可在不与组织接触的情况下，通过电极端释放的电火花对活组织进行破坏。电灼主要用于慢性炎症组织的切

除。电灼能比电干燥提供更多的组织破坏力，并可通过功率设置进行控制。进行电灼和电干燥操作时不需要接地板，但要严格避免因电流向周围组织扩散而造成组织的过度损伤。电切割和电凝必须使用与动物充分接触的接地板（图16.5）以确保形成正确的回路，避免对动物造成损伤。

电刀不能用于切割皮肤，因为侧向的热性坏死会延迟创口愈合或使创口裂开。电切割具有切割和凝结两种功效，因此在对富含血管的组织（如肌肉）进行操作时非常具有优势。当用电刀尖端切割肌腹时，产生的凝结作用可最大程度地减少出血。用电刀切割皮下脂肪和筋膜时可以有效地控制出血和显视组织层面，因此电刀是切割深部团块组织的有效工具。电切割过程中产生的短暂、刷样冲程可减少侧向热量的产生以及组织损伤。

电凝术经常被误称为电灼术。电灼术（图16.7）是以低压高安培的直流或交流电加热金属头或刀片用以凝固血管，而电流并不会流经动物全身[1]。电灼时热量会被直接导向组织，而如前文所述，电凝实际上是将电流经金属头导向血管。封闭血管的热量转换自组织吸收了电能，而电刀的手持电极并不会变得烫热。电凝最适合于封闭管径不超过1mm的动脉以及管径不超过2mm的静脉。

单极电凝（图16.6）是电刀外科中最常用的类型。交流电经手持电极传导至动物全身再流向接地板。手持电极的金属头与组织的接触面要尽可能的小，最好只触及血管。此外，应尽可能增加动物与接地板的接触面积，防止动物被热灼伤。单极电凝的手术操作区域必须干燥，因为蓄积的

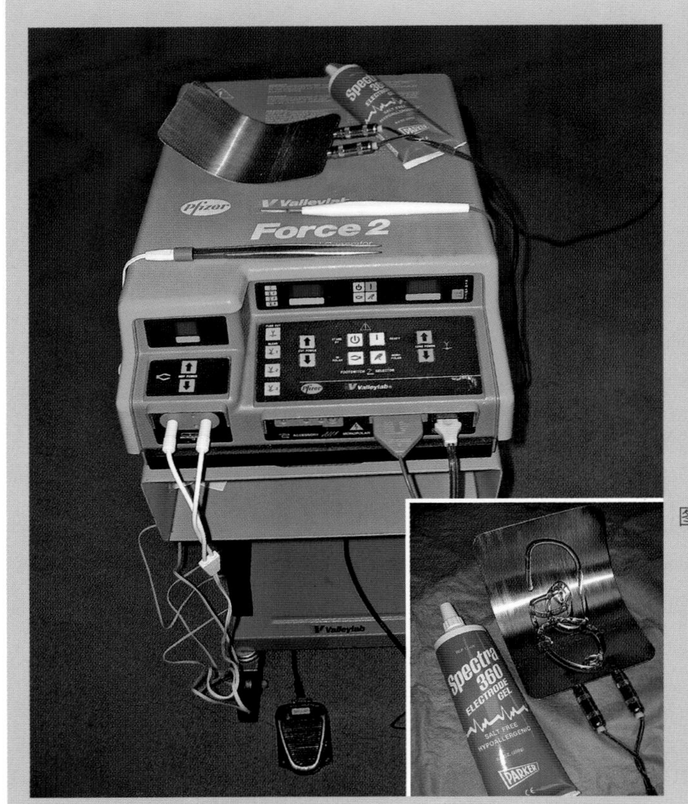

图16.5　具有单电极（白色手持电极）和双电极（镊式手持电极）输出功率的电外科发生器。通过踩踏地板上的脚闸开关激活镊式电极后，电流由电极的一端流向另外一端。使用单电极时需将动物与接地板充分接触，之间用传导凝胶（见插图）以确保电流流经动物全身时的安全性和有效性。图中所示的金属接地板已被更为安全的胶黏传导接地板所取代

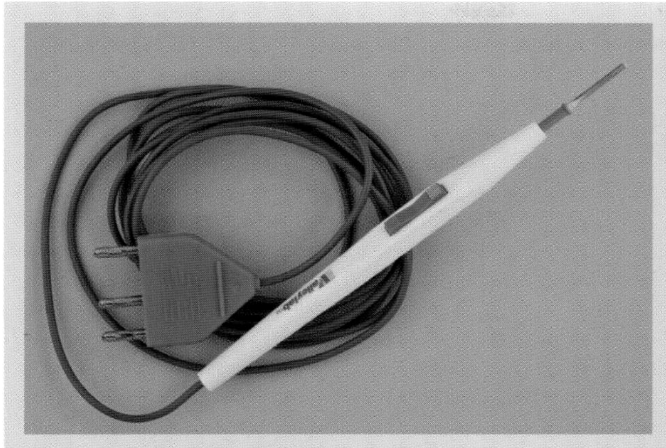

图16.6 电刀外科手持单电极。此种手持电极可与刀片或针头（图示）连接后使用。触发开关用于激活电流，一侧用于激活电凝设置，而另一侧用于激活电切割设置

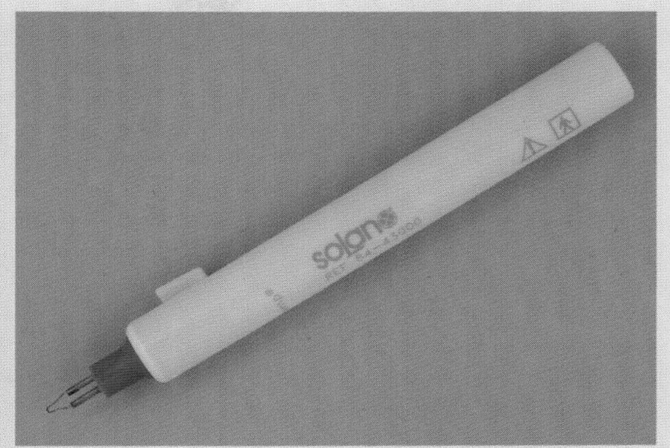

图16.7 电灼装置。手柄中的电池产生的电流对金属丝进行加热，而加热的金属可直接用于灼烧出血组织以控制出血

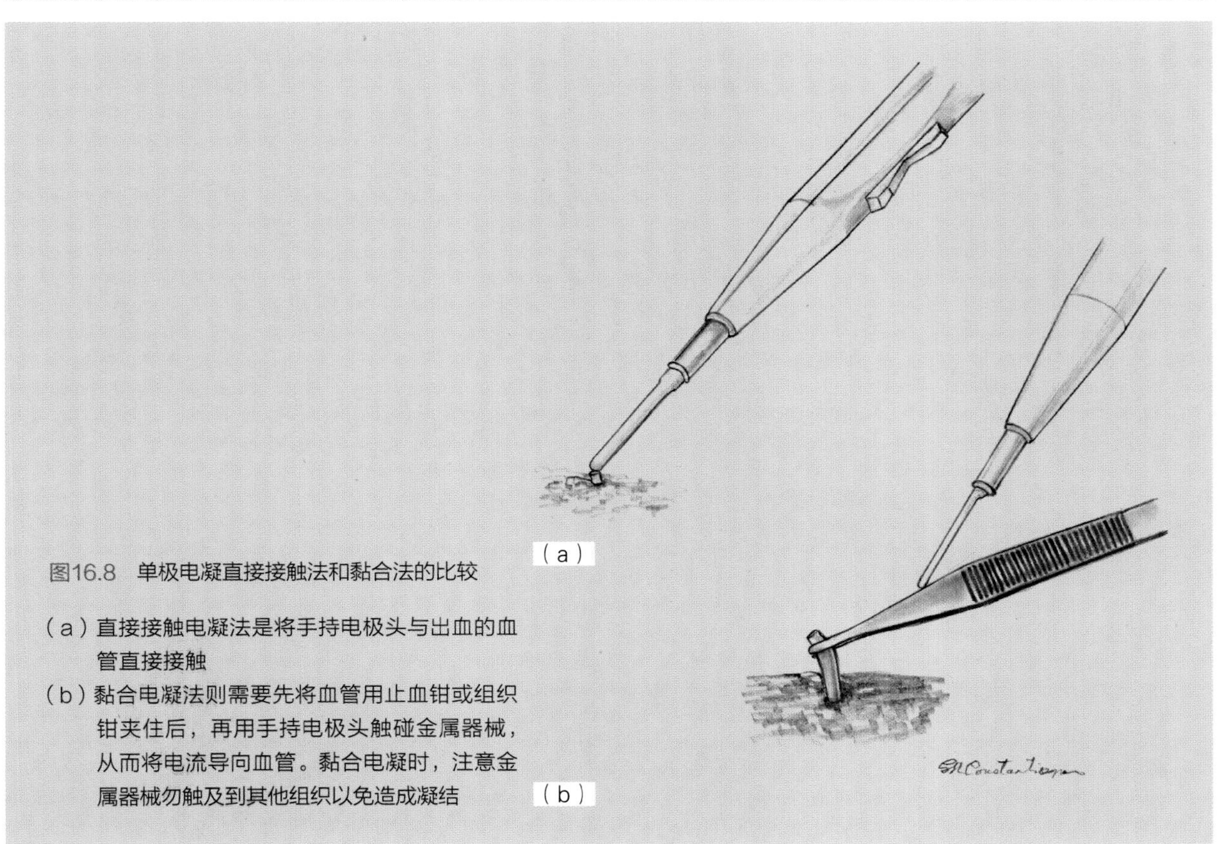

图16.8 单极电凝直接接触法和黏合法的比较

（a）直接接触电凝法是将手持电极头与出血的血管直接接触

（b）黏合电凝法则需要先将血管用止血钳或组织钳夹住后，再用手持电极头触碰金属器械，从而将电流导向血管。黏合电凝时，注意金属器械勿触及到其他组织以免造成凝结

血液会限制接触点的止血效果。单极电极头可直接接触出血组织（直接电凝，图16.8a和图16.9a）或经由金属器械将电流导向血管（黏合电凝法，图16.8b和图16.9b）。为了避免发生侧向灼伤，电极应与止血表面相垂直，而不致触及周围组织。

双极电凝（图16.10）是用电极镊将电流从一

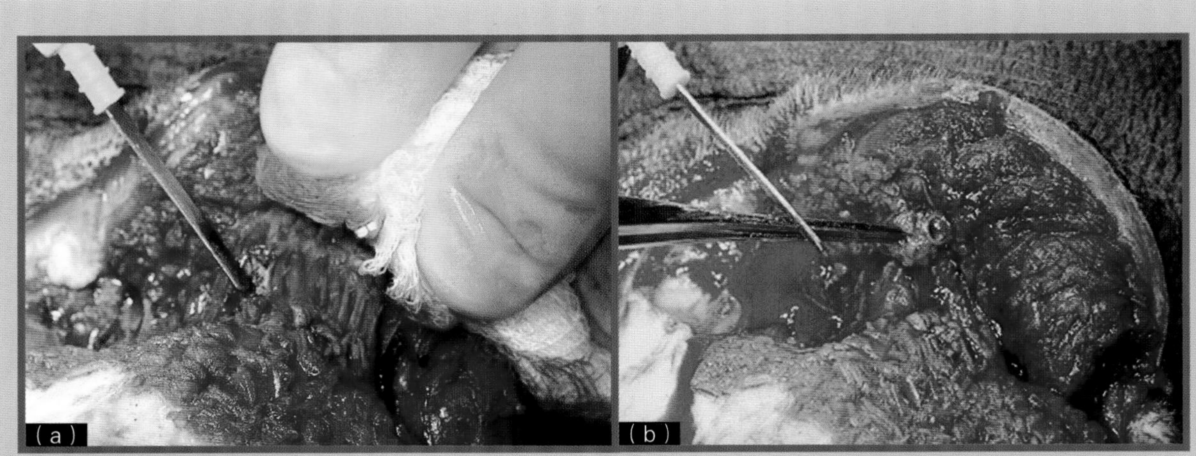

图16.9　单极电凝的临床应用
（a）在截肢手术中使用直接电凝法控制肌肉组织的出血
（b）在截肢手术中使用黏合电凝法通过德贝基（DeBakey）组织钳对血管进行止血

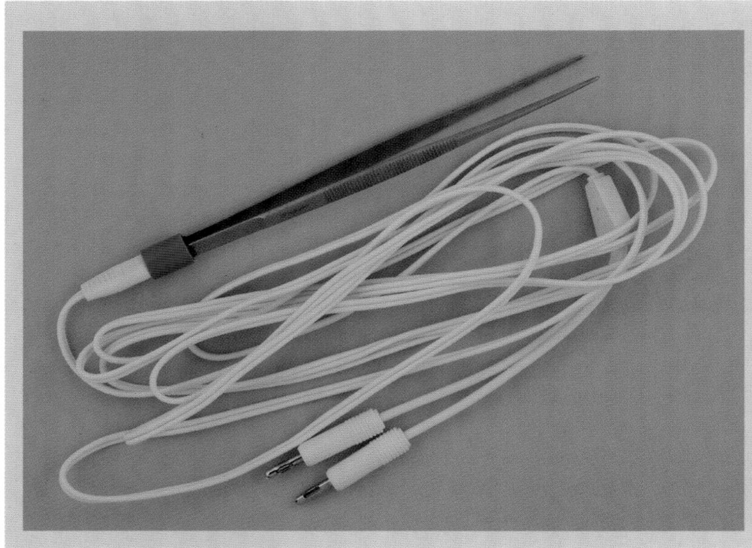

图16.10　双极电凝的手持电极。为了允许电流流动，两个电极头间需保持1mm的距离

侧电极途经血管导向另一侧电极。因电流不会流向动物其他部位，故不需要接地板。为了允许电流流动，两个电极头间需保持1mm的距离。与单极电凝相比，双极电凝的主要优势在于所需的电流强度小和对周围组织的影响小，并可在湿润的手术区域内进行操作。双极电凝对周围组织的热损伤小，因此在神经手术（如半椎板切除术）中极具优势。与单极电凝的手持电极开关（图16.6）不同，双极电凝需通过脚闸开关（图16.5）启动。

两种类型的电凝方式都需清洁手持电极上的碎屑和烧焦物，保证最大限度地向血管传输电流。不正确的操作电极可能会产生电弧和火花，导致严重的组织灼伤、穿道（电流流经狭窄的组织通道时引起电极头远端组织的热损伤）、继发性出血（因未能封闭出血点）、延迟创口愈合，甚至会引发火灾。

放射外科

放射外科设备（Surgitron Dual Frequency RF/120 Device和Surgitron EMCVET Surg, Ellman International, Oceanside, NY）的功能与标准的电刀外科设备相似，也带有切割和凝固设置。设备的能量供应来源于超高频率（如4MHz）的放射波。放射波经细金属丝尖端（主动电极）传导至将行切割或凝固的组织（需根据波形设置）和位于动物身体下方的天线平板（被动电极）（图16.11）。被动电极上无需涂抹传导凝胶，因为它不是接地终端且无需与动物皮肤直接接触。动物并不属于电子回路的组成部分，而且金属丝电极也一直处于冷却状态。组织对高频放射能量的抗性作用诱使局部发热，致使个体细胞蒸发，从而实现切割和凝结作用。对软组织进行精微切割时可以选用此种技术。

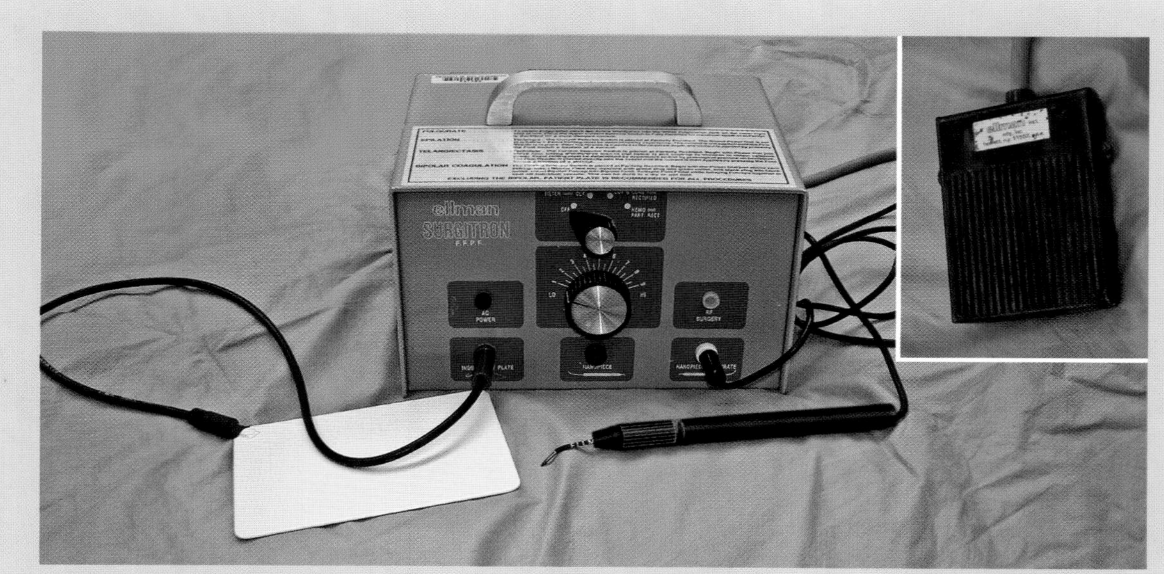

图16.11　放射外科装置。有多种样式的金属刀头可供选用。此图中摆放了一弯形金属刀头。手柄接头插入到白色的电灼插口中，而在使用切割和凝结模式时更常将接头插入中间的黑色的插口中。白色的被动电极是接收放射波以完成电流回路（电流流经动物全身）的天线平板。白色的天线平板不是接地终端，因此无需与皮肤直接接触，且不需要使用传导凝胶。实施电灼术时不一定需要白色天线平板，但在启用切割和凝结功能时需要使用。踩踏脚闸开关可以激发电流（插图）

反馈监测双极镊

反馈监测双极镊是一种新形式的电外科仪器，在开腹术（如脾摘除、肝叶切除术）和腹腔镜检查时尤为适用。LigaSure血管封闭系统（Covidien Animal Health and Dental Division, Mansfield, MA; www.ligasure.com; 图16.12）、EnSeal组织封闭和止血系统（Ethicon Endo-Surgery,

Cincinnati, OH; www.surgrx.com）可封闭直径达7mm的血管丛和组织束。反馈监测设备可对大血管产生可靠的封闭作用，而产生的侧向热能比传统的单极或双极电刀更小。用镊子的尖端钳夹挤压组织成束建立双极循环。高电压低电流能量流经组织，产生的热量使组织中的胶原蛋白和弹性蛋白发生变性。被挤压的血管腔内形成交联的胶原蛋白束将血管封闭[2]。这两种设备都带有反馈控制系统，可检测被钳夹组织的量和传导率，以此调整输出电流的强度。当两电极相接触时，电流即刻中断，此时机器发出结束信号。

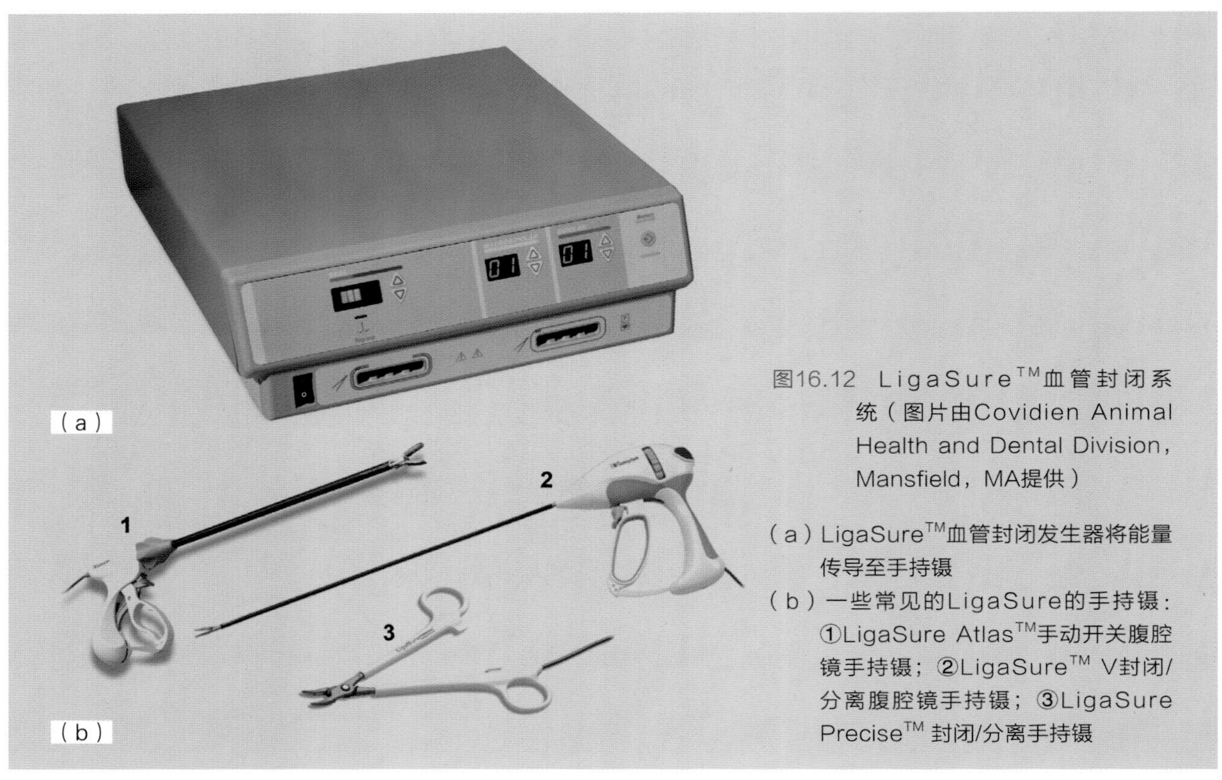

图16.12 LigaSure™血管封闭系统（图片由Covidien Animal Health and Dental Division, Mansfield, MA提供）

（a）LigaSure™血管封闭发生器将能量传导至手持镊

（b）一些常见的LigaSure的手持镊：①LigaSure Atlas™手动开关腹腔镜手持镊；②LigaSure™ V封闭/分离腹腔镜手持镊；③LigaSure Precise™ 封闭/分离手持镊

超声能手术刀

超声能手术刀（Harmonic Scalpel, Ethicon EndoSurgery, Cincinnati, OH; www.harmonic.com; 图16.13）是另一种封闭血管和切割组织的能量设备。由发生器产生的电磁流会被传导至手柄中的压电换能器，而换能器将电磁流转换为机械能，使刀片以55.5kHz的频率振动。振动的钳端产生的摩擦力在组织中产生热能，使组织水分蒸发[3,4]。此时，仪器钳端夹住的血管和组织因蛋白质变性和凝块形成而被封闭。此时，组织的温度相对较低（与其他电刀外科设备相比），因此很少产生烟雾和灼焦物[4]。经证实，超声谐波手术刀可以封闭管径达5mm的血管。

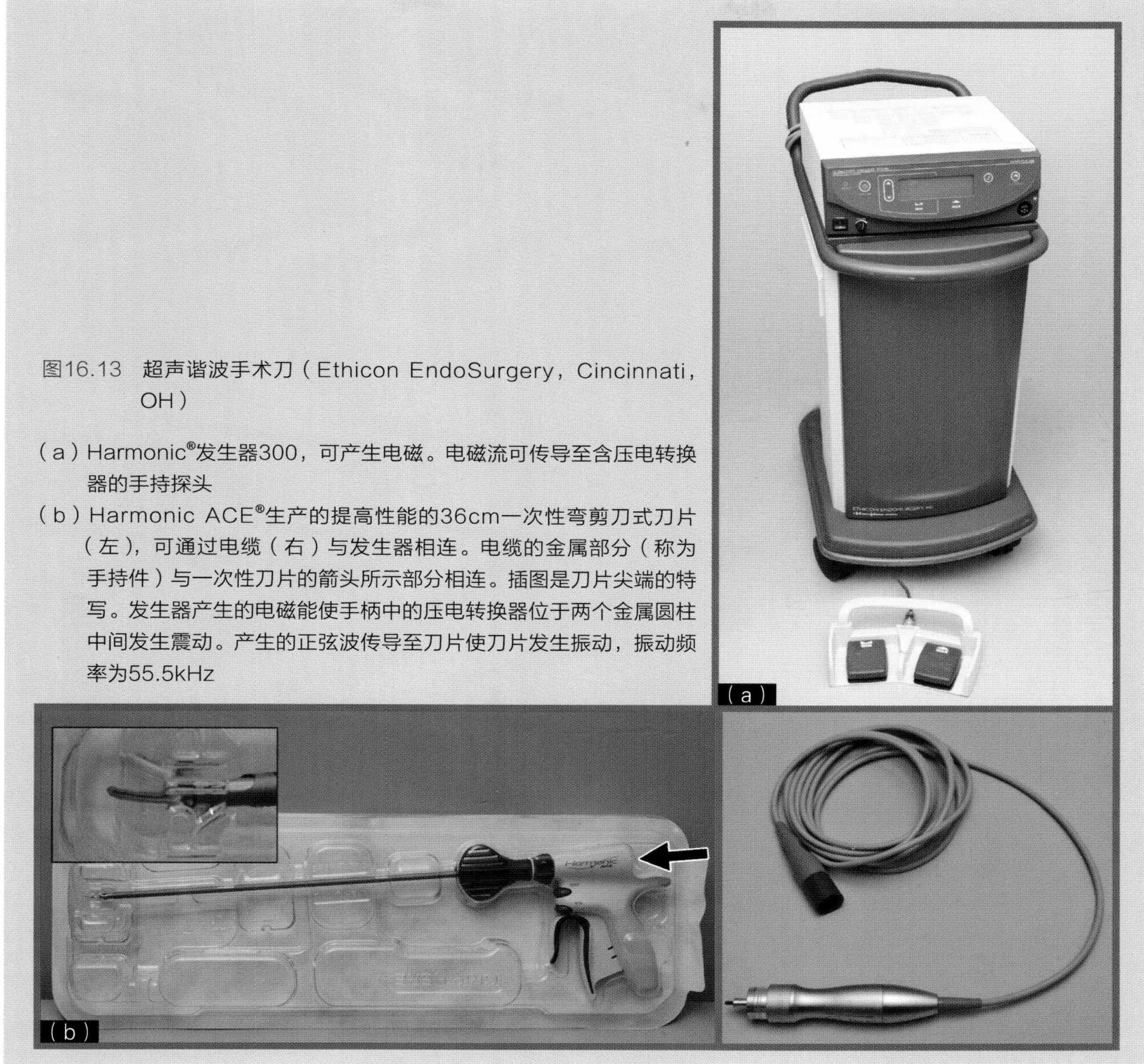

图16.13 超声谐波手术刀（Ethicon EndoSurgery，Cincinnati，OH）

（a）Harmonic®发生器300，可产生电磁。电磁流可传导至含压电转换器的手持探头

（b）Harmonic ACE®生产的提高性能的36cm一次性弯剪刀式刀片（左），可通过电缆（右）与发生器相连。电缆的金属部分（称为手持件）与一次性刀片的箭头所示部分相连。插图是刀片尖端的特写。发生器产生的电磁能使手柄中的压电转换器位于两个金属圆柱中间发生震动。产生的正弦波传导至刀片使刀片发生振动，振动频率为55.5kHz

外科激光

在小动物临床中，外科激光已普遍应用于各种复杂的软组织手术。临床上最常用的激光为二氧化碳激光（图16.14），可产生极易被水分吸收的。聚焦激光波长为10600nm。细胞和组织中的水分与激光束接触后被加热，当温度达到50～100℃时组织发生凝固，超过100℃时水分被蒸发。用外科激光进行切割时可对小血管进行止血，以此保持术区干燥。对于管径较大的血管，可使激光束发散后，再以扫动方式灼烧血管断面。

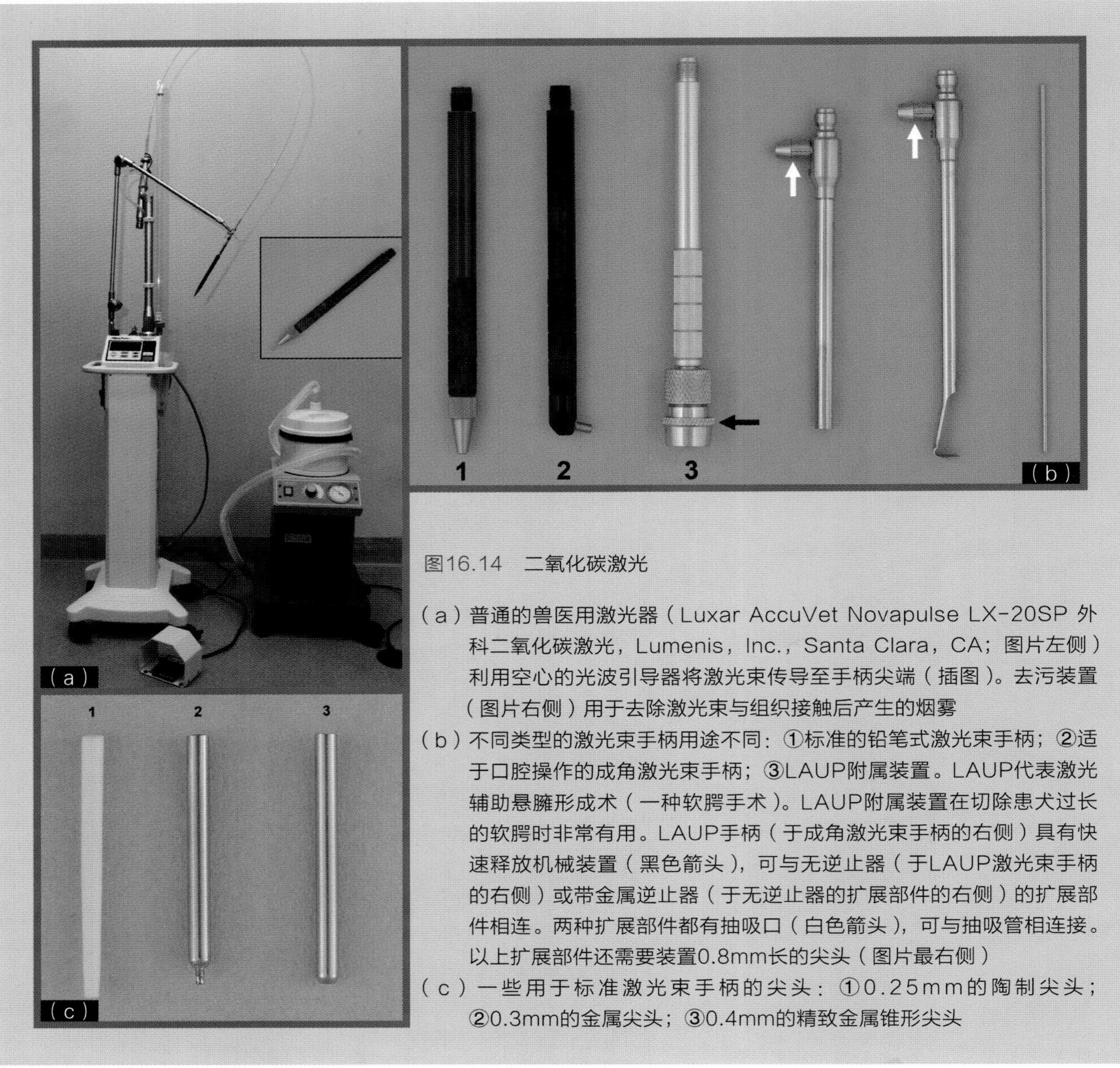

图16.14　二氧化碳激光

（a）普通的兽医用激光器（Luxar AccuVet Novapulse LX-20SP 外科二氧化碳激光，Lumenis，Inc.，Santa Clara，CA；图片左侧）利用空心的光波引导器将激光束传导至手柄尖端（插图）。去污装置（图片右侧）用于去除激光束与组织接触后产生的烟雾

（b）不同类型的激光束手柄用途不同：①标准的铅笔式激光束手柄；②适于口腔操作的成角激光束手柄；③LAUP附属装置。LAUP代表激光辅助悬腭形成术（一种软腭手术）。LAUP附属装置在切除患犬过长的软腭时非常有用。LAUP手柄（于成角激光束手柄的右侧）具有快速释放机械装置（黑色箭头），可与无逆止器（于LAUP激光束手柄的右侧）或带金属逆止器（于无逆止器的扩展部件的右侧）的扩展部件相连。两种扩展部件都有抽吸口（白色箭头），可与抽吸管相连接。以上扩展部件还需要装置0.8mm长的尖头（图片最右侧）

（c）一些用于标准激光束手柄的尖头：①0.25mm的陶制尖头；②0.3mm的金属尖头；③0.4mm的精致金属锥形尖头

血管结扎

必须用缝线结扎大血管以充分止血（图16.15）。可在横断血管前或之后进行结扎。若在横断血管后再结扎，则先用止血钳夹住血管进行暂时止血。尽可能地将结扎的血管与周围组织分离，防止结扎线滑脱。必须进行双重结扎，尤其是在结扎大动脉时。需要将动脉和静脉分别结扎，避免形成动静脉瘘。

常规用于血管结扎的材料包括单股或编织的可吸收缝线（聚卡普隆25、羟乙酸乳酸聚酯910、铬制肠线）。通常不使用持久性缝线结扎血管，因为血管会很快发生封闭。但一些外科医生喜欢使用丝线，因其操作方便且打结确实。缝线的型

号需根据血管的管径进行选择，但切记尽量选择适合结扎的最细缝线，使打结更为确实。为了结扎确实，结扎时要系方结。在结扎血管蒂时，若因组织张力过大而无法收紧第一个线环时，则可改系外科线结。需要注意的是，外科线结过大，相对不容易打结确实。

在结扎管径大于5mm的血管时可以使用金属血管夹（Hemoclips, Weck Closure Systems, Research Triangle Park, NC）（图16.16）。将血管与周围组织分离后，用专门的放夹器在血管上安置血管夹。根据血管的管径选择血管夹的型号，血管管径应为血管夹长度的1/3至2/3。与传统的结扎方法相比，血管夹操作简便，但也相对更容易从血管末端滑脱（尤其在使用不当时）。此外，还可以使用一次性连发式血管夹（Auto Suture Premium Surgiclip Ⅱ, Covidien Animal Health and Dental Division, Mansfied, MA）。

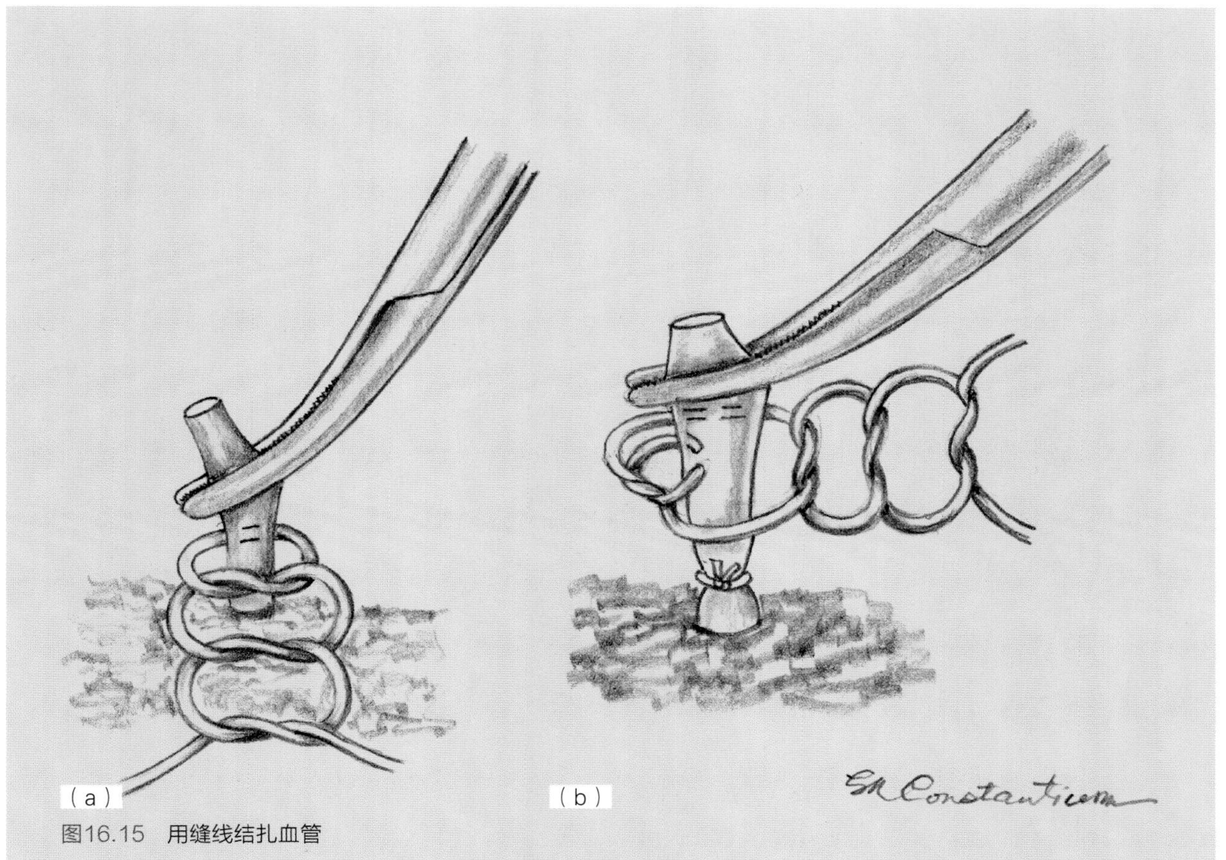

图16.15 用缝线结扎血管

（a）在止血钳尖端下方环形结扎血管。收紧第1个线环（单结）牢固地闭塞血管，然后再附加3个单结，最终成为两个方结。若止血钳夹住血管时带上了邻近组织，则在收紧第1个线结的同时快速松开止血钳。“快速松开”是指在收紧第1个线结时，迅速松开止血钳后再马上重新夹紧。术者在进行这一操作时并不能真正地看到止血钳松开，而止血钳的钳嘴也并未从组织/血管蒂移开

（b）贯穿结扎用于结扎大血管和血管蒂。在紧邻环形结扎的位置贯穿结扎血管。缝针穿过小部分血管壁后系上单结，然后将缝线环绕血管后系紧，最后以两个方结收紧血管（见第18章贯穿结扎血管蒂方法）

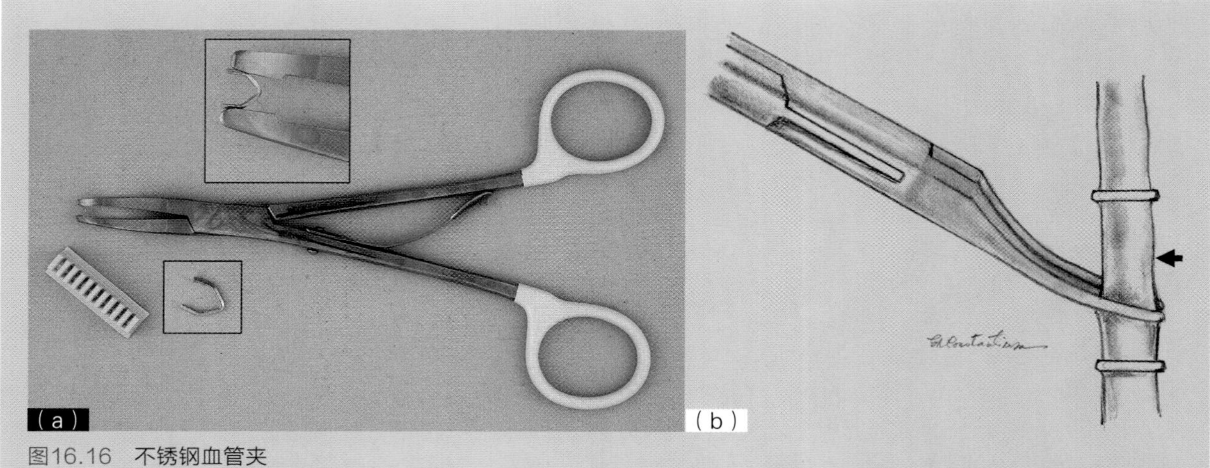

图16.16 不锈钢血管夹

(a)图片中展示了血管夹放置器(Weck Closure Systems, Research Triangle Park, NC)和夹片盒中的血管夹。插图为单独的金属血管夹和放夹器头侧的血管夹近视图
(b)可将血管夹置于分离后的血管上(通常在放置止血钳的部位),然后在适当部位将血管横断(箭头)。血管夹同样也可以用于已被止血钳夹住的血管断端。血管管径应为血管夹长度的1/3至2/3

止血剂

低压性弥散性出血,如肝脏和脾脏的出血,通常无法使用上述方法进行控制。此情况下,使用局部止血剂可有助于止血和提高可见度。局部止血剂也可以用于因压迫或热损伤造成器官功能受损的手术部位,如中枢神经系统。局部止血剂无法控制呈喷射状的动脉出血。止血剂的作用机理因成分不同而有所差别,但一般都是通过提供某种凝血基质来发挥止血作用,因此动物必须具有正常的凝血功能。

骨蜡

骨蜡(Bone Wax;图16.17)用于填塞骨表面的出血。与其他局部止血药不同,骨蜡不会引起凝血反应。骨蜡由半合成的蜂蜡和软化剂(如棕榈酸异丙酯)制成,因而可被挤压入松质骨内。骨蜡不可吸收,并会抑制骨愈合,因而仅可少量使用。不能用于骨折和骨切开术中,因为这些手术愈合时需要骨生成。骨蜡通常用于控制截肢术和下颌骨切除术中骨髓腔开放所引起的骨出血。骨蜡的包装规格为每个无菌铝装中含2.5g。

明胶海绵

Gelfoam(Pharmacia & Upjohn, New York, NY;图16.18a)和Vetspon(Novartis Animal Health, Greensboro, NC;图16.18b)均为不溶性的无菌可吸收猪源明胶海绵(Gelatin Sponges),用于控制低压性毛细血管出血。多孔的明胶海绵

图16.17 骨蜡（Medline Industries，Mundelein，IL）

图16.18 明胶海绵

（a）Gelfoam（Pharmacia & Upjohn，New York，NY）和（b）Vetspon（Novartis Animal Health，Greensboro，NC）

具有延展性，这使其能够吸收数倍于自身重量的血液。当海绵被血液浸透后可将出血表面填塞，并作为人造基质促进和支持血小板凝集以及纤维凝块的形成。

不同厂商制造的明胶海绵在形状上各不相同，有条带形、方块形和立方形，可根据组织表面进行剪裁和塑形。可以使用干燥海绵，也可用无菌生理盐水浸泡后使用。与缝合材料一起使用时，仅需极少用量，以降低排异反应。应将干海绵压缩用中度的压力放置于出血部位直至将血止住。使用湿海绵时，应先将海绵浸泡在生理盐水中，把多余的水分挤掉后再次浸泡，将基质中的气泡排空。湿明胶海绵与干海绵的使用方法相同。

明胶海绵的吸收需要4~6周，且不会影响创伤愈合。用于多骨区如椎管和颅盖的止血，血止后应将明胶海绵撤除，以免形成瘢痕组织而对神经组织造成压迫性损伤。明胶海绵亦可成为感染和脓肿形成的起源部位，因而禁止将其放置在污染部位上。

氧化再生性纤维素网

氧化再生性纤维素网（Oxidized Regenerated Cellulose）经剪裁后适用于任何出血表面。氧化

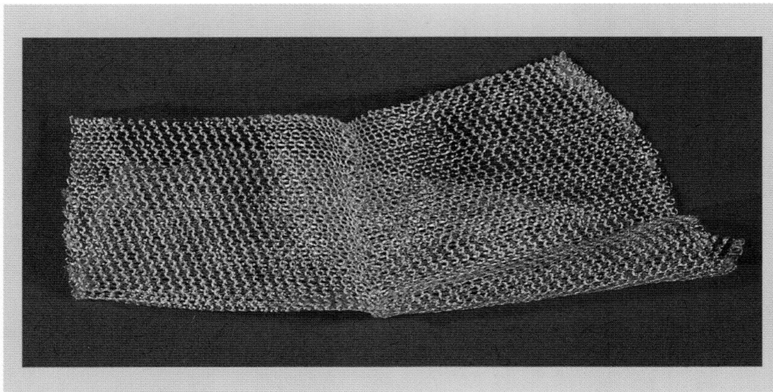

图16.19 氧化再生性纤维素网（Surgicel Original，Johnson & Johnson，Somerville，NJ）

再生性纤维素与血液表面接触后可形成凝胶样团块，类似于人造血凝块，从而发挥止血作用。因氧化再生纤维素的活化机制依赖于血红素，因此除血液外，它在其他体液中无活性。氧化再生性纤维素可在7～14d内被吸收，仅会产生轻微的炎症反应。与明胶海绵相同，氧化再生性纤维素网与血液接触后亦会发生膨胀，因此当封闭性骨区的止血完成后应将其撤除。现有3种不同类型的氧化再生性纤维素网：①有弹性的多功能纤维素网（Surgicel Original, Johnson & Johnson, Somerville, NJ; 图16.19）；②可用于严重出血后止血以及固定缝合的致密纤维素网（Surgicel Nu-Knit, Johnson & Johnson, Somerville, NJ）；③软质多层纤维素网（与脱脂棉性质相似，可根据需要量进行剥离）（Surgicel Fibrillar，Johnson & Johnson，Somerville，NJ）。

致谢

笔者向密苏里州立大学临床和解剖病理学（ACVP）教研室的专科医师Lina M.Berent表示谢意，感谢她为本章内容编写所提供的帮助。

参考文献

［1］ Fucci V, Elkins AD. Electrosurgery: principles and guidelines in veterinary medicine. Compend Contin Educ Pract Vet 1991;13:407–415.

［2］ Harold KL, Pollinger H, Matthews BD, et al. Comparison of ultrasonic energy, bipolar thermal energy, and vascular clips for the hemostasis of small-, medium-, and large-sized arteries. Surg Endosc 2003;17:1228–1230.

［3］ Royals SR, Ellison GW, Adin CA, et al. Use of an ultrasonically activated scalpel for splenectomy in 10 dogs with naturally occurring splenic disease. Vet Surg 2005;34:174–178.

［4］ Clements RH, Palepu R. In vivo comparison of the coagulation capability of SonoSurg and Harmonic Ace on 4 mm and 5 mm arteries. Surg Endosc 2007;21:2203–2206.

［5］ Holt TL, Mann FA. Soft tissue applications of lasers. Vet Clin North Am Small Anim Pract 2002;32(3):569–599.

17 外科导管和引流

Fred Anthony Mann

在兽医外科手术中，导管和引流管的使用非常普遍，包括鼻内导管、胸膜腔造口导管、气管造口导管、膀胱造口导管、饲管、创口引流管以及腹腔引流管。本章旨在向读者介绍上述常见外科导管和引流管的结构特点、适用范围以及可能引起的潜在并发症。

鼻内导管

鼻内导管可用于通氧和向食道或胃内投喂食物（图17.1a和图17.1b）。不同用途的鼻内导管，其安置方法相同（图17.1c 至图17.1o）。对于清醒状态下的动物，首先将眼部麻醉剂滴入其鼻腔内，待药物起效后再安置导管和固定材料。导管的长度（如导管插入的深度）决定了其用途。若进行通氧，则应将鼻内导管插入至内眼角水平（图17.1e和图17.1f）。若进行鼻食道饲喂，则大致从第5肋间隙至鼻孔外侧合缝处量取导管的插入长度，而鼻胃导管的插入长度则从第13肋至鼻孔外侧合缝处进行测量。需要使用摩擦线结对导管进行固定[1]。大多数情况下，可以在20 G皮下注射针的引导下，用2-0单丝缝线完成导管的固定（图17.1g）。在插入导管前，于鼻孔外侧合缝处穿入固定导管起始部的摩擦固定缝线（图17.1h和图17.1i）。在系完方结后应留有足够长的线尾用于打外科结，同时准备插入已润滑的导管（图17.1j）。首先用拇指将动物鼻翼抬高（图17.1k），然后再将导管插入。以此种方式抬高鼻翼可让导管顺利插入下鼻道，若向上插入鼻道和/或中鼻道可能会造成出血和不适感。将导管插入

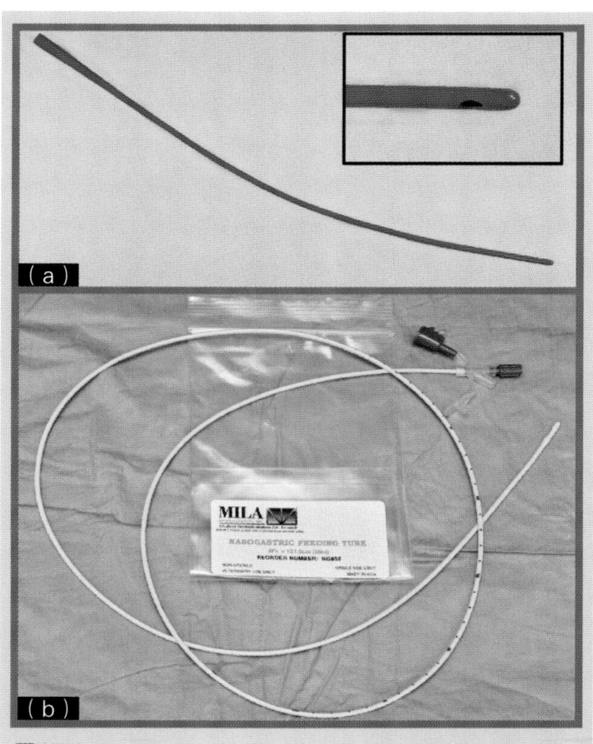

图17.1

（a）红色橡胶饲管。这种导管常用于鼻内通氧。若导管足够长，也可用作鼻胃或鼻食道饲管。普通的红色橡胶管长度分别为41cm和56cm。此类长款导管也可用作空肠造口导管

（b）鼻胃饲管。图中导管的材质为聚氨酯，与红色橡胶管相比，此类导管引起的炎症反应较小。通常需要使用管心探针使导管获得足够硬度以便插入

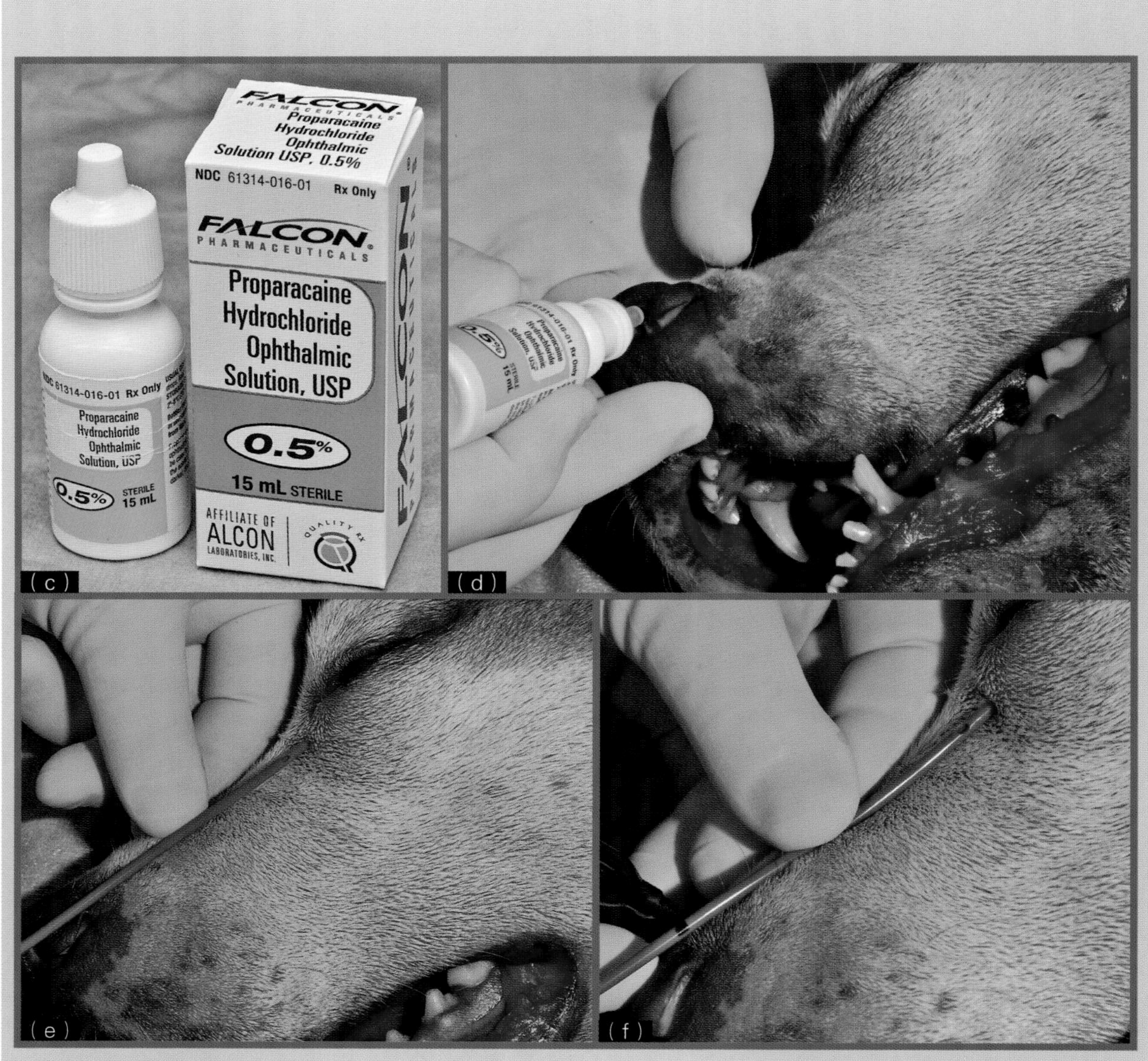

(c) (d) (e) (f)

图17.1（续）

（c）眼科局部麻醉剂。在插入鼻导管之前使用，让鼻黏膜麻痹。
（d）在插入鼻内导管前，向鼻腔内滴入眼科局部麻醉剂，同时抬高鼻部确保麻醉剂滴进下鼻道
（e）估测用于鼻内通氧的红色橡胶管长度。测量长度从内侧眼角至鼻孔外侧合缝处
（f）插入前先在鼻内导管上做好标记，即在鼻孔外侧合缝处水平的导管上做一固定标记，这有助于指示导管插入的深度

下鼻道后，调整导管的插入深度，同时松开鼻翼（图17.1l）。然后把导管放置在鼻孔外侧合缝处的线结上（图17.1m），再系上外科结压紧导管（图17.1n）。之后沿鼻梁至头顶部方向继续用摩擦线结将导管固定（图17.1o）。在枕骨外侧粗隆处的皮肤上安置摩擦线结，可以防止动物在俯卧或站立时导管悬吊于眼睛上方。

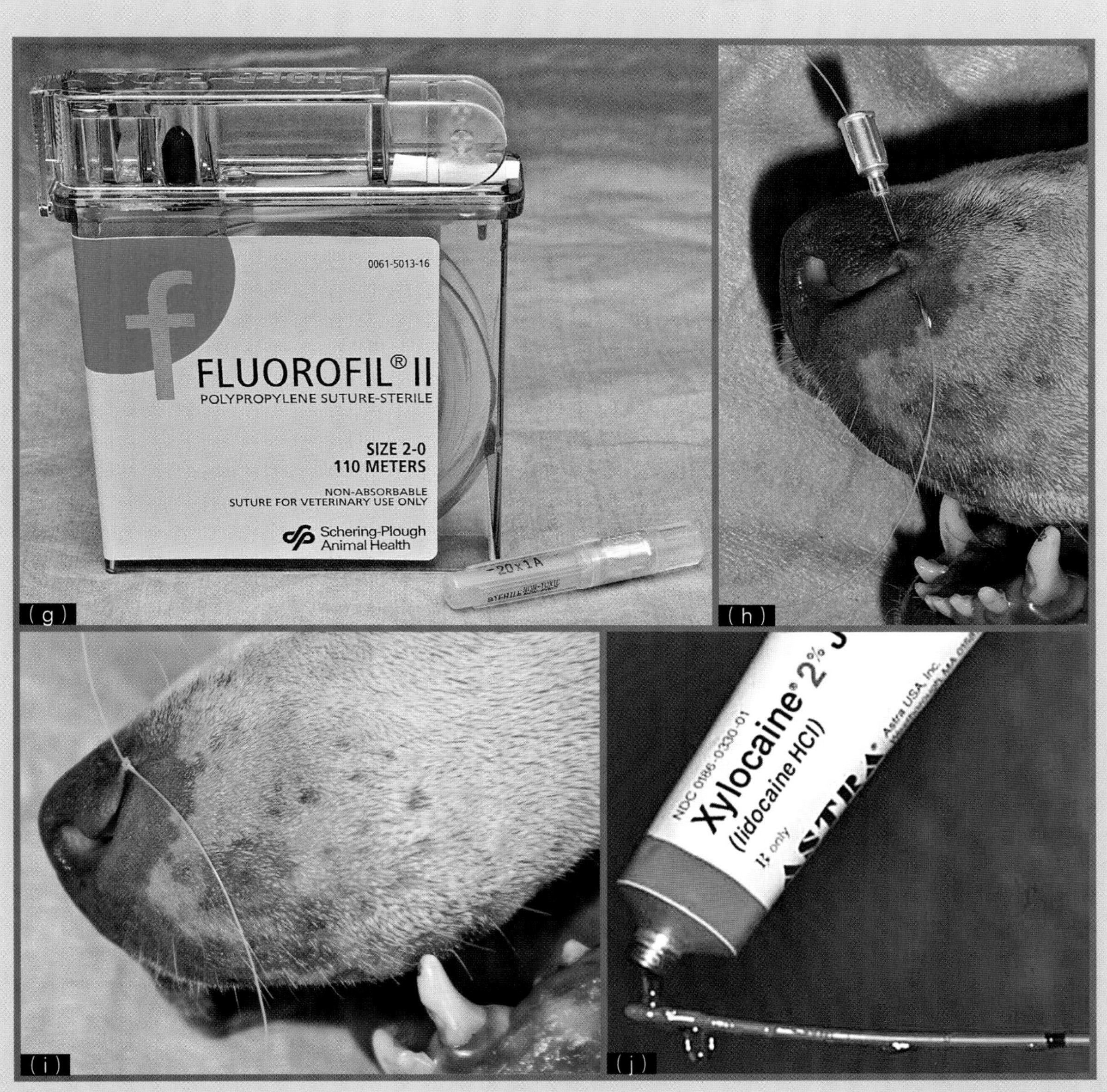

图17.1（续）

（g）安置摩擦固定线结用的缝合材料和缝针。缝合材料应易于与动物的皮肤和被毛相区别，这样便于撤除导管时拆除线结。大多数鼻内导管需要使用2-0单丝缝线进行固定，而这一型号的缝线也很容易穿过20G的皮下注射针。

（h）开始系固定鼻导管的第一个摩擦固定线结。用20G的皮下注射针从鼻孔外侧合缝处进针，并将2-0不可吸收单丝缝线从针尖斜面穿过针座，最后将注射器撤除

（i）固定鼻内导管摩擦线固定结上的第一个结。先系一个方结并留出足够的线长，待导管插入所需深度后再系第二个结

（j）插入导管前先将其润滑。可以使用水溶胶或利多卡因凝胶（如图所示）进行润滑。当使用麻醉滴剂无效时可以另行使用利多卡因凝胶，它同样可以对鼻黏膜产生局部麻醉作用

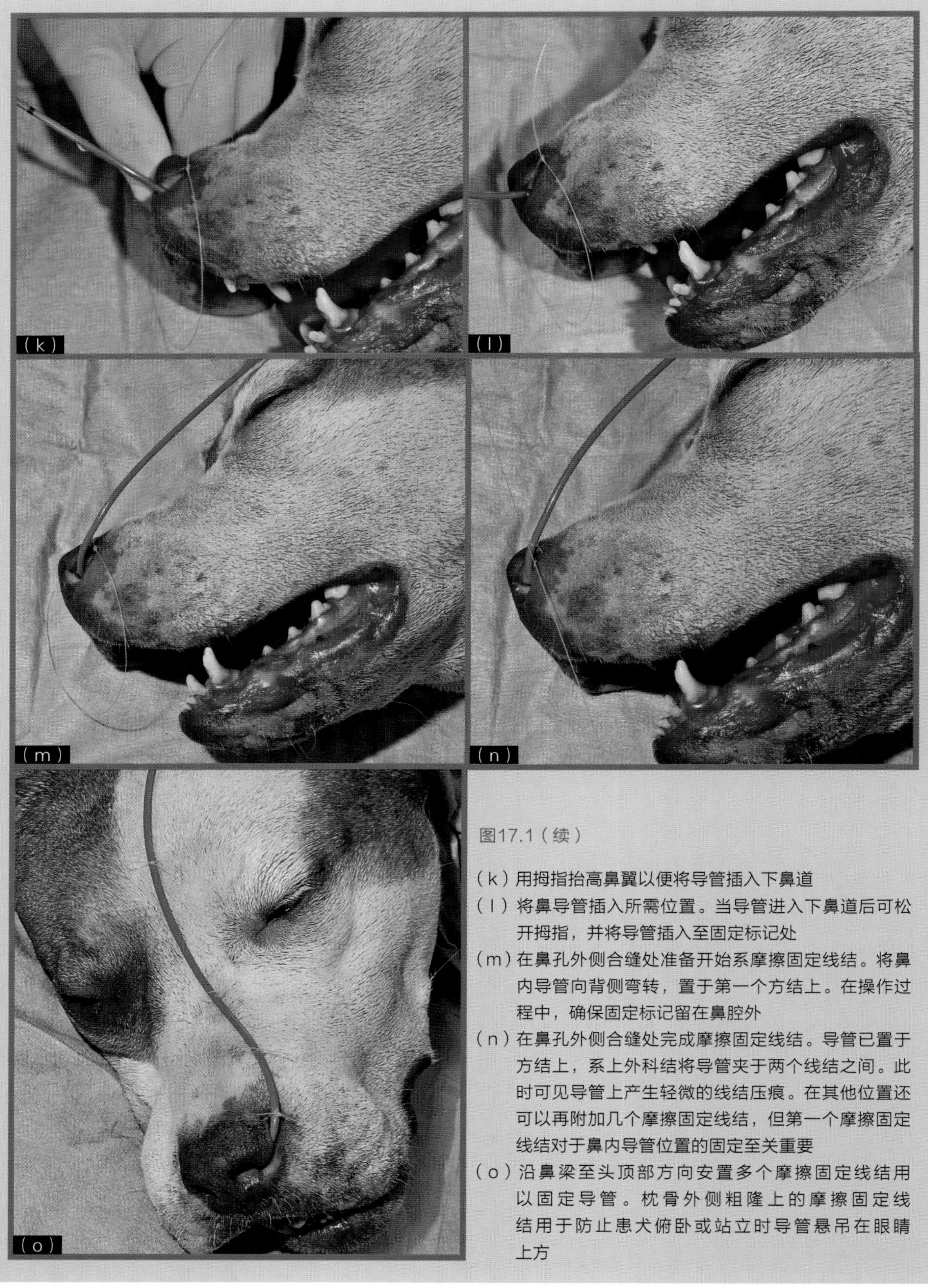

图17.1（续）

（k）用拇指抬高鼻翼以便将导管插入下鼻道

（l）将鼻导管插入所需位置。当导管进入下鼻道后可松开拇指，并将导管插入至固定标记处

（m）在鼻孔外侧合缝处准备开始系摩擦固定线结。将鼻内导管向背侧弯转，置于第一个方结上。在操作过程中，确保固定标记留在鼻腔外

（n）在鼻孔外侧合缝处完成摩擦固定线结。导管已置于方结上，系上外科结将导管夹于两个线结之间。此时可见导管上产生轻微的线结压痕。在其他位置还可以再附加几个摩擦固定线结，但第一个摩擦固定线结对于鼻内导管位置的固定至关重要

（o）沿鼻梁至头顶部方向安置多个摩擦固定线结用以固定导管。枕骨外侧粗隆上的摩擦固定线结用于防止患犬俯卧或站立时导管悬吊在眼睛上方

胸腔造口导管

胸腔造口导管（胸导管）适用于控制创伤性或非创伤性的气胸或者胸腔穿刺术无效的胸腔积液。胸导管也可用于开胸术和膈疝修补术的术后管理。市售的胸导管多为由半透明聚氯乙烯制成的大管径、不透射线导管。一些导管在出售时会附带铝制套管针。将套管针置于导管内（正好伸至导管尖端）有助于导管穿透胸壁（Argyle Trocar Catheter，Covidien Animal Health and Dental Division，Mansfield，MA；图17.2a和图17.2b）。大管径的红色橡胶管、硅胶管（Bio-sil，Silmed Corporation，Taunton，MA；图17.2c）或其他生物材料制成的导管也可作为胸导管来使用。但因为没有配套的套管针，所以上述导管的安置也更为困难。此外，还可能需要使用管径更大的引导工具，这也大大增加了管周空气泄漏的可能性。套管针导管适合于经皮安置，而无套管针导管更适合在开胸或膈疝修补术中安置。胸导管的大小通常与动物主支气管的直径相等，但仅从X线片上估测主支气管大小的方法并不可靠。因此，需根据经验选用可穿过肋间隙的最大直径导管。

在准备经皮安置胸导管时，确保动物已全身麻醉，并通过气管内插管通氧。即便是危重动物，也不建议在单独局部麻醉的情况下安置胸导管，因为保证气道通畅、正压通气和供氧可以很好地改善动物体况。出现呼吸抑制的动物应该在操作前提前吸氧5～10min。胸部大范围剃毛并进行皮肤的无菌准备，确保操作过程中导管和术者的手套不被周围皮肤或毛发污染。皮肤无菌准备完成后使用创巾对手术区域、无菌设备和辅助材料作进一步隔离保护。使用局部麻醉剂（利多卡因与碳酸氢钠比例按9：1的比例混合）对皮肤插入位点、肋间隙入口以及两位点间管道上的组织进行浸润麻醉。此时使用局部麻醉剂将有利于术后的镇痛。

经皮安置胸导管的操作步骤包括胸部尾背侧皮肤以及下层背阔肌上的小的穿刺切口；刺入点距离背阔肌下层的前腹侧管道至少有两个肋间隙的宽度[2]；将导管穿透肋间隙（通常在第7或第8肋间隙）并继续插入胸腔，止于胸骨背侧（图17.2d）。以下部分的内容将详细介绍如何经左侧第

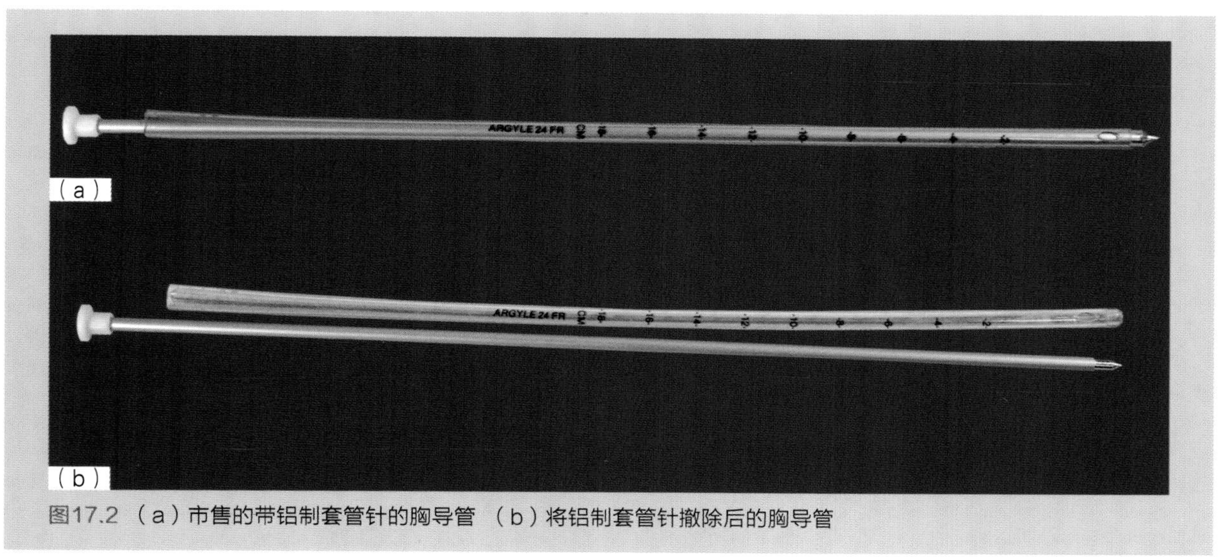

图17.2 （a）市售的带铝制套管针的胸导管 （b）将铝制套管针撤除后的胸导管

8肋间隙安置胸导管。

当使用带套管针的胸导管时，在左侧胸壁第11肋靠背侧1/3的部位用11号手术刀片刺透并切开皮肤和背阔肌（图17.2e和图17.2f）。直接在肋骨位置上全层刺透背阔肌可避免不慎刺入胸腔（图17.2g）。穿刺切口的大小与导管直径一致。将套管针导管在胸壁中部的背阔肌下由第11肋向第8肋间隙前插（图17.2）。当导管尖端抵至第8肋间隙时，将套管针导管直立，与胸壁垂直。在距离体壁1～2cm处用非惯用手抓牢套管针导管（或在手部与胸壁之间留出足够的空间，距离约为肋间隙肌肉的厚度），此时另外一只手迅速地拍按套管针将导管穿透肋间隙（图17.2i和图17.2j）。当导管进入胸膜腔后，立即将套管针往外退出1cm（图17.2k），防止针尖损伤胸腔器官。然后将导管向胸腔前腹部方向前插，直至插入预定长度。在导管抵至胸骨时，将套管针撤除并让导管前插至胸腔入口处。最终的结果是，导管开口正好位于胸骨背侧，而导管尖端靠近（但未通过）胸腔入口处。在完成连接（如使用导管夹、连接导管连头以及用注射器手动排空胸腔内的气体和液体）后，至少应安置一个摩擦固定线结防止导管移位。之后拍摄X线片确定导管放置正确（图17.2d）。在确定导管正确放置后，再继续添加3个摩擦线固定结用以固定导管（图17.21）。

使用不带套管针的导管时，可用罗-卡二氏止血钳进行辅助。与带套管针导管的安置方法相同，在左侧胸壁靠背侧1/3的部位用11号刀片刺透并切开皮肤和背阔肌（图17.2g）。为了能伸入止血钳，此时的切口一般比导管直径要大一些。用罗-卡二氏弯止血钳在胸壁中部的背阔肌下由第11肋向第8肋间隙方向做一管道，管道宽度与止血钳大小一致，之后将该止血钳撤除（注：一些临床医生更倾向于在此处直接用止血钳刺透肋间隙）。用罗-卡二氏止血钳夹住胸导管的尖端，导管与钳身平行（图17.2m），然后将钳夹的胸导管插入之前做成的管道中（图17.2n）。当止血钳尖端抵至第8肋间隙时，将止血钳直立，与胸壁垂直。一只手抓牢止血钳，手部距离体壁约1～2cm，此时另一只手拍按止血钳的柄环，让导管贯穿胸壁肌层进入胸膜腔（图17.2o和图17.2p）（若肋间隙已先行用止血钳刺透，则此时需要让钳夹的导管轻缓地穿过肋间隙）。胸导管进入胸腔后，撤出止血钳，并将导管向胸腔前腹部前插，直至插入预定长度。

在导管插入完成后（通过套管针或止血钳辅助），围绕导管褥式缝合皮肤切口起密封作用，即便撤除导管后也无需另行缝合。若皮肤切口过大，则需要在导管两侧进行间断缝合。当导管连接好后，放置导管夹（处于开放状态）（图17.2q和图17.2r），且至少安置一个摩擦固定线结用以将导管和皮肤、下层筋膜一同固定。通过导管接头将导管与三通管相连接（此时动物端开放），并用注射器抽除胸腔内的气体和液体，恢复胸膜腔负压（图17.2s）。注意勿过度抽吸注射器，避免损伤肺脏。胸膜腔恢复负压后，将导管夹关闭，旋扭阀门关闭动物端导管（图17.2t），然后拍摄X线片确定导管的位置。若导管放置正确，再添加3个摩擦固定线结。若此后无需再进行其他操作，可停止麻醉。

若需安装胸部绷带来保护胸导管，则包扎时要松紧适度，避免压迫胸壁的呼吸运动，之后必须每天拆开绷带检查导管的插入位置。实际包扎时，在皮肤切口上安置补丁绷带或许更为方便。

若在开胸时放置胸导管，则要在对合肋间隙前放置好导管（或在胸骨正中切开闭合前）。胸壁刺透切口和管道成形的操作与上述经皮放置的方法相同，此时无需使用套管针。在切开肋间隙肌层或用止血钳轻柔贯穿后，可用罗-卡二氏止血

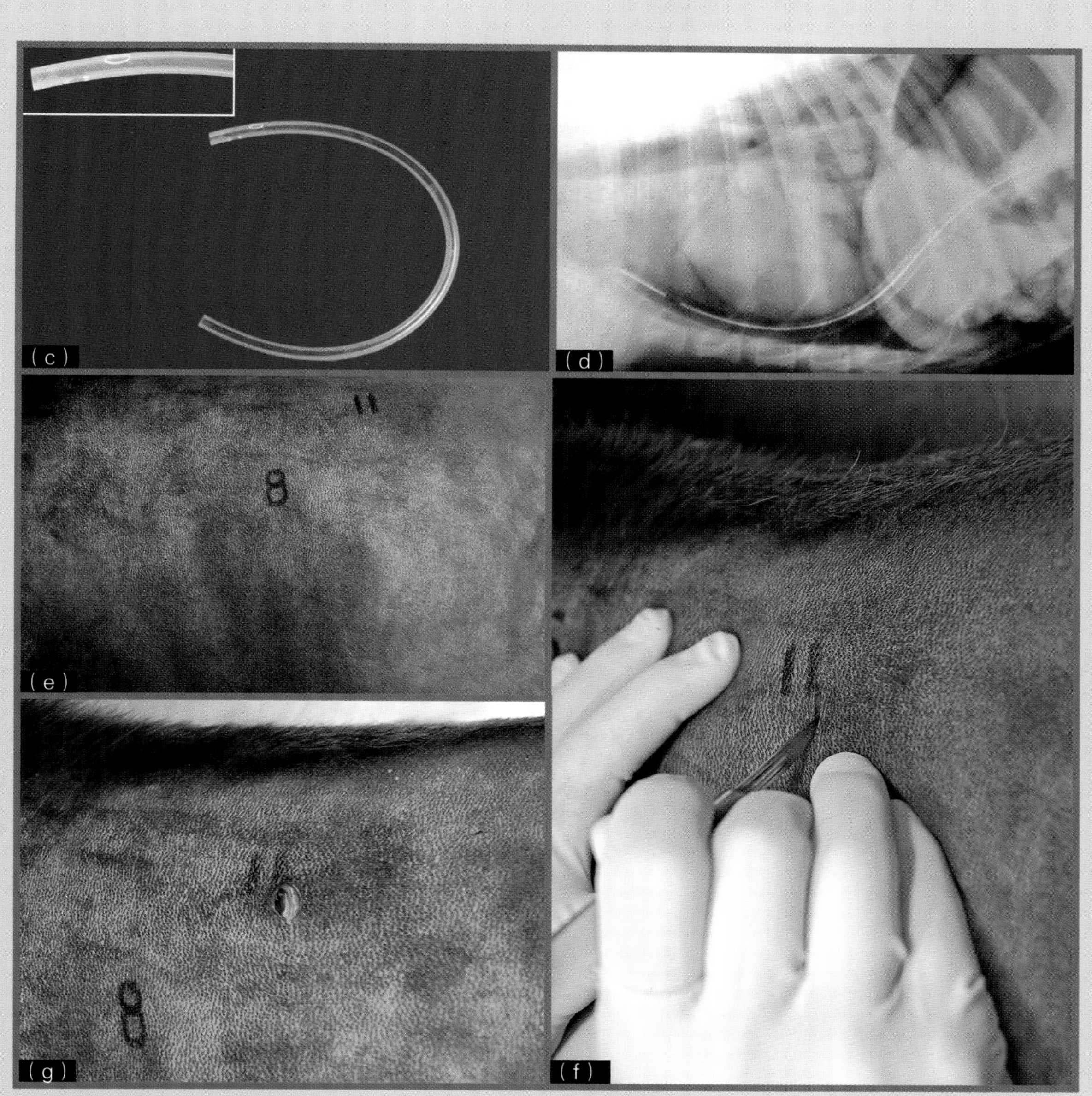

图17.2（续）

（c）用作胸导管的硅胶管（尖端开口）。插图为尖端开口的近视图。在导管尖端上开口时需要小心，避免因开口过大而破坏了导管。开口的大小最好为导管直径的1/4，且不能超过直径的1/2（按此方式改良的导管也可用作食道造口导管）
（d）犬胸部侧位X线片显示胸导管的最佳放置位点
（e）犬左侧胸部安置导管前的准备，图中显示了第11肋间隙上的皮肤切口定位（11）和第8肋间隙上导管进入胸腔的位点（8）
（f）在准备放置胸导管时，于犬胸部第11肋靠背侧1/3处用11号手术刀片穿刺切开。在肋骨位置上全层切开背阔肌可避免不慎将刀片刺入肋间隙和胸腔
（g）犬胸部第11肋靠背侧1/3处的穿刺切口，显示背阔肌已被切开。切开背阔后，可以将胸导管插入肌层下方做一“背阔肌下”管道，而非皮下管道（皮下管道更易发生胸导管周围的气体泄漏）。注意在皮肤和背阔肌上的穿刺切口很小，大小与胸导管相适应

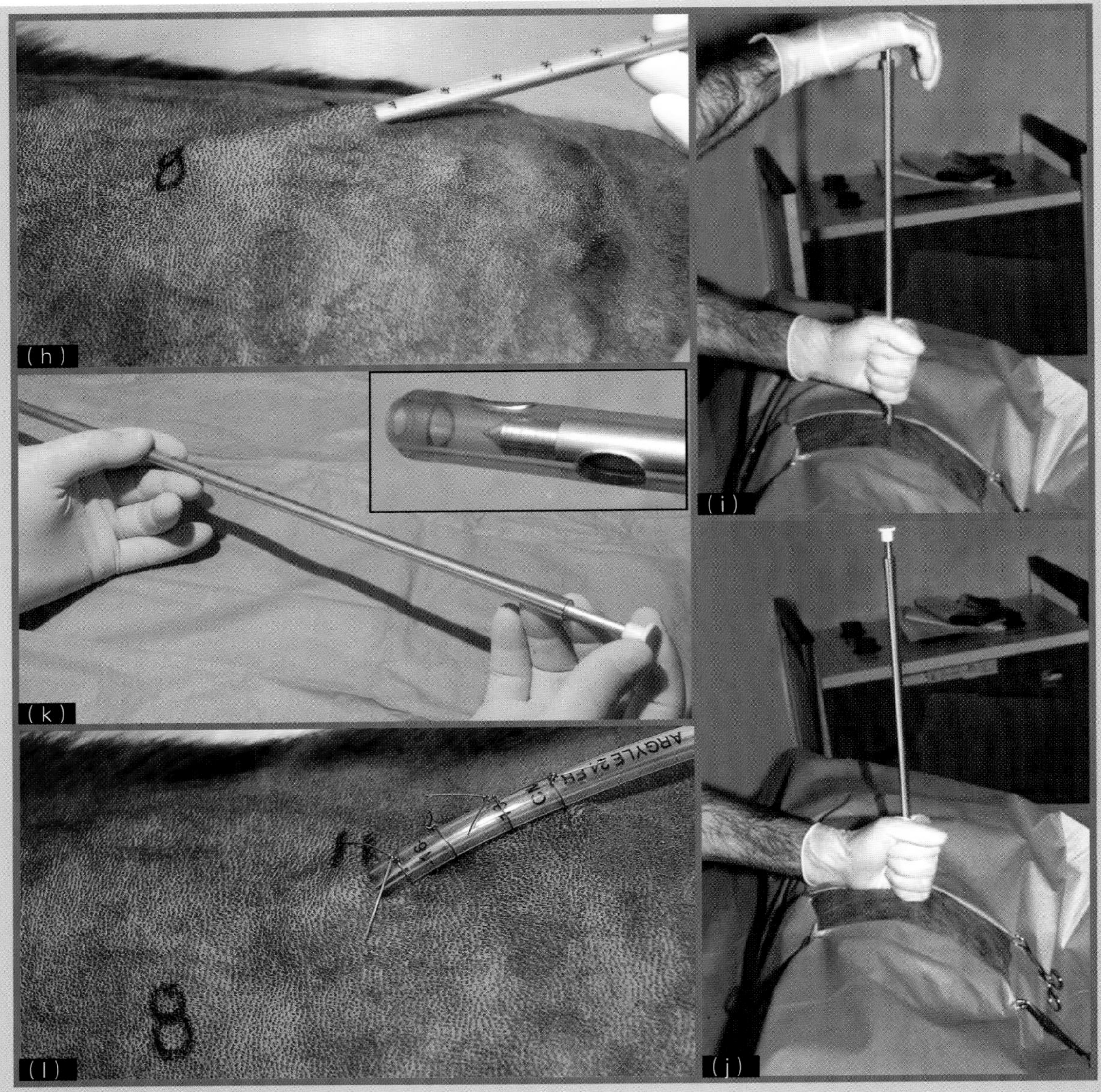

图17.2（续）

（h）将带套管针的胸导管由第11肋切口处沿前腹侧方向前插至第8肋间隙，抵至预定的胸腔穿刺部位（8）

（i）在带套管针的胸导管插入胸腔前将其直立，与左侧胸壁垂直，而此处的背阔肌会产生相当大的阻力。将导管直立时，若导管前缘的组织产生阻力和形成丘状突起则表明背阔肌下层的管道已经完成。在靠近胸壁的位置用非惯用手抓牢导管，在手部和胸壁皮肤间保留一定的距离（大约为导管需要穿透的肋间隙厚度）。然后用惯用手的手掌拍按套管针，使导管迅速插入胸腔，而不伤及下层组织。非惯用手的作用是防止导管插入过深

（j）已穿透肋间隙的带套管针胸导管。非惯用手起阻滞作用。下一步是将导管放低，同时轻轻将套管针退出，然后将导管继续向前腹侧插入

（k）将套管针往外退出约1cm。进行此项操可以确保导管在胸腔内向前腹部插入时不伤及肺脏或其他胸腔脏器。而保留套管针在导管内也可以增强导管的强度，有利于导管顺利插入。当导管与胸骨接触后，将套管针完全退出，然后继续将导管前插至最终部位

（l）在犬左侧胸壁的第8肋间隙（8）完成胸导管的放置。用大号单丝不可吸收缝线（此例中使用了1号聚丁烯酯缝线）安置4个摩擦线结将导管与皮肤和皮下筋膜一同固定。安置第1个摩擦线结（距离皮肤切口最近的线结）时，将缝针直接穿透皮肤深层直至触及肋骨（11），确保带上筋膜使导管不发生滑脱

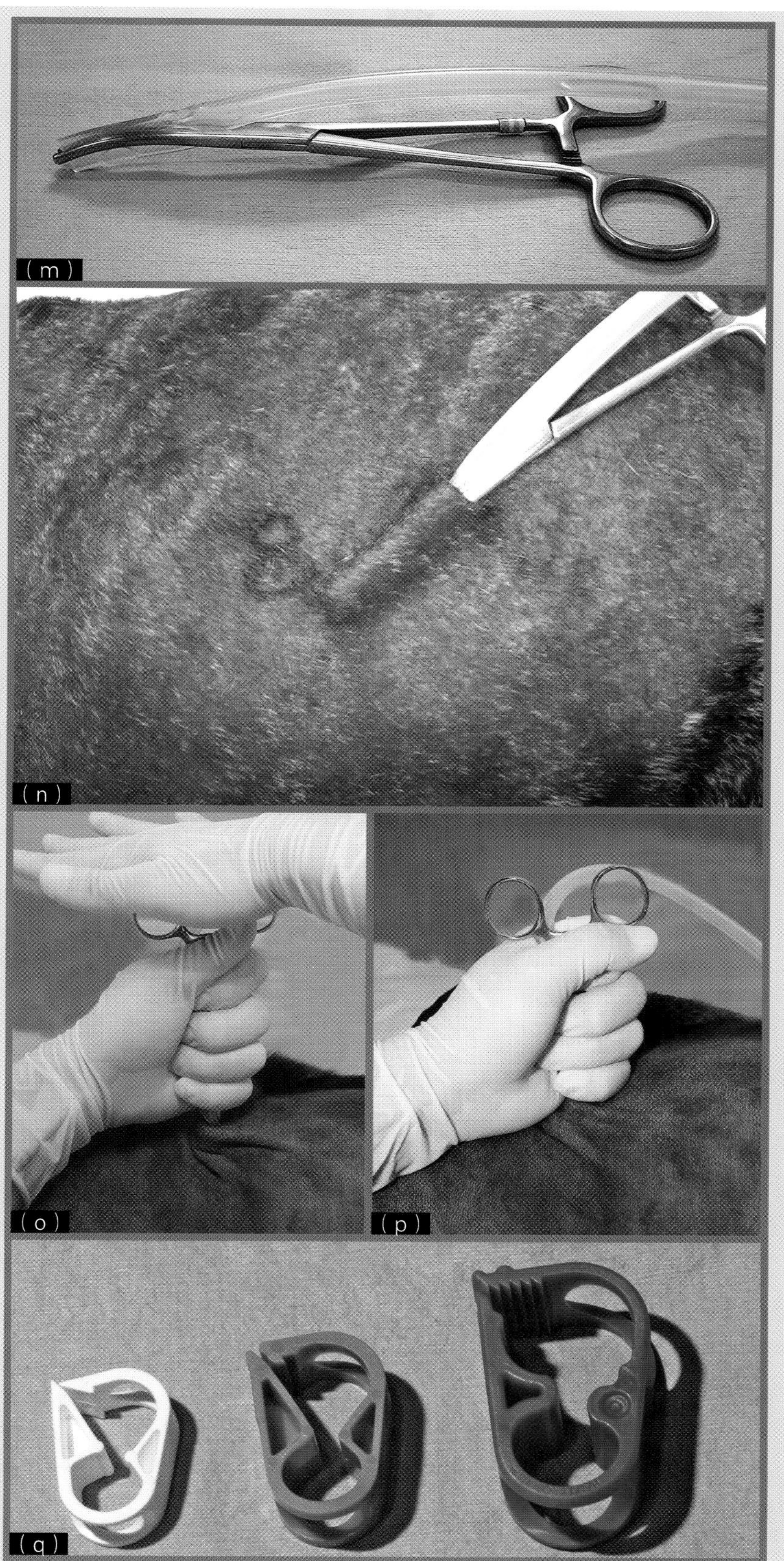

图17.2（续）

（m）用罗-卡二氏弯止血钳的钳口夹住胸导管，辅助胸导管的放置。注意止血钳尖端略微超出导管，这样便于穿透肋间隙。

（n）止血钳夹住胸导管自第11肋的切口向前腹侧的第8肋间隙移行

（o）在胸导管插入左侧胸膜腔前，将止血钳直立，与胸壁垂直。此位点上的背阔肌会产生相当大的阻力，并在管-钳联合的前缘形成丘状组织突起。在靠近胸壁的位置用非惯用手轻轻握住导管，保持左手与胸部皮肤间距离与肋间隙厚度一致。然后用惯用手的手掌拍按止血钳使管-钳联合快速地插入胸腔而不损伤下层组织。非惯用手在此过程中起阻抑作用，防止管-钳联合过度穿透。（一些医生倾向于先单独用止血钳穿透肋间隙，在撤出止血钳后再将管-钳联合插入胸腔。用此种方法，管-钳联合可经先行穿透的肋间隙进入胸腔）

（p）已穿透肋间隙的管-钳联合。非惯用手提供阻抑作用。下一步是将导管放低，撤去止血钳，并将导管向前腹侧继续插入

（q）3种不同型号的塑料导管夹。在将胸导管与导管接头、三通管或者连续抽吸管装置连接前必须放置导管夹

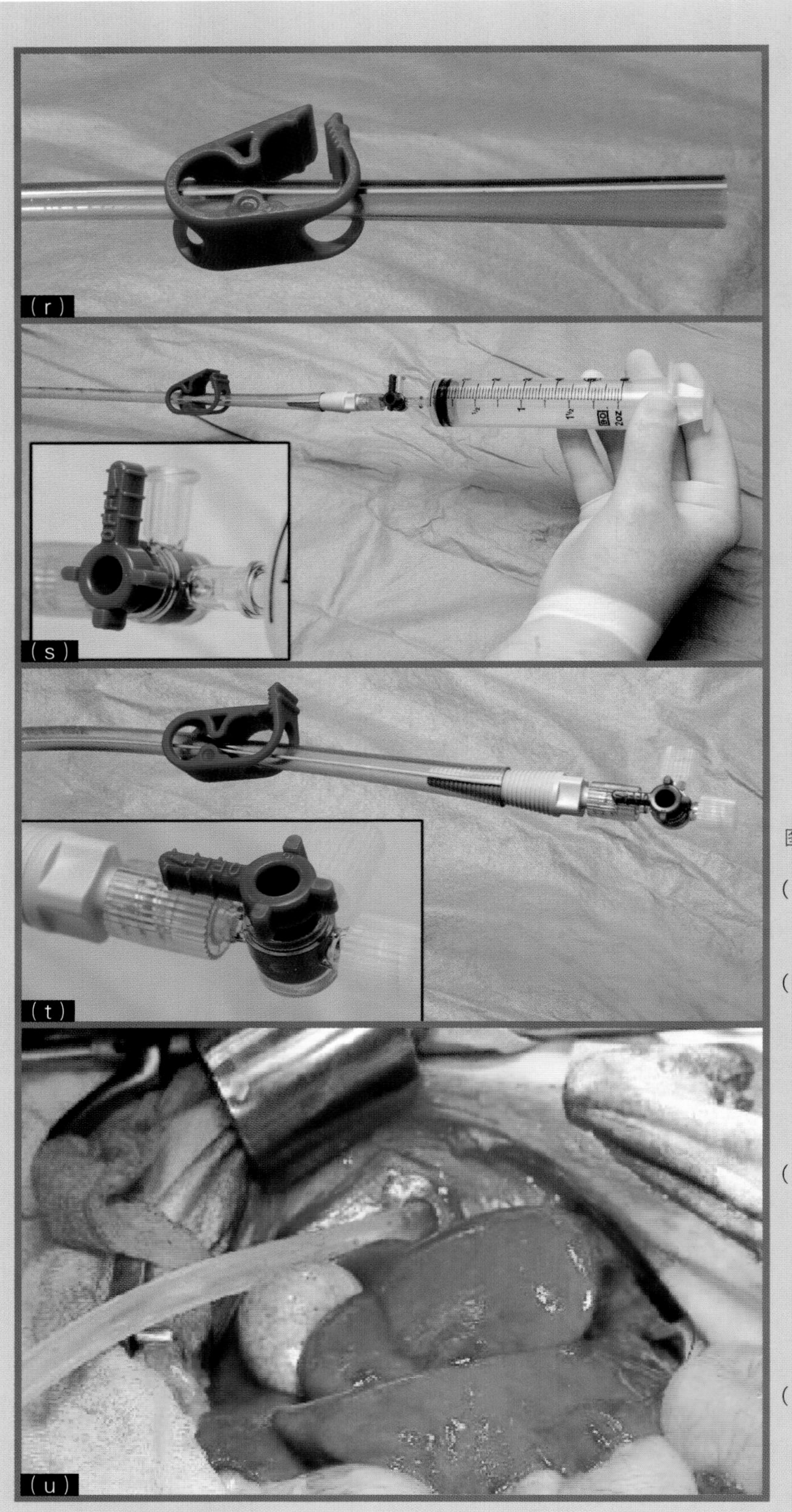

图17.2（续）

（r）放置在胸导管上的导管夹。在人工将胸腔液体和气体排空前，必须保持导管夹开放

（s）胸导管的连接。将胸导管与导管接头、三通管、大号注射器相连接并放置塑料导管夹，用于人工抽吸胸腔内气体和液体。注意导管夹和动物端的三通阀处于开放状态

（t）在排空胸腔内气体和液体恢复胸膜腔负压后，导管夹和三通阀的开关状态。注意扣紧导管夹、关闭动物端的三通阀，同时旋紧注射器端阀门接头的导管帽。注意确保所有的接头都连接紧密，避免将空气引入胸腔

（u）在膈疝修补术中放置胸导管。注意要在闭合膈疝裂孔前将导管经未受损膈肌上的穿刺切口插入胸腔

钳辅助导管穿出。由于手术通路可以清楚地显露插入位点，所以无需进行钝性贯穿。导管位置放置正确后，放安导管夹（保持开放状态），并至少安置一个摩擦固定线结。胸腔密闭后，抽空胸腔内气体和固定导管，具体方法与经皮放置时相同。因为是在直视下进行操作，所以无需拍摄术后X线片。

在膈疝修补时（或在腹腔手术后需维持胸膜腔负压时）放置胸导管，导管一端经膈肌插入胸腔，而另一端从腹壁的腹外侧穿出（图17.2u和图17.2v）。在闭合膈肌上的裂孔前，导管从未受损的膈肌上插入胸腔。首先在插入位点周围的膈肌上进行褥式或荷包缝合，用11号手术刀片从缝合部中央刺透，穿刺切口应与导管大小一致，然后经此切口将导管插入胸腔。若在缩小疝孔的过程中未能进行上述操作，则可以经膈裂孔用手指将部分纵隔组织剥离，使两侧胸膜腔相通，然后通过胸导管引流。导管进入胸腔后，继续向胸骨前方插入，并经膈裂孔用手指辅助导管的正确放置。褥式或荷包缝合膈肌，使膈肌紧束导管。下一步是在腹壁的腹外侧做一导管穿出口。用11号手术刀片在前中腹部的腹中线外侧3～4cm处做一皮肤切口，需根据动物的体型确定切口大小。将凯利氏止血钳伸入切口，将其向前腹侧方向轻轻推挤皮下腹壁组织，在膈后方的外侧腹壁的内面形成丘状突起。然后用11号手术刀片在丘状组织上切开，切口大小与胸导管相适应。用止血钳夹住胸导管外拉穿透腹壁。确定导管放置正确后，用单个摩擦线结将导管与腹部皮肤及皮下筋膜一同固定（在完成皮肤闭合后，需要额外再安置三个摩擦线结用于固定导管）。

当放置好导管后，最好将胸导管与连续抽吸排液系统相连接（图17.2w），用以控制发展中的气胸和胸膜腔渗出。如果没有上述设备，也可以用间断人工抽吸的方法，但必须严格控制每次抽吸的时间间隔，避免因空气或液体积聚造成持续性肺不张。

因安置胸导管产生的并发症并不常见。而肺损伤、导管故障、导管插入位点感染以及误失性气胸（因导管松脱、错误连接或者动物将导管破坏）等一些并发症仍需要引起医生的注意。

对胸导管的管理包括防止医源性气胸的各项措施。连续抽吸装置（图17.2w）带有安全性水封，可防止抽吸动力中断时气体进入胸腔。若导管、连接管出现漏孔或者连接出现松脱，都可能导致空气漏进胸膜腔，而水封装置则可对此情况进行监控。水封中一般不存在气泡，若出现气泡则提示抽吸泵正在抽气。气体可能来源于安置导管时的空气，也可能来源于发展中的气胸。若为后一种情况，则出现气泡表明气胸已开始得到控制；若气泡消失则表示造成气胸的异常状况已得到纠正。因导管及连接装置泄漏而产生气泡的情况必须要进行排除，因为若发生医源性气胸，会即刻危及动物的生命。若导管未与连续抽吸设备连接，则可以用注射器进行人工定时抽吸。注意避免因抽吸压力过大造成肺脏损伤。正确认识和使用连接器、导管夹和三通管可避免医源性气胸。

需要对胸导管的位置进行监测，防止过早移位。过分依赖摩擦固定线结对导管的固定作用可能会发生导致导管移位。同样，安装绷带会让人错误地认为导管已固定确实，而绷带松脱亦会拖带导管移位。对于性格活泼的动物，可能需要通过物理限制（如伊丽莎白项圈）和/或化学制动（镇静药物）来防止导管移位。若无法避免在动物活动时发生导管移位，则需考虑是否有必要使用胸导管。若导管作用不大或无必要目的，可撤除导管。相比于导管的损伤性拆除（动物造成的导管移位），在可控条件下撤除导管很少发生并发症。

撤除导管时会引起动物不适，因此需对动物

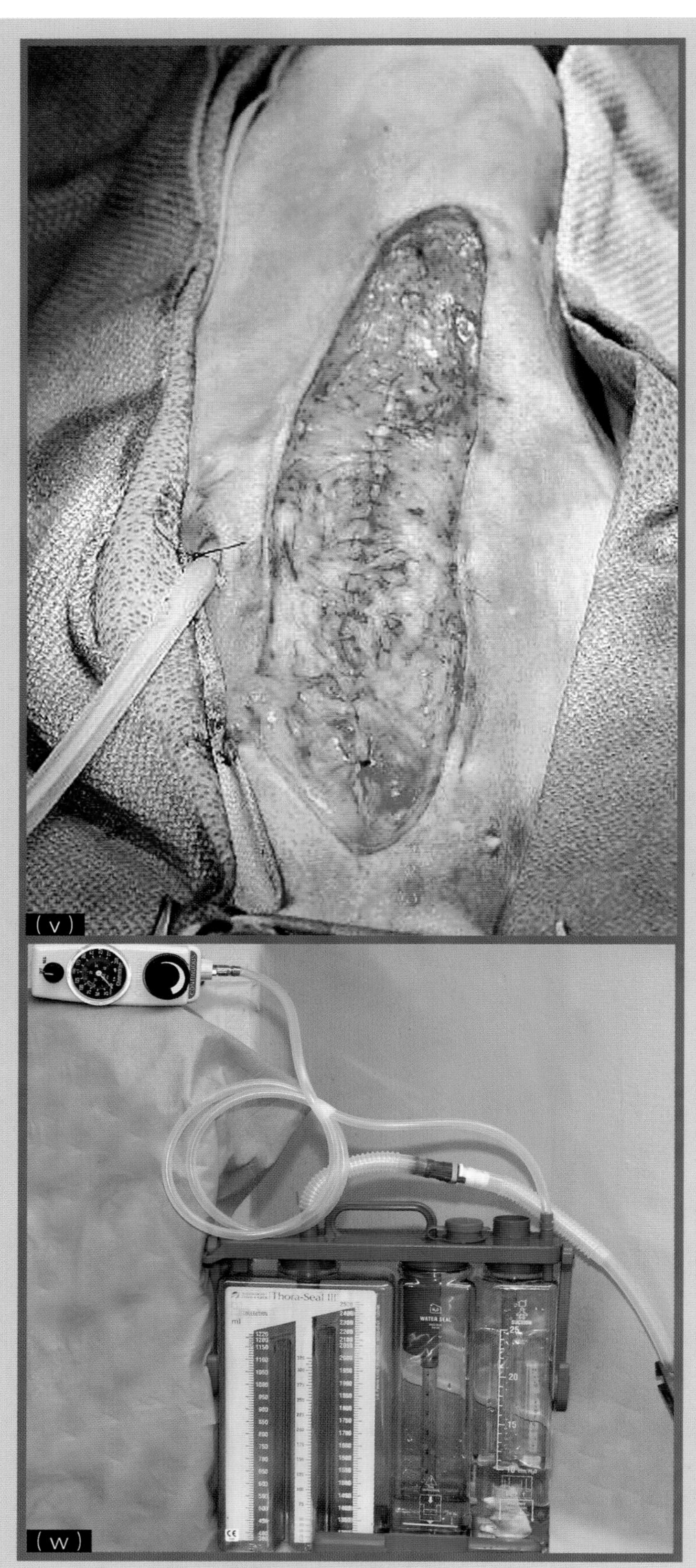

图17.2（续）

（v）膈疝修补完成后，从右侧腹壁穿出胸导管。在闭合腹部切口的过程中，先用1个摩擦线结固定导管；然后可在皮肤闭合前或过程中再附加3个摩擦线结

（w）胸腔连续抽吸装置。此装置有一个与动物端胸导管相连的集收容器（图片左侧所示）和一个与调节器、连续抽吸动力相连的抽吸容器（图片右侧所示）。为了保持胸腔负压，需要向抽吸容器内注入水至10～12cm的高度。中间位置的容器为水封装置（也称为汽水阀）。需要向此容器内注水至指示线水平，这样可以阻止空气，防止空气进入集收容器并流向动物

进行镇痛。在准备撤除导管前注射阿片类或非甾体类抗炎药可有助于操作有帮助，但一般使用局部麻醉剂对疼痛进行控制。向导管周围的皮下和肌层组织（包括肋间隙）滴注局部麻醉剂（如2%利多卡因和碳酸氢钠按9：1的比例混合）。局部神经阻滞并不能完全消除这种不适感，因为导管在撤出时会触及反应敏感的胸膜表面。胸膜间滴注布比卡因可消除这种不适感，但给药时产生的烧灼感也会引起动物不适。由于碳酸氢钠添加到布比卡因时会产生浑浊，所以胸膜麻醉时可以用2%利多卡因和碳酸氢钠混合液（9：1）代替。但此时需要注意，避免利多卡因过量（因为利多卡因同时也用于皮下和肋间隙的镇痛）。用氯己定刷洗导管周围的皮肤、剪断摩擦固定线结，夹住导管并轻柔地将其撤除。导管撤除过程中避免损伤肺脏，这一点十分重要。若在撤除导管前过度抽吸亦可能损伤肺脏。因此，撤管前向导管内注入4～5ml的气体可确保不吸入肺脏组织。向胸膜间滴注布比卡因后，若无需再行抽吸，则不必向导管内注入气体。

决定何时可以撤除导管并不是一件容易的事。对于气胸病例，若胸膜腔恢复负压并能维持24h（因病因不同而异），则可将胸导管撤除。对于胸腔积液的动物，当胸膜腔液体产生的量少于每天2ml/kg时必须撤管。但一项对犬猫的研究结果显示，当胸膜腔液体生成量为每天3～10ml/kg时撤除胸导管并不会产生不良影响[3]。胸导管的撤除时间最好是根据液体生成量的变化趋势、动物的临床症状和状态、液体的性质和细胞学特点来确定，而不必严格地对液体日生成量进行估测。

气管造口插管

暂时性放置气管造口插管可以在上段气道发生阻塞时形成旁路，如喉头麻痹、喉头塌陷、喉头损伤、喉部肿块、近段气管阻塞和短头犬的上气道综合征等情况。现在有商品化的气管造口导管或者由气管内插管改造而成的导管可供使用。一种市售的专用塑料导管（Shiley® 低压无套囊气管造口导管, Covidien Animal Health and Dental Division, Mansfield, MA）由带有/无套囊的外管和可拆卸清洗的内插管组成（图17.3a和图17.3b）。一些导管的型号太小，不能装置套囊和内插管，因而无法在小型犬和猫上使用这些组件。商品化的导管通常配备有阻塞器（图17.3a）。阻塞器仅在导管放置时使用，用以防止插管时将血液和分泌物带入管腔内。当将气管造口导管插入气管腔后要立即把阻塞器撤除。若动物需要人工或机械换气，则使用带套囊的插管，而其他情况下常用无套囊的插管。在对清醒动物的气道阻塞进行管理时，气囊可能会成为问题，因为分泌物会聚积在抽气后的套囊周围。导管的直径不应大于气管的半径，且在插置时应备有多种不同型号的插管。市售的人用插管约呈90° 弯曲，此曲度可能会造成犬猫气管的阻塞。

可用气管内插管自制成气管造口插管（图17.3c），也可以选择使用型号较常规口腔气管插管小的气管内插管。去除导管接头，在气管内插管的接头端对半剪开（相距180° ）至插管长度的一半。若需使用充气套囊，则剪开时要保留充气小管，然后再将接头重新插入开口。将系带或静脉输液管系到新造的导管两翼上，可环绕动物颈部将插管固定。一些临床医生倾向于使用这类

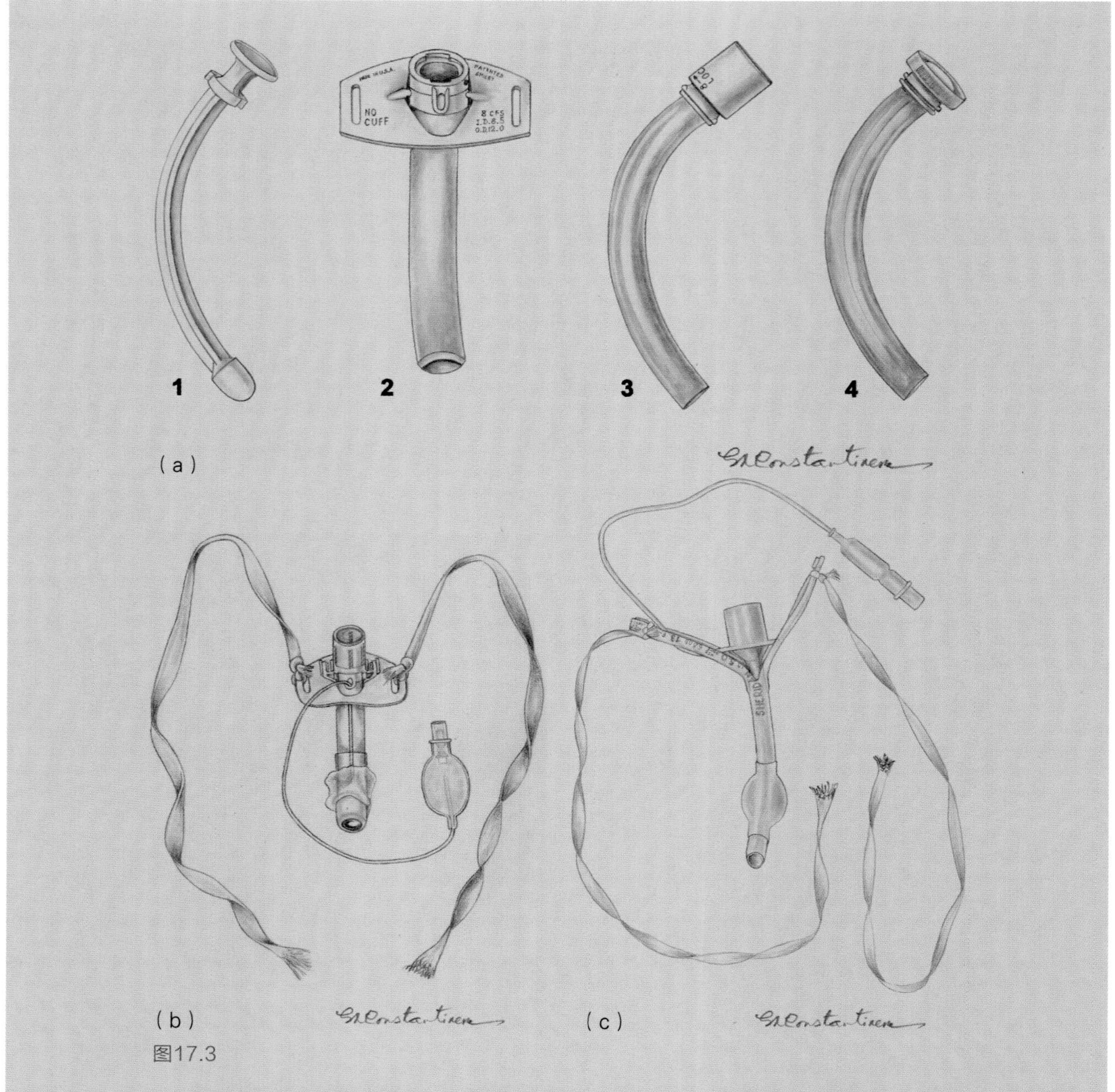

图17.3

（a）无套囊气管造口插管（Shiley®无套囊气管造口插管，Covidien Animal Health and Dental Division，Mansfield，MA）。组件分别为：①密闭装置，放置插管前将其插入管中，防止分泌物进入管腔中，需要在插管进入气管腔后立即撤出；②气管造口插管，将其与旋转颈盘相连，用系带固定两侧翼的孔眼并系于颈后；③内置插管，置于气管造口插管内，需定期更换；④末端封闭的内置插管，用于暂时性的闭塞插管以检查患病动物沿管周呼吸的能力

（b）市售的套囊插管（Shiley® 低压套囊气管造口导管，Covidien Animal Health and Dental Division，Mansfield，MA）带内置插管，系带系于两翼的孔眼上（在需要正压通气时才能将气囊充饱。空虚的气囊增大了分泌物积聚的面积，因此若在无需正压通气时使用套囊插管会使导管的卫生管理变得困难）

（c）由标准的气管内插管改造成的气管造口插管（若需使用套囊，可保留充气小管。保留充气小管会在导管上形成与导管自身弧度呈90° 旋转的弯曲）

气管造口插管，因为插管的形状与犬猫气管的直线解剖相一致。自制气管造口插管的缺陷之一就是，当保留充气小管时，导管的自然弯曲呈90°旋转。但目前尚未见有关此类问题的报道。

气管造口插管放置时所需的设备包括：口腔气管插管用的气管内插管、标准的麻醉设备、剪子、备用的刷洗和清洗用品、隔离创巾、灭菌手套、灭菌纱布、手术器械、缝合材料及系带。手术包内的基本器械应包括：两把创巾钳、可安装10号或15号刀片的手术刀柄、拇指镊（布朗-阿德森或狄贝基氏组织镊）、梅岑鲍姆剪、持针器、两把蚊式止血钳和缝线剪。若准备一把留置牵开器也将非常有用，如吉尔比会阴牵开器（最好准备两个）或者维拉奈尔牵开器，此外，还应备有抽吸和供氧设备。

放置气管造口插管时，确保动物全身麻醉并经气管内插管通氧。突发性的气管切开造口并不常见，通常会有充足的时间通畅气道后再进行手术通路的准备。出现呼吸窘迫的动物应在手术前提前吸氧5～10min。对颈部皮肤剃毛并进行无菌准备，范围从下颚至胸骨柄并向两侧扩大。一般在颈部腹中线距喉头后缘约4cm处切开皮肤，因动物体型而异（图17.3d）。用留置牵开器拉开创缘，适当分离皮下组织显露胸骨舌骨肌的中线（图17.3e）。在中线位置分离胸骨舌骨肌，重置牵开器于胸骨舌骨肌上显露气管（图17.3f）。在第2和第3个气管环之间切断环状韧带（图17.3g）。选择这一气管定位是因为这是永久性气管造口术的常用开窗部位。在第2和第3个气管环周围放置留置缝线，打结后用止血钳夹住（图17.3h）。向相反方向牵拉留置缝线扩大气管切口，以便在撤除气管内插管后安置造口导管（若术后发生导管移位或者需调整导管位置，可利用留置缝线辅助重置导管）。插入气管造口导管时内置阻塞器（图17.3i），当将导管插入气管后迅速将其撤除（图17.3j）并用内插管替换。在气管造口导管两翼的小孔上系上系带并将其于颈部后方打结固定导管（图17.3k和图17.3l）。

可以选择绷带包扎，目的是为了保持切口清洁和吸收切口排出的血浆液。笔者倾向于不包扎

图17.3（续）

（d）放置气管造口插管的动物体位和皮肤准备。犬仰卧位，双前肢向后牵拉。将气管内插管插入气管腔内并与麻醉导管相连接。皮肤上的弧形标记指示甲状软骨的后缘，紧靠其后的横线标记指示环状软骨，二者之间的竖线标记指示皮肤切口的位置，术部需广泛剃毛并消毒。气管内插管通入氧源和吸入性麻醉剂。当插入气管造口插管后需要排空气管内插管的气囊，然后撤出气管内插管

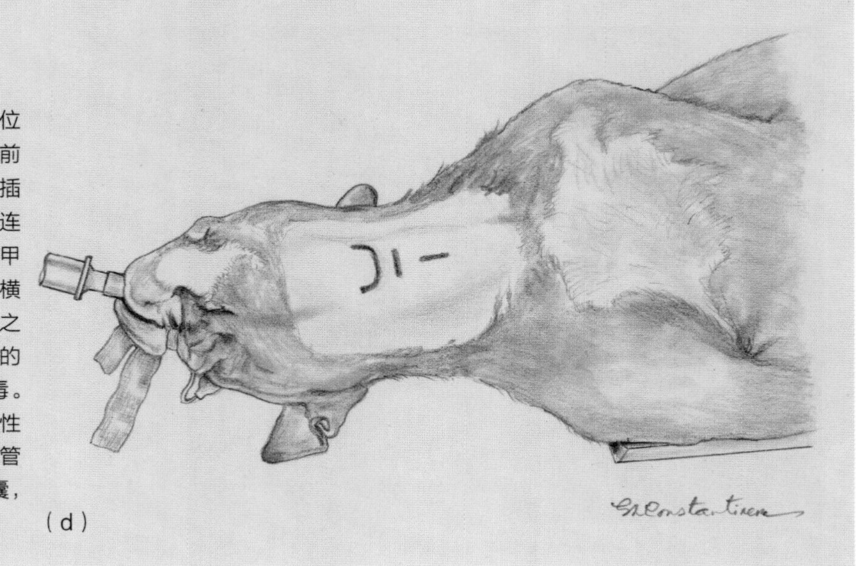

（d）

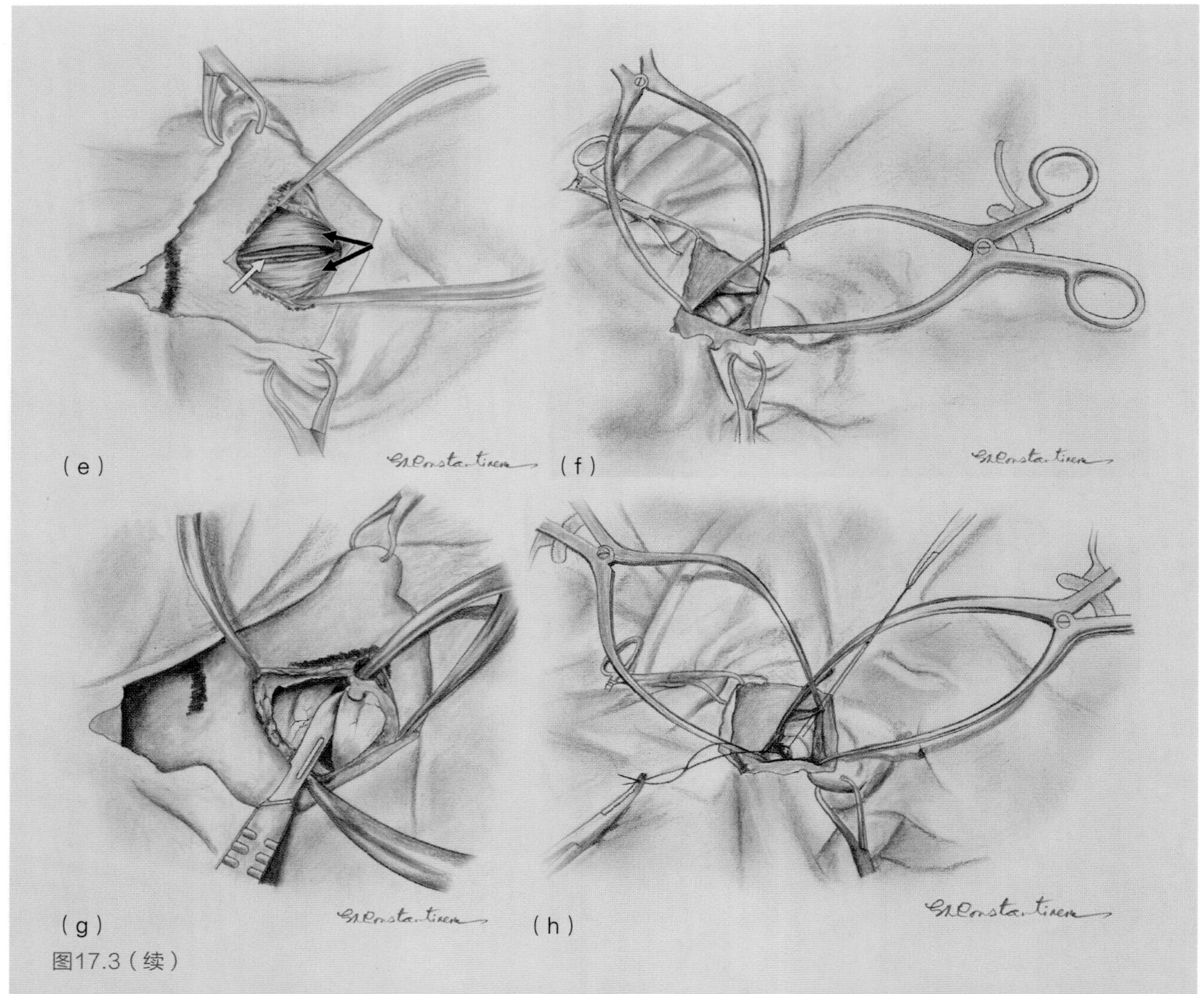

图17.3（续）

（e）放置气管造口插管的手术通路。图片左侧显示动物的颅骨。皮肤切口紧靠环状软骨后缘，跨过第一到第四个气管环。用盖尔比会阴牵开器牵开皮肤边缘，显露胸骨舌骨肌（黑色箭头）及其正中线。应避开位于胸骨舌骨肌背侧正中线的甲状软骨静脉（白色箭头）以减少出血

（f）在气管造口前分离出气管。图片左侧为头侧。用一束胸骨舌骨肌将甲状软骨静脉牵向外侧，然后用盖尔比会阴牵开器牵开胸骨舌骨肌，可见松弛的筋膜覆盖在气管腹侧表面，此时用梅岑鲍姆剪将其剪开。用另一把盖尔比会阴牵开器向前后两个方向牵开皮肤和松弛的筋膜以显露气管环

（g）切断环状韧带，准备放置造口导管。图片左侧为动物的头侧。将第2和第3个气管环之间的环状韧带分离后切断。在切开环状软骨后，将手术刀刃朝上扩大切口，但要注意勿破坏下层的气管内插管或套囊。气管造口的大小应小于或等于气管的1/2周长

（h）在插入气管造口插管前预置留置缝线。图片左侧为头侧。将缝针于第2个气管环旁穿透（此气管环位于气管切口前缘），然后将缝线打结并留出长段线尾，之后暂时用蚊式止血钳夹住线尾。在第3个气管环旁预置相同的留置缝线（此气管环位于气管切口后缘）

颈部切口，这样可以对切口肿胀、出血、分泌物蓄积等情况和导管的位置进行观察，以便在必要时进行及时干预。若需要包扎，则应在动物苏醒并能自行站立或俯卧时进行包扎。若在动物仰卧时进行包扎，绷带会在动物苏醒和活动时发生移位，进而引起动物不适或者导管位置改变。应至少

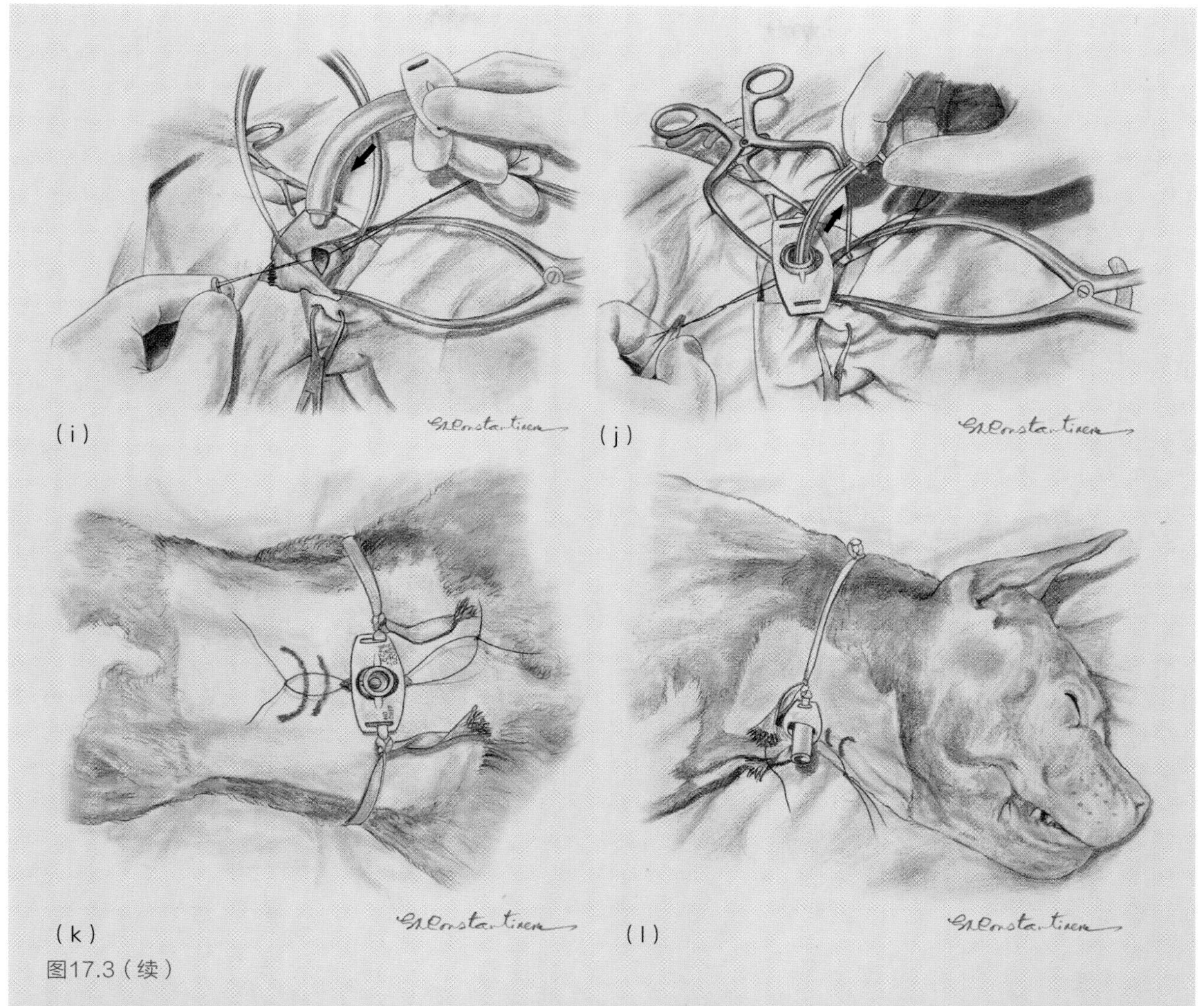

图17.3(续)

(i)准备插入气管造口插管。图片左侧为动物头侧。向前后方向牵拉两根留置缝线以牵开气管切口。此时将气管内插管套囊排空，并在插入气管造口插管的同时撤出气管内插管。在将气管造口插管置入气管腔内前需将阻塞器插入插管。阻塞器的目的是为了防止在置入气管造口插管的过程中，血液和分泌物进入插管内

(j)插入气管造口插管。图片左侧为动物头侧。当完全插入气管造口插管后需立即撤出阻塞器，然后将内置插管(若需要)插入插管内。松开留置缝线上的止血钳，保留缝线

(k)气管造口插管放置完成(腹侧观)。图片左侧为头侧。系带系于气管造口插管两翼的孔眼上。打结的留置缝线留在原处，以便用于对意外性或计划性撤除的气管造口插管进行重置。注意气管造口插管与甲状软骨(弧形标记)、环状软骨(竖线标记)的位置关系

(l)完成气管造口插管的放置(侧面观)。系带系于颈部后方

每天更换一次颈部绷带，并观察导管位置以及是否出现并发症。

手术结束后需要继续给动物补充吸氧直至苏醒。在动物苏醒过程中，将小导管(8F)置于气管造口导管的管腔中用于通氧。此时的氧流量应为经鼻通氧时的一半，因为氧气直接流入气管使气管腔内富集了大量氧气。动物苏醒时所需的补充吸氧量与动物的个体需求相关。

气管造口导管的卫生管理极其重要，因为存在医源性呼吸感染和急性致命性气管堵塞(因呼

吸道分泌物的蓄积）的风险。在气管造口导管放置完毕后以及最初的几个小时内需要对其进行持续监测，并每间隔1h清理一次管腔内的分泌物，且必须进行24h监测和护理。若放置的气管造口导管带有内置插管，则可将内置插管暂时取出进行清理和消毒，然后再放回。小号的气管造口插管无内置插管，因此可用清洁的（最好是无菌的）软质抽吸导管伸入管腔内清洁分泌物。

在气管造口插管的维护过程中需要严格遵守无菌原则。虽然很难在每次清洁过程中都使用无菌设备，但可以对导管进行卫生清洁处理。可以用0.05%的氯己定溶液浸洗气管造口导管和抽吸装置组件，但要确保使用无菌生理盐水对与呼吸道组织直接接触（或滴注用）的组件进行冲洗。在护理气管造口导管时应穿戴检查手套，并定时用温热的0.05%氯己定清洗切口周围的皮肤。避免使用刷洗液，防止其接触到呼吸道上皮组织。

保持气道湿润很重要，这样可以降低呼吸道分泌物的黏性，有利于分泌物的清除。在每次导管清洁完成后，可向气管内滴注2～3ml的无菌等渗盐溶液，达到湿润的目的。若此湿化方法不能有效避免呼吸道的干燥和黏性分泌物的产生，则可以进行雾化疗法。

安置气管造口导管的潜在并发症包括导管对气管腔的持续刺激和黏液的聚积。二者都会导致动物出现干呕和咳嗽。气道内黏液聚积或者导管开口朝向气道黏膜可以引起气管阻塞，而系带松脱会造成导管移位。若空气从导管周围缝隙进入组织内还会发生局部的皮下气肿。此外，长期使用气管造口导管会造成气管狭窄。

若无需再使用气管造口插管，则将系带剪断后把导管撤出，切口行二期愈合。在创口充分收缩前的数日内，患病动物仍可能会经此创口进行呼吸。

膀胱造口导管 

放置膀胱造口导管的适应证包括：因尿道损伤或阻塞（如异物、膀胱结石、肿瘤等）需要进行尿路改道或者为手术修复后的尿道提供安静的愈合环境。若发生膀胱收缩迟缓，为避免膀胱过度扩张也需要放置膀胱造口导管。弗氏（Foley）导尿管（图17.4a）或斯氏（Stamey Malecot）导尿管（Cook Medical Inc., Bloomington, IN；图17.4b和图17.4c）均可作为膀胱造口导管使用，但弗氏导尿管更为常用。因为斯马氏导尿管需经皮放置，可能会发生尿液漏入腹膜腔。这两种导尿管仅适于暂时的尿路改道而不能长期放置，因为导管长度有限可能会过早发生松脱。长款的弗氏导尿管可用作公犬的尿道导管（Smiths Medical，Waukesha，WI；图17.4d），但长度太长，不适合用作膀胱造口导管。细小胃造口导管（Cook Medical Inc., Bloomington, IN；图17.4e）可用作长期放置的膀胱造口导管，并可降低动物损坏或移动导管的可能性。与弗氏和斯氏导尿管相比，这种导管较难拆除。下文将以标准的硅制弗氏导尿管为例，对膀胱造口导管的放置技术进行介绍。

在放置膀胱造口导管前，自剑状软骨至耻骨前缘向两侧大范围备毛消毒。标准的手术通路是在腹中线进行开腹。若无需探查腹腔，可在耻骨前缘沿腹中线切开皮肤（母犬和猫），切口长度约为5cm；若为公犬，则在耻骨前缘的包皮旁线做5cm长的皮肤切口。按照标准程序切开腹白线，打开腹腔。定位膀胱后于膀胱顶放置留置缝线（图

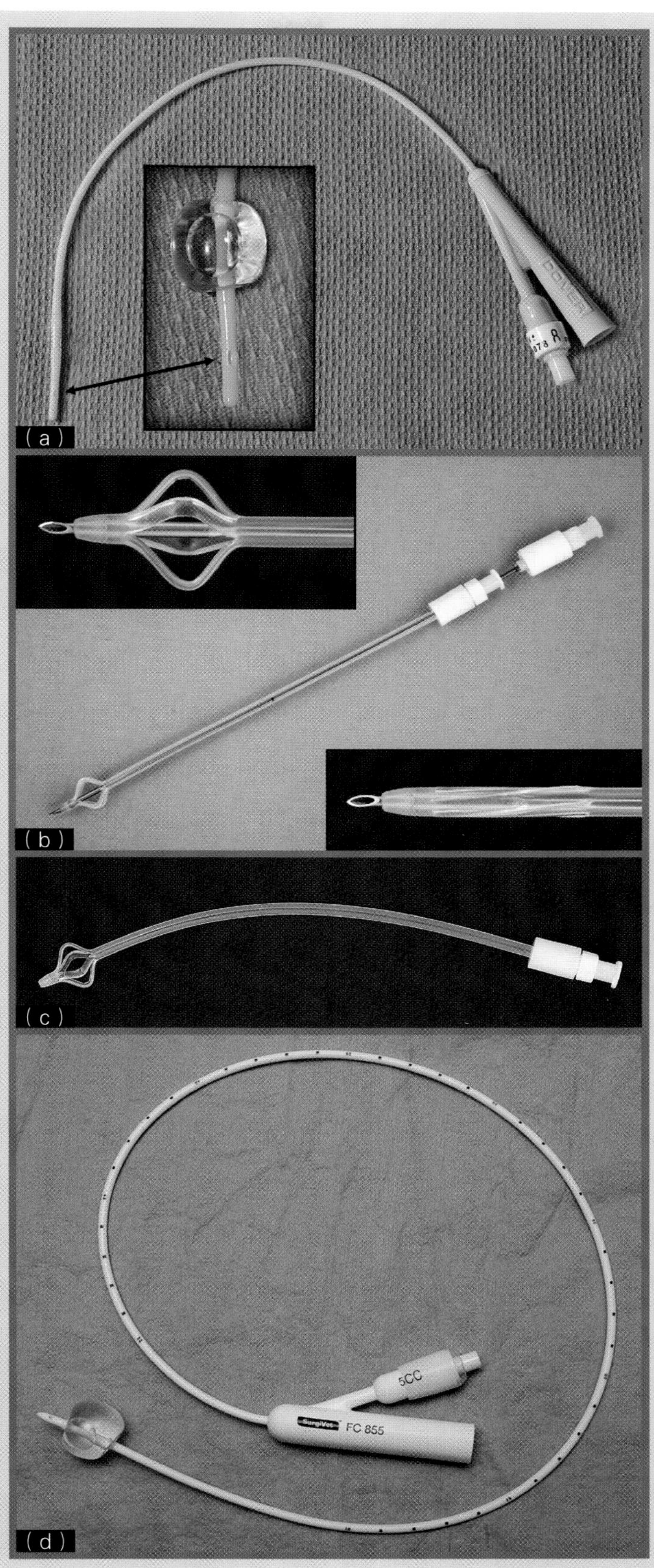

图17.4

（a）硅胶弗氏导尿管。图中所示为8F导尿管。插图为充盈的水囊。箭头所示为导管上的开孔

（b）斯-马氏导尿管。图中所示为聚乙烯导尿管。插图显示的是用管芯针将导尿管的凸翼部分撑直以利于向腹腔和膀胱内放置

（c）无管芯针的斯-马氏导尿管。导尿管的凸翼部分被设计用于将导尿管卡于膀胱内（已有报道称，经皮放置此种导尿时会发生导管周围渗漏）

（d）用作公犬尿道导管的硅胶弗氏导尿管。此种导尿管长度过长，因此不适合用作膀胱造口导管

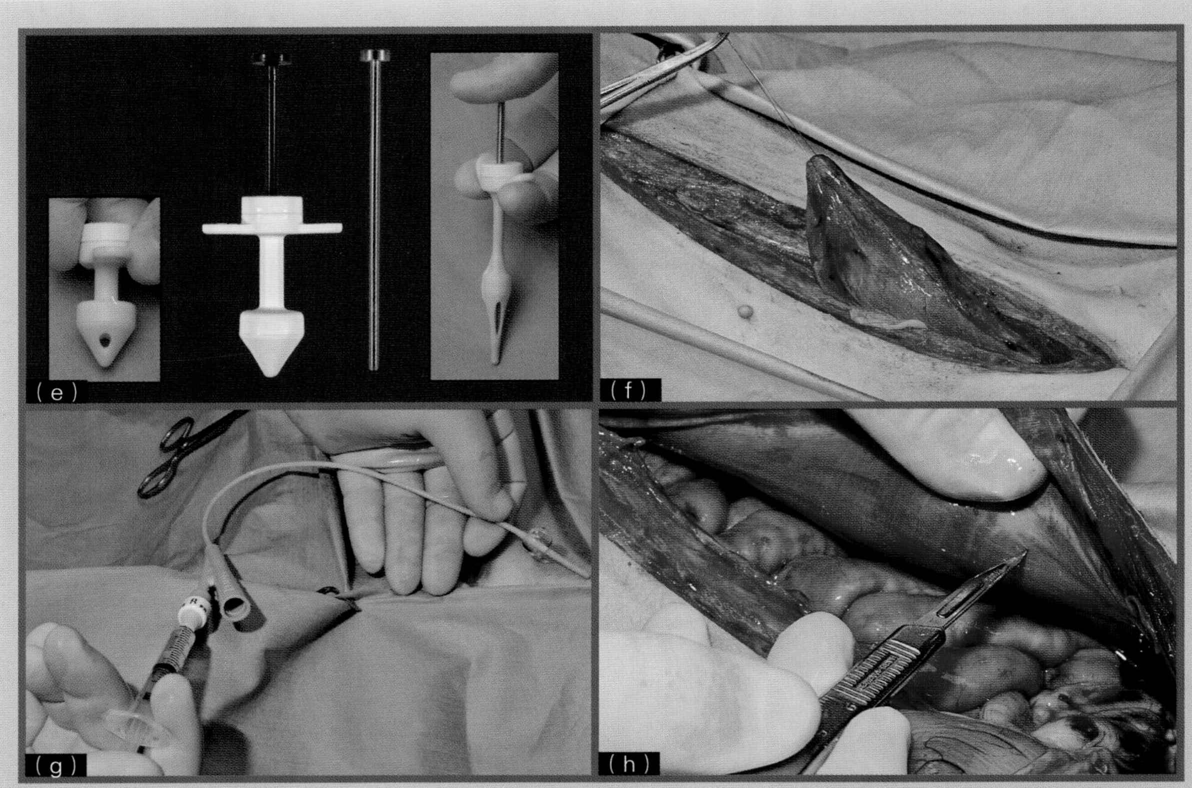

图17.4（续）

（e）硅胶细小胃造口导管。此种导管的三角形尖端上有两个侧孔（见左侧插图），可用塑料或金属管芯针将导管尖端延伸以便穿透腹壁和插入胃内（或作为膀胱造口导管时插入膀胱）。在此图中，用塑料管芯针插入导管。下一幅图是金属管芯针。右侧插图显示的是将金属管芯针插入导管内将导管延长。用食指和中指拿住导管翼，同时用拇指按压管芯针（类似于推注射器的方式）将导管尖端延长

（f）分离膀胱，准备放置膀胱造口导管。用3-0聚卡普隆25在膀胱顶部放置留置缝线，并用蚊式止血钳夹住线尾。缝针需穿透膀胱全层以确保带上黏膜下层。

（g）在使用膀胱造口导管前需对弗氏导尿管的水囊进行检查。充盈水囊的介质最好为灭菌水。在插入导管前需排空水囊

（h）准备用11号手术刀片在左侧腹壁做刺透切口

17.4f）。检查弗氏导尿管的水囊确保其完好无损（图17.4g），然后将导管经腹壁从腹白线旁插入腹膜腔。用11号手术刀片在腹白线外侧约4cm（因动物体型而异）的腹壁内侧面做一微小的穿刺切口，大小与导管管径（以8号弗氏导尿管为代表）相一致（图17.4h和图17.4i）。将蚊式止血钳插入切口内向外侧推挤腹壁，在皮肤上形成丘状突起（图17.4j和图17.4k）。用11号手术刀片在止血钳尖的丘状组织上切开皮肤及下层组织，露出钳尖（图17.4l和图17.4m）。同样，此切口大小需与导管管径相一致。用蚊式止血钳轻轻钳夹弗氏导尿管尖端，将其向腹腔内牵引（图17.4n至图17.4p）。用可吸收缝合材料在膀胱壁上的预定导管插入位点进行荷包缝合（图17.4q），然后用11号手术刀片在缝合中央刺透膀胱壁（图17.4r）。将膀胱腔内的尿液抽空，确保刺口大小与导管管径相一致（若刺口缘紧贴导管则表明切口大小合适）。若刺口过大，即使收紧荷包缝合也很难避

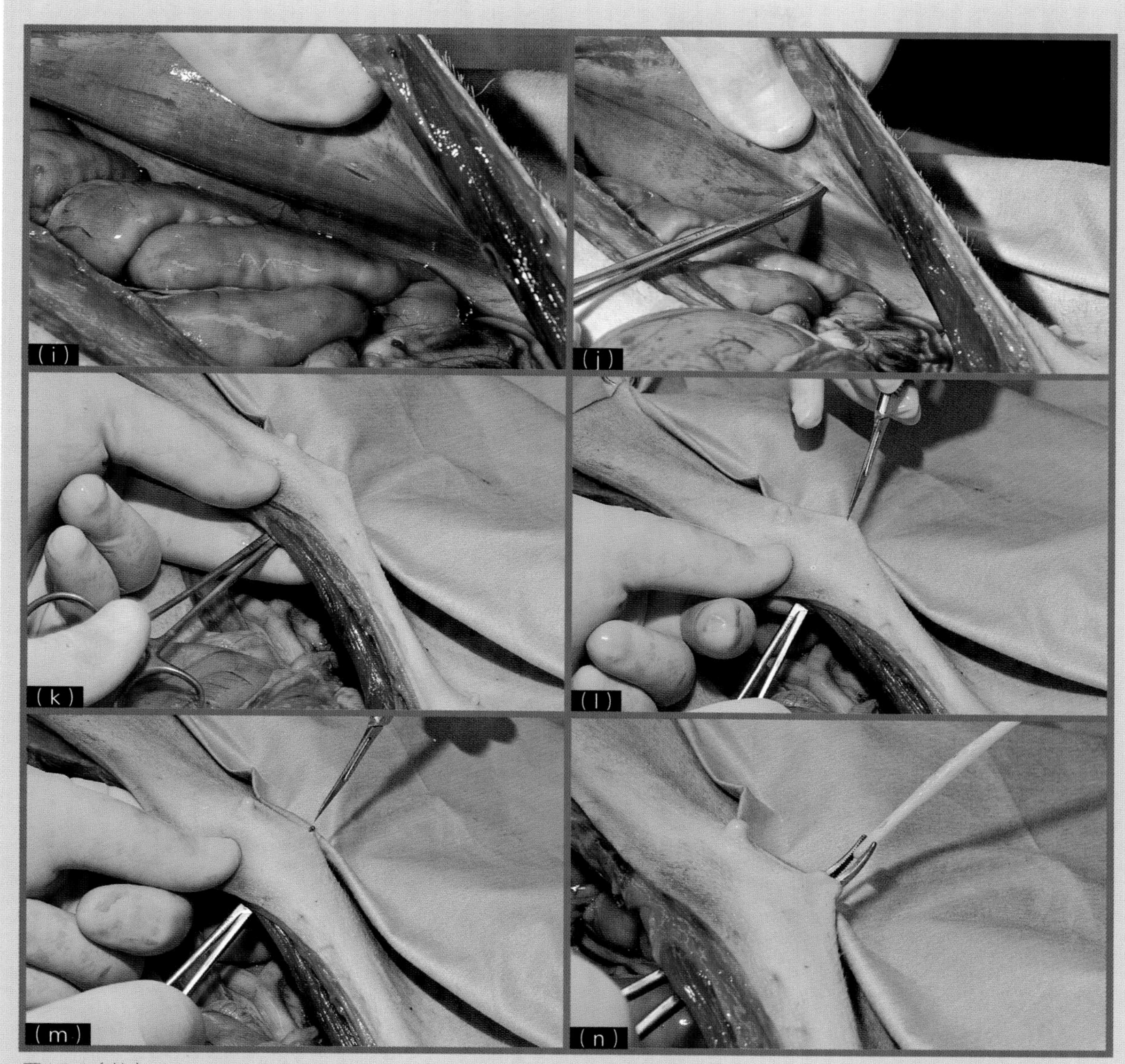

图17.4（续）

（i）微小的刺透切口需与蚊式止血钳的尖端大小相适应
（j）将蚊式止血钳尖端插入左侧腹壁上的微小切口
（k）经切口向腹壁外侧插入蚊式止血钳尖端，直至止血钳尖端的皮肤形成丘状突起
（l）用11号手术刀片在蚊式止血钳尖端的皮肤上准备做一刺透切口
（m）用11号手术刀片在左侧腹壁皮肤上切开，切口大小足通过蚊式止血钳的尖端
（n）用蚊式止血钳尖端夹住弗氏导尿管尖端，准备将其引入腹腔。

免漏尿。向膀胱内插入导管（图17.4s），让水囊（空虚状态）进入膀胱腔内（图17.4t），收紧荷包缝合（图17.4u）并剪断线尾（图17.4v）。若缝线收得过紧，则切口上的膀胱壁可能发生缺血和坏死。在膀胱（靠近导管入口位点）和体壁上预置2～4根可吸收缝线（图17.4w）。此时需要用灭

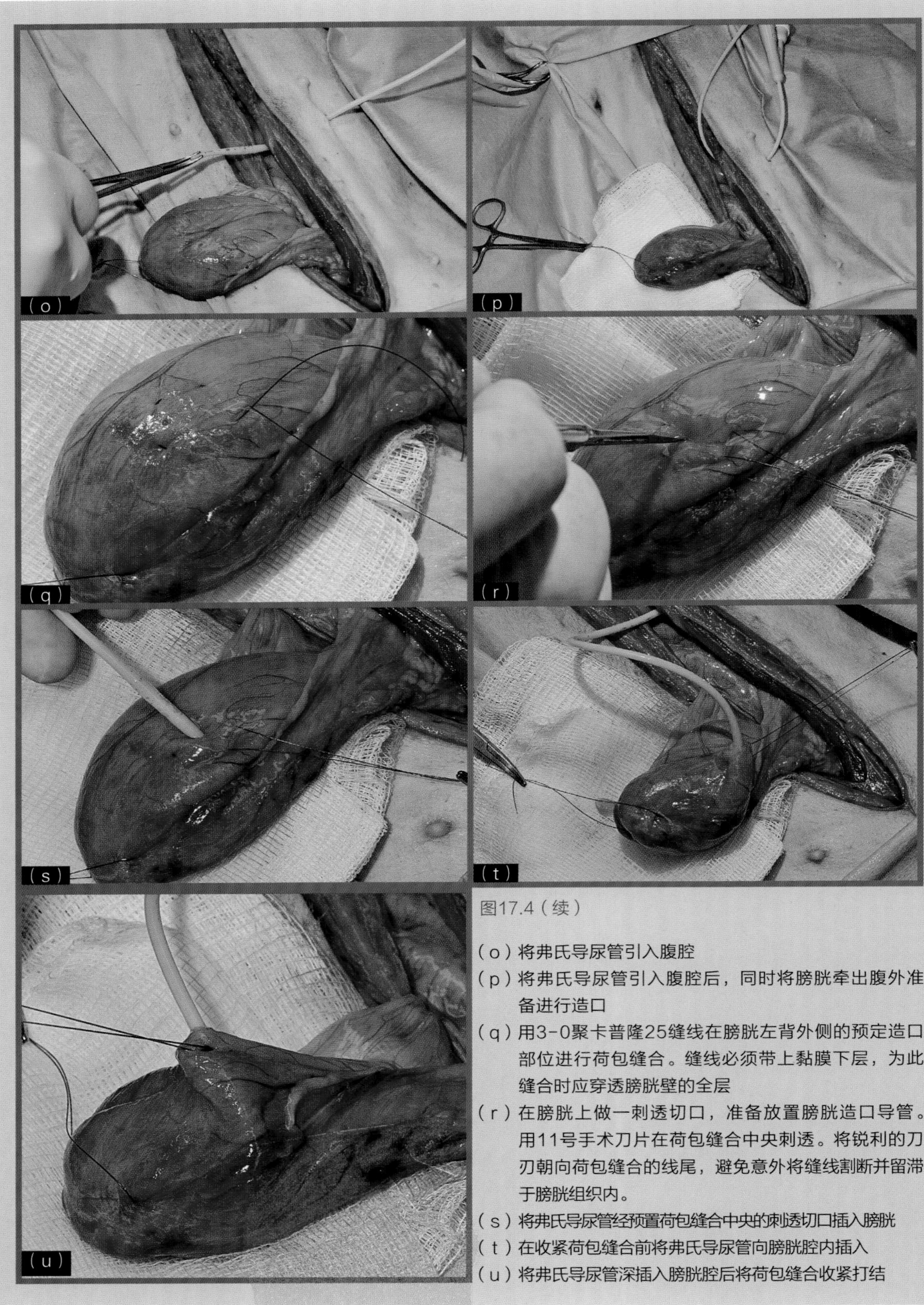

图17.4（续）

（o）将弗氏导尿管引入腹腔

（p）将弗氏导尿管引入腹腔后，同时将膀胱牵出腹外准备进行造口

（q）用3-0聚卡普隆25缝线在膀胱左背外侧的预定造口部位进行荷包缝合。缝线必须带上黏膜下层，为此缝合时应穿透膀胱壁的全层

（r）在膀胱上做一刺透切口，准备放置膀胱造口导管。用11号手术刀片在荷包缝合中央刺透。将锐利的刀刃朝向荷包缝合的线尾，避免意外将缝线割断并留滞于膀胱组织内。

（s）将弗氏导尿管经预置荷包缝合中央的刺透切口插入膀胱

（t）在收紧荷包缝合前将弗氏导尿管向膀胱腔内插入

（u）将弗氏导尿管深插入膀胱腔后将荷包缝合收紧打结

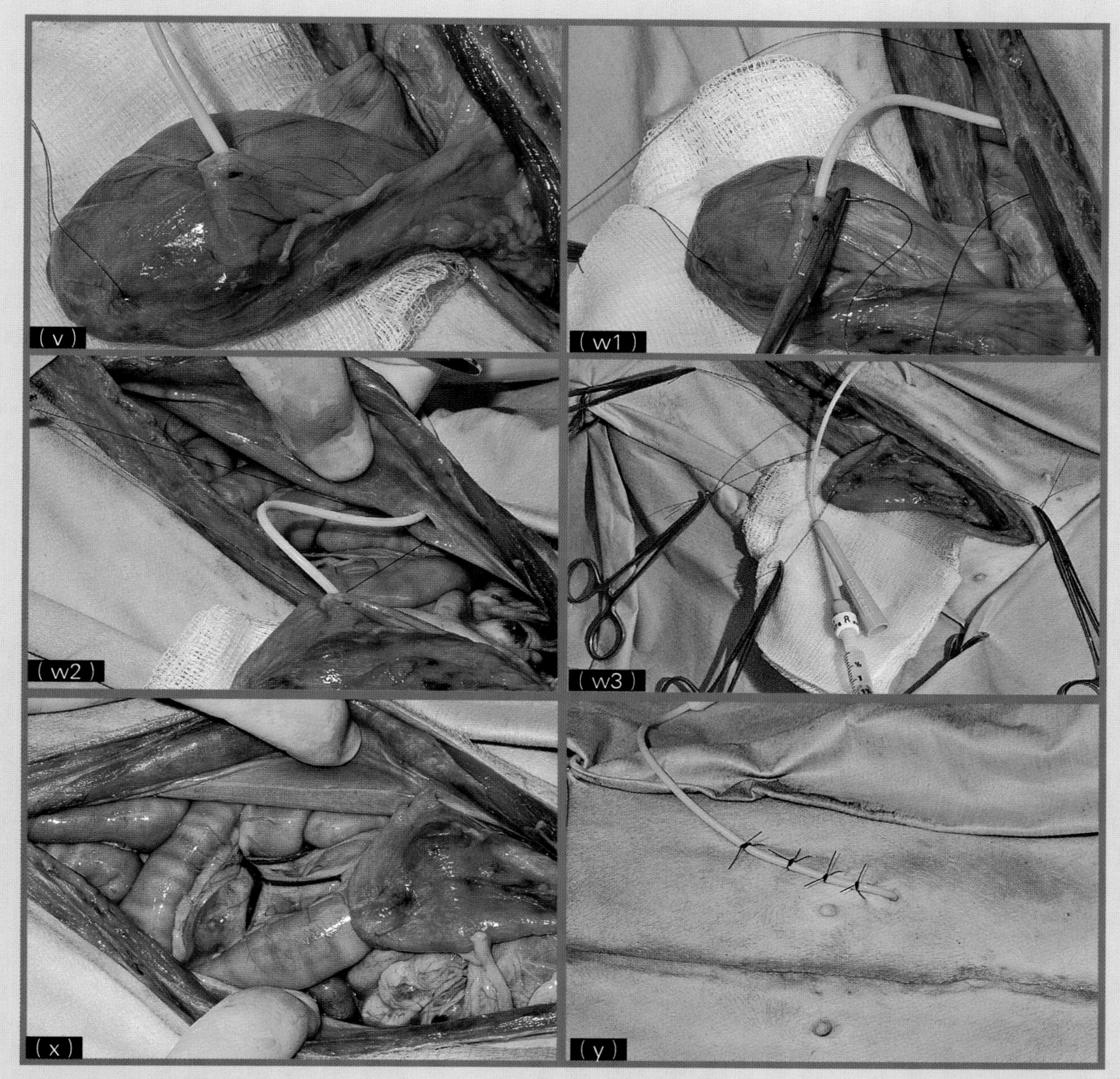

图17.4（续）

（v）将线尾剪断后完成荷包缝合，之后将膀胱壁固定于体壁上

（w）由体壁向膀胱预置留置缝线，系紧缝线时即完成了膀胱固定术。所有缝线均需穿透膀胱壁的全层，但注意勿损伤导管。①第1根缝线分别穿透导管背侧的体壁和膀胱。②用蚊式止血钳夹住第1根缝线，然后在导管周围再预置与之相似的1～3根缝线。③已由腹壁向膀胱预置了4根固定缝线，然后用灭菌水充盈弗氏导尿管的水囊

（x）膀胱固定术完成。系紧环绕弗氏导尿管的四根预置缝线，同时拆除膀胱顶的留置缝线

（y）固定膀胱造口导管的4个摩擦线结。在闭合腹部切口前安置第1个摩擦线结（离导管出口最近），同时轻度牵拉导尿管使其水囊贴紧膀胱壁。余下的摩擦线结可在闭合腹腔后再放置。注意将灌注生理盐水的注射器与导尿管相连接。在系紧每一个摩擦线结后，向导管内注入生理盐水随后抽出，以确定摩擦缝线未压迫闭塞导尿管

菌水将水囊充盈（图17.4w），然后收紧预置缝线并打结，将膀胱固定在腹壁上（图17.4x）。轻轻往外牵拉导尿管，直至荷包缝合将水囊卡住，并用4个摩擦固定线结将导管与皮肤、深层筋膜一同

固定（图17.4y）。

若将细小胃造口导管作为膀胱造口导管使用，则需要扩大腹壁切口以适合导管尖端的大小。此导管带有阻塞器（图17.4e），可作为导管的延伸部分（更细长），有利于缩小腹壁和膀胱上的切口大小。当导管经腹壁插入膀胱后，将管芯针撤除使导管伸展为目标形状。收紧荷包缝合并系上预置固定缝线（方法与放置弗氏导尿管时相同）。需要在腹壁和皮肤切口上做1～2个间断缝合确保组织紧贴导管。为此，应在系膀胱固定线结前在腹内侧壁的切口上放置缝线。

膀胱造口导管的撤除方法取决于所使用的导管类型。若为弗氏导尿管，则首先拆除摩擦固定线结，然后将注射器连接于导尿管充气阀并抽吸排空水囊。如果充气小管被摩擦固定线结闭塞，则无法排空水囊。因此，最好先将摩擦固定线结从导管上完全拆除。排空水囊后，很容易将导管拔出。在病因解除前，通常不会拆除细小胃造口导管。需要撤除细小胃造口导管时，将阻塞器插入导管内，将导管伸展为细长形状。在拔管时可能需要适度用力。在拔管前，导管周围组织用2%利多卡因和碳酸氢钠溶液（按9：1比例混匀）进行局部浸润麻醉，有助于控制拔管时动物产生的不适感。虽然拔除弗氏导尿管时仅会产生轻微的疼痛感，但同样需要使用局部麻醉剂。

放置膀胱造口导管后的最常见并发症就是导管移位。若导管在膀胱刺口与腹壁固定前发生移位，可能会发生尿腹进而导致腹膜炎。若导管在与腹壁固定后发生移位，则腹壁刺口周围皮肤可能会被尿灼伤或者因局部细菌感染引发膀胱炎。另一个不常见的并发症为暂时性血尿，当然这种情况具有自限性，通常会在术后几天内消失。

食道造口导管 

食道造口导管适用于未发生呕吐和食道功能障碍且需要营养支持的动物。一些临床医师倾向于使用食道造口导管，因为胃造口导管的潜在并发症更为严重，如腹膜炎。犬猫通常可以耐受食道造口导管的存在，在恢复食欲后，也同样可以自主进食。与鼻食道/鼻胃导管仅可饲喂流食不同，由于食道造口导管管径较大（14F或更大），可饲喂混掺食品。有商品化的硅制食道造口导管（猫硅胶食道造口导管, Smiths Medical, Waukesha, WI；图17.5a），但也可以将其他类型的导管改造为食道造口导管（在导管尖端的侧边开孔）（图17.2c）。食道造口导管型号的选择原则为：小于10kg的动物使用14F导管；大于10kg的动物选用19F导管。本文中介绍的食道造口导管放置技术是以红色橡胶导管为例，但实际操作时更常用硅胶导管。

在放置食道造口导管前，动物需右侧卧。在左外侧颈部，从下颌分支至颈后部，寰椎翼至气管部位进行备毛和消毒。从第7肋间隙至颈中部（预定的导管穿出口）估测所需导管的长度。使用罗切斯特-皮恩长钳（图17.5b）或类似组织钳，将钳尖（闭合）伸入口腔，抵至舌骨联合后方的食道，使组织钳尖端的预定皮肤切口正好位于颈中部。用10号手术刀片（猫和小型犬使用15号手术刀片）在钳尖的皮肤上做一微小切口，大小与导管管径相一致（图17.5c），然后切开深层组织和食道，露出钳尖（图17.5d）。用组织钳夹住导管尖端（图17.5e）将其引入食道并从口腔穿出

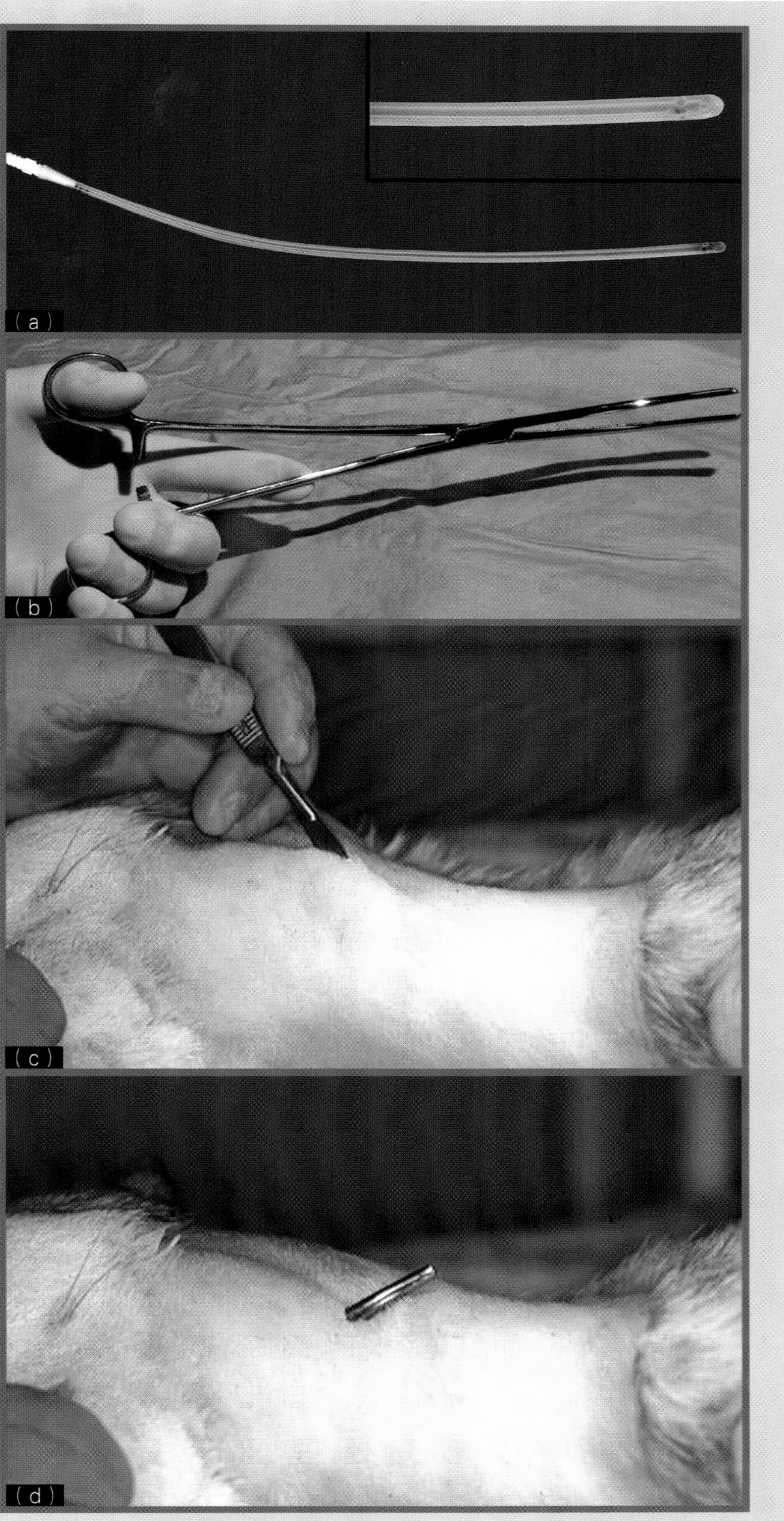

图17.5

（a）商品化的硅胶食道造口导管（猫硅胶食道造口导管，Smiths Medical，Waukesha，WI）
（b）用于放置食道造口导管的30cm罗切斯特-皮恩弯组织钳图
（c）食道造口切开。用手术刀片在食道造口组织钳尖端的皮肤上做一切口，切口大小足以通过导管
（d）食道造口组织钳穿透食道露出皮肤外

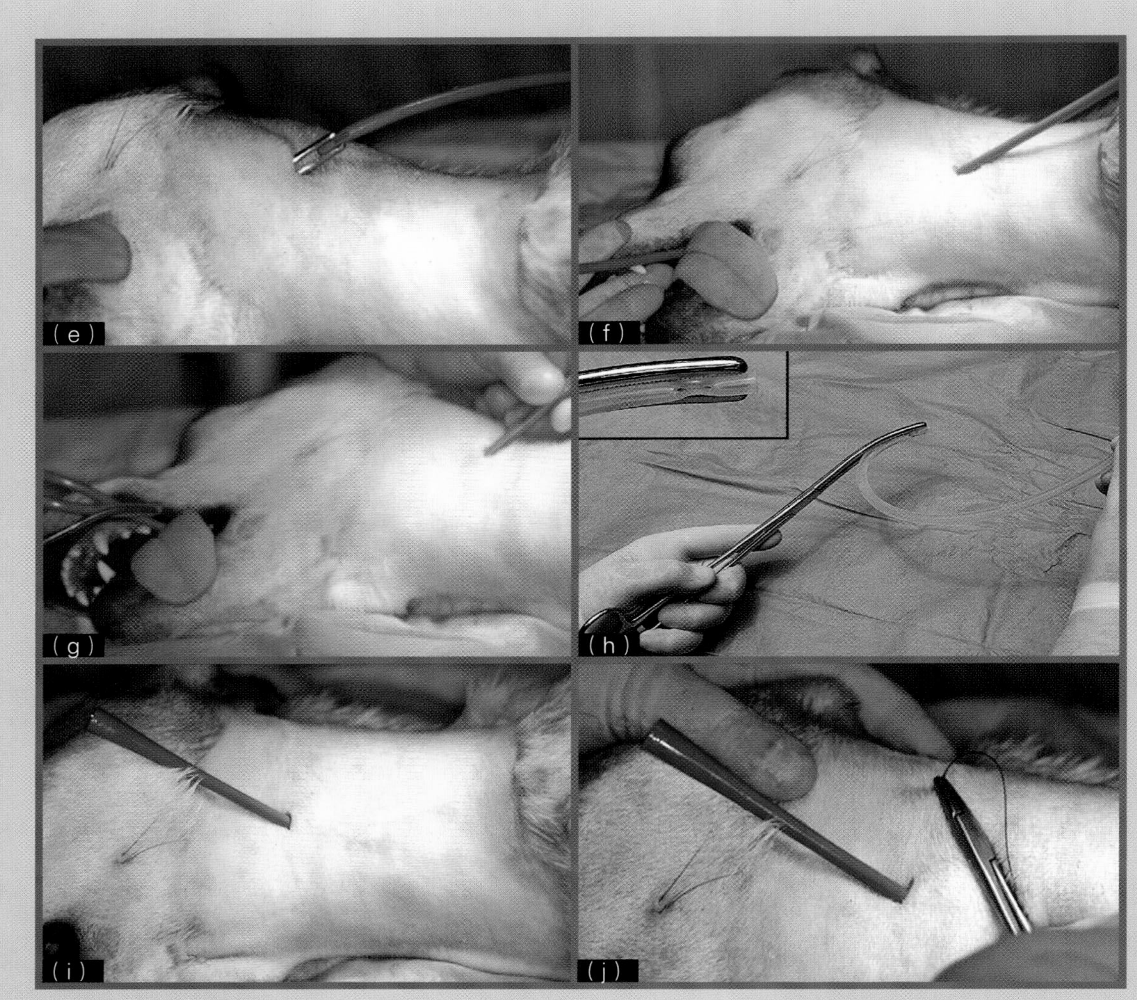

图17.5（续）

（e）用组织钳尖端夹住食道造口导管的尖端。注意此处用的是红色橡胶管，但最好能使用硅胶导管
（f）将食道造口导管引入食道内并拉出口腔外
（g）反转食道造口导管，使其折回食道内。注意要用组织钳弯部夹住食道造口导管。此图中的导管沿组织钳弯曲的外侧部放置
（h）将导管沿组织钳弯曲的内侧部放置后送入食道内。用组织钳弯曲的内侧部夹住导管时容易松开，且不容易将导管带回口腔
（i）当将食道造口导管有效地插入后段食道后留在皮肤外的导管一端。若导管放置正确，则应很容易在食道内前后滑动而不改变方向
（j）缝针深穿至寰椎翼上的骨膜及周围筋膜以准备安置固定导管的第1个摩擦线结（为了完成这一操作，需要使用大号缝针，且需注意勿使缝针断留于皮下）

（图17.5f）。接着再用组织钳反向夹住导管尖端并将其折回口腔内（图17.5g和图17.5h）。将导管继续向前插入食道，直至产生“砰啪”感，此时表明导管已笔直进入远段食道。当将导管下插入食道内时，颈外部的导管由后-前走向（图17.5g）转变为前-后走向（图17.5i）。在食道内前后滑动

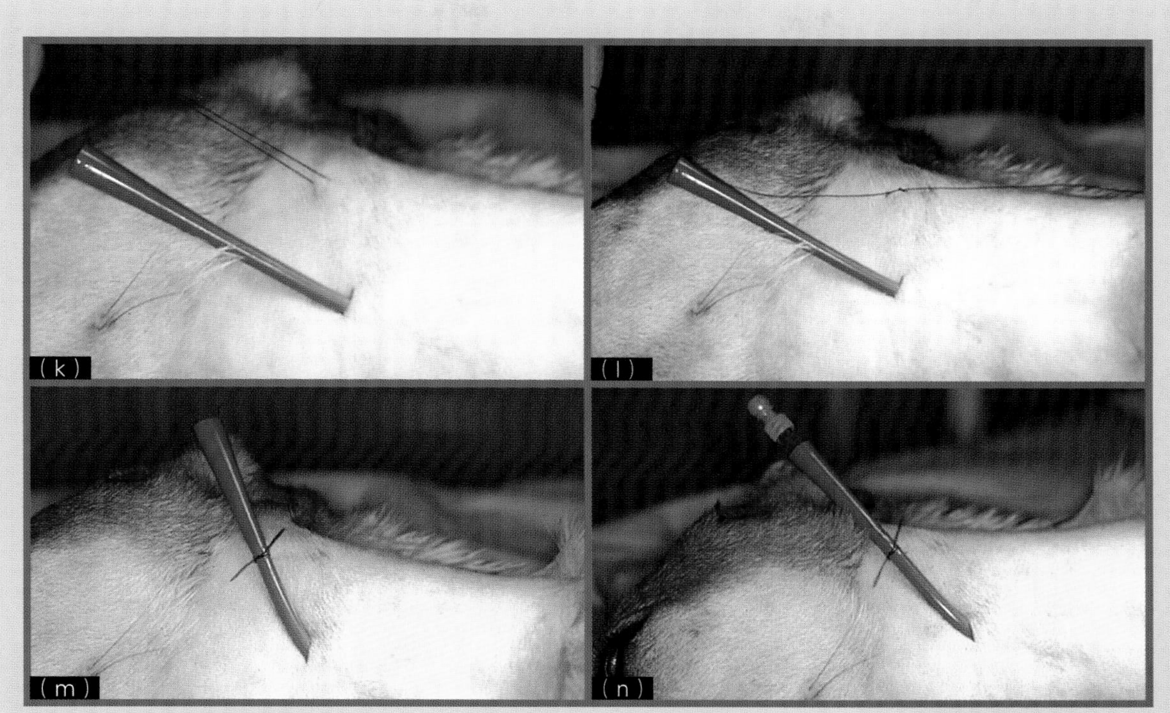

图17.5（续）

（k）用力牵拉线尾以确定摩擦缝线已带上寰椎翼的骨膜及周围筋膜
（l）将带上寰椎翼骨膜及周围筋膜的缝线系上方结，然后将导管置于方结上并系上外科结。将导管夹于方结和外科结之间，由此完成摩擦线结。
（m）将导管与寰椎翼骨膜及周围筋膜一同固定的摩擦线结。可附加若干摩擦线结将导管与皮肤及下层筋膜一同固定
（n）将导管接头与食道造口导管相连，并旋上管帽，完成食道造口导管的放置。动物仰卧或站立位时耳朵下垂，此时应自然地将食道造口导管放置于耳部下方

导管，确保其笔直而不在喉部发生弯折。此时，需要拍摄胸部X线片以确定导管是否放置正确。若导管已正确放置，则用穿透筋膜和寰椎翼骨膜的摩擦固定线结（根据导管大小选择1-0或更粗的缝线）将导管固定。缝针要深穿达到寰椎翼后才向上折回穿出皮肤（图17.5j）。在打结前，牵拉缝线确定缝线带上筋膜和骨膜（图17.5k）。轻压皮肤，系上一个方结（图17.5l），将导管置于方结上，然后系外科结，使缝线轻压导管以完成摩擦固定线结（图17.5m）。可继续附加若干摩擦固定线结将导管与皮肤及下层颈部筋膜一同固定，冲洗导管并盖上导管帽（图17.5n）。在每次饲喂前后，常用约5ml的生理盐水或水冲洗导管。在撤除导管前冲洗导管可将食物残渣冲回食道内而不致漏入切口周围的皮下组织。导管穿出切口后，进行二期愈合。食道造口导管的相关并发症包括切口感染、因误吸入水或食物继发的吸入性肺炎、胃酸反流产生的食道炎以及误将导管插入气管。食道造口导管的其他并发症可能包括由动物造成的导管堵塞或导管意外性拔除。

胃造口导管 

胃造口导管适用于不表现呕吐且需要营养支持的动物，尤其对存在食道功能障碍的动物十分有效。可以在内窥镜（经皮内镜胃造口术，PEG）或特制器械（经皮非内镜胃造口术）的辅助下放置胃造口导管。与经手术放置导管的方法相比，此种微创放置方法更受青睐。但若因其他原因需要开腹时，则经手术放置导管将比非手术方法更可行。下文将对手术放置导管的方法进行介绍。

胃造口导管的管径应足够大，以便饲喂流食，这意味着需要使用14F或更大型号的导管。通常，猫和小型犬（小于10kg）可以使用20F导管，大于10kg的犬使用24F导管。虽然大号的弗氏导尿管可作为胃造口导管来使用，但水囊在胃酸的作用下可能会发生破裂，从而发生导管过早移位或胃内容物泄露至导管周围组织的风险。因此最好使用佩泽（Pezzer）蕈头导管（PEG饲管, Smiths Medical, Waukesha, WI；图17.6a），并且硅胶导管要优于橡胶导管。现有大号（16F导管直径为20mm；20F导管直径为25mm）或小号（16号导管直径为15mm；20F导管直径为20mm）的蕈头导管（Smiths Medical，Waukesha，WI）。小号的蕈头导管更为常用，因为撤除时操作方便。

开腹术过程中，应用微创技术将导管置于胃底，然后经左侧体壁穿出。但若在术中放置导管可以将其置于幽门窦，然后从右侧体壁穿出。后一种方法适用于有发生胃扩张扭转倾向的患犬，因为从右侧放置胃造口导管可便于进行预防性胃固定术。本文将对大型犬右侧胃造口导管的放置方法进行介绍。

在开腹手术完成后，于紧靠最后肋骨后缘的右侧腹壁上做一导管穿出口。用10号手术 刀片在距离腹白线外侧约6cm的腹部肌层上做一切口（图17.6b和图17.6c），切口大小与佩泽蕈头导管管径一致 （导管蕈头可以轻度拉长（图17.6d），因此腹部肌层上的切口必须大于导管管径）。经腹壁内侧切口放置罗-卡二氏组织钳，并插入皮下组织抵至皮肤，形成圆锥形隆起（图17.6e）。在罗-卡二氏止血钳尖端的皮肤上做一切口，使组织钳穿透皮肤（图17.6f和图17.6g），然后扩大切口，使其与佩泽蕈头导管管径大小一致。用组织钳夹住饲管尖端（图17.6h），将其引入腹腔（图17.6i），并用2-0或3-0的可吸收缝线在胃的导管插入位点（紧靠右侧角切迹的幽门窦）做一荷包缝合。最常用短效缝合材料，如聚卡普隆25，进行荷包缝合，因为缝线张力减小后方便拆除。用11号手术刀片在荷包缝合中央做一穿刺切口，然后扩大切口使其与蕈头导管管径大小一致，注意勿剪断荷包缝合线。经胃刺口放置导管，收紧荷包缝合使胃壁紧贴导管，而导管蕈头留置于胃腔深部（图17.6j）。用1-0单丝缝线在胃壁和体壁处预置2～4根缝线（图17.6k）。此处可以使用可吸收缝线，但笔者倾向于使用聚丙烯缝线。为了确保带上黏膜下层，需全层穿透胃壁，但操作时切勿缝住导管或导管蕈头。此外，预置缝线间应保留足够针距，避免在撤除导管时将导管蕈头卡住。若预置4根缝线，则先放置背侧缝线，然后是头侧和尾侧缝线，最后是腹侧缝线。牵拉胃造口导管，使导管蕈头紧贴荷包缝合，同时胃紧靠腹壁（图17.6l）。将预置缝线打结（首先是背侧，然后是头侧和尾侧，最后倒腹侧），以完成胃固定术（图17.6m和图17.6n）。在外侧腹壁安置摩擦线结，将导管与皮肤及深层筋膜一同固定[1]，在闭合腹腔后再附加3个摩擦固定线结。

撤除胃造口导管时，向导管内注入10～15ml的水或生理盐水，确保将食物残渣冲回胃腔而不致漏到腹壁皮下组织。在导管周围的皮下组织和

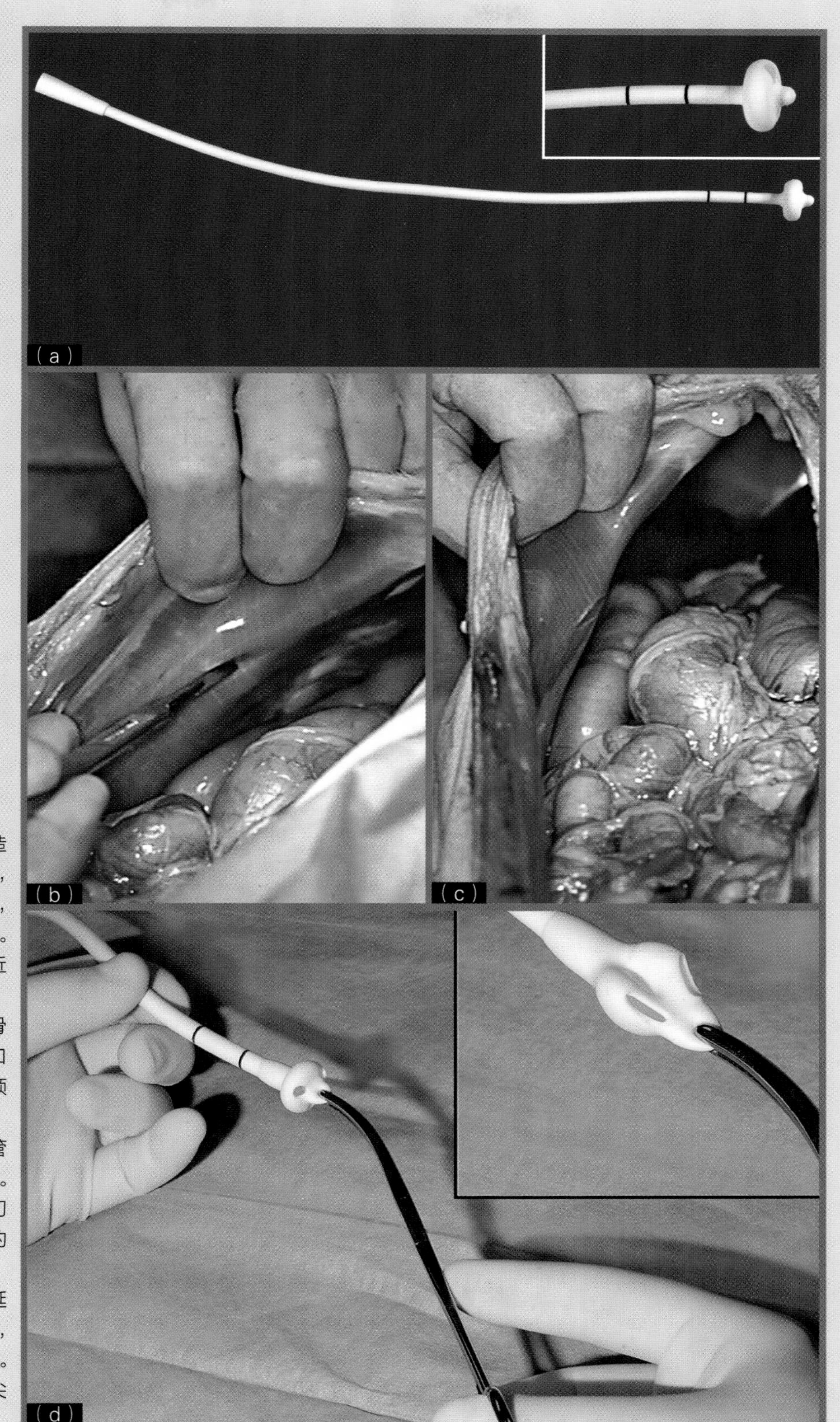

图17.6

（a）硅胶佩泽蕈头胃造口导管（PEG饲管，Smiths Medical，Waukesha，WI）。插图为导管蕈头的近视图

（b）在右侧体壁的最后肋骨后缘手术放置胃造口导管。手术刀指向预定切口位点

（c）手术放置胃造口导管时在右侧体壁的切口。需要加深并扩大此切口以适应佩泽导管的蕈头大小

（d）用罗-卡二氏止血钳延展佩泽导管的蕈头，然后将其穿过腹壁。必须注意勿将导管尖端撕裂

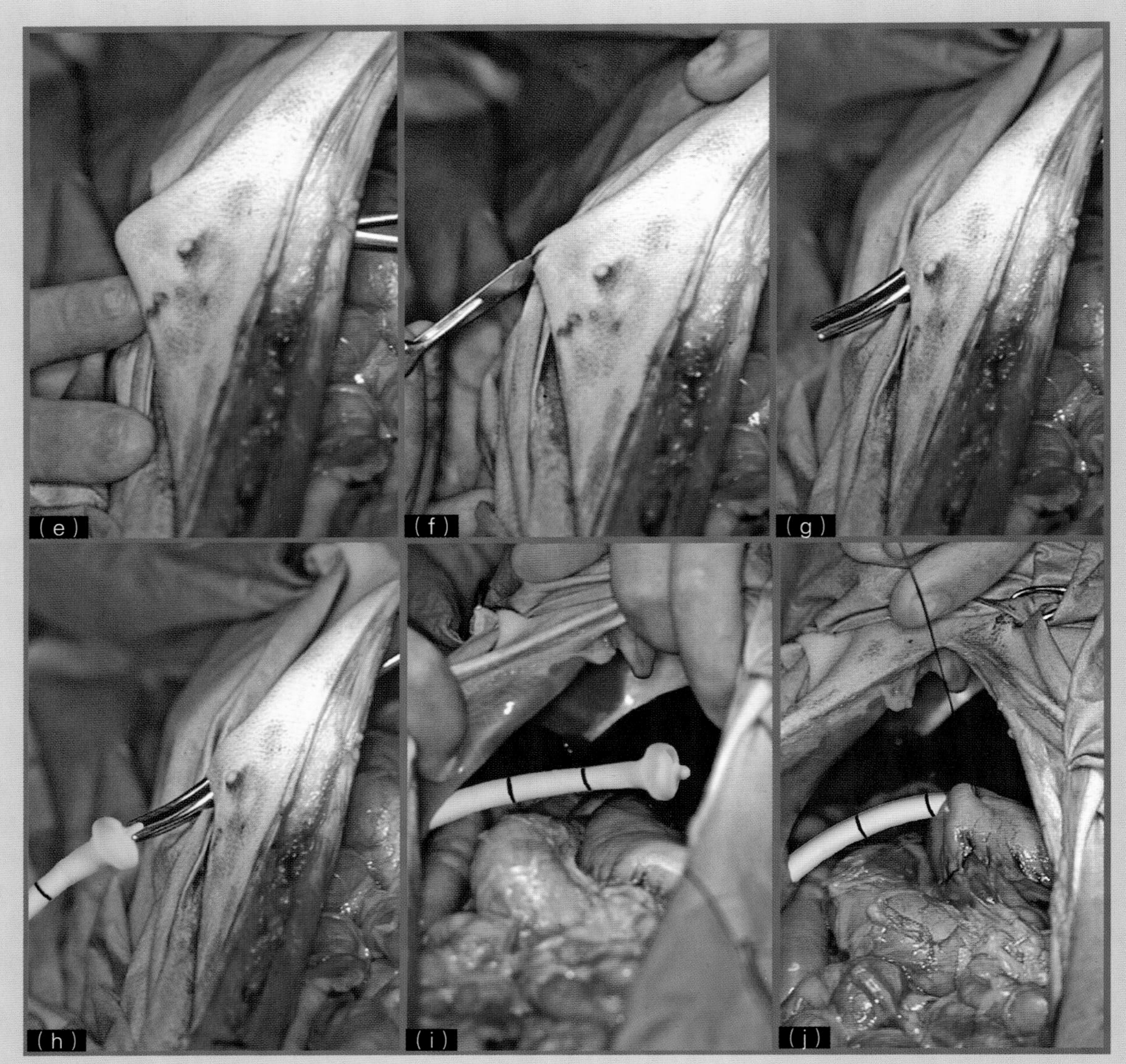

图17.6（续）

（e）将罗-卡二氏止血钳穿过右侧体壁上的切口继续前插，直至在丘状皮肤上触及止血钳尖端
（f）在已穿过右侧腹壁肌的罗-卡二氏止血钳尖端切开皮肤，切口大小应足以通过应佩泽导管的蕈头
（g）罗-卡二氏止血钳尖端突出皮肤，然后用其夹住导管尖端
（h）用罗-卡二氏止血钳夹住导管尖端并将其引入腹腔
（i）经右侧体壁进入腹腔的胃造口导管
（j）胃造口导管经右侧腹壁进入胃内，导管尖端位于胃腔内。收紧胃造口周围的荷包缝合缝线

肌肉层注射局部麻醉剂（按9：1的比例混合利多卡因和碳酸氢钠溶液）。在麻醉剂产生作用后，一只手紧握导管，另一只手按压导管出口处体壁，将导管缓慢拔出，直至将导管蕈头完全撤除。

胃造口导管的潜在并发症包括穿刺切口感染、意外性导管拔除（或部分拔除）、导管阻塞和腹膜炎。为了避免动物啃咬或将导管拔除，有必要佩戴伊丽莎白项圈。

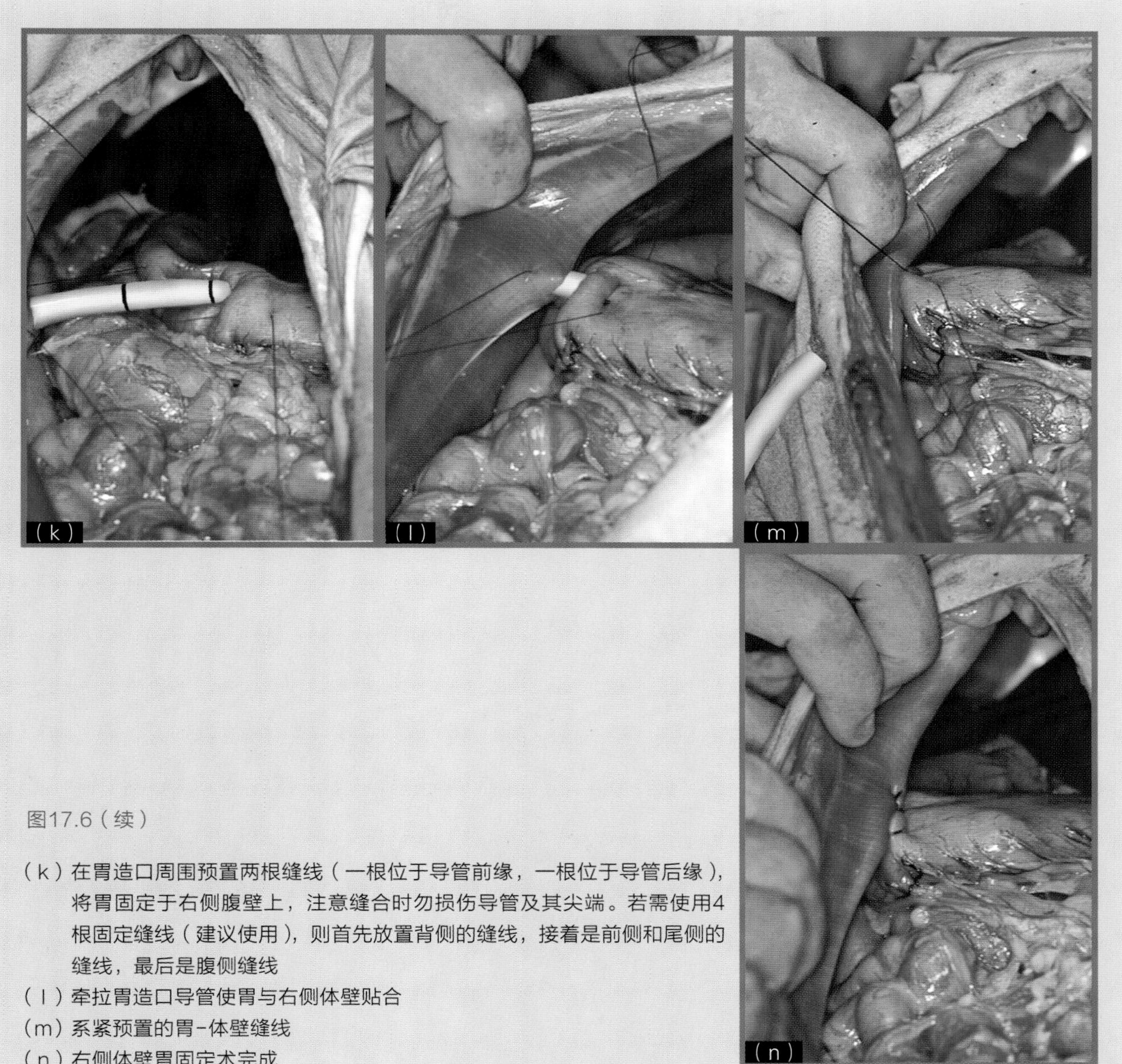

图17.6（续）

（k）在胃造口周围预置两根缝线（一根位于导管前缘，一根位于导管后缘），将胃固定于右侧腹壁上，注意缝合时勿损伤导管及其尖端。若需使用4根固定缝线（建议使用），则首先放置背侧的缝线，接着是前侧和尾侧的缝线，最后是腹侧缝线
（l）牵拉胃造口导管使胃与右侧体壁贴合
（m）系紧预置的胃-体壁缝线
（n）右侧体壁胃固定术完成

空肠造口导管

空肠造口导管适用于因呕吐或腹部手术后可能发生呕吐而需要营养支持的动物（可以在剖腹术时安置）。因为空肠造口导管的管径较小（10F或更小），所以经导管饲喂的食物仅限流食。可选择红色橡胶管（SOVEREIGN饲管/导尿管, Covidien Animal Health & Dental Division, Mansfield, MA；图17.1a）、聚氨酯（Argyle内留聚氨酯饲管，Covidien Animal Health & Dental Division，Mansfield，MA）、聚氯乙烯（带标记线的Argyle内留聚氨酯饲饲管，Covidien Animal

Health & Dental Division，Mansfield，MA；图17.7a）和硅胶导管（硅胶鼻饲管/通氧导管，Smiths Medical，Waukesha，WI）（通常为5号、8号或10号）。最常使用硅胶导管（图17.7b），因为与其他生物材料制作的导管相比，硅胶导管引起的组织反应最小。若硅胶导管完好无损，可以清洁和高压灭菌后再次使用。可以安置侵袭性小的鼻空肠造口导管，但目前最为常用的是经手术放置的空肠造口导管，下文将对其安置方法进行介绍。

在开腹术完成后，确定空肠造口导管在腹壁上的穿出位点。导管的穿出孔应定位于中腹部右侧，腹壁的胃固定术后缘（图17.7c）。当然，也可以选择在左侧腹壁上造口。笔者发现，惯用右手的术者在右侧腹壁上操作时会更为方便。此外，此解剖位置上的小肠段也更适合放置导管。隔离需要放置空肠造口的肠袢（图17.7d），并在肠壁上放置留置缝线用以固定方向（图17.7e）。应尽可能在前段空肠上放置导管。可以跨过肠切开或吻合部位放置导管，但必须避免导管尖端正好停留在这些位置上。先将导管插入腹腔后再将导管置入空肠中（图17.7f）。在腹部切口后缘距腹中线约4cm的内侧壁腹横肌上，用11号手术刀片做一微小穿刺切口。将蚊式止血钳伸入刺口，然后继续向前外侧方向插入，直至在乳腺链乳头的皮肤上触及止血钳尖端。在止血钳尖端的皮肤上做一小切口，但切口不应过大，以止血钳尖端刚好露出为宜。然后用蚊式止血钳夹住空肠造口导管的尖端，将其引入腹腔。将导管进入腹腔后，可以准备导管的放置（图17.7g）。在预先隔离的前段空肠的对肠系膜侧，用3-0可吸收单丝缝线（如聚卡普隆25或糖酸聚合物631）做荷包缝合（或者笔者倾向于使用的水平褥式缝合）。用11号手术刀片在水平褥式缝合中央做一与导管

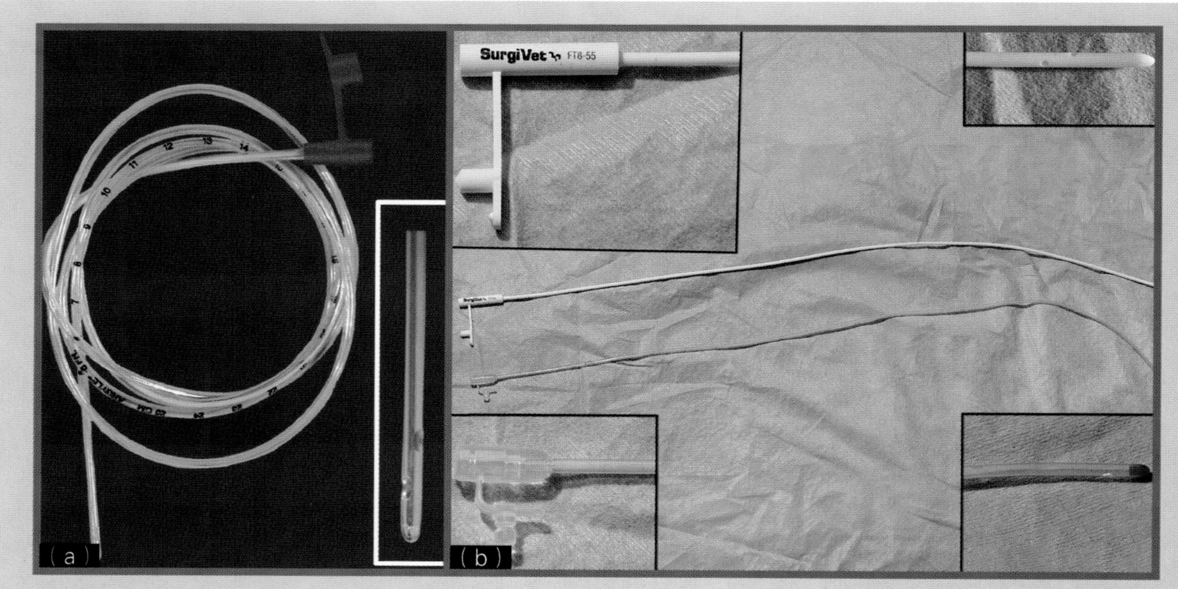

图17.7

（a）聚氯乙烯饲管（带有标记线的Argyle聚氯乙烯饲管，Covidien Animal Health & Dental Division，Mansfield，MA）。绿色管帽表明此导管为聚氯乙烯材质，蓝色管帽表明此为聚氨酯材质

（b）用作空肠造口导管的硅胶鼻胃管（经鼻通氧/饲喂硅胶导管，Smiths Medical，Waukesha，WI）。白色导管于2009年停产。此种清洁导管替代品的硬度较小、伸展性好，相对更容易弯曲

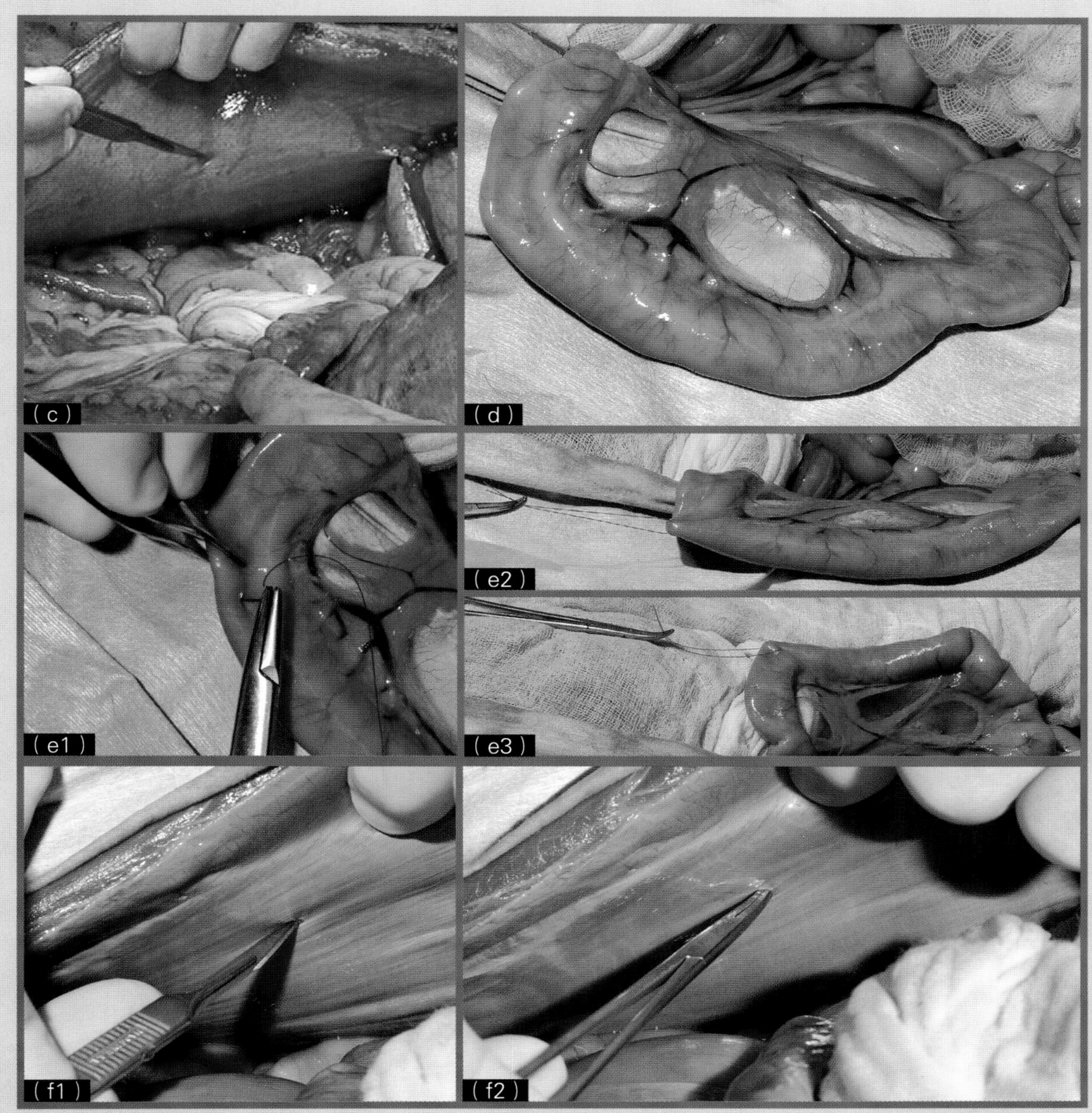

图17.7 （续）

（c）空肠造口导管从右侧腹壁中部穿入位置的定位。（此图为助手视角，右侧为头侧）注意胃固定术的腹壁切口在预定空肠造口导管穿入位点的前侧，图中11号手术刀片指向导管的预定穿出部位

（d）分离需放置空肠造口导管的空肠肠袢（此图为惯用右手的术者视角，左侧为头侧）

（e）在预定空肠造口部位的前缘放置3-0聚卡普隆25的留置缝线（图片为惯用右手的术者视角，左侧为头侧）。①穿透小肠全层。②用蚊式止血钳夹住留置缝线线尾。③将空肠肠袢移至动物左侧。在将导管引入腹腔时用留置缝线固定肠管的方向

（f）将空肠造口导管拉入腹腔（此图为助手视角，假定术者的惯用手为右手，图片右侧为头侧）①用11号手术刀片在腹白线切口旁2～3cm处（因动物体型而异）的腹横肌上作微小穿刺切口。②将蚊式止血钳伸入腹横肌上切口内

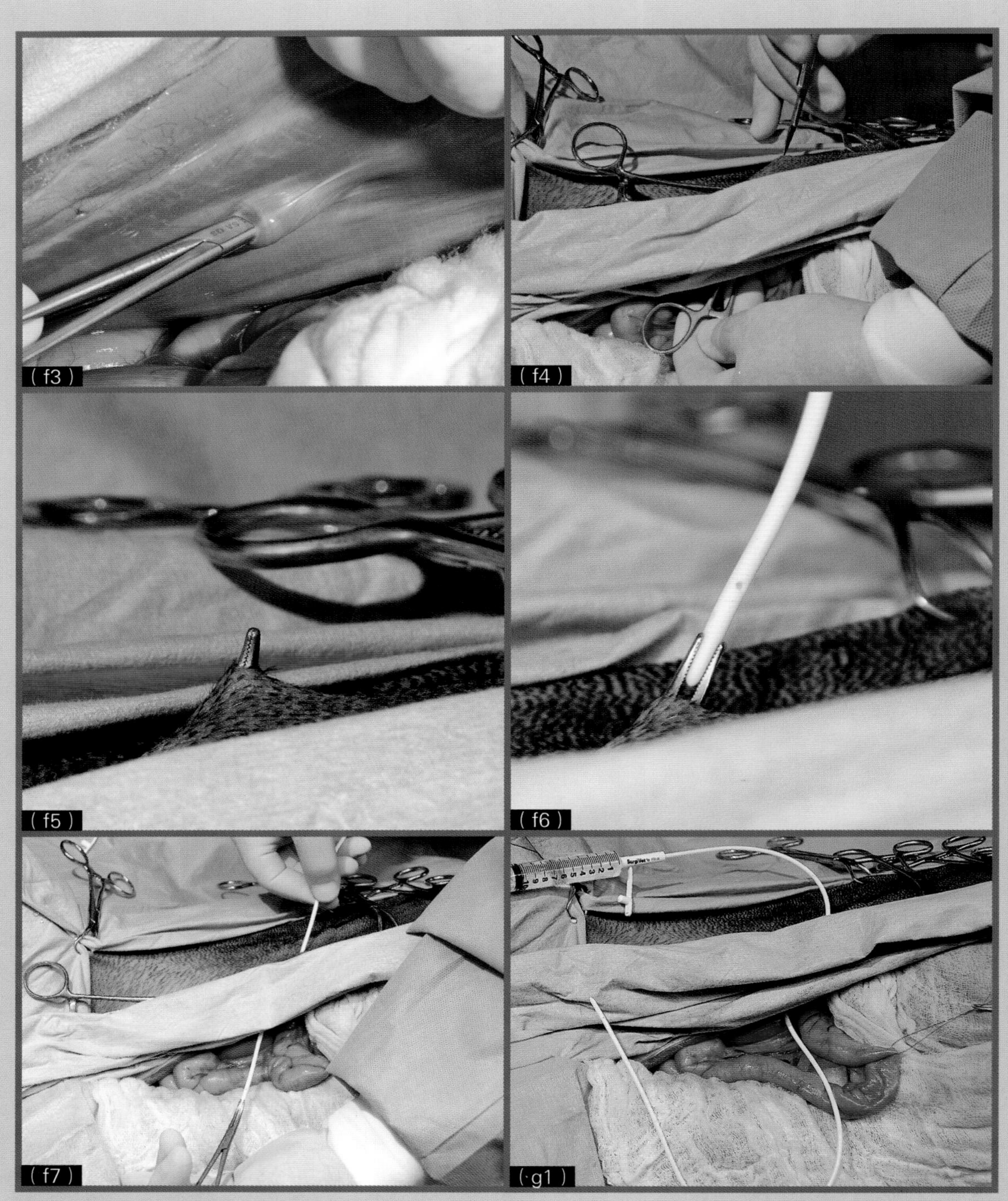

图17.7（续）

③将止血钳向前外侧方向前插，直至在乳头外侧的皮肤上可触及止血钳的尖端。④用11号手术刀片在止血钳尖端上做一小切口，大小正好能够穿出止血钳尖端。⑤咬合后的止血钳穿出皮肤。⑥张开止血钳尖端夹住导管尖端。⑦将导管引入腹腔内

（g）将空肠造口导管插入肠腔内（此图为助手视角，假定术者的惯用手为右手，图片右侧为头侧）。①将充满生理盐水的注射器与空肠造口导管连接，稀释肠管的内容物以便将导管插入尾侧肠腔。留置缝线标记了小肠的前侧方向

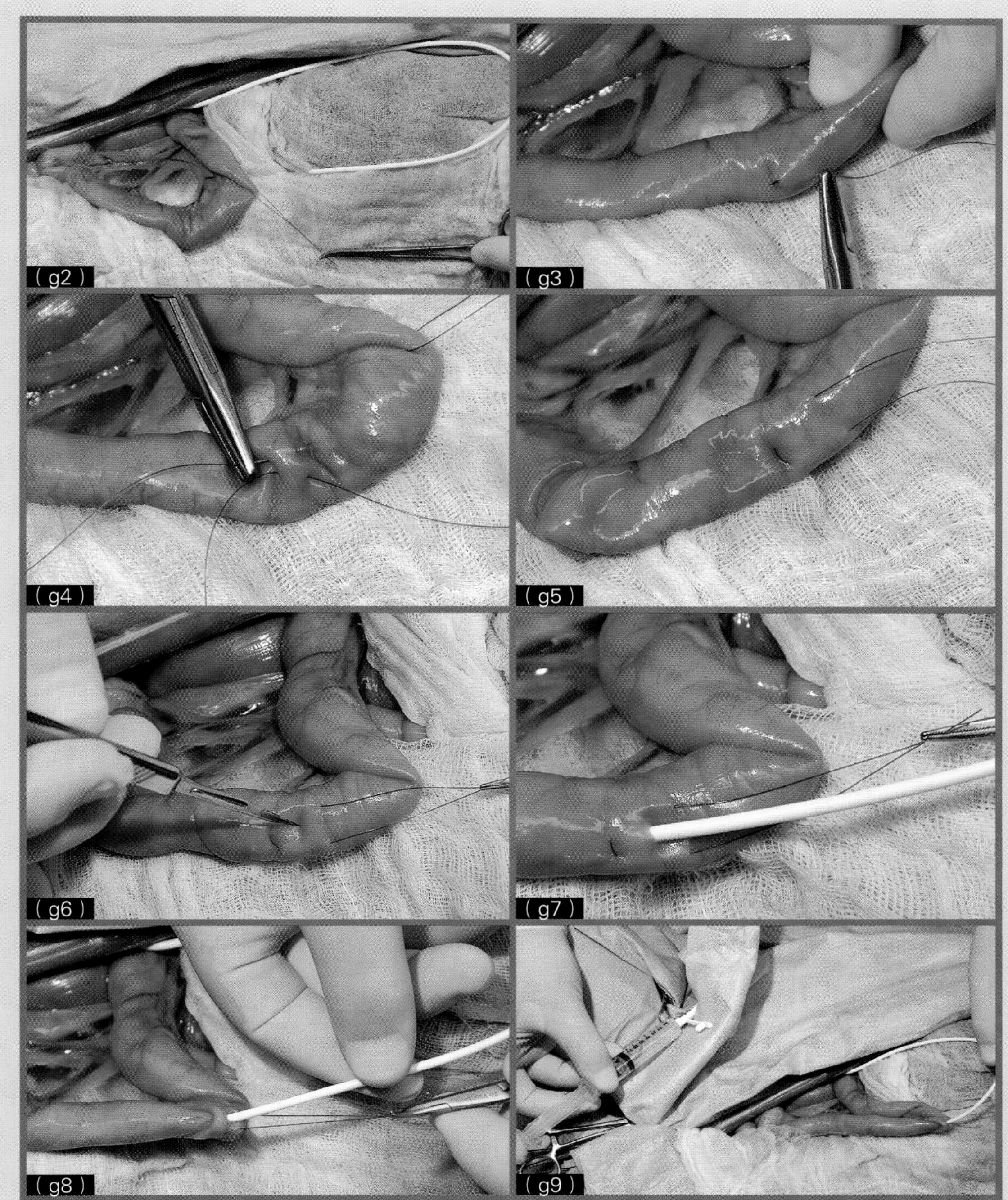

图17.7（续）

②将导管放置在头侧术区，同时准备在插入肠段上进行荷包缝合（实际为水平褥式缝合）③由前向后方向进行褥式缝合的第1针穿透（全层）。④然后由后向前方向进行第2针穿透（全层）。⑤正确的褥式缝合形似“笑脸”。⑥在褥式缝合中央，用11号手术刀片作一刺孔（如“笑脸”中加入“鼻子”）。将手术刀倒置，刀尖朝向“笑脸”的“眼睛”，避免穿刺位点靠近“笑脸”的“嘴”时，误将缝线切断。注意已将头侧的留置缝线撤除，导管也已插入肠管上的刺孔。⑦肠管上的刺孔大小应与导管管径相一致。⑧将导管向空肠尾侧继续插入，同时在线尾处轻轻地施加反向张力⑨间断性地向小肠内注入生理盐水，使肠管轻度扩张。这样可以润滑导管使其易于通过肠腔。

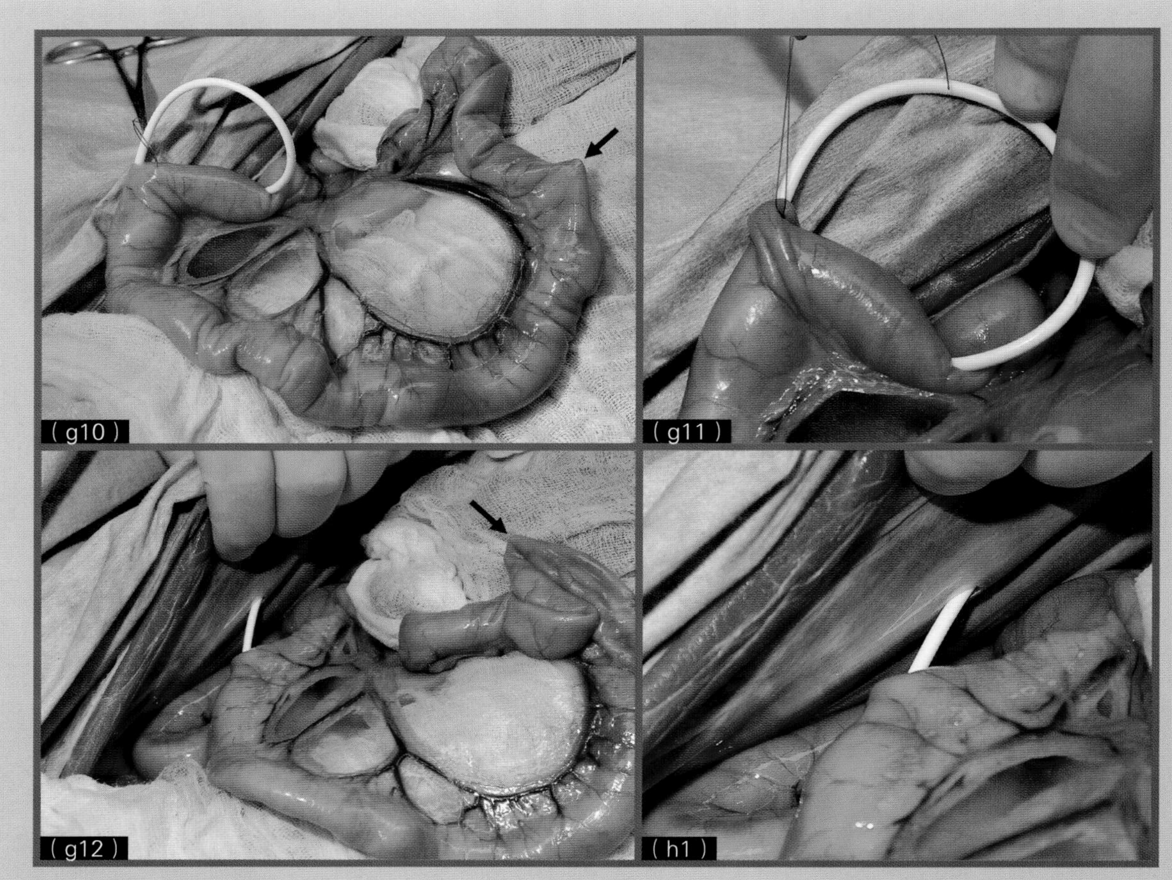

图17.7（续）

⑩导管移行了较长的一段距离（约为3个血管弓供应的肠段）。箭头所示为导管的尖端位置。⑪系紧水平褥式缝合可防止余下操作过程中导管周围发生泄漏。因为导管仍可在刺孔上滑行，所以需在余下操作过程中防止导管倒退。⑫剪断褥式缝合的线尾，同时将空肠与体壁并置，准备固定空肠。箭头所示为空肠内的导管尖端位置

（h）用连锁盒缝合方式将空肠固定在体壁上（此图为助手视角，假定术者的惯用手为右手，图片右侧为头侧）。①将空肠造口部位靠向体壁上的导管出口位置，中间留出小段导管用于定向。

大小一致的微小穿刺切口，将空肠造口导管从切口插入，并向后段肠管移行（在肠袢内移行的距离应经过跨过至少3个血管弓）。将褥式缝合线收紧，用3-0单丝缝线（聚卡普隆25或糖酸聚合物631），以连锁盒缝合的方式将空肠固定于体壁上（图17.7h和图17.7i）。

一般用连锁盒缝合方式替代简单间断缝合对空肠进行固定，因为连锁盒缝合可以将导管周围的液体闭留在肠腔内。液体可能会从导管周围渗漏至皮下组织，但不会泄露至腹腔内。与简单固定缝合不同，使用连锁盒技术无需等待导管周围组织粘连即可撤除导管。应用连锁盒技术可以安全地撤除导管[4]，且无需担心导管被动物过早拔除后发生腹膜炎。在引入连锁盒缝合技术前，无论是否使用饲管，都需要留置空肠造口导管至少5～7d待组织发生粘连。

安置连锁盒缝线前，可按照上文介绍的方法在肠道内放置饲管，之后按照以下顺序进行盒式

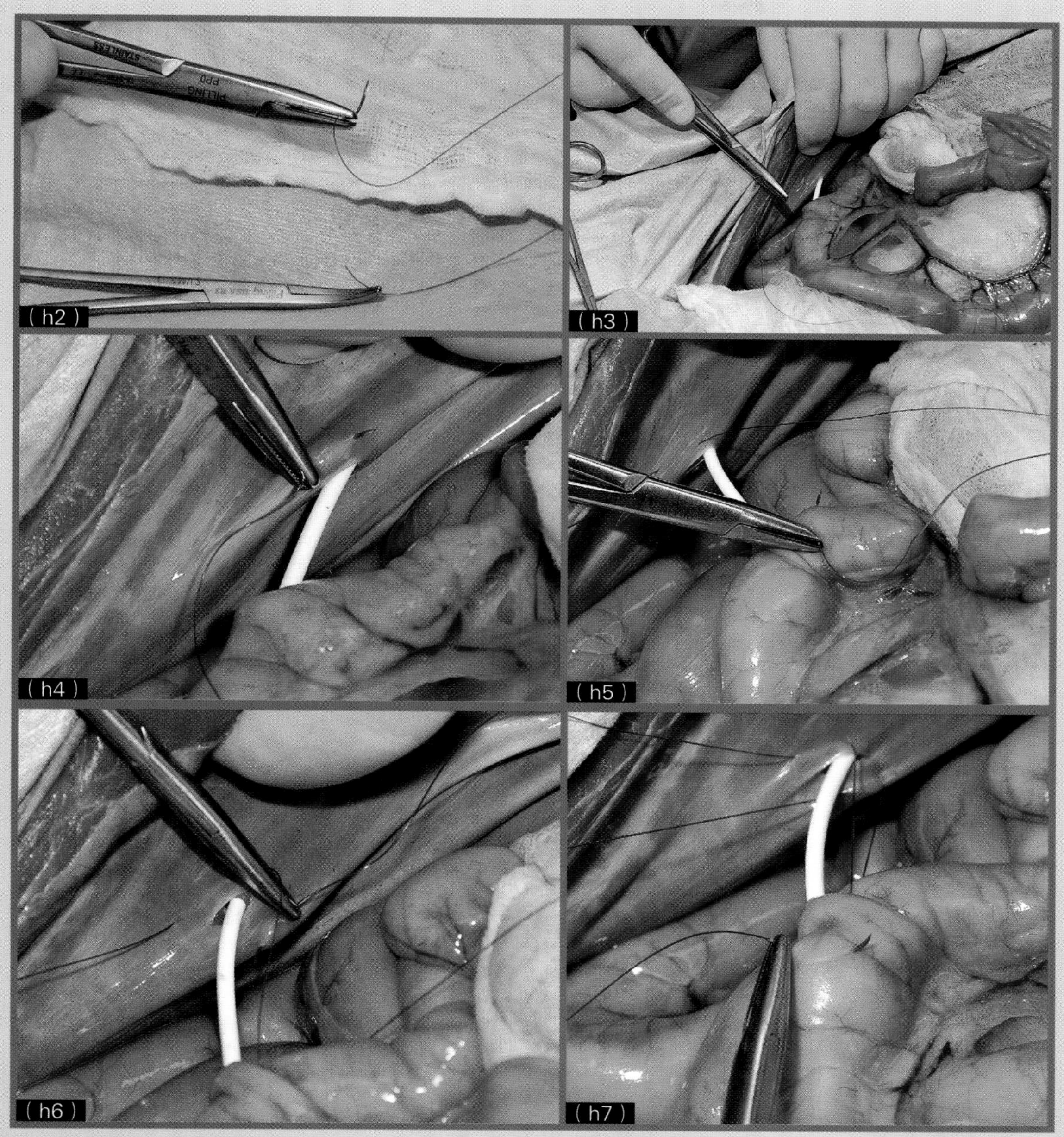

图17.7（续）

②用合成可吸收线（3-0聚卡普隆25）进行连锁盒缝合。注意需用蚊式止血钳夹住线尾，防止无意中将缝线拖穿线道。在穿过每一针时应避免扎到导管③将钳夹后的线尾置于术区尾侧，然后在体壁上由后向前穿进第1针，开始第1个盒式缝合。④在导管上方的体壁组织上，由后向前穿进第1针。⑤第1个盒式缝合的第2针横穿小肠全层，使线道与体壁上的第1根缝线成直角。⑥第1个盒式缝合的第3针由前向后穿透导管下方的体壁组织。此线道方向与肠管上的线道垂直，与体壁上的起始线道平行。⑦第1个盒式缝合的第4针（最后1针）在导管后缘由后向前全层穿透（由下至上）肠管。

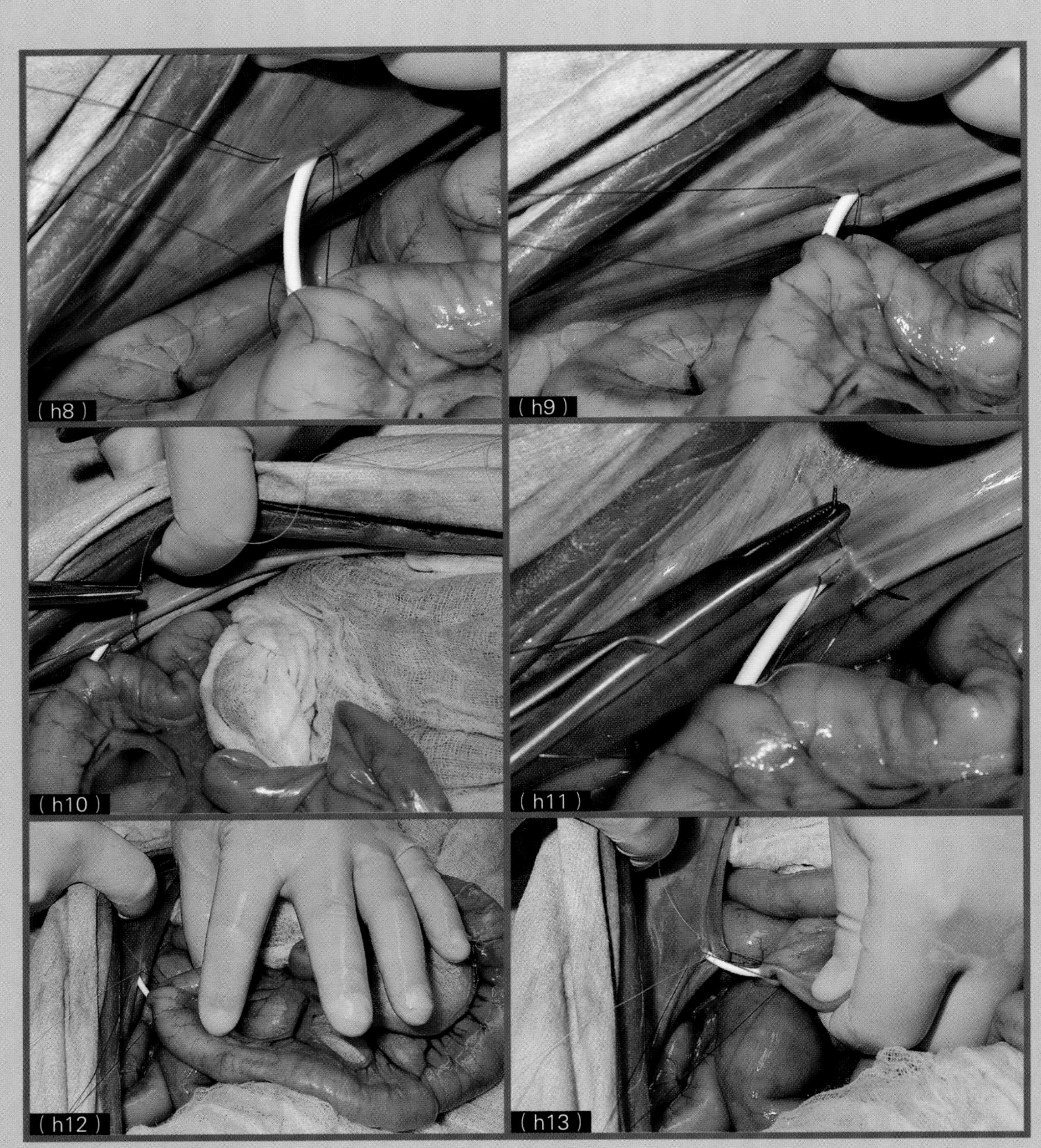

图17.7（续）

⑧第1个盒式缝合的4针缝合均已完成。⑨线尾已用止血钳夹住（未显示），在线尾上施加的轻度张力可用于第2个盒式缝合的定位。在进行第2个盒式缝合时，需露出小段导管用于定向。⑩用蚊式止血钳夹住第2个盒式缝合的线尾，将其置于前侧术区用于定向（使用3-0荧光聚丙烯缝线可易于区分两个盒式缝合，但临床病例中会使用合成可吸收线）。⑪第2个盒式缝合的第1针穿透（由上至下）导管前缘的体壁组织，与第1个盒式缝合的两个线道相接。⑫第2个盒式缝合的第1针已完成，准备穿入第2针。第2个盒式缝合第2针的穿透最为困难，因为需要在导管的下方由前向后穿透肠管。为了完成这一操作，术者需用非惯用手将小肠底面向上翻转。⑬翻转肠管后，便于惯用右手的术者将缝针从导管下方穿透肠壁。

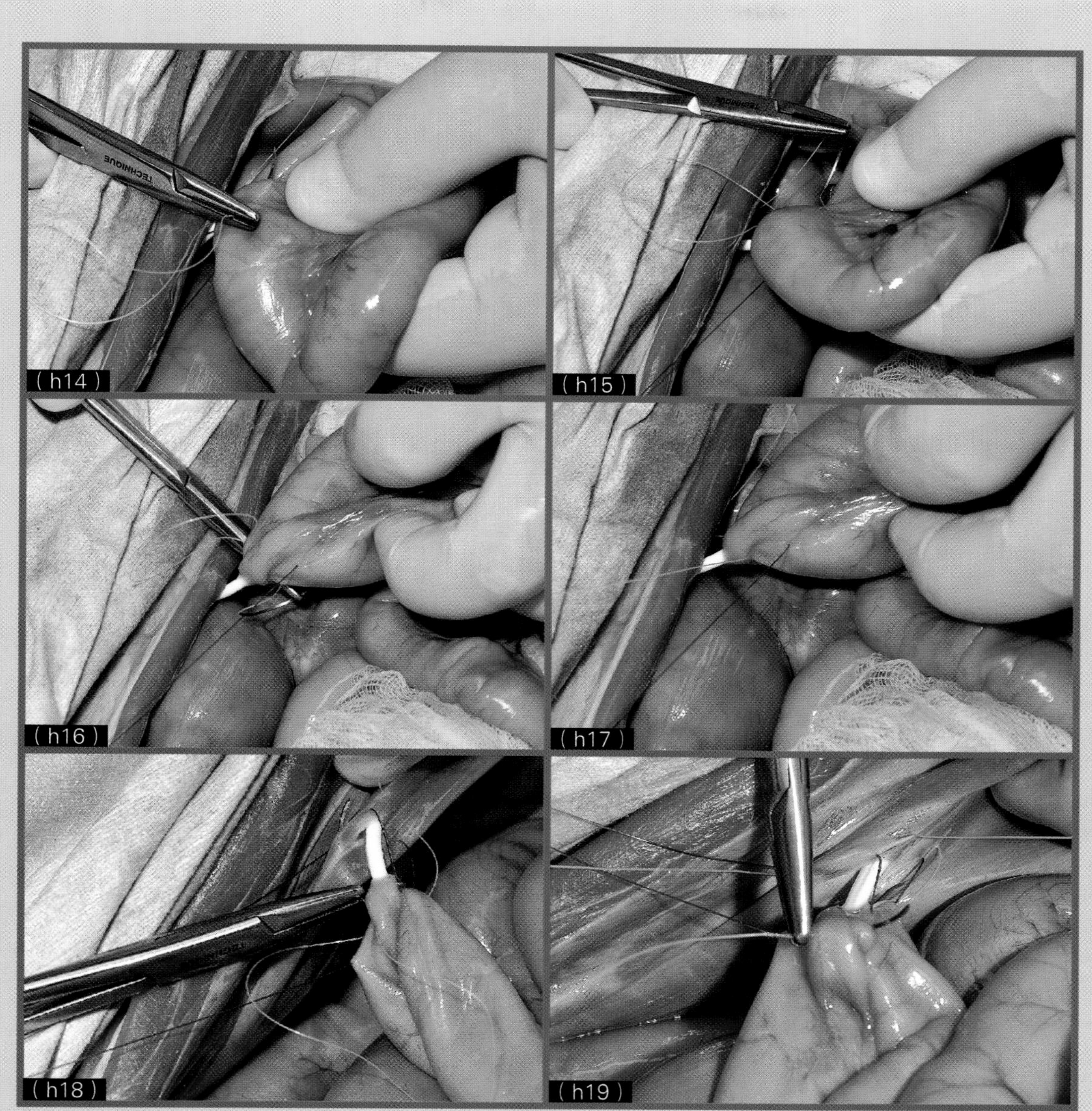

图17.7（续）

⑭肠管翻转后，深穿形成的线道看似为由后向前走向，将肠管复位后，线道呈明显的由前向后走向。⑮将肠管复位前夹住针尖。⑯将肠管复位后，缝针由前向后跨过肠管，这样可以使第2个盒式缝合的第3针正确定向。⑰肠管复位后，第2针缝线呈前后走向，此时可以进行第3针缝合。⑱第2个盒式缝合的第3针要在导管尾侧的体壁组织上进针（由下至上），并与第1个盒式缝合形成线道相接。⑲第2个盒式缝合的第4针（最后1针）在导管上方由后向前穿透肠壁（全层）。

缝合。首先在腹壁导管插入位点的腹侧，用缝针由尾侧向头侧方向穿透（浅层）组织，开始第一个盒式缝合；接着在空肠造口位点前缘由腹侧向背侧方向横穿（全层）空肠；然后在腹壁导管插入位点的背侧，由前向后穿透（深层）组织；最后在空肠造口位点的后缘，由背侧向腹侧方向横

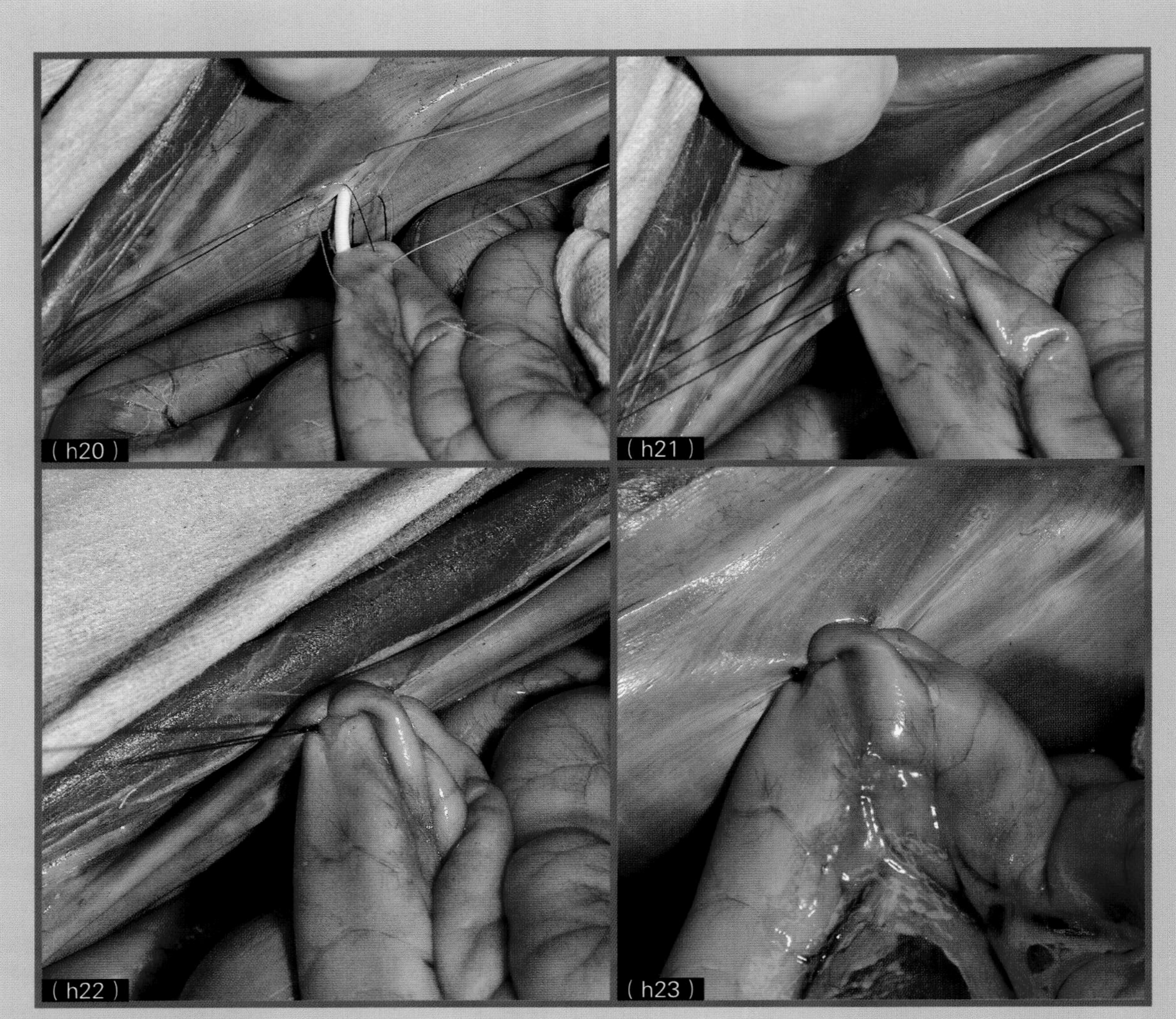

图17.7（续）

⑳连锁盒缝合的两个盒式缝合均已完成。㉑当收紧两个盒式缝合的缝线时，肠管与体壁贴合，导管不可见。㉒将两个盒式缝合的缝线打结（不分先后）。㉓打结后剪断线尾，最终完成连锁盒空肠固定术。

穿肠管。保留长段缝线并用止血钳夹住。第2个盒式缝合的第1针从腹壁导管插入位点前缘上由腹侧向背侧方向穿透（浅层）组织；第2针在空肠造口位点的背侧，由前向后穿透（全层）肠管；第3针在腹壁导管插入位点的后缘，从背侧向腹侧方向穿透（深层）组织；最后1针在空肠造口位点的腹侧，由后向前方向穿透（浅层）肠管。将头侧缝线和尾侧缝线分别收拢，然后系上尾侧线结，完成第1个盒式固定缝合，系上头侧线完成第2个盒式固定缝合。在腹外，用4个间断摩擦固定线结（间距1cm）将空肠造口导管与皮肤和皮下筋膜一同固定（图17.7j）[1]。固定8F和10F的导管最好选择2-0尼龙缝线或聚丙烯缝线，3-0缝线用于固定5F导管。

撤除空肠造口导管时，向导管内注入大约10ml的水或生理盐水，确保食物残渣被冲回肠腔

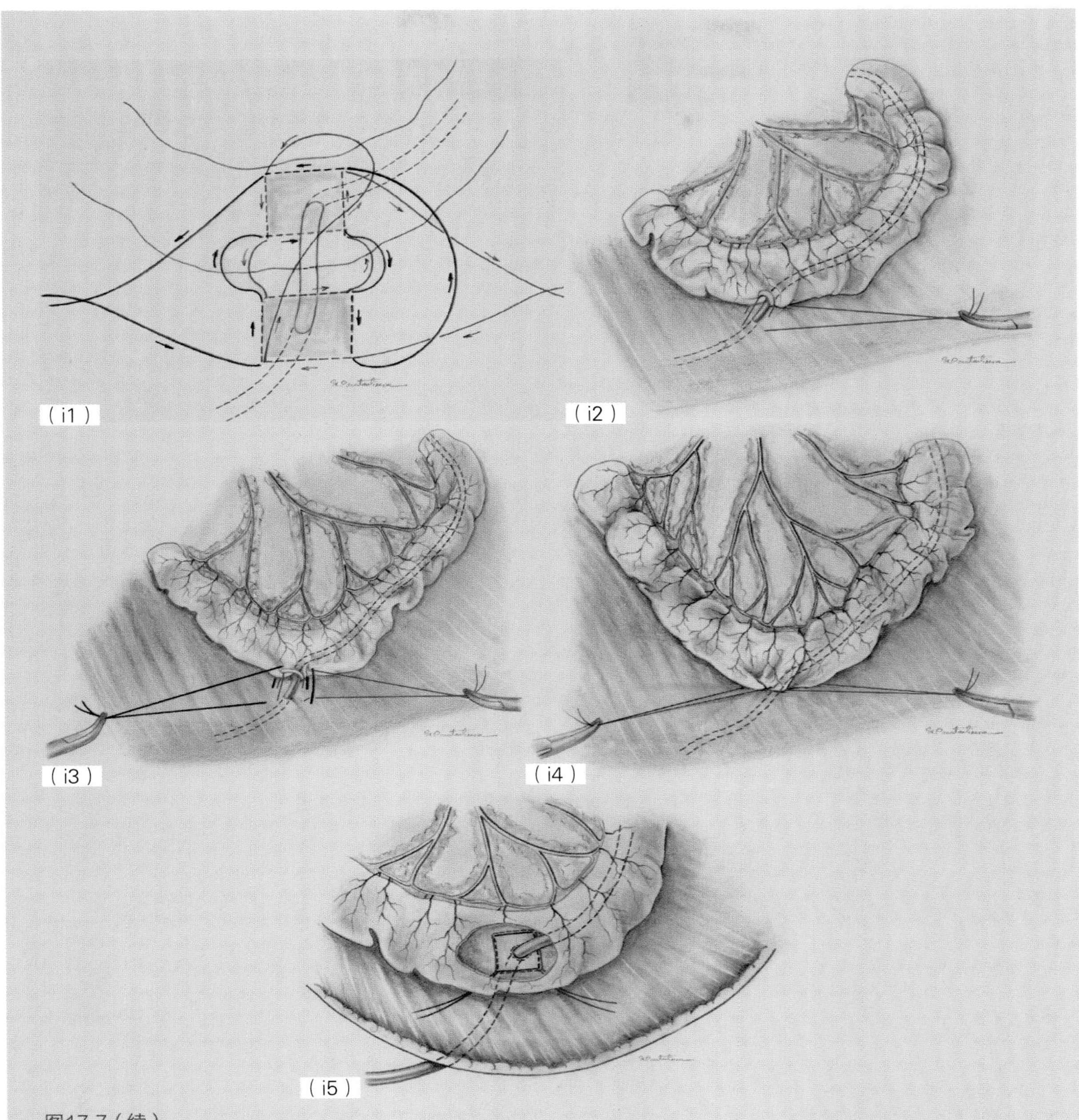

图17.7（续）

（i）连锁盒空肠固定缝合的示意图（此图为惯用右手的术者视角，因此与图17.7h正好相反）①红色缝线代表第1个盒式缝合的缝线，缝合顺序如下：（a）导管上方体壁上的缝线由后向前穿透，（b）导管前侧肠壁上的缝线由上至下穿透，（c）导管下方体壁上的缝线由前向后穿透，（d）导管尾侧肠壁上缝线由上至下穿透。黑色缝线代表第2个盒式缝合的缝线，缝合顺序如下：（a）导管前侧体壁上的缝线由上至下穿透，（b）导管下方肠壁上的缝线由前向后穿透，（c）导管尾侧体壁上的缝线由下至上穿透，（d）导管上方肠壁上的缝线由后向前穿透。②完成第1个盒式缝合。在术区尾侧用止血钳夹住线尾（红色）③完成第2个盒式缝合。在术区前侧用止血钳夹住线尾（黑色）④将两个盒式缝合的缝线收紧后，导管不可见。⑤体壁和空肠上的刺头切口对接后，夹于空肠和体壁间的连锁盒缝合中。因此导管周围的液体都将留于肠腔内（抑或漏至皮下组织）而不致漏入腹膜腔。此图中保留了用于定向的线尾，需待系上线结后将其剪掉

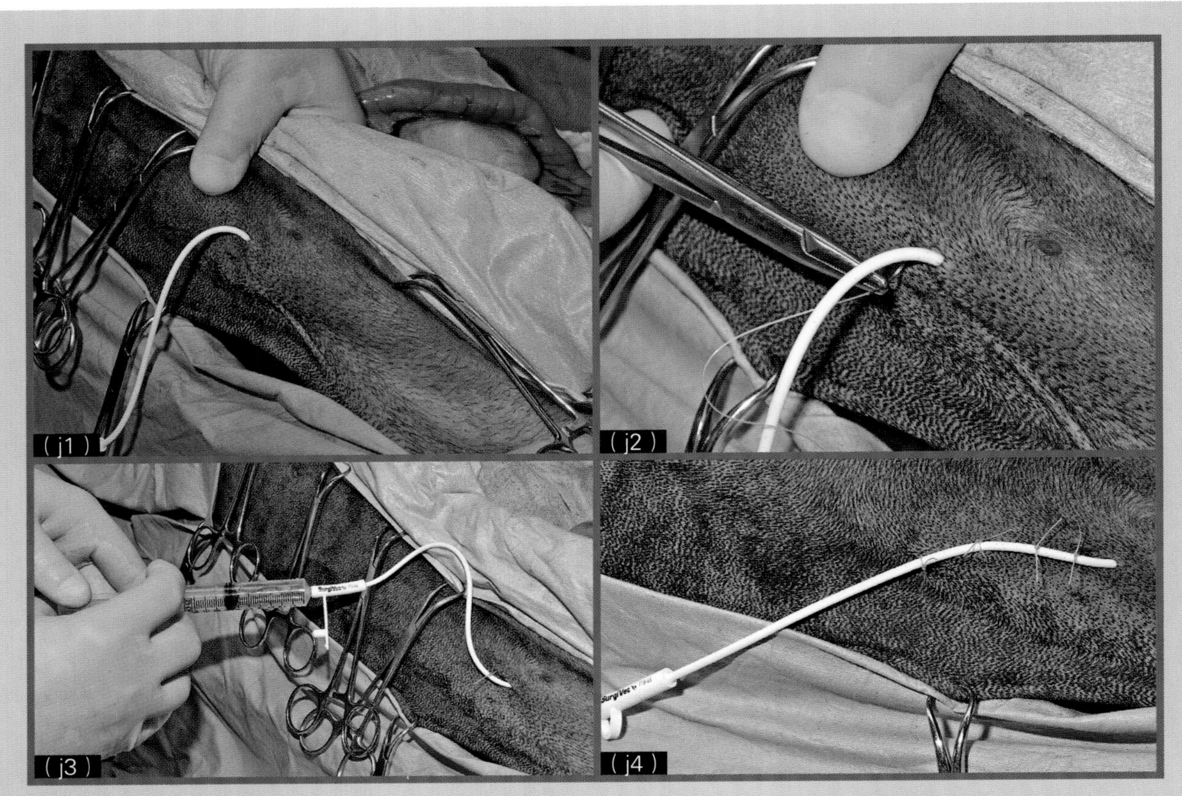

图17.7（续）

（j）用4个摩擦固定线结将空肠造口导管与皮肤及皮下筋膜一同固定。①在连锁盒空肠固定术完成后，即可安置第1个摩擦线结，防止之后的操作过程中将导管意外拔出。术者用非惯用手在腹膜腔内的空肠造口部位上固定体壁作为安置第1个摩擦线结的参考位点，这样可以确保缝线穿透皮下筋膜而不致穿入腹腔。②在导管穿出位点的前缘略靠外侧的位置安置第1个摩擦线结。③完成摩擦线结后向导管内注入生理盐水，确保缝线不会压迫阻塞导管腔。④在闭合腹部切口后再附加3个摩擦线结

内，而不致流向皮下组织。剪断摩擦线结，轻轻拔出导管。虽然犬猫可以耐受拔管时的疼痛感，但对导管出口周围的组织进行局部浸润麻醉以减轻这种不适感。根据需要，定期地清洁导管出口处的分泌物。通常，出口处会有轻度渗出，但在3~5d内即可消退。

空肠造口导管放置后的并发症包括局部蜂窝织炎、意外拔除（或部分拔除）导管、导管阻塞、导管出口感染和腹膜炎。自限性局部蜂窝织炎是最常见的并发症。

创伤引流

引流管通常由橡胶、硅胶或其他柔韧材料制成，大多数呈管状。某些类型的引流管，尤其是烟卷式（Penrose）引流管（Cardinal Health, McGaw Park, IL；图17.8a和图17.8b），很容易弯折。引流管适用于正常对合的组织发生分离并形成囊腔（无法充分闭合）的情况。囊腔形

成时，血管和淋巴管均已被破坏，液体在囊腔中积聚。若囊腔内液体性质为单纯的血液（凝集或未凝集），称为血肿。若液体性质为浆液，则称为血清肿。无论是何种性质的液体，都会成为细菌增殖的培养基和阻碍新血管的形成的屏障，最终导致延迟愈合。应在有明确适应证的情况下放置引流管，因为引流管使用不当会对动物造成损害，如创口裂开、感染、形成脓肿甚至引起动物死亡。外科医生需要谨慎考虑以下几个方面的问题：血清肿发生的可能性、组织活力、是否能充分闭合创口、术后如何限制创口部位的活动。此外，引流管也可置于腹膜腔内用于排出胆汁、尿液或其他异常液体。

引流分为被动和主动引流两种方式。被动引流主要依赖于重力和毛细管作用，以此抽吸创口内的液体。兽医临床中最常用的被动引流管为平扁的圆柱形乳胶或硅胶导管，称为烟卷式引流管（图17.8a）。此外，也可以用坚硬的管状引流管作为被动引流管。因为被动引流管依赖重力作用，所以放置时必须让创口外的导管末端处在最低点（图17.8b）。烟卷式引流管上不能开孔的原因有两个：①开孔会增加撤管时导管断裂的机率，②开孔会减小导管引流的表面积，并限制毛细管作用（烟卷式引流管的抽吸功能依赖于毛细管作用）。不可弯折的管状被动引流管上可以开孔，因为液体除通过毛细管沿引流管表面外流外，创腔和引流管腔内的压力差也会促进腔内引流。在被动引流管放置完成后应进行绷带包扎。包扎可防止细菌上行性感染，保护创口周围皮肤不被创内液体灼伤，以及对渗出引流量进行半定量估测。必须每天或更高频率更换包扎材料，更换频率可随着引流液的减少而递减。

主动引流，也称为密闭抽吸引流，在排除创伤或体腔内液体时比被动引流更为有效。此外，与被动引流相比，主动引流还可降低引流相关感染的机率。之所以称之为主动引流，是因为其通过外部抽吸作用主动地将创口内液体排出。在引流抽吸时，不仅会将创内的局部液体排出，同时还能减小对合组织的间隙，以此消除死腔、降低血清肿形成的机率，此外还有利于皮肤与下层创底的早期黏附。在兽医临床中，最为常用的主动引流管为杰-普氏（Jackson-Pratt）密闭抽吸引流管（杰-普氏硅胶扁平引流管和杰-普氏容器，Cardinal Health, McGaw Park, IL；图17.8c）。此种引流管由扁平或圆形的可弯曲带孔硅胶管与弹性球囊（“手雷”）连接组成。通过按压球囊可使创腔内形成负压。

可用蝶形导管和真空血液采集管自制成适用于小创口的密闭抽吸引流管（图17.8d）。剪断蝶形导管的路厄（Luer）旋转锁，然后在距离导管末端1 ~ 2cm处开孔，小孔大小不能超过导管周长的1/4。将引流管末端经独立的穿刺切口插入创口内。闭合创口后，将导管的蝶形针插入真空血液采集管内。用4个摩擦固定线结将引流管与皮肤、皮下筋膜一同固定。实时监测血液采集管，并在采集管注满前更换新管以维持创口内的负压。真空血液采集管的引流效率不高，因为创口渗出量大时常需要频繁地更换新管。

另一种选择是将开孔的导管与35 ~ 60ml的注射器相连制作成密闭抽吸引流管。轻度抽吸注射器形成管内负压，然后用18G皮下针在注射器管侧翼水平穿过注射器活塞用以维持管内负压（图17.8e）。在排空或更换新的集收容器前，应将导管完全闭塞以防止气体进入创内。用于维持活塞抽吸状态的锋利针头可能会对动物和护理人员造成损伤，因此并不推荐使用此种引流管。

放置被动引流管时，需在创口周围进行大范围的备毛和消毒，并且对置入创口内的引流管部分进行测量和标记。在撤除引流管后，需要对放置前和拔出后的导管长度进行比较，确保将引流管完整撤除。以纵向列置方式将引流管置于创口内。引流管近端插入远离创缘的非支持部位，然后用不可吸收线进行简单间断缝合，将导管与皮肤相固定。接着在远离创缘的支持侧做一穿刺切口，此切口为引流管远端的穿出口，大小应足以穿出引流管和排液。引流管不可从原创口穿出，因为会导致创口裂开。若创囊过深，则需要进行充分地皮下闭合，此时引流管可置于缝合线下方。引流管穿出皮肤切口后，用不可吸收线做简单间断缝合，将引流管远端固定于出口边缘（图17.8b）。

放置主动引流管时，上述的大多数原则仍然适用，二者仅存在一些差别。首先，主动引流管的穿出口大小应正好与引流管管径相同，这样可防止发生渗漏，维持引流管的抽吸作用。其次，引流管近端无需与皮肤固定。再者，因为主动引流主要靠抽吸作用，所以导管出口无需设在最低点。应该用4个摩擦固定线结将引流管与皮肤及下层筋膜一同固定[1]。

杰-普氏引流管尤其适用于深部创口的引流。可经皮肤上的穿刺切口用止血钳夹住引流管将其引出创口，或者用锋利的金属套管针将导管由内向外穿出创口（图17.8f到图17.8k）。引流管安置完毕后闭合创口（图17.8j），然后用4个摩擦固定线结将引流管与皮肤及下层筋膜一同固定。将引流管与收集容器连接后启动抽吸装置（图17.8k）。

主动引流也可用于腹膜腔内液体的排出。腹腔引流的适应证包括脓毒性腹腔感染、尿腹和胆汁性腹膜炎。手术解除原发病症后，在闭合腹腔前放置引流管。首先，需在右侧或左侧腹壁上做一引流管穿出口。用11号手术刀片在腹中线旁5～6cm处的皮肤上做一穿刺切口。将止血钳经切口插入皮下组织抵至腹膜。此时，在腹膜上可

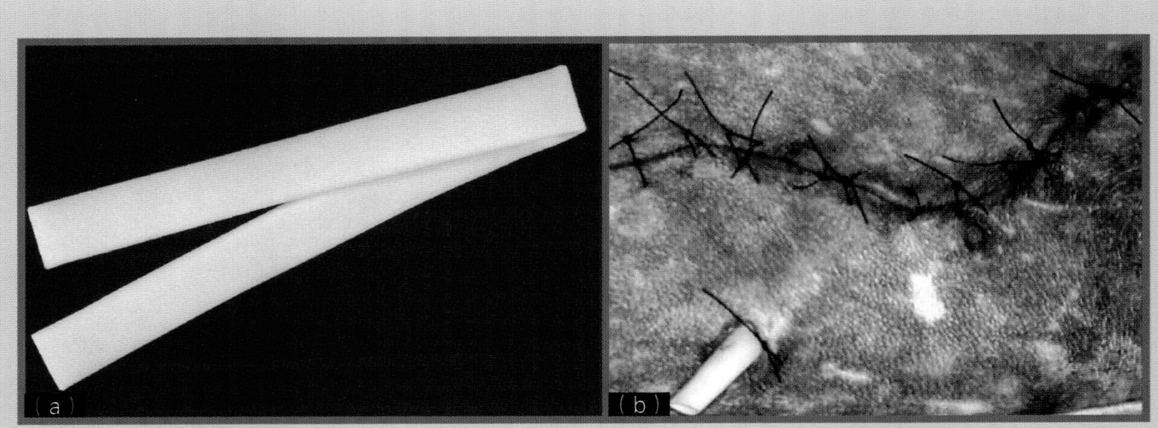

图17.8

（a）可弯折的乳胶引流管（烟卷式引流管，Cardinal Health，McGaw Park，IL）

（b）位于犬腹侧的烟卷式乳胶引流管（图片左侧为头侧，图片下方为腹侧）。在乳头线正背侧的弧形裂伤（横跨胸腹交界）已行缝合。因为背侧创口及创口深部存在囊腔，所以需在闭合创口前放置烟卷式引流管。注意烟卷式引流管的出口位置在创口腹侧，这样当动物站立或俯卧时有利于液体的引流（重力作用）。创口背侧未露出引流管，此时需要在背侧用尼龙缝线，经皮肤固定皮下的空腔引流管，防止其滑脱。在引流管的出口位置再做一固定缝合。第2个固定缝合用于防止引流管退缩回创口内。撤除烟卷式引流管时需将这两个固定缝合拆除

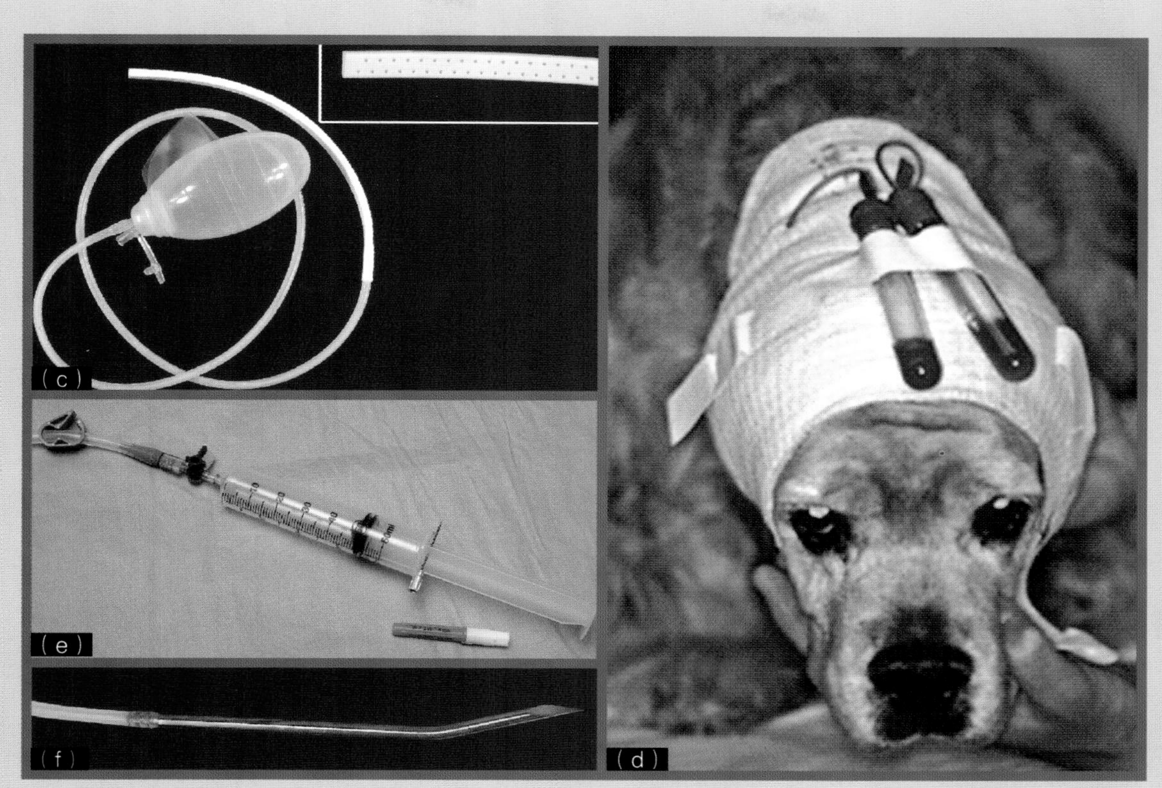

图17.8（续）

（c）杰-普氏密闭抽吸引流管（杰-普氏平硅胶引流管和杰-普氏容器，Cardinal Health，McGaw Park，IL）。插图是引流管有孔端的近视图。引流管的无孔端与集收容器相连。挤空引流集收容器、关闭气体出口启动并维持抽吸作用

（d）将改良后的蝶形导管与真空血液采集管相连制成主动引流管。在此病例中，引流管置于耳下方的皮下组织。这曾经为全耳道切除术后，进行主动引流的一种方法，但现在手术后无需再引流

（e）用注射器进行抽吸的主动引流管。用18G皮下针穿透注射器活塞，卡在注射器管侧翼上用以提供抽吸作用。当排空注射器后，将夹子或三通阀关闭防止空气进入创口内。图片中显示了夹子和三通阀。在抽吸过程中需将夹子和三通阀打开，而排空注射器后关闭

（f）将锐利的金属套管针固定在杰-普氏引流管的无孔端

见凯利氏止血钳尖端形成的圆锥形隆起，然后在止血钳尖端的腹膜上轻轻地做一切口，露出钳尖。用止血钳夹住引流管近端，轻柔地将其引出皮肤切口。另外，也可以将金属套管针与导管固定后直接将导管由内侧腹壁向外侧皮肤穿出（图17.8f）。用四个摩擦固定线结将引流管与皮肤及皮下筋膜一同固定。

引流管的留置和撤除时间尚无标准，但大多数被动引流管必须在创口内留置至少5d以上，而大多数主动引流管可在3～5d内撤除。引流管的留置时间一般为3～5d，最多不超过10d。根据经验，当创口内液体量逐渐减少或者液体性质转变为浆液或血浆样时可以撤除导管。引流管本身可引起组织产生少量渗出液，因此无法完全排净创内液体。若创内液体停止外排，则可能发生导管阻塞。需要排除引流管弯折、血液或组织凝块阻

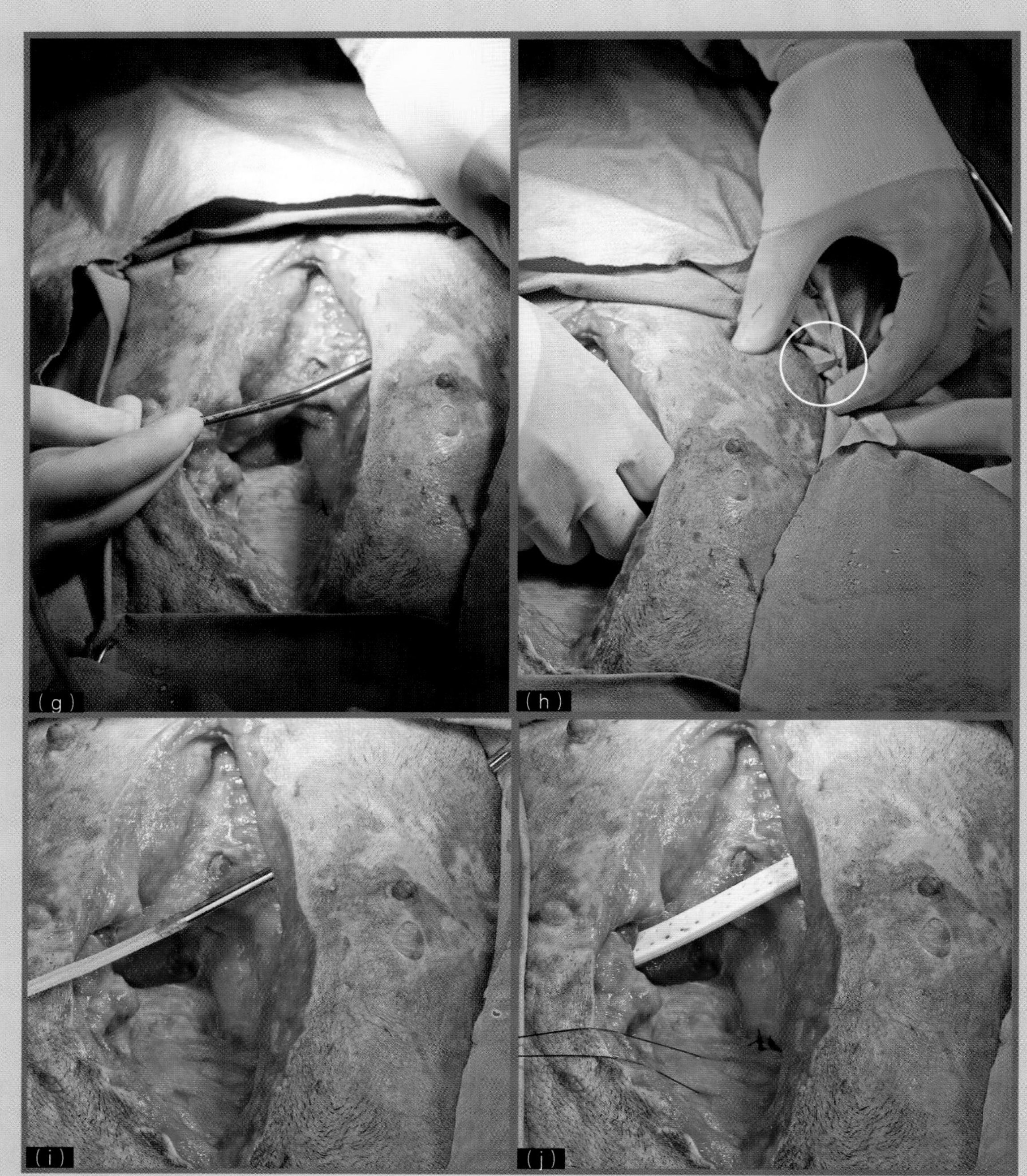

图17.8（续）

（g）手术创脓肿切开，引流缝合时放置杰-普氏引流管。术者用锐利的金属套管针在创口旁作一出口，以便由内向外牵出引流管

（h）引流套管针的出口远离创缘。圆圈标记穿过皮肤的套管针尖端

（i）使用引流管套管针将杰-普氏引流管向出口方向拉入创内。注意金属套管针已穿过腹部皮肤

（j）创口闭合前位于创腔深部的杰-普氏引流管。注意引流管的有孔部分完全留于创内，而无孔部分穿出皮肤外。出口处的导管周围需要保持密闭性，不能漏出有孔部分，这样可以维持创腔内负压

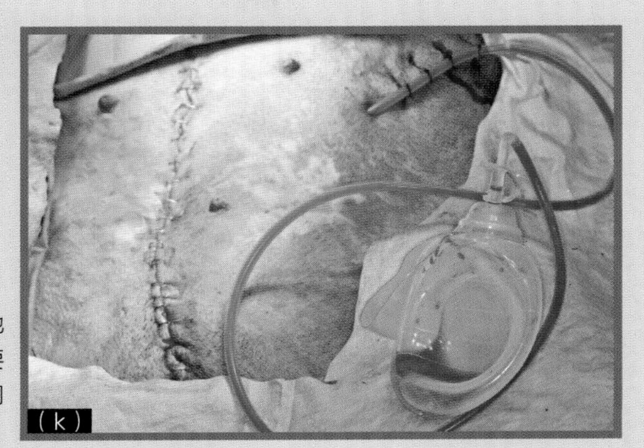

图17.8（续）

（k）杰-普氏引流管放置完毕。注意收集容器保持持续地抽吸作用，将淡红色液体从创腔内吸出。同时需要注意用4个摩擦线结将导管与皮肤及皮下筋膜一同固定

塞管腔以及组织填塞小孔（如网膜进入引流管）等情况。如果无法纠正引起引流管堵塞的原因，则需要将引流不畅的导管撤除。对渗出液进行细胞学检查可有助于确定撤除引流管是否安全。细菌数量减少和中性粒细胞形态恢复是撤除引流管的指征。对皮肤切口周围组织进行局部浸润麻醉后剪断摩擦线结，然后再将引流管撤除。

参考文献

[1] Song EK, Mann FA, Wagner-Mann CC. Comparison of different tube materials and use of Chinese finger trap or four friction suture technique for securing gastrostomy, jejunostomy, and thoracostomy tubes in dogs. Vet Surg 2008;37:212–221.

[2] Yoon H, Mann FA, Lee S, Branson KR. Comparison of the amounts of air leakage into the thoracic cavity associated with four thoracostomy tube placement techniques in canine cadavers. Am J Vet Res 2009;70:1161–1167.

[3] Marques AI, Tattersall J, Shaw DJ,Welsh E. Retrospective analysis of the relationship between time of thoracostomy drain removal and discharge time. J Small Anim Pract 2009;50:162–166.

[4] Daye RM, Huber ML, Henderson RA. Interlocking box jejunostomy: a new technique for enteral feeding. J Am Anim Hosp Assoc 1999;35:129–134.

18 犬卵巢子宫摘除术

Fred Anthony Mann

卵巢子宫摘除术是小动物临床最常施行的手术之一。虽然手术的基本要求是成功地摘除卵巢和子宫，但因术者的喜好不同，手术操作的某些过程仍存在很大差别。本章将根据笔者在兽医教学时所用逐步示范，对犬卵巢子宫摘除术的操作步骤进行详细介绍。

（对胸部中段至外阴的腹侧部进行）。外科准备时应大范围的剃毛，即前至剑状软骨，后至骨盆前缘，外侧至两侧对称的肋腹褶，乳区侧至少到肋骨腹侧边界水平（见第10章）。术中可能会出现意外情况（如卵巢蒂脱落），此时可能需要扩大手术切口，因此大范围的剃毛和外科无菌准备非常重要。

通常在剃毛后的首次术部刷洗前进行人工挤尿。排空膀胱内的尿液以免手术刀切开腹腔时不慎切到膀胱。触诊到膀胱后，轻柔地挤压以此排出尿液。犬侧卧时更容易进行膀胱的挤压排尿。从膀胱两侧施压使尿液向膀胱三角区流动，此时持续加压直至尿道括约肌松弛，尿液开始外流，之后保持压力至膀胱内尿液排空。避免过度挤压膀胱造成损伤和引起血尿。若挤尿需要的压力过大，则最好留待术中用注射器和皮下注射针头进行抽吸，从而避免造成医源性损伤。

膀胱挤尿后进行粗略的术前刷洗，然后将犬转移至手术台。动物四肢伸展呈仰卧姿势松弛地保定在手术台上（图18.1至图18.4），接着进行手术无菌准备（见第10章）。无菌准备完成后，将手术器械包放在手术台后方的梅奥（Mayo）器械台或别类器械台上（图18.1和图18.2）。由未消毒的助手打开手术器械包的外层包巾（图18.5）。穿戴好手术衣和手套的外科医生打开器械包的内层包巾，并让包巾覆盖手术台的边缘和犬的爪部（图18.6至图18.8）。外科医生打开独立包装的创巾包，用创巾隔离手术区域四周（图18.9至图18.14）。进行手术区域四周的隔离时，应显露从剑状软骨至骨盆前缘的腹中线，两侧创巾的边缘距离预定的皮肤切口约为2cm（正好位于乳头内侧）。常见的四周隔离创巾的铺设顺序有两种。第1种方法：先铺设头侧和尾侧的创巾。头侧创巾应置于剑状软骨基部，尾侧创巾置于骨盆前缘，之后铺设两侧的创巾，并用创巾钳在创巾交接处将其与皮肤共同固定。第2种方法：四块创巾的铺设顺序依次为尾侧、侧面、头侧和侧面，沿着铺设路线在交接处用创巾钳固定。

在铺设整块手术创巾之前，应先确定手术皮肤切口的位置（图18.15和图18.16）。外科医生将非惯用手的拇指置于耻骨前缘，中指置于脐孔处，拇指与中指连线的中点用食指定位，此处为皮肤切口的后界，切口长度从脐孔后缘至食指定位处。猫的切口位置更靠后，这有助于显露子宫体。

手术创巾铺设完成后（图18.17和图18.18），在给创巾开窗前先进行切口定位（图18.19）。如图，“I”形剪开创巾，向两侧翻折（图18.20至图18.22），之后将侧翼向下卷折（盖住隔离创巾）并用创巾钳分别固定（图18.23）。

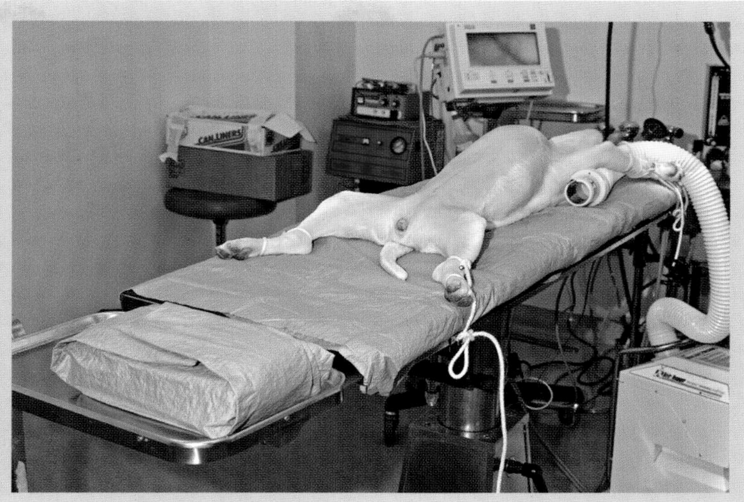

图18.1 犬卵巢子宫摘除术采用仰卧位保定，图为动物的左尾侧视角。犬的四肢伸展并放松地绑定于手术台上（四肢绑得过紧可能出现“止血带效应”，并导致缺血性损伤）。器械台（梅奥台）置于手术台的后侧缘，确保器械包打开后从手术区至器械盘为连续的无菌区域（连接大螺纹管的设备为加热器，在铺设创巾后启用）

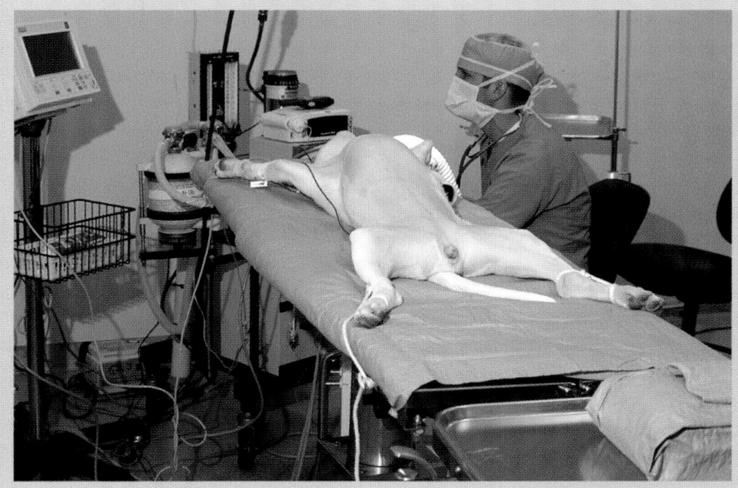

图18.2 犬卵巢子宫摘除术采用仰卧位保定，图为动物的尾侧视角。麻醉师和监控设备置于犬的头侧位置，器械台（梅奥台）位于手术台的后方

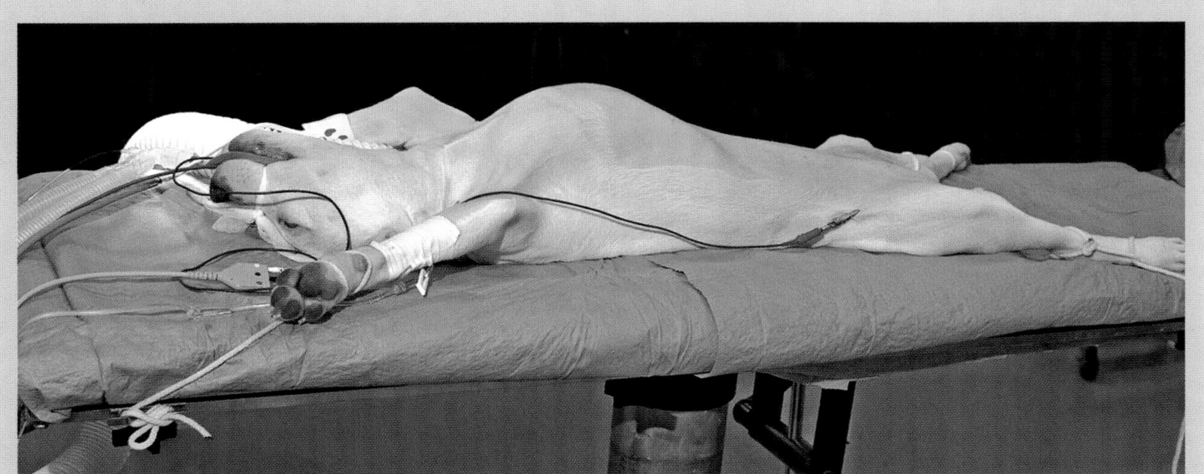

图 18.3 犬卵巢子宫摘除术采用仰卧位保定，图为犬右侧视角。习惯用右手的外科医生应站在此侧的手术台边进行操作

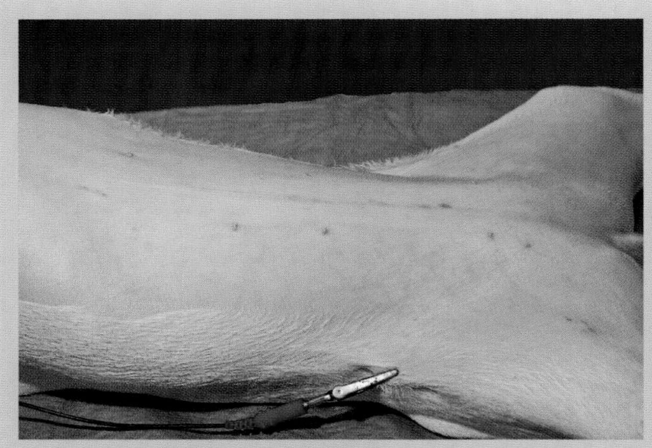

图18.4 犬卵巢子宫摘除术采用仰卧位保定，图为犬右侧视角。卵巢子宫摘除术手术位置的近照图（手术区域外的鳄鱼夹是心电图监测的一个导联）

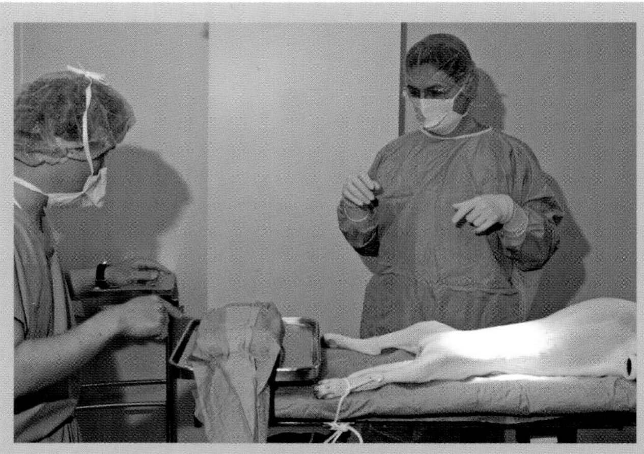

图18.5 未消毒的助手打开手术器械包的外层包巾（注意器械台的位置，打开器械包后使外层包巾能够覆盖住后肢肢端）

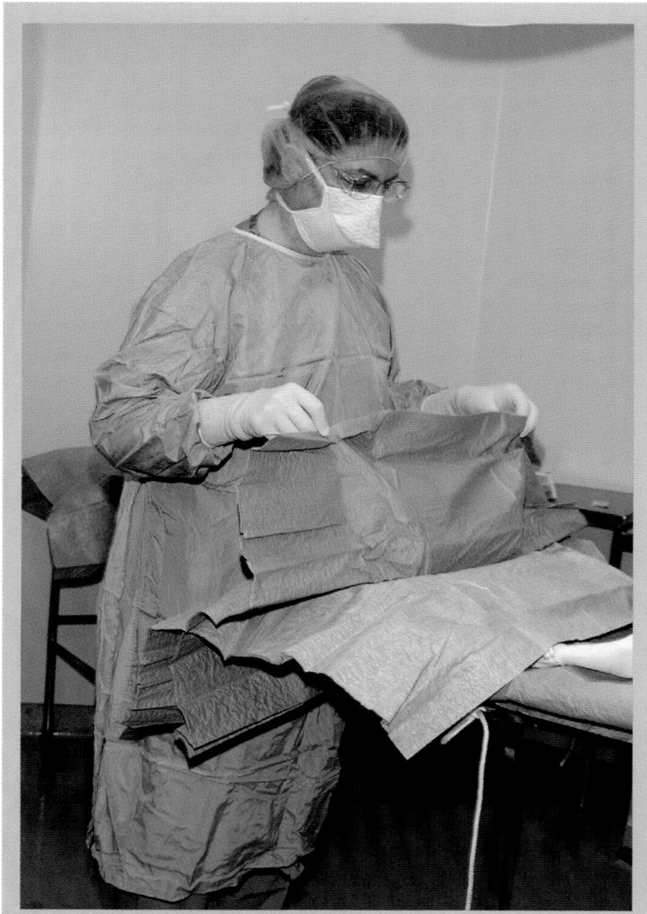

图18.6 由穿戴好手术衣和手套的术者打开器械包的内层包巾，展开包巾时注意避免污染手部

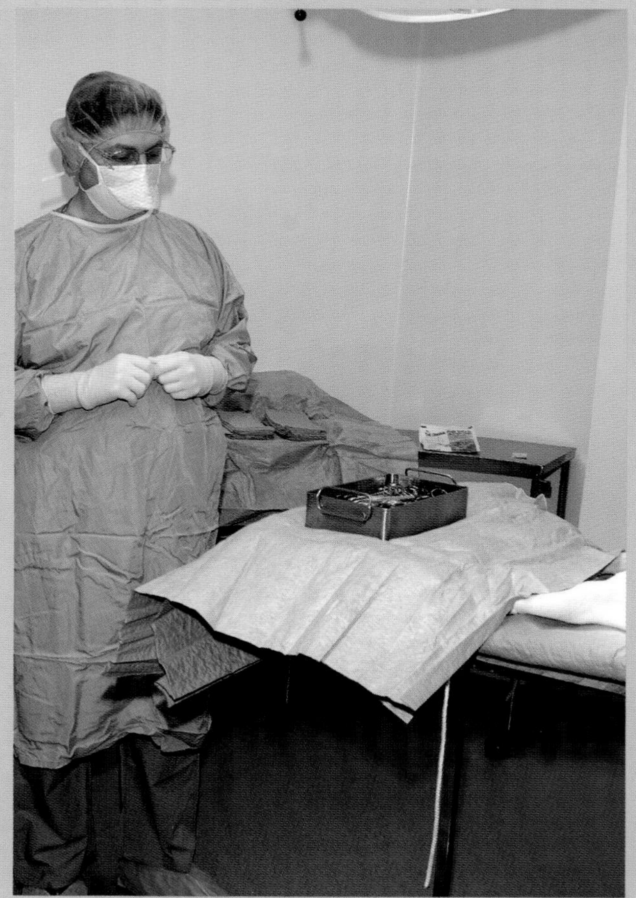

图18.7 打开的无菌器械包。术者身后为打开的无菌创巾包

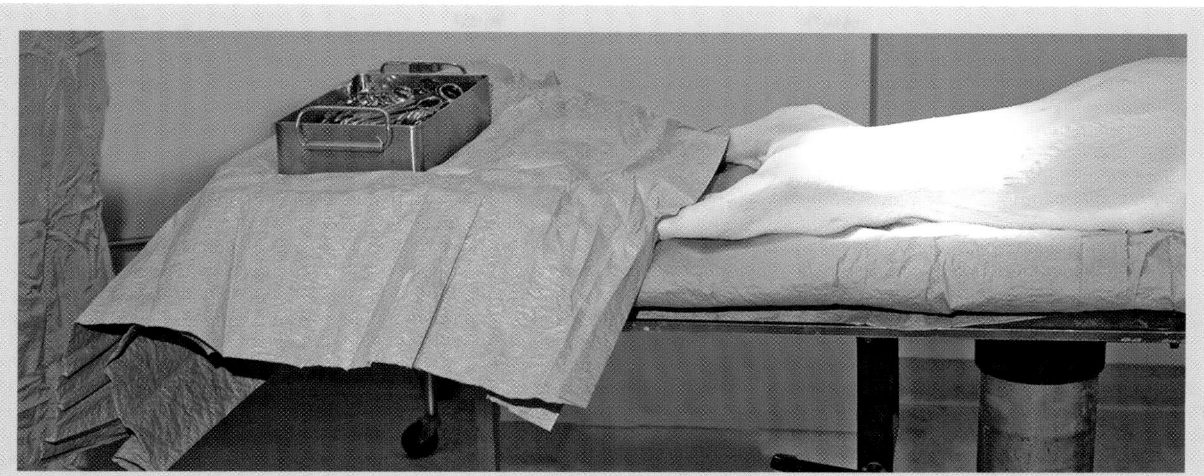

图18.8 图为犬的左侧视角，可见打开的器械盒。（包巾已覆盖了犬后肢的肢端，接下来是铺设四周隔离创巾）

图18.9 第1块创巾铺设在犬的头侧，后缘位于剑状软骨水平。铺开创巾时要小心，避免污染手套。如果创巾过于靠后，可以抓住医生左手位置的创巾前拉（图中所示）。如果创巾过于靠前，则无法更正，除非在正确的位置上重新铺设新创巾。在此情况下，未消毒的助手应在新创巾铺设前将铺设不当的创巾撤掉。当然也可以用新创巾覆盖铺设不当的创巾

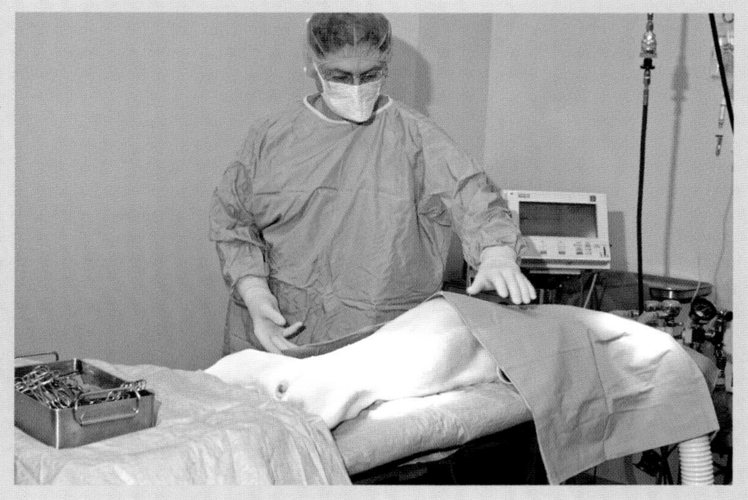

图18.10 在犬的右侧铺设第2块创巾。注意外科医生是如何抓持创巾角的，铺开创巾时避免污染手指。如果创巾太靠近内侧，可以抓住手术区域边缘的创巾向外侧拉。如果创巾太靠近外侧，则无法更正，除非在正确的位置上重新铺设新创巾

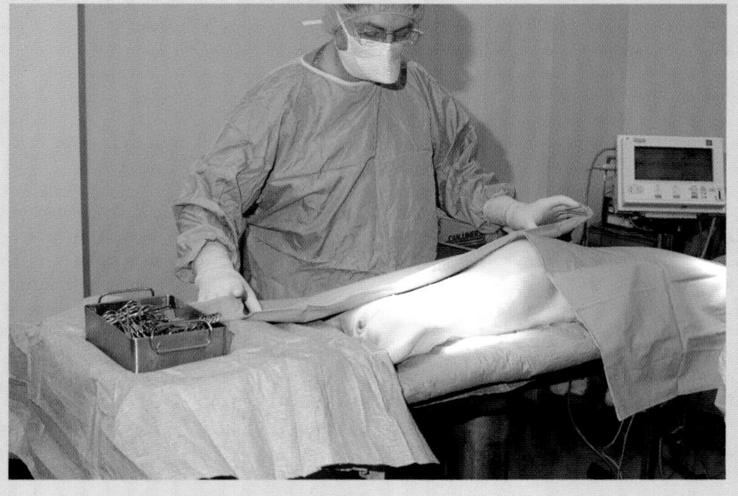

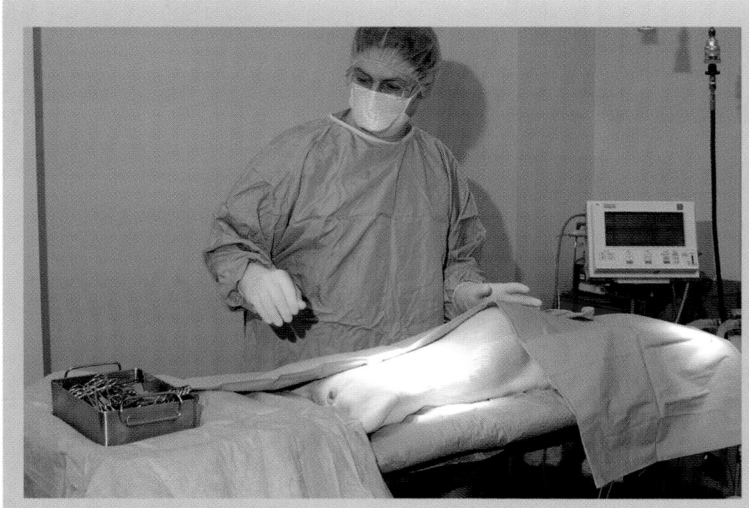

图18.11 第1块和第2块创巾的固定。在头两块创巾的结合部（图中外科医生的左手位置）用创巾钳将两块创巾与下方的皮肤固定。由于会最先使用创巾钳，所以器械盒中的创巾钳应位于最上方

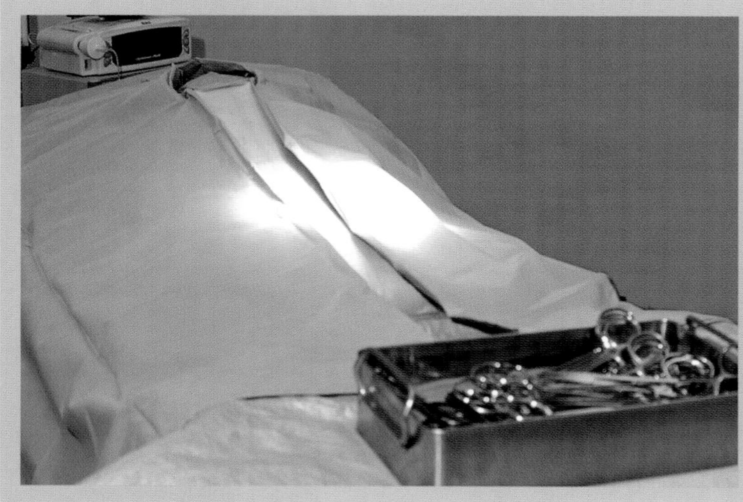

图18.12 在犬的左侧铺设第3块创巾。这块创巾可以由助手铺设或由外科医师暂时移位至此侧铺设。如果创巾太靠近内侧，可以抓住手术区域边缘的创巾向外侧拉（注意此时手指不要碰到动物皮肤）。如果创巾太靠近外侧，需要重新铺设新创巾。在铺设最后1块创巾（尾侧位置）前，用创巾钳将第1和第3块创巾分别与下方的皮肤固定

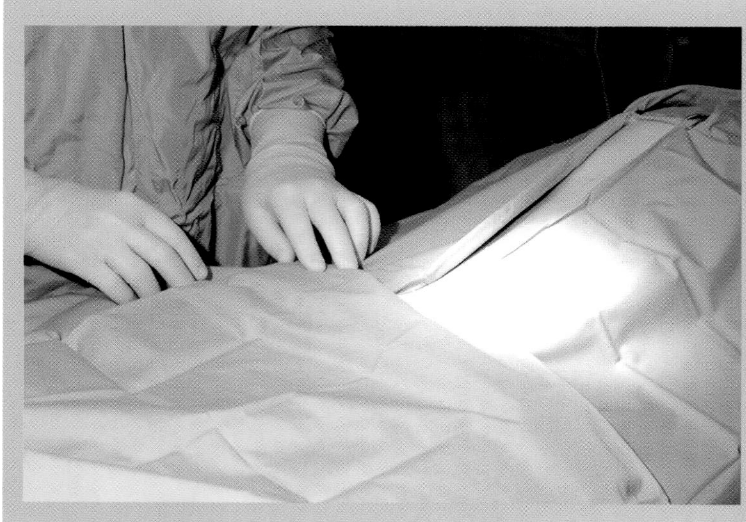

图18.13 在犬的尾侧铺设第4块创巾。如果创巾过于靠前，可以在皮肤显露部位的后外侧抓住创巾向后拉（注意此时手指不要碰到动物皮肤）。如果创巾过于靠后，需要重新铺设新创巾

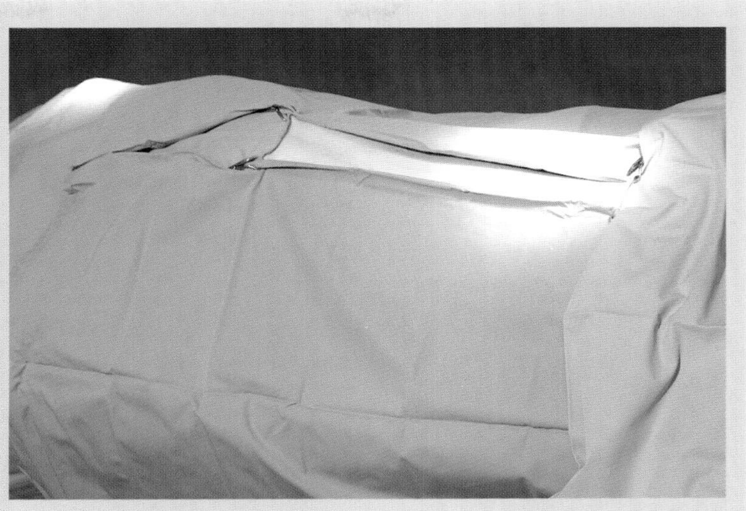

图18.14 此图为犬的右侧视角（惯用右手的外科医生视角），图片左侧为犬的头部。用创巾钳固定四周交角以完成隔离创巾的铺设。注意尾侧的创巾盖住了器械盒，需在无菌条件下将尾侧创巾抬起，垫在器械托盘上，并将器械盒置于隔离创巾上。在用整块创巾覆盖四周隔离创巾后，需进行相同的操作

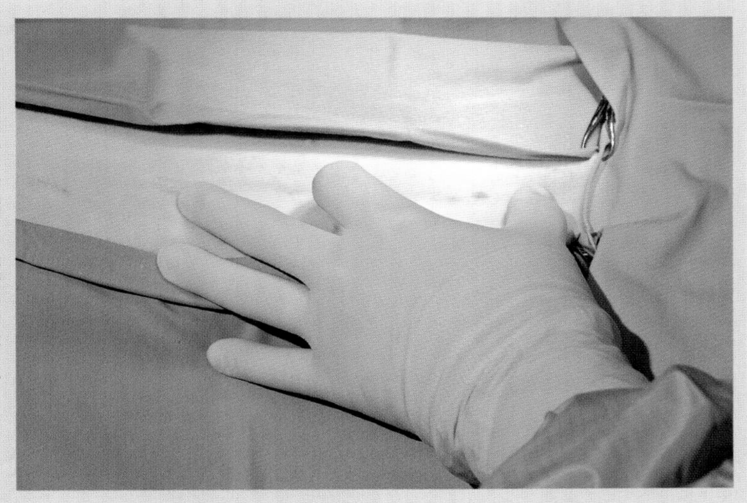

图18.15 在铺设完整的手术创巾前，确认卵巢子宫摘除术的皮肤切口位置（图为惯用手为右手的外科医生视角）。左手中指置于脐孔，拇指触及耻骨前缘，食指找到耻骨与脐孔连线的中点。此中点大致为犬卵巢子宫摘除手术切口的后界，切口前界起自脐孔后缘（进行猫卵巢子宫摘除术时，食指位置标记手术切口的中部）

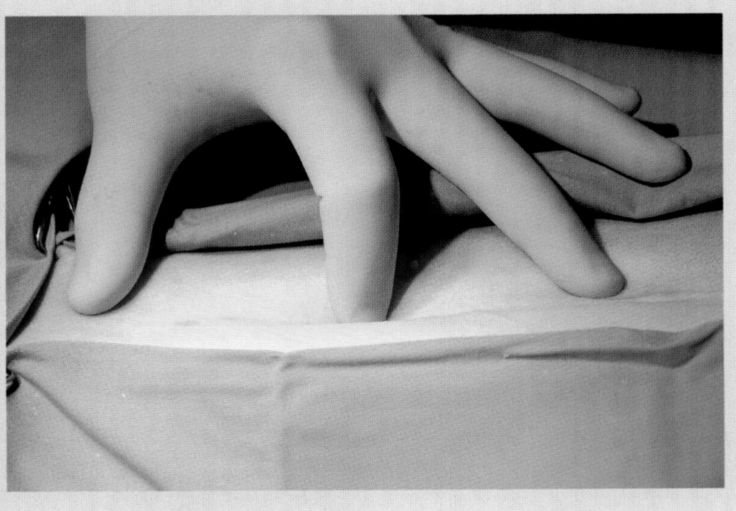

图18.16 在铺设完整的手术创巾前，确认卵巢子宫摘除术的皮肤切口位置（图为犬左侧视角）。图片右侧为犬的头部。左手中指置于脐孔，拇指触及耻骨前缘，食指找到耻骨与脐孔连线的中点。此中点大致为犬卵巢子宫摘除手术切口的后界，切口前界起自脐孔后缘（进行猫卵巢子宫摘除术时，食指位置标记手术切口的中部）

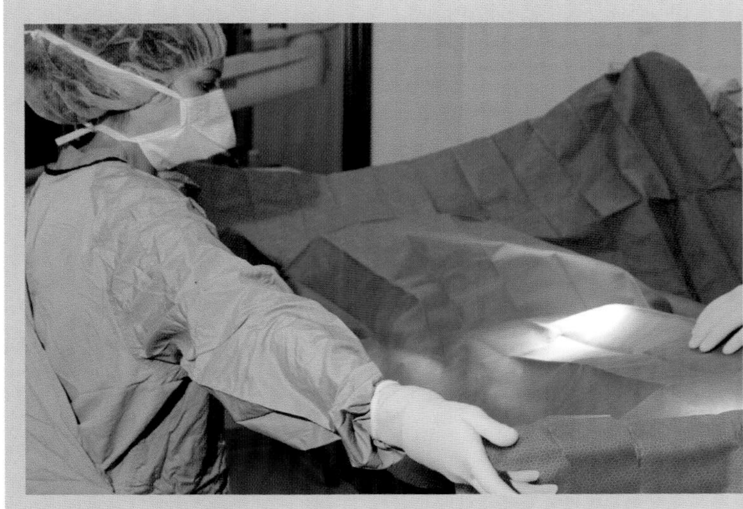

图18.17 铺设完整的手术创巾覆盖隔离创巾。图片的右侧为犬的头部（被创巾覆盖）。在无菌助手的帮助下铺设大块的手术创巾会更为方便。外科医生独自进行犬猫卵巢子宫摘除术时使用的手术创巾通常比图中所示的创巾要小

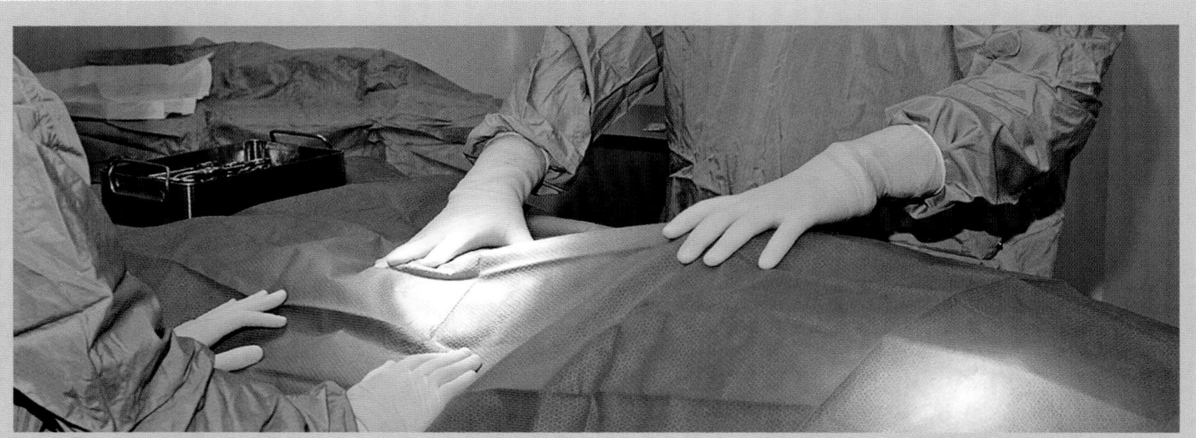

图18.18 完成手术创巾的铺设。图片的右侧为犬的头部（被创巾覆盖）。注意器械盘（图片左侧）已置于手术创巾之上，由此从器械托盘至手术位点构成连续的无菌区域

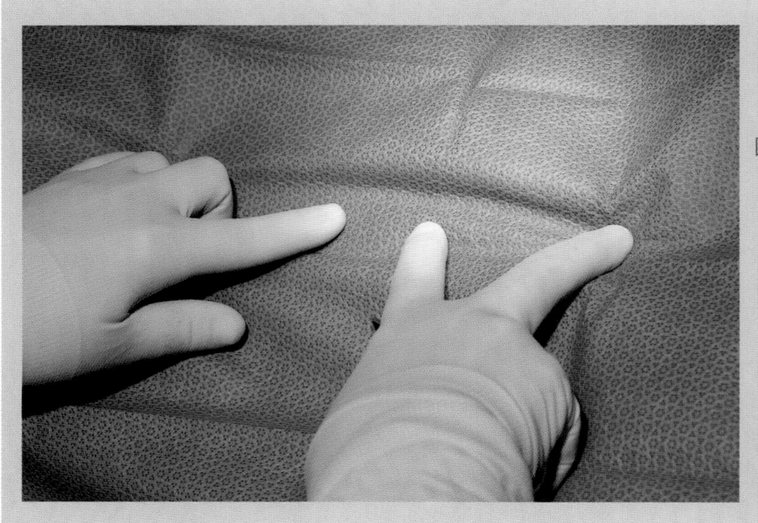

图18.19 确定手术创巾的开窗位置。图片的左侧为犬的头部。外科医生的右手中指触及骨盆的前缘，其他手指估计预定的手术切口。左手中指屈曲，置于切口前界水平，右手食指置于切口后界。大约在距离切口前缘、后缘及两侧各2cm的位置进行开窗

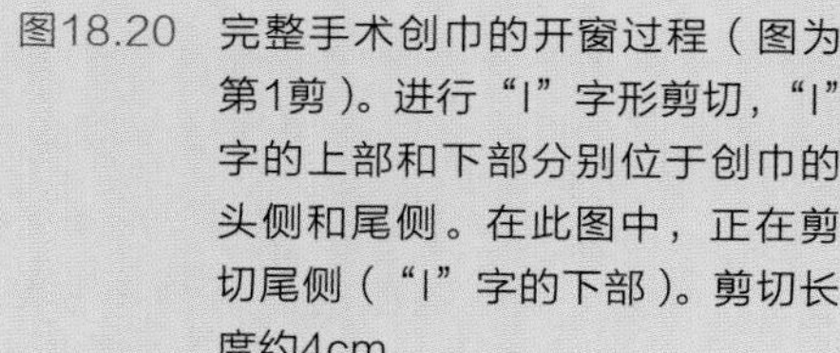

图18.20 完整手术创巾的开窗过程（图为第1剪）。进行“I”字形剪切，“I”字的上部和下部分别位于创巾的头侧和尾侧。在此图中，正在剪切尾侧（“I”字的下部）。剪切长度约4cm

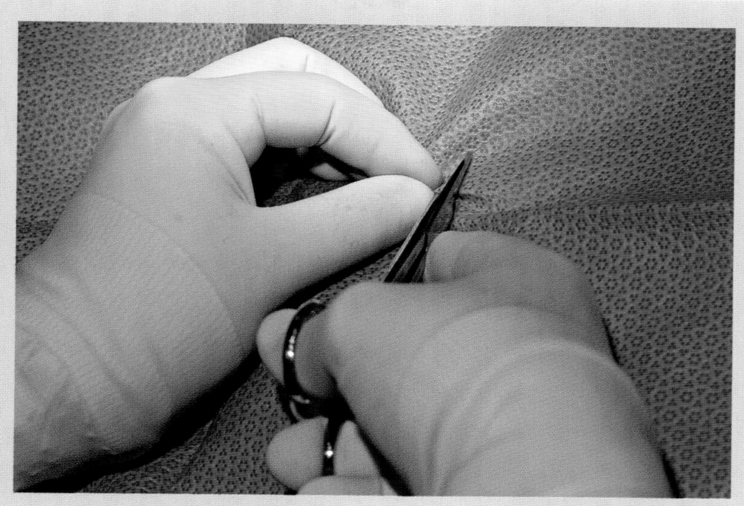

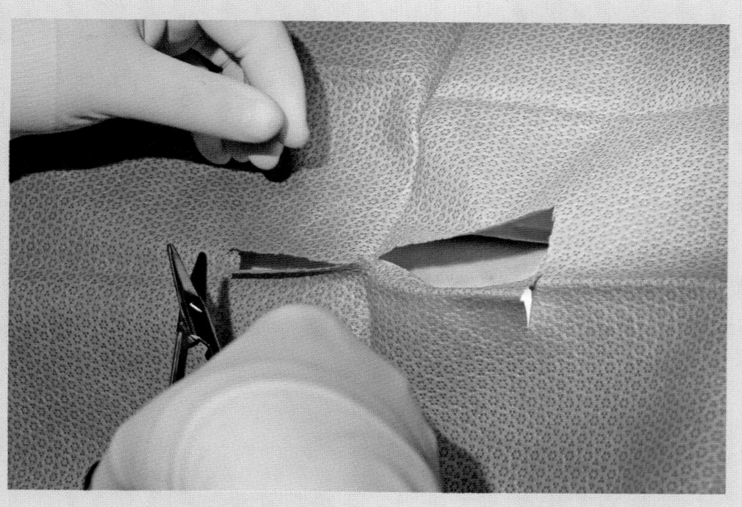

图18.21 接近完成的完整手术创巾的开窗。在开窗口的前侧剪切“I”字上部以完成“I”字形开窗

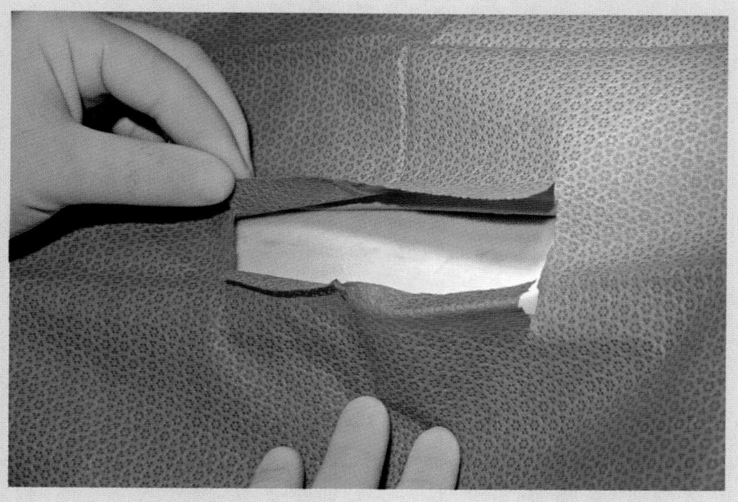

图18.22 完成手术创巾的开窗。“I”字形开窗后形成大约2cm宽度的侧翼，将其向下卷折，并用创巾钳固定

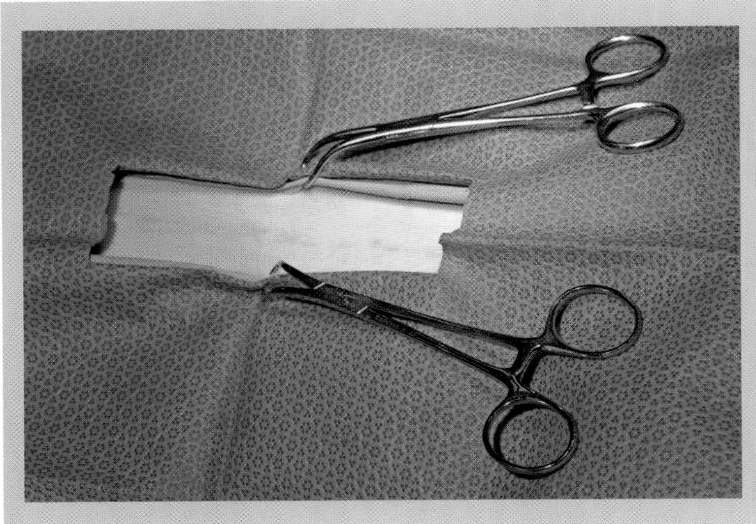

图18.23 犬卵巢子宫摘除术的创巾铺设完成。开窗的手术创巾侧翼向下卷折并覆盖隔离创巾，中部用创巾钳固定。创巾钳靠外侧钳夹创巾和皮肤，而靠内侧仅钳夹皮肤，钳柄环朝尾侧方向放置

在切开皮肤前需要计算纱布块的数目，并让麻醉师作记录。在术中额外使用的纱布块也要计入到总数中。此外，还应将器械台上的手术器械有序地摆放好。

找到正确的皮肤切口位置（图18.24至图18.26），然后由前向后切开皮肤（图18.27至图18.30）。用非惯用手的食指和拇指紧张皮肤，并按压切口侧边的皮肤。施以手术刀足够的压力以切开皮肤全层，并连贯地向后切开皮肤。

在切开下层组织前可以使用纱布压迫（图18.31）、蚊氏（Mosquito）止血钳和/或电凝设备进行止血。缓慢间歇性沾血，不要进行擦拭，因为擦拭会破坏封闭小血管的血凝块，导致不必要组织损伤。此外，擦拭还会 “染红”术野，使组织面和解剖部位难以辨认。

找到腹中线后切开皮下组织，使用梅岑鲍姆（Metzenbaum）剪显露腹白线（图18.32至图18.39）。以推剪的方式分离腹白线两旁的皮下脂肪（图18.35和图18.36），但要避免剥离皮下组织，因为剥离皮下组织会形成死腔，易在术后发生血清肿。皮下脂肪贴附于腹白线的两侧，因此需要时腹白线左、右两侧进行推剪。猫的腹白线很薄而犬的腹白线靠近后腹部，这也让腹白线的辨别更为困难。

在切口的前侧用组织镊提起腹白线，反手拿手术刀（刀刃朝上）小心地刺透腹壁进入腹腔（图18.40至图18.42）。刀刃朝上可以避免在刺透腹腔时伤及腹腔器官。尽可能地在切口前侧靠近脐孔的位置刺入，因为此部位的镰状韧带脂肪可提供额外保护，避免医源性损伤。

从前向后切开腹白线时，将拇指镊伸入刺透的切口内作为手术刀的引导槽（图18.43和图18.44）。拇指镊和手术刀同向移动以此连续地进行切开。可以用这种方式切开整个腹白线，或者用梅奥（Mayo）剪向前（图18.45）或向后（图18.46）扩大切口。剪子伸入腹腔时，确保剪尖朝上抵住腹白线，并在剪切时上提腹壁。通常，腹白线很强韧无法以推剪方式切开。当切口宽度足以容纳手指时，由前向后触探腹中线是否存在粘连。腹白线的切口应止于皮肤切口的前后界。若腹白线切口长度超过皮肤切口会增加腹白线闭合的难度，而偏离腹中线的切口也会增加闭合难度。缝合正中线旁切口可能会需要更多的时间和精力以确保对合良好。

在探查卵巢和子宫时，熟悉局部解剖非常重要。直视下可以看到部分组织，而一些重要部位

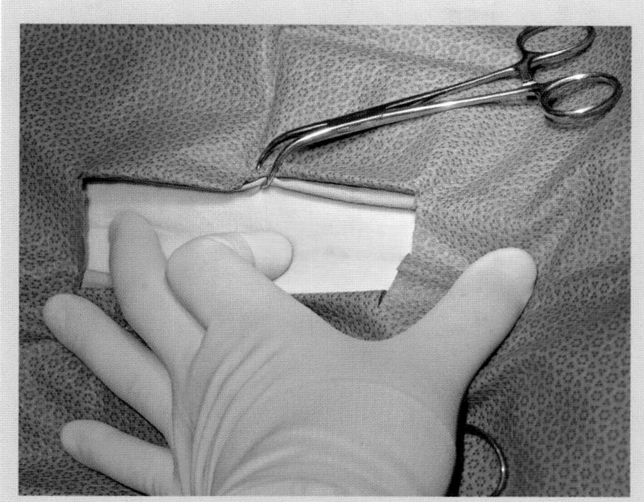

图18.24 最后再次确定卵巢子宫摘除术的皮肤预定切口位置（图为惯用右手的外科医生视角）。左手中指置于脐孔，拇指触及耻骨前缘，食指找到脐孔与耻骨连线的中点。此中点大致为犬卵巢子宫摘除手术切口的后界，切口前界起自脐孔后缘（进行猫卵巢子宫摘除术时，食指位置标记为手术切口的中部）

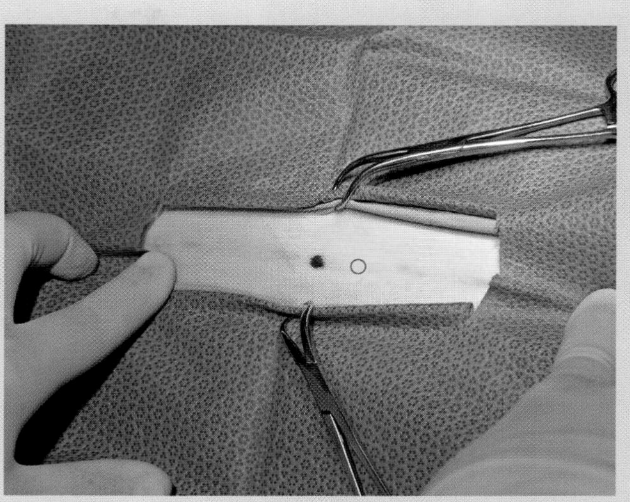

图18.25 最后再次确定卵巢子宫摘除术的皮肤预定切口位置。右手食指置于耻骨前缘，左手食指置于脐孔。为了图示说明，用无菌的黑色标记笔在两食指的中点位置进行标记（最初标记的手术切口中点太过靠前，实际切口的后界用红色圆圈标示）

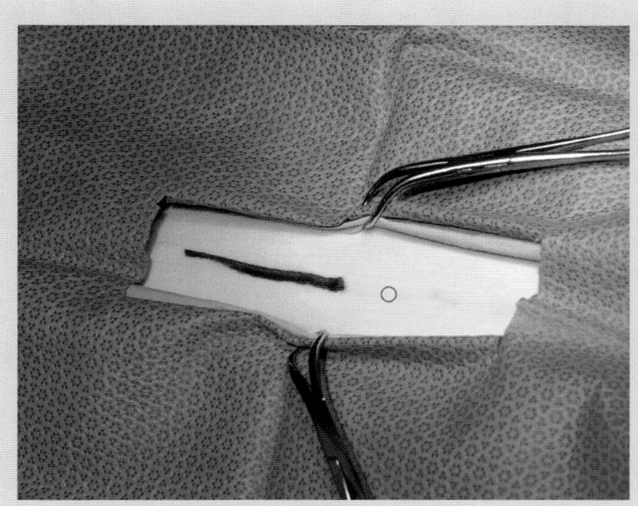

图18.26 犬卵巢子宫摘除术皮肤切口 的描记线。为了图示说明，用无菌的黑色标记笔标记出预定切口（预定的切口后界约短了2cm，因此最终切口需沿着黑墨标记的后界继续向后扩大）

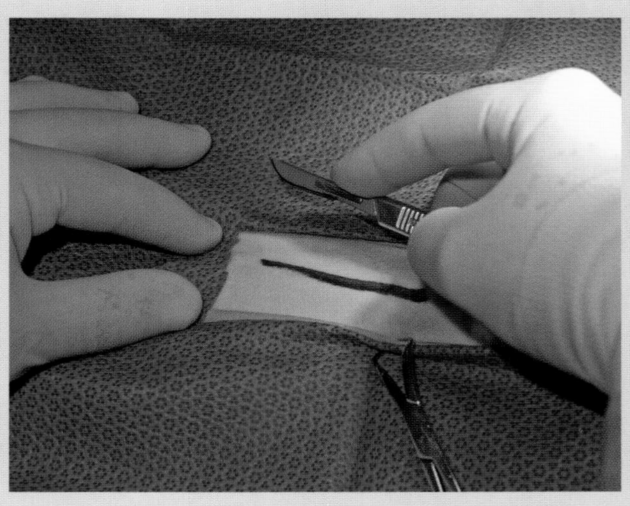

图18.27 犬卵巢子宫摘除术的皮肤切口。惯用手持手术刀，而非惯用手的拇指和食指用于紧张皮肤

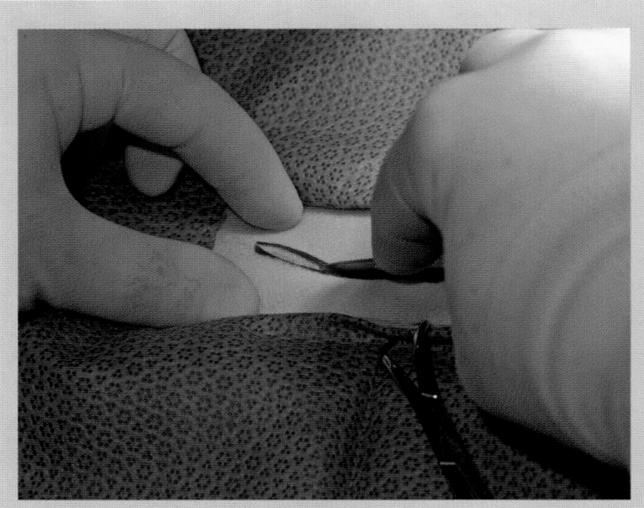

图18.28　进行犬卵巢子宫摘除术的皮肤切开。从头侧向尾侧切开皮肤，最好是一次切开皮肤全层

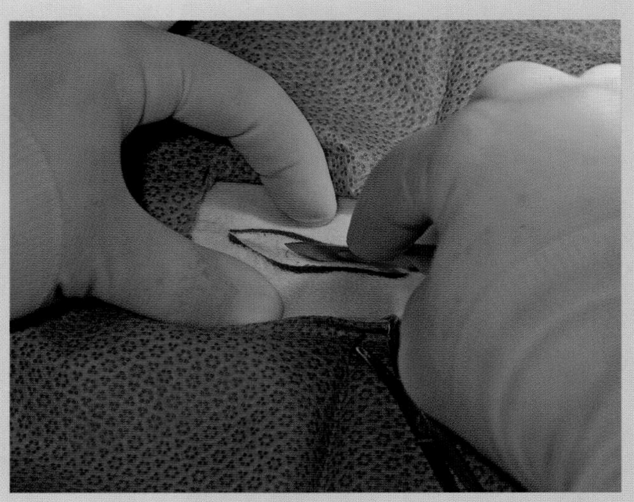

图18.29　犬卵巢子宫摘除术皮肤切口的深层切开。用非惯用手的拇指和食指在切口两侧适当施压以紧张皮肤，用手术刀从头侧至尾侧切开皮肤切口的深层组织（保持在腹中线进行切开，避免切偏皮下组织）

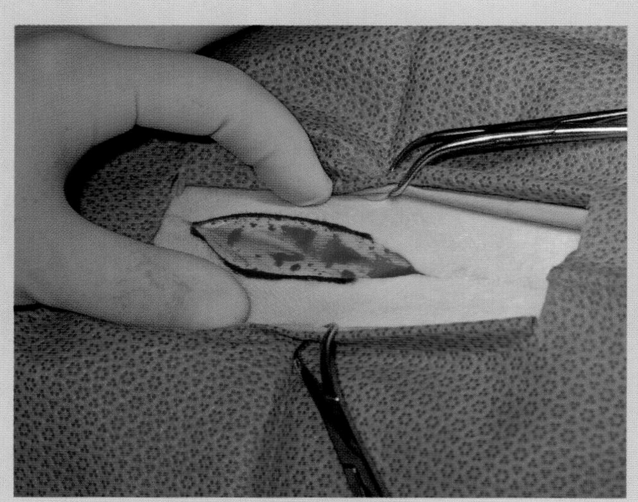

图18.30　犬卵巢子宫摘除术皮肤切口完成。在切开皮下组织暴露腹白线前，切口边缘的皮肤应能轻松撑开

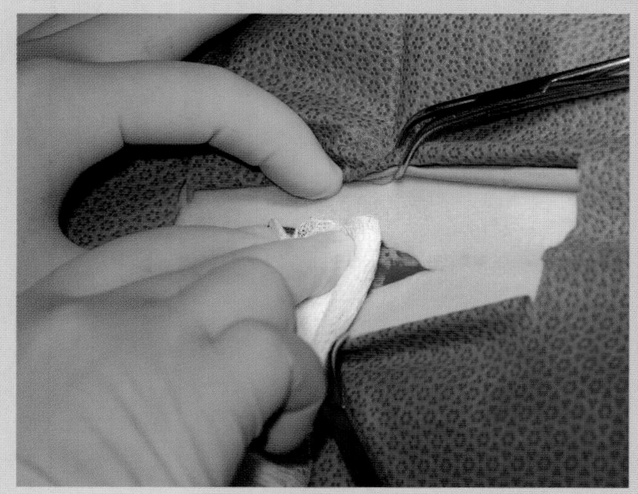

图18.31　皮肤切口的止血。用纱布直接压迫止血通常足以控制皮肤切口的出血。此时，直接用纱布压迫数秒，然后撤开。若快速地沾吸或擦拭会损伤组织，且无法有效地控制出血，使术区红染导致难以辨识组织层次

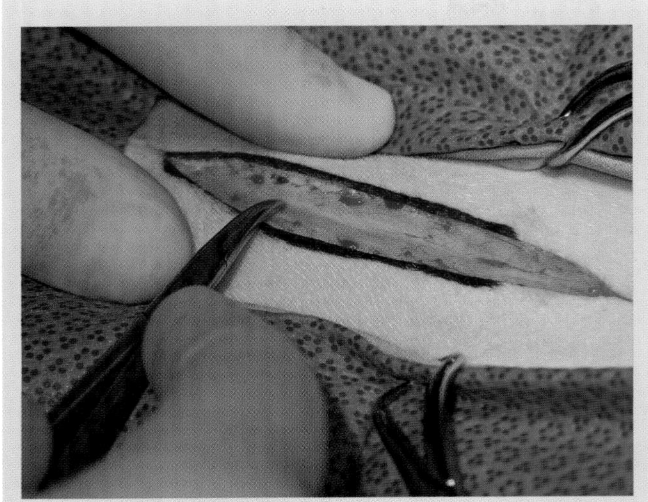

图18.32　皮下组织切开：确认腹中线。对于极瘦的犬和猫，透过皮下脂肪就能看到腹白线。在其他情况中，轻轻撑开切口皮肤边缘，可以观察到微弱的“沟壑效应”，并借此找到腹中线。图中用止血钳指示腹中线的“沟壑效应”

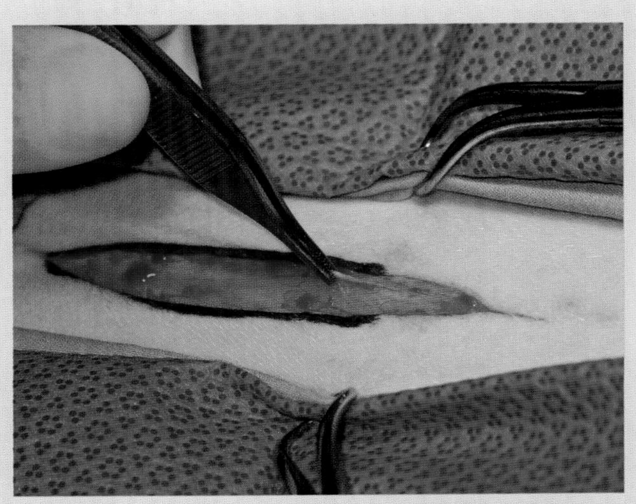

图18.33　皮下组织切开：分离腹中线。用拇指镊提起腹中线处的皮下脂肪，并准备用梅岑鲍姆剪剪开腹白线

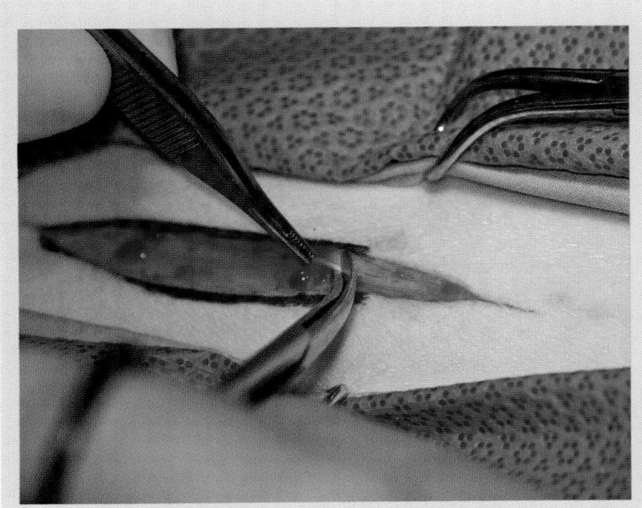

图18.34　皮下组织切开：开始切开。用拇指镊提起腹中线处的皮下脂肪，在切口后缘的腹白线位置用梅岑鲍姆剪剪透（开窗）脂肪组织，深达腹外直肌肌鞘

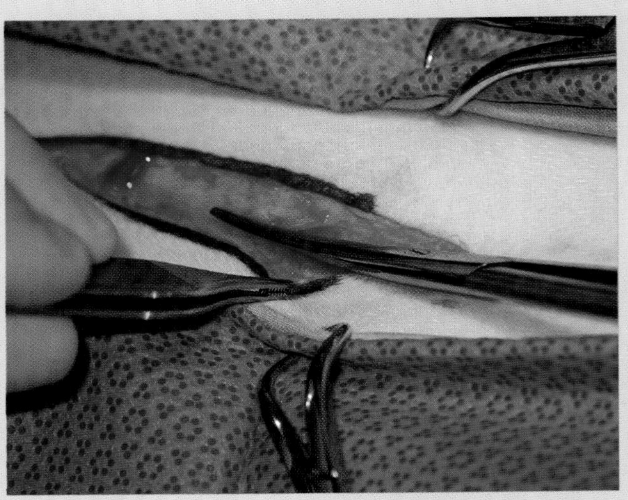

图18.35　皮下组织切开：继续切开。将梅岑鲍姆剪的一侧刀刃深入组织窗孔内并抵住腹外直肌鞘，然后全层剪开皮下脂肪

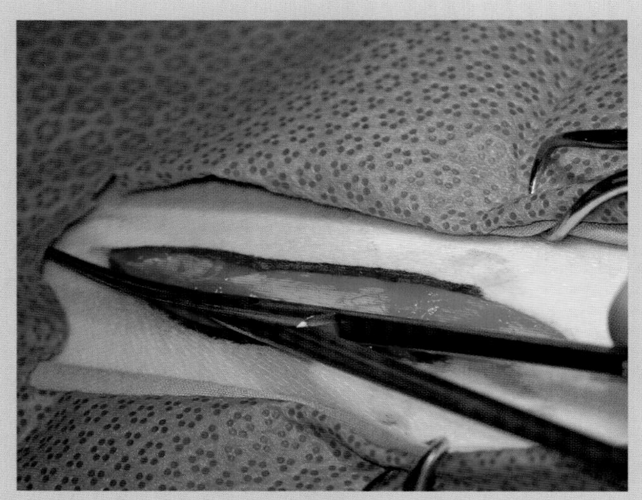

图18.36 皮下组织切开：扩大切口。用梅岑鲍姆剪的一侧刀刃抵住腹外直肌鞘，皮下脂肪位于剪刀双刃间，然后部分闭合剪刀向前侧推剪，切开皮下组织。通过此操作切除腹白线一侧的皮下脂肪，接着进行第2次开窗并推剪切除另一侧的皮下联结组织

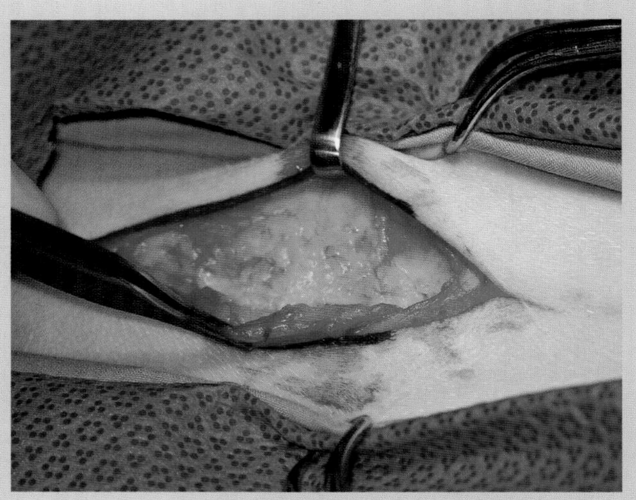

图18.37 皮下组织切开：完成腹白线右侧的皮下组织的切开

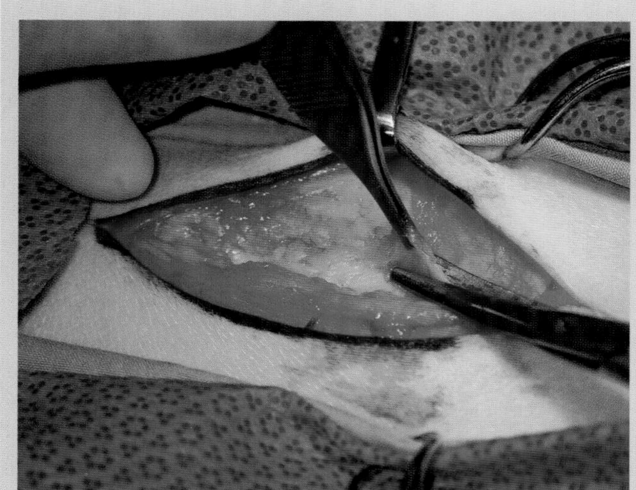

图18.38 皮下组织切开：对腹白线左侧的皮下组织进行开窗，然后以推剪的方式剪除腹白线左侧的皮下联结组织

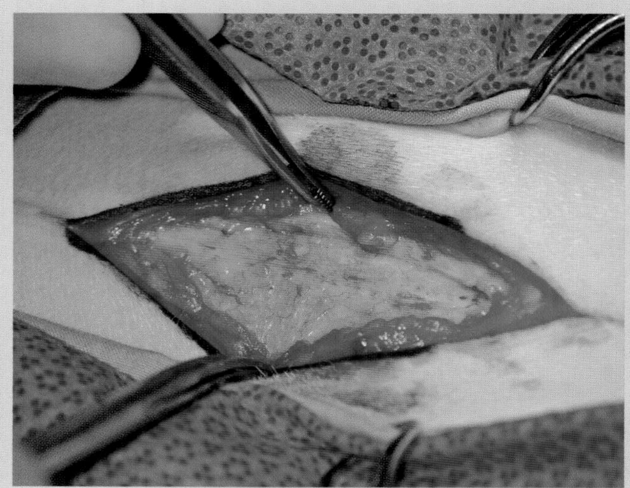

图18.39 皮下切开完成。已将腹白线两侧的皮下脂肪切开

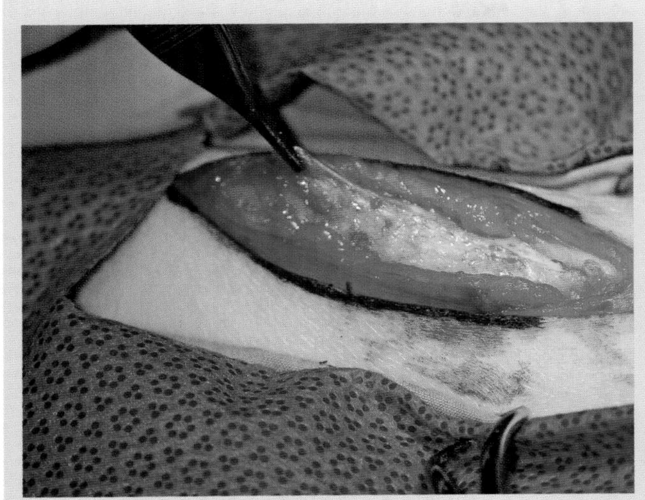

图18.40 打开腹膜腔：用拇指镊提起腹白线。在切口前缘用组织镊夹住腹白线，然后向外提起使腹腔内容物远离手术刀预定刺透的部位

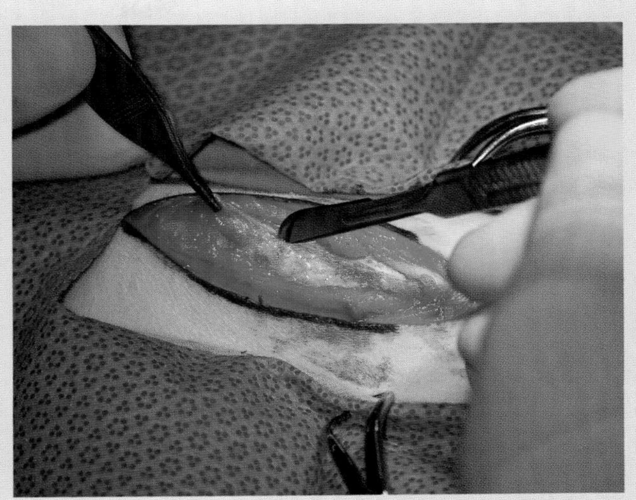

图18.41 打开腹膜腔：刺透切口的位置。在切口前缘用组织镊夹住腹白线，尽量使切口靠近脐孔。以执笔式持手术刀，手术刀刃朝上

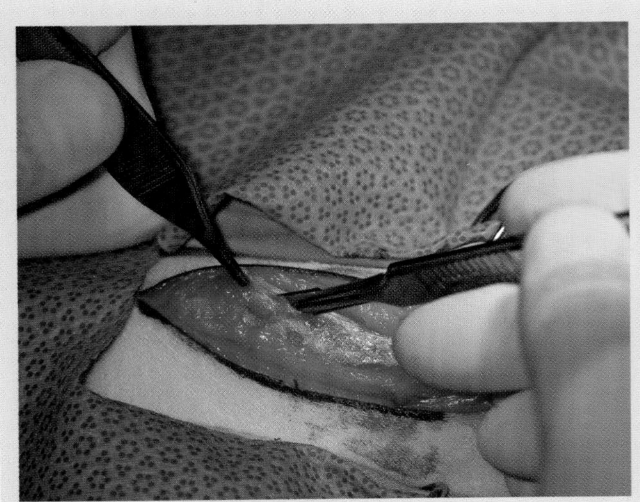

图18.42 打开腹膜腔：刺透切开。用拇指镊提起腹白线的同时，以执笔式持手术刀使刀刃朝上，并小心地刺透腹白线。刺透部位在切口头侧，此处的镰状韧带脂肪向尾侧延伸，有利于保护腹内器官。尽管如此，仍然要谨慎操作，避免伤及内脏。最可能损伤到的器官是膀胱，尤其是在术前准备时未能完全排空尿液的情况下更容易发生

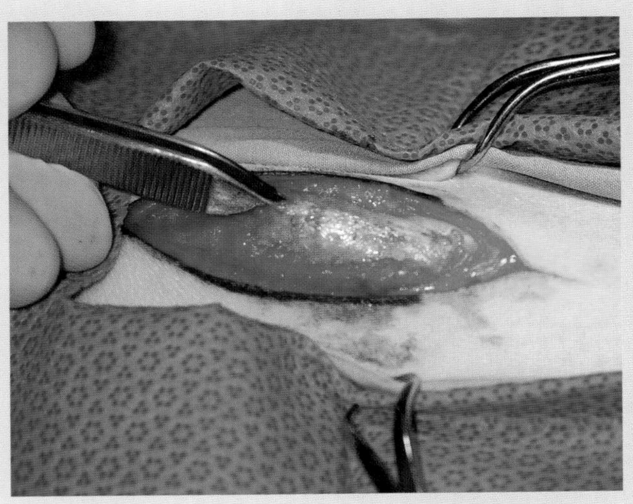

图18.43 扩大腹白线切口：引导槽。在完成刺透切口后，将拇指镊伸入切口内确认腹膜腔已经打开。镊子尖端朝向尾侧，上提腹白线，然后用手术刀从头侧向尾侧切开腹白线

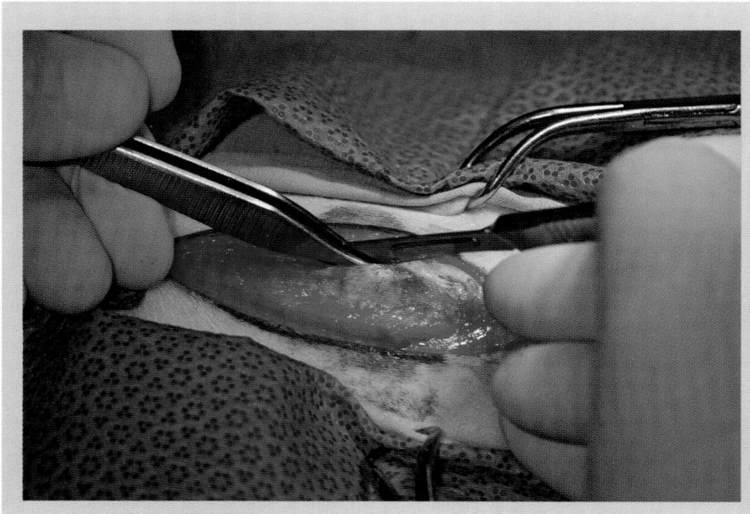

图18.44 扩大腹白线切口：引导槽和手术刀。上提拇指镊，然后与手术刀同向滑动向尾侧切开腹白线

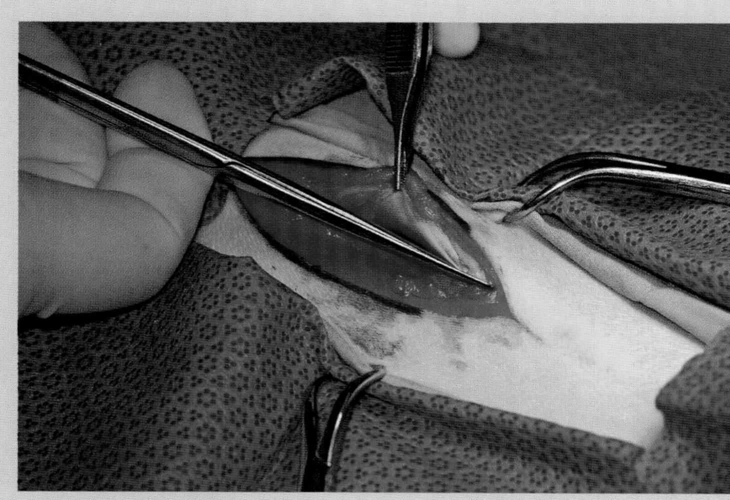

图18.45 用梅奥氏剪扩大腹白线切口：向尾侧方向扩大。梅奥氏剪可以替代手术刀和引导槽技术。剪切方法可将偏离腹中线的切割引回至中线位置

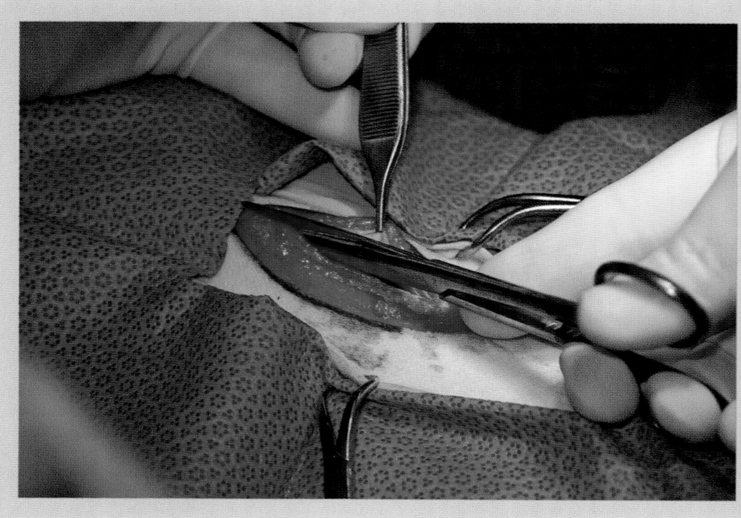

图18.46 用梅奥氏剪向头侧延长腹白线切口

的组织则超出视野范围。若不注意组织定位并加以保护，则可能会造成损伤。手术医生必须正确认识并熟悉以下解剖结构及其定位：肾脏、输尿管、卵巢悬吊韧带、卵巢、卵巢系膜（阔韧带的前部）、卵巢血管蒂、卵巢固有韧带、子宫角、子宫体、子宫动脉、子宫系膜（阔韧带的中部和后部）、子宫圆韧带和腹股沟管。上述内容仅列出了与常规卵巢子宫摘除术相关的重要组织器官，而对于每一名外科医生而言，理应完整地掌握腹腔的解剖结构。当发生意外情况时，如卵巢蒂滑脱，只有熟悉腹腔解剖结构才能快速有效地解决问题。

使用卵巢子宫探钩定位拟先摘除的卵巢。因为左侧卵巢比右侧卵巢更靠后，相对更容易取出，所以推荐先摘除左侧卵巢。为了方便取出左侧卵巢，术者可用非惯用手的食指伸入前侧腹腔切口提起腹壁（图18.47）。惯用手拿卵巢子宫探钩（钩端朝上）从切口的中后部伸入腹腔（图18.48至图18.50），并保持钩端朝向体壁（外侧）。当探钩到达最深部时，将钩端向内侧翻转并向腹中线方向摆动探钩，之后缓慢地撤出（图18.51和图18.52）。如果即刻感到阻力，应松开组织并重新尝试。若牵出小肠或网膜，应将其还纳腹腔后再重新尝试。起初，探钩上牵出的可能是子宫或阔韧带。此时，轻柔地牵拉阔韧带显露子宫并将其余的子宫角牵出，然后顺着子宫角方向找到卵巢（图 18.53和图18.54）。

在放置止血钳之前，应清楚地辨识卵巢和子宫角。在卵巢固有韧带上放置一把蚊氏止血钳（图18.55），防止卵巢回缩。以惯用手握住蚊氏止血钳直接向外（腹侧）牵出卵巢（图18.56）。放置止血钳的目的是为了固定卵巢蒂，避免因不慎牵拉导致卵巢蒂撕裂。用非惯用手（拇指和食指）将悬吊韧带从最后肋区膈肌上的连结处剥离后撕断（图18.56至图18.66）。非惯用手的食指沿悬吊韧带的侧边滑至深部（图18.56），然后用食指的指腹抵住韧带的前界，并向尾内侧方向逐渐加压直到韧带断裂。若将食指抵在韧带侧面则很可能会将卵巢系膜戳穿，增加卵巢血管撕张的风险。在此，笔者更倾向于将食指和拇指尽可能地伸入腹腔深部后，于两指之间捏住悬吊韧带（图18.57），然后将其拧断（图18.58至图18.64）。通常应避免锐性切断悬吊韧带，防止悬吊韧带内血管出血增加。将悬吊韧带撕断后，则可以很

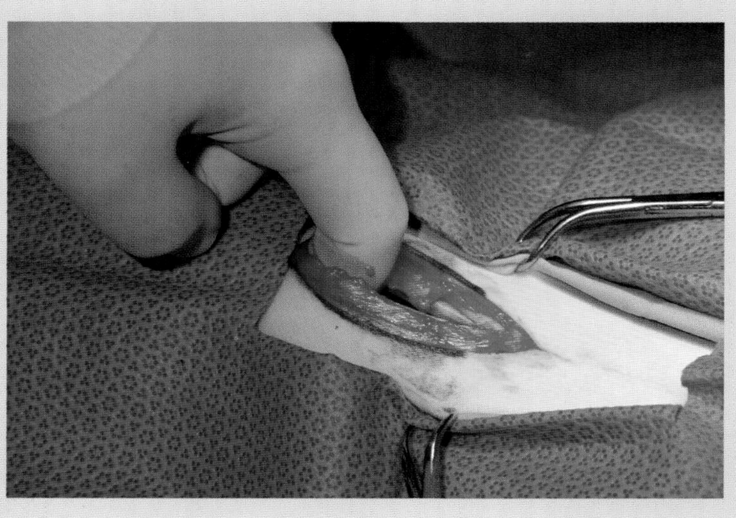

图18.47 卵巢子宫摘除术的腹白线切开完成。左手食指伸入腹白线切口的头侧并向外提起腹壁，准备放置卵巢子宫摘除术探钩

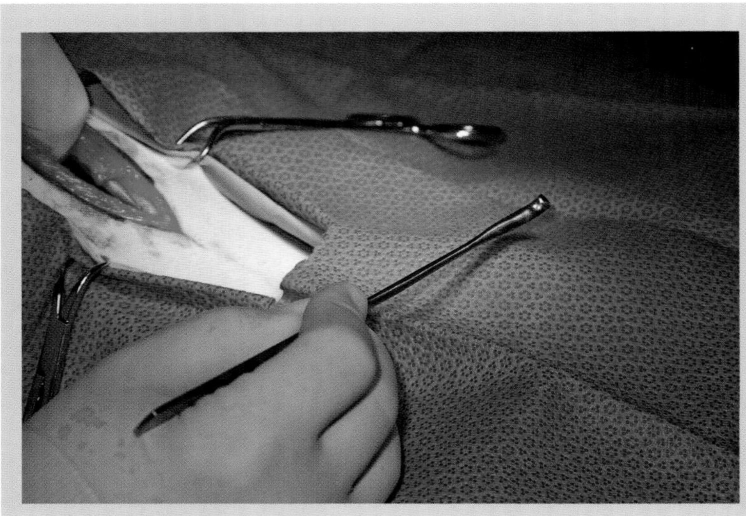

图18.48 斯努克（Snook）卵巢子宫摘除术探钩。手持探头使内面钩端朝上，然后准备将其伸入左侧腹膜腔

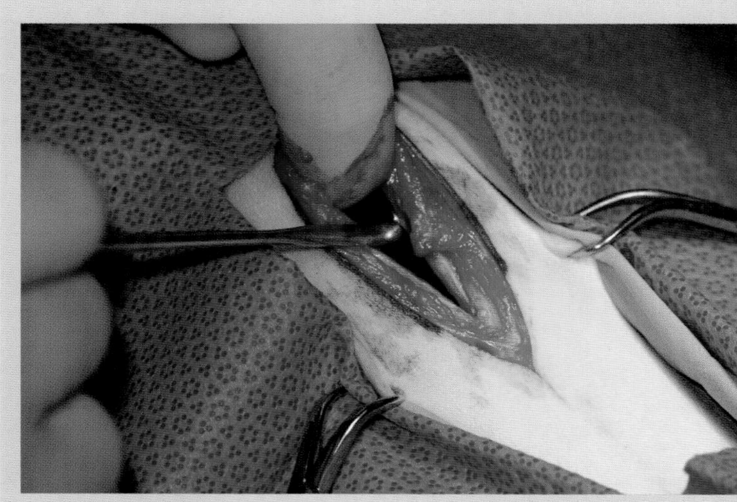

图18.49 伸入探钩。用左手食指向外提起腹壁，探钩内面钩端朝上沿左侧腹壁伸入腹腔内

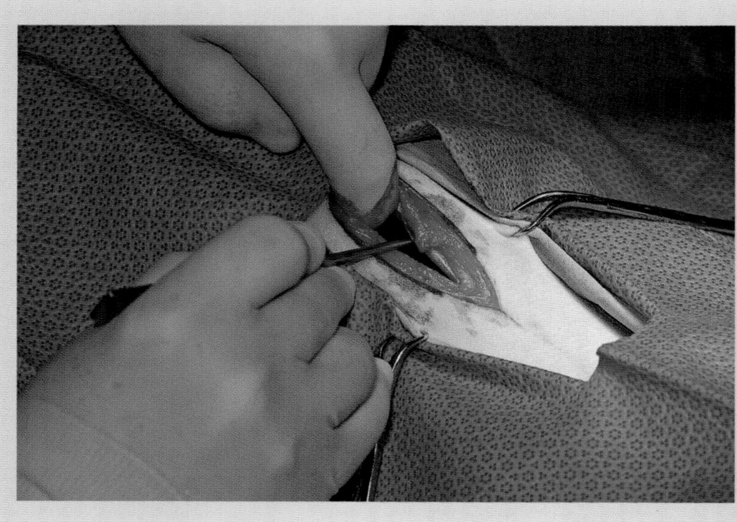

图18.50 伸入探钩。探钩内面钩端朝上，在左侧腹膜腔内沿左侧腹壁滑动，直到触及腹腔背侧

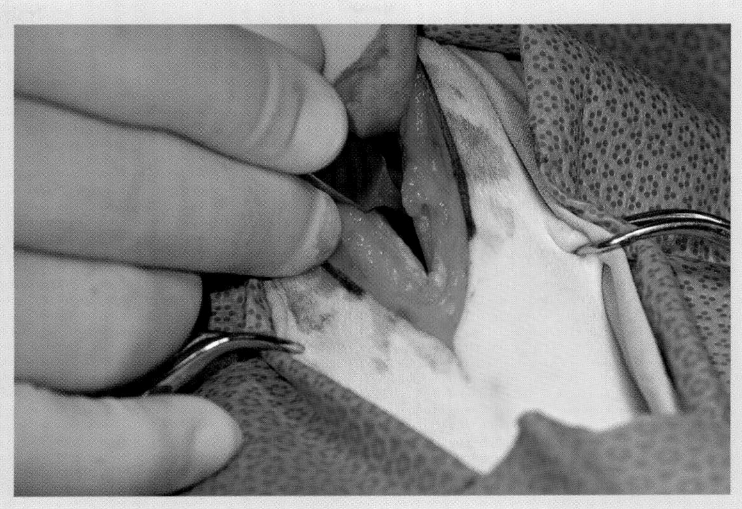

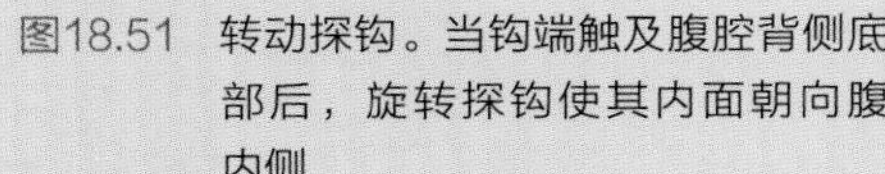

图18.51　转动探钩。当钩端触及腹腔背侧底部后，旋转探钩使其内面朝向腹内侧

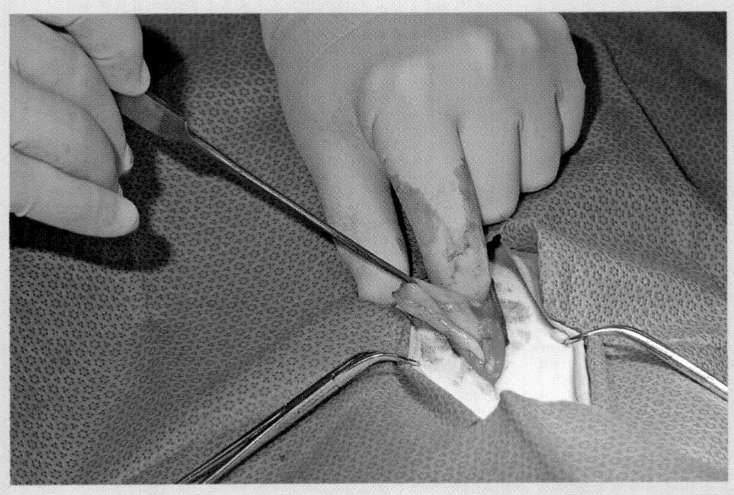

图18.52　撤出探钩。向腹外并朝向术者方向撤出探头，将左侧子宫角从腹腔内牵出

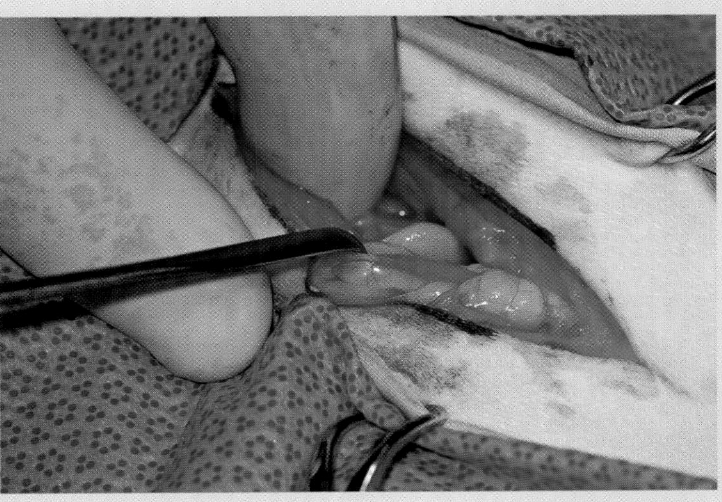

图18.53　找到左侧卵巢。尽可能用力地向外撤出探钩，但不要松脱子宫角，此时术者可以用非惯用手的食指和拇指定位卵巢

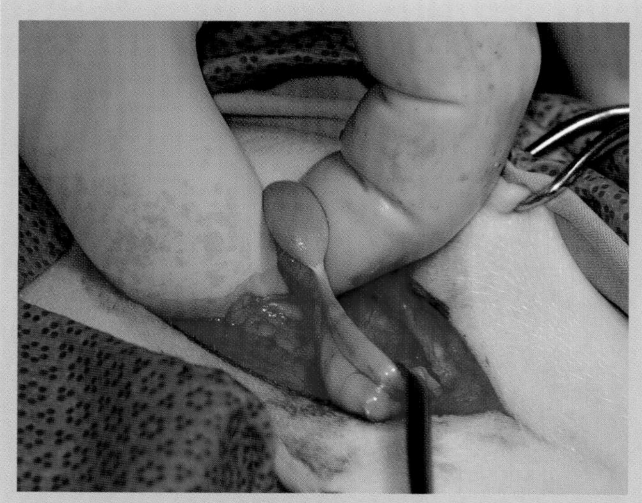

图18.54　将左侧卵巢从腹腔内牵出。探钩扔钩住左侧子宫角，牵出卵巢，辨认固有韧带

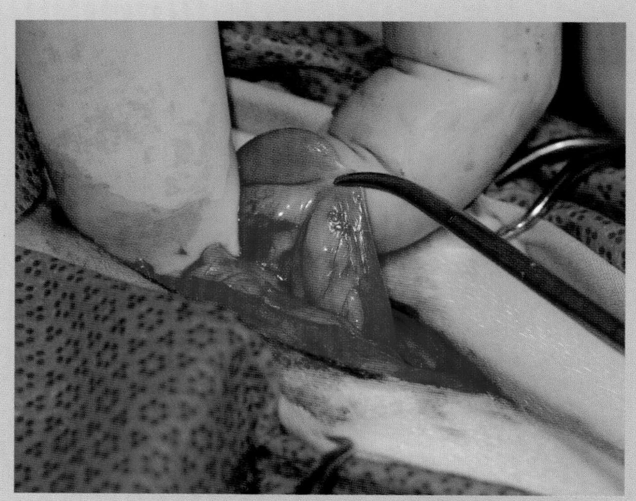

图18.55　钳夹固有韧带。用蚊氏止血钳夹住固有韧带，保持卵巢位于腹腔外并可辅助操作

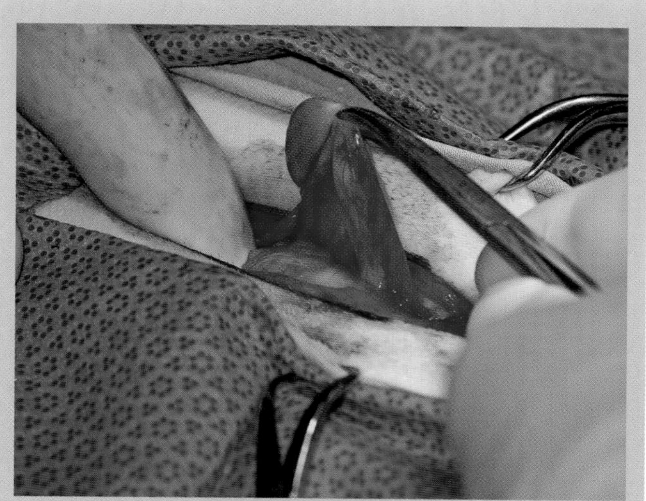

图18.56　定位卵巢蒂。术者的惯用手抓持钳夹固有韧带的蚊式止血钳，进行相关操作确保卵巢蒂松弛（与悬吊韧带相对），并使卵巢蒂朝向外侧（而非尾侧）（向尾侧牵拉卵巢蒂会使卵巢蒂与悬吊韧带平行并紧密相贴，若此时悬吊韧带绷紧撕裂则会增加出血的风险）

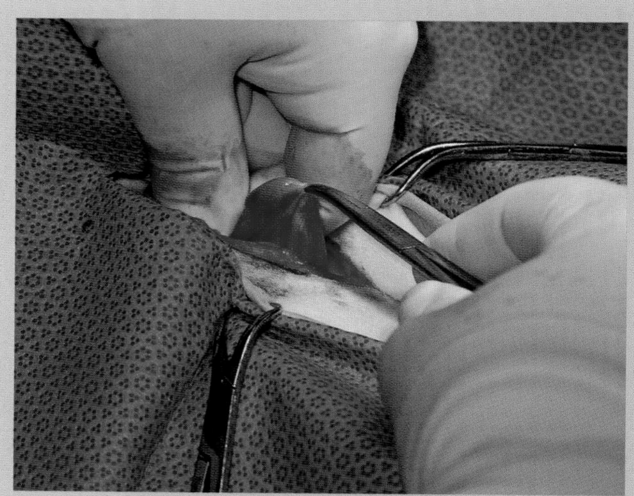

图18.57　延展悬吊韧带。用非惯用手的食指和拇指弹拨和延展悬吊韧带。同时，向尾内侧方向按压（逐渐加压）悬吊韧带，直致韧带断裂

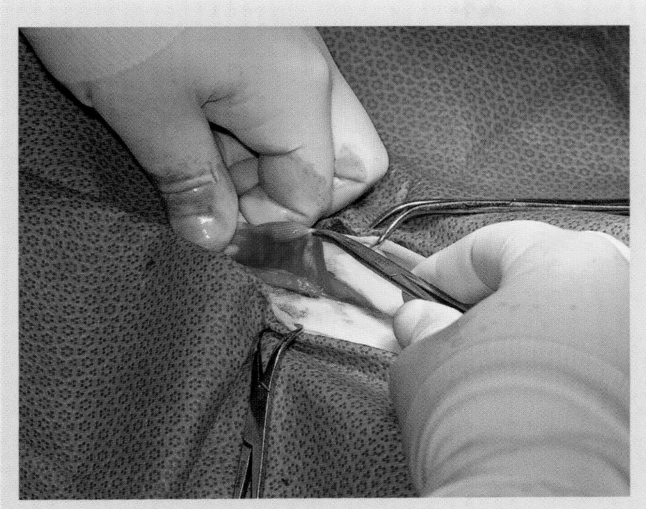
图18.58 撕断悬吊韧带。通过弹拨使悬吊韧带延展后（略微向外提拉），用食指和拇指捏住韧带，然后用力拧转

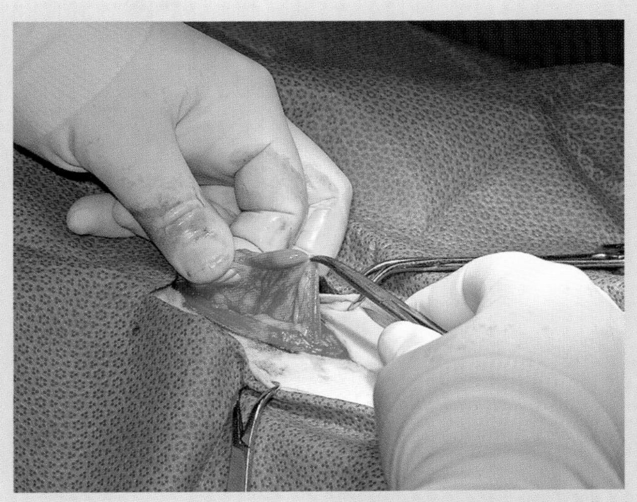
图18.59 部分撕裂的悬吊韧带。部分撕裂悬吊韧带有助于牵出卵巢和卵巢蒂，但余下的悬吊韧带仍可能干扰结扎

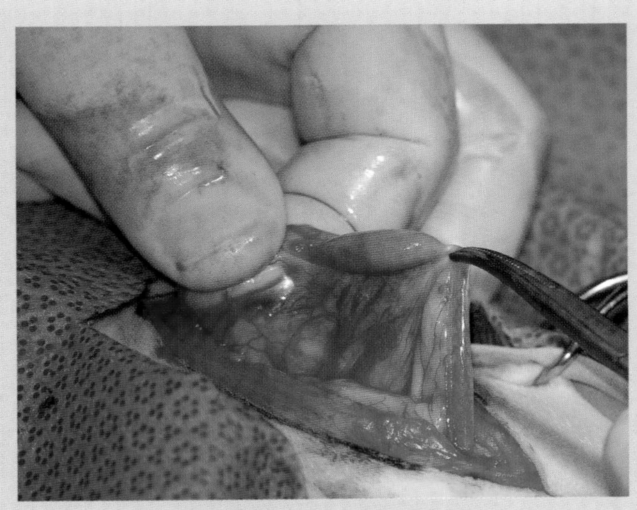
图18.60 部分撕裂的悬吊韧带（近视图）。在拇指和食指间余留的一小束悬吊韧带

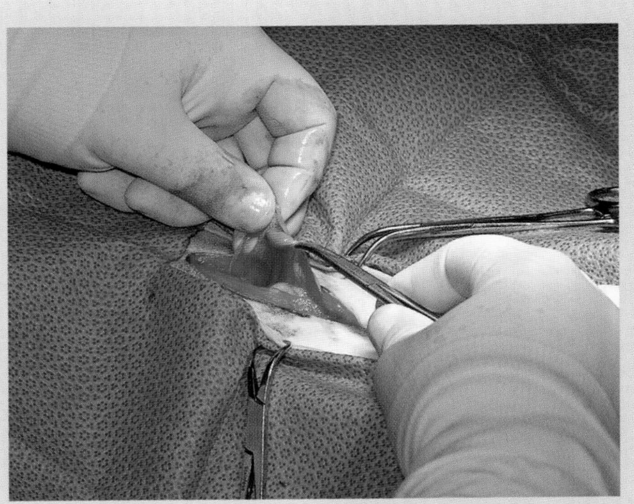
图18.61 余留的悬吊韧带。卵巢蒂头侧的余留悬吊韧带必须移除以利于钳夹和结扎

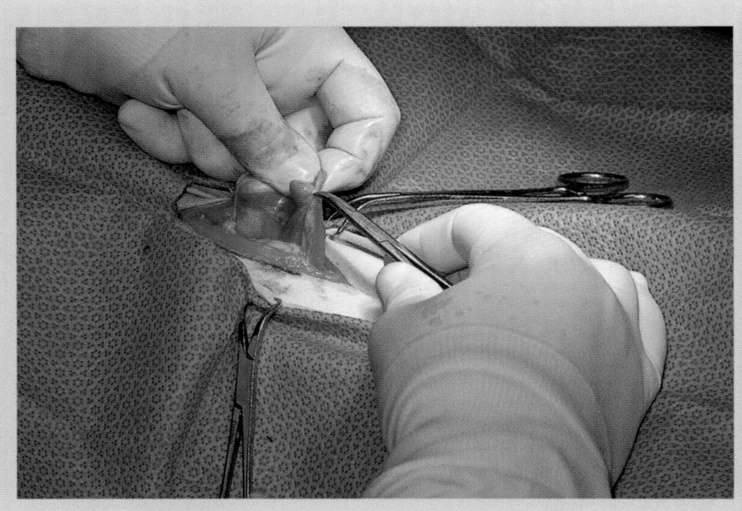

图18.62　去除余留的悬吊韧带。用固有韧带上的蚊氏止血钳固定卵巢蒂后，将悬吊韧带捏于拇指和食指之间，可以用中指将腹腔外余留的悬吊韧带撕断

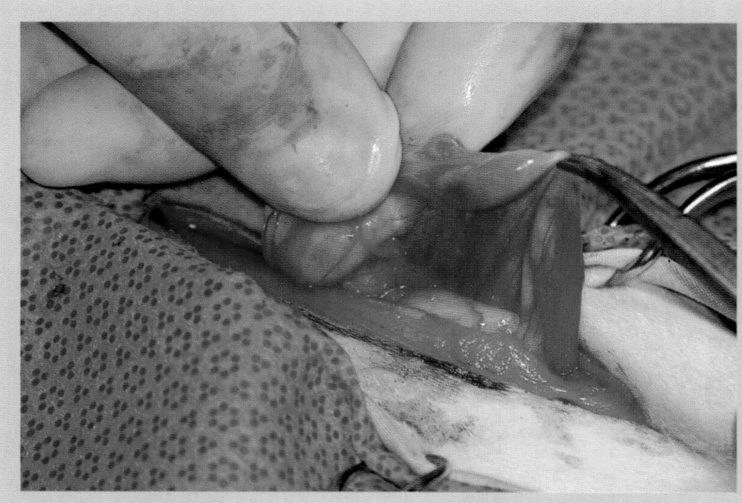

图18.63　去除余留悬吊韧带（近视图）。用惯用手抓持止血钳来固定卵巢蒂，避免撕断卵巢血管。同时，用非惯用手的中指向尾内侧方向按压余留悬吊韧带（当余留的悬吊韧带紧绷时，卵巢蒂仍然处于松弛状态）

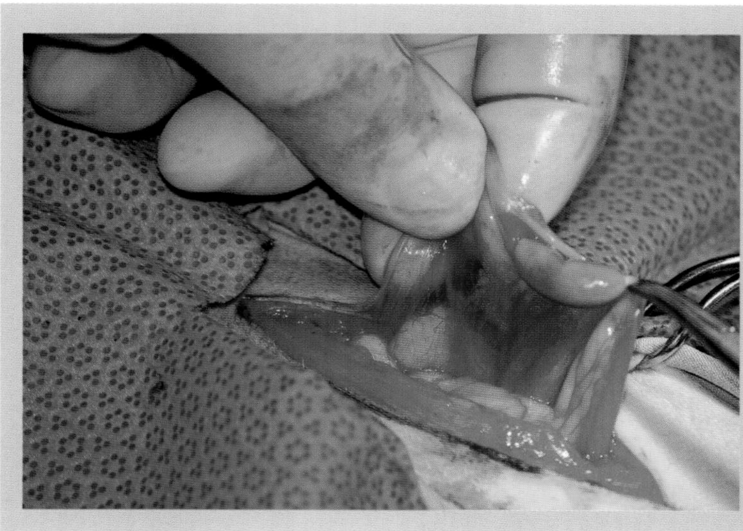

图18.64　完全撕断悬吊韧带。可以完全牵出卵巢及卵巢蒂

容易地将卵巢和部分卵巢蒂牵出（图18.65和图18.66）。

用罗-卡二式（Rochester-Carmalt）止血钳在卵巢和子宫角间的阔韧带上开孔（图18.67至图18.72）［对猫和体型非常小的犬，可用蚊氏止血钳或凯利氏（Kelly）止血钳替代］。卵巢蒂除了有血管外，通常还含有很多脂肪（图18.67）。找到卵巢蒂尾侧阔韧带上的无血管区域，用止血钳尖开孔（图18.67至图18.69），确保结扎侧包纳了卵巢动脉的所有分支。平行于血管蒂方向张开罗-卡二式止血钳以扩大孔洞（图18.70和图18.71）。因悬吊韧带与卵巢相连，需要将其向上提拉置于钳夹处远端，以免与血管蒂一块被钳夹。

卵巢蒂上罗-卡二式止血钳的放置采用三钳法。最先放置近心端的止血钳，注意要留出足够的空间放置第2把止血钳和预留第2把止血钳与卵巢间的切割点，完整确保卵巢摘除（图18.73）。紧邻第1把止血钳的远端放置第2把止血钳，两钳之间仅能看见极少部分的组织（约5mm）（图18.74至图18.76）。放置两把止血钳时要始终提住

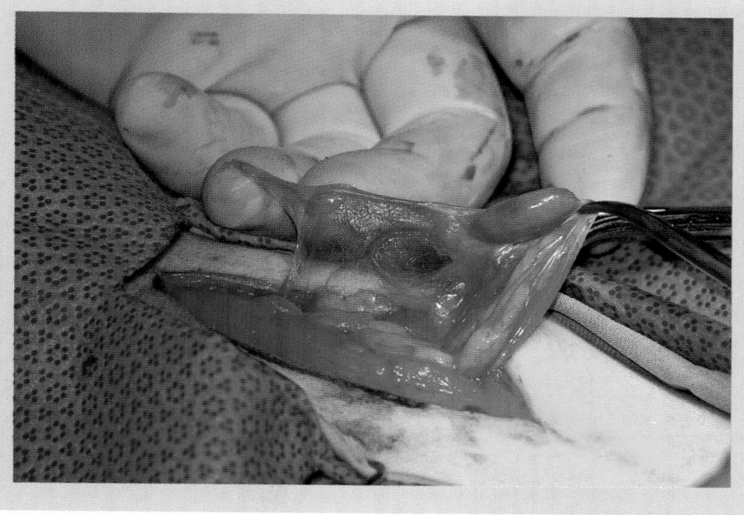

图18.65 确认悬吊韧带完全撕断。如术者左手无名指尖上所示，将撕断的悬吊韧带头侧牵出

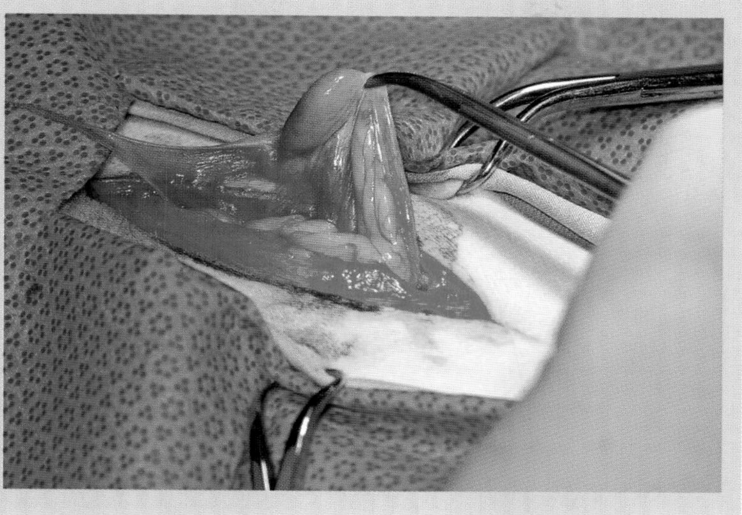

图18.66 准备结扎左侧卵巢蒂。图左半部分所示，置于创巾上的悬吊韧带断端会在放置止血钳时被拉向卵巢，最终与卵巢一同被摘除

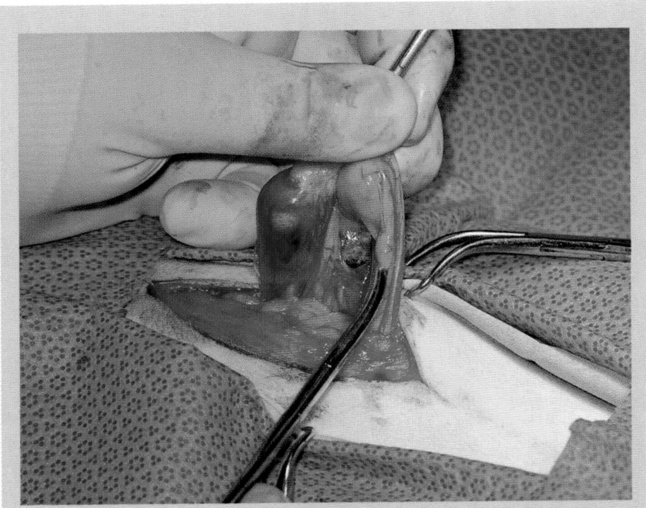

图18.67 分离左侧卵巢蒂。用罗-卡二式止血钳准备在卵巢系膜上尽可能靠近卵巢血管的无血管区域开孔

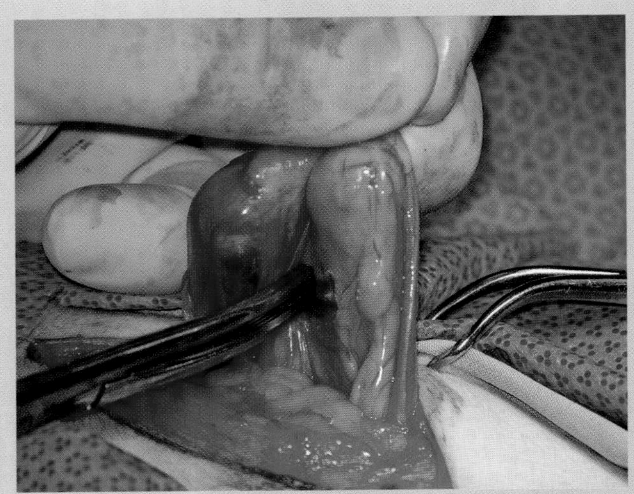

图18.68 穿透左侧卵巢系膜。用罗-卡二式止血钳刺透卵巢系膜并在平行于卵巢蒂方向打开钳口

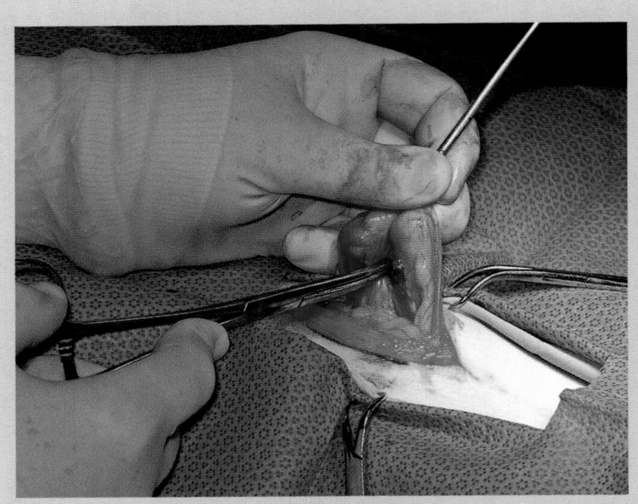

图18.69 准备在卵巢系膜上开窗。用固有韧带上的蚊氏止血钳固定卵巢，将罗-卡二式止血钳穿透卵巢系膜并以平行于卵巢蒂方向张开钳口

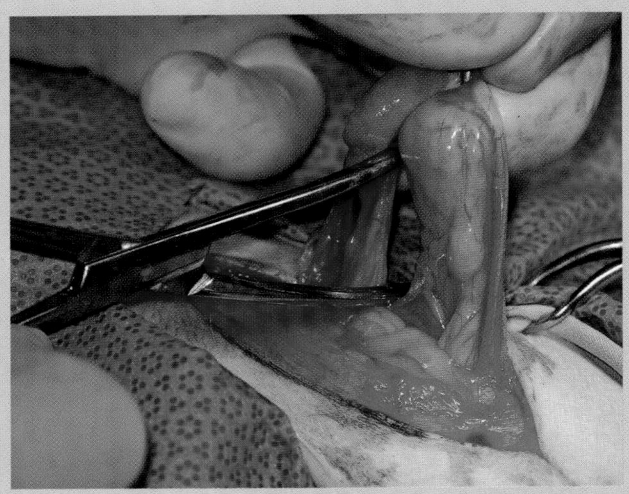

图18.70 在靠近左侧卵巢蒂的位置开窗。在平行于卵巢蒂方向上最大程度地张开罗-卡二式止血钳，形成一个较大的窗孔

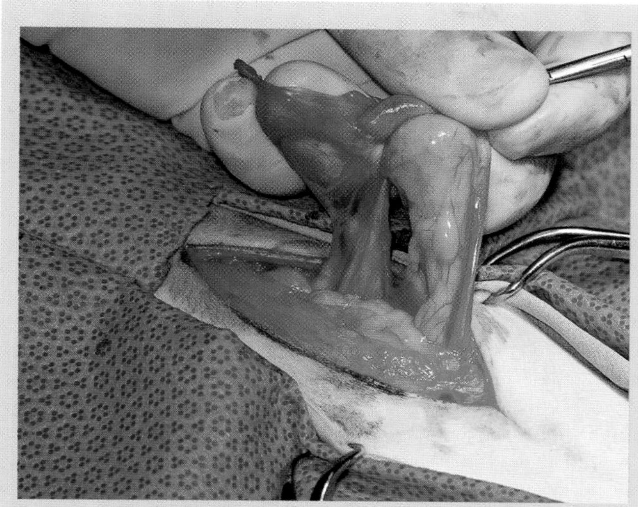

图18.71 完成左侧卵巢系膜上的开窗。注意卵巢蒂近端的窗孔以及术者左手小指上的悬吊韧带

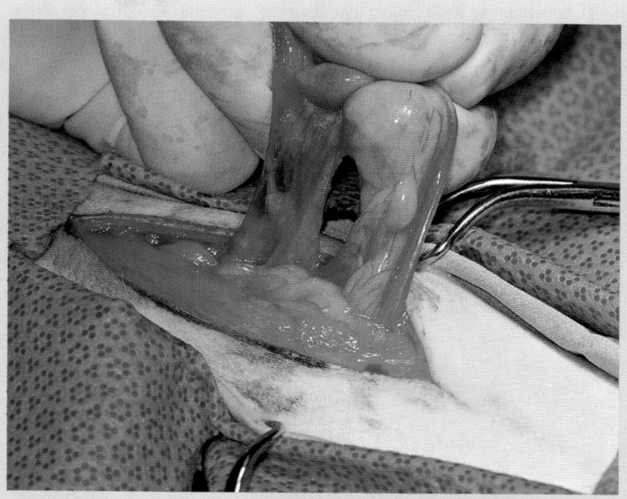

图18.72 准备在左侧卵巢蒂放置止血钳。注意要将悬吊韧带牵开以防嵌入钳夹和结扎中

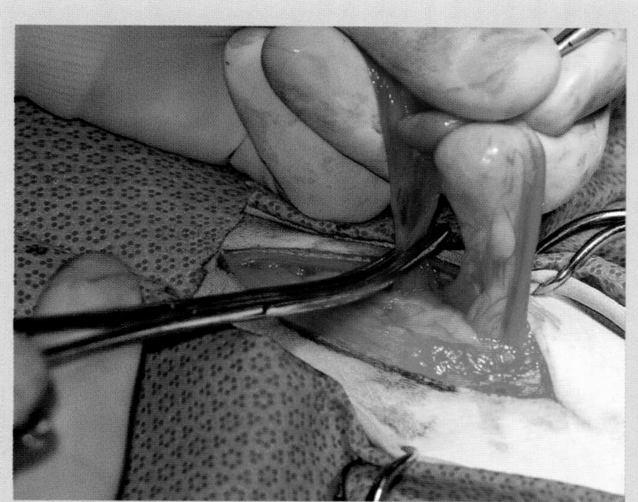

图18.73 在左侧卵巢蒂上放置第1把止血钳。罗-卡二式弯止血钳的尖端朝上，尽可能在最近端的位置钳夹，以便在止血钳附近留下足够的空间进行结扎

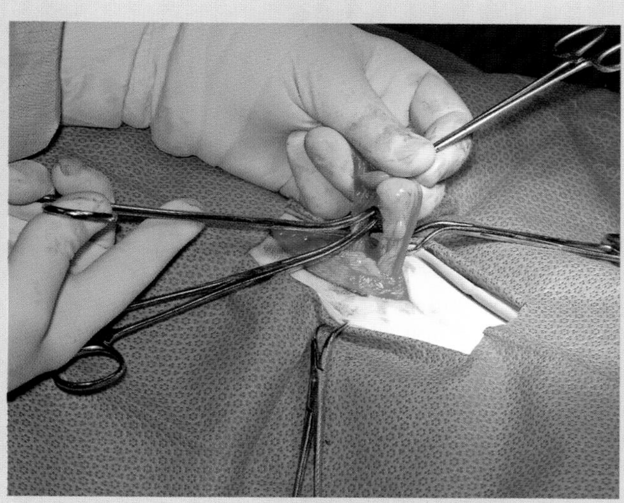

图18.74 在左侧卵巢蒂上放置第2把止血钳。第2把弯头的罗-卡二式止血钳，钳尖向上，置于平行第1把的位置

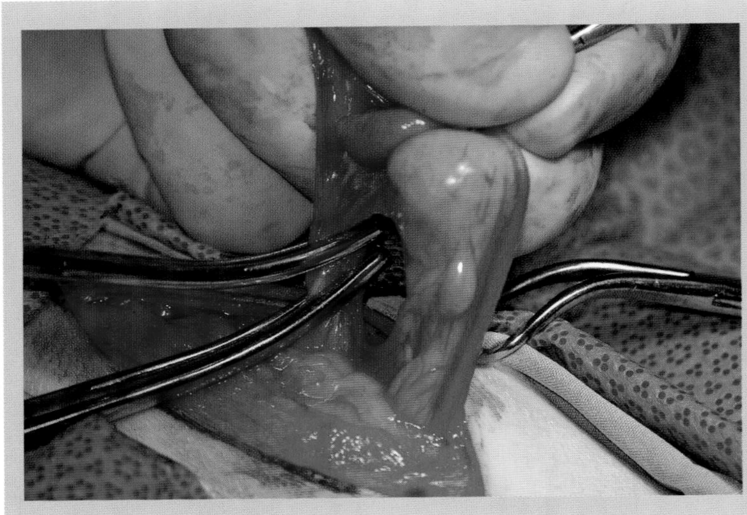

图18.75 在左侧卵巢蒂上放置第2把止血钳（近视图）。两把罗-卡二式止血钳的尖端平行，二者之间仅留出少量组织（4~5mm）。注意钳尖仅突出卵巢蒂约几个毫米，这样便于用缝线进行环绕结扎

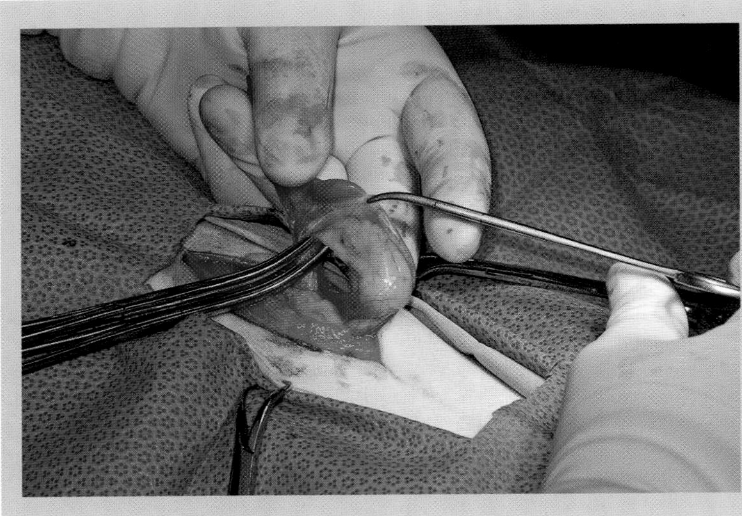

图18.76 准备放置第3把止血钳用来限制左侧卵巢蒂血液倒流。可以在远心端紧靠第2把止血钳的位置放置第3把止血钳（尚未放置），然后在两钳之间切断卵巢蒂。另外，也可以撤去固有韧带上的蚊氏止血钳，将第3把止血钳置于固有韧带水平的卵巢系膜和子宫位置上，然后在紧邻第2把止血钳的远心端切断卵巢蒂

卵巢，确保所有卵巢组织都被摘除掉。从撤除的固有韧带上蚊氏止血钳，在此处跨过子宫角放置第3把止血钳（图18.77和图18.78）。第3把止血钳可在卵巢蒂切除时控制血液倒流。

放置好止血钳后，用梅岑鲍姆剪在第2把止血钳和卵巢之间剪断卵巢蒂（图18.79至图18.83）。在结扎前横断卵巢蒂更方便操作，但若止血钳出现松脱，则卵巢蒂会缩回腹腔内。结扎时仍保留卵巢的连系实际上会造成一种安全的假象，因为即便止血钳不滑脱，在钳夹处的组织也可能会出现撕裂。而横断卵巢蒂将使结扎操作更为简便，同时也降低了钳夹处组织撕裂的机率。

在结扎左侧卵巢蒂时，将卵巢移向尾侧，与整个左侧子宫角一同置于手术区域后部（图18.84至图18.94）。为了完全显露子宫角，需移开阔韧带和圆韧带（图18.85至图18.94），并将圆韧带完全牵拉出腹腔外（图18.89至图18.90）。撕断或牵拉阔韧带、圆韧带时要避开平行于子宫角方向的子宫动脉。

在结扎卵巢蒂时，操作者的习惯不尽相同。

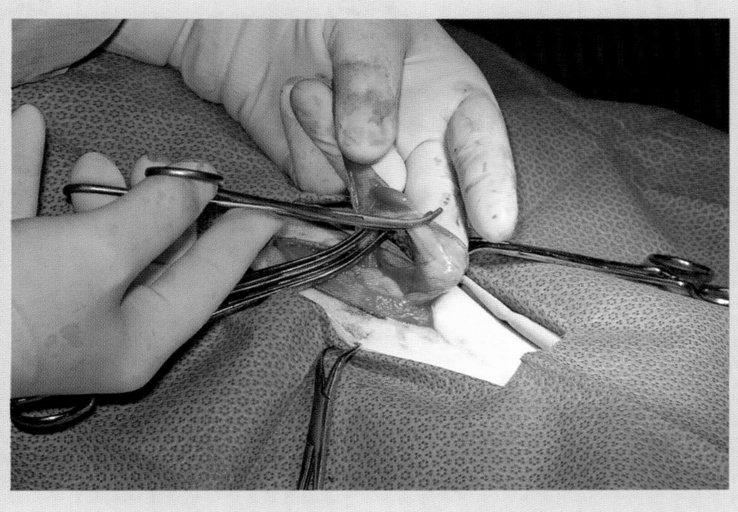

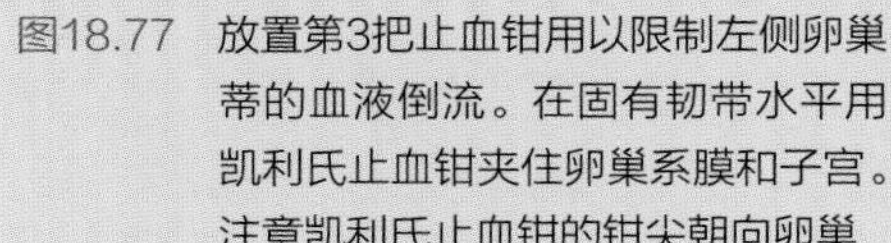

图18.77 放置第3把止血钳用以限制左侧卵巢带的血液倒流。在固有韧带水平用凯利氏止血钳夹住卵巢系膜和子宫。注意凯利氏止血钳的钳尖朝向卵巢

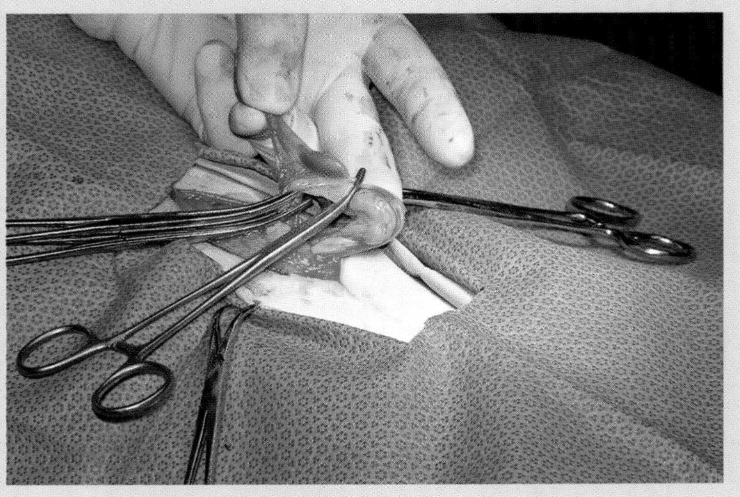

图18.78 在切断左侧卵巢带之前完成3把止血钳的放置。两把平行放置的罗-卡二式止血钳夹住卵巢带，一把凯利氏止血钳在固有韧带水平夹住卵巢系膜和子宫以限制血液倒流。术者的左手拇指和无名指捏着悬吊韧带，表明其未被止血钳夹住

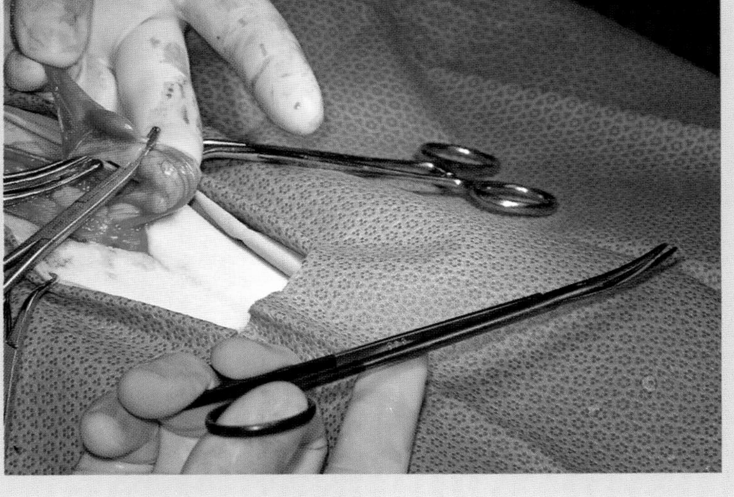

图18.79 准备用梅岑鲍姆剪剪切左侧卵巢带。梅岑鲍姆剪的尖端朝上，与止血钳方向一致

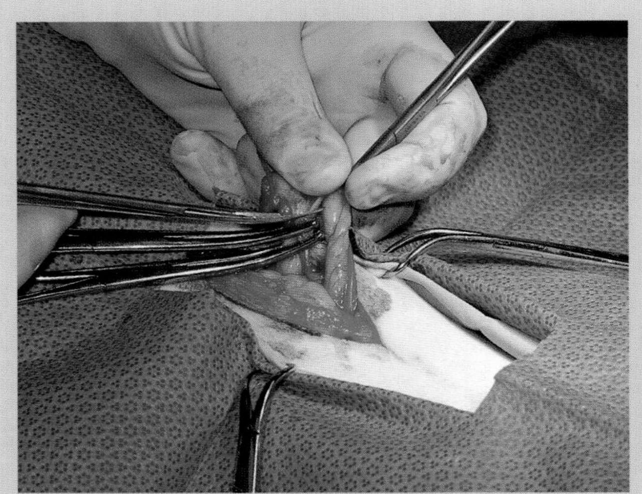
图18.80 剪断左侧卵巢蒂。用梅岑鲍姆剪在远心端紧靠第2把罗-卡二式止血钳的位置剪断左侧卵巢蒂

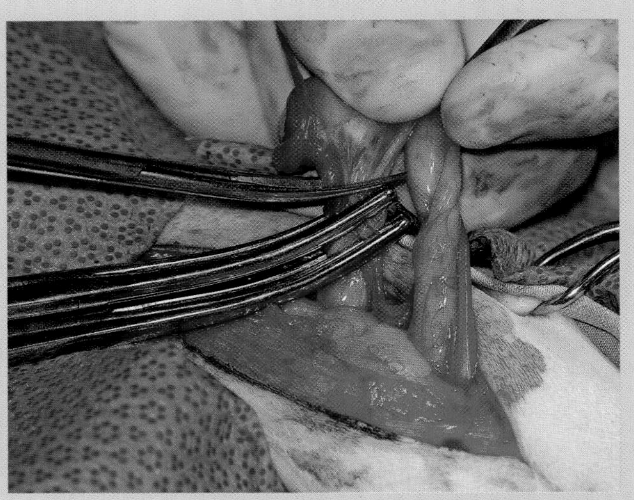
图18.81 剪断左侧卵巢蒂（近视图）。注意剪切位置与第2把罗-卡二式止血钳的距离。用梅岑鲍姆剪剪切卵巢蒂，仅在紧靠第2把罗-卡二式止血钳的远心端保留几毫米的组织

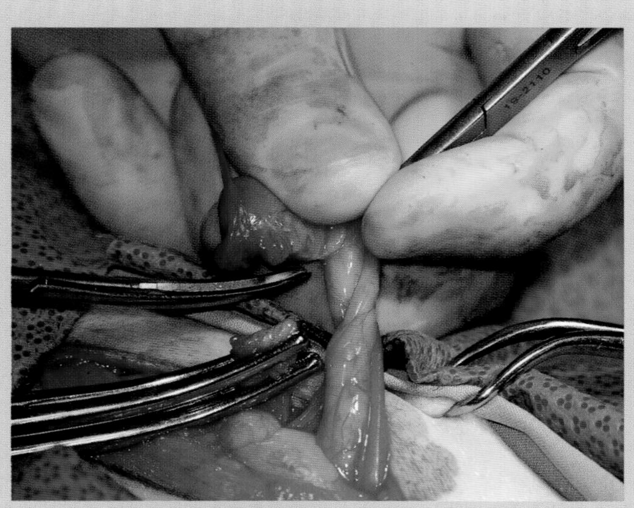
图18.82 用梅岑鲍姆剪剪切左侧卵巢蒂完成。注意剪刀刀刃和罗-卡二式止血钳尖的方向要平行

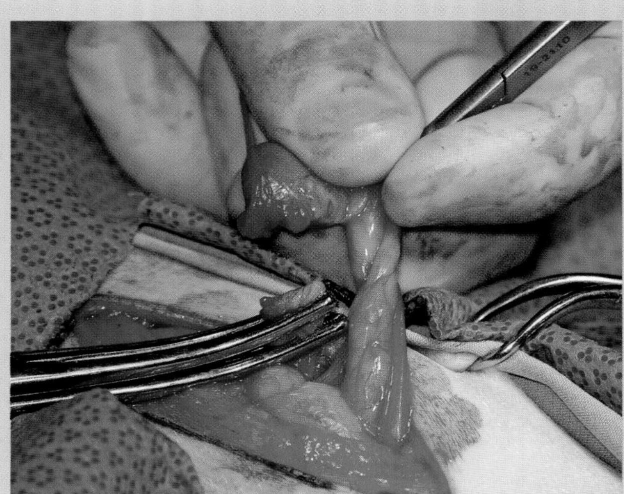
图18.83 左侧卵巢蒂剪切完成。此时可以将卵巢、子宫以及限制血液倒流的止血钳移向尾侧

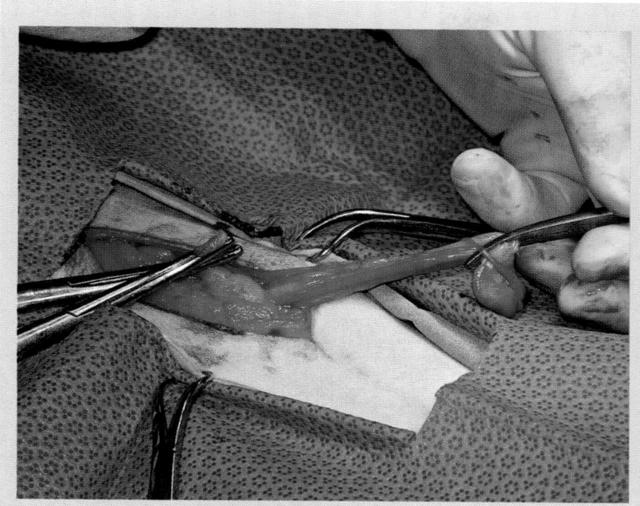

图18.84　将左侧卵巢和子宫向尾侧牵拉，以便进行卵巢结扎的相关操作

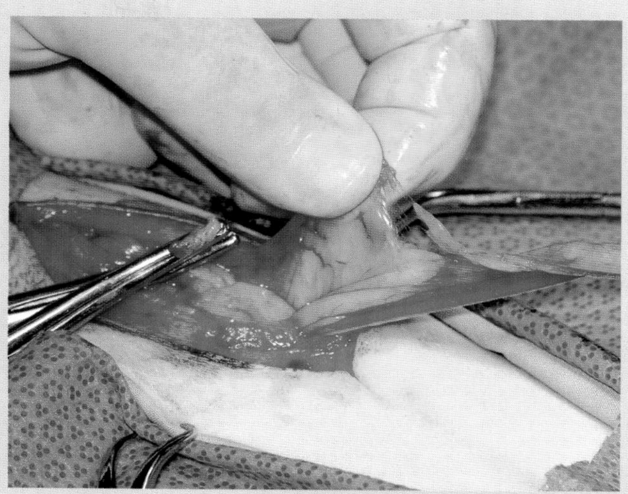

图18.85　去除左侧阔韧带。将阔韧带从腹膜腔内牵出，游离子宫角以便将卵巢和子宫角移向尾侧。最好牵出阔韧带以尽可能地向后牵拉子宫角和卵巢。此外，若此时未进行此步骤则在结扎子宫体时需要完成这一操作

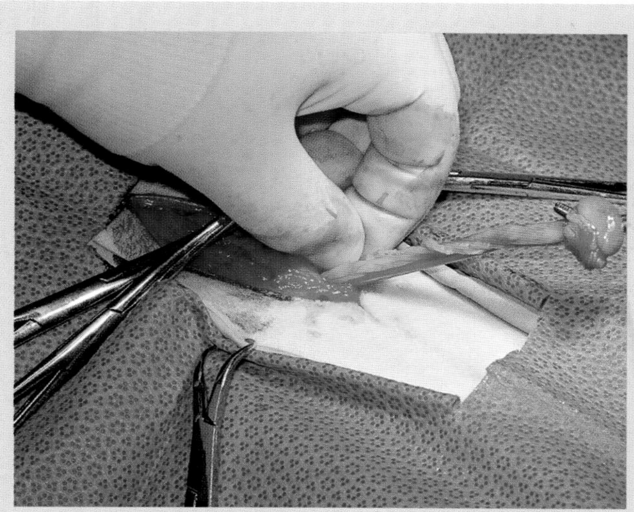

图18.86　找到左侧子宫的圆韧带。用惯用手将子宫角和卵巢向尾侧牵拉的同时，术者用左手定位圆韧带。去除圆韧带以最大程度地向尾侧牵拉子宫角，这也使对另一侧子宫角的探寻变得容易

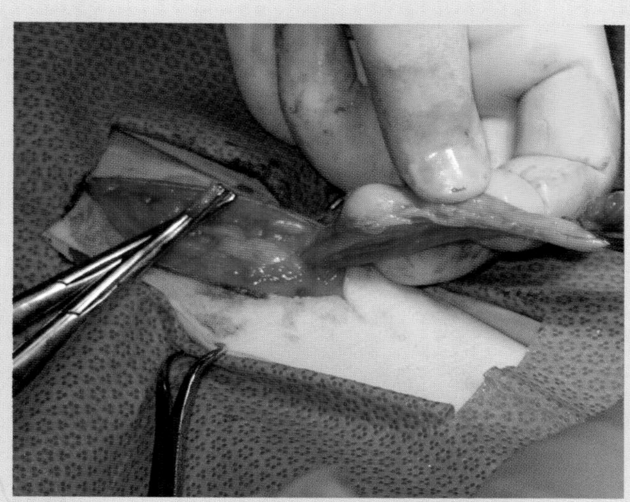

图18.87　分离左侧圆韧带。因为圆韧带位于阔韧带的边缘且平行于子宫角方向分布，所以需小心将其捏住

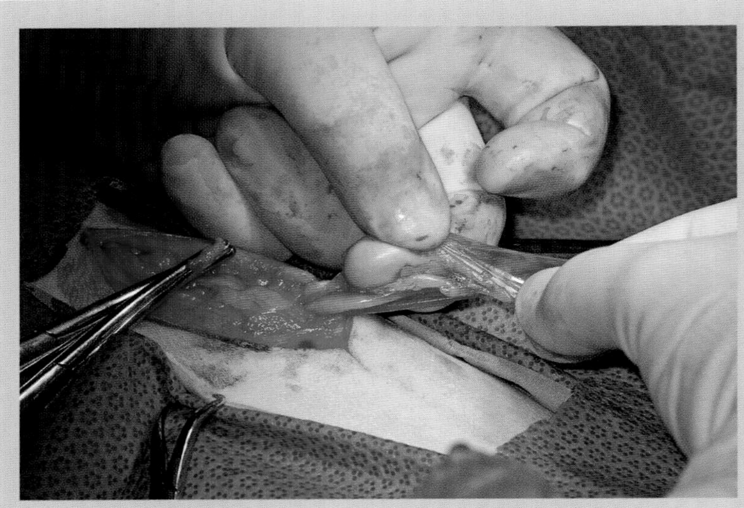

图18.88 准备剥离左侧圆韧带。将圆韧带与子宫角分离，避免损伤子宫动脉和静脉

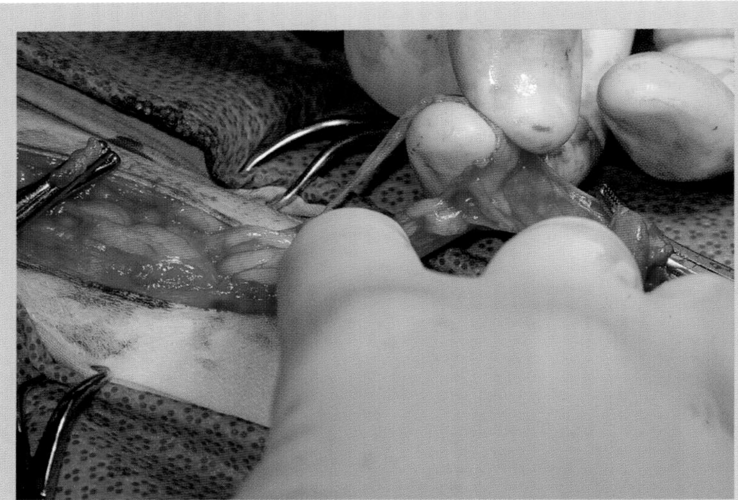

图18.89 左侧圆韧带可见。在剥离前，可以清晰地看到圆韧带

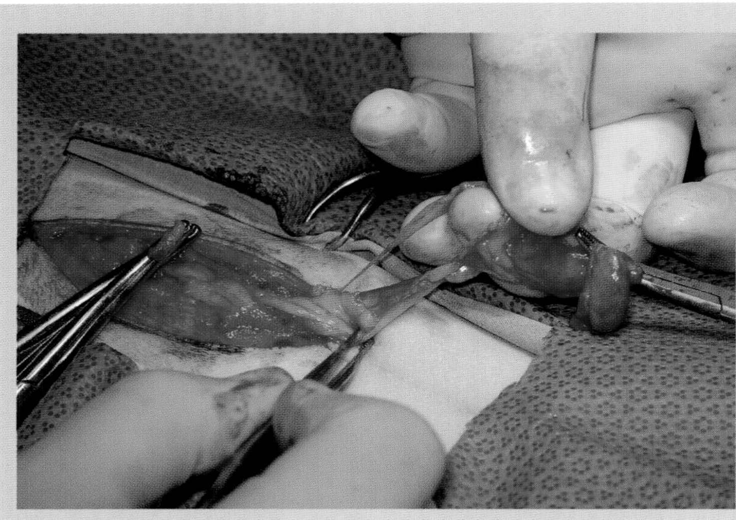

图18.90 剥离左侧圆韧带。向外用力地将圆韧带从腹股沟管中剥离

笔者更青睐于使用图示中的简单贯穿缝合法（图18.92至图18.115）。在结扎左侧卵巢蒂前，于紧邻近心端止血钳的位置上轻柔地将闭合的蚊氏止血钳尖端穿透卵巢蒂（图18.92至图18.95）。这一操作可以将血管推离止血钳，而直接用缝针贯穿卵巢蒂容易损伤血管。为了避免刺破血管也可以用缝尾穿透卵巢蒂。此处介绍的“止血钳贯穿法”极少会损伤血管，同时也极大减小了抽拉缝线时对组织的拖拽。然后张开止血钳，夹住游离的线尾（图18.96和图18.97），将缝线穿过卵巢蒂并环绕一侧打结（图18.98和图18.99）。先系半个方结（单环），然后将缝线绕过对侧组织（图18.100至图18.104）后系外科结。在收紧外科线环的同时撤除第1把（近心端）止血钳（图18.105至图18.109），使线结落在止血钳的夹痕上，然后完全收紧线结，最后再系上外科结。可以在第一个贯穿缝合线结的邻近位置进行第2道环形结扎（图18.110至图18.112）。在撤除余下的止血钳时，先用镊子夹住卵巢蒂的残端（图18.112和图18.113）。残端在送还回腹腔后会发生回缩，此时

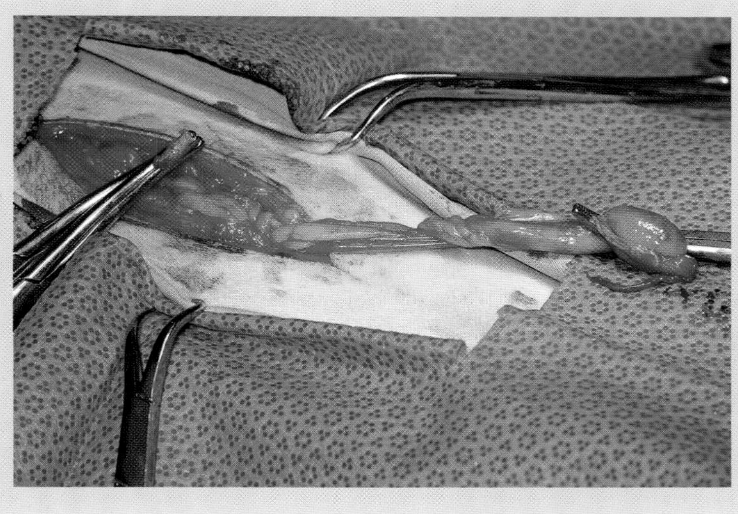

图18.91　左侧圆韧带剥离完成。完成阔韧带和圆韧带的剥离后，可将左侧卵巢和子宫角移向尾侧，然后结扎左侧卵巢蒂

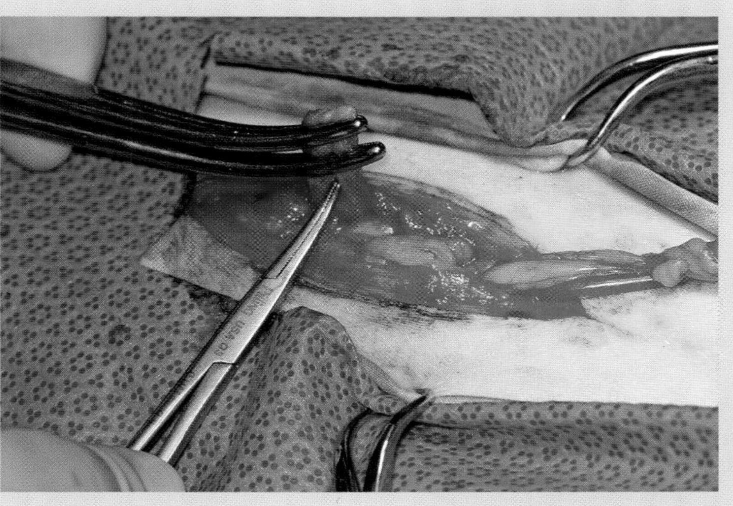

图18.92　左侧卵巢蒂上第1道缝线的定位。蚊式止血钳在近心端紧靠第1把罗-卡二式止血钳的位置指出第1道缝线的贯穿位点

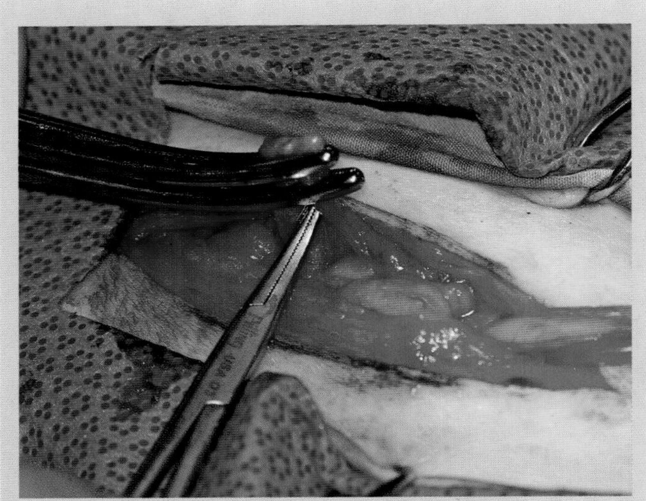
图18.93　将蚊式止血钳从第1道缝线的贯穿位置穿透左侧卵巢带

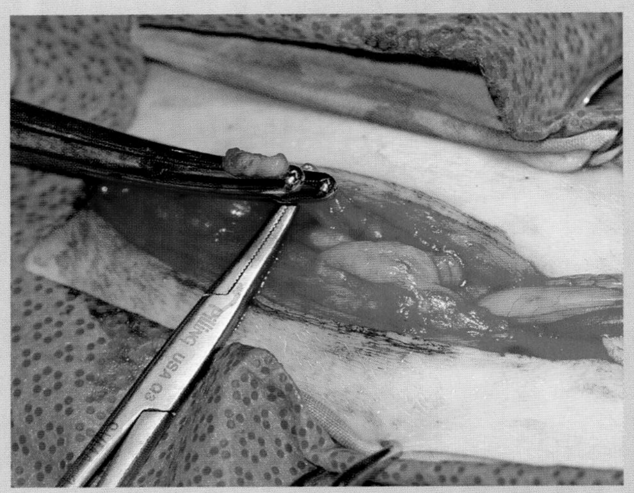
图18.94　蚊式止血钳从左侧卵巢带的外侧穿出

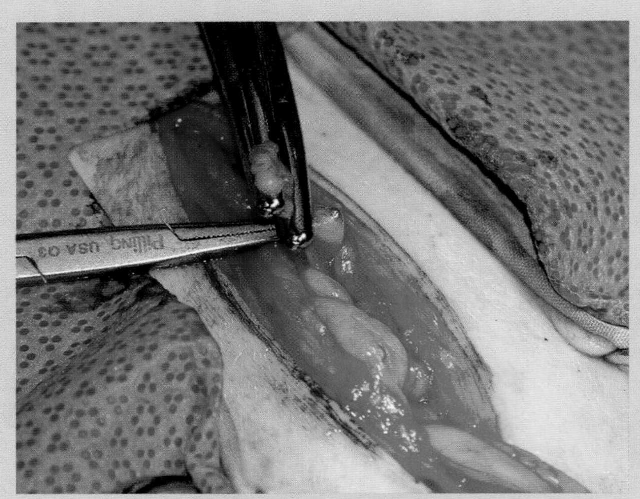
图18.95　将蚊式止血钳继续向前穿透左侧卵巢带

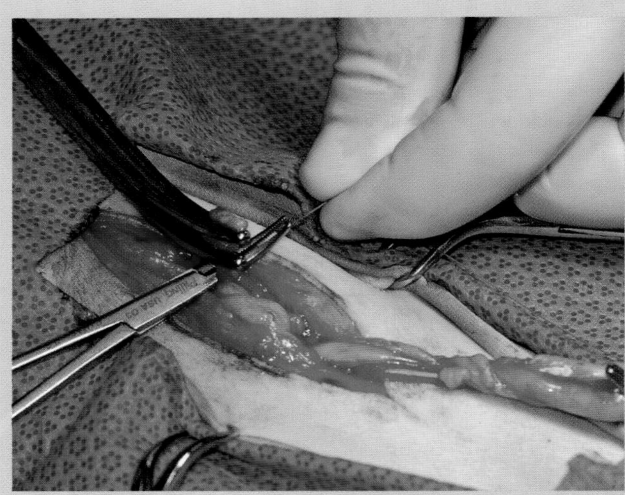
图18.96　穿透左侧卵巢带后，张开蚊式止血钳引导结扎缝线

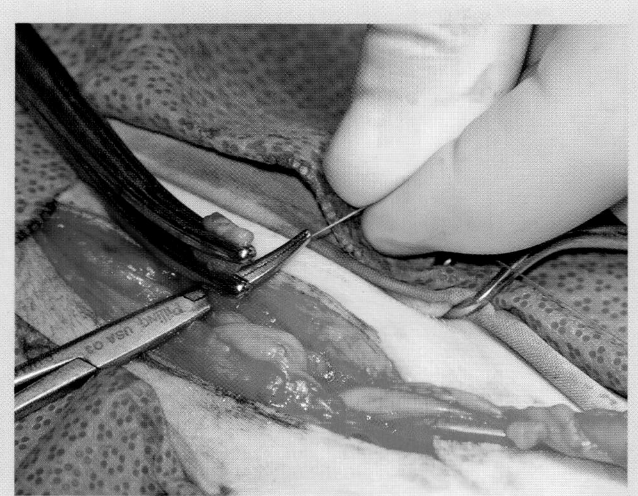

图18.97　用蚊式止血钳夹住缝线，引导缝线穿过卵巢蒂。此病例使用的缝合材料是3-0号的Polyglactin910（聚羟基乙酸和聚乳酸共聚物纤维）

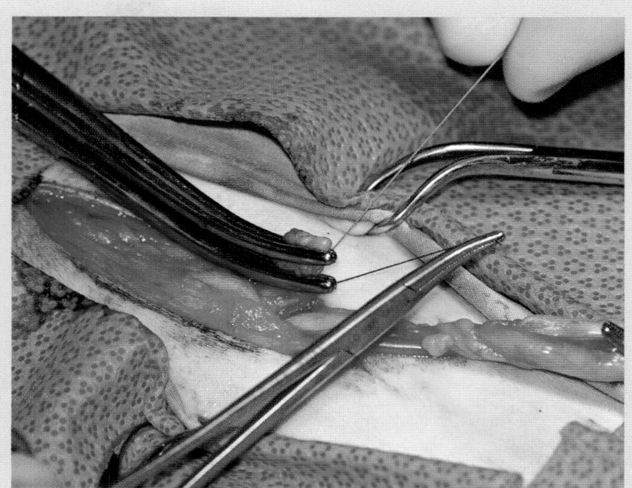

图18.98　将结扎缝线向左侧卵巢蒂的尾侧环绕

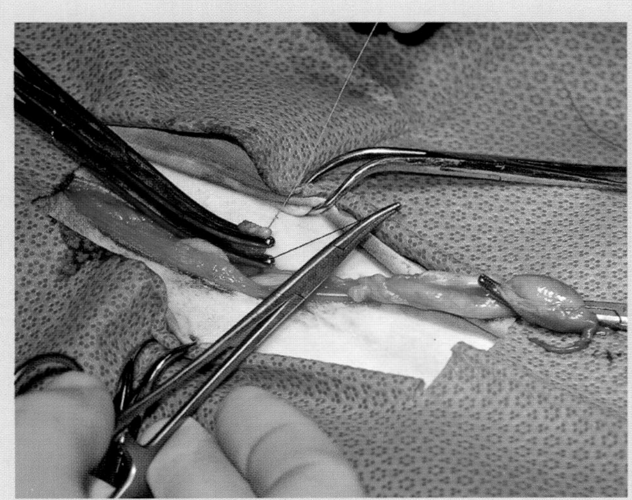

图18.99　准备对环绕左侧卵巢蒂尾侧的缝线进行打结。可以用蚊式止血钳进行器械打结或者换用持针器进行打结

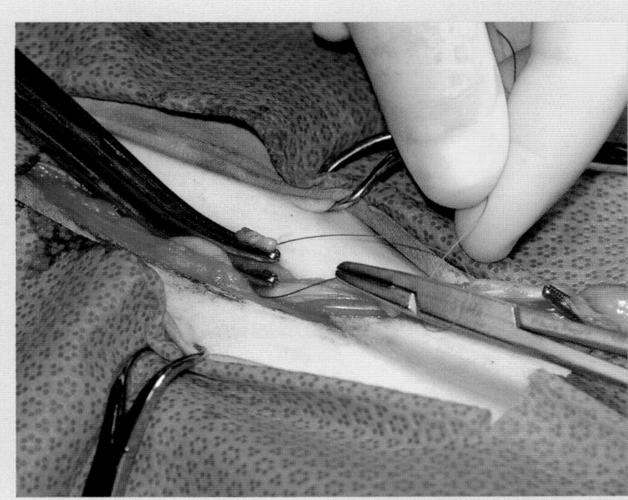

图18.100　在左侧卵巢蒂的尾侧环绕缝线（半个方结）

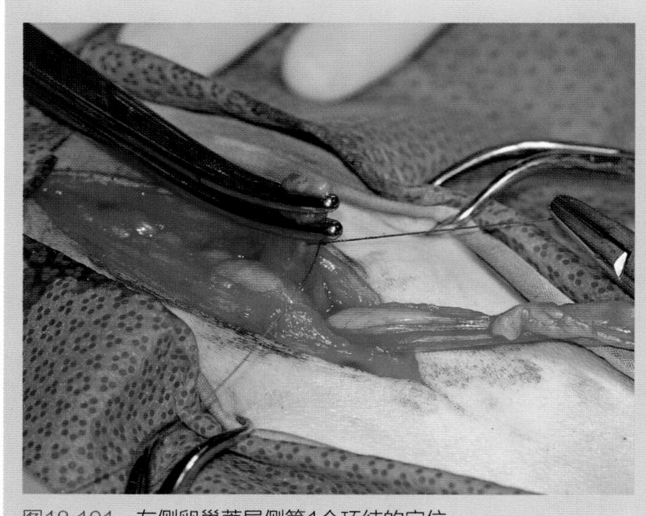
图18.101　左侧卵巢蒂尾侧第1个环结的定位

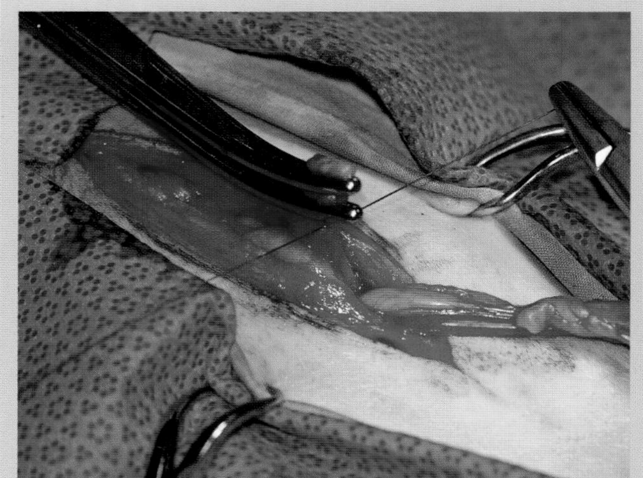
图18.102　确保方结的第1个环结位于左侧卵巢蒂的尾侧

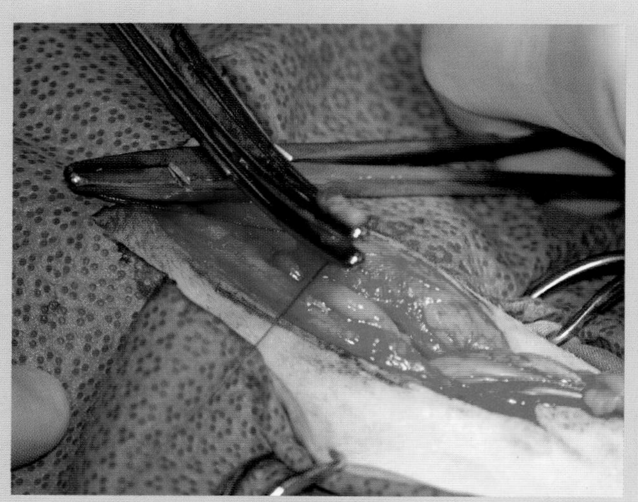
图18.103　将游离的线尾环绕到左侧卵巢蒂的头侧

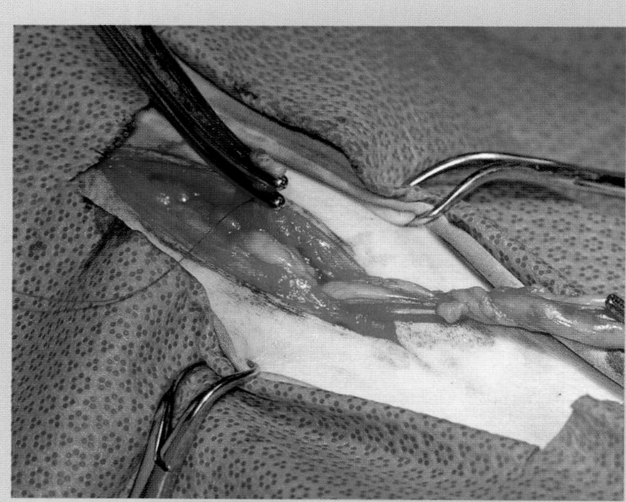
图18.104　准备向左侧卵巢蒂的头侧环绕缝线，然后进行打结

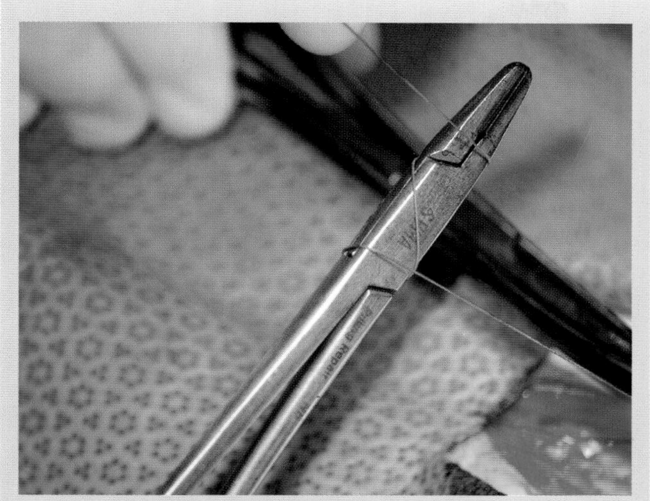

图18.105 用外科结线环在左侧卵巢蒂的头侧进行结扎

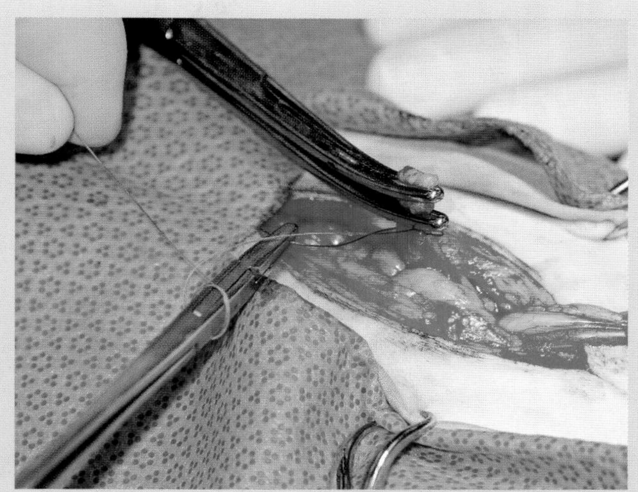

图18.106 外科结线环在左侧卵巢蒂头侧的定位

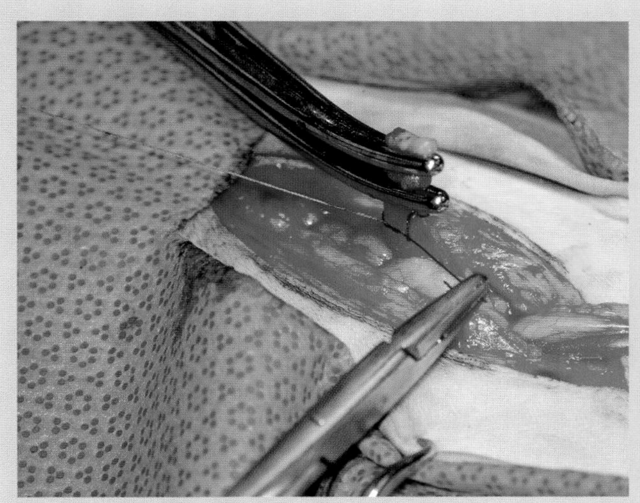

图18.107 在左侧卵巢蒂头侧的收紧外科结线环

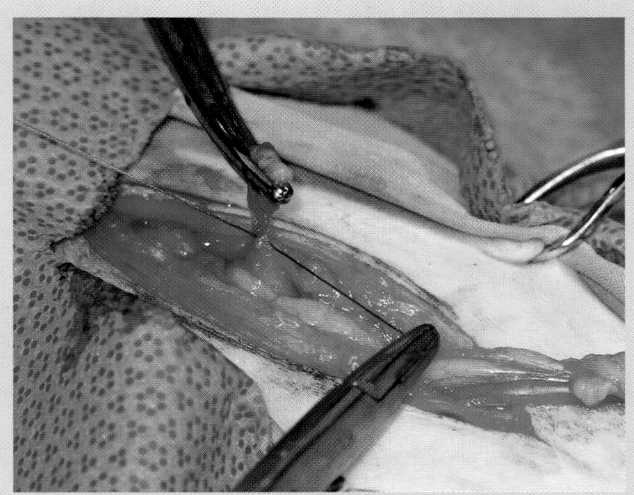

图18.108 确保外科结线环位于左侧卵巢蒂的头侧。在收紧外科结线环的同时，也固定了尾侧的单个环结。要撤去第1把罗-卡二式止血钳以完全收紧线结。一些术者尝试在止血钳钳夹处的内陷组织上收紧外科结，不过，亦可在钳夹处的近心端收紧线结。撤去第1把罗-卡二式止血钳的目的是使被结扎的组织内陷呈管状。若未进行此操作，则之后再撤去止血钳时可能导致线结松脱

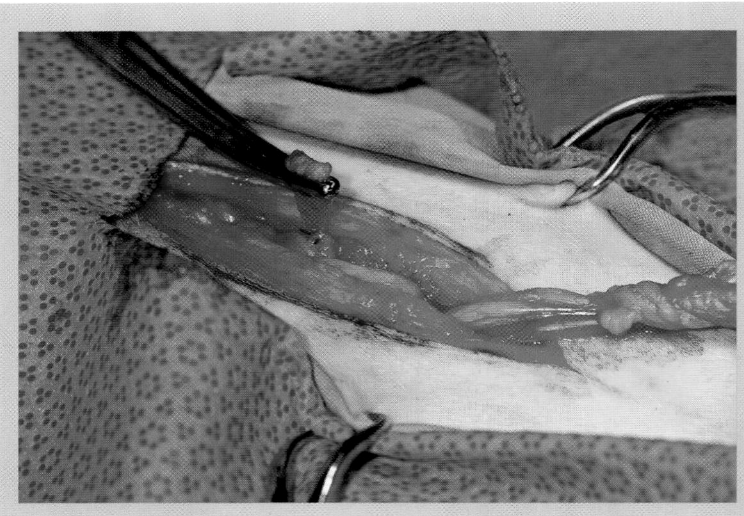

图18.109 完成左侧卵巢蒂的贯穿结扎。在系上外科结后再加一个单结，然后剪断缝尾。一些术者更愿意在外科结上再加一个方结

图18.110 准备进行第2道环形结扎

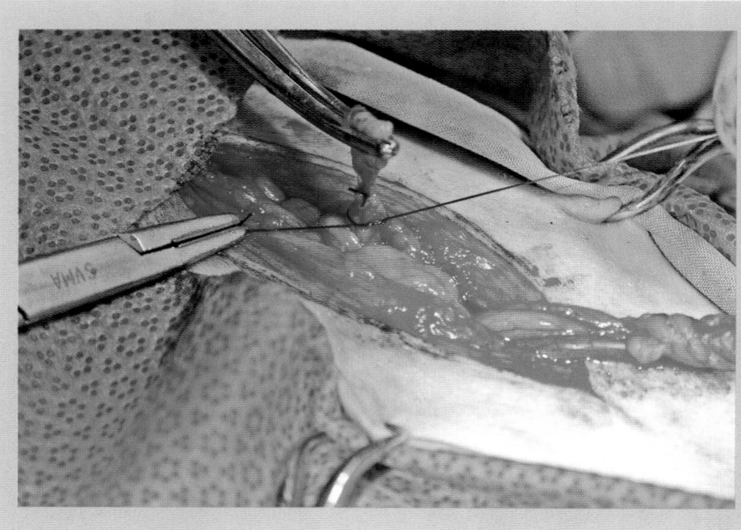

图18.111 在第1道贯穿结扎处的近心端进行环形结扎。图示为方结的第1环结，通常以两个方结完成环形结扎。第2道结扎要适当地靠近第1道贯穿结扎

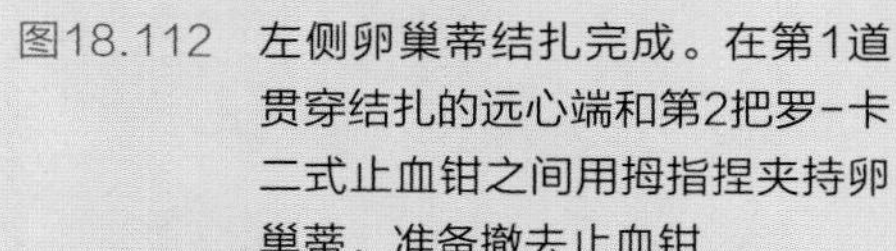

图18.112 左侧卵巢蒂结扎完成。在第1道贯穿结扎的远心端和第2把罗-卡二式止血钳之间用拇指捏夹持卵巢蒂，准备撤去止血钳

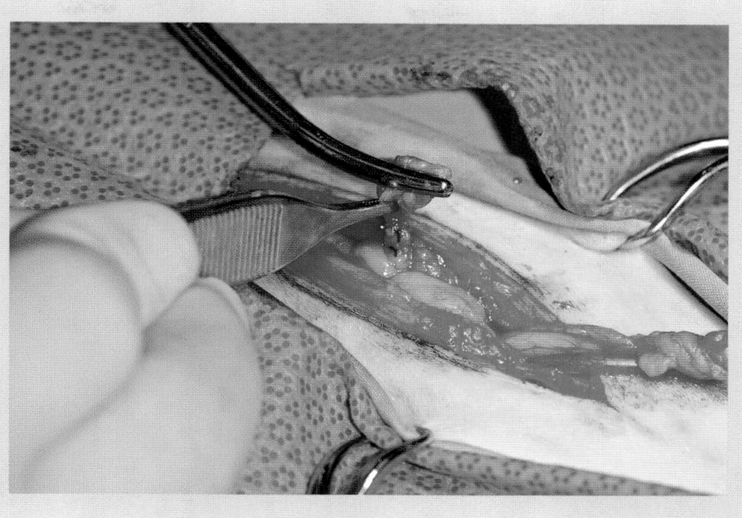

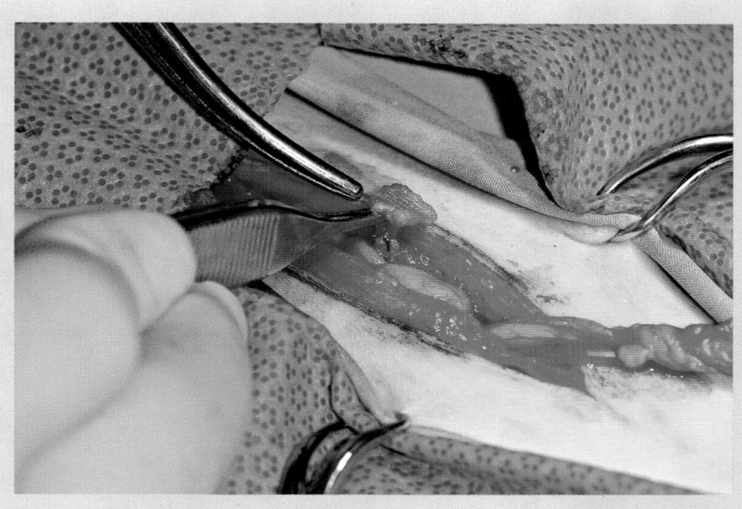

图18.113 准备松开结扎的左侧卵巢蒂。撤去罗-卡二式止血钳，这样可以用拇指镊将卵巢蒂轻轻地还纳腹腔

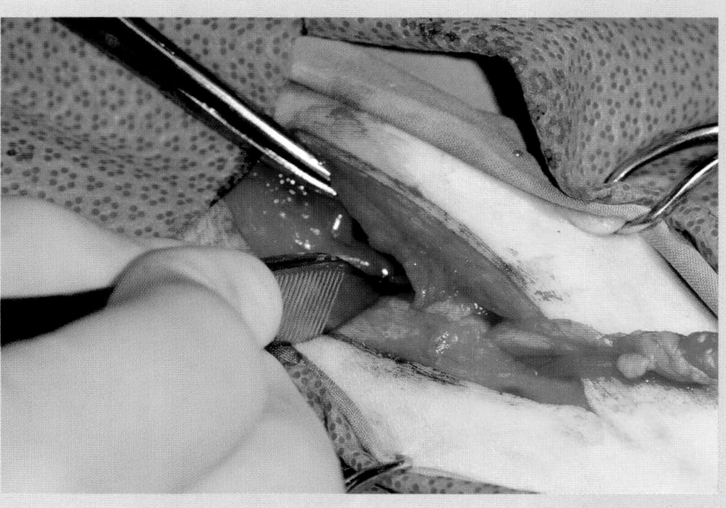

图18.114 将结扎的左侧卵巢蒂还纳腹腔。用拇指镊轻轻地还纳卵巢蒂至腹腔，在确定结扎处无出血前，不能松开拇指镊

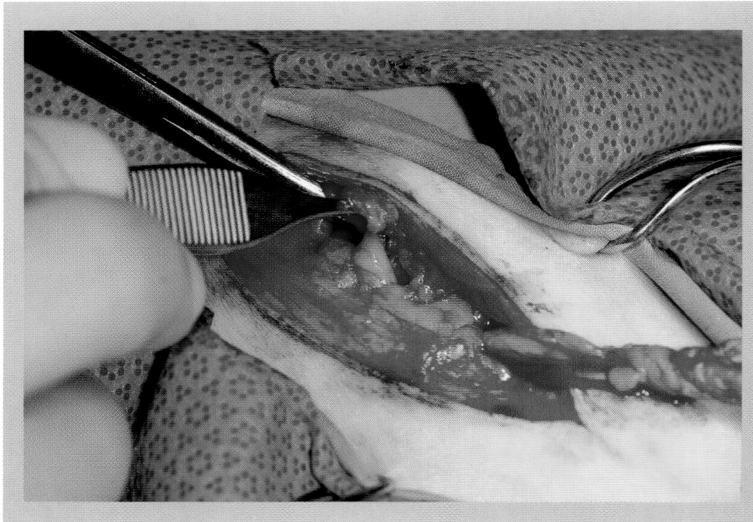

图18.115 在最终将左侧卵巢蒂还纳腹腔前，检查结扎是否牢固。将卵巢蒂轻轻地放回腹腔内，不要松开拇指镊，然后再牵出卵巢蒂以检查其完整性。当用镊子夹住卵巢蒂往腹外牵拉时，在卵巢蒂上产生的张力可延展血管（进而缩小管径）起到控制出血的作用。将卵巢蒂还纳腹腔后，松开镊子，此时张力消失使血管充血。若此时结扎的线结松脱则可能发生出血。如果这一张力消失后未见卵巢蒂出血，则可在将其放回腹腔后松开镊子

可观察张力消失后是否会引起出血（图18.114和图18.115）。某些情况下，牵引卵巢蒂时的上提张力可以抑制出血，而张力减小后会再次出血。若有可见出血，需对卵巢蒂进行重新结扎。如果结扎确实且无明显出血，则将残端小心地送还腹腔。确保松开镊子前卵巢蒂已缓慢回缩至腹腔内。若在结扎的操作过程中出现卵巢蒂滑脱，则要根据局部解剖定位找到残端。需将降结肠（左侧）或降十二指肠（右侧）拨向内侧，在肾脏的尾侧找到卵巢蒂，然后用镊子将其夹住。通常可能需要扩大腹壁切口以充分显露卵巢蒂。在分离出卵巢蒂前不能使用挤压钳以免伤及输尿管。

顺着左侧子宫角到子宫体方向定位到右侧子宫角，然后找到右侧卵巢（探钩仅在牵拉一侧卵巢时使用。若探查侧卵巢时仍使用探钩，则易导致膀胱与生殖道发生交缠）。若已将左侧的阔韧带和圆韧带撕断，则可向尾侧牵拉左侧卵巢显露子宫体，此时也很容易由左向右找到右侧子宫角（图18.116和图18.117）。对于体型较小的动物，可能需要用镊子夹持右侧子宫角（图18.118），并顺向找到卵巢（图18.119和图18.120）。确定右侧卵巢的位置后，按照摘除左侧卵巢的方法进行操作：钳夹固有韧带（图18.121）、撕断悬吊韧带、卵巢系膜开孔、放置3把止血钳、切除卵巢、撕断阔韧带和圆韧带、贯穿结扎卵巢蒂并将残端还纳腹腔（图18.56至图18.115）。将右侧卵巢蒂残端还纳腹腔后，向尾侧牵拉卵巢和子宫角（图18.122和图18.123），然后结扎子宫体，也可以将子宫角向头外侧牵拉后结扎子宫体。缺乏手术助手时，建议使用前一种操作。此处为了更好地对操作过程进行说明，故以后一种方法为示例（图18.124至图18.155）。

可以单独结扎子宫动/静脉，也可以与子宫体一并贯穿结扎。若子宫动脉很粗，建议单独进行结扎。大型犬的子宫动/静脉可以用带针丝线进行结扎，先在邻近子宫血管的部位穿透子宫壁，然后再行“领结样”结扎，结扎后的线结将紧贴在子宫壁上。如果子宫较细，可环结扎血管而无需单独结扎。大多数中小型犬，尤其未发情的动物，无需对其子宫血管进行单独结扎，而可以使用本章介绍的单纯子宫体贯穿结扎法。将针向前扎透子宫体进行贯穿结扎（图18.125至图

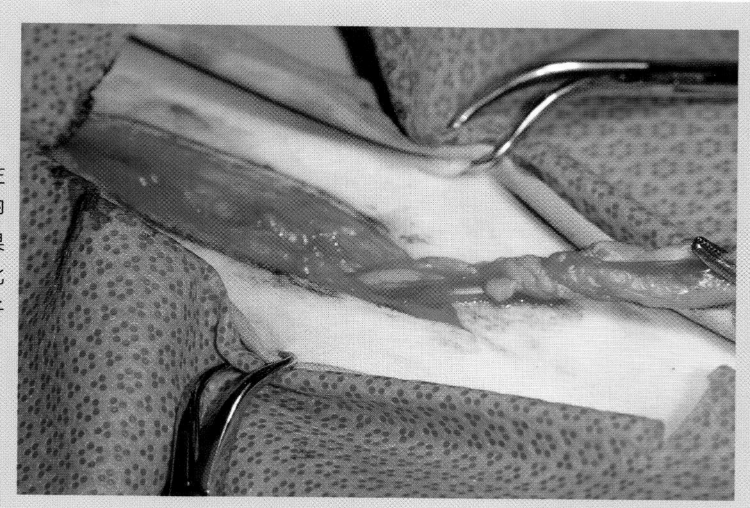

图18.116 准备找到右侧子宫角。放回左侧卵巢蒂后，向尾侧牵拉左侧卵巢和子宫角以显露子宫体。如果尚未去除阔韧带和圆韧带，则此时必须将二者去除以便于牵出子宫体

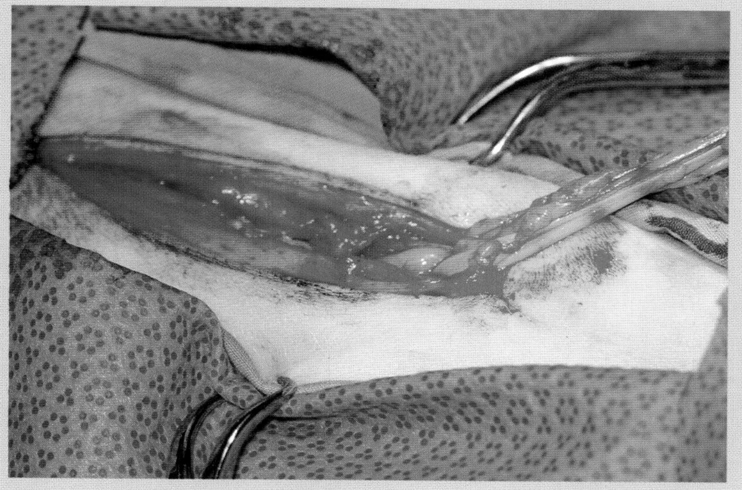

图18.117 将子宫体和右侧子宫角牵出腹外。向尾侧牵拉左侧卵巢和子宫角，将子 宫体推向切口尾侧

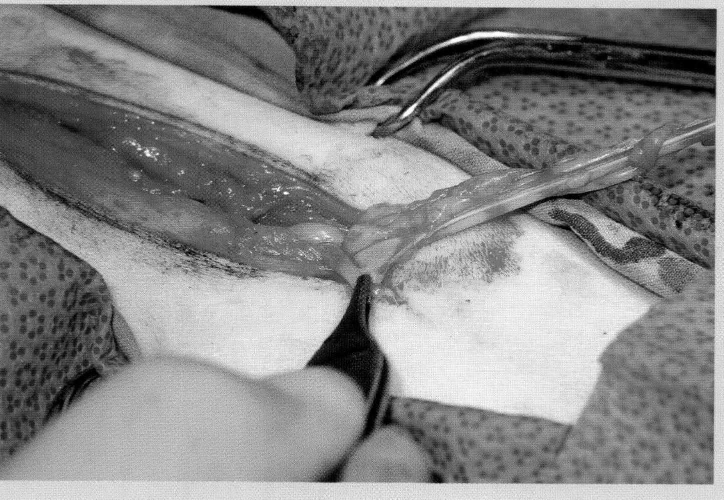

图18.118 暴露右侧子宫角。向尾侧牵拉左侧子宫角时，顺着子宫体找到右侧的子宫角。对于体型较小的动物，首先夹住右侧子宫角与子宫体的结合部可能会有助于找到右侧子宫角

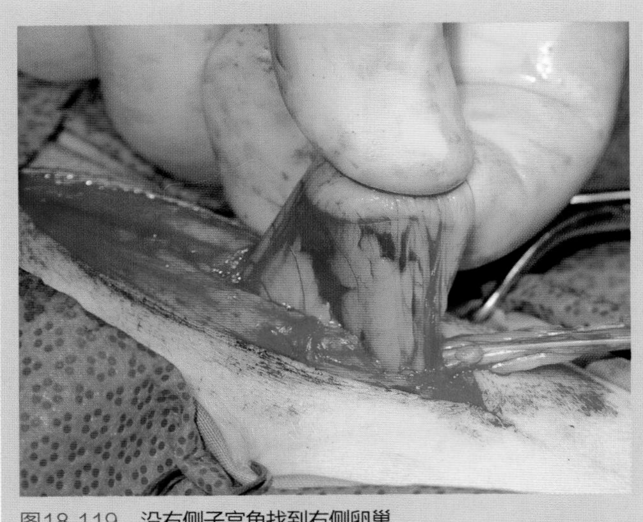
图18.119　沿右侧子宫角找到右侧卵巢

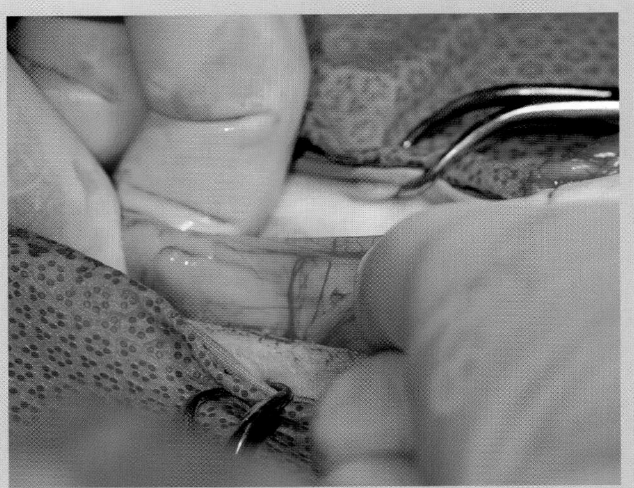
图18.120　牵出右侧卵巢

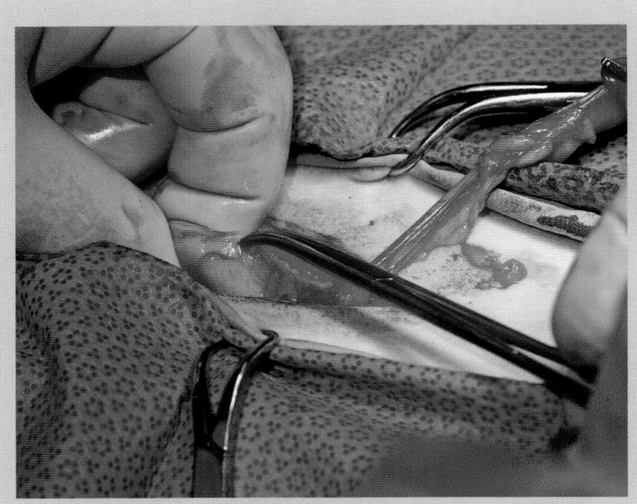
图18.121　在右侧固有韧带上放置蚊式止血钳

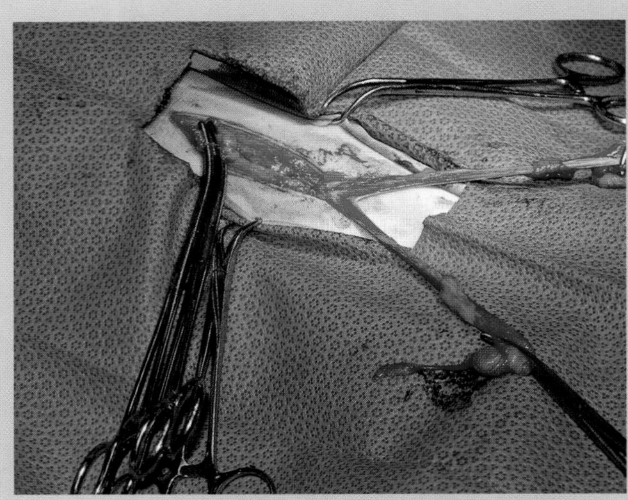
图18.122　在结扎右侧卵巢蒂前，将右侧卵巢和子宫角向尾侧牵拉。用手剥离并撕裂阔韧带和圆韧带以便于将右侧卵巢和子宫角移向尾侧，准备牵出和结扎子宫体。此图显示右侧卵巢蒂将已被结扎并还纳回腹腔

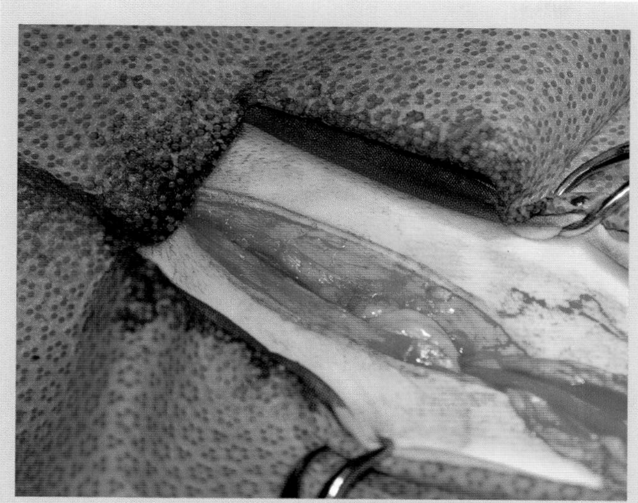

图18.123 卵巢蒂结扎完成。两侧卵巢蒂均已还纳腹腔，同时向尾侧牵拉子宫体

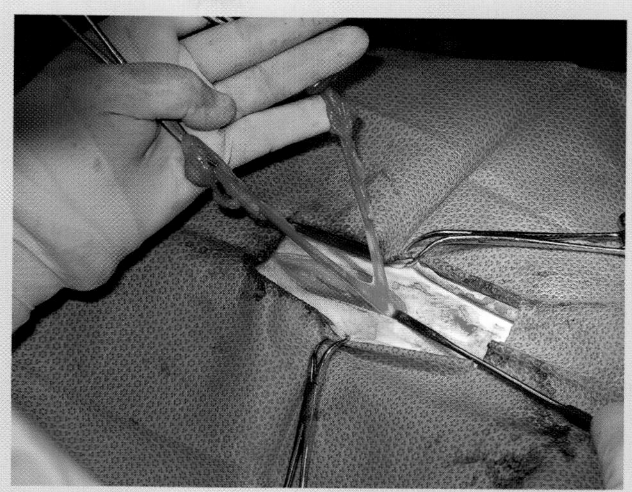

图18.124 准备结扎子宫体。若操作时缺少助手，则术者可以在向后牵拉子宫时对子宫血管和子宫体进行结扎（为了图示说明，在此病例中，术者将子宫向头侧上提准备结扎子宫体）

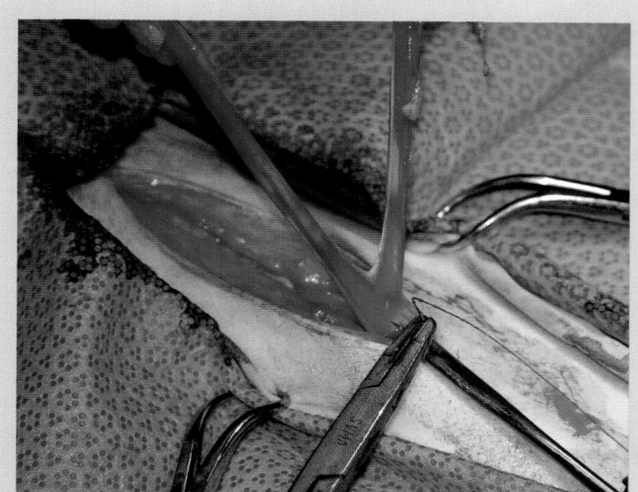

图18.125 子宫体上贯穿缝合的定位。缝针指向子宫颈和子宫分叉之间子宫体的中部。此病例中用3-0号Polyglactin 910（聚羟基乙酸和聚乳酸共聚物纤维）进行贯穿缝合

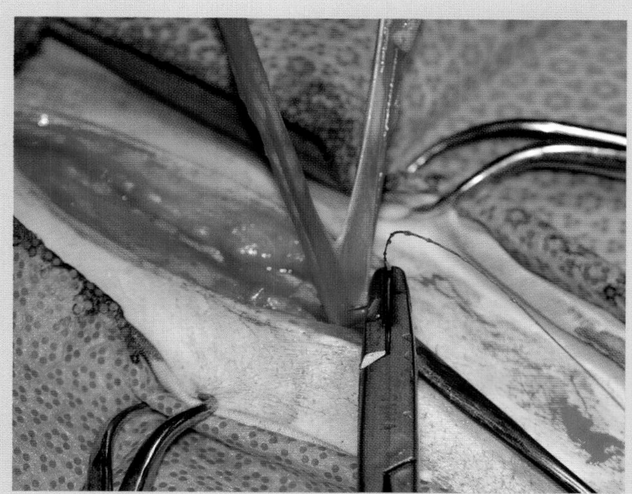

图18.126 将缝针从子宫体中部贯穿

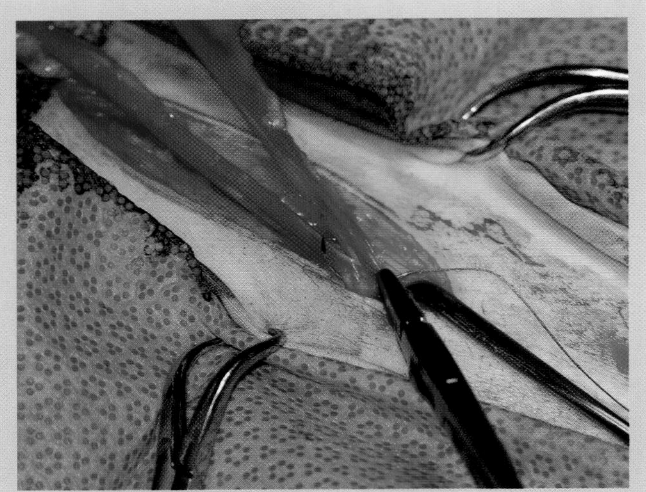
图18.127　将贯穿后的缝针环绕至子宫体的右侧

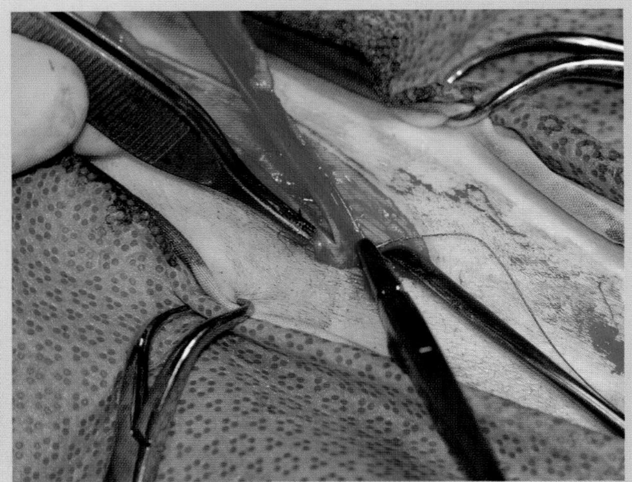
图18.128　用布朗-阿德森拇指镊夹住贯穿缝针

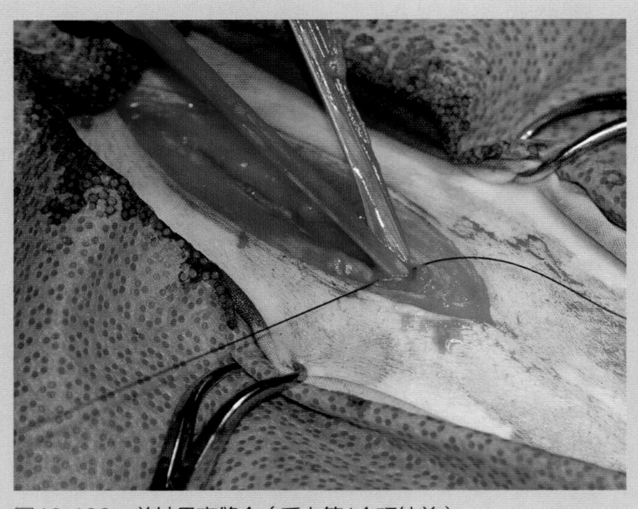
图18.129　首针贯穿缝合（系上第1个环结前）

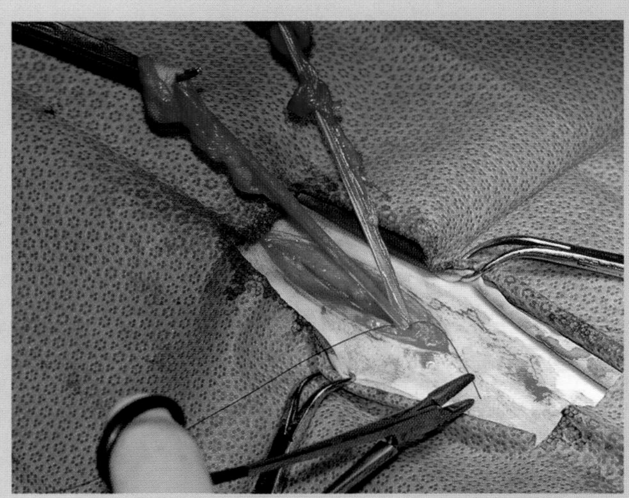
图18.130　准备在子宫体上系贯穿缝合的第1个环结

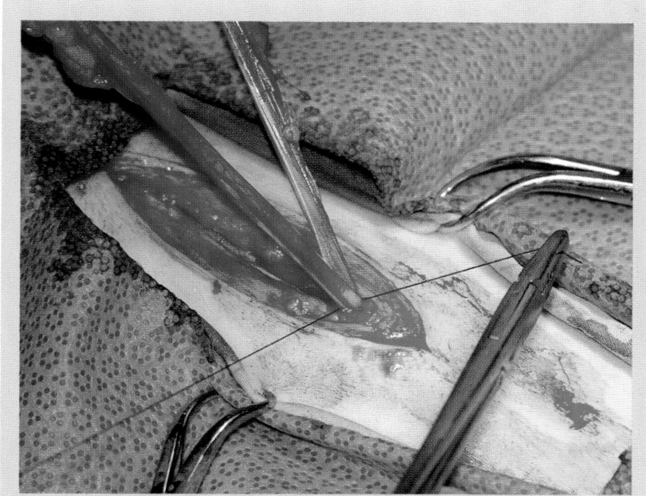

图18.131　在系第1个环结前，缩短贯穿缝线的游离线尾

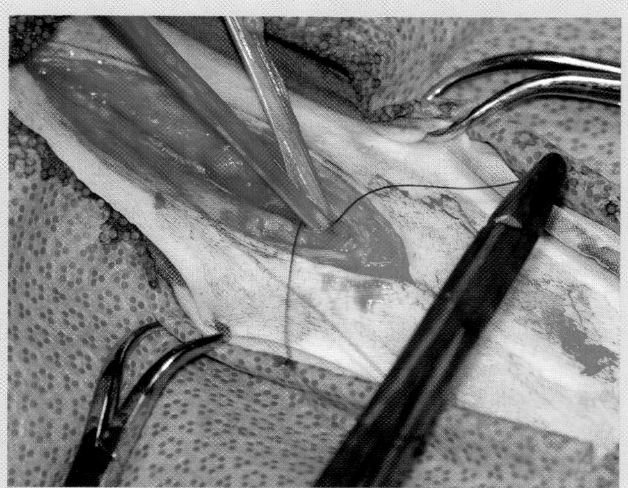

图18.132　在子宫体上系贯穿缝合的第1个环结（半方结）

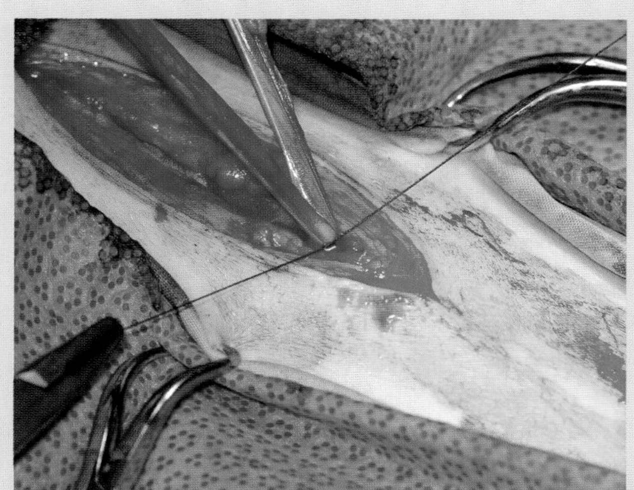

图18.133　在子宫体的右侧收紧单环线结（半方结）

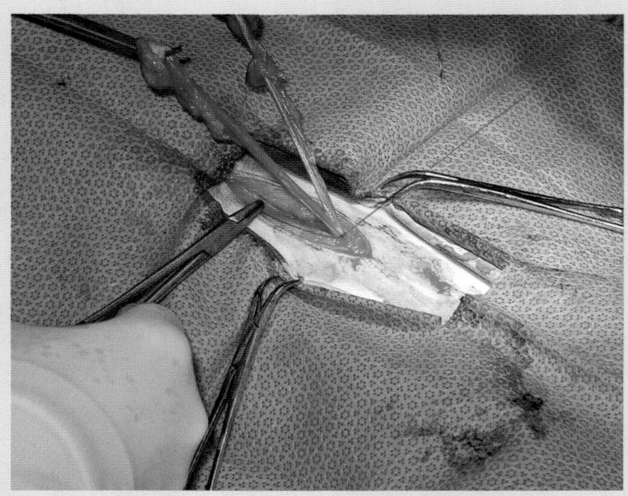

图18.134　在子宫体的右侧系紧单环线结后，准备将贯穿结扎游离的线尾环绕过子宫体

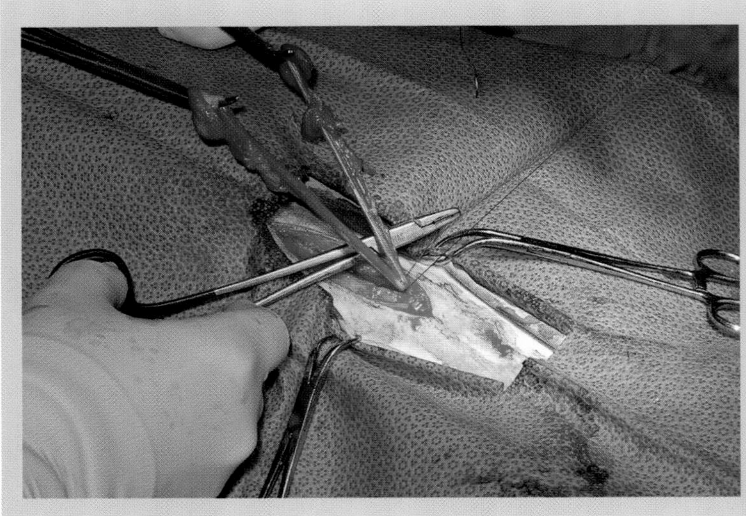

图18.135　在收紧子宫体右侧单一线结后，将贯穿结扎后游离的线尾环绕过子宫体

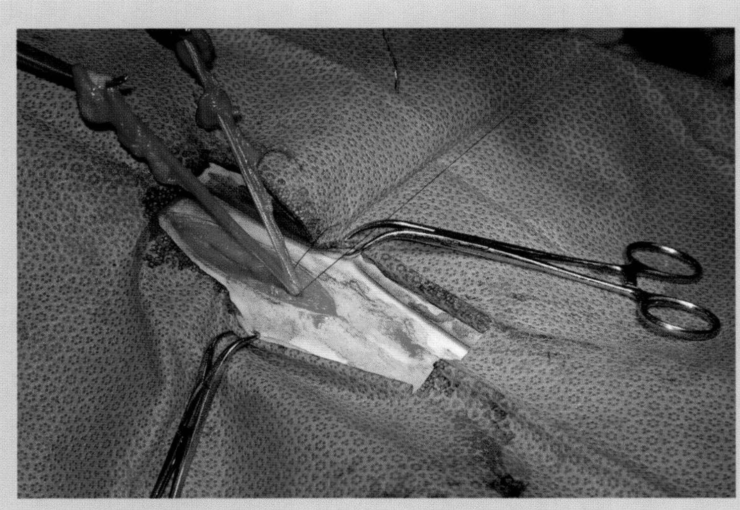

图18.136　贯穿缝合后的两根缝线位于子宫体左侧，准备打结

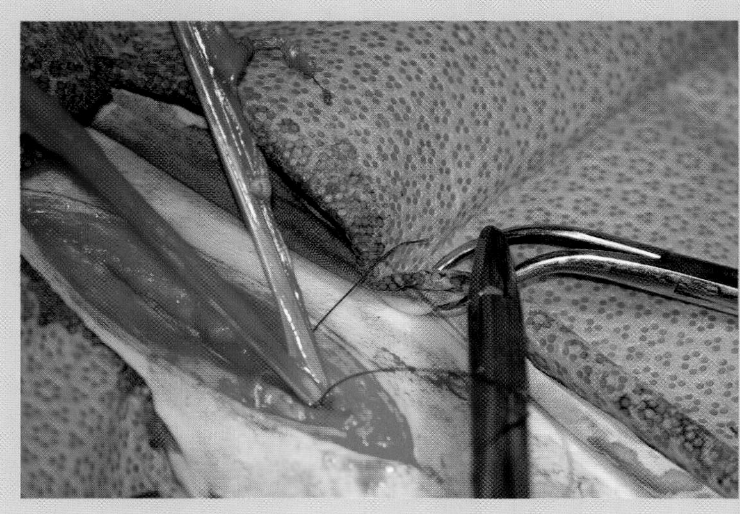

图18.137　在子宫体左侧系上第1个外科线结

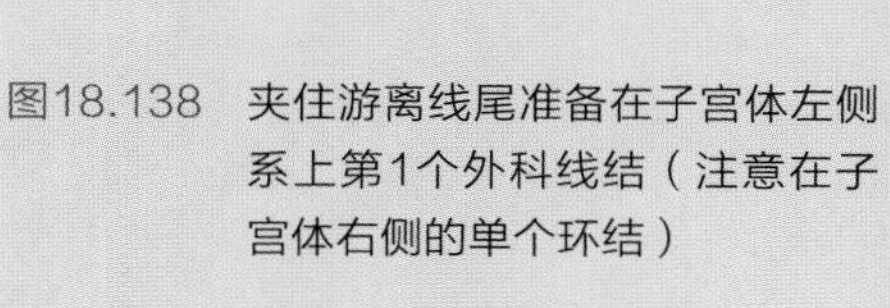

图18.138　夹住游离线尾准备在子宫体左侧系上第1个外科线结（注意在子宫体右侧的单个环结）

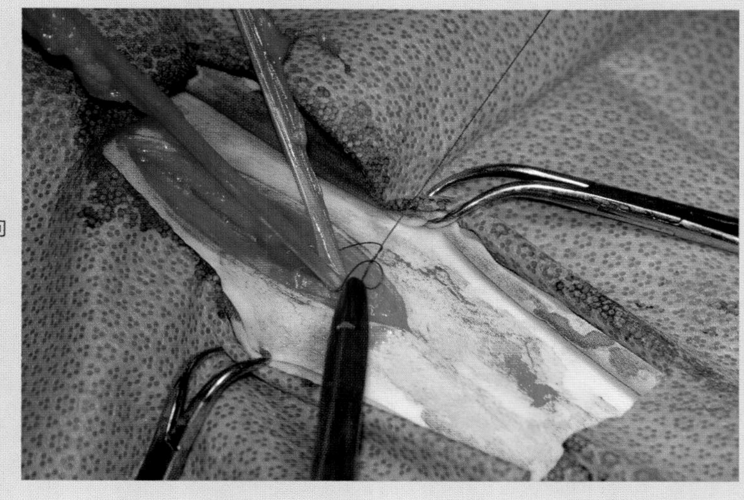

图18.139　继续系外科线结。将游离线尾向右侧拉紧

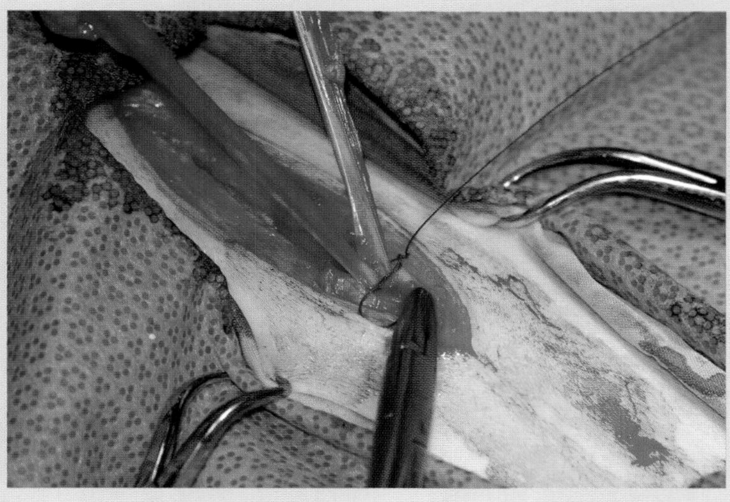

图18.140　继续在子宫体上系外科线结

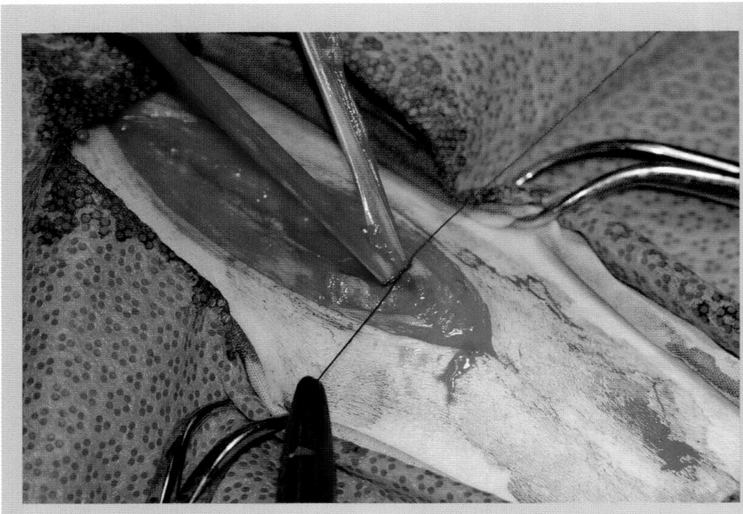

图18.141　定位子宫体上的外科线结

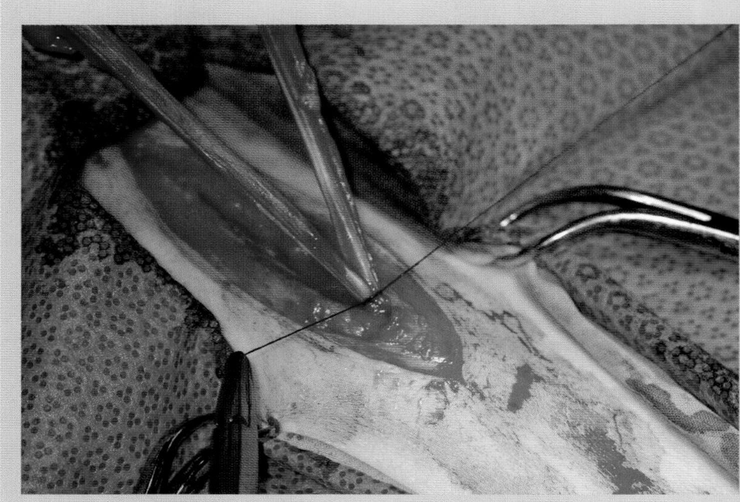

图18.142　收紧子宫体上的外科线结

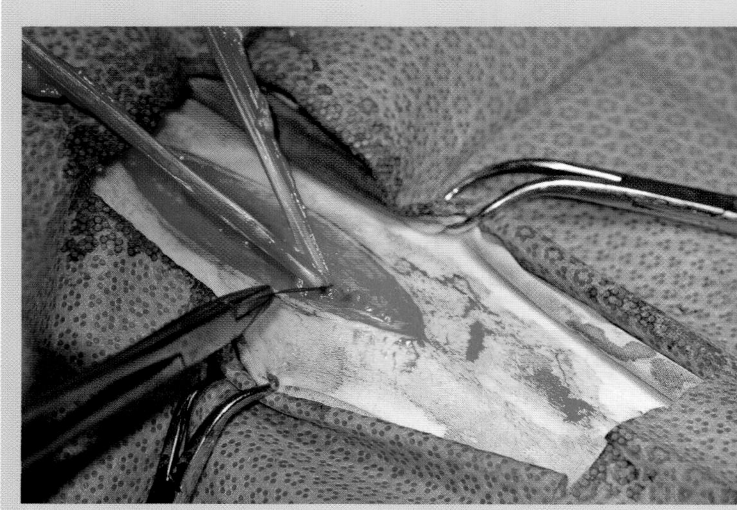

图18.143　准备剪断贯穿结扎后的线尾，然后再系上一个方结

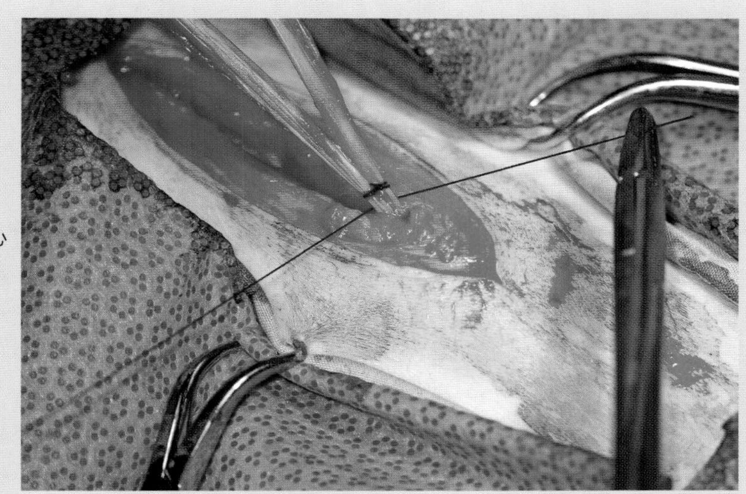

图18.144　准备在靠近子宫体贯穿缝合的近心端（尾侧）进行环形结扎（方结）

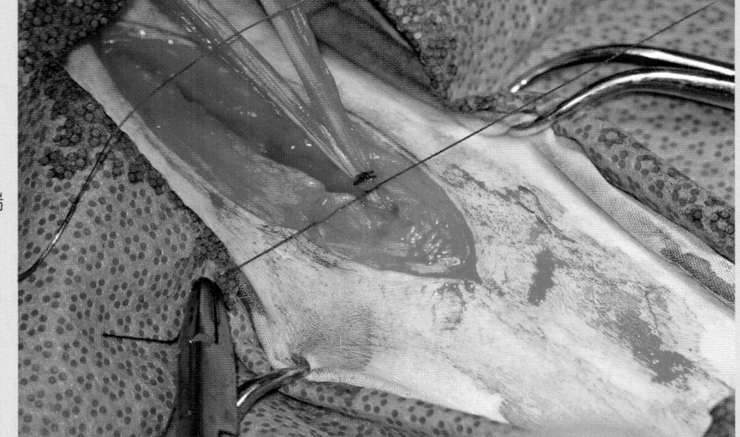

图18.145　在靠近子宫体贯穿缝合的近心端（尾侧）收紧方结的第1个环结

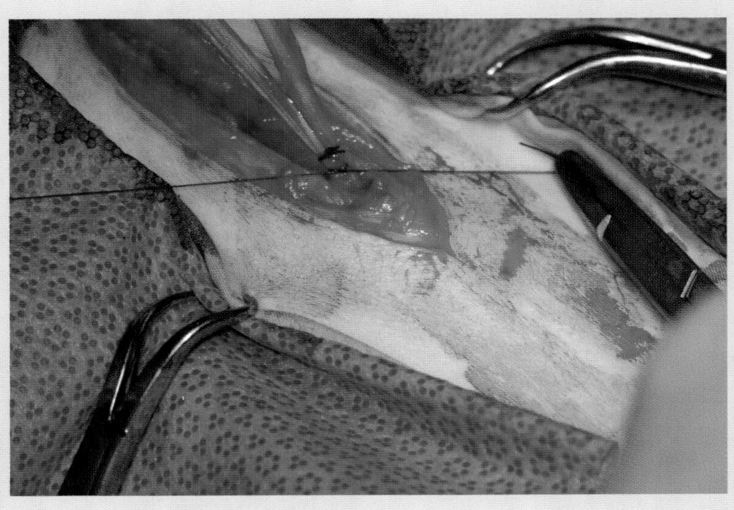

图18.146　在靠近子宫体贯穿缝合的近心端（尾侧）完成方结

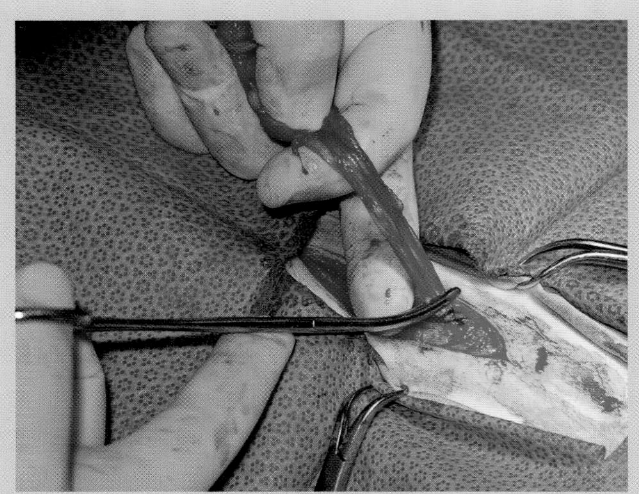

图18.147　在子宫的预定切断部位放置罗-卡二式止血钳。在紧靠贯穿缝合的部位放置止血钳，轻微咬合后远离贯穿缝合位点移行，将血液排挤开

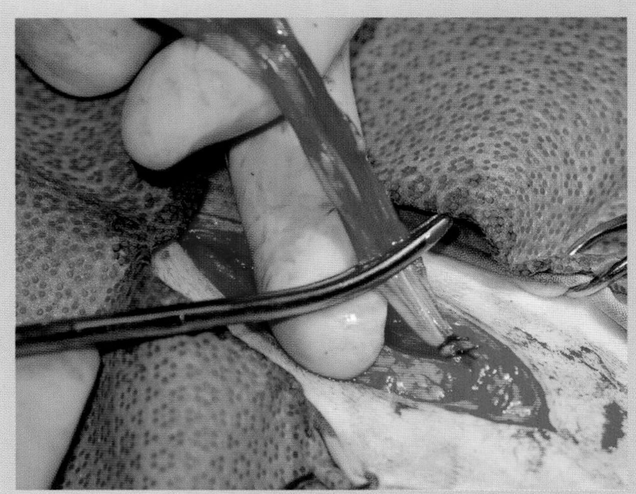

图18.148　将罗-卡二式止血钳固定在子宫上。注意子宫预定切断位点呈苍白色

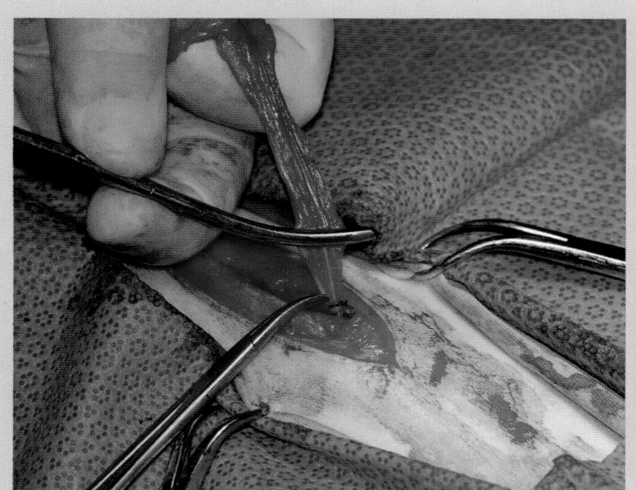

图18.149　切断子宫体前，在预定的子宫残端边缘放置蚊式止血钳。这个操作可以避免切断子宫后，残端退缩回腹腔

图18.150　在子宫体右侧边缘紧邻蚊式止血钳的远心端（前侧）切断子宫体

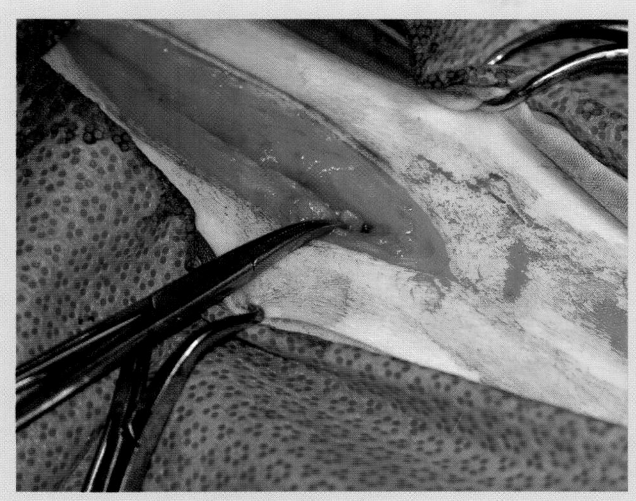
图18.151　摘除子宫角和卵巢后，蚊式止血钳仍夹在子宫残端上

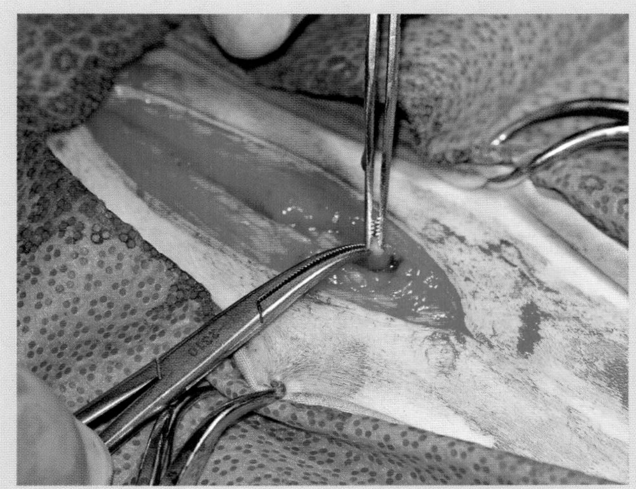
图18.152　撤去蚊式止血钳的同时用布朗-阿德森拇指捏夹住子宫残端

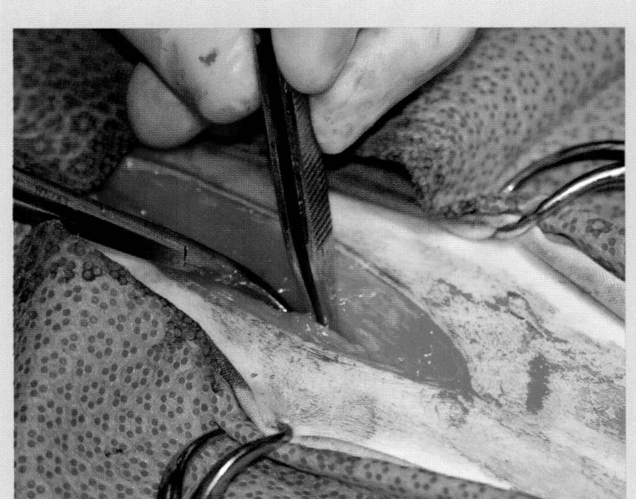
图18.153　将子宫残端送回腹腔，释放残端上的张力以及检查结扎是否确实

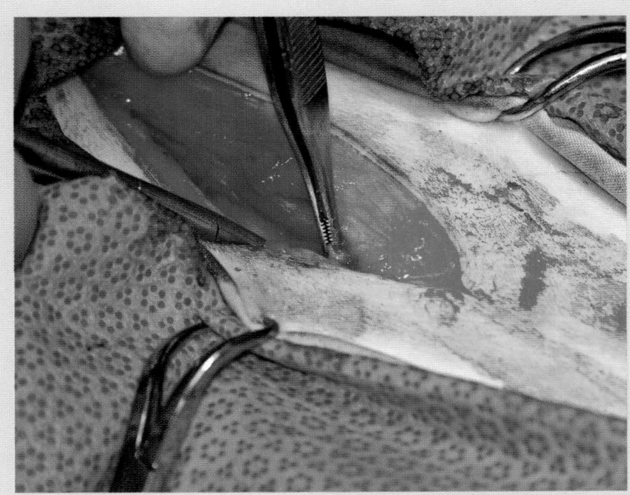
图18.154　检查子宫残端保证结扎确实且无出血现象。用蚊式止血钳牵开右侧腹壁显露子宫残端

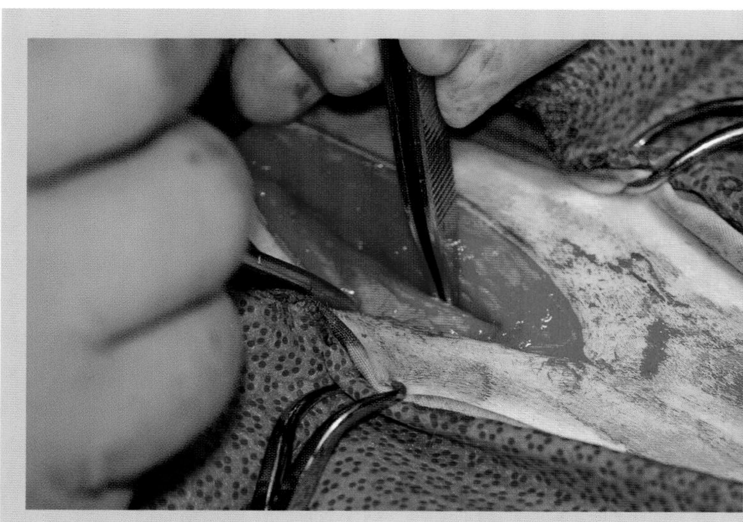
图18.155　最终将子宫残端还纳腹腔

18.129），此时无需将针再折反穿透子宫体，因为子宫血管及其分支很易。系上半方结（图18.130至图18.133），然后环绕到子宫体对侧（图18.134至图18.136）系上外科结（图18.137至图18.143）。在贯穿结扎处的邻近位置可以进行第2道（环形）结扎（图18.144至图18.146）。之后在子宫贯穿结扎处的远端（头侧）放置罗-卡二式止血钳（图18.147至图18.148）用来阻断子宫切断时的反流性出血。在子宫的预切口线边缘放置蚊氏止血钳（图18.149），使切断后的子宫残端不会过早地缩回腹腔内。然后在贯穿结扎与罗-卡二式止血钳之间的位置切断子宫，完成子宫和卵巢的摘除（图18.150至图18.151）。用镊子夹住子宫残端（图18.152）并撤除蚊式止血钳（图18.153），在松开残端前检查出血情况（图18.154至图18.155）。

将子宫残端还纳腹腔并确认无出血迹象后，即刻开始闭合腹腔。为确保腹壁不会裂开，必须闭合腹外直肌鞘。正确地闭合时需要充分显露腹外直肌鞘（图18.156）。如果起初能正确地打开手术通路，则可以很清楚地显露腹外直肌鞘。若由于各种原因无法显露腹外直肌鞘，则需要分离或切除部分皮下组织（注意：此时切开或额外切除组织可造成更多的组织损伤和形成死腔。因此，为了能更好地闭合腹腔，最好能正确地打开手术通路，且在切透腹壁前充分地显露腹白线）。用长效合成可吸收缝线简单连续缝合腹外直肌鞘（图18.157至图18.166）。缝线的型号需根据动物的体型进行选择。大型犬通常用0号缝线，中型犬用2-0号缝线，小型犬和猫用3-0号缝线。在连续缝合后系3个方结（6个线环）。通常距离切口边缘5mm的位置入针，针距约5mm。有时大型犬的入针点和针距可以更远一些，而入针点距离切口边缘小于5mm则更容易导致创口边缘缺血。

在完成腹外直肌鞘的闭合后，可以用短效合成的可吸收线简单连续缝合皮下组织，最后将线结埋入切口末端。根据动物的体型选择缝线型号，大型犬通常用2-0号缝线；中型犬用3-0号缝线；小型犬和猫用4-0号缝线。在皮肤缝合时，一些外科医生更喜欢通过严密地缝合使皮肤完全对合；而其他医生则倾向于用真皮内缝合（也称表皮下缝合）技术进行皮肤的闭合。本章描述的是用表皮下缝合的方法进行皮肤边缘的对合，而皮肤缝线仅起到支持作用而不是为了对合皮肤边缘（图18.167至图18.210）。如果表皮下缝合操作细

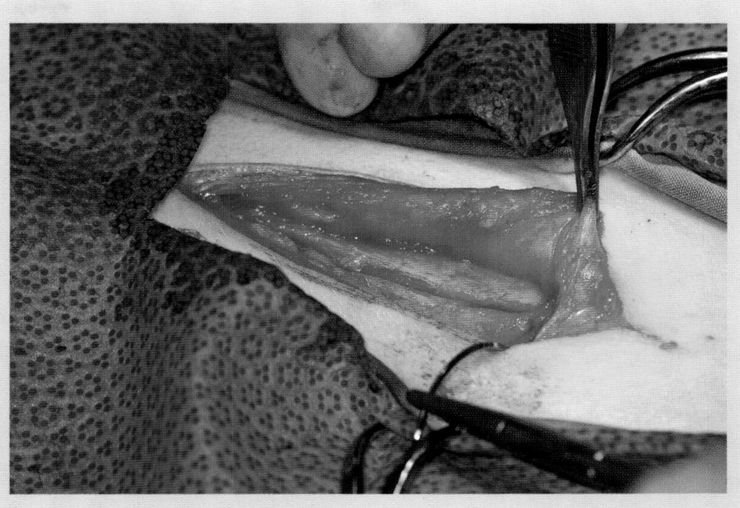

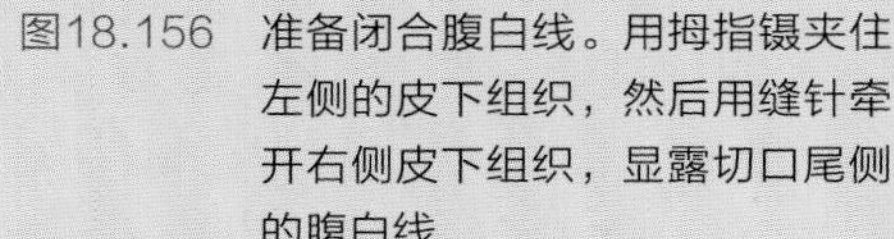

图18.156 准备闭合腹白线。用拇指镊夹住左侧的皮下组织，然后用缝针牵开右侧皮下组织，显露切口尾侧的腹白线

图18.157 开始闭合腹白线。在切口尾侧，距离左侧切口边缘约5mm的腹白线上开始进针。此病例中使用2-0 Polydioxanone（聚二噁烷酮）缝线闭合腹白线

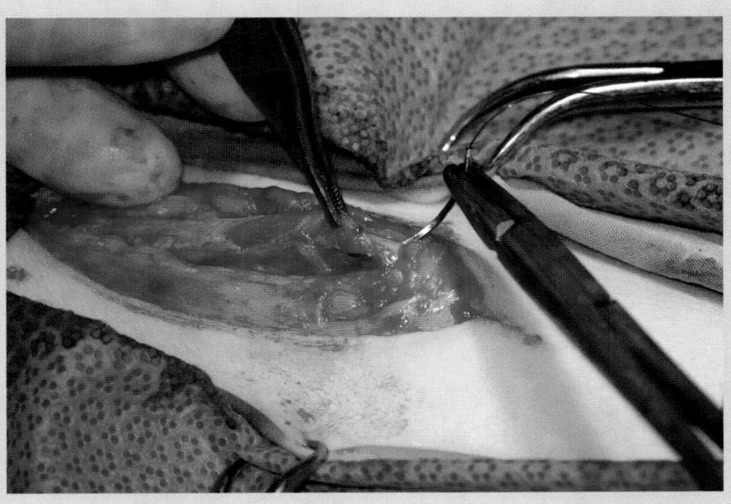

图18.158 在腹白线切口左侧边缘出针

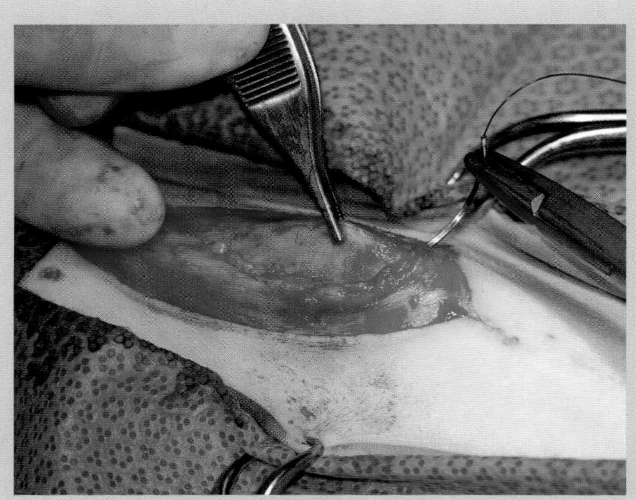
图18.159　提起腹白线的右侧边缘，靠向由左侧腹白线穿出的缝针

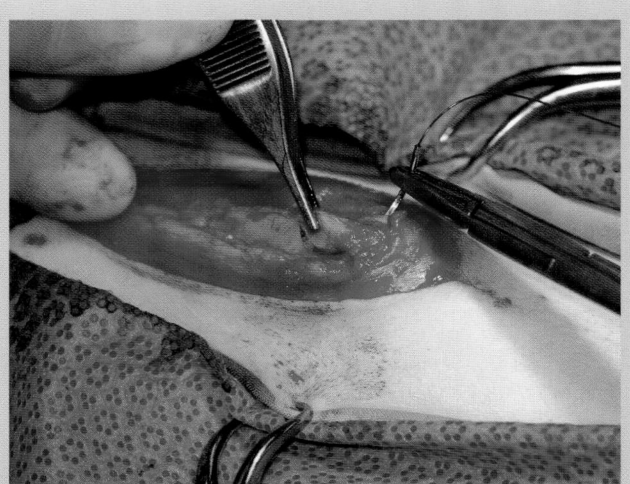
图18.160　距离腹白线切口5mm的位置刺透腹外直肌鞘

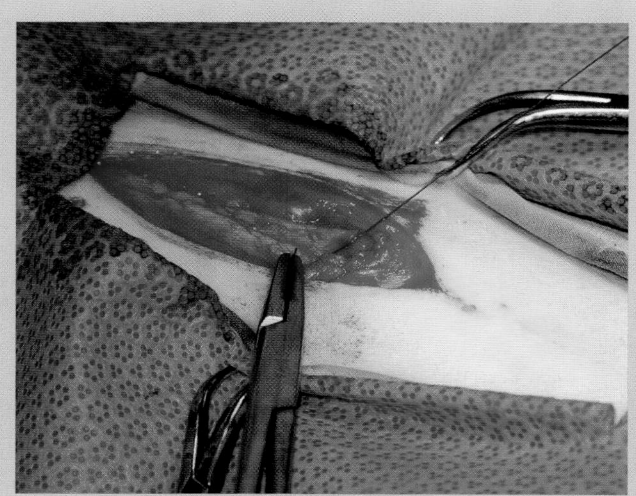
图18.161　在腹白线切口尾侧系上3个方结

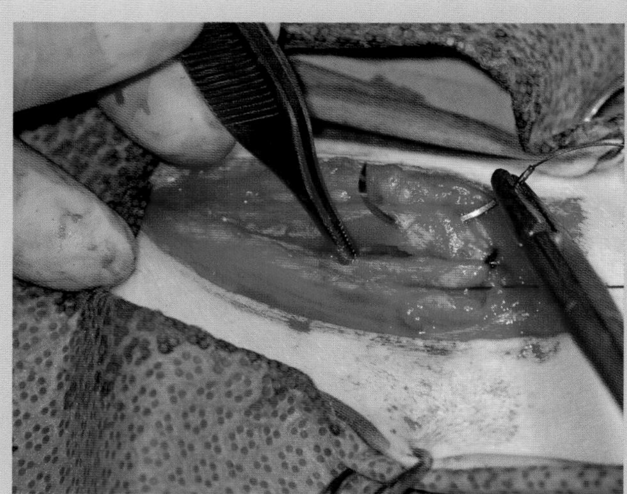
图18.162　用简单连续缝合的方式继续向前闭合腹白线。在距离左侧切口边缘约5mm的腹外直肌鞘进针和出针

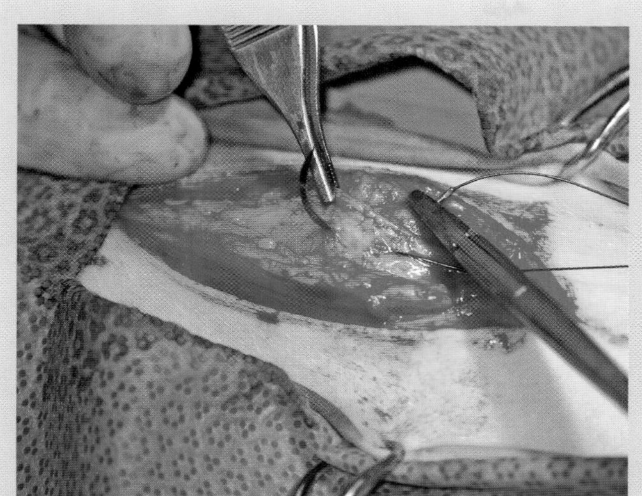
图18.163 穿透右侧腹外直肌鞘继续向前进行闭合腹白线

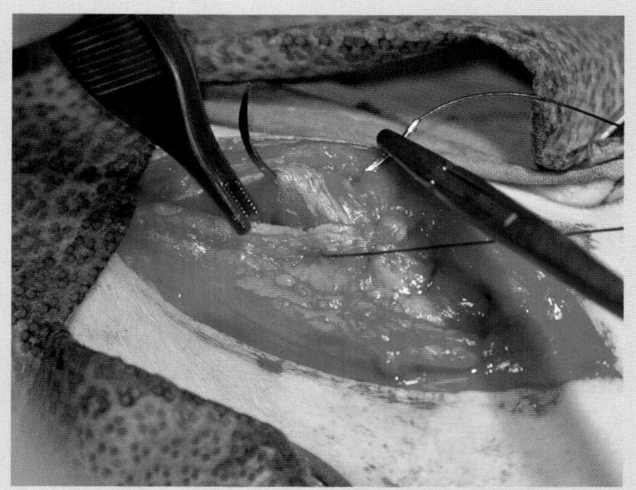
图18.164 在切口前部的左侧腹外直肌鞘进针，开始完成腹白线的闭合

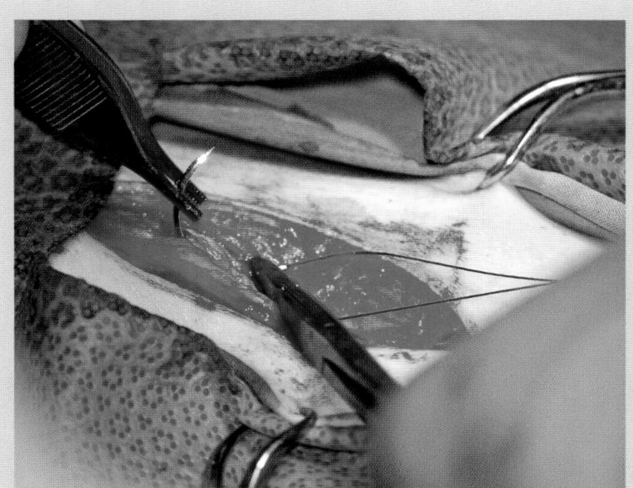
图18.165 在切口前部的右侧腹外直肌鞘进针，开始完成腹白线的闭合。下一针将保留线环用以打结

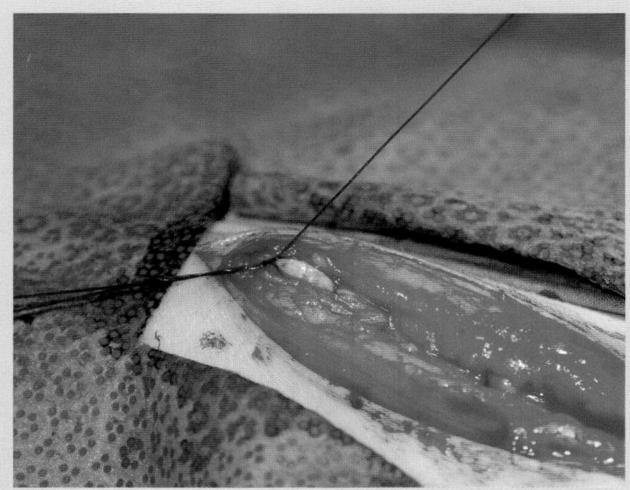
图18.166 在腹白线切口前部完成连续缝合的打结，建议系3个方结

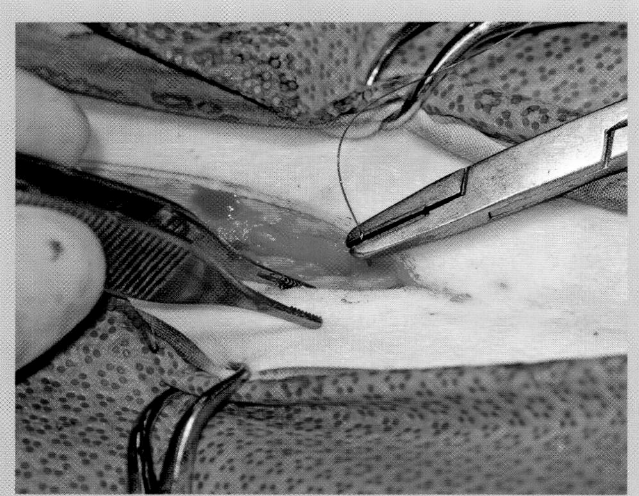

图18.167　从切口尾侧开始闭合皮下组织，将线结埋入皮下。第1针从创口左侧进针，深穿至腹直肌鞘，针尖指向右侧。在此病例中，用3-0聚卡普隆25闭合皮下组织

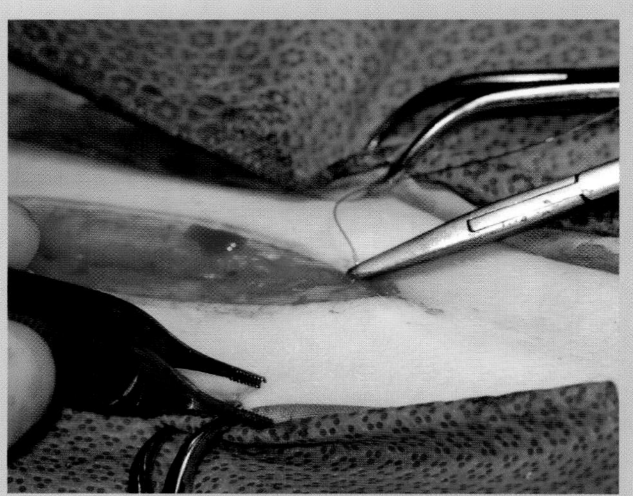

图18.168　在切口的尾侧将缝针穿过腹直肌鞘后向皮肤边缘上挑

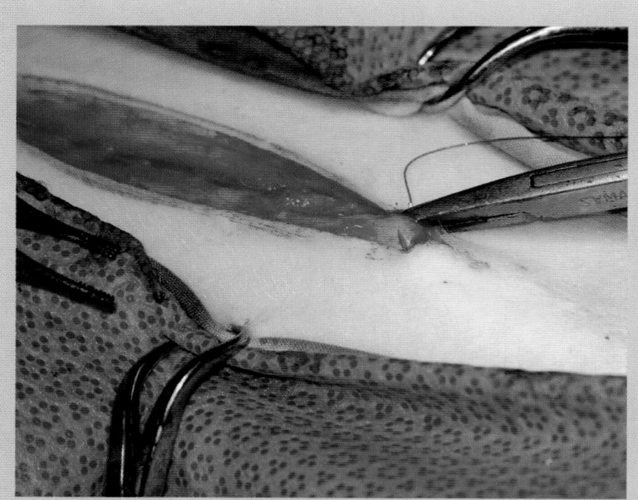

图18.169　将缝针从腹直肌鞘挑起后穿过皮下脂肪，然后从皮肤边缘出针，对合切口尾侧的真皮层

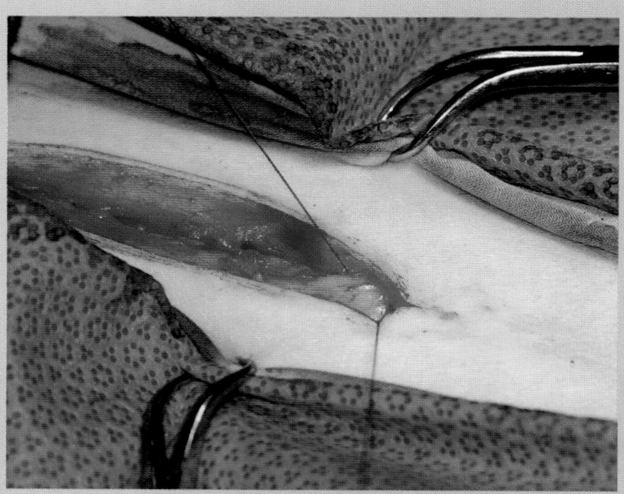

图18.170　在切口尾侧进行皮下组织的闭合。在线结埋入的过程中完成第1针缝线的穿透。缝线的带针部分向右（图片中靠下的部分），无针部分朝向左侧和头侧（图片中靠下的部分）

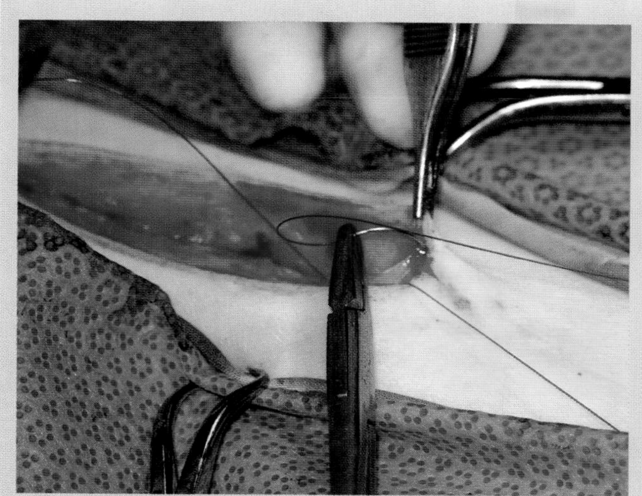

图18.171 在切口尾侧进行皮下组织的闭合。在线结埋入的过程中开始第2针缝线的穿透。从左侧皮肤边缘的真皮层进针，从对侧皮肤边缘的真皮层出针

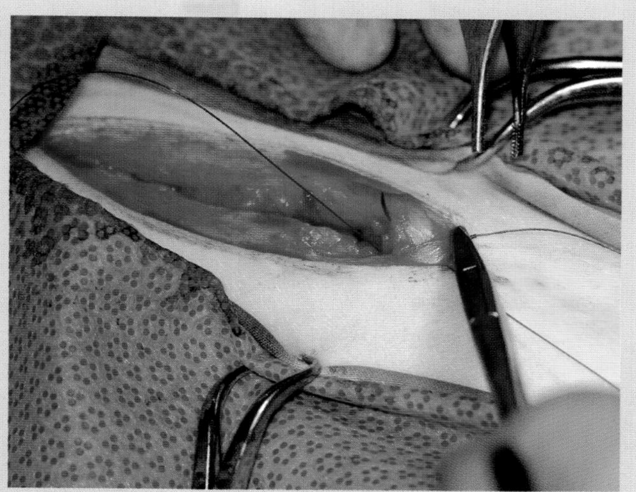

图18.172 在切口尾侧进行皮下组织的闭合。在切口的左尾侧埋入线结完成第2针缝线的穿透。缝针从深部组织穿出，然后与对侧穿过腹直肌鞘的缝线打结

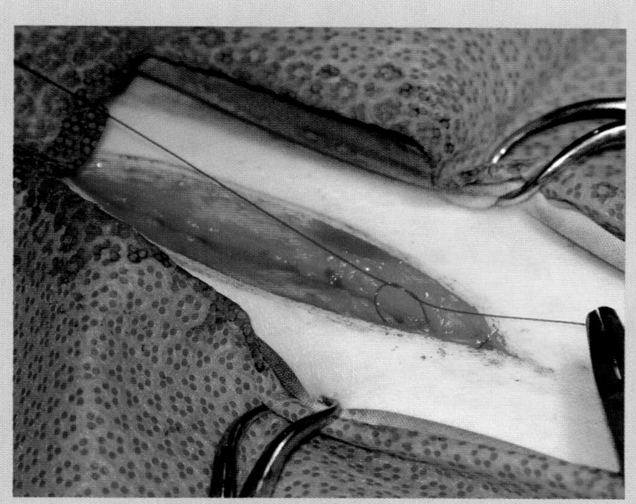

图18.173 在切口尾侧进行皮下组织的闭合。准备系上线结。首先系上方结的第1环结

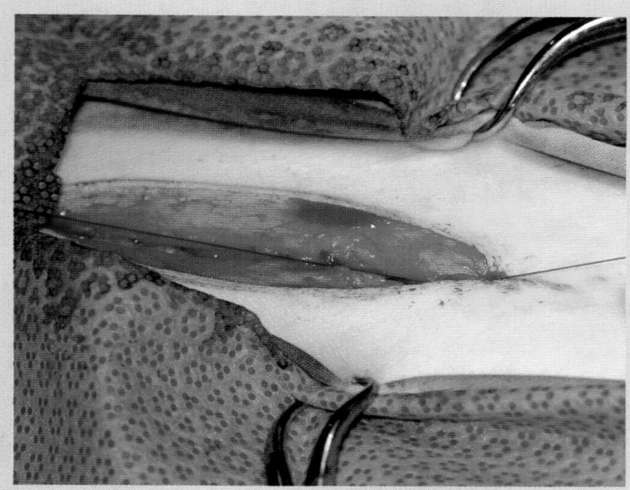

图18.174 在切口尾侧进行皮下组织的闭合。拉紧埋入线结的第1个环结。注意要平行于切口方向拉紧缝线，这样有助于将线结深埋入皮下脂肪

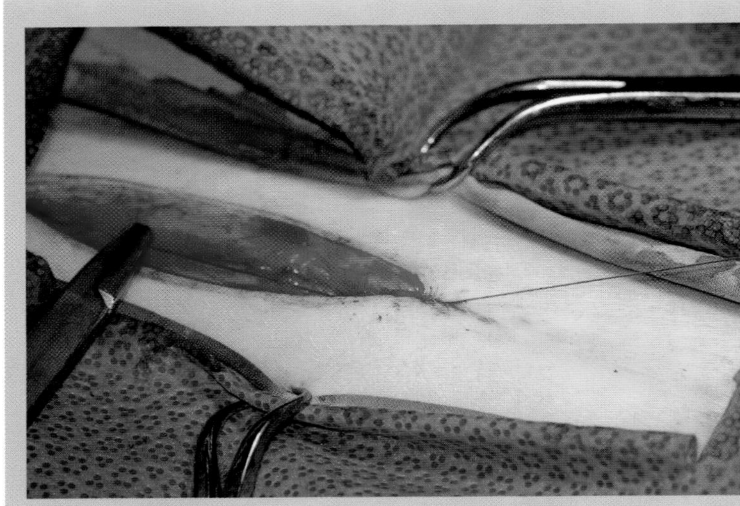

图18.175 在切口尾侧进行皮下组织的闭合。线结埋入完成。建议系上3个方结

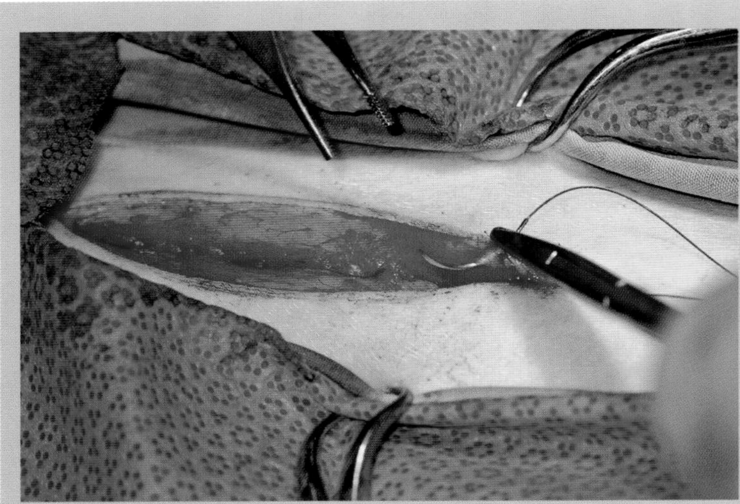

图18.176 穿透左侧皮肤边缘的真皮层继续进行皮下组织的闭合。要避开大量的皮下脂肪

图18.177 缝针穿透左侧皮肤边缘的真皮层后，准备穿入右侧的真皮层

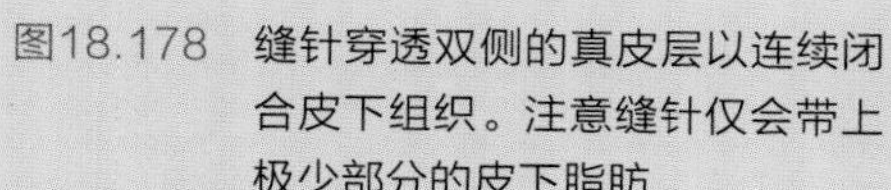

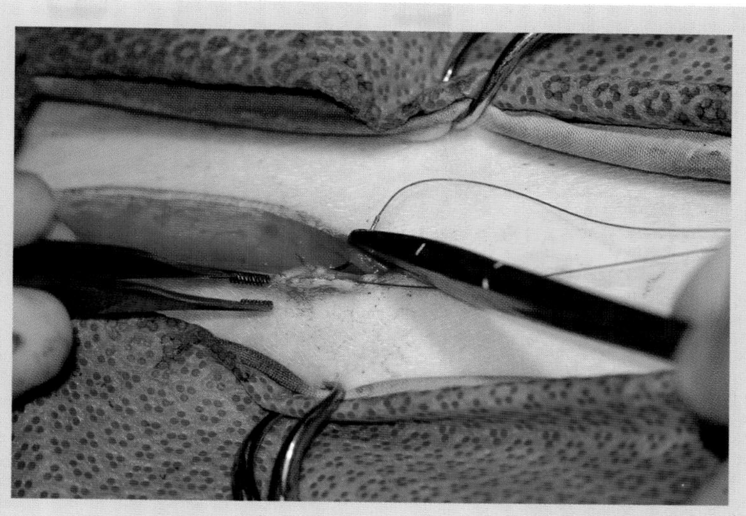

图18.178 缝针穿透双侧的真皮层以连续闭合皮下组织。注意缝针仅会带上极少部分的皮下脂肪

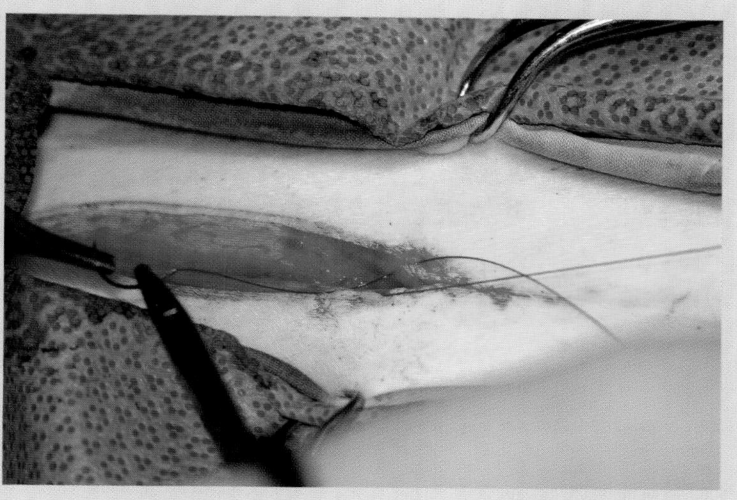

图18.179 抽拉穿透两侧真皮层的缝线。注意在切口尾侧的完成部分，可以看到此种缝合方式如何将皮肤边缘对合

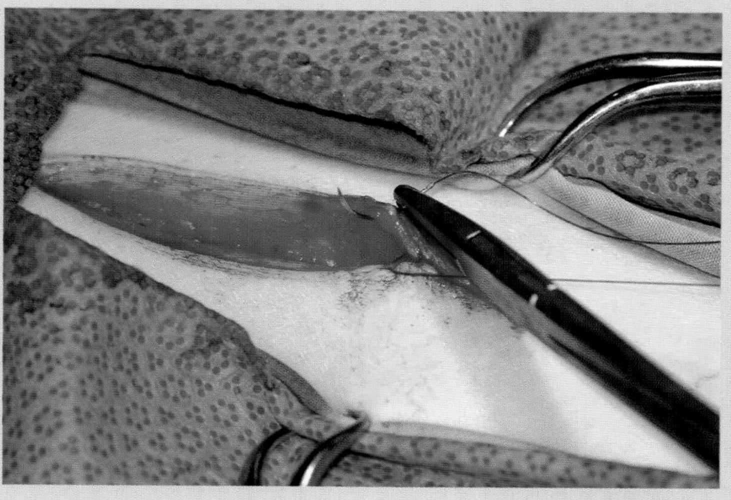

图18.180 继续穿透左侧皮肤边缘下的真皮层，并准备消除死腔

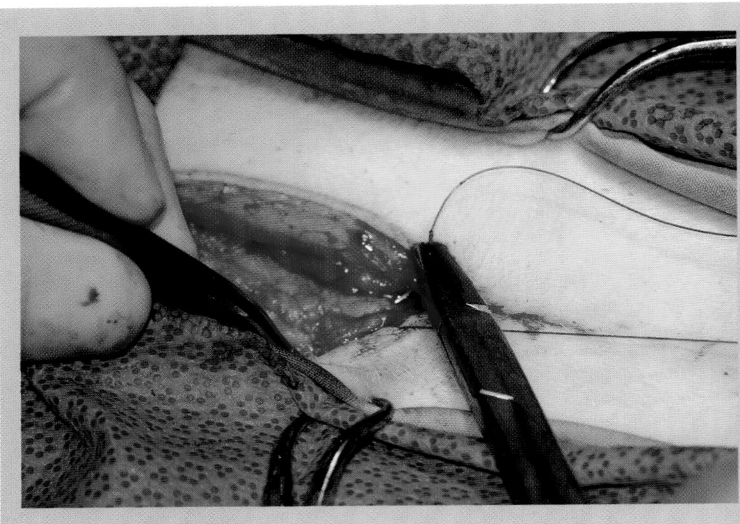

图18.181　缝针穿向右侧时要带上腹直肌鞘，这一操作约间隔3针进行一次，以便消除死腔。注意在穿带腹直肌鞘前，缝针不能穿透脂肪（仅从脂肪上跨过）

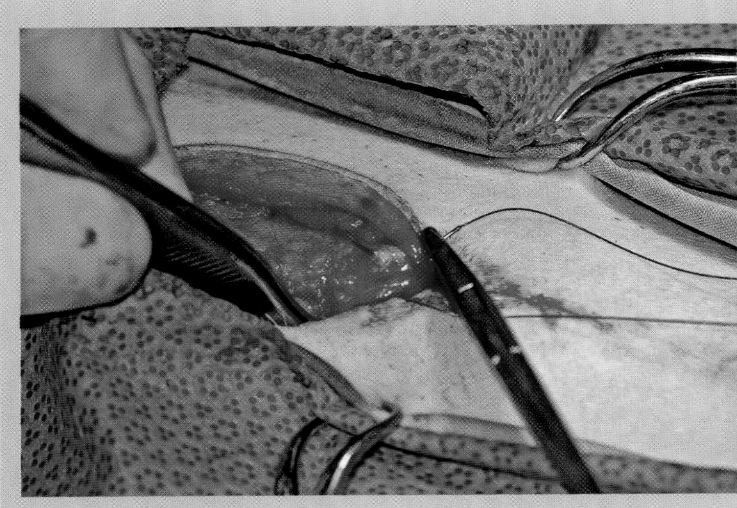

图18.182　缝针穿过左侧皮肤边缘的真皮后，从腹外直肌鞘穿出以消除死腔。缝针越过右侧皮下脂肪，在右侧皮肤边缘对合真皮层

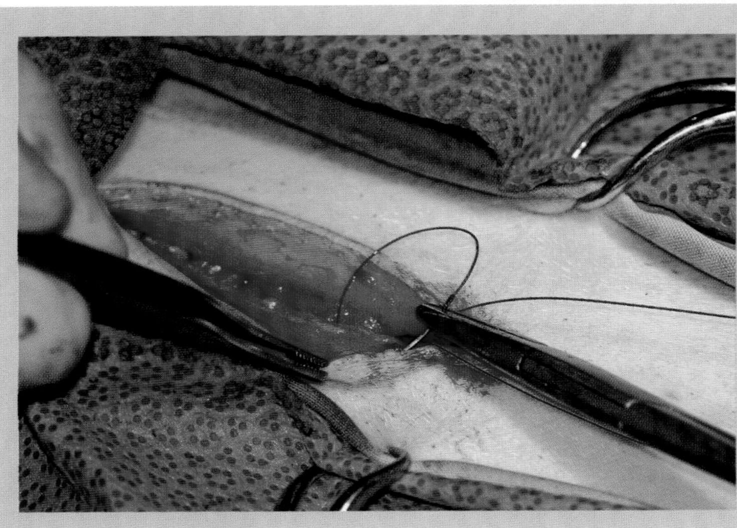

图18.183　在穿过腹外直肌鞘消除死腔后，缝针穿过右侧皮肤边缘的真皮

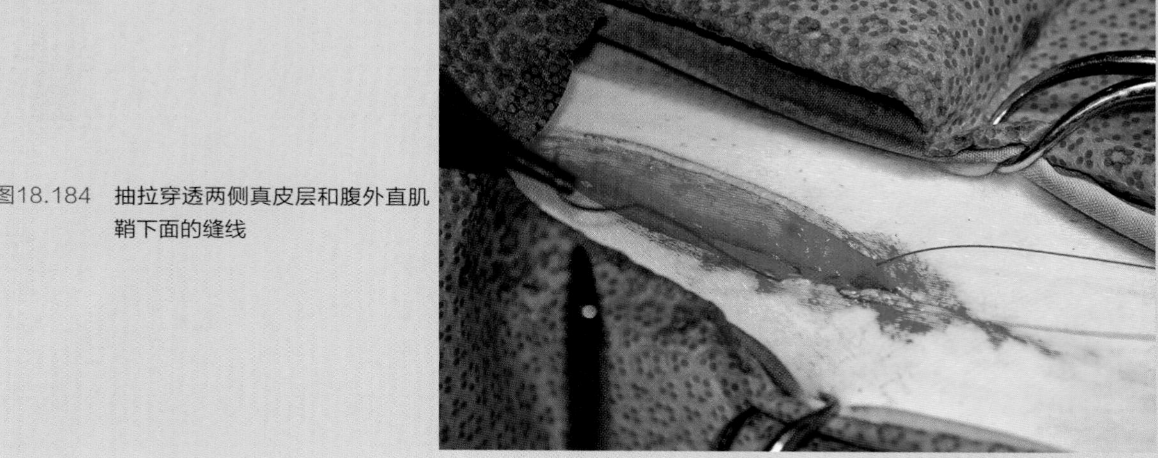

图18.184　抽拉穿透两侧真皮层和腹外直肌鞘下面的缝线

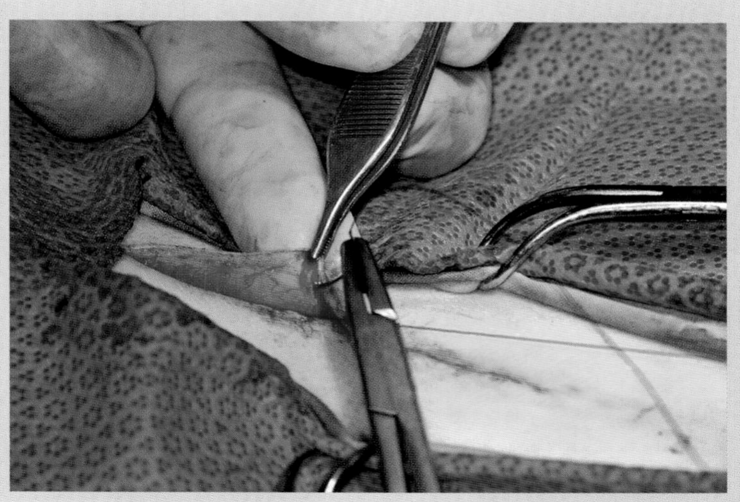

图18.185　在切口中部的左侧继续进行皮下缝合。注意缝针穿入真皮层的部位以及用非惯用手的无名指辅助进针

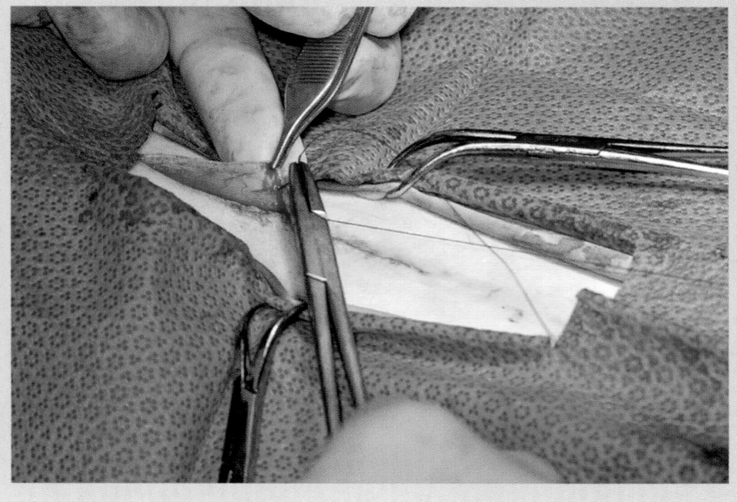

图18.186　缝针穿透切口中部左侧的真皮层

图18.187 缝针穿透切口中部左侧真皮层（近视图）。使用拇指镊时要轻柔操作，避免过度损伤皮肤边缘

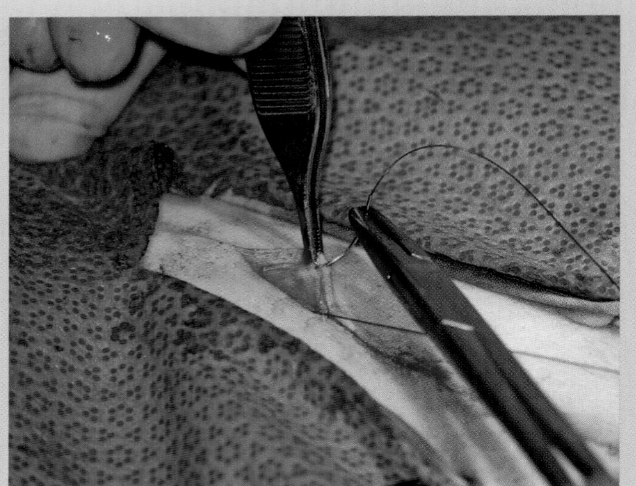

图18.188 准备在切口前部打结。打结时需要预留足够的空间，因为通常还需要再多穿两针

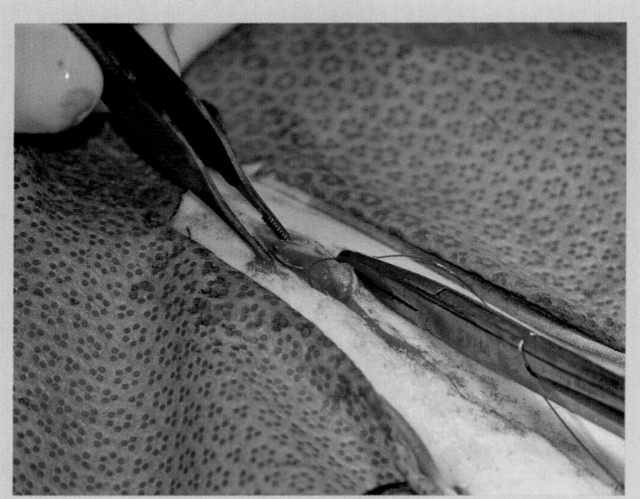

图18.189 准备在切口前部埋入线结的第1针。缝针进入左侧皮肤边缘的真皮层后直接穿入深层组织

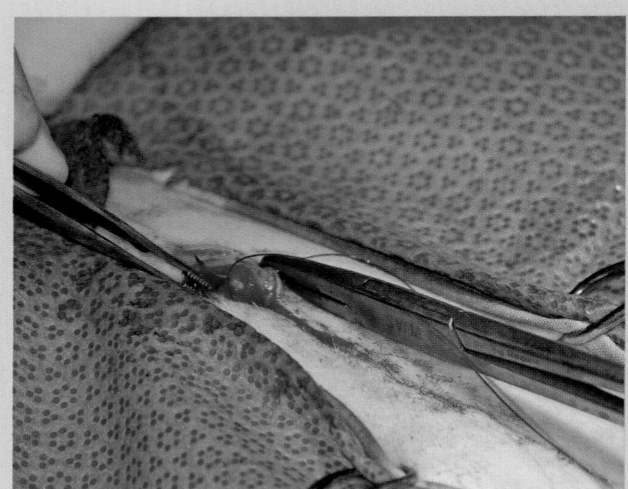

图18.190 在切口前部埋入线结时，确保第1针穿入深层组织（腹外直肌鞘）

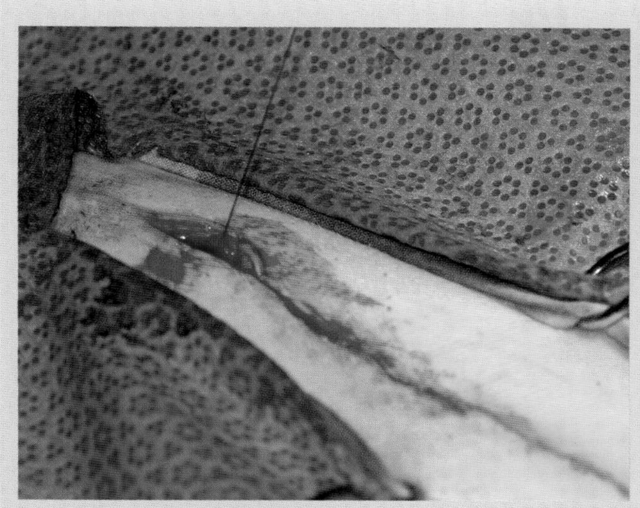

图18.191 在切口前部埋入线结时第1针的缝线。此缝线从深部组织中穿出成为线环的一支，并最终与游离的线尾打结

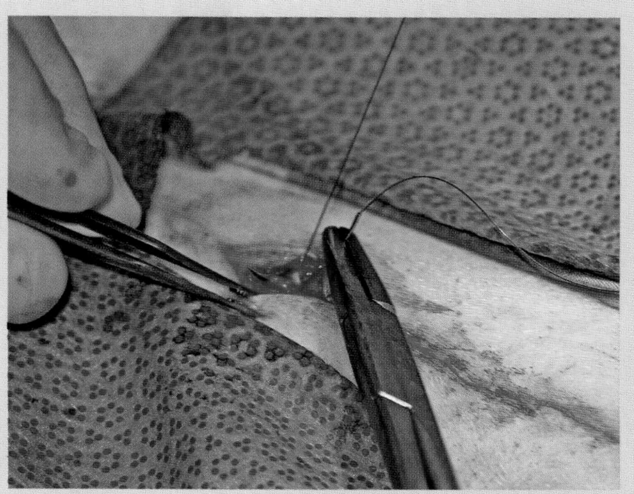

图18.192 准备在切口前部埋入线结的第2针。稍用力拉紧并提起第一针缝线显露部分腹直肌鞘，以便在筋膜上入针。缝针穿入腹外直肌鞘后从右侧皮肤边缘下的真皮层穿出，形成用于打结的线环

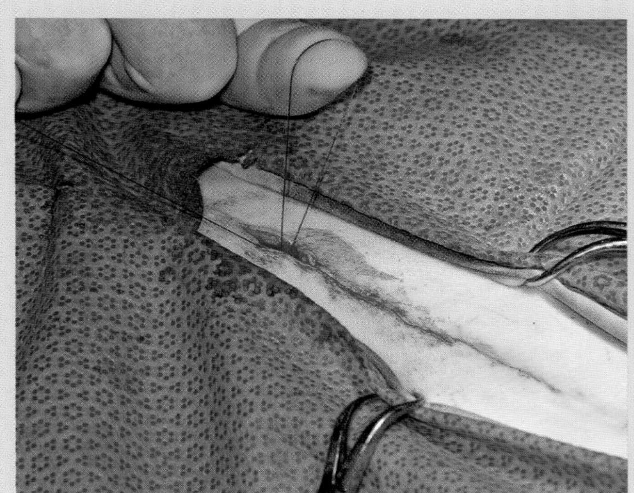

图18.193 在切口前部埋入线结的第2针，完成后保留线环。组成线环的两根缝线都从创口的深部穿出，而游离的线尾则正好从右侧皮肤边缘穿出。在打结前还需要再缝一针

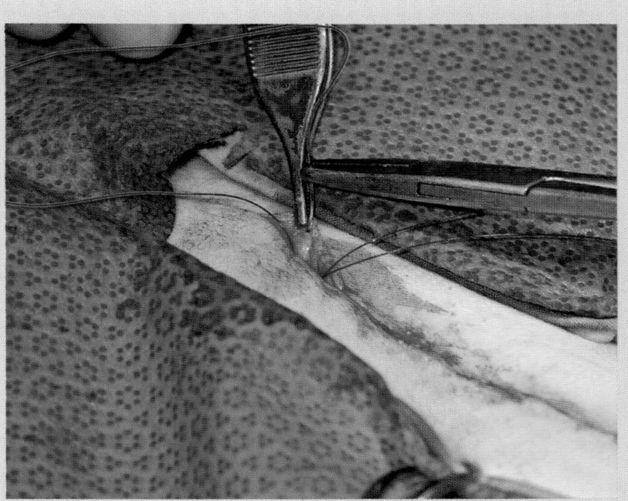

图18.194 准备在切口前部埋入线结的第3针和最后1针。缝针在左侧皮肤边缘的正下方穿入真皮层，以便打结时皮肤边缘可以在此位置和右侧皮肤边缘（对侧缝线穿出位点）间进行对合。缝针进入真皮层后直接穿入深层组织直达紧邻线环的腹外直肌鞘

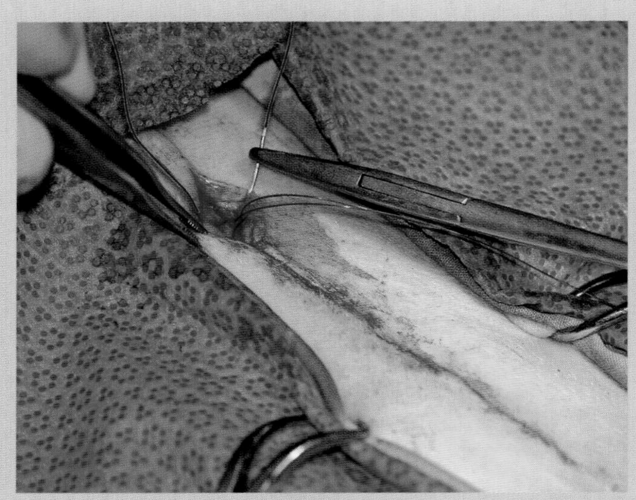

图18.195 准备在切口前部埋入线结时，将第3针穿过腹外直肌鞘。缝针已经进入真皮层，然后稍微向尾侧转角朝向线环

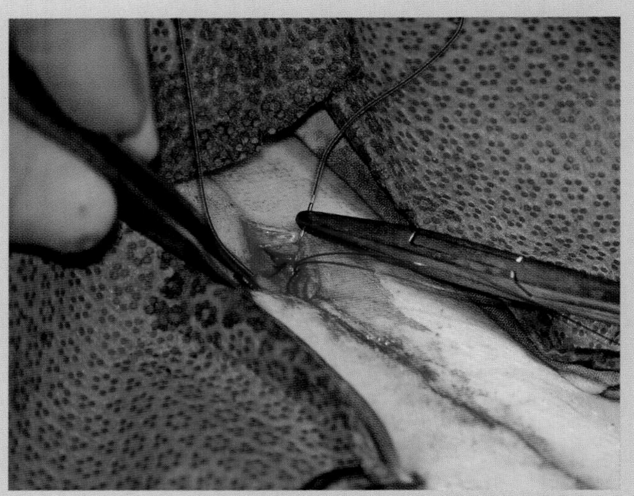

图18.196 准备在切口前部埋入线结的最后1针，穿过腹外直肌鞘。缝针在保留的深部线环的前缘穿入。确保缝针从深部线环（拉向尾侧）和最后的对合缝线（位于头侧）之间穿出创口。此外，对合缝线还可以防止线结埋入过深

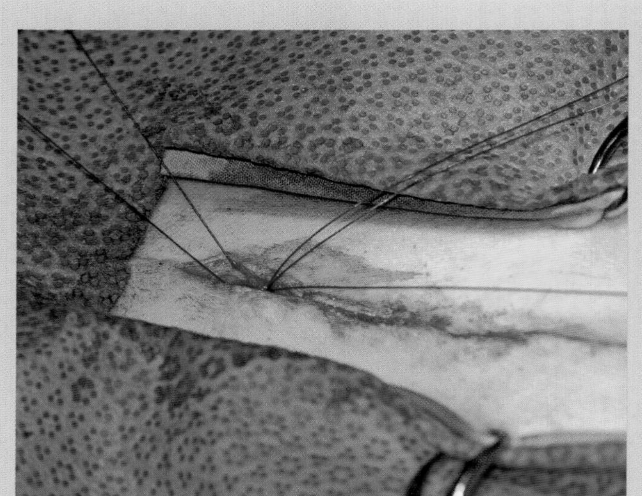

图18.197 在对埋入线结进行打结前，线尾的位置（术者视角）。深部的线环向尾侧拉，偏向犬的左侧。游离的线尾（也同处深部）在平行于切口方向与尾侧的线环打结。拉紧线结时，创口前缘的两根缝线可将皮肤边缘对合

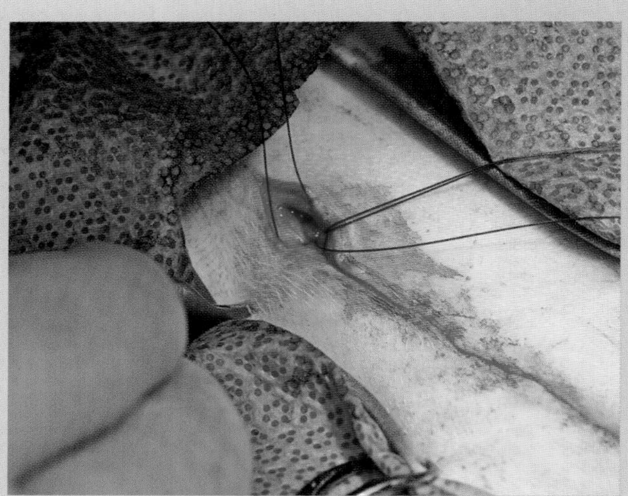

图18.198 在对埋入线结进行打结前，线尾的位置（腹侧视角）。注意如何将深部缝线和线环置于最后两针对合缝线形成的通道间。最后1针对合缝线形成的通道来自于切口前部的浅表线环。将深部的线尾及线环置于浅表线环的一侧非常重要，这样可以避免将二者系上时，浅表线环阻碍线结埋入创口深部

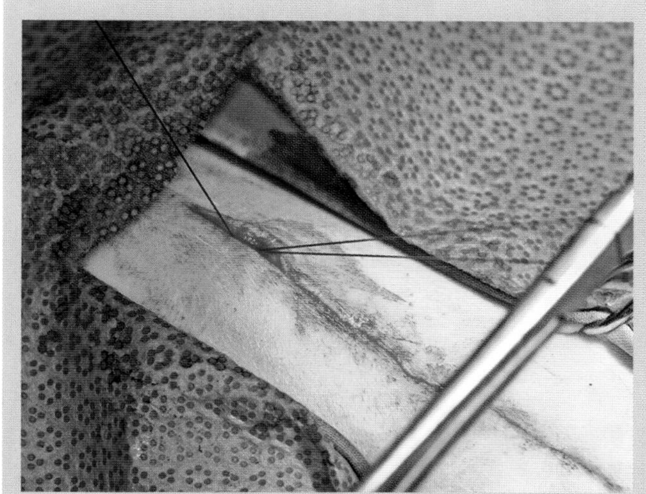

图18.199 将深部线尾和线环打结，并将线结埋入切口前部。应在平行于切口方向上拉近线尾和线环，这样可以让线结陷入创内。在拉紧线环的缝线时需均等用力

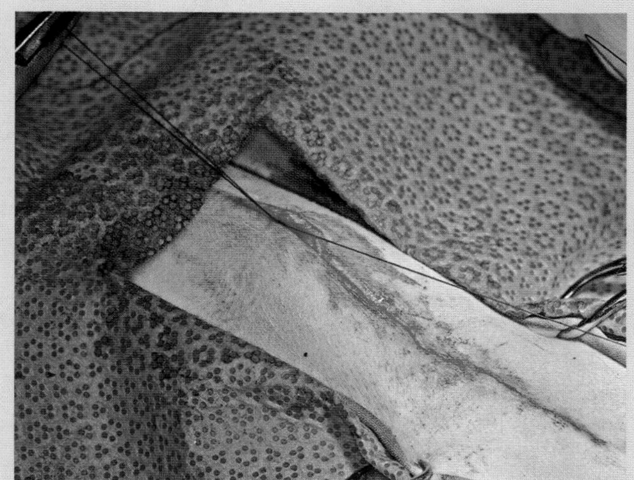

图18.200 完成切口前部的线结埋入，并系上3个方结

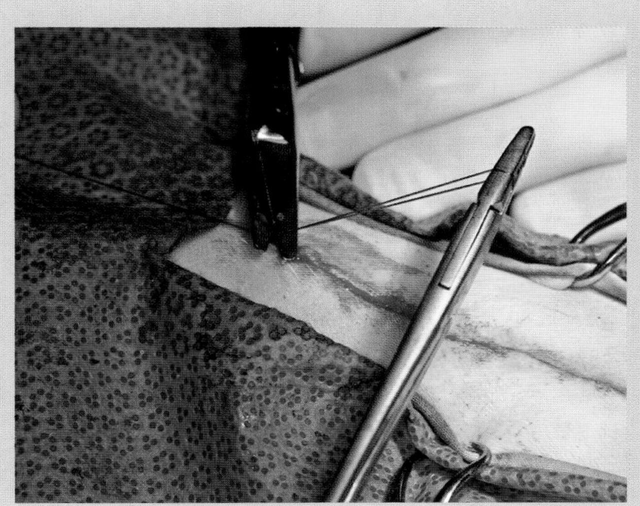

图18.201 在切口前部剪断线结上的线环，准备埋入线结。尽可能靠近线结剪断线环（在线结上方剪断，而不能剪掉线结）

图18.202 剪断线环后，尚未埋入切口前部的深部线尾和线结

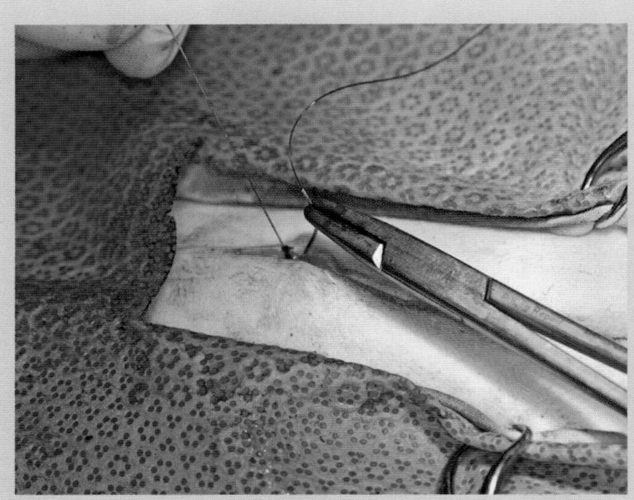

图18.203 在切口前部贯穿缝针准备埋入线结。提起深部的线尾可以看到线结，然后紧邻线结将缝针穿入深部组织

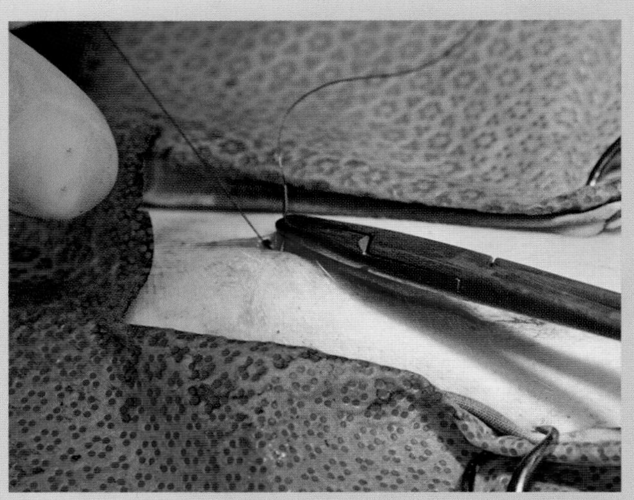

图18.204 在切口前部向外侧贯穿缝针埋入线结。缝针从深部组织向上穿透切口右侧的皮肤（朝向惯用右手的术者）

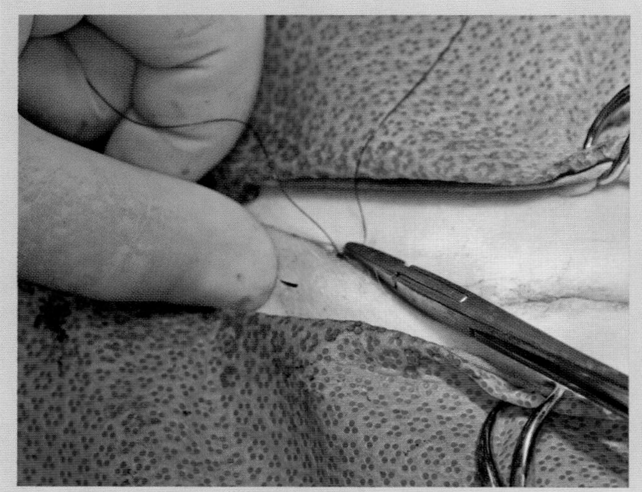

图18.205 缝针在靠近线结的位置穿过深部组织，然后从切口右侧的皮肤穿出

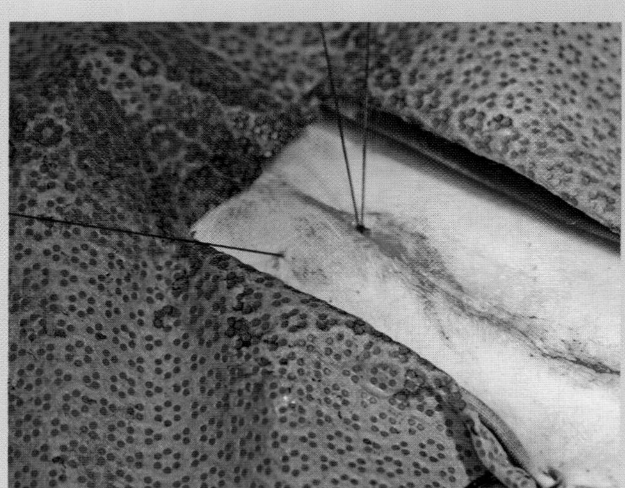

图18.206 在切口前部，将深部的线尾抽拉过切口右侧的皮肤，准备埋入线结。当完全拉紧缝线时，线环和线结都将被埋入切口内

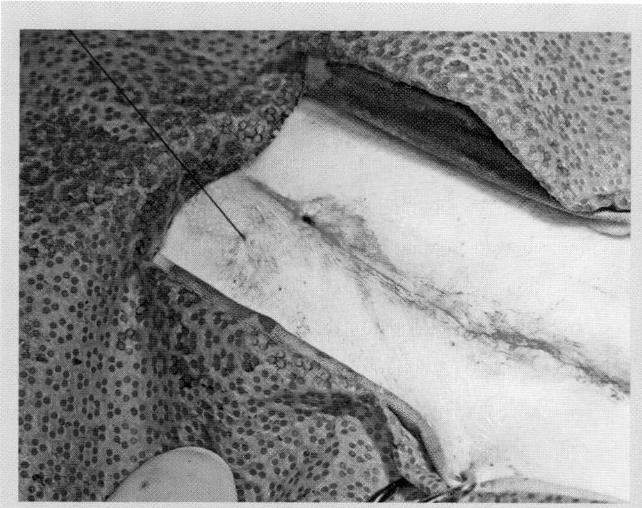

图18.207 将深部的线尾抽拉过切口右侧的皮肤，使连附线结的线环埋入切口

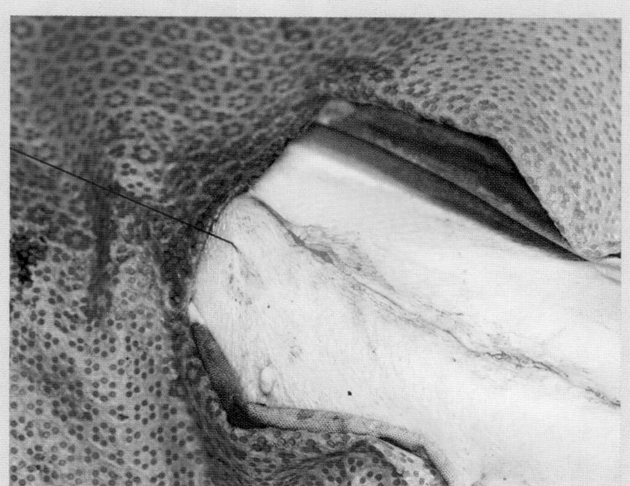

图18.208 拉紧从切口右侧皮肤穿出的深部缝线将线结埋入切口前部

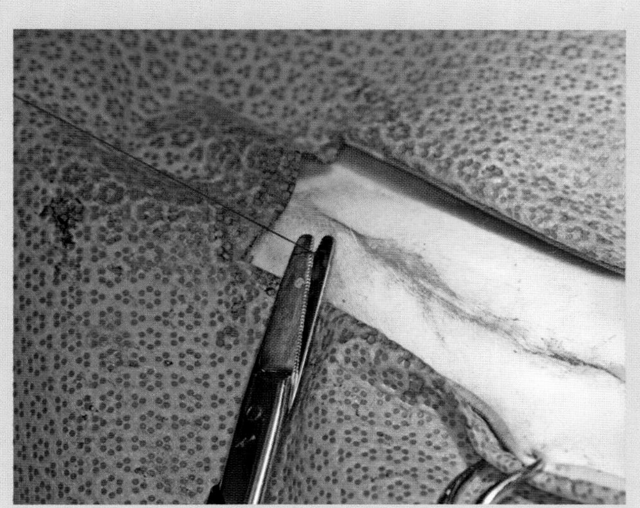

图18.209 剪断与线结连附的深部线尾。在剪线时需要拉紧缝线，然后紧贴皮肤剪断，使线尾能够退缩回皮下

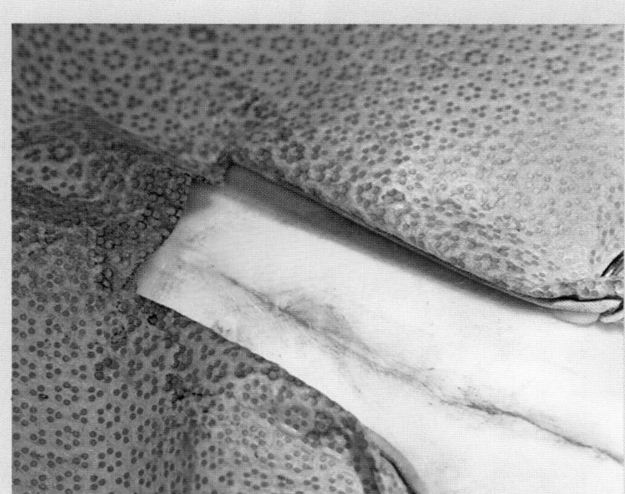

图18.210 完成皮下缝合后的切口外观。如果用手指向切口两侧紧张皮肤而未出现间隙，则说明皮肤边缘对合良好

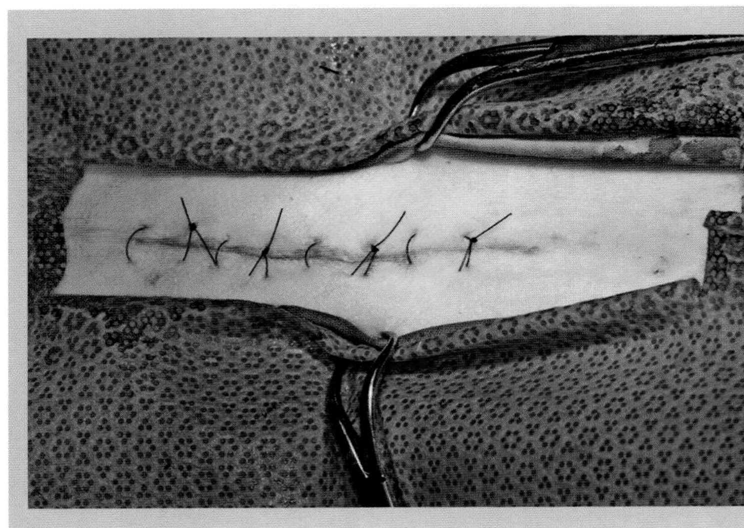

图 18.211　完成皮肤缝合后的切口外观。在此病例中使用3-0尼龙线进行了间断“8”字缝合

致，则可能不需要进行皮肤缝合。任何一次的表皮下缝合，都需要间隔三或四针将缝针深穿至腹外直肌鞘以消除死腔。进行皮肤缝合时，更常用间断缝合的方法，包括简单间断缝合、十字缝合和“8”字缝合（图18.211）。建议用合成的不可吸收单股缝线进行皮肤缝合。

19 术后的疼痛管理

John P.Punke　Fred Anthony Mann

死亡本无所谓，但疼痛是一件非常严重的事情

— Henry Jacob Bigelow，1871年

在阿片类药物和大麻已成为常用镇痛药物的年代里，作为一名外科医生兼麻醉师，Henry J. Bigelow医学博士（1818直至1890）意识到充分的疼痛管理是保证医疗和手术质量的基础，其地位非常重要且有必要进行完善。但时至今日，适当地对患病动物进行疼痛管理的重要性仍未得到足够的重视。

一部不涉及疼痛管理内容的外科学教科书是不全面的。手术引起的疼痛程度取决于潜在的疾病过程、解剖定位、手术操作的侵袭程度以及并发疾病。例如，有人认为骨折修复比常规绝育会引发更强烈的疼痛感。通常情况下，骨科手术引起的疼痛感确实要比软组织性手术的强烈。此外，在动物经历损伤和疼痛前先给予药物治疗（如超前镇痛）能显著降低术后的不适感。镇痛方案应该根据每一个动物的疾病、行为表现和疼痛耐受力来制定，并在动物对治疗反应的基础上做出调整。

实施对症手术是基于动物的最大利益考虑，但每一项手术都会引起不同程度的疼痛。就动物的福利而言，应该减少此种疼痛。人医的研究结果表明，适当的镇痛可以促进康复、缩短住院治疗时间、减少术后并发症和降低死亡率。接受适当疼痛控制的患病动物，在手术后能更快地恢复进食、康复而较少出现并发症[1,2]。出现以上结果的潜在机制非常复杂，且仍未完全清楚。疼痛是一个复杂的过程，包含生理、情感和心理等要素。疼痛对动物未来情感和疼痛感应的影响将会持续很长一段时间。有研究表明，与尚未行割礼或在割礼时得到适当镇痛的成年男子相比，于婴儿时期在未经镇痛的情况下进行割礼的男子对疼痛的耐受力会显著降低[3-5]。这一结果与意识记忆无关，因为这些过程是在出生后几天内进行的。或许，幼犬和小猫在去势或绝育时得到适当的镇痛会使其成为更好的宠伴，并也可增强动物未来对疼痛的耐受力。

除了对患病动物有明显的即时利益和潜在的长期利益外，选择合适的镇痛剂也被认为是良好的实践管理和业务的一部分。兽医技术人员和医务人员是富有同情心的群体，若其护理下的患病动物因未得到适当的疼痛控制而遭受痛苦，将会是一件很打击士气的事情。同样，现在的宠物主人逐渐将其宠物视为家庭成员之一，不愿意宠物遭受不必要的痛苦，同时也乐意为镇痛治疗提供费用。

术后的镇痛治疗不能由宠物主人任意选择。

适当镇痛的费用应该涵盖在既定的、无争议的操作程序收费之中。在进行子宫卵巢摘除术时，兽医不会因为可能存在严重的潜在并发症而让客户选择结扎或者不结扎卵巢蒂。既然镇痛对患病动物的护理有如此好处，为何还让其成为任意选项呢？

急性疼痛的病理生理学 

深入探讨疼痛的病理生理学和调节过程已经超出本章节的范畴，现已有很多教科书单独对疼痛的生理学进行了阐述。但对于一名临床医生而言，有必要清楚地了解疼痛感觉的产生是多个过程层叠交织作用的结果。仅抑制疼痛形成的单一通路或者炎症过程可以减轻一些阈下感觉，但并不能完全消除疼痛感，这与疼痛的来源和严重程度有关。

疼痛是一个复杂的实体，其始于伤害性感受。损伤通过伤害性感受作用刺激特殊的神经纤维（称为伤害性感受器）。伤害性受体分为3种，机械感应性、热感应性和化学感应性受体由其识别的有害刺激类型决定。机械感应性受体会对物理性牵拉、压迫和挤压作出应答；热感应性受体则对热感和冷感作出应答；化学感应性受体会对多种化合物作出应答，包括神经递质（如乙酰胆碱、神经激肽-1等）、前列腺素类（如$A_{2\alpha}$、血栓素等）、缓激肽、组胺、蛋白水解酶、酸类、细胞因子（如肿瘤坏死因子、白介素类等）以及白细胞三烯。一旦伤害感受性受到刺激并超过其阈值，动作电位会从外周神经传导至脊神经。有两种普通型的外周神经：有髓鞘纤维（A型）和无髓鞘纤维（C型）。A型纤维传导快速，能引起急性、局限化的锐性疼痛反应。C型纤维会导致慢性、弥散性的钝性疼痛反应。在向上传导至大脑产生意识反应前，A型和C型外周神经纤维终止于脊髓的背角。其他同时产生的感觉或者可见反应（如炎症的典型症状）可能是细胞因子在损伤部位诱导产生炎症的结果：红、肿、热、痛以及机能障碍。在疼痛反应出现前，在脊髓水平上刺激伤害性受体会形成退缩反射。此外，伤害性感受刺激大脑中的网状激活系统能引起意识增加、心肺血管反应和应激。

疼痛是内在的一系列活动相互作用的结果，因而可在多个水平上进行抑制。当同时使用多种具有不同作用机理的止疼药物抑制疼痛时，止疼效果呈指数性提升，这也称为复合镇痛。复合镇痛技术是现代疼痛管理的基础，适用于每一个临床病例，即便它们只表现轻微的疼痛感。一个常规的复合镇痛包括联合使用非甾体类抗炎药（NSAID）、阿片类药物和局部镇痛技术。在术后即刻使用局部镇痛药和使痛觉维持于低水平状态的方法（在之后的几个小时至几天的时间里抑制组织内前列腺素、阻断大脑和脊髓背角的μ-阿片肽受体）几乎可以完全消除疼痛。

在现代镇痛治疗中，另一个主要的原则就是超前镇痛（Preemptive Analgesia）。超前镇痛理论是指一旦出现疼痛，需要使用更高剂量的镇痛药物来控制疼痛。等到疼痛出现再控制的做法是不可取的，因为此时药物控制疼痛的效果会减低，而随着药物使用剂量的增加也相应地增加了出现药物不良反应的风险。因此，在疼痛出现前就采取控制措施是可取的。换言之，开始治疗术后疼痛的最佳时机是在术前进行。

需要超前镇痛的说法来源于中枢敏感化，也熟知为“饱和现象”。强烈的疼痛激活氨基-羟基-甲基-异唑丙酸/红藻氨酸盐和N-甲基-D-门冬氨酸（NMDA）受体，从而使信号通路改变基因的表达和提高中枢神经系统对远程有害刺激的应答能力。由此，未来的疼痛水平超过过原来应有的水平，这使得对疼痛控制越发困难。

局部麻醉剂 

在兽医师现有的所有镇痛药中，局部麻醉剂是唯一能够完全阻断痛觉的一类药物，其通过外周神经的转导可逆性地阻断伤害性感受。一般情况下，快速的细胞外钠离子内流使得神经细胞膜去极化，从而使神经纤维能将感觉信发送到中枢神经系统。局部麻醉剂通过抑制钠离子通道的构象变化来阻断这一过程，因而能防止钠离子内流和信号转导。

传统上，相较于小动物临床，局部麻醉剂更常用于大动物临床。不过，它们也越来越多地被应用于小动物临床。在术后疼痛管理方面，进行使用局部麻醉剂超前镇痛则更为多见。因为其主要在局部产生效果，因此局部麻醉剂可以以不同的方式进行使用而几乎不产生全身性的不良反应（表19.1）。将局部麻醉剂直接作用于单一神经或者能传递伤害性感受信号到中枢神经系统的神经，可以产生最佳的止痛效果，如特异性的神经封闭和硬膜外麻醉等。当然，局部麻醉剂也可以在局部使用，如利多卡因贴膏、线性阻滞、关节内注射和四肢浸润麻醉等方式。推荐参看更多的麻醉手册作为指导，尤其在特异性神经封闭技术和硬膜外麻醉管理方面。局部和静脉（仅限于利多卡因）使用时的药物剂量已经在表19.2中给出。

利多卡因是可以用于恒速输液（CRI）的局部麻醉剂，因为其在静脉给药时拥有最高的安全限度。恒速输液量的计算方法将在本章稍后的内容中作介绍。皮内或者局部浸润给药时，应该在注射前先回抽一下注射器，避免因不慎操作造成的静脉内或者动脉内给药。与其相似，有时会在使用利多卡因和布比卡因时辅助使用肾上衔素（5μg/ml），这样可以使血管收缩并延长麻醉的效果。血管内注射可能会引起不良的心血管反应。利多卡因或是甲哌咯因都可用于关节内注射，但利多卡因已经证明可以促进甲基泼尼松龙体外诱导引起的软骨细胞死亡。当关节内给药时，布比卡因与人和犬的软骨细胞死亡有关。

局部镇痛药也可以通过硬膜外给药的方式，经由脊索两侧神经根来完全阻断运动和感觉功能。硬膜外给药能提供深度的疼痛控制，能对大多数脐孔向后的解剖部位产生封闭作用，如后肢、会阴部和尾部。当阿片类药物联合用于硬膜外给药时（一般为无防腐剂的吗啡），二者具有协同性，这对于需要进行后躯手术的患畜而言是一个极好的选择。局部麻醉药在硬膜外腔内的扩散与给药浓度和用量有关。读者需要参阅其他资料来对硬膜外麻醉的施行技术和相关解剖知识进行学习，并且熟练的操作会使得硬膜外给药变得容易和安全。

增加局部麻醉剂的全身浓度对中枢神经具有可估计的毒性作用，以中枢神经兴奋为特征，随后表现为沉郁、呼吸暂停和心血管性虚脱。当静脉给药时，布比卡因能引起心脏节律失常和心室纤颤。与犬相比，较低浓度的局部麻醉剂就能引

表19.1　局部麻醉剂的可能用药途径

途 径	操作技术	应用示例
神经封闭	在靠近所关注的特异性神经部位进行注射	甲切除术、牙神经封闭时使用
切口线性封闭	在预备切口上或者损伤周围进行注射	在任何皮肤切开和裂伤修复前使用
滴洒封闭	直接在创口和暴露的神经上使用	开放的创伤护理、截肢过程中神经暴露时使用
经皮肤	在损伤部位或其周围直接使用利多卡因贴膏	在剖腹术切口周围使用
四肢局部浸润	在远离止血带的后肢静脉内注射	完全阻断后肢神经以便截趾手术
硬膜外	直接注射到硬膜外腔	在后肢子骨科手术前使用
关节内	直接注射到关节内（勿使用布比卡因）	关节手术过程中使用
静脉恒速输液	作为辅助镇痛而连续输注（仅限于利多卡因，避免对猫输注利多卡因）	多数骨科手术或者软组织手术术后使用

发猫产生神经性不良反应。因局部麻醉剂的使用而发生过敏性反应的情况很罕见，而此类情况更多地与防腐剂（如羟安甲酯）有关，而非麻醉药本身。

阿片类药物 

阿片类镇痛药是一类现有的能控制急性和术后疼痛，且安全性和药效最好的兽用止痛药。

表19.2　兽用局部麻醉剂、N-甲基-D-天冬氨酸受体颉颃剂和α2激动剂的剂量及其特性

药物名称	剂量（犬）	剂量（猫）	特性
局部麻醉剂			
布比卡因（Bupivacaine）	局部浸润不超过2 mg/kg 硬膜外给药 1~1.5 mg/kg	局部浸润不超过1 mg/kg 硬膜外给药 1~1.5 mg/kg	不适宜静脉给药
利多卡因（Lidocaine）	局部灌注不超过6 mg/kg 2~4mg/kg 静脉推注，然后以每小时0.15~0.45 mg/kg CRI 硬膜外给药 4.4 mg/kg	局部浸润不超过3 mg/kg 光以0.25~1mg/kg 静脉推注，然后以每小时0.06~0.24 mg/kg CRI* 硬膜外给药：4.4 mg/kg	注意勿按局部注射的剂量作为静脉给药 *虽然给出了猫的用药剂量，但仍需避免静脉给药
甲哌卡因（Mepivacaine）	局部浸润不超过6 mg/kg	局部浸润不超过3 mg/kg	不适宜静脉给药

续表

药物名称	剂量（犬）	剂量（猫）	特性
N-甲基-D-天冬氨酸受体颉颃剂			
氯胺酮（Ketamine）	诱导：0.5 mg/kg IV 术中镇痛：0.6 mg/（kg・h）CRI 术后镇痛：0.12 mg/（kg・h）CRI	诱导：0.5 mg/kg IV 术中镇痛：0.6 mg/（kg・h）CRI 术后镇痛：0.12 mg/（kg・h）CRI	
替来他明（Tiletamine）	短效：6~10 mg/kg IM 诱导麻醉：9~13mg/kg IM	短效 6~10 mg/kg IM 诱导麻醉 9~13mg/kg IM	与唑拉西泮联合使用
金刚烷胺（Amantadine）	3~5 mg/kg间隔24 h PO	3~5mg/kg间隔24 h PO	仅用于慢性疼痛的控制
*α*2激动剂			
噻拉嗪（Xylazine）	0.5~1 mg/kg IV 1.1~2.2 mg/kg IM, SC	0.5~1mg/kg IV 1.1 mg/kg IM	
美托咪啶（Medetomidine）	短效镇静和镇痛：0.01~0.02 mg/kg IV 延长麻醉：0.001~0.002 mg/（kg・h）CRI	短效镇静和镇痛：0.015~0.03mg/kg IV	
右美托咪啶（Dexmedetomidine）	短效镇静和镇痛：0.005~0.01mg/kg IV 延长麻醉：0.0005~0.001 mg/（kg・h）CRI	短效镇静和镇痛：0.008~0.015mg/kg IV	

CRI：恒速输液 IV：静脉注射 IM：肌内注射 PO：口服 SC：皮下注射

该类药起效迅速，能提供镇痛作用而不会使意识和运动功能的丧失。阿片类药物通过与阿片类受体结合来发挥效用，包括μ、ε、κ或者痛敏阿片肽4类受体。μ受体被认为与阿片类药物活性的关系最密切。一般来说，μ受体仅存在于中枢神经系统中。但是，最近的研究表明，在外周组织中同样存在μ受体，而它们在外周分布的重要性还不明确。

通常将阿片类药物分为4类：完全激动剂、部分激动剂、激动/颉颃剂、颉颃剂。每一种药物的剂量和应用示例已在表19.3中列出。μ完全受体激活剂通过与相应受体结合来发挥最大的激活效用。通常情况下，这类阿片类药物最适于中度到重度的疼痛控制。吗啡为完全激动剂类的原型药，通常作为合成其他阿片类药物的主要成分。吗啡的价格并不昂贵，日常用于皮下、肌肉和静脉给药，也可以行推注、恒速输液或者硬膜外给药。其他的μ受体完全激动剂包括：可待因、芬太尼、二氢可待因酮、氢吗啡酮、哌替啶、美沙酮和羟吗啡酮。

表19.3 兽用阿片类药物的剂量及其特性

药物名称	剂量（犬）	剂量（猫）	特性
单纯激动剂			
可待因（Codeine）	1~2 mg/kg PO	0.1~1 mg/kg PO	勿与对乙酰氨基酚共用于猫
芬太尼（Fentanyl）	0.002~0.005 mg/kg IV 0.002~0.06 mg/（kg·h） IV CRI	0.001~0.005 mg/kg IV 0.002~0.03 mg/（kg·h） IV CRI	深度的止痛效果 因半衰期短推荐CRI 减少麻醉用药
氢吗啡酮（Hydromorphone）	0.05~0.2mg/kg IV, IM,SC 0.05~0.1 mg/（kg·h） CRI	0.05~0.2mg/kg IV, IM,SC 0.05~0.1 mg/（kg·h） CRI	可能引起猫的高热和犬气喘
美沙酮（Methadone）	0.05~1.5 mg/kg IM, SC, PO	0.05~1.5 mg/kg IM, SC, PO	也具有NMDA受体颉颃剂的性能
吗啡[a]（Morphine）	0.3~2.0 mg/kg IM, SC 0.1~0.5 mg/kg IV 0.05~0.3 mg/（kg·h） CRI 硬膜外：0.1~0.2 mg/kg	0.05~0.2 mg/kg IM, SC 硬膜外：0.1~0.2 mg/kg	可能引起呕吐和肥大细胞去颗粒化
部分激动剂			
丁丙诺啡（Buprenorphine）	0.005~0.03 mg/kg IV, IM, SC 每日0.04 mg/kg CRI	0.005~0.03 mg/kg IV, IM, SC 0.01~0.03 mg/kg PO[b] 每日0.04 mg/kg CRI	镇痛效果和不良反应呈现“高限效应”
激动-颉颃剂			
布托啡诺（Butorphanol）	0.1~0.4 mg/kg IV, IM, SC 0.5~2.0 mg/kg PO	0.1~0.8 mg/kg IV, IM, SC 0.5~1.0 mg/kg PO	镇痛持续时间1~3 h
纳布啡（Nalbuphine）	0.3~0.5 mg/kg IM, SC 0.1~0.3 mg/kg IV	0.2~0.4 mg/kg IM, SC 0.1~0.2 mg/kg IV	镇痛持续时间1~3 h
颉颃剂			
纳洛酮（Naloxone）	0.002~0.04 mg/kg IV, IM, SC	0.002~0.02 mg/kg IV	药效能持续45 min
纳曲酮（Naltrexone）	0.0025~0.003 mg/kg IV	0.0025~0.003 mg/kg IV	药效时间大约为纳洛酮的两倍

CRI：恒速输液；IV：静脉注射；IM：肌内注射；NMDA：N-甲基-D-天冬氨酸；PO：口服；SC：皮下注射

[a] 推荐使用不含防腐剂的吗啡进行硬膜外给药。

[b] 注射剂型的丁丙诺啡给猫含服时显示有效。

每一种药物在其作用时间、独特的不良反应、有效性和成本上都各不相同。比如，吗啡可以引起犬肥大细胞发生去颗粒化的不良反应。对于肥大细胞瘤的患犬，应该使用不同类型的阿片类药物作为麻醉前用药和术后护理时用药。在美国，美沙酮的临床应用并不广泛，但是其除了具有阿片类药物的作用外，还具有额外的镇痛和通过抑制NMDA受体来防止中枢敏感化的独特性能。

μ 部分受体激动剂与相应受体结合，但仅产生有限的临床效用。因此，μ 部分受体激动剂具有“高限效应”，即它们在最大限度产生止痛效果的同时也会引发不良反应。丁丙诺啡是最具代表性的μ 部分受体激动剂，其具有独特的性能，当猫经含服给药时几乎能够获得与静脉给药一样药代动力学效果。丁丙诺啡也常与利多卡因合用于CRI，用于控制中度到重度的术后疼痛，与吗啡CRI相比似乎具有较低的抑制食欲作用。

激动/颉颃剂是一类可以刺激和针对阿片类受体（一般为 κ 受体）起作用，同时还能结合和抑制其他阿片类受体（通常为 μ 受体）药物。布托啡诺和纳布啡是激动/颉颃剂类的原型药，二者至多能提供中度的镇痛效果且持续时间短。药效持续时间只有1~3h，而其镇静效果则时间更长些。在兽医临床中，布托啡诺是较为昂贵的阿片类药物之一。

颉颃剂对 μ 和 κ 受体具有高度亲和性。它们通过竞争受体可逆转完全激动剂的作用。颉颃剂不能激活受体，因此可以颉颃阿片类药物活性。当出现阿片类药物过量时，使用颉颃剂最为有效，但颉颃剂也会逆转包括镇痛作用在内的所有阿片药效。对于轻度用药过量的情况，使用激动/颉颃剂会更妥当一些。纳洛酮和纳曲酮为典型的完全颉颃剂。纳洛酮的临床药效约为纳曲酮持续时间的一半。因此，纳曲酮可能是药效更好，持续时间更长的解毒药。

阿片类药物对全身各个系统都会产生不良反应。中枢神经系统抑制可能是最常见的，但是给药后（尤其是吗啡）猫可能变得兴奋。犬也可能表现烦躁不安，尤见于爱斯基摩和哈士奇品种。继发于迷走神经紧张的心动过缓可能在不表现疼痛的患病动物身上出现。庆幸的是，阿片类药物基本不会产生其他心血管反应。

该类药用于人时，可能会表现深度的呼吸抑制，他甚至会威胁生命。但单独使用时，阿片类药物几乎不会引起患病动物的呼吸抑制。如前所述，犬使用吗啡时会引起组胺的释放，尤其在静脉给药时更容易发生。组胺的释放能引起严重的血管扩张、低血压和心血管性虚脱。而给予阿片类药物后，动物还常见恶心、呕吐和排便。皮下或者肌内注射给药比静脉推注更可容易引起动物发生呕吐，而长期使用阿片类药物还会引起便秘。此外，使用吗啡还会造成逼尿肌紧张度的下降和膀胱括约肌紧张度升高最终导致尿液潴留，这时需要放置导尿管或者人工进行尿道膀胱挤压。

非甾体类抗炎药

在兽用药品种，非甾体类抗炎药是一类被广泛用于研究且也是最为畅销的处方药。非甾体类抗炎药通过抑制前列腺素的合成来降低炎症和疼痛反应。该类药在损伤部位起效，因为此处的组织细胞损伤后，花生四烯酸从细胞壁中得到释放。此外，已经证明它们在中枢神经系内也能发挥作用。非甾体类抗炎药经硬膜外给药能起到与全身用药相同的临床疗效。

目前的对非甾体类抗炎药（NSAIDs）的研发是在NSAIDs疗效和不良反应的COX-1：COX-2理论指导下进行的。有多种环氧合酶（COX）的亚型存在，它们最终将花生四烯酸转化为功能性的类花生酸，即前列腺素。主要的环氧合酶包括COX-1和COX-2已经在一些种属（如人、犬）中得到证实。当然还存在COX-3，其实质为COX-1的剪接变体。通常，COX-1属于“持家基因”亚型，在胃、肠、肾脏、血小板和生殖道等正常组织器官中稳定表达。理论上认为COX-2是在局部组织损伤时产生的，对炎症有促进作用。在对这一理论研究的基础上，药物公司研发出NSAIDs（更多的是选择性针对COX-2）来抑制诱导性COX-2的产生以降低炎症反应，同时减少由COX-1抑制剂产生的不良反应。

但是，与已有的COX-1：COX-2理论相反，研究人员发现COX-2在内皮细胞、滑液细胞、软骨细胞、平滑肌细胞、成纤维细胞、单核细胞

表19.4　兽用非甾体类抗炎药（NSAIDs）的口服推荐剂量[a]

药品名称	剂量（犬）	剂量（猫）	备注
非选择性NSAIDs [b]			
阿司匹林（Aspirin）	10~25 mg/kg 间隔12 h	10 mg/kg 间隔48~72 h	可引起不可逆的血小板生成抑制尽可能地避免使用
乙哚乙酸（Etodolac）	10~15 mg/kg 间隔24 h	不适用于猫	药物的治疗安全剂量范围窄，使用时应格外注意
环氧合酶2（COX−2）选择性NSAIDs [b]			
卡布洛芬（Carprofen）	22 mg/kg 间隔12 h 4.4 mg/kg 间隔24 h	一次用量2~4 mg/kg	现有注射剂型可用
地拉考昔（Deracoxib）	1~2 mg/kg 间隔24 h 3~4 mg/kg 术后7d内	无推荐剂量	可以替代吡罗昔康用于犬的移行细胞癌治疗
非罗考昔（Firocoxib）	5 mg/kg 间隔24 h	无推荐剂量	据报道为最强的COX−2选择性抑制剂
美洛昔康（Meloxicam）	一次用量 0.2 mg/kg 0.1mg/kg 间隔24 h	一次剂量0.1 mg/kg 0.05~0.1 mg/kg 间隔24 h 长期使用每只猫 0.1 mg [c]	液态剂型更容易获得准确的剂量，现有注射剂型可用
吡罗昔康（Piroxicam）	0.3 mg/kg 间隔48 h	无推荐剂量	较窄的治疗指数范围易于获得准确的剂量
环氧合酶（COX）/脂肪氧化酶（LOX）抑制剂			
替泊沙林（Tepoxalin）	一次用量10~20 mg/kg 10 mg/kg 间隔24 h	无推荐剂量	现有商品化的含片剂型

[a] 不常推荐作为兽用的NSAIDs未在此表中列出

[b] 基于犬的体外测试结果

[c] 注意这是用于1只猫的总剂量，而不是mg/kg，因为美洛昔康在该种属的半衰期可变性高且有延长性。

和巨噬细胞中存在正常水平的表达。此外，虽然COX- 2选择性非甾体类抗炎药产生不良反应的风险只有非选择性NSAIDs的50%，但仍可能出现潜在的致命性不良反应。

除了环氧合酶（COX）途径外，花生四烯酸还可以代谢为5-脂肪氧化酶（5-LOX），进而产生另外一种类花生酸化合物，称为白细胞三烯。白细胞三烯自身具有促炎症作用，还证明有潜在的化学趋化和活化中性粒细胞的作用。当COX途径被非选择性NSAIDs抑制时，花生四烯酸的代谢更偏向于5-LOX途径。复合型COX/LOX抑制剂已被开发用于同时阻断这两个途径。理论上，同时阻断COX/LOX途径可以提高镇痛效果和降低因白细胞三烯产物引起的不良反应。这一理论非常具有指导意义。在目前兽药市场上，替泊沙林是唯一的COX/LOX抑制剂。但是，早期的研究显示替泊沙林与COX-2选择性抑制剂具有相似的安全性。在手术模型中，单一剂量的替泊沙林并不改变凝血、肝脏或肾脏功能。在独立研究中，与使用非罗考昔相比（高度选择性COX-2抑制剂），胃溃疡患犬使用替泊沙林后要恢复得更快，而前者显著延缓溃疡的愈合。以上研究和前期的临床结果证实了这一理论，即复合型COX/LOX抑制剂要比单一的COX-2抑制剂更有优势。

提前给药时，NSAIDs对术后疼痛管理能产生更好的效果。有注射剂型的卡布洛芬和美洛昔康可以用于麻醉的诱导。口服剂型可以用于术后的持续性疼痛管理。虽然推荐使用美洛昔康、卡布洛芬和替泊沙林的两倍日剂量作为起始剂量，但并不是完全必须的（见表19.4）。有些作者建议在给药前对肾脏和肝脏的功能进行血清化学分析，但仍未获得经科学评价的针对性指南。

非甾体类抗炎药药效显著，应该尽可能地被纳入到完整的镇痛方案中。尽管如此，NSAIDs的使用仍存在很多禁忌症，其不良反应也可能存在致命性。NSAIDs不能用于同时接受类固醇药物治疗的病例，因为存在胃肠道溃疡和穿孔的高度风险。对于肾脏活或脏功能不全、低血容量（脱水、低血压、休克或腹水）、出血、凝血疾病、肺脏疾病或者胃肠疾病的病例，应该避免使用NSAIDs。此外，也不能用于怀孕或正在繁殖育种的母畜。不同类别的NSAIDs不应该同时使用。制药公司建议不同的NSAIDs给药间隔应该为3~4个半衰期时长的清除期。最后，NSAIDs应该在低于推荐剂量或治疗剂量范围内使用。长期使用NSAID时，应该逐步降低用药量至最低有效剂量。NSAIDs不能掺在食物中服用。

非甾体类抗炎药的不良反应更多地表现为胃肠道症状，如呕吐、腹泻、呕血、黑粪症和胃十二指肠穿孔。穿孔性溃疡可能悄然发生，无早期临床症状。阿司匹林除了具有全身性的COX-1抑制作用外是唯一会对胃黏膜产生局部侵蚀作用的NSAIDs。有报道称，NSAIDs给药可导致肾脏出现病变，但大多数肾功能不全的病例都存在低血压或者潜在肾脏疾病。肝中毒的病例也已有报道，但多数为特异性反应。特异性的肝中毒通常发生在给药后的前21d，但有报道称在180d后也可能出现上述反应。大多数患犬在停药后能得到恢复。人在使用COX-2选择性抑制剂时可出现高凝血综合征，但这一现象似乎并未出现在使用NSAIDs的犬、猫身上。与之类似，阿司匹林和酮洛芬是仅有的常用于患畜的NSAIDs，而它们会通过抑制血小板血栓素的产生而延长出血时间。

虽然在使用NSAIDs时有众多的选择，但应该选择哪种特异性的NSAIDs的疑问也会随之而来。经证明，COX-2选择性抑制剂产生的不良反应更小。不良反应可能是特异性的或个体反应，所以个体对非选择性NSAIDs的耐受程度要强于选择性

NSAIDs。术后止痛时，注射剂型方便给药。在注射用药后，应该以同一药物的口服剂型作为后续用药。最初对NSAIDs的选择通常是基于兽医师的临床偏好和经验，而不是哪种NSAIDs更好。之后根据动物对药物的耐受程度对特异性NSAIDs的使用进行改变。如果病例对特殊的NSAIDs有良好的耐受，选择继续使用这种药物是明智的。但是，如果动物无相关过往史，则根据现有药物的种类、价格、剂型（咀嚼片、液态、注射用等）和临床偏好来选择。

N-甲基-D-天冬氨酸受体颉颃剂

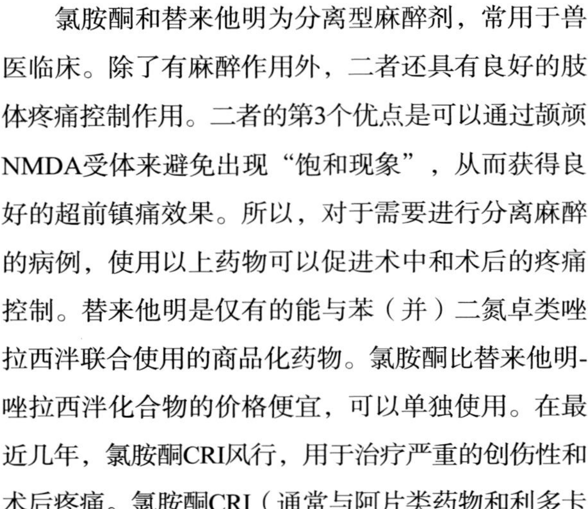

氯胺酮和替来他明为分离型麻醉剂，常用于兽医临床。除了有麻醉作用外，二者还具有良好的肢体疼痛控制作用。二者的第3个优点是可以通过颉颃NMDA受体来避免出现“饱和现象”，从而获得良好的超前镇痛效果。所以，对于需要进行分离麻醉的病例，使用以上药物可以促进术中和术后的疼痛控制。替来他明是仅有的能与苯（并）二氮卓类唑拉西泮联合使用的商品化药物。氯胺酮比替来他明-唑拉西泮化合物的价格便宜，可以单独使用。在最近几年，氯胺酮CRI风行，用于治疗严重的创伤性和术后疼痛。氯胺酮CRI（通常与阿片类药物和利多卡因联合使用）对疼痛控制具有很高的疗效，但会产生巨大的镇静作用，而这种作用是否合乎需要取决于动物的情况（表19.2）。

分离镇痛药的肌松效果差，单独使用时会引起震颤和癫痫，通常与苯（并）二氮卓类药物联合使用。对于颅内压升高或者颅部损伤的病例，使用分离型镇痛药是禁忌。

金刚烷胺为NMDA受体颉颃剂，连续用药60d有利于慢性疼痛患犬的镇痛。在截稿之前，尚未有对该药用于术后疼痛控制效果的评价。

α2受体激动剂

在兽医临床中，α2激动剂因具有镇静和肌松效果而为大家所熟知，但同时它们也具有潜在的镇痛作用。在中枢和外周神经系统中存在多个α2受体亚型（α2A、α2B、α2C和α2D）。因为对每一个受体亚型的亲和程度不同，α2受体激动剂的作用效果和种属适用剂量也存在差别。α2激动剂的不良反应主要表现在心血管，包括严重的心动过缓、心动过缓性节律不齐和低血压。开始给药后，外周血管紧张度增加引起生理性的高血压和心动过缓，最终出现低血压。α2激动剂禁用于心血管病病例，慎用于极幼龄、老年及虚弱的病例。但α2与其他的镇痛药具有较高的协同作用，当与阿片类药物或其他镇痛药联合应用时可作为良好的辅助剂，提供令人满意的多重镇痛效果。α2激动剂应该以必需的最低剂量使用并与其他镇痛药合用以获得满意的药效（表19.2）。α2激动剂的主要优势在于它们能够快速、完全地被α2颉颃剂逆转。育亨宾和阿替美唑是最常用的α2颉颃剂。

噻拉嗪为第1个合成的α2激动剂。噻拉嗪有疗效、容易获得且并不昂贵，但与新型α2激动剂相比可能与心血管不良反应的增加有关。自上市以来，美托咪啶是小动物临床中最常用的镇静剂。该药对α 2受体的选择性更高，因而比噻拉嗪更有效。美托咪啶是由同一化合物的两种旋光对映异构体（左美托咪啶和右美托咪啶）构成的（外）消旋混合物，右美托咪啶是唯一的活性异构体。纯化的右美托咪啶已经取代了美托咪啶。在目前的美国市场，右美托咪啶作为α 2激动剂并未显示比（外）消旋混合物更具有临床疗效（除了两倍于疗效的情况）。

恒定速率输注

不同止痛药的恒速输注（CRI）可以为术后患者提供有效、可靠和稳定的药物浓度。恒速输液避免了血药浓度产生波动，从而规避血药峰浓度毒性和血药谷浓度时药物作用丧失的风险。除NSAIDs之外，所有如前列表提到的各类药物都可以用于疼痛控制的CRI给药。熟悉CRI药理学的基本知识对于药物的有效使用非常重要。

当以起始剂量进行CRI时，达到稳定血药浓度的时间仅与药物在动物体内的半衰期有关。药物的血清浓度一般呈对数模式增长。处于一个半衰期时，药物浓物为稳态浓度的50%，两个半衰期时为75%，三个半衰期时为87.5%，以此类推。达到五个半衰期后，血清药物浓度仅为97%的稳态浓度。从临床的角度来说，如果未按氢吗啡酮（半衰期为80 min）的起始剂量给健康的成年犬用药，而是单一地进行术后CRI给药，则需要6h40min的时间达到97%的稳态浓度（表19.1）。为了在控制术后疼痛时能让氢吗啡酮迅速起效，应该以起始剂量进行CRI给药，使动物体内的血药浓度达到稳态并充分发挥镇痛作用。更简单地说，CRI的目的不是为了一开始就达到镇痛浓度，而是为了当以起始剂量给药时维持药物的镇痛浓度水平。与此相同，在血药浓度达到稳态后，一旦灌注速率发生改变（升高后降低），则需要另外5个半衰期的时间来使血药浓度达到97%的新稳态浓度水平。插图所描述了血清药物浓度是如何以对数模式变化的。吗啡可以在单一静脉给药的成年健康动物的尿液中检测到，即便药物的镇痛作用消失已经超

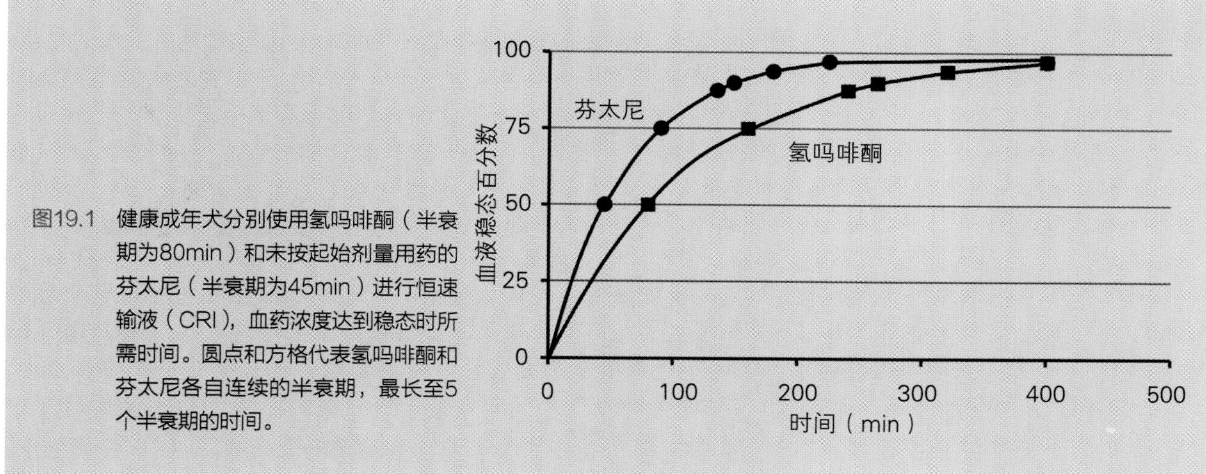

图19.1 健康成年犬分别使用氢吗啡酮（半衰期为80min）和未按起始剂量用药的芬太尼（半衰期为45min）进行恒速输液（CRI），血药浓度达到稳态时所需时间。圆点和方格代表氢吗啡酮和芬太尼各自连续的半衰期，最长至5个半衰期的时间。

过6h。芬太尼（半衰期为45min）的CRI曲线也在图19.1中给出，用来说明不同的药物半衰期在CRI管理时产生的差别。

在临床应用中，最简单的CRI给药方法为使用电子输液泵。在输入以下信息后，多种更新的注射泵型号可以精确计算给药速度：动物体重、CRI给药速率（如mg/（kg·h）、mg/（kg·min）等）。可以人工计算（图19.2中的A方法）和设定想要的注射泵速率（如mL/h、mL/min）。另外一种CRI给药的方法（图19.2中的B方法）是将药物以一定体积的静脉用生理液（通常为0.9%NaCl）重悬药物，这样在方便以拟定速率给药的同时，也获得了准确的给药量。如果使用第2种方法，必须注意避免由于CRI输液速率高于生理耐受限度而造成体型较小动物的输液超负荷现象。无论选用何种方法，操作者都应该确保使用正确的计算单位。动物的体重应该以kg表示，CRI的速率应该转换为mg/（kg·h）。恒速输液的剂量已在参考教材中列出，单位药物以μg /kg表示，时间用min、h和d表示。

方法A

在既定的CRI速率情况下，计算应该给予动物的全效量药物的比率：

$$\frac{\text{动物体重（kg）}\times\text{CRI速率［mg/（kg·h）］}}{\text{药物浓度（mg/ml）}}$$

举例：以0.1 mg/（kg·h）的速率给25kg体重的动物使用未稀释的吗啡（10mg/ml）进行CRI：

$$\frac{25\text{kg}\times 0.1\text{mg/（kg·h）}}{10\text{mg/ml}}=0.25\text{ml/h}$$

因此，输液泵的输液速度应该设定为0.25ml/h（即2.5mg/h）。

方法B

在以10ml/h的速度进行CRI的情况下，计算250ml 0.9%NaCl中应加入的镇痛药的总量：

$$\frac{\text{动物体重（kg）}\times\text{CRI速率［mg/（kg·h）］}}{\text{药物浓度（mg/ml）}}\times\frac{\text{稀释后的体积（ml）}}{\text{拟定的输注速率mg/h}}=\text{需要的药物体积（}m^2\text{）}$$

仍以方法A中提到的例子来计算：

$$\frac{25\text{kg}\times 0.1\text{［mg/（kg·h）］}}{10\text{mg/h}}\times\frac{250\text{ml}}{10\text{ml/h}}=6.25\text{ml吗啡（10mg/kg）}$$

因此，应该用6.25ml 10mg/ml的吗啡替换掉相同体积的0.9% NaCl，从而得到输注速率为0.1 mg/kg/h的终溶液。

图19.2 恒速输液（CRI）的计算公式和示例

结束语

总而言之，拥有多种止痛药和相应规程来减轻患病动物在手术介入过程中的不适感无疑是值得庆幸的。在避免药物不良反应的同时，为每一个患病动物选择适当的用药以预防和管理手术引起的疼痛是兽医师的职责。目前，可以使用的镇痛药具有专属于药物类别的镇痛效果和不良反应。熟知现有的镇痛药及其使用限制对临床兽医师至关重要，但复合镇痛的重要性及其能减小药物不良反应的能力（通过降低不同类别药物在联合用药中的剂量，使药效最大化而使不良反应降到最低）并未得到足够的重视。同样，通过超前镇痛以实现最大程度控制疼痛的观念应该尽可能地落实到实践当中。如此，兽医师或许能够为患病动物提供最佳的术后护理。

参考文献

［1］Bonnet F, Marret E. Postoperative pain management and outcome after surgery. *Best Pract Res Clin Anaesthesiol* 2007;21:99–107.

［2］Kehlet H. Effect of postoperative pain treatment on outcome: current status and future strategies. *Langenbecks Arch Surg* 2004;389:244–249.

［3］Fitzgerald M, Millard C, McIntosh N. Cutaneous hypersensitivity following peripheral tissue damage in newborn infants and its reversal with topical anaesthesia. *Pain* 1989;39:31–36.

［4］Geyer J, Ellsbury D, Kleiber C, et al. An evidencebased multidisciplinary protocol for neonatal circumcision pain management. *J Obstet Gynecol Neonatal Nurs* 2002;31:403–410.

［5］Weisman SJ, Bernstein B, Schechter NL. Consequences of inadequate analgesia during painful procedures in children. *Arch Pediatr Adolesc Med* 1998;152:147–149.

［6］Bergh MS, Budsberg SC. The coxib NSAIDs: potential clinical and pharmacologic importance in veterinary medicine. *J Vet Intern Med* 2005;19:633–643.

［7］Kay-Mugford PA, Grimm KA, Weingarten AJ, et al. Effect of preoperative administration of tepoxalin on hemostasis and hepatic and renal function in dogs. *Vet Ther* 2004;5:120–127.

［8］Goodman L, Torres B, Punke J, et al. Effects of firocoxib and tepoxalin on healing in a canine gastric mucosal injury model. *J Vet Intern Med* 2009;23:56–62.

20 患病动物的疗养和追访

Elizabeth A. Swanson　Fred Anthony Mann

术后护理和追访与对术前、术中细节的关注一样重要。无论是简单的母猫绝育还是复杂的肝叶摘除或者骨折修复手术，在术后即刻进行良好的护理，可以让动物从麻醉中平稳苏醒而无不适感。维持体温、确保足够的血流灌注和通气、提供良好的护理和镇痛、保持营养状态和限制活动都有利于创口恢复，以上这些重要因素将在本章进行探讨。对出院动物的追访很有必要，这样可以与客户保持开放的交流。外科医生可以通过后续的交流和检查对动物的恢复过程进行监测，以此决定是否需要进行额外的护理以及动物何时能恢复正常活动。

即刻的术后护理 

动物刚进入苏醒观察室或者重症监护病房时，通常仍处于麻醉后的苏醒状态。在动物恢复强烈的吞咽反射前，保留气管内插管使动物气道通畅。因为短头品种动物口腔内松弛的软组织结构会干扰正常的呼吸，所以最好在动物抬头开始咀嚼后再拔管。应该对苏醒时仍保留气管内插管的动物进行严格监控，以防止插管被突然咬断。在动物离开病房前，确保动物在拔管后呼吸顺畅。对动物基本的术后监测内容包括测量体温、评价心血管指标、呼吸功能、意识水平和疼痛状态，与实施的手术无关。大多数动物在进入康复病房时会出现畏寒状况。麻醉后的动物无法自行调节体温，在离开手术台后会快速丢失体热。体型小的动物有较高的体表面积/体重比，因此体热散失速度要比体型大的动物更快。应该间隔30~60min测量一次动物的体温，直到体温恢复至100° F（37.8℃）。当动物苏醒后的体温恢复正常并稳定下来时，可将其从观察室转至普通病房。当动物能够自主调节体温后，应将外部热源关闭或移开。

最简单的用于监测血流灌注和通气情况的指标包括心率、脉搏质量、呼吸频率和力度、黏膜颜色和毛细血管充盈时间。在动物麻苏醒和出现警觉前，需对这些指标进行监测。之后根据动物的情况，间隔6~12h记录一次。危重病例需要更为频繁的监测，比如开胸手术后苏醒的动物，应该每间隔1h对其呼吸频率和特征查看一次。心率、脉搏质量、黏膜颜色和毛细血管充盈时间可以用于评价血流灌注情况。心动过速（如犬的心率大于180次/min，猫的心率大于260次/min）伴发脉弱无力、黏膜苍白可能提示为由低血压、休克或者全身性炎症反应引起的血流灌注不良（与犬不同，由于猫没有可以感应低血压的压力感受器，其心率表现正常或低于正常水平）。当然，犬和猫在休克的末期会表现心动过缓（失代偿性休克）。

伴有弱脉和（或）速脉的心动过缓、心动过速可能提示心律不齐，这会威胁动物的生命，需进行处置。毛细血管充盈时间延长可能提示心脏输出或循环不良，但由于动物在心跳停止后仍能观察到毛细血管的充盈，因此必须谨慎对待。

呼吸频率、呼吸特征和力度以及黏膜颜色可有助于确定通气和氧和作用是否充分。急促、浅而费力的呼吸以及黏膜发绀提示氧交换不畅，如可能出现气胸、胸膜渗出、肺水肿、肺挫伤、肺炎或者肺血栓栓塞等情况。以上任何一个指标出现异常变化都需要进行额外的检查和处置，这将在本章的后部分进行讨论。

可以用动脉血气分析或者脉搏血氧仪（较为常用且侵袭性小）对动脉氧分压（PaO_2）和血氧饱和度（SaO_2）进行测量以此评价氧和作用的情况。脉搏血氧仪能显示脉搏频率和血氧饱和度，但在血管收缩以及脉搏很弱的情况下有局限性。脉搏微弱或者很难触到脉搏时可能提示外周循环损伤，需要进行额外的检查。当脉搏血氧仪上显示的脉搏频率与触摸的脉搏频率或者听诊的心率不一致时，血氧饱和度的读数是不准确的。脉搏血氧仪通过向血液和组织发射红色光或红外光来测量血红蛋白饱和度。红光易于被未饱和的血红蛋白吸收，而红外光则更多地被氧和血红蛋白所吸收。通过测量被吸收光的总量，脉搏血氧仪通过计算显示出氧和血红蛋白的比例。在计算过程中，血氧仪在一个脉搏周期内进行测量（因此也称为脉搏血氧仪）以此来消除静脉血和组织中血红蛋白的干扰，得到动脉血红蛋白的饱和率（SpO_2）。SaO_2（SpO_2亦是如此）与PaO_2相关，以S形曲线（也称为氧-红血球分离曲线）来表示二者的关系。在海拔高度水平，室温下的正常PaO_2范围为80~110mmHg，与脉搏血氧仪读数中的95%~100%范围相对应。因为90%的SaO_2与PaO_2的60mmHg相对应，当SpO_2低于90%时需要辅助吸氧治疗。

通气的充足程度可以经由血气分析结果或二氧化碳图谱进行评价。通过二氧化碳图谱测量得到呼吸末二氧化碳（$ETCO_2$）可以用于估测动脉二氧化碳分压（$PaCO_2$），后者可以直接从动脉血气分析结果中得到。正常的$PaCO_2$值介于35~45mmHg，但由于CO_2可通过肺动脉毛细血管内皮和肺泡快速地扩散，因此$ETCO_2$与$PaCO_2$的数值很接近。$ETCO_2$值大于60mmHg提示通气不足，而$ETCO_2$低于20mmHg则表示通气过度。

为了确保动物正常苏醒，应每隔1h对其意识水平监测一次。当从麻醉中苏醒时，动物逐渐地从睡眠状态转变为觉醒状态（即使仍处于镇静状态也是可以接受的，这取决于是否使用了镇痛药或者镇静剂），而大多数动物会在15~20min后出现觉醒[1]。重症、低温、低血糖、贫血、血氧不足以及低蛋白血症的动物可出现苏醒延长。此外，麻醉过深的动物也需要较长的时间来恢复意识。需要给烦躁不安的动物使用镇静剂（乙酰丙嗪或者右美托咪啶）来保持平静，降低受伤的风险。当动物的意识状态趋向于沉郁时，提示应尽快地纠正潜在的问题（如颅内压升高、低血糖、休克或者出血导致的休克）。

应该观察动物是否有疼痛或者不适的迹象出现。认为疼痛可以限制动物活动而有助于康复，并因此让动物处于疼痛状态的做法是不可取的。当适当地控制疼痛后，无论是人还是动物都能够更好更快地康复。对患病动物的疼痛进行评价无疑是困难的，而进一步区分疼痛和焦躁则更为困难。以上两种情况都需要进行处置，因为焦躁会增加动物的疼痛感[2]。已记载的驯养动物疼痛时的表现包括尖叫、战栗、不愿移动、不安或者感到不适、保护受伤部位、有攻击性、流涎过多、瞳孔扩张、高血压以及呼吸频率增加。术后疼痛控制的内容已在第19章中有了详述。

重症以及出现上述异常表现的病例需要进行额外检查。可以通过直接的动脉导管或者间接的多普勒、示波法技术测量血压。任何出现持续性低血压（麻醉状态下）、严重出血、败血症或者有可能发生全身性炎症反应的动物都应该对血压进行监测。直接动脉血压测量法和间接示波法可以进行收缩压、舒张压和平均压的测量。确保大脑和肾脏血流灌注充足的理想平均压介于80~90mmHg。平均压低于60mmHg会导致肾脏血流不足，从而造成肾脏损伤。此外，血流灌注不足也可能使肾脏更易于发生由NSAIDs诱发的损伤。大脑的自身调节可以在平均血压为50~150mmHg的范围时维持充足的脑部血流供给。如果无法直接获得平均动脉压，则可以使用多普勒间接法测量血压。收缩压大于100mmHg通常提示组织血流灌注充分。

应该对血糖调节功能受损的动物进行血糖监测。年幼、虚弱和出现败血症的动物（如败血性腹膜炎的病例）以及在门脉分流减压术或者胰岛素瘤切除手术后苏醒的动物，应该在术后立即进行血液或者血清葡萄糖的检测。之后根据动物的情况，在最初的24~48h内多次监测。低血糖（血糖低于60mg/dL）会延长麻醉后的苏醒时间。其他的低血糖症状包括嗜睡、沉郁、震颤、虚弱、共济失调、癫痫和昏迷。存在低血糖风险但可以进食的动物应该每隔2~3h饲喂少量的食物，以维持正常的血糖水平。患低血糖或存在低血糖风险但无法进食的动物应该在静脉输液中添加葡萄糖（平衡溶液中葡萄糖的浓度一般为2.5%或者5%），可能还需要推注25%的葡萄糖（1mL/kg）用来控制临床症状。

出血是手术中常见的潜在并发症。在一些手术过程中可能会出现严重的出血，如脾破裂后的摘除手术、肝叶摘除术以及创伤的病例。测量红细胞压积（PCV）和总蛋白（TP）是一种快速确诊血液丢失的方法。但在急性出血时，当体液尚未从细胞内和间质组织向血管内流动前，PCV和TP仍可能正常（或处于临界值）。当然，也可以用全血细胞计数（CBC）来评价血液丢失情况。对于出现明显的血液丢失或者术后出血的动物，应该在术后即刻进行PCV/TP检测，之后若有必要则根据情况进行后续的监测。出血的早期表现包括黏膜轻度变紫或者苍白、心率增加、外周脉搏无力、血压下降。严重的出现表现为虚弱、虚脱和死亡。如果腹腔或者胸腔出血可能观察到动物腹围扩张或者呼吸困难。若脾脏发生收缩，则总蛋白会在PCV下降之前出现降低。出血的对应治疗包括谨慎的补液和输血。虽然出血性休克的动物在复苏时需要快速静脉输入晶体液或者推注其他液体，但仍要尽量避免因输液导致的二次出血（血压增高引起初期形成的血凝块发生移动）。可以对活动性出血的动物进行低压复苏，经此方式可以对血压进行监测并调整输液治疗，以此获得高于低限（过低可引起肾脏损伤）但仍未达到正常水平的平均动脉压（60mmHg）。在这些病例中，复苏时的目标平均动脉压通常为70~80mmHg。虽然腹腔内积液或者腹绷带可以引起腹压升高，并抑制因手术操作造成的腹腔内出血，但可能仍需要再次手术来结扎溢血的血管。择期手术，尤其是子宫卵巢摘除术，与其他手术一样需要进行术后出血情况的监测。

中心静脉压（CVP）可以用于监测重症病例的血容量情况，并指导静脉输液治疗。正常的CVP介于0~10 cmH_2O*。CVP低于0 cm水柱提示低血容量，需要增加输液或者持续的液体治疗；而CVP高于10cmH_2O则提示容量超负荷或者心肌功能不全，应该减少或终止补液。为了测量CVP，需要通

* 1cmH_2O=98Pa。

过三通阀将中心静脉管（通常为颈静脉导管）与水压计（或者与厘米尺绑靠的静脉延伸导管）相连（图20.1）。垂直于水平面方向放置压力计，使其零刻度位于右心房水平（图20.2）。首先用无菌生理盐水冲洗颈静脉导管，然后关闭靠近动物端的导管使压力计充盈，之后打开连接动物端和压力计的通路，使两侧的压力达到平衡（图20.3）。当液面停止下降后，在液面的最低点读取CVP。需要注意的是，呼吸状态下的液面应该在1cm范围内上下波动，而此时若液面稳定则可能出现人为误读。低蛋白血症的动物通常需要补充胶体液以维持血容量，防止形成水肿。可以用渗透压计从血液样本中测量胶体渗透压（COP），用以指导胶体液的补液。正常的COP介于20~25mmHg。COP

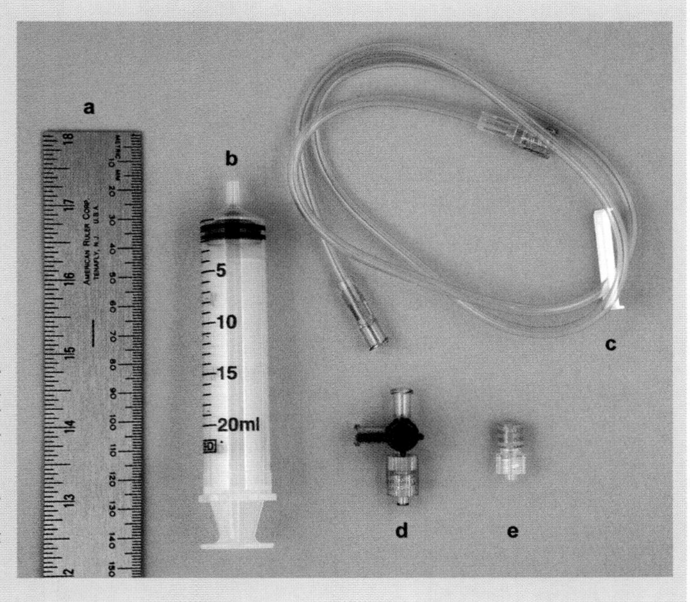

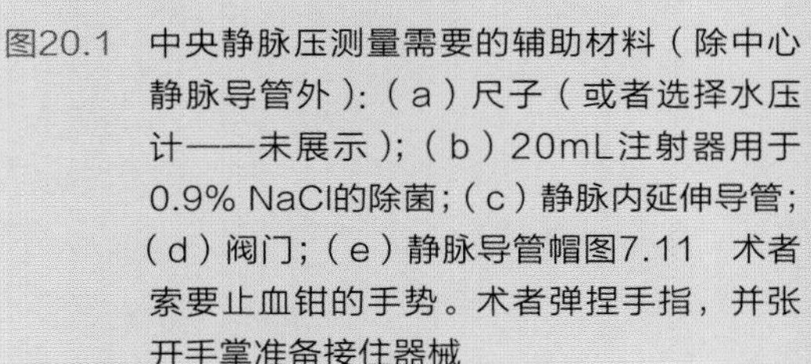
图20.1　中央静脉压测量需要的辅助材料（除中心静脉导管外）：（a）尺子（或者选择水压计——未展示）；（b）20mL注射器用于0.9% NaCl的除菌；（c）静脉内延伸导管；（d）阀门；（e）静脉导管帽图7.11　术者索要止血钳的手势。术者弹捏手指，并张开手掌准备接住器械

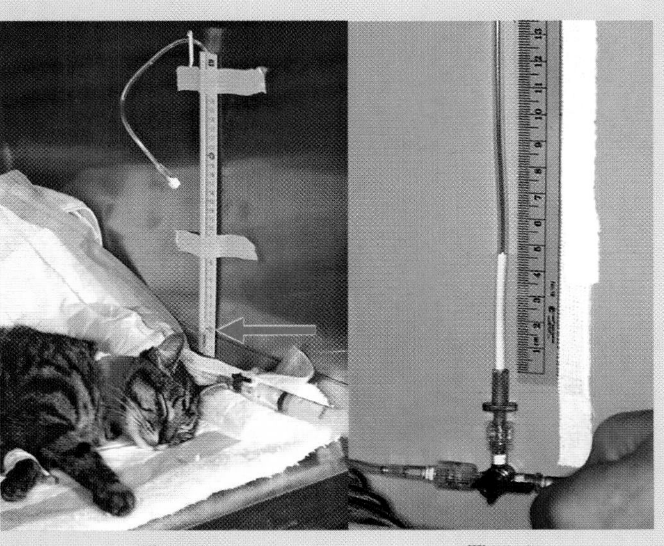

图20.2　术后给猫安置的中心静脉压测量装置。注意零刻度朝向尺子的底部（箭头所示）与猫左侧平躺时右心房的水平持平

图20.3　使用静脉内延伸导管和尺子（用于压力计）进行中心静脉压测量的近照图。应该在弯液面的最低点读取中心静脉压值，该病例的中心静脉压为4.6cmH_2O

图20.2　图20.3

低于15mmHg时需要进行干预以维持血浆渗透压。引起低蛋白血症的原因包括蛋白丢失（蛋白丢失性肠病、蛋白丢失性肾病、腹水）、蛋白摄入不足（厌食）以及蛋白产生不足（肝脏衰竭）。低蛋白血症和低血浆渗透压可导致水肿和组织愈合延迟。

除了监测以上指标外，良好的护理也是必要的。护理的目的是尽可能地使动物感到舒适以及改善卫生状况。应该维持术后苏醒动物的体温并保证干燥清洁。体温下降对动物的影响已经在前章内容中进行了讨论。皮肤表面过湿会让动物感到不适，可导致皮肤浸渍和发生感染。为了避免动物被尿液或粪便灼伤，应该尽快地将动物移开。需经常检查或更换盖褥，使用可吸收性垫料，并用需水或无水香波轻柔地给动物清洗。给重症动物用洗必泰洗澡可以降低医源性感染的发生率，因此可以考虑用洗必泰对存在感染风险的动物进行清洁。

应该给患病动物使用合适的垫子。躺卧的动物需要使用厚实的垫子并间隔4~6h给动物翻身一次，防止褥疮性溃疡的发生。每天至少查看切口两次，确保切口干燥清洁、无红肿、裂开或者渗出。动物无法排空膀胱中的尿液时会变得不安。能活动的动物可以让其步行外出或转移至室外排尿，而无法活动且不能自行排尿的动物（如半椎板切除手术后苏醒的患犬）应该插入尿管并小心地挤压膀胱排空尿液，因为尿潴留会导致尿道感染。从卫生的角度考虑，躺卧的动物应该使用尿管及闭合性尿液集收装置，而该装置还能用于监测动物的尿量。

骨科手术的动物在术后会进行包扎或者安置绷带。将敷料，如Bioclusive（Johnson&Johnson, Lanhorne, PA）和Telfa Island（Covidien, Mansfield, MA），安置于切口上起到保护作用，并能在渗出的纤维素黏盖住切口前防止污染。安置绷带是为了保护切口，同时为四肢提供额外的固定作用。此外，还可提供中度的压力以减少术后的肿胀。应该时刻保持绷带清洁干燥并查看绷带是否滑脱，因为滑脱的绷带会限制四肢的活动以及阻碍血液循环。经常检查趾部是否出现肿胀，可用于提示绷带是否包扎过紧。若发现绷带黏渗、变湿、弄脏、滑脱或者趾部发生肿胀则应更换绷带。

择期手术的健康动物在术后应该保留静脉导管，直到动物苏醒利于体温恢复正常。重症、虚弱以及术后需要静脉给止痛药（间断注射或恒速输注）的动物在术后应留置静脉导管。给手术动物用的静脉导管种类包括外周静脉导管（头、外侧隐静脉）、中心静脉导管（外侧颈静脉）和动脉导管。虽然对不同类型导管的维护方法存在区别，但都应该查看导管是否通畅、和安置正确、安置部位是否出现炎症或感染。未使用的导管应每间隔6小时用生理盐水冲洗一次，保持通畅。动脉导管在不使用时应该在冲洗后用肝素封盖，而静脉导管不必使用肝素。此外，还可以通过将动脉导管与肝素压力袋连接的方式来进行维护。事实上，对于小型犬和猫而言，过度地使用肝素冲洗会无意中造成血液肝素化（如延长凝血时间）。

因为患病动物会时常在笼子中来回走动或跑动，所以确保导管未发生移位很重要。静脉导管移位或部分脱出会导致液体和药物渗入皮下并酿成严重后果。当不再需要使用静脉导管、皮下出现肿胀或静脉炎、导管无法恢复通畅时，应该将其拆除。每天至少对导管的插入位点检查两次，并及时处置相关问题。

胸导管、饲管（食道造口术、胃造口术以及空肠造口术时使用）、内置尿管和排液管都应该保持清洁通畅。如果使用胸导管周期性的排空胸腔积液，确保夹子放置正确并在未使用时处于关闭状态以免发生医源性气胸。应该避免动物啃咬导管或者将导管与T恤、弹力织物、绷带或者伊丽莎白项圈相固定。每天至少对胸导管、饲管和排液管周围的组织检查2次，看是否出现发红、肿胀、泄漏或外渗。有关外科用导管及排液管的完整讨论可以参看第17章的内容。

大多数手术动物（不包括简单的择期手术）在术后都需要进行静脉输液，并根据动物的情况选用晶体液或者胶体液。术后常用的晶体液包括乳酸林格氏液、Normosol-R、Plasma-Lyte以及0.9%生理盐水。此外，可以根据动物的体况添加氯化钾、葡萄糖和B族维生素。胶体液包括羟乙基淀粉、右旋糖酐、血制品和人造血（Biopure Corporation，Cambrige，MA）。但过往几年的使用经验显示，人造血的效用并不稳定。等渗晶体液通常作为维持液来使用。产热量液体的维持使用剂量按照每消耗1kCae的能量伴随丢失1升水的标准来制定。按照上述理论，用于计算静息状态下日均所需能量的公式同样适用于日均所需维持液体量的计算（见本章营养支持的部分）。简单的骨科手术病例可以以正常的输液速度进行补液。重症或者代谢功能障碍的病例（如肾脏疾病）则需要更快的输液速率，一般介于1.5倍的维持剂量至休克剂量（90ml/kg）之间，而患心脏病的动物则需使用较低的输液速率。使用胶体液时，需根据动物的情况和补液目的来选择剂量，其中羟乙基淀粉和右旋糖酐的基础剂量一般为每日20mL/kg。当给猫使用胶体液时需格外小心，因为猫对胶体液的反应更敏感。通常情况下，猫的胶体液使用剂量和输液速率都要低于犬的计算量。过于激进的液体治疗会导致容量过负荷以及肺水肿的发生。读者需要参照医学、重症护理以及液体治疗方面的教材以获取更多有关静脉液体治疗的内容。

不推荐术后使用抗生素，且最好根据细菌培养和药敏试验结果针对确定的病原菌使用抗生素。若术前使用的抗生素在术后仍未输完，则应在24h内停止使用。可参看第4章中有关小动物外科手术抗生素使用的完整内容。

营养支持

为了满足手术动物的代谢需求，补充营养是必须的。当动物摄入的卡路里不足时，由于受到儿茶酚胺、糖皮质激素和其他炎症产物的影响，机体将无法增强适应性反应。因此，手术动物不会像健康动物那样利用贮存的脂肪作为能量来源，而是继续分解肌肉组织以获得蛋白质，这将导致瘦体重丢失。营养不良以及伴随产生的瘦体重丢失降低了动物的组织损伤修复和抗感染能力，最终导致发病率和死亡率上升。若动物可以进食，则最好能经口饲喂。建议对厌食或部分食欲减退（超过5或更长时间）的动物进行营养干预[3]，但手术动物最好能尽早恢复进食（术后24h内）。如果动物仍不愿进食（24h内）或者被禁食，则应进行营养干预。

如果胃肠道功能正常，可考虑使用饲管进行肠内饲喂。有必要时，可预先制定好营养支持方案以及在术中放置饲管（如术前长时间厌食、严重虚弱或者广泛的胃肠段切除病例），这样可以避免当动物拒绝进食后再放置饲管时出现麻醉不良状况。此外，当手术操作或者术后管理（如引起恶心的镇痛药）可能引起动物厌食时，需谨慎地借助麻醉来放置饲管。若手术操作可能引起动物恶心或者厌食，则在关腹前放置空肠造口管是个不错的办法。事实上，在腹部手术（不需要下饲管）后给不进食或开始出现呕吐的动物安置空肠造口管会很有好处。

鼻食道或食道造口管、胃造口管和空肠造口管都可以作为饲管来使用。在第17章的内容中已经就饲管的维护和保养进行了讨论。直径较小的导管，如鼻食道和空肠造口管适合于饲喂液体食物。较大的导管可以容纳罐装食物，如希尔斯A/D处方食品（Hill Pet Nutrition, Inc., Topeka, KS）、爱慕斯兽用Maximum-Calorie食品（Iams Company, Dayton, OH）或者皇家Recovery RS食品（Royal Canin USA, Inc., St.Charles, MO）。

一般应该选择动物专用食品。动物的疾病状况会影响食物的选择，如肾脏疾病的动物更适合选用低蛋白食物。读者需要参考营养学教科书以获得有关动物疾病状况下食物选择的详细内容。多数患病动物的静息能量需求（RER）可以用以下公式进计算：每日所需千卡=30×体重（kg）+70，而体重小于2 kg或者大于45 kg动物的RER则用以下公式计算：每日所需千卡=70×体重（kg）$^{0.75}$。此时，患病动物的能量需求不再需要考虑疾病因素的影响。第1天时需要满足25%～50%的RER，在第2天或者第3天内增加到100%的RER。若不使用空肠造口导管，则需将每天所需的食物总量分4～6次进行饲喂。通过空肠造口管饲喂时，需要进行恒速输注饲喂，因为食团形成会引起肠道扩张。扩张的肠道会引起动物疼痛并限制食物的吸收。大多数临床医生会按小于计算值的食物量开始饲喂，然后逐日增加饲喂量，并在第3天时满足RER。

安置肠道饲管的潜在并发症包括导管阻塞、再饲喂综合征（动物在厌食几天后快速恢复饮食时发生）、呕吐、腹泻、动物过早地自行拔除饲管以及吸入导管（若将导管误插入到鼻咽或者气管）。通过肠道饲喂的液体，食物量应该包含在每日液体需要量内，避免发生水中毒。当动物摄入的食物量满足60%的RER时，则可以逐步减少肠道饲喂。当动物的能量需求获得满足后，可以停止肠道饲喂。在确保动物能够通过进食满足日均RER需求时，方可将导管撤出。为了保证胃或者空肠与体壁贴合紧密，经皮下放置的胃造口导管和空肠造口导管（未使用联锁盒技术）在安置后的第5天（空肠造口术）或者第10天（胃造口导管）前不能拆除。应用连锁盒技术（见第17章）后，即使术后立刻移除空肠导管也会很安全。该技术的好处是可以防止导管因不经意或者术后不久因动物啃咬而被拔除，而且动物在术后第5天就可出院。

因呕吐、严重的胰腺炎或者有严重误吸风险（由于无法保护气道）而不能经口饲喂或者肠道饲喂的动物，可以考虑为其提供肠外营养。现有商品化的部分肠外营养（PPN）和全肠外营养（TPN）制品可以使用。通常情况下，专用的静脉导管、确保血管通路无菌的技术、24h的看护以及家用监测动物血清化学指标的技术都是必需的。所有的导管和管道必须用无菌技术进行处理以降低污染。因为不能提供需要的全部卡路里，部分肠外营养制品仅适于短期使用。TPN可以提供全部的卡路里需求，并在3d内逐渐起效，所以适用于3d或者更长时间需要肠外营养的动物。此外，可以使用工作表格计算PPN和TPN的需要量[3]。

与肠外营养有关的潜在并发症包括导管或者管道的阻塞、静脉炎、血栓和败血症。严格的监护和遵守无菌原则可以避免大多数并发症的发生。接受肠外营养的动物必须进行葡萄糖、电解质、磷和镁的监测。当动物开始消耗60%或者更多的RER时，可停止肠外饲喂。读者需要参考营养学教材以获得更多有关肠外营养的信息。

身体锻炼

在手术后的前10~14d内，应将患犬用短绳栓锁（方便排泄）在犬舍或者小屋内以限制活动，这样有利于切口的愈合。大多数动物在骨科手术后需要限制活动6~8周以利于骨骼愈合，而能在3~4周内康复的幼犬或者术后宜尽早恢复限制性活动，而增加髋关节活动范围的手术（股骨头和股骨颈切除）则例外。多数进行软组织手术的动物会在缝线或皮钉被拆除后开始正常的活动。在骨骼充分愈合后，动物可以逐渐恢复至正常的活动以增加肌肉、韧带、肌腱的强度，但要防止过度使用患肢。

给长期强制休养和制动的动物进行物理治疗是有益的。物理治疗的好处在于可以防止肌肉挛缩、减少肌肉萎缩、维持正常的关节活动范围、改善循环并提高患肢的功能。单纯的物理治疗方法为术后的前24h进行冷敷以减少炎症和肿胀，之后进行热敷以促进循环和松弛组织，因为热敷可有助于消退水肿和血清肿。被动的区间活动锻炼有助于维持关节的活动性和灵活性。允许活动的动物可以在牵遛情况下自行恢复锻炼，如在斜面或者楼梯上下行走、游泳等。此外，还可以在其他的外科教材中找到更多有关物理治疗的信息。

随访

对于手术病例而言，随访护理与外围手术期护理同样重要。随访护理包括书面指南、定期复查和电话回访。患病动物出院后，主人应该遵照医嘱来护理动物。出院护理指南（dismissal instruction）至少应该包括操作程序和限制活动的指示（活动量和时长）、切口和（或）绷带的检查和护理、防止舔舐和啃咬手术部位、缝线拆除后的随访、身体检查、实验室检查和X线检查。此外，书面指南还应该包括发生并发症时，主人可以采纳的建议等内容。

通常在术后的第10～14天拆除皮肤缝线和皮钉，但若创口延迟愈合则时间往后推移。肾上腺皮质机能亢进或者使用皮质类固醇药物的动物，其创口的愈合时间更长。耳血肿整复的病例应该留有充足的时间（至少17d）使耳廓软骨层发生纤维化。在活动频繁部位上的切口很大程度上会受到肌腱的影响，因此需要更长的愈合时间。过早的拆除缝线会造成切口裂开，而缝线保留的时间过长则会刺激局部组织并形成窦道。一些外科医生会用皮内缝合的方法来闭合绝育或去势手术的切口，但仍需要在术后第10～14天对切口进行检查。

用手指或器械（如止血钳或者镊子）提起缝线的线结，用剪线剪将缝线环剪断（图20.4）。注意不要同时剪断两端的线环防止部分缝线残留，造成异物反应。使用外科皮钉拆除器将皮钉拆除。将拆除器双齿侧放置于皮钉下方，闭合时让单齿侧与皮钉的横梁咬合使其在中部发生弯曲，并使两侧钉脚变直后从皮肤上移除（图20.5）。在没有皮钉拆除器的情况下，可以使用蚊式止血钳将皮钉撑开后拆除。有时皮钉可能会在皮肤上发生内旋，而蚊式止血钳可以将皮钉旋回到原有位置后拆除，但用止血钳进行操作可能会使动物感到不适。

某些手术（如甲状旁腺摘除或胰岛素瘤的切

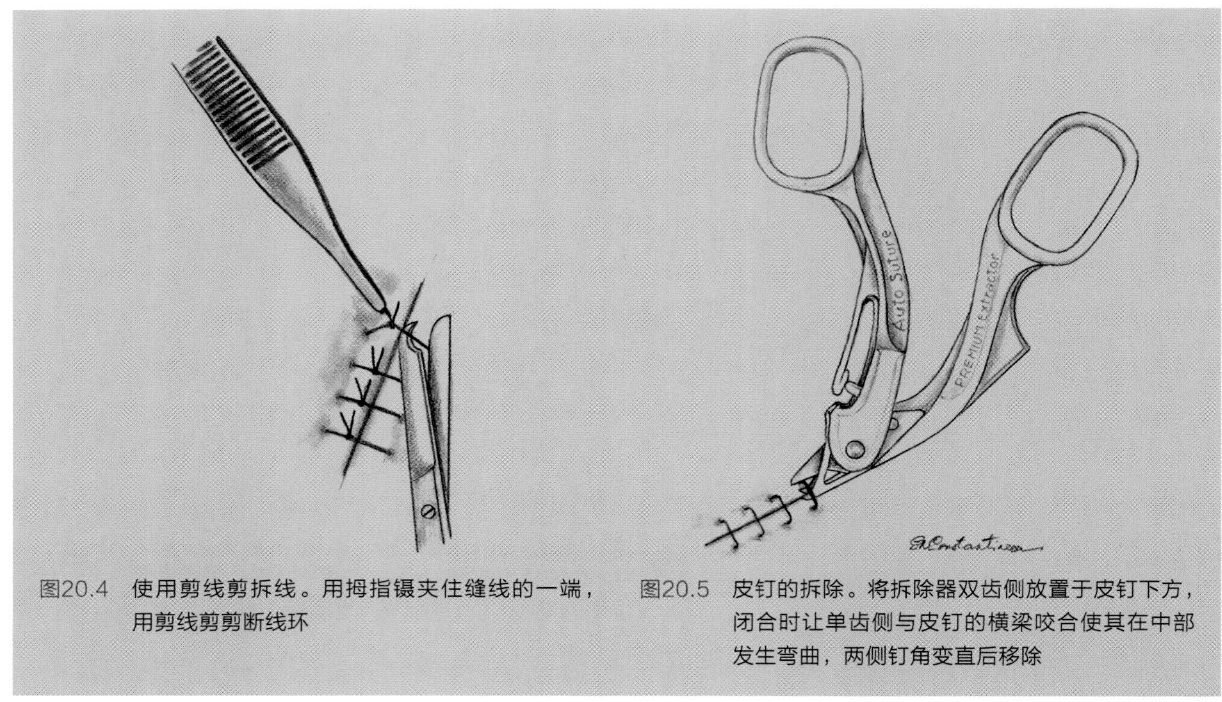

图20.4 使用剪线剪拆线。用拇指镊夹住缝线的一端，用剪线剪剪断线环

图20.5 皮钉的拆除。将拆除器双齿侧放置于皮钉下方，闭合时让单齿侧与皮钉的横梁咬合使其在中部发生弯曲，两侧钉角变直后移除

除）术后需要后续的实验室检查。应该对膀胱结石手术的病例进行尿液分析和影像学检查，以监测治疗效果和是否有结石复发。多数病例应该在术后第8周进行X线检查，来评价骨折的愈合情况。幼年动物的骨折可以在术后第2~4周进行检查，因为其骨折愈合得更快。而某些手术（如下颚骨骨折或者单纯的骨折外固定）需要更长的愈合时间。X线检查的复查间隔时间可以根据情况进行调整。

想确保客户能够定期来复查有时很困难，尤其是那些居住遥远、交通不便或者经济能力有限的主人。与顾问兽医关系良好的转诊中心可以选择在指定诊所完成大部分或所有的随访护理。为了鼓励客户能够来定期复查，一些兽医将拆线或者快速的健康复查列为免费项目。可以通过向客户强调定期复查的重要性并提供对实际医疗费用的估算（如重复的实验室检查或者X线检查）来改善客户的配合度。

在术后1~2d内进行简要的电话回访以掌握动物的状况，这样既能给医生注入信心，同时也让动物主人体会到医生对宠物的关怀。通过电话回访可以及时地了解情况，以便出现问题时可以及时进行干预和预防并发症的发生。主人在发现宠物出现问题时，应能够电话联系到兽医或兽医能及时回复电话。即时通讯时，动物是否需要立刻返回医院对问题进行处理、是否需要医生接听电话或者是否可以等待电话回复取决于接听电话的接待人员或者技术人员所掌握的技能和接受的训练。此外，医疗团队成员间的交流也很重要。

简而言之，良好的随访护理是由复查计划、主人与兽医及兽医工作人员的良好沟通共同组成的。随访护理可以根据动物的情况来制定，包括对切口愈合情况、康复情况、实验室检查结果和X线检查结果的监测以及对动物主人精神层面上的支持。需要及时地发现和治疗并发症。最后，外科医生应确保动物在恢复正常活动前已经痊愈。

参考文献

[1] Quandt JE. Postoperative patient care. In: Slatter DH, ed. *Textbook of Small Animal Surgery*, 3rd ed. Philadelphia, Pennsylvania: Saunders, 2003: 2608–2612.

[2] Carroll GL. Analgesia and pain. *Vet Clin North Am Small Anim Pract* 1999; 29: 701–717.

推荐阅读

[1] Fossum TW, ed. *Small Animal Surgery*, 3rd ed. St. Louis,Missouri: Mosby Elsevier, 2007.

[2] Busch SJ, ed. Sma*ll Animal Surgical Nursing Skills and Concepts*. St. Louis, Missouri: Mosby Elsevier, 2006.

[3] Slatter D, ed. *Textbook of Small Animal Surgery*, 3rd ed. Philadelphia, Pennsylvania: Saunders, 2003.

[4] Tranquilli WJ, Thurmon JC, Grimm KA, eds. *Lumb & Jones Veterinary Anesthesia and Analgesia*, 4th ed. Ames, Iowa: Blackwell Professional Publishing, 2009.

[5] Carroll GL, ed. *Small Animal Anesthesia and Analgesia*. Ames, Iowa: Blackwell Professional Publishing, 2008.

[6] Muir WW, Hubbel JAE, Bednarski RM, Skarda RT. *Handbook of Veterinary Anesthesia*, 4th ed. St. Louis, Missouri: Mosby Elsevier, 2007.

[7] Edlich RF, Long WB. *Surgical Knot Tying Manual*, 3rd ed. Norwalk, Connecticut: Covidien, 2008.

[8] Ethicon, Inc. *Knot Tying Manual*. Somerville,New Jersey: Ethicon, Inc., 2005.

[9] Feldman BV, Zinkl JG, Jain NC, eds. *Schalm' s Veterinary Hematology*, 5th ed. Philadelphia Pennsylvania: Lippincott Williams & Wilkins, 2000.

[10] Hackett TB, Mazzaferro EM. *Veterinary Emergency and Critical Care Procedures*. Ames, Iowa: Blackwell Publishing Professional, 2006.

[11] Silverstein DC, Hopper K. *Small Animal Critical Care Medicine*. St. Louis, Missouri: Saunders Elsevier, 2009.

[12] Plumb DC. *Veterinary Drug Handbook*, 5th ed. Ames, Iowa: Blackwell Publishing, 2005.

[13] DiBartola SP, ed. *Fluid, Electrolyte and Acid-Base Disorders in Small Animal Practice*, 3rd ed. Philadelphia, Pennsylvania: Saunders, 2005.